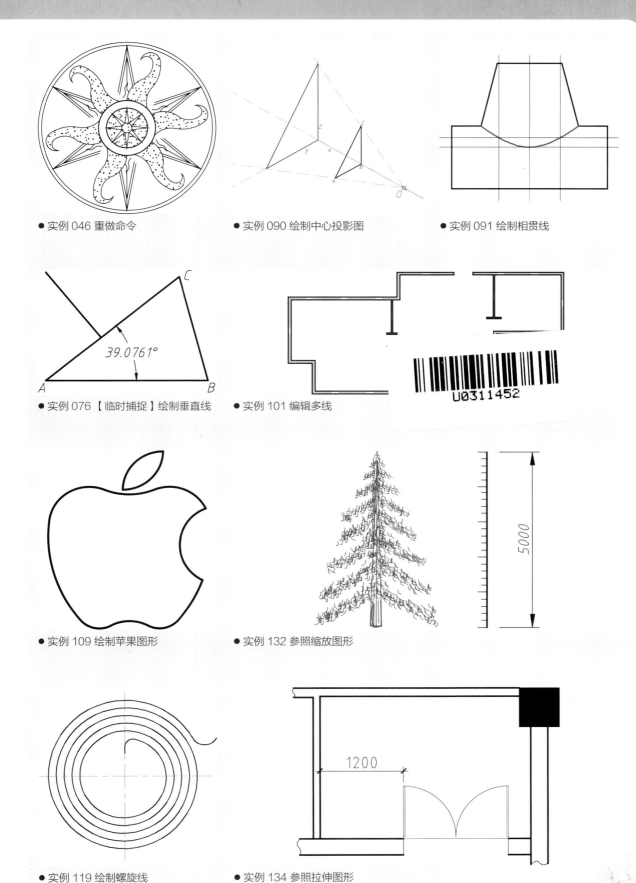

● 实例 046 重做命令

● 实例 090 绘制中心投影图

● 实例 091 绘制相贯线

● 实例 076【临时捕捉】绘制垂直线

● 实例 101 编辑多线

● 实例 109 绘制苹果图形

● 实例 132 参照缩放图形

● 实例 119 绘制螺旋线

● 实例 134 参照拉伸图形

U0311452

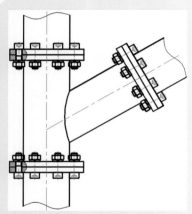

● 实例 143 对齐图形

● 实例 144 更改图形次序

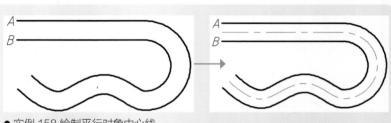

● 实例 158 绘制平行对象中心线

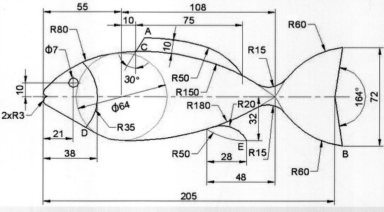

● 实例 159 绘制"鱼"图形

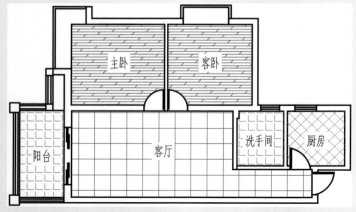

● 实例 171 填充室内平面图

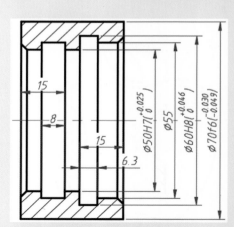

● 实例 196 凸显标注文字

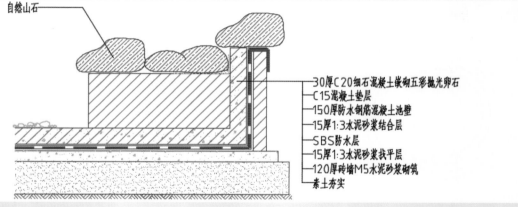

● 实例 214 多重引线标注图形

● 实例 215 多重引线标注标高

● 实例 220 打断标注

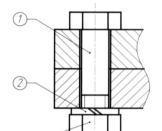

● 实例 226 对齐多重引线

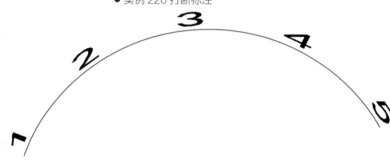

● 实例 243 创建弧形文字

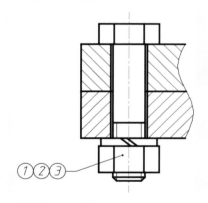

● 实例 227 合并多重引线

● 实例 260 修改表格的单位精度

序号	名称	材料	数量	单重（kg）	总重（kg）
		材料明细表			
1	活塞杆	40Cr	1	7.60	7.60
2	缸头	QT-400	1	2.30	2.30
3	活塞	6020	2	1.70	3.40
4	底端法兰	45	2	2.50	5.00
5	缸筒	45	1	4.90	4.90

序号	名 称	规格型号	重量/原值（吨/万元）	制造/投用（时间）	主体材质	操作条件	安装地点/使用部门	生产制造单位	备注
1.0000	吸氨泵、碳化泵、浓氨泵（TH01）	MNS	1.0000		2010.04/2010.08	敷铝锌板	交流控制（AC380V/220V）	碳化配电室/	上海德力西开关有限公司	
2.0000	离心机1#-3#主机、辅机控制（TH02）	MNS	1.0000		2010.04/2010.08	敷铝锌板	交流控制（AC380V/220V）	碳化配电室/	上海德力西开关有限公司	
3.0000	防爆控制箱	XBK-B24D24G	1.0000		2010.07	铸铁	交流控制（AC220V）	碳化值班室内/	新黎明防爆电器有限公司	
4.0000	防爆照明(动力)配电箱	CBP51-7KXXG	1.0000		2010.11	铸铁	交流控制（AC380V）	碳化二楼/	长城电器集团有限公司	
5.0000	防爆动力(电磁)启动箱	BXG	1.0000		2010.07	铸铁	交流控制（AC380V）	碳化值班室内/	新黎明防爆电器有限公司	
6.0000	防爆照明(动力)配电箱	CBP51-7KXXG	1.0000		2010.11	铸铁	交流控制（AC380V）	碳化一楼/	长城电器集团有限公司	
7.0000	碳化循环水控制柜		1.0000		2010.11	普通钢板	交流控制（AC380V）	碳化配电室内/	自配控制柜	
8.0000	碳化深水泵控制柜		1.0000		2011.04	普通钢板	交流控制（AC380V）	碳化配电室内/	自配控制柜	
9.0000	防爆控制箱	XBK-B12D12G	1.0000		2010.07	铸铁	交流控制（AC380V）	碳化二楼/	新黎明防爆电器有限公司	
10.0000	防爆控制箱	XBK-B30D30G	1.0000		2010.07	铸铁	交流控制（AC380V）	碳化二楼/	新黎明防爆电器有限公司	

● 实例 261 通过 Excel 创建表格

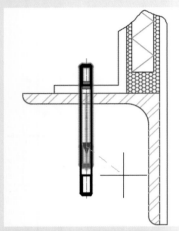
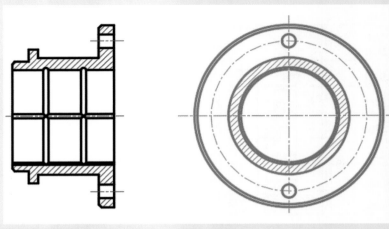

● 实例 273 块编辑器编辑动态块　　● 实例 281 附着 DWG 外部参照

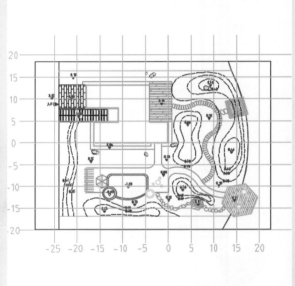

● 实例 298 关闭图层　　　　　　　● 实例 304 锁定图层

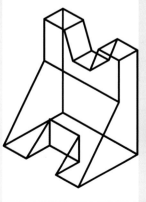
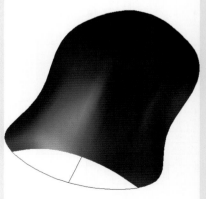

● 实例 345 使用相机观察模型　　● 实例 350 创建三维直线　　● 实例 356 创建网络曲面

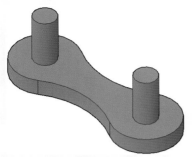

● 实例 358 创建圆柱体

● 实例 359 创建圆锥体

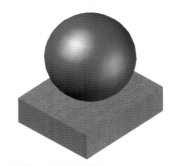

● 实例 360 创建球体

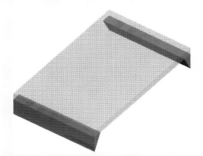

● 实例 361 创建楔体

● 实例 362 创建圆环体

● 实例 366 拉伸创建实体

● 实例 367 旋转创建实体

● 实例 368 放样创建实体

● 实例 369 扫掠创建实体

● 实例 370 创建台灯模型

● 实例 380 移动三维实体

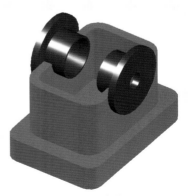

● 实例 383 镜像三维实体

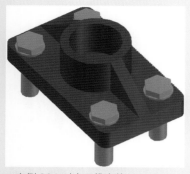

● 实例 384 对齐三维实体

● 实例 385 矩形阵列三维实体

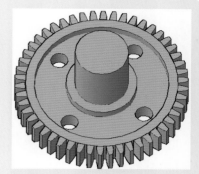

● 实例 386 环形阵列三维实体

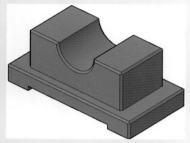

● 实例 387 创建三维倒角

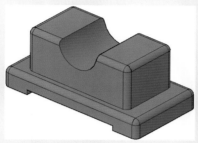

● 实例 388 创建三维倒圆

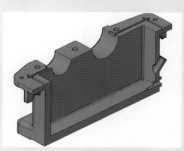

● 实例 390 剖切三维实体

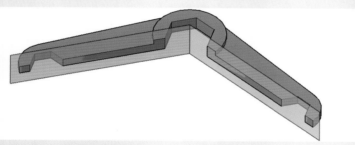

● 实例 391 曲面剖切三维实体

● 实例 404 曲面倒圆

● 实例 405 曲面延伸

● 实例 406 曲面造型

● 实例 408 编辑网格模型

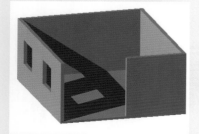

● 实例 412 添加平行光照

● 实例 413 添加光域网灯光

● 实例 416 产品的建模

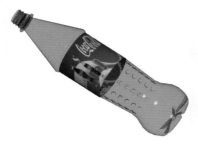

● 实例 417 产品的渲染

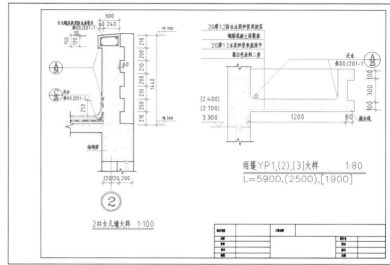

● 实例 429 多比例打印

● 实例 431 输出 .stl 文件

● 实例 433 输出高清 .jpg 文件

● 实例 434 输出 PS 用的 .eps 文件

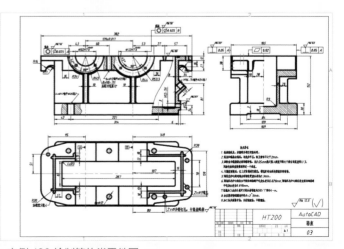

● 实例 439 绘制箱体类零件图

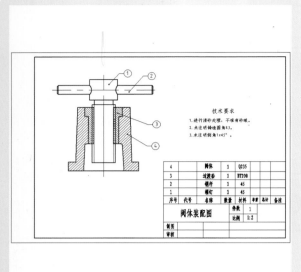

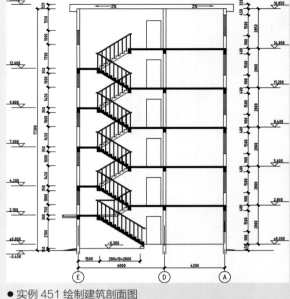

● 实例 443 图块插入法绘制装配图

● 实例 451 绘制建筑剖面图

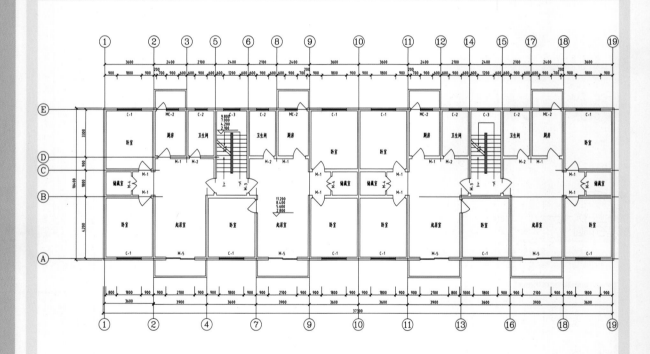

● 实例 449 绘制建筑平面图

绘制小户型平面布置图   1:100

● 实例 459 绘制平面布置图

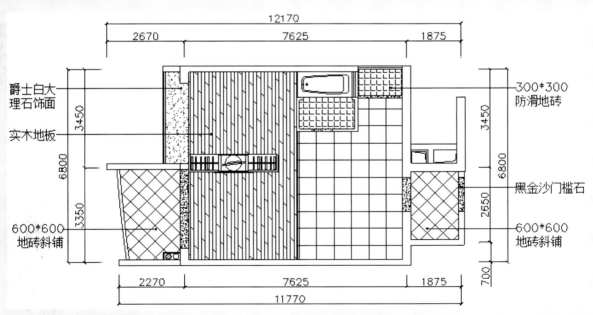

● 实例 460 绘制地面布置图

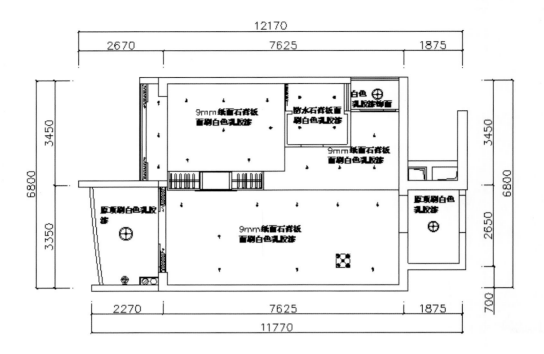

● 实例 461 绘制顶棚图

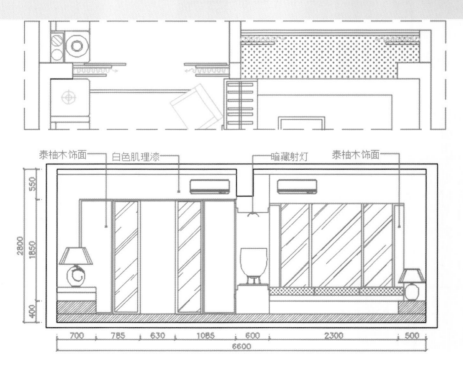

绘制客厅主卧立面图 1:50

● 实例 462 绘制立面图

● 实例 470 绘制插座平面图

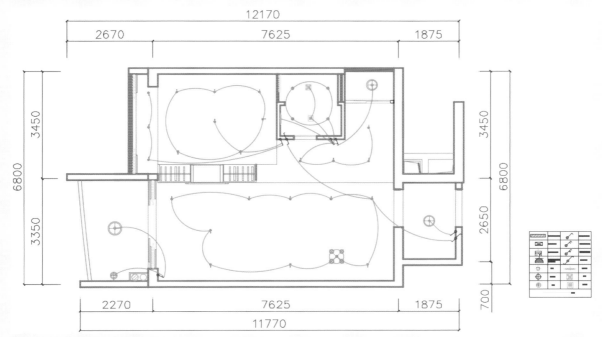

● 实例 471 绘制开关布置平面图

资源内容说明

配套高清视频精讲（共445集）

【练习5-1】设置点样式创建刻度.m...	【练习5-2】定数等分.mp4	【练习5-3】通过定数等分布置家具...
【练习5-4】通过定数等分获得加工...	【练习5-5】定距等分.mp4	【练习5-6】使用直线绘制五角星.m...
【练习5-7】绘制与水平方向呈30°...	【练习5-8】根据投影规则绘制相贯...	【练习5-9】绘制水平和倾斜构造线...
【练习5-10】绘制圆完善零件图.m...	【练习5-11】绘制圆弧完善景观图...	【练习5-12】绘制葫芦形体.mp4
【练习5-13】绘制台盆.mp4	【练习5-14】绘制圆环完善电路图...	【练习5-15】指定多段线宽度绘制...
【练习5-16】通过多段线创制弧波...	【练习5-17】设置墙体样式.mp4	【练习5-18】绘制墙体.mp4
【练习5-19】编辑墙体.mp4	【练习5-20】使用矩形绘制电视机...	【练习5-21】绘制外六角扳手.mp4

配套全书例题素材

【练习5-1】设置点样式创建刻度.d...	【练习5-1】设置点样式创建刻度-...	【练习5-2】定数等分.dwg
【练习5-2】定数等分-OK.dwg	【练习5-3】通过定数等分布置家具...	【练习5-3】通过定数等分布置家具...
【练习5-4】通过定数等分获得加工...	【练习5-4】通过定数等分获得加工...	【练习5-5】定距等分.dwg
【练习5-5】定距等分-OK.dwg	【练习5-6】使用直线绘制五角星.d...	【练习5-6】使用直线绘制五角星-...
【练习5-7】绘制与水平方向呈30°...	【练习5-8】根据投影规则绘制相贯...	【练习5-8】根据投影规则绘制相贯...
【练习5-9】绘制水平和倾斜构造线-...	【练习5-10】绘制圆完善零件图.dwg	【练习5-10】绘制圆完善零件图-...
【练习5-11】绘制圆弧完善景观图...	【练习5-11】绘制圆弧完善景观图-...	【练习5-12】绘制葫芦形体.dwg
【练习5-12】绘制葫芦形体-OK.dwg	【练习5-13】绘制台盆.dwg	【练习5-13】绘制台盆-OK.dwg
【练习5-14】绘制圆环完善电路图...	【练习5-14】绘制圆环完善电路图-...	【练习5-15】指定多段线宽度绘制...
【练习5-15】指定多段线宽度绘制...	【练习5-16】通过多段线创制弧波...	【练习5-18】绘制墙体.dwg
【练习5-18】绘制墙体-OK.dwg	【练习5-19】编辑墙体-OK.dwg	【练习5-20】使用矩形绘制电视机...
【练习5-20】使用矩形绘制电视机-...	【练习5-21】绘制外六角扳手.dwg	【练习5-21】绘制外六角扳手-OK...

附录与工具软件（共5个）

autodeskdwf-v7.msi　　COINSTranslate.exe　　附录1——AutoCAD常见问题索引.doc　　附录2——AutoCAD行业知识索引.doc　　附录3——AutoCAD命令索引.doc

超值电子书（共9本）

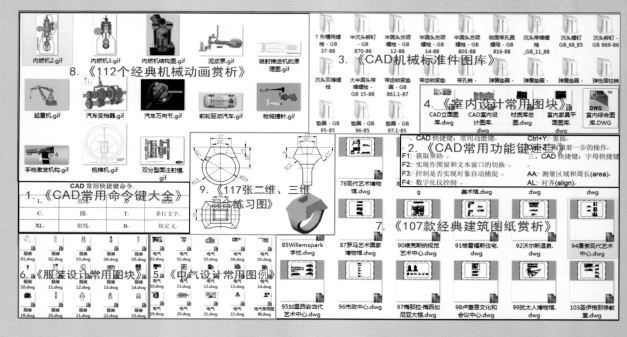

中文版

AutoCAD 2016
实战从入门到精通

CAD辅助设计教育研究室　编著

人民邮电出版社
北京

图书在版编目（C I P）数据

中文版AutoCAD 2016实战从入门到精通 / CAD辅助设计教育研究室编著. -- 北京：人民邮电出版社，2017.2（2017.4重印）
ISBN 978-7-115-43197-4

Ⅰ．①中… Ⅱ．①C… Ⅲ．①AutoCAD软件 Ⅳ.
①TP391.72

中国版本图书馆CIP数据核字(2016)第274846号

内 容 提 要

本书是一本帮助 AutoCAD 2016 初学者实现从入门到精通的案例教材，本书采用"基础＋手册＋案例"的写作方法，系统全面地讲解了 AutoCAD 的相关知识。

本书结构清晰，内容分为 4 篇，共 16 章，由 471 个案例组成。第 1 篇为基础篇，主要内容包括 AutoCAD 软件入门、基本操作、二维图形的绘制与编辑等；第 2 篇为进阶篇，内容包括图形的标注、文字与表格的创建、图块与参照、图形的创建与管理等高级功能；第 3 篇为精通篇，分别介绍了图形约束与信息查询、三维图形的建模、三维模型的编辑、文件的打印与输出等内容；第 4 篇为行业应用篇，主要从机械设计、建筑设计、室内设计和电气设计 4 个方面来详细解读 AutoCAD 2016 在实际工作中的应用，具有极高的实用性。

本书配套资源丰富，不仅有生动详细的高清讲解视频，还有各实例的素材文件和效果文件，以及 9 本超值电子书，可以大大提升读者的学习兴趣，提高学习效率。

本书适合 AutoCAD 初、中级读者学习使用，可作为广大 AutoCAD 初学者和爱好者学习 AutoCAD 的基础教材，也可作为各类计算机培训中心、中职中专、高职高专等院校及相关专业师生的习题集。

◆ 编　著　CAD 辅助设计教育研究室
责任编辑　张丹阳
责任印制　陈　犇

◆ 人民邮电出版社出版发行　　北京市丰台区成寿寺路 11 号
邮编　100164　　电子邮件　315@ptpress.com.cn
网址　http://www.ptpress.com.cn
固安县铭成印刷有限公司印刷

◆ 开本：787×1092　1/16
印张：23.5　　　　　　　　　　彩插：6
字数：702 千字　　　　　　　　2017 年 2 月第 1 版
印数：3 001－4 500 册　　　　　2017 年 4 月河北第 2 次印刷

定价：59.00 元

读者服务热线：(010)81055410　印装质量热线：(010)81055316
反盗版热线：(010)81055315
广告经营许可证：京东工商广字第 8052 号

在当今的计算机工程界，恐怕没有一款软件比AutoCAD更具有知名度和普适性了。AutoCAD是美国Autodesk公司推出的集二维绘图、三维设计、参数化设计、协同设计及通用数据库管理和互联网通信功能为一体的计算机辅助绘图软件。AutoCAD自1982年推出以来，从初期的1.0版本，经多次版本更新和性能完善，现已发展到AutoCAD 2016。它不但在机械、电子、建筑、室内装潢、家具、园林和市政工程等工程设计领域得到了广泛的应用，而且在地理、气象和航海等特殊图形的绘制，甚至乐谱、灯光和广告等领域也得到了广泛的应用，目前已成为计算机CAD系统中应用最为广泛的图形软件之一。

同时，AutoCAD也是一个最具有开放性的工程设计开发平台，其开放性的源代码可以供各个行业进行广泛的二次开发，目前国内一些著名的二次开发软件，如适用于机械的CAXA、PCCAD系列，适用于建筑的天正系列，适用于服装设计的富怡CAD系列……这些无不是在AutoCAD基础上进行本土化开发的产品。

◎ 编写目的

鉴于AutoCAD强大的功能和深厚的工程应用底蕴，我们力图编写一套全方位介绍AutoCAD在各个工程行业应用的丛书。就每本书而言，我们都将以AutoCAD命令为脉络，以操作实例为阶梯，帮助读者逐步掌握使用AutoCAD进行本行业工程设计的基本技能和技巧。

◎ 本书内容安排

本书主要通过案例实战的形式，介绍AutoCAD 2016各板块的功能命令，从简单的界面调整到二维绘图，再到打印输出与三维建模、渲染，以及各项参数设置等，内容覆盖度极为宽广全面。

为了让读者更好地学习本书的知识，在编写时特地对本书采取了疏导分流的措施，将内容划分为4篇16章共计471个案例，具体编排如下表所示。

篇 名	内 容 安 排
基础篇 （第1章~第4章 实例001~实例178）	本篇内容主讲一些AutoCAD的基本使用技巧，包括软件启动、关闭、界面介绍、简单的绘图与编辑等： 第1章介绍AutoCAD基本界面的组成与执行命令的方法等基础知识； 第2章介绍AutoCAD的基本操作与一些辅助绘图工具的用法； 第3章介绍AutoCAD中各种绘图工具的使用方法； 第4章介绍AutoCAD中各种图形编辑工具的使用方法
进阶篇 （第5章~第8章 实例179~实例308）	本篇内容相对于基础篇来说有所提高，且更为实用。学习之后能让读者从"会画图"上升到"能解决问题"的层次： 第5章介绍AutoCAD中各种标注、注释工具的使用方法； 第6章介绍AutoCAD文字与表格工具的使用方法； 第7章介绍图块的概念以及AutoCAD中图块的创建和使用方法； 第8章介绍图层的概念以及AutoCAD中图层的使用与控制方法

精通篇 （第9章~第12章 实例309~实例434）	本篇主要介绍图形约束、三维实体与曲面建模的方法，以及渲染和打印的主要步骤等有关操作，是AutoCAD的主要拓展内容： 第9章介绍AutoCAD各种约束工具的使用方法； 第10章介绍AutoCAD中三维实体和三维曲面的建模方法； 第11章介绍各种模型编辑修改工具和渲染的操作方法； 第12章介绍AutoCAD各种打印与文件输出的方法
行业应用篇 （第13章~第16章 实例435~实例471）	本篇针对AutoCAD在市面上应用最多的4个行业（机械、建筑、室内、电气），各通过一个综合性的实例来讲解具体的绘制方法与设计思路： 第13章介绍机械设计的相关内容与设计典例； 第14章介绍建筑设计的相关内容与设计典例； 第15章介绍室内设计的相关内容与设计典例； 第16章介绍电气设计的相关内容与设计典例

◎ 本书写作特色

为了让读者更好地学习与翻阅，本书在具体的写法上也做了精心规划，具体总结如下。

■ 难易安排有节奏 轻松学习乐无忧

本书在编写时特别考虑到读者的水平可能有高有低，因此在各实例上有所区分。

- **★进阶★**：带有★进阶★的实例为进阶内容，有一定的难度，适合学有余力的读者深入钻研；
- **★重点★**：带有★重点★的实例为重点内容，多是实际应用中使用较频繁的操作，需重点掌握。

其余实例则为基本内容，多加练习即可应对绝大多数的工作需要。

■ 全方位上机实训 全面提升绘图技能

我们深知AutoCAD是一款操作性很强的软件，只有多加练习方能真正掌握它的绘图技法。因此，在浩如烟海的AutoCAD练习中精心挑选了434个操作【实例】，以及37行业【实例】（共计471个）。所选案例均通过层层筛选，既可作为命令介绍的补充，也符合各行各业实际工作的需要。因此，本书可以说是一本不可多得的、能全面提升读者绘图技能的练习手册。

■ 3大索引功能速查 可作案头辞典用

本书不仅能作为初学者入门与进阶的学习图书，也能作为一位老设计师的案头速查手册。书中提供了"AutoCAD常见问题""AutoCAD行业知识""AutoCAD命令快捷键"3大索引附录，可供读者快速定位至所需的内容。

- **AutoCAD常见问题索引**：读者可以通过该索引快速准确地查找到各疑难杂症的解决办法。
- **AutoCAD行业知识索引**：通过该索引，读者可以快速定位至自己所需的行业知识。
- **AutoCAD命令索引**：按字母顺序将AutoCAD中的命令快捷键进行排列，方便读者查找。

■ 软件与行业相结合 大小知识点一网打尽

除了对基本内容的讲解，书中还有89个小提示，用于介绍有关命令的深层次操作技巧。

◎ 本书的配套资源

本书物超所值，除了书本之外，还附赠以下资源。扫描"资源下载"二维码即可获得下载方式。

■ 配套教学视频

配套445集高清语音教学视频，总时长1070分钟。读者可以先像看电影一样轻松愉悦地通过教学视频学习本书内容，然后对照书本加以实践和练习，以提高学习效率。

资源下载

■ 全书实例的源文件与完成素材

书中的471个实例均提供了源文件和素材，读者可以使用AutoCAD 2016打开或访问。

■ 超值电子书

除了与本书配套的附录之外，还提供了以下9本电子书。

1.《CAD常用命令键大全》：AutoCAD各种命令的快捷键大全。

2.《CAD常用功能键速查》：键盘上各功能键在AutoCAD中的作用汇总。

3.《CAD机械标准件图库》：AutoCAD在机械设计上的各种常用标准件图块。

4.《室内设计常用图块》：AutoCAD在室内设计上的常用图块。

5.《电气设计常用图例》：AutoCAD在电气设计上的常用图例。

6.《服装设计常用图块》：AutoCAD在服装设计上的常用图块。

7.《107款经典建筑图纸赏析》：只有见过好的，才能做出好的，因此特别附赠该赏析，供读者学习。

8.《112个经典机械动画赏析》：经典的机械原理动态示意图，供读者寻找设计灵感。

9.《117张二维、三维混合练习图》：AutoCAD为操作性的软件，只有勤加练习才能融会贯通。

◎ 本书创建团队

本书由CAD辅助设计教育研究室组织编写，具体参与编写的有陈志民、江凡、张洁、马梅桂、戴京京、骆天、胡丹、陈运炳、申玉秀、李红萍、李红艺、李红术、陈云香、陈文香、陈军云、彭斌全、林小群、刘清平、钟睦、刘里锋、朱海涛、廖博、喻文明、易盛、陈晶、张绍华、陈文轶、杨少波、杨芳、刘有良、刘珊、赵祖欣、毛琼健、江涛、张范、田燕等。

由于编者水平有限，书中疏漏与不妥之处在所难免。在感谢读者选择本书的同时，也希望读者能够把对本书的意见和建议告诉我们。

联系信箱：lushanbook@qq.com

读者QQ群：327209040

编著

2017年1月

目录 Contents

■ 基础篇 ■

第3章 二维图形的绘制

视频讲解：83分钟

第4章 二维图形的编辑

🎬 视频讲解：65分钟

■ 进阶篇 ■

第5章 图形的标注

🎬 视频讲解：58分钟

第6章 文字与表格的创建

视频讲解：40分钟

第7章 图块与参照

视频讲解：39分钟

第8章 图层的创建与管理

视频讲解：19分钟

■ 精通篇 ■

第9章 图形约束与信息查询

视频讲解：24分钟

第10章 三维图形的建模

视频讲解：56分钟

第11章 三维模型的编辑

🎬 视频讲解：96分钟

第12章 文件的打印与输出

🎬 视频讲解：33分钟

■ 行业应用篇 ■

第13章 机械设计工程实例

🎬 视频讲解：189分钟

第14章 建筑设计工程实例

🎬 **视频讲解：170分钟**

第15章 室内设计工程实例

🎬 **视频讲解：92分钟**

第16章 电气设计工程实例

🎬 **视频讲解：16分钟**

附录1——AutoCAD 常见问题索引

附录2——AutoCAD 行业知识索引

附录3——AutoCAD 命令索引

第1章 AutoCAD 2016入门

AutoCAD 是由美国 Autodesk 公司开发的通用计算机辅助设计软件。在深入学习 AutoCAD 绘图软件之前，本章首先介绍 AutoCAD 2016 的启动与退出、操作界面、视图的控制和工作空间等基本知识，使读者对 AutoCAD 及其操作方式有一个全面的了解，为熟练掌握该软件打下坚实的基础。

1.1 AutoCAD 2016的入门操作

AutoCAD 2016 的入门操作主要包括软件安装、启动与关闭、基本界面的认识、工作空间的选择和切换等。

实例001 AutoCAD 2016的安装

中文版 AutoCAD 2016 在各种操作系统下的安装过程基本一致，下面以 Windows 7 操作系统为例介绍其安装过程。

难度 ★★

Step 01 将AutoCAD 2016的安装光盘放到光驱内，打开AutoCAD 2016的安装文件夹。

Step 02 双击Setup安装文件，运行安装程序。

Step 03 系统弹出【安装初始化】对话框，检测计算机的配置是否符合要求，如图1-1所示。

图 1-1　检测配置

Step 04 在系统弹出的AutoCAD 2016安装向导对话框中单击【安装】按钮，如图1-2所示。

图 1-2　选择安装

Step 05 单击【安装】按钮后，系统自动弹出【许可及服务协议】对话框，选择【我接受】单选按钮，然后单击【下一步】按钮，如图1-3所示。

图 1-3　【许可及服务协议】对话框

Step 06 系统弹出【安装配置】对话框，指定安装路径，单击【安装】按钮，开始安装，如图1-4所示。

Step 07 系统弹出【安装完成】对话框，单击【完成】按钮，完成安装。

图 1-4　【安装配置】对话框

实例002 AutoCAD 2016的启动

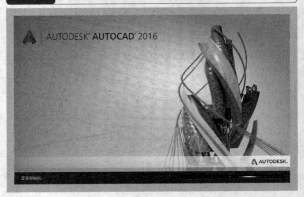

AutoCAD 2016 安装完毕后，在进行图形绘制之前，需要先启动 AutoCAD 2016 应用程序。用户可以通过本例所述方法进行操作。

难度 ★

- ◎ 素材文件路径：无
- ◎ 效果文件路径：无
- ◎ 视频文件路径：视频/第1章/实例002 AutoCAD 2016的启动.MP4
- ◎ 播放时长：38秒

Step 01 移动鼠标至桌面的AutoCAD 2016快捷方式图标▲上，双击鼠标左键，如图1-5所示。

图 1-5 双击快捷方式启动软件

Step 02 执行该操作后，系统弹出AutoCAD 2016的启动画面，显示应用程序正在初始化，如图1-6所示。

图 1-6 AutoCAD 2016 启动画面

Step 03 由于AutoCAD 2016功能较多，要加载的插件也比较多，因此启动时间会比之前的版本要长。稍待片刻后，即会出现开始界面，如图1-7所示，AutoCAD 2016成功启动。

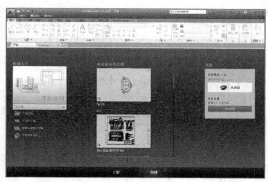

图 1-7 AutoCAD 2016 的开始界面

· 选项说明

该界面各区域的功能说明如下。

◆【快速入门】：单击其中的【开始绘制】区域即可创建新的空白文档进行绘制，也可以单击【样板】下拉列表选择合适的样板文件进行创建。

◆【最近使用的图档】：该区域主要显示最近用户使用过的图形，相当于"历史记录"。

◆【连接】：在【连接】区域中，用户可以登录A360 账户或向 AutoCAD 技术中心发送反馈。如果有产品更新的消息，将显示【通知】区域，在【通知】区域可以收到产品更新的信息。

Step 04 单击界面左侧的【快速入门】区域，即可快速进入一个空白模板的绘图界面，如图1-8所示。这便是AutoCAD的主要工作界面。

图 1-8 AutoCAD 2016 的工作界面

· 执行方式

启动 AutoCAD 2016 还有以下两种方法。

◆【开始】菜单：单击 Windows 界面的【开始】按钮，在菜单中选择"所有程序 |Autodesk| AutoCAD 2016- 简体中文（Simplified Chinese）| AutoCAD 2016- 简体中文（Simplified Chinese）"选项。

◆双击打开与AutoCAD 相关格式的文件(*.dwg、*.dwt 等)。

实例003 AutoCAD 2016的退出

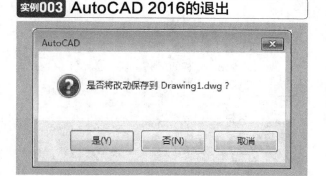

在 AutoCAD 2016 中，用户完成绘图工作后，便需要退出软件。退出的方式也与大多数应用软件类似。

难度 ★

- 素材文件路径：无
- 效果文件路径：无
- 视频文件路径：视频/第1章/实例003 AutoCAD 2016的退出.MP4
- 播放时长：45秒

Step 01 直接单击软件界面右上角中的【关闭】按钮✕，如图1-9所示。

Step 02 若在退出AutoCAD 2016之前未进行文件的保存，系统会弹出图1-10所示提示对话框。提示使用者在退出软件之前是否保存当前绘图文件。单击【是】按钮，可以进行文件的保存；单击【否】按钮，将不对之前的操作进行保存而退出；单击【取消】按钮，将返回到操作界面，不执行退出软件的操作。

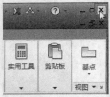
图1-9 单击关闭按钮退出软件

图1-10 退出提示对话框

·执行方式

退出 AutoCAD 2016 还有如下 4 种方法。

- ◆ 单击软件的应用程序按钮，选择【关闭】选项。
- ◆ 在软件菜单栏中选择【文件】|【退出】命令。
- ◆ 按 Alt+F4 组合键或 Ctrl+Q 组合键。
- ◆ 在命令行中输入 QUIT 或 EXIT。

实例004 AutoCAD操作界面的组成

AutoCAD 2016 中的界面是由功能区、应用程序按钮、标题栏、快速访问工具栏和绘图区等窗口组成的。

难度 ★★

- 素材文件路径：无
- 效果文件路径：无
- 视频文件路径：视频/第1章/实例004 AutoCAD操作界面的组成.MP4
- 播放时长：52秒

Step 01 启动AutoCAD 2016，进入开始界面，然后单击【快速入门】区域，进入操作界面。

Step 02 该界面包括应用程序按钮、快速访问工具栏、菜单栏、标题栏、交互信息工具栏、功能区、标签栏、十字光标、绘图区、坐标系、命令行、状态栏及文本窗口等，如图1-11所示。

图1-11 AutoCAD 2016默认的工作界面

各部分的功能含义说明如下。

1 应用程序按钮

【应用程序】按钮▲位于窗口的左上角，单击该按钮，系统将弹出用于管理 AutoCAD 图形文件的菜单，包含【新建】、【打开】、【保存】、【另存为】、【输出】及【打印】等命令，右侧区域则是【最近使用文档】列表，如图 1-12 所示。

此外，在应用程序【搜索】按钮左侧的空白区域输入命令名称，即会弹出与之相关的各种命令的列表，选择其中对应的命令即可执行，效果如图 1-13 所示。

图1-12 应用程序菜单　　图1-13 搜索功能

2 快速访问工具栏

快速访问工具栏位于标题栏的左侧，它包含了文档操作常用的 7 个快捷按钮，依次为【新建】、【打开】、【保存】、【另存为】、【打印】、【放弃】和【重做】，如图 1-14 所示。

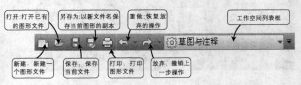
图1-14 快速访问工具栏

3 标题栏

标题栏位于 AutoCAD 窗口的最上方,如图 1-15 所示,标题栏显示了当前软件名称,以及当前新建或打开的文件的名称等。标题栏最右侧为【最小化】按钮 ▬、【最大化】按钮 □/【恢复窗口大小】按钮 ▣ 和【关闭】按钮 ✕。

图 1-15 标题栏

4 交互信息工具栏

交互信息工具栏主要包括搜索框 、A360 登录栏 、Autodesk 应用程序、外部连接等 4 个部分组成。

5 功能区

【功能区】是各命令选项卡的合称,它用于显示与绘图任务相关的按钮和控件,存在于【草图与注释】、【三维基础】和【三维建模】空间中。【草图与注释】工作空间的【功能区】包含了【默认】、【插入】、【注释】、【参数化】、【视图】、【管理】、【输出】、【附加模块】、【A360】、【精选应用】、【BIM 360】和【Performance】等 12 个选项卡,如图 1-16 所示。每个选项卡包含若干个面板,每个面板又包含许多由图标表示的命令按钮。

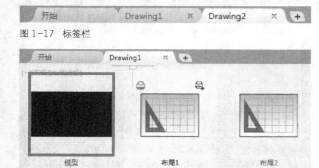

图 1-16 功能区选项卡

6 标签栏

文件标签栏位于绘图窗口上方,每个打开的图形文件都会在标签栏显示一个标签,单击文件标签即可快速切换至相应的图形文件窗口,如图 1-17 所示。单击标签上的 ✕ 按钮,可以快速关闭文件;单击标签栏右侧的 按钮,可以快速新建文件。

此外,在光标经过图形文件选项卡时,将显示模型的预览图像和布局。如果光标经过某个预览图像,相应的模型或布局将临时显示在绘图区域中,并且可以在预览图像中访问【打印】和【发布】工具,如图 1-18 所示。

图 1-17 标签栏

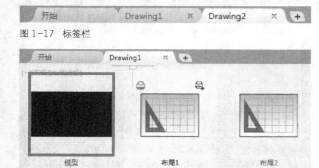

图 1-18 文件选项卡的预览功能

7 绘图区

【绘图窗口】又常被称为【绘图区域】,它是绘图的焦点区域,绘图的核心操作和图形显示都在该区域中。在绘图窗口中有 4 个工具需注意,分别是光标、坐标系图标、ViewCube 工具和视口控件,如图 1-19 所示。其中视口控件显示在每个视口的左上角,提供更改视图、视觉样式和其他设置的便捷操作方式,视口控件的 3 个标签将显示当前视口的相关设置。

图 1-19 绘图区

图形窗口左上角有三个快捷功能控件,可以快速地修改图形的视图方向和视觉样式,如图 1-20 所示。

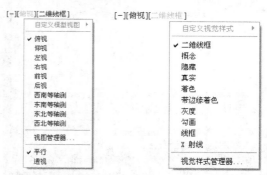

图 1-20 快捷功能控件菜单

8 命令行

命令行是输入命令名和显示命令提示的区域,默认的命令行窗口布置在绘图区下方,由若干文本行组成,如图 1-21 所示。命令窗口中间有一条水平分界线,它将命令窗口分成两个部分:命令行和命令历史窗口。位于水平线下方为【命令行】,它用于接收用户输入的命令,并显示 AutoCAD 提示信息;位于水平线上方为【命令历史窗口】,它含有 AutoCAD 启动后所用过的全部命令及提示信息,该窗口有垂直滚动条,可以上下滚动查看以前用过的命令。

图 1-21 命令行

9 状态栏

状态栏位于屏幕的底部,用来显示 AutoCAD 当前的状态,如对象捕捉、极轴追踪等命令的工作状态。

主要由 5 部分组成，如图 1-22 所示。同时 AutoCAD 2016 将之前的模型布局标签栏和状态栏合并在一起，并且取消显示当前光标位置。

图 1-22　状态栏

1.2　自定义AutoCAD的工作界面

　　AutoCAD 2016 工作界面的各个组成部分都有一定的修改空间，可供用户进行个性化的调整。本节便通过若干实例进行有针对性的讲解。

实例005　为快速访问工具栏增加或删除按钮　★进阶★

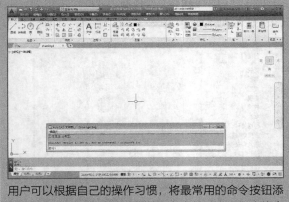

用户可以根据自己的操作习惯，将最常用的命令按钮添加至快速访问工具栏，这样就可以有效减少用于查找命令按钮上的时间。

难度　★★

- 素材文件路径：无
- 效果文件路径：无
- 视频文件路径：视频/第1章/实例005　快速访问工具栏增加或删除按钮.MP4
- 播放时长：1分9秒

■　增加命令按钮

Step 01　单击【快速菜单栏中选择【更多

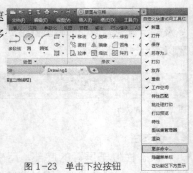

图 1-23　单击下拉按钮

Step 02　在弹出的【自定义用户界面】对话框中选择将要添加的命令（如【DGN参考底图】），然后按住鼠标左键将其拖动至快速访问工具栏上即可，如图1-24所示。

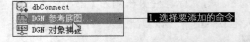

图 1-24　为快速访问工具栏中添加按钮

操作技巧

除了该方法外，在【功能区】中的任意工具按钮上单击鼠标右键，在弹出的菜单中选择【添加到快速访问工具栏】命令也可以完成此操作，图1-25所示为【旋转】命令的添加。

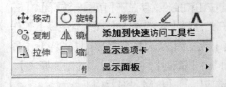

图 1-25　直接从功能区添加按钮

②　删除命令按钮

Step 01　在要删除的按钮上单击鼠标右键。

Step 02　然后在弹出的快捷菜单中选择【从快速访问工具栏中删除】命令，即可完成删除按钮操作，如图1-26所示。

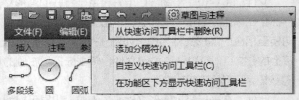

图 1-26　删除快速访问工具栏中的按钮

实例006　调出菜单栏

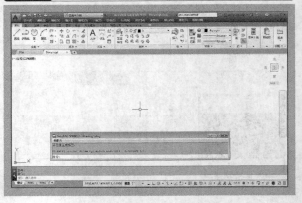

与之前版本的 AutoCAD 不同，在 AutoCAD 2016 中，菜单栏默认为不显示。本例便为习惯从菜单调用命令的用户介绍菜单栏的调出方法。

难度 ★★

- 素材文件路径：无
- 效果文件路径：无
- 视频文件路径：视频/第1章/实例006 调出菜单栏.MP4
- 播放时长：33秒

Step 01 启动AutoCAD 2016，进入工作界面。

Step 02 单击快速访问工具栏右侧的下拉按钮 ，并在弹出的下拉菜单中选择【显示菜单栏】选项，如图1-27所示。

图 1-27 显示菜单栏

Step 03 菜单栏在工作界面中显示出来，并位于标题栏的下方。

Step 04 主要包括12个菜单：【文件】、【编辑】、【视图】、【插入】、【格式】、【工具】、【绘图】、【标注】、【修改】、【参数】、【窗口】和【数据视图】，几乎包含了所有绘图命令和编辑命令，如图1-28所示。

图 1-28 菜单栏

这 12 个菜单栏的主要作用如下。

◆【文件】：用于管理图形文件，例如新建、打开、保存、另存为、输出、打印和发布等。

◆【编辑】：用于对文件图形进行常规编辑，例如剪切、复制、粘贴、清除、链接和查找等。

◆【视图】：用于管理 AutoCAD 的操作界面，例如缩放、平移、动态观察、相机、视口、三维视图、消隐和渲染等。

◆【插入】：用于在当前 AutoCAD 绘图状态下，插入所需的图块或其他格式的文件，例如 PDF 参考底图、字段等。

◆【格式】：用于设置与绘图环境有关的参数，例如图层、颜色、线型、线宽、文字样式、标注样式、表格样式、点样式、厚度和图形界限等。

◆【工具】：用于设置一些绘图的辅助工具，例如选项板、工具栏、命令行、查询和向导等。

◆【绘图】：提供绘制二维图形和三维模型的所有命令，例如直线、圆、矩形、正多边形、圆环、边界和面域等。

◆【标注】：提供对图形进行尺寸标注时所需的命令，例如线性标注、半径标注、直径标注和角度标注等。

◆【修改】：提供修改图形时所需的命令，例如删除、复制、镜像、偏移、阵列、修剪、倒角和圆角等。

◆【参数】：提供对图形约束时所需的命令，例如几何约束、动态约束、标注约束和删除约束等。

◆【窗口】：用于在多文档状态时设置各个文档的屏幕，例如层叠，水平平铺和垂直平铺等。

◆【帮助】：提供使用 AutoCAD 2016 所需的帮助信息。

实例007 在标题栏中显示出图形的保存路径 ★进阶★

一般情况下，在标题栏中不会显示出图形文件的保存路径，但为了方便工作，用户可以将其调出，以便能在第一时间得知图形的保存地址。

难度 ★★

- 素材文件路径：素材/第1章/实例007 练习1.dwg
- 效果文件路径：素材/第1章/实例007 练习1-OK.dwg
- 视频文件路径：视频/第1章/实例007 在标题栏中显示出保存路径.MP4
- 播放时长：1分5秒

Step 01 打开素材文件，此时标题栏的显示图1-29图所示的内容。

图 1-29 标题栏中不显示文件保存路径

Step 02 在命令行中输入 O P 或 OPTIONS并按Enter键，如图1-30所示；或在绘图区空白处单击鼠标右键，在弹出的快捷菜单中选择【选项】命令，如图1-31所示，系统即弹出【选项】对话框。

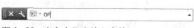

图 1-30 在命令行中输入字符

图 1-31 在快捷菜单中选择【选项】

Step 03 切换至【打开和保存】选项卡，在【文件打开】选项组中勾选【在标题中显示完整路径】复选框，单击【确定】按钮，如图1-32所示。

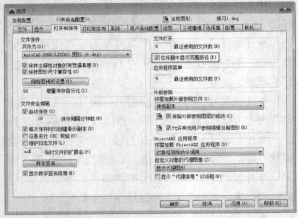

图1-32 【选项】对话框

Step 04 设置完成后即可在标题栏显示出完整的文件路径，如图1-33所示。

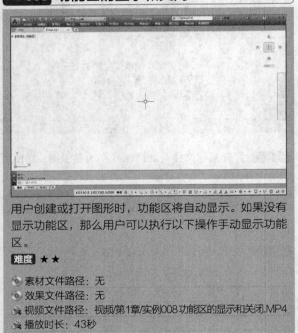

图1-33 标题栏中显示完整的文件保存路径

实例008 功能区的显示和关闭

用户创建或打开图形时，功能区将自动显示。如果没有显示功能区，那么用户可以执行以下操作手动显示功能区。

难度 ★★

- 素材文件路径：无
- 效果文件路径：无
- 视频文件路径：视频/第1章/实例008 功能区的显示和关闭.MP4
- 播放时长：43秒

Step 01 启动AutoCAD 2016，进入操作界面。

Step 02 在菜单栏中选择【工具】|【选项板】|【功能区】命令，如图1-34所示。如果菜单栏被隐藏，可以按【实例006】的方法调出，再进行操作；或直接在命令行中输入ribbonclose。

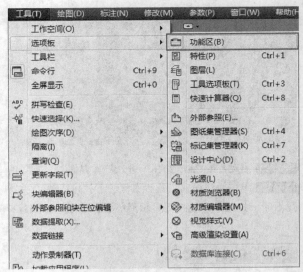

图1-34 【功能区】菜单命令

Step 03 执行上述操作后，功能区便被关闭，如图1-35所示。

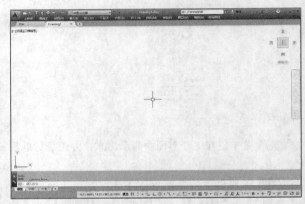

图1-35 功能区关闭效果

Step 04 如果要再次显示功能区，则输入ribbon，或者重复执行菜单栏【工具】|【选项板】|【功能区】命令即可。

实例009 调整功能区的显示方式

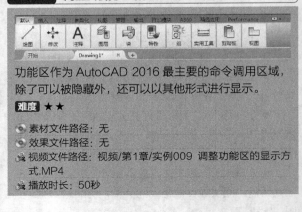

功能区作为AutoCAD 2016最主要的命令调用区域，除了可以被隐藏外，还可以以其他形式进行显示。

难度 ★★

- 素材文件路径：无
- 效果文件路径：无
- 视频文件路径：视频/第1章/实例009 调整功能区的显示方式.MP4
- 播放时长：50秒

Step 01 启动AutoCAD 2016，进入操作界面。

Step 02 单击功能区选项卡最右侧的下拉按钮 ，在弹出的快捷菜单中选择任意一种功能区显示状态选项，如图1-36所示。

图 1-36 功能区显示状态选项

Step 03 选择任意选项，可以得到不同的功能区显示状态，具体效果表现说明如下。

◆【最小化为选项卡】：最小化功能区以便仅显示选项卡标题，效果如图 1-37 所示。

图 1-37 【最小化为选项卡】时的功能区显示

◆【最小化为面板标题】：最小化功能区以便仅显示选项卡和面板标题，效果如图 1-38 所示。

图 1-38 【最小化为面板标题】时的功能区显示

◆【最小化为面板按钮】：最小化功能区以便仅显示选项卡标题和面板按钮，效果如图 1-39 所示。

图 1-39 【最小化为面板按钮】时的功能区显示

◆【循环浏览所有项】：仅单击 按钮时，按以下顺序切换所有 4 种功能区状态：完整功能区、最小化面板按钮、最小化为面板标题和最小化为选项卡。

实例010 调整功能区选项卡及面板的显示

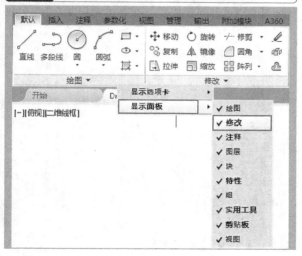

功能区由若干选项卡组成，而选项卡又包含众多面板。对此用户可以自行决定任意选项卡或其中任意面板的显示与否。

难度 ★★

◎ 素材文件路径：无
◎ 效果文件路径：无
◎ 视频文件路径：视频/第1章/实例010 调整功能区选项卡及面板的显示.MP4
◎ 播放时长：1分31秒

1 选项卡的显示与隐藏

Step 01 启动AutoCAD 2016，进入操作界面。

Step 02 在功能区中的任意位置处单击鼠标右键，弹出显示控制快捷菜单，选择【显示选项卡】选项。

Step 03 展开AutoCAD中所有选项卡的名称，单击勾选则内容显示，单击取消勾选则隐藏。图1-40为取消【注释】选项卡的显示操作过程。

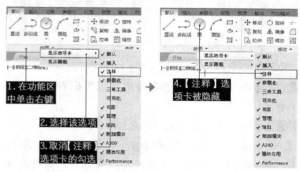

图 1-40 功能区中选项卡的显示与隐藏

2 面板的显示与隐藏

Step 01 在功能区中的任意位置处单击鼠标右键，弹出显示控制快捷菜单，选择【显示面板】选项。

Step 02 展开当前选项卡中各面板的名称，若勾选则内容显示，反之则隐藏。图1-41所示为取消【修改】面板的显示操作过程。

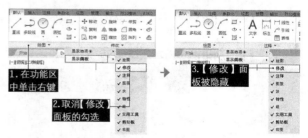

图 1-41 功能区中面板的显示与隐藏

操作技巧

面板显示子菜单会根据不同的选项卡进行变换，面板子菜单只会列出当前选项卡中的所有面板名称列表。

实例011 将功能区调整为浮动显示

除了之前介绍的功能区显示方法，还可以将其转换为浮动的选项板形式。此形态下的工作界面显示范围最大，整体界面也最为简洁。

难度 ★★

- 素材文件路径：无
- 效果文件路径：无
- 视频文件路径：视频/第1章/实例011 将功能区调整为浮动显示.MP4
- 播放时长：52秒

Step 01 启动AutoCAD 2016，进入操作界面。

Step 02 在【选项卡】的名称上单击鼠标右键，如图1-42所示。

Step 03 在弹出的快捷菜单中选择【浮动】命令，可使【功能区】浮动在【绘图区】上方，此时用鼠标左键按住【功能区】左侧灰色边框拖动，可以自由调整其位置，如图1-43所示。

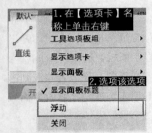

图1-42 【功能区】菜单命令　　图1-43 浮动功能区

实例012 向功能区面板中添加命令按钮 ★进阶★

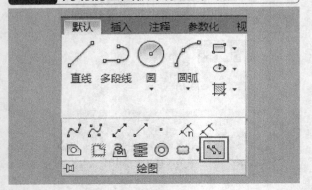

如果学会根据需要添加、删除和更改功能区中的命令按钮，就会大大提高绘图效率。

难度 ★★

- 素材文件路径：无
- 效果文件路径：无
- 视频文件路径：视频/第1章/实例012向功能区面板中添加命令按钮.MP4
- 播放时长：3分31秒

AutoCAD 的功能区面板中并没有显示出所有的可用命令按钮，如绘制墙体的【多线】（MLine）命令在功能区中就没有相应的按钮，这给习惯使用面板按钮的用户带来了不便。下面以添加【多线】（MLine）命令按钮进行讲解。

Step 01 单击功能区【管理】选项卡的【自定义设置】组面板中【用户界面】按钮，系统会弹出【自定义用户界面】对话框，如图1-44所示。

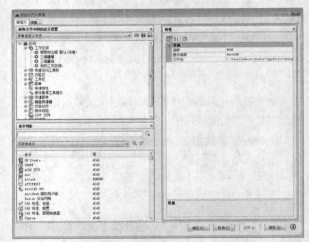

图1-44 【自定义用户界面】对话框

Step 02 在【所有文件中的自定义设置】选项框中选择【所有自定义文件】选项，依次展开其下的【功能区】|【面板】|【二维常用选项卡-绘图】树列表，如图1-45所示。

图1-45 【所有自定义文件】选项

Step 03 在【命令列表】选项框中选择【绘图】下拉选项，在绘图命令列表中找到【多线】选项，如图1-46所示。

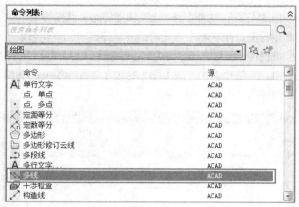

图1-46 选择要放置的命令按钮

Step 04 单击【二维常用选项卡-绘图】树列表，显示其下的子选项，并展开【第3行】树列表，在对话框右侧的【面板预览】中可以预览到该面板的命令按钮布置，可见第3行中仍留有空位，可将【多线】按钮放置在此，如图1-47所示。

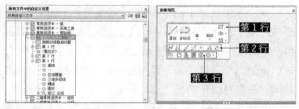

图1-47 【二维常用选项卡－绘图】中的命令按钮布置图

Step 05 选择【多线】选项并向上拖动至【二维常用选项卡-绘图】树列表下【第3行】树列表中，放置在【修订 云线】命令之下，拖动成功后在【面板预览】的第3行位置处出现【多线】按钮，如图1-48所示。

图1-48 在【第3行】中添加【多线】按钮

Step 06 在对话框中单击【确定】按钮，完成设置。这时【多线】按钮便被添加进了【默认】选项卡下的【绘图】面板中，只需单击便可进行调用，如图1-49所示。

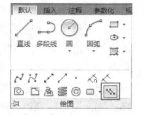

图1-49 添加至【绘图】面板中的多线按钮

实例013 调出文本窗口

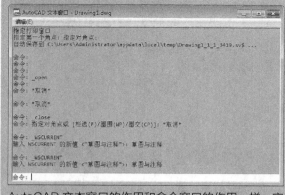

AutoCAD 文本窗口的作用和命令窗口的作用一样，它记录了对文档进行的所有操作。文本窗口在默认界面中没有直接显示，需要通过命令调取它。

难度 ★ ★

- 素材文件路径：无
- 效果文件路径：无
- 视频文件路径：视频/第1章/实例012 调出文本窗口.MP4
- 播放时长：41秒

Step 01 启动AutoCAD 2016，进入操作界面。

Step 02 在菜单栏中选择【视图】|【显示】|【文本窗口】命令，或按Ctrl+F2组合键。

Step 03 执行该操作后，系统弹出图1-50所示的文本窗口，记录了文档进行的所有编辑操作。

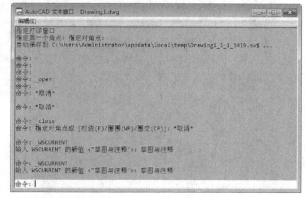

图1-50 AutoCAD 文本窗口

Step 04 将光标移至命令历史窗口的上边缘，当光标呈现形状时，按住鼠标左键向上拖动即可增加命令窗口的高度。在工作中除了可以调整命令行的大小与位置外，在其窗口内单击鼠标右键，选择【选项】命令，单击弹出的【选项】对话框中的【字体】按钮，还可以调整【命令行】内文字字体、字形和大小，如图1-51所示。

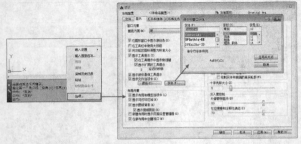

图 1-51　调整命令行字体

1.3 AutoCAD 2016的工作空间

中文版 AutoCAD 2016 为用户提供了【草图与注释】、【三维基础】及【三维建模】3 种工作空间。选择不同的空间可以进行不同的操作。例如，在【三维建模】工作空间下，可以方便地进行以复杂的三维建模为主的绘图操作。

实例014　工作空间的切换

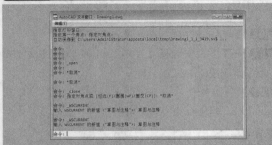

在【草图与注释】空间中绘制出二维草图，然后转换至【三维基础】工作空间进行建模操作，再转换至【三维建模】工作空间赋予材质、布置灯光进行渲染，这就是AutoCAD 建模的大致流程，因此可见这三个工作空间是互为补充的。

难度 ★★

- 素材文件路径：无
- 效果文件路径：无
- 视频文件路径：视频/第1章/实例014 工作空间的切换.MP4
- 播放时长：1分4秒

Step 01　启动AutoCAD 2016，进入工作界面。

Step 02　单击快速访问工具栏中的【切换工作空间】下拉按钮 草图与注释。

Step 03　在弹出的下拉列表中选择工作空间即可进行切换，如图1-52所示。

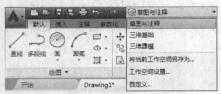

图 1-52　通过快速访问工具栏切换工作空间

Step 04　各工作空间的特点与应用介绍如下。

◆【草图与注释】工作空间：AutoCAD 2016 默认的工作空间为【草图与注释】空间。其界面主要由【应用程序】按钮、功能区选项板、快速访问工具栏、绘图区、命令行窗口和状态栏等元素组成。在该空间中，可以方便地使用【默认】选项卡中的【绘图】、【修改】、【图层】、【注释】、【块】和【特性】等面板绘制和编辑二维图形，如图 1-53 所示。

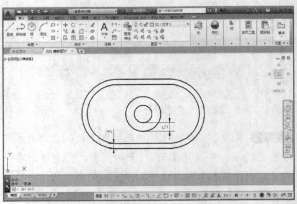

图 1-53　【草图与注释】工作空间

◆【三维基础】工作空间：【三维基础】空间与【草图与注释】工作空间类似，但【三维基础】空间功能区包含的是基本的三维建模工具，如各种常用的三维建模、布尔运算以及三维编辑工具按钮，能够非常方便地创建简单的三维模型，如图 1-54 所示。

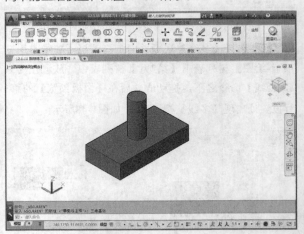

图 1-54　【三维基础】工作空间

◆【三维建模】工作空间：【三维建模】空间界面与【三维基础】空间界面较相似，但功能区包含的工具有较大的差异。其功能区选项卡中集中了实体、曲面和网格的多种建模和编辑命令，以及视觉样式、渲染等模型显示工具，为绘制和观察三维图形、附加材质、创建动画、设置光源等操作提供了非常便利的环境，如图 1-55 所示。

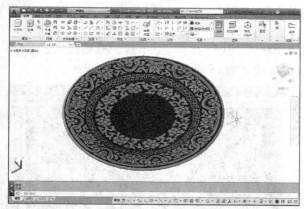

图 1-55 【三维建模】工作空间

·执行方式

除了快速访问工具栏，还可以通过如下方法进行工作空间的切换。

◆ 通过菜单栏切换工作空间：选择【工具】|【工作空间】命令，在子菜单中进行切换，如图 1-56 所示。

工具(T)	绘图(D)	标注(N)	修改(M)	参数(P)	窗口(W)	帮助(H)

工作空间(O) ▶ ✓ 草图与注释
选项板 ▶ 三维基础
工具栏 ▶ 三维建模
命令行 Ctrl+9 🗑 将当前工作空间另存为...
全屏显示 Ctrl+0 ⚙ 工作空间设置...
拼写检查(E) 自定义...
快速选择(K)... 显示工作空间标签

图 1-56 通过菜单栏切换工作空间

◆ 通过工具栏切换工作空间：在【工作空间】工具栏的【工作空间控制】下拉列表框中进行切换，如图 1-57 所示。

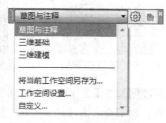

草图与注释
三维基础
三维建模

将当前工作空间另存为...
工作空间设置...
自定义...

图 1-57 通过工具栏切换工作空间

◆ 通过状态栏切换工作空间：单击状态栏右侧的【切换工作空间】按钮⚙，在弹出的下拉菜单中进行切换，如图 1-58 所示。

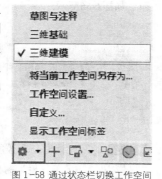

草图与注释
三维基础
✓ 三维建模

将当前工作空间 另存为...
工作空间设置...
自定义...
显示工作空间标签

图 1-58 通过状态栏切换工作空间

实例015 创建自定义的工作空间 ★重点★

除前面提到的 3 个基本工作空间外，根据绘图的需要，用户还可以自定义个性空间（如【实例 012】中含有【多线】按钮的工作空间），并将其保存在工作空间列表中，以备工作时随时调用。

难度 ★★

◎ 素材文件路径：无
◎ 效果文件路径：无
▶ 视频文件路径：视频\第1章\实例015创建自定义的工作空间.MP4
▶ 播放时长：2分27秒

Step 01 启动AutoCAD 2016，进入工作界面。

Step 02 将工作界面按自己的偏好进行设置，如在【绘图】面板中增加【多线】按钮，方法见本章【实例012】，如图1-59所示。

图 1-59 自定义的工作空间

Step 03 单击快速访问工具栏中的【切换工作空间】下拉按钮 ⚙ 草图与注释 ▼ ，在下拉列表中选择【将当前空间另存为】选项，如图1-60所示。

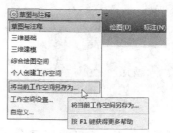

草图与注释 ▼
草图与注释 绘图(D) 标注(N)
三维基础
三维建模
综合绘图空间
个人创建工作空间
将当前工作空间另存为...
工作空间设置... 将当前工作空间另存为...
自定义... 按 F1 键获得更多帮助

图 1-60 工作空间列表框

Step 04 系统弹出【保存工作空间】对话框，输入新工作空间的名称，如"带【多线】的工作空间"，如图1-61所示。

图1-61 【保存工作空间】对话框

Step 05 单击【保存】按钮，自定义的工作空间即创建完成，如图1-62所示。

图1-62 工作空间列表框

Step 06 在以后的工作中，只要启动AutoCAD 2016，就可以按切换工作空间的方法随时调用该工作空间，快速将工作界面切换为相应的状态。

实例016 创建带【工具栏】的经典工作空间 ★进阶★

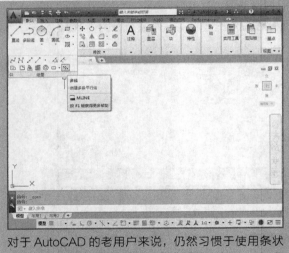

对于AutoCAD的老用户来说，仍然习惯于使用条状的【工具栏】来执行命令，即经典界面。在AutoCAD 2016中，仍然可以通过设置工作空间的方式，创建出符合自己操作习惯的经典界面。

难度 ★★★★

- 素材文件路径：无
- 效果文件路径：无
- 视频文件路径：视频/第1章/实例016 创建带【工具栏】的经典工作空间.MP4
- 播放时长：5分30秒

从AutoCAD 2015版开始，AutoCAD取消了【经典工作空间】的界面设置，结束了长达十余年之久的条

状【工具栏】命令操作方式。但对于一些有基础的用户来说，相较于2016版，他们习惯于使用【工具栏】来调用命令，也更习惯于2005版、2008版和2012版等经典版本的工作界面，如图1-63所示。

图1-63 旧版本AutoCAD的经典空间

Step 01 单击快速访问工具栏中的【切换工作空间】下拉按钮，在弹出的下拉列表中选择【自定义】选项，如图1-64所示。

Step 02 系统自动打开【自定义工作界面】对话框，然后选择【工作空间】一栏，单击鼠标右键，在弹出的快捷菜单中选择【新建工作空间】选项，如图1-65所示。

图1-64 选择【自定义】

图1-65 新建工作空间

Step 03 在【工作空间】树列表中新添加了一个工作空间，将其命名为【经典工作空间】，然后单击对话框右侧【工作空间内容】区域中的【自定义工作空间】按钮，如图1-66所示。

图1-66 命名经典工作空间

Step 04 返回对话框左侧【所有自定义文件】区域，单击+按钮展开【工具栏】树列表，依次勾选其中的【标注】、【绘图】、【修改】、【标准】、【样式】、【图层】和【特性】7个工具栏，即旧版本AutoCAD中的经典工具栏，如图1-67所示。

图 1-67　勾选 7 个经典工具栏

Step 05 再返回勾选上一级的整个【菜单栏】与【快速访问工具栏】下的【快速访问工具栏1】，如图1-68所示。

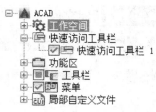

图 1-68　勾选菜单栏与快速访问工具栏

Step 06 在对话框右侧的【工作空间内容】区域中已经可以预览到该工作空间的结构，确定无误后单击其上方的【完成】按钮，如图1-69所示。

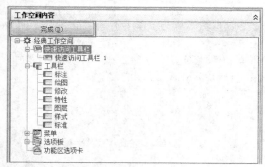

图 1-69　完成经典工作空间的设置

Step 07 在【自定义工作界面】对话框中先单击【应用】按钮，再单击【确定】，退出该对话框。

Step 08 将工作空间切换至刚刚创建的【经典工作空间】，效果如图1-70所示。

图 1-70　创建的经典工作空间

Step 09 可见原来的【功能区】区域已经消失，但仍空出了一大块，影响界面效果。可以该处单击鼠标右键，在弹出的快捷菜单中选择【关闭】选项，即可关闭【功能区】显示，如图1-71所示。

图 1-71　创建的经典工作空间

Step 10 将各工具栏拖动到合适的位置，最终效果如图1-72所示。保存该工作空间后即可随时启用。

图 1-72　经典工作空间

1.4　AutoCAD 2016的文件操作

文件操作是软件操作的基础，在 AutoCAD 2016 中，图形文件的基本操作包括新建文件、打开文件、保存文件、另存文件和退出文件等。

实例017　AutoCAD文件的主要格式

由于 AutoCAD 是一款功能颇为全面的软件，因此使用范围比较广，涉及的文件格式也比较多。同时，完善的文件备份功能也提供了诸多衍生文件，如 .bak 和 .dwl。为了让读者能更好地理解 AutoCAD，本例将对主要的文件格式进行介绍。

难度 ★★

常用的 4 种格式

AutoCAD 能直接保存和打开的文件格式主要有以下 4 种：【.dwg】、【.dws】、【.dwt】和【.dxf】，分别介绍如下。

◆【.dwg】：dwg 文件是 AutoCAD 的默认图形文件，是二维或三维图形档案。如果另一个应用程序需要使用该文件，则可以通过输出将其转换为其他的特定格式。

◆【.dxf】：dxf文件是包含图形信息的文本文件，其他的CAD系统（如UG、Creo、Solidworks）可以读取文件中的信息。因此，可以用dxf格式保存AutoCAD图形，使可让其在其他绘图软件中打开。

◆【.dws】：dws文件被称为标准文件，里面保存了图层、标注样式、线型和文字样式。当设计单位要实行图纸标准化，对图纸的图层、标注、文字和线型有非常明确的要求时，就可以使用dws标准文件。此外，为了保护自己的文档，可以将图形用dws的格式保存，dws格式的文档，只能查看，不能修改。

◆【.dwt】：dwt是AutoCAD模板文件，保存了一些图形设置和常用对象（如标题框和文本）。

2 其他有关格式简介

其他几种与AutoCAD有关的格式介绍如下。

◆【.bak】：bak是备份文件，当源文件不小心被删掉或是由于软件自身的BUG而导致自动退出时，可以在备份文件的基础上继续编辑（将.bak后缀改为.dwg），从而减少因误操作带来的损失。

◆【.dwl】：dwl是与AutoCAD文档dwg相关的一种格式，意为被锁文档（其中L=Lock）。其实这是早期AutoCAD版本软件的一种生成文件，当AutoCAD非法退出的时候容易自动生成与dwg文件名同名但扩展名为dwl的被锁文件。一旦生成这个文件，原来的dwg文件将无法打开，必须手动删除该文件才可以恢复打开dwg文件。

◆【.sat】：即ACIS文件，可以将某些对象类型输出到ASCII（SAT）格式的ACIS文件中。可将修剪过的NURBS曲线、面域和实体的ShapeManager对象输出到ASCII(SAT)格式的ACIS文件中。

◆【.3ds】：即3D Studio（3DS）文件。3DSOUT仅输出具有表面特征的对象，即输出的直线或圆弧的厚度不能为零。宽线或多段线的宽度或厚度不能为零。圆、多边形网格和多面始终可以输出。实体和三维面必须至少有三个唯一顶点。如果必要，可将几何图形在输出时网格化。在使用3DSOUT之前，必须将AME（高级建模扩展）和AutoSurf对象转换为网格。3DSOUT将命名视图转换为3D Studio相机，并将相片级光跟踪光源转换为最接近的3D Studio等效对象：点光源变为泛光光源，聚光灯和平行光变为3D Studio聚光灯。

◆【.stl】：即平板印刷文件，可以使用与平板印刷设备（SLA）兼容的文件格式写入实体对象。实体数据以三角形网格面的形式装换为SLA。SLA工作站使用该数据来定义代表部件的一系列图层。

◆WIMF：WIMF文件在许多Windows应用程序中使用。WIMF（Windows图文文件格式）文件包含矢量图形或光栅图形格式，但只在矢量图形中创建WIMF文件。矢量格式与其他格式相比，能实现更快的平移和缩放。

◆光栅文件：可以为图形中的对象创建与设备无关的光栅图像。可以使用若干命令将对象输出到与设备无关的光栅图像中，光栅图像的格式可以是位图、JPEG、TIFF和PNG。某些文件格式在创建时即为压缩形式，例如JPEG格式。压缩文件占有较少的磁盘空间，但有些应用程序可能无法读取这些文件。

实例018 新建文件

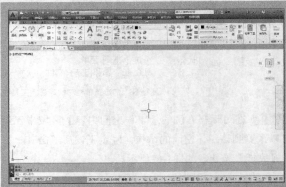

启动AutoCAD 2016后，如果在开始界面单击【快速入门】区域，系统会自动新建一个名为Drawing1.dwg的图形文件。但除了这种入门级方法外，用户还可以根据需要来新建带模板的图形文件。

难度 ★

◎ 素材文件路径：无
◎ 效果文件路径：无
📹 视频文件路径：视频/第1章/实例018 新建文件.MP4
📹 播放时长：44秒

Step 01 启动AutoCAD 2016，进入开始界面。

Step 02 单击开始界面左上角快速访问工具栏上的【新建】按钮，如图1-73所示。

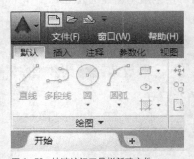

图1-73 快速访问工具栏新建文件

Step 03 系统弹出【选择样板】对话框，如图1-74所示。

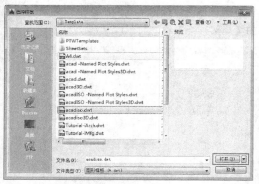

图 1-74 【选择样板】对话框

Step 04 根据绘图需要，在对话框中选择不同的绘图样板，然后单击【打开】按钮，即可新建一个图形文件，如图1-75所示。文件名默认为"Drawing1.dwg"。

图 1-75 新建的 AutoCAD 图形文件

·执行方式

启动【新建】命令还有以下几种方法。

◆ 应用程序按钮：单击【应用程序】按钮，在下拉菜单中选择【新建】选项。

◆ 菜单栏：执行【文件】|【新建】命令。

◆ 标签栏：单击标签栏上的按钮。此方法不会打开【选择样板】对话框，而会直接以上一次新建文件时所选择的样板为样板新建文件；如果是第一次新建，则默认以 acadiso.dwt 为样板。

◆ 命令行：在命令行输入 NEW 或 QNEW。

◆ 快捷键：Ctrl+N。

实例019 打开文件

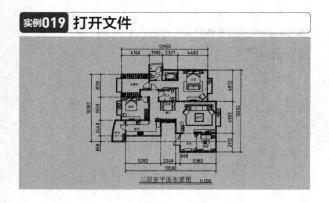

三居室平面布置图 1:100

使用 AutoCAD 2016 进行图形查看与编辑时，如需要对图形文件进行修改或重新设计，这时便要打开已有图形文件进行相应操作。

难度 ★

素材文件路径：素材/第1章/实例019 打开文件.dwg

效果文件路径：素材/第1章/实例019 打开文件-OK.dwg

视频文件路径：视频/第1章/实例019 打开文件.MP4

播放时长：33秒

Step 01 启动 A u t o C A D 2016，进入开始界面。

Step 02 单击开始界面左上角快速访问工具栏上的【打开】按钮，如图1-76所示。

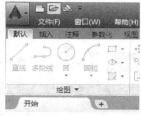

图 1-76 在快速访问工具栏中打开文件

Step 03 系统弹出【选择文件】对话框，定位至"第1章/实例019 打开文件.dwg"，如图1-77所示。

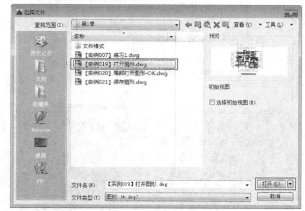

图 1-77 【选择文件】对话框

Step 04 单击【打开】按钮，即可打开所选的AutoCAD图形，结果如图1-78所示。

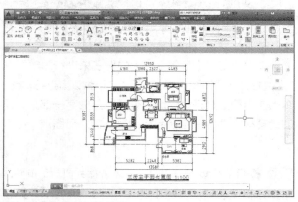

图 1-78 打开的 AutoCAD 图形

·执行方式

启动【打开】命令还有以下几种方法。

◆ 应用程序按钮：单击【应用程序】按钮 ，在弹出的快捷菜单中选择【打开】选项。

◆ 菜单栏：执行【文件】|【打开】命令。

◆ 标签栏：在标签栏空白位置单击鼠标右键，在弹出的右键快捷菜单中选择【打开】选项。

◆ 命令行：OPEN 或 QOPEN。

◆ 快捷键：Ctrl+O。

◆ 快捷方式：直接双击要打开的 .dwg 图形文件。

实例020 局部打开图形 ★进阶★

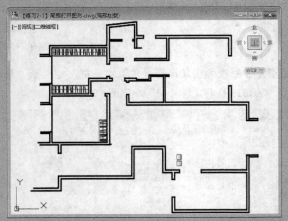

当处理大型图形文件时，可以选择在打开图形时需要加载尽可能少的几何图形，指定的几何图形和命名对象包括：块（Block）、图层（Layer）、标注样式（DimensionStyle）、线型（Linetype）、布局（Layout）、文字样式（TextStyle）、视口配置（Viewports）、用户坐标系（UCS）及视图（View）等，这便是局部打开图形。

难度 ★★★

- 素材文件路径：素材/第1章/实例019 打开文件.dwg
- 效果文件路径：素材/第1章/实例020局部打开图形-OK.dwg
- 视频文件路径：视频/第1章/实例020 局部打开图形.MP4
- 播放时长：2分9秒

本例便使用【实例019】的例子来进行局部打开（完整打开效果如图1-78所示），以供读者进行对比。本例使用局部打开命令即只处理图形的某一部分，只加载素材文件中指定视图或图层上的几何图形。操作步骤如下。

Step 01 启动AutoCAD 2016，进入开始界面，单击界面左上角快速访问工具栏上的【打开】按钮 ，弹出【选择文件】对话框。

Step 02 定位至要局部打开的素材文件"第1章/实例019打开文件.dwg"，然后单击【选择文件】对话框中【打

开】按钮后的三角下拉按钮，在弹出的下拉菜单中，选择其中的【局部打开】项，如图1-79所示。

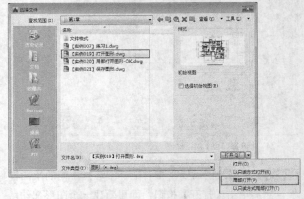

图 1-79 选择【局部打开】项

> **操作技巧**
>
> 【局部打开】只能应用于当前版本保存的AutoCAD文件。如果某文件【局部打开】选项不可用，可以先将该文件完全打开，然后另存为最新的AutoCAD版本，即可进行【局部打开】。

Step 03 接着系统弹出【局部打开】对话框，在【要加载几何图形的图层】列表框中勾选需要局部打开的图层名，如【QT-000墙体】，如图1-80所示。

图 1-80 【局部打开】对话框

Step 04 单击【打开】按钮，即可打开仅包含【QT-000墙体】图层的图形对象，同时文件名后添加有"（局部加载）"文字，如图1-81所示。

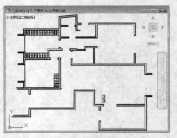

图 1-81 【局部打开】效果

Step 05 对于局部打开的图形，用户还可以通过【局部加载】将其他未载入的几何图形补充进来。在命令行输入PartialLoad，并按Enter键，系统弹出【局部加载】对话框，与【局部打开】对话框主要区别是其可通过【拾取窗口】按钮 ⊕ 划定区域放置视图，如图1-82所示。

图 1-82 【局部加载】对话框

Step 06 勾选需要加载的选项，如【标注】和【门窗】，单击【局部加载】对话框中的【确定】按钮，即可得到加载效果，如图1-83所示。

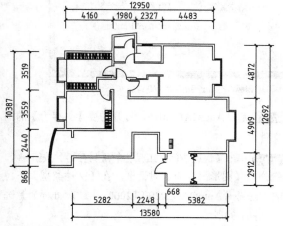

图 1-83 【局部加载】效果

实例021 保存文件 ★进阶★

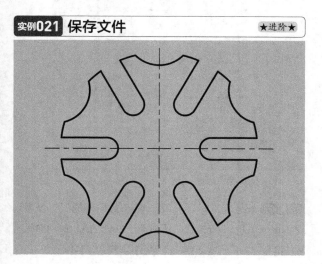

保存文件不仅是将新绘制的或修改好的图形文件进行存盘，以便以后对图形进行查看、使用或修改、编辑等，还包括在绘制图形过程中随时对图形进行保存，以避免意外情况发生而导致文件丢失或不完整。

难度 ★

◎ 素材文件路径：素材/第1章/实例021 保存文件.dwg
◎ 效果文件路径：素材/第1章/实例021 保存文件-OK.dwg
▶ 视频文件路径：视频/第1章/实例021 保存文件.MP4
▶ 播放时长：44秒

Step 01 启动AutoCAD 2016，打开素材文件"第1章/实例021 保存文件.dwg"，如图1-84所示。

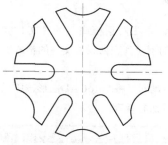

图 1-84 【图形另存为】对话框

Step 02 对图形进行任意操作，在标签栏中可见文件名多出"*"号后缀，如图1-85所示，即表示文件已发生变更，需要保存。

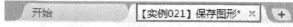

图 1-85 AutoCAD 图形可保存的类型

Step 03 单击快速方法工具栏中的【保存】按钮 💾，如图1-86所示。即可保存文件，同时"*"号后缀消失。

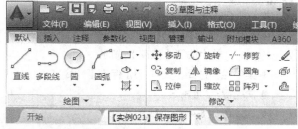

图 1-86 快速访问工具栏中保存文件

Step 04 如果是第一次保存，即文件名为系统默认的Darwing1等，则会打开【图形另存为】对话框，如图1-87所示。

Step 05 设置存盘路径。单击对话框上方的【保存于】下拉列表，在展开的下拉列表内设置存盘路径。

Step 06 设置文件名。在【文件名】文本框内输入文件名称，如"我的文档"等。

图 1-87 【图形另存为】对话框

Step 07 设置文件格式。单击对话框底部的【文件类型】下拉列表，在展开的下拉列表内设置文件的格式类型，如图1-88所示。

Step 08 完成上述操作后，即可将AutoCAD图形按所设置的路径、文件名和格式进行保存。

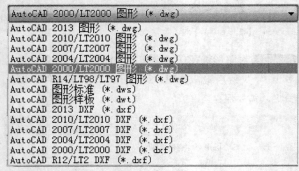

图 1-88 AutoCAD 图形可保存的类型

·执行方式

执行【保存】命令还有以下几种方法。

◆ 应用程序按钮：单击【应用程序】按钮，在弹出的快捷菜单中选择【保存】选项。

◆ 菜单栏：选择【文件】|【保存】命令。

◆ 快捷键：Ctrl+ S。

◆ 命令行：SAVE 或 QSAVE。

实例022 将图形另存为低版本文件

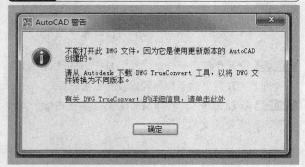

AutoCAD 2016默认的存储类型为"AutoCAD 2013 图形（*.dwg）"。使用此种格式将文件存盘后，文件只能被 AutoCAD 2013 及更高级的版本打开。如果用户需要在 AutoCAD 的早期版本中打开此文件，必须将源文件用低版本的格式进行存盘。

难度 ★★

● 素材文件路径：无

● 效果文件路径：无

● 视频文件路径：视频/第1章/实例022 将图形另存为低版本文件.MP4

● 播放时长：59秒

在日常工作中，经常要与客户或同事进行图纸往来，有时就难免碰到因为彼此 AutoCAD 版本不同而打不开图纸的情况，如图 1-89 所示。原则上高版本的 AutoCAD 能打开低版本所绘制的图形，而低版本却无法打开高版本的图形。因此，对于使用高版本的用户来说，可以将文件通过【另存为】的方式转存为低版本。

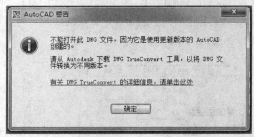

图 1-89 因版本不同出现的 AutoCAD 警告

Step 01 启动AutoCAD 2016，打开需要【另存为】的图形文件。

Step 02 单击【快速访问】工具栏的【另存为】按钮，系统弹出【图形另存为】对话框，在【文件类型】下拉列表中选择【AutoCAD2000/LT2000图形（*.dwg）】选项，如图1-90所示。

图 1-90 【图形另存为】对话框

Step 03 设置完成后，AutoCAD所绘图形的保存类型均为AutoCAD 2000类型，任何高于2000的AutoCAD版本均可以打开，从而实现工作图纸的无障碍交流。

第 2 章 AutoCAD 2016基本操作

本章介绍 AutoCAD 的基础操作，包括命令的执行、坐标的输入和视图的基本操作等，这些操作在 AutoCAD 制图过程中将频繁使用。

2.1 AutoCAD 视图的控制

在绘图过程中，为了更好地观察和绘制图形，通常需要对视图进行平移、缩放、重生成等操作。本节将通过 15 个实例来详细介绍 AutoCAD 视图的控制方法。

实例023 实时平移视图

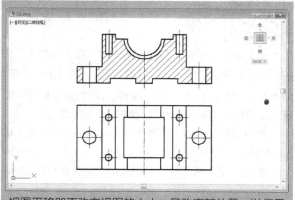

视图平移即不改变视图的大小，只改变其位置，以便于观察图形的其他组成部分。当图形显示不全面，且部分区域不可见时，就可以使用视图平移观察图形。

难度 ★

- 素材文件路径：素材/第1章/实例023 实时平移视图.dwg
- 效果文件路径：素材/第1章/实例023 实时平移视图-OK.dwg
- 视频文件路径：视频/第1章/实例023 实时平移视图.MP4
- 播放时长：37秒

Step 01 启动AutoCAD 2016，打开素材文件"第2章/实例023 实时平移视图.dwg"。

Step 02 长按鼠标中键（滚轮），待光标变为 ✋ 时，拖动鼠标即可实现实时平移，如图2-1所示。

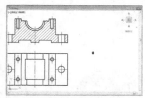

图2-1 视图实时平移效果

·执行方式

除按住鼠标中键移动视图外，还有以下 3 种方法。

◆ 功能区：单击【视图】选项卡中【导航】面板的【平移】按钮 ✋，如图 2-2 所示。光标形状变为手形 ✋，

按住鼠标左键拖曳可以使图形的显示位置随鼠标向同一方向移动。

◆ 菜单栏：选择【视图】|【平移】|【实时】命令，如图 2-3 所示。

◆ 命令行：PAN 或 P。

图2-2 【视图】面板中的【平移】按钮　　图2-3 实时平移的菜单命令

实例024 定点平移视图

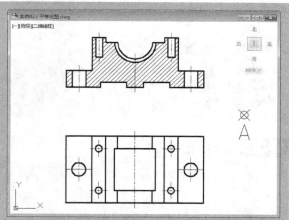

在 AutoCAD 2016 中，使用【定点平移】命令，可以通过指定基点和位移值来平移视图，视图移动的方向和十字光标的方向一致。

难度 ★★

- 素材文件路径：素材/第1章/实例024 定点平移视图.dwg
- 效果文件路径：素材/第1章/实例024 定点平移视图-OK.dwg
- 视频文件路径：视频/第1章/实例024 定点平移视图.MP4
- 播放时长：41秒

Step 01 启动AutoCAD 2016，打开素材文件"第2章/实例024 定点平移视图.dwg"，图形右侧空白区域有A、B两点，如图2-4所示。

Step 02 在菜单栏中选择【视图】|【平移】|【点】命令，如图2-5所示。

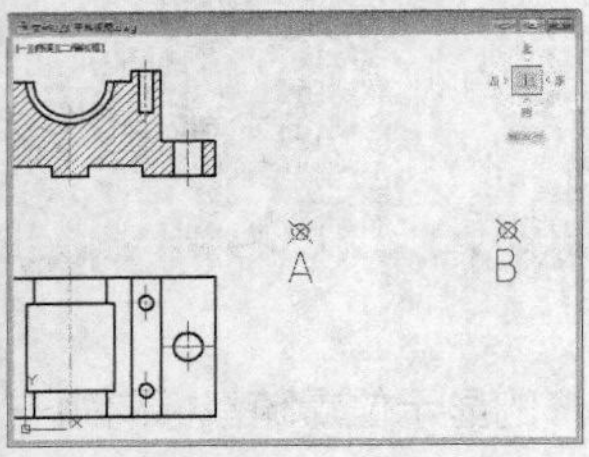

图 2-4　素材文件

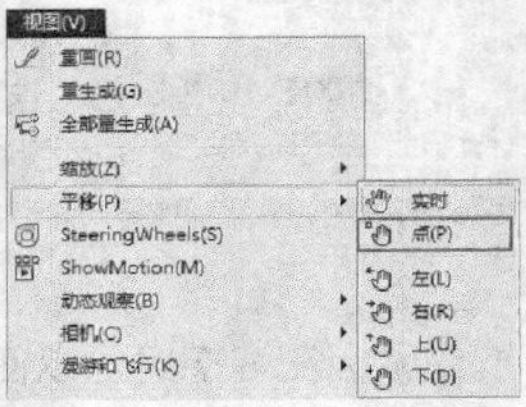

图 2-5　定点平移的菜单命令

Step 03 命令行提示指定基点，单击图形右侧的A点作为基点；然后再根据提示选择B点作为第二点，此时视图便自动平移，如图2-6所示。平移的距离便为A与B点之间的距离。命令行提示如下。

命令: '_-pan	//执行【定点平移】命令
指定基点或位移:	//在A点附近单击
指定第二点:	//在B点附近单击

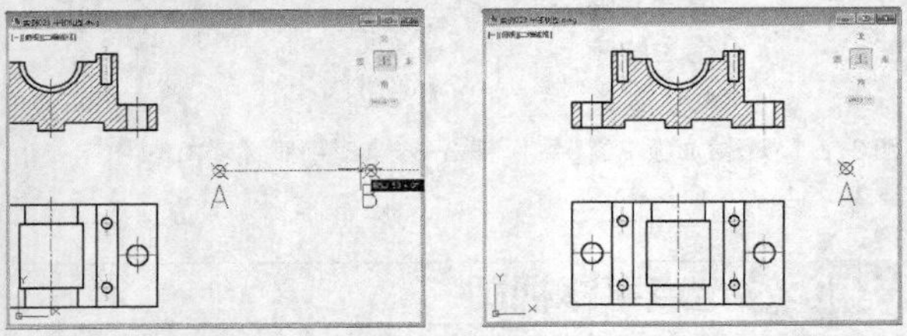

图 2-6　视图定点平移效果

操作技巧

在选择A、B点时，并不能精确地进行选择，因此只需在附加位置进行单击即可。如需精确地进行平移定位，可以在命令行中输入位移距离。

实例025 实时缩放视图

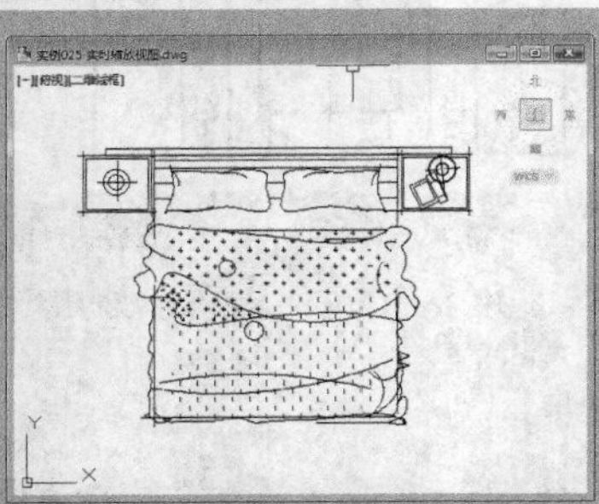

在 AutoCAD 2016 中，使用【实时缩放】命令可以帮助用户快速放大或缩小视图，帮助用户快速看清图形。

难度 ★★

- 素材文件路径：素材/第1章/实例025 实时缩放视图.dwg
- 效果文件路径：素材/第1章/实例025 实时缩放视图-OK.dwg
- 视频文件路径：视频/第1章/实例025 实时缩放视图.MP4
- 播放时长：37秒

Step 01 启动AutoCAD 2016，打开素材文件“第2章/实例025 实时缩放视图.dwg”，如图2-7所示，并不能分辨出图形为何物。

Step 02 向后滚动鼠标滚轮，即可观察到视图在实时缩小，从而看清图形的整体面貌，如图2-8所示。反之，向前滚动鼠标滚轮便是视图放大，供用户看清图形的细节。

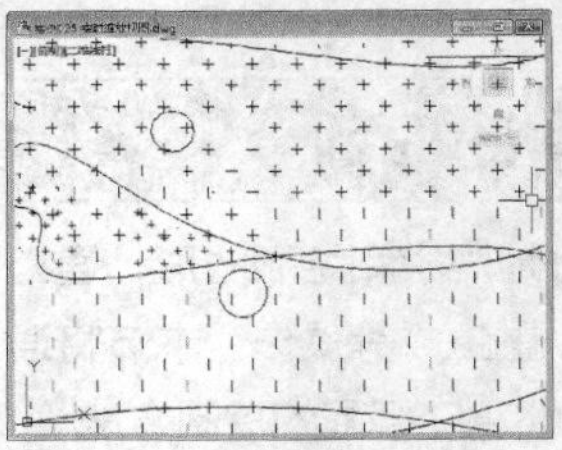

图 2-7　素材文件

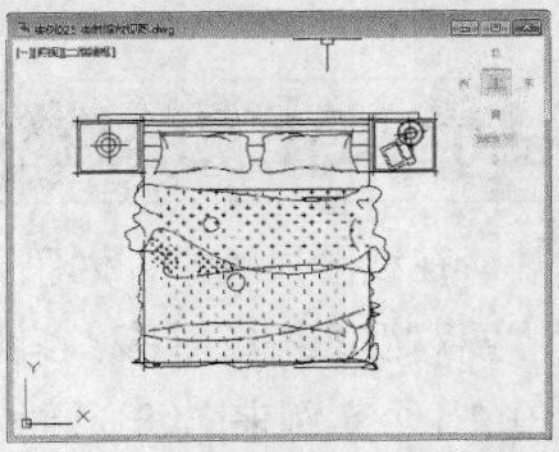

图 2-8　视图缩小后的显示效果

• 执行方式

除了滚动鼠标滚轮外，还可以通过以下方法来进行实时缩放视图。

◆ 功能区：单击【视图】选项卡，在【导航】面板的【视图】下拉列表中选择【实时】选项，如图 2-9 所示。向上拖动鼠标，待光标变为🔍+图标时为放大视图；向下拖动鼠标，待光标变为🔍-图标时为缩小视图。

◆ 菜单栏：选择【视图】|【缩放】|【实时】选项，如图 2-10 所示。

◆ 命令行：输入 ZOOM 或 Z。按 Enter 键后拖动鼠标。

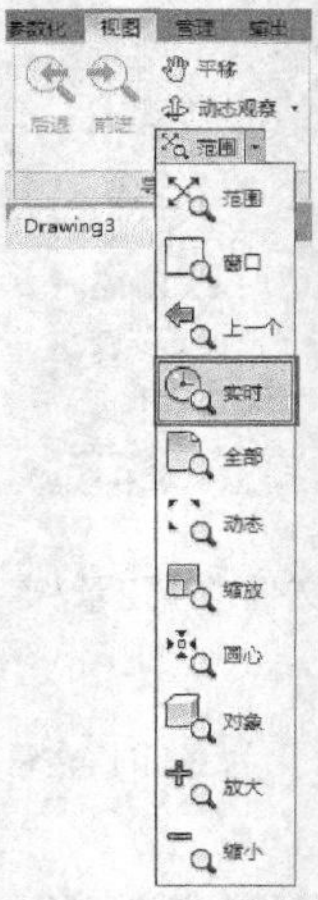

图 2-9　【视图】面板中的【实时】按钮

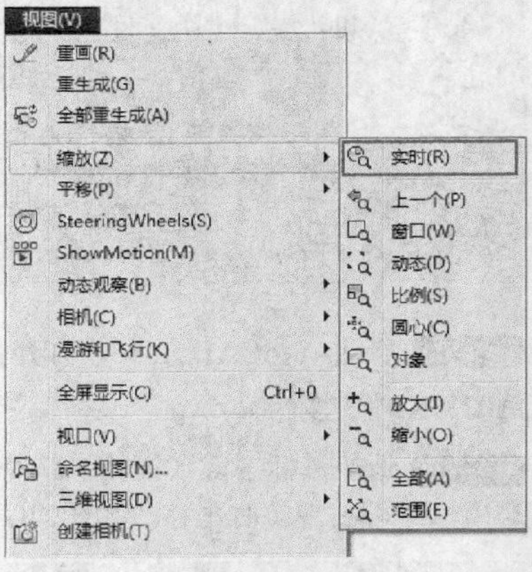

图 2-10　实时缩放的菜单命令

实例026 全部缩放视图

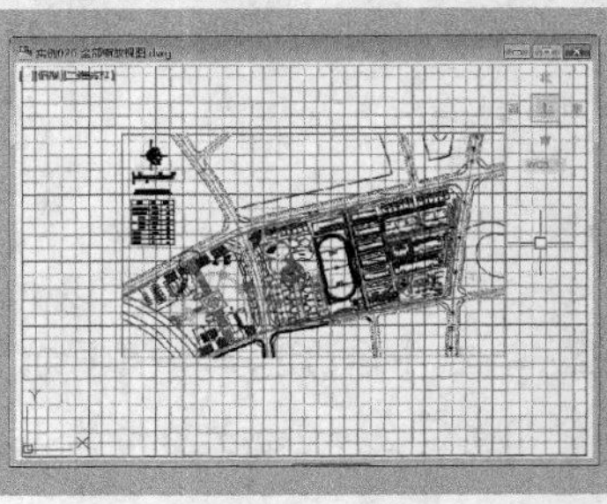

在 AutoCAD 2016 中，使用【全部缩放】命令可以快速显示出整个图形界限中的所有对象。如果没定义图形界限，则显示所有图形。

难度 ★★

- 素材文件路径：素材/第1章/实例026 全部缩放视图.dwg
- 效果文件路径：素材/第1章/实例026 全部缩放视图-OK.dwg
- 视频文件路径：视频/第1章/实例026 全部缩放视图.MP4
- 播放时长：46秒

Step 01 启动AutoCAD 2016，打开素材文件"第2章/实例026 全部缩放视图.dwg"，如图2-11所示，只能看到规划图的一部分，且有用栅格显示的图形界限。

Step 02 在命令行中输入Z或ZOOM，即执行【缩放】命令，然后按Enter键确认，根据命令行提示操作，输入A，执行【全部】子命令，再按Enter键确认，即可全部缩放视图，显示出整个栅格区域，即图形界限范围，如图2-12所示。命令行操作如下。

```
命令: Z↙                    //执行【缩放】命令ZOOM
指定窗口的角点，输入比例因子 (nX 或 nXP)，或者
[全部(A)/中心(C)/动态(D)/范围(E)/上一个(P)/比例(S)/窗口
(W)/对象(O)]<实时>: A↙      //执行【全部】子命令
```

图 2-11　素材文件

图 2-12　全部缩放的显示效果

·执行方式

除了命令行输入指令外，还可以通过以下方法来进行全部缩放视图。

◆ 功能区：单击【视图】选项卡，在【导航】面板的【视图】下拉列表中选择【全部】选项。

◆ 菜单栏：选择【视图】|【缩放】|【全部】选项。

实例027 中心缩放视图

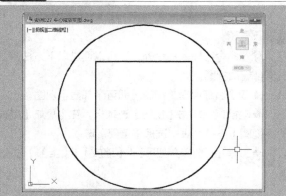

在 AutoCAD 2016 中，【中心缩放】命令是指图形以某一个中心位置按照指定的缩放比例因子来进行缩放。

难度 ★★

- 素材文件路径：素材/第1章/实例027 中心缩放视图.dwg
- 效果文件路径：素材/第1章/实例027 中心缩放视图-OK.dwg
- 视频文件路径：视频/第1章/实例027 中心缩放视图.MP4
- 播放时长：1分9秒

Step 01 启动AutoCAD 2016，打开素材文件"第2章/实例027 中心缩放视图.dwg"，图2-13所示为不对称图形。

Step 02 单击【视图】选项卡，在【导航】面板中的【视图】下拉列表中选择【圆心】选项，如图2-14所示。

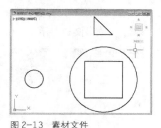
图 2-13　素材文件

图 2-14　【视图】面板中的【圆心】按钮

Step 03 在右下方的矩形中心处单击鼠标左键，确定中心点，输入80并按Enter键确认，即可实现中心缩放图形，效果如图2-15所示。

图 2-15　【中心缩放】的缩放效果

操作技巧

【中心缩放】的高度值即显示的最大尺寸范围。图2-15中右图便为高度80的显示情况，而图形中的圆直径即为Ø80。

实例028 动态缩放视图

在 AutoCAD 2016 中，【动态缩放】命令将显示几个不同颜色的方框，移动方框或调整大小，便可将框内的视图平移或缩放以充满整个视口。

难度 ★★

- 素材文件路径：素材/第1章/实例028 动态缩放视图.dwg
- 效果文件路径：素材/第1章/实例028 动态缩放视图-OK.dwg
- 视频文件路径：视频/第1章/实例028 动态缩放视图.MP4
- 播放时长：1分25秒

Step 01 启动AutoCAD 2016，打开素材文件"第2章/实例028 动态缩放视图.dwg"，可见图形由A1~D4等16块区域组成，如图2-16所示。

Step 02 在命令行中输入Z或ZOOM，执行【缩放】命令，然后按Enter键确认。根据命令行提示操作，输入D，执行【动态】子命令，按Enter键确认。此时光标变为带"×"标记的矩形（即动态视图框），如图2-17所示。

 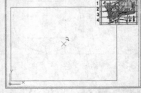

图 2-16　素材文件　　　　　图 2-17　动态视图框

Step 03 在图形的任意位置单击鼠标左键，视图框右侧出现→符号，此时移动光标便可以调整视图框的大小。将视图框调整至与素材文件方框区域差不多的大小，如图2-18所示。

Step 04 调整完毕后单击鼠标左键，图框又变回带"×"标记的矩形，此时移动光标便可以调整视图框的位置。将视图框移动至B2区域，如图2-19所示。

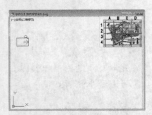 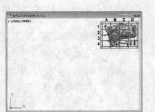

图 2-18　调整视图框大小　　　图 2-19　将视图框移动至 B2 区域

Step 05 确认区域无误后，直接按Enter键，视图迅速放大至整个B2区域，如图2-20所示。

图 2-20　动态缩放效果

实例029　范围缩放视图

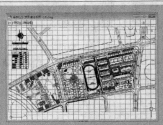

在 AutoCAD 2016 中，【范围缩放】命令可以快速地进行范围缩放图形操作。范围缩放视图可以使所有图形在屏幕上尽可能大的显示出来，它的显示边界是图形而不是图形界限，这是它与【全部缩放】命令的主要区别。读者可将该例与【实例026】进行对比。

难度 ★★

- 素材文件路径：素材/第1章/实例026 全部缩放视图dwg
- 效果文件路径：素材/第1章/实例029 范围缩放视图-OK.dwg
- 视频文件路径：视频/第1章/实例029 范围缩放视图.MP4
- 播放时长：1分钟

Step 01 启动AutoCAD 2016，打开素材文件"第2章/实例026 全部缩放视图.dwg"，如图2-21所示，只能看到规划图的一部分，且有用栅格显示的图形界限。

Step 02 在命令行中输入Z或ZOOM，即执行【缩放】命令，然后按Enter键确认，根据命令行提示操作，输入E，执行【范围】子命令，再按Enter键确认，即可全部缩放视图，显示出完整的规划图，如图2-22所示。命令行操作如下。

命令: Z↙　　　　　//执行【缩放】命令ZOOM
指定窗口的角点，输入比例因子 (nX 或 nXP)，或者[全部(A)/中心(C)/动态(D)/范围(E)/上一个(P)/比例(S)/窗口(W)/对象(O)]<实时>: E↙//执行【范围】子命令

图 2-21　素材文件　　　　　　图 2-22　范围缩放的显示效果

· 执行方式

　　除了命令行输入指令外，还可以通过以下方法来进行全部缩放视图。

◆ 双击鼠标中键（滚轮）即可全部显示视图。

◆ 功能区：单击【视图】选项卡，在【导航】面板的【视图】下拉列表中选择【全部】选项。

◆ 菜单栏：选择【视图】|【缩放】|【全部】选项。

实例030 窗口缩放视图

在 AutoCAD 2016 中，【窗口缩放】命令可以通过用户指定的矩形窗口放大某一指定区域。尽量使指定的矩形窗口与屏幕成一定的比例。

难度 ★★

- 素材文件路径：素材/第1章/实例030 窗口缩放视图.dwg
- 效果文件路径：素材/第1章/实例030 窗口缩放视图-OK.dwg
- 视频文件路径：视频/第1章/实例030 窗口缩放视图.MP4
- 播放时长：57秒

Step 01 启动AutoCAD 2016，打开素材文件"第2章/实例030 动态缩放视图.dwg"，可见图形由A1~D4等16块区域组成，如图2-23所示。

Step 02 单击【视图】选项卡，在【导航】面板中的【视图】下拉列表中选择【窗口】选项，如图2-24所示。

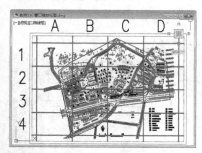

图 2-23 素材文件

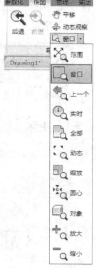

图 2-24 【视图】面板中的【窗口】按钮

Step 03 此时光标变为带有符号的十字光标，如果要观察图形的文字说明部分，可按住左键在D4区域划出一个相近大小的矩形窗口，如图2-25所示。

Step 04 释放鼠标，再单击鼠标左键进行确认即可对矩形区域进行缩放，效果如图2-26所示。

图 2-25 指定要缩放的矩形区域 D4

图 2-26 窗口缩放的显示效果

实例031 比例缩放视图

在 AutoCAD 2016 中，【比例缩放】命令可以根据用户所输入的比例参数来进行放大或缩小视图。

难度 ★★

- 素材文件路径：素材/第1章/实例031 比例缩放视图.dwg
- 效果文件路径：素材/第1章/实例031 比例缩放视图-OK.dwg
- 视频文件路径：视频/第1章/实例031 比例缩放视图.MP4
- 播放时长：36秒

Step 01 启动AutoCAD 2016，打开素材文件"第2章/实例031 比例缩放视图.dwg"，如图2-27所示。

Step 02 在命令行中输入Z或ZOOM，执行【缩放】命令，然后按Enter键确认，根据命令行提示操作，输入S，执行【比例】子命令。

Step 03 提示输入比例因子，输入2，按Enter键确认，即可按比例缩放对象，效果如图2-28所示。命令行操作如下。

```
命令: Z↙            //执行【缩放】命令ZOOM
指定窗口的角点，输入比例因子 (nX 或 nXP)，或者[全部(A)/
中心(C)/动态(D)/范围(E)/上一个(P)/比例(S)/窗口(W)/对象(O)]
<实时>: S↙//执行【全部】子命令
输入比例因子 (nX 或 nXP): 2↙//输入数值确认比例因子
```

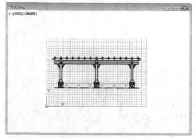

图 2-27 素材图形

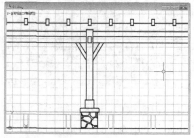

图 2-28 比例缩放的显示效果

● 执行方式

【比例缩放】按输入的比例值进行缩放。共有 3 种输入方式，除了本例介绍的一种，还有以下的 2 种。

◆ 在数值后加 X，表示相对于当前视图进行缩放，如输入"2X"，使屏幕上的每个对象显示为原大小的 2 倍，效果如图 2-29 所示。

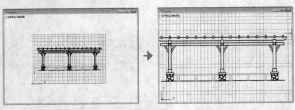

图 2-29　比例缩放输入"2X"效果

◆ 在数值后加 XP，表示相对于图纸空间单位进行缩放，如输入"2XP"，则以图纸空间单位的 2 倍显示模型空间，效果如图 2-30 所示，在创建视图时适合输入不同的比例来显示对象的布局。

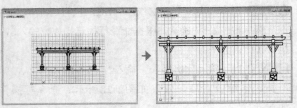

图 2-30　比例缩放输入"2XP"效果

实例032　对象缩放视图

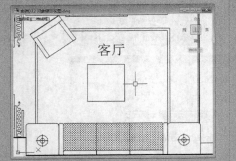

在 AutoCAD 2016 中，【对象缩放】命令可以将选择的图形对象最大限度地显示在屏幕上，并使其位于绘图区的中心。

难度 ★★

◎ 素材文件路径：素材/第1章/实例032 对象缩放视图.dwg
◎ 效果文件路径：素材/第1章/实例032 对象缩放视图-OK.dwg
◎ 视频文件路径：视频/第1章/实例032 对象缩放视图.MP4
◎ 播放时长：51秒

Step 01 启动AutoCAD 2016，打开素材文件"第2章/实例032 对象缩放视图.dwg"，如图2-31所示。

Step 02 单击【视图】选项卡，在【导航】面板中的【视图】下拉列表中选择【对象】选项，如图2-32所示。

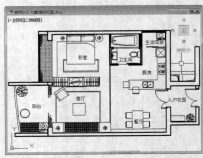

图 2-31　素材图形

图 2-32　【视图】面板中的【对象】按钮

Step 03 此时光标变为符号 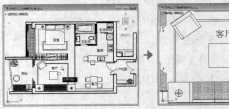，并提示选择对象。单击图形中的"客厅"文字，显示整个客厅图形，效果如图2-33所示。

图 2-33　对象缩放的显示效果

实例033　放大图形对象

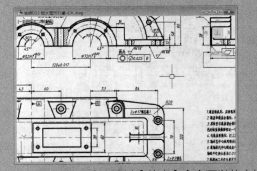

在 AutoCAD 2016 中，通过【放大】命令可以放大视图比例，不改变对象的绝对大小。

难度 ★★

◎ 素材文件路径：素材/第1章/实例033 放大图形对象.dwg
◎ 效果文件路径：素材/第1章/实例033 放大图形对象-OK.dwg
◎ 视频文件路径：视频/第1章/实例033 放大图形对象.MP4
◎ 播放时长：40秒

Step 01 启动AutoCAD 2016，打开素材文件"第2章/实例033 放大图形对象.dwg"，如图2-34所示。

Step 02 单击【视图】选项卡，在【导航】面板中的【视图】下拉列表中选择【放大】选项，如图2-35所示。

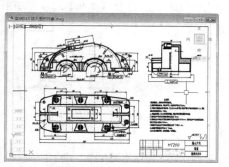

图 2-34 素材图形

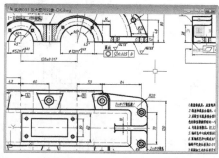

图 2-35 【视图】面板中的【放大】按钮

【视图】下拉列表中选择【缩小】选项，如图2-38所示。

图 2-37 素材图形

图2-38【视图】面板中的【缩小】按钮

Step 03 执行上述操作后，即可放大视图，如图2-36所示。每单击一次，便放大一倍。

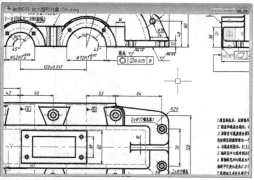

图 2-36 放大视图

Step 03 执行上述操作后，即可缩小视图，如图2-39所示。每单击一次，便缩小一半。

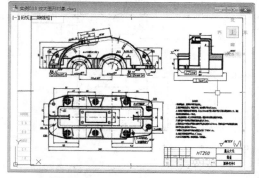

图 2-39 缩小视图

实例034 缩小图形对象

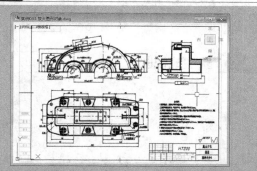

在 AutoCAD 2016 中，通过【缩小】命令可以缩小视图比例，不改变对象的绝对大小。

难度 ★★

- 素材文件路径：素材/第1章/实例033放大图形对象-OK.dwg
- 效果文件路径：素材/第1章/实例033 放大图形对象.dwg
- 视频文件路径：视频/第1章/实例034 缩小图形对象.MP4
- 播放时长：44秒

Step 01 启动AutoCAD 2016，打开素材文件"第2章/实例033 放大图形对象-OK.dwg"，如图2-37所示。

Step 02 单击【视图】选项卡，在【导航】面板中的

实例035 显示上一个视图

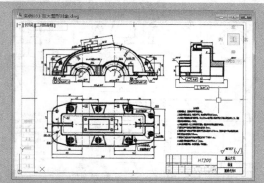

在 AutoCAD 2016 中，缩放或移动视图后，如果想重新显示之前的视图界面，便可以通过【上一个】命令来快速恢复。

难度 ★★

- 素材文件路径：素材/第1章/实例035 显示上一个视图.dwg
- 效果文件路径：素材/第1章/实例035 显示上一个视图-OK.dwg
- 视频文件路径：视频/第1章/实例035 显示上一个视图.MP4
- 播放时长：39秒

Step 01 启动AutoCAD 2016，打开素材文件"第2章/实

例035显示上一个视图.dwg",如图2-40所示。

Step 02 向后滚动鼠标滚轮,缩小视图如图2-41所示。

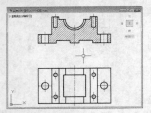
图2-40 素材文件

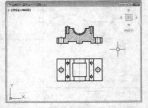
图2-41 缩小视图

Step 03 单击【视图】选项卡,在【导航】面板中的【视图】下拉列表中选择【上一个】选项,如图2-42所示。

Step 04 视图恢复至上一步显示的视图,如图2-43所示。

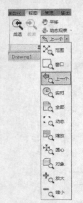
图2-42【视图】
面板中的【上一个】按钮

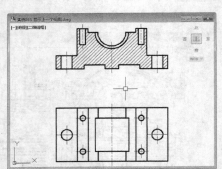
图2-43 恢复至上一视图

实例036 重画视图

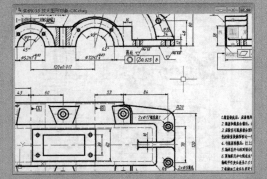

在 AutoCAD 2016 中,通过【重画】命令,不仅可以清除临时标记,还可以更新用户的当前视口。

难度 ★★

- 素材文件路径:素材/第1章/实例036 重画视图.dwg
- 效果文件路径:素材/第1章/实例036 重画视图-OK.dwg
- 视频文件路径:视频/第1章/实例036 重画视图.MP4
- 播放时长:39秒

Step 01 启动AutoCAD 2016,打开素材文件"第2章/实例036 重画视图.dwg",视图中有残存的两道临时标记,如图2-44所示。

Step 02 在菜单栏中选择【视图】|【重画】选项,如图2-45所示。

图2-44 素材文件

图2-45 【重画】的菜单命令

Step 03 执行上述操作后,即可重画视图,残存的临时标记被清除,效果如图2-46所示。

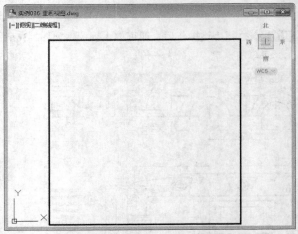
图2-46 重画后的视图

操作技巧

还可以通过在命令行输入REDRAW的方式来执行【重画】命令。输入完毕后直接单击Enter键即可执行操作。

实例037 重生成视图

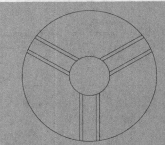

AutoCAD 使用太久或者图纸中内容太多,有时就会影响到图形的显示效果,让图形变得粗糙。这时就可以用到【重生成】命令来恢复。

难度 ★★

- 素材文件路径:素材/第1章/实例037 重生成视图.dwg
- 效果文件路径:素材/第1章/实例037 重生成视图-OK.dwg
- 视频文件路径:视频/第1章/实例037 重生成视图.MP4
- 播放时长:53秒

Step 01 启动AutoCAD 2016，打开素材文件"第2章/实例037 重生成视图.dwg"，图形显示极为粗糙，如图2-47所示。

Step 02 在命令行中输入RE，按Enter键确认，即可重生成图形，效果如图2-48所示。命令行操作如下。

命令: RE✓   //执行【重生成】命令REGEN 正在重生成模型。//视图重生成

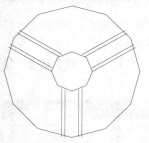
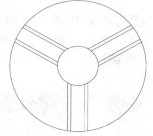

图 2-47   素材文件   图 2-48   重生成之后的图形

> **操作技巧**
>
> 还可以通过在菜单栏中选择【视图】|【重生成】选项来执行该命令。【重生成】命令仅对当前视图范围内的图形执行重生成，如果要对整个图形执行重生成，可选择【视图】|【全部重生成】命令。

2.2 AutoCAD 2016命令的执行与撤销

在 2.1 节中，有许多命令是通过功能区、菜单栏或者命令行输入指令的方式来完成的，这些都属于AutoCAD 执行命令的方式。本小节将在此基础上，进一步介绍执行命令的方式，以及如何终止当前命令、退出命令和重复执行命令等方法。

实例038 通过功能区执行命令

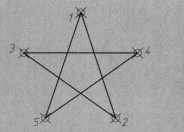

通过功能区调用命令是 AutoCAD 2016 主要的命令执行方式。相比其他方法，功能区调用更为直观，非常适合不能熟记绘图命令的初学者。

难度 ★

- 素材文件路径：素材/第1章/实例038 执行命令绘图.dwg
- 效果文件路径：素材/第1章/实例038 执行命令绘图-OK.dwg
- 视频文件路径：视频/第1章/实例038 通过功能区执行命令.MP4
- 播放时长：58秒

Step 01 打开素材文件"第2章/实例038 执行命令绘图.dwg"，其中已创建好了5个顺序点，如图2-49所示。

Step 02 在功能区中，单击【默认】选项卡中、【绘图】面板上的【直线】按钮，如图2-50所示。

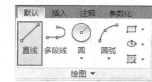

图 2-49   素材文件   图 2-50   功能区中的【直线】命令按钮

Step 03 执行【直线】命令，依照命令行的提示，选择素材中的"点1"为第一个点，选择"点2"为下一个点，如图2-51所示。

Step 04 按此方法，依顺序单击5个点，最终效果如图2-52所示，完整的命令行操作如下。

命令: _line//单击【直线】按钮，执行【直线】命令
指定第一个点://移动至点1，单击鼠标左键
指定下一点或 [放弃(U)]://移动至点2，单击鼠标左键
指定下一点或 [放弃(U)]://移动至点3，单击鼠标左键
指定下一点或 [闭合(C)/放弃(U)]://移动至点4，单击鼠标左键
指定下一点或 [闭合(C)/放弃(U)]://移动至点5，单击鼠标左键
指定下一点或 [闭合(C)/放弃(U)]:✓//移动至点1，单击鼠标左键，按Enter键结束命令

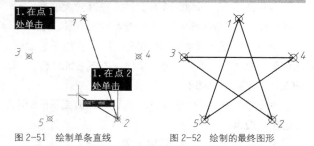

图 2-51   绘制单条直线   图 2-52   绘制的最终图形

> **操作技巧**
>
> 本书中命令行操作文本中的"✓"符号代表按下Enter键；"//"符号后的文字为提示文字。

实例039 通过命令行执行命令

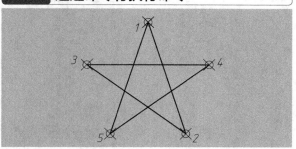

使用命令行输入命令是 AutoCAD 的一大特色，同时也是最快捷的绘图方式。这就要求用户熟记各种绘图命令。

难度 ★

- 素材文件路径：素材/第1章/实例038 执行命令绘图.dwg
- 效果文件路径：素材/第1章/实例038 执行命令绘图-OK.dwg
- 视频文件路径：视频/第1章/实例039通过命令行执行命令.MP4
- 播放时长：50秒

Step 01 使用实例038的素材文件来进行操作。打开素材文件"第2章/实例038 执行命令绘图.dwg"。

Step 02 【直线】命令LINE的指令简写是L，因此可在命令行中输入L，然后按Enter键确认，如图2-53所示。

图 2-53　在命令行中输入命令指令

Step 03 按上述方法操作后，即执行【直线】命令，命令行如图2-54所示。

图 2-54　命令行响应指令

Step 04 接下来便按【实例038】中的方法执行【直线】命令，进行绘制即可。

·执行方式

通过命令行执行命令，需要注意以下几点。

◆ AutoCAD 对命令或参数输入不区分大小写，因此在命令行输入指令时不必考虑输入的大小写。

◆ 要接受显示在命令行尖括号"[ ]"中的子选项，可以输入括号"（ ）"内的字母，再按 Enter 键，详细操作见【实例 026】。

◆ 要响应命令行中的提示，可以输入值或单击图形中的某个位置。

◆ 要指定提示选项，可以在提示列表（命令行）中输入所需提示选项对应的亮显字母，然后按 Enter 键。也可以使用鼠标单击选择所需要的选项，在命令行中单击选择"倒角（C）"选项，等同于在此命令行提示下输入"C"并按 Enter 键。

实例040 通过菜单栏执行命令

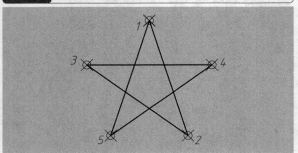

菜单栏调用是 AutoCAD 2016 提供的功能最全、最强大的命令调用方法。绝大多数 AutoCAD 常用命令都分门别类的放置在菜单栏中。

难度 ★

- 素材文件路径：素材/第1章/实例038 执行命令绘图.dwg
- 效果文件路径：素材/第1章/实例038 执行命令绘图-OK.dwg
- 视频文件路径：视频/第1章/实例040 通过菜单栏执行命令.MP4
- 播放时长：38秒

Step 01 使用实例038的素材文件来进行操作。打开素材文件"第2章/实例038 执行命令绘图.dwg"。

Step 02 在菜单栏中选择【绘图】｜【直线】选项，如图2-55所示。

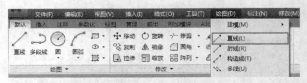

图 2-55　【直线】的菜单命令

Step 03 即执行【直线】命令，再按实例038的步骤进行绘制即可。

实例041 通过快捷菜单执行命令

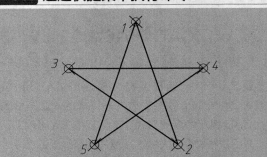

部分命令在功能区中没有按钮，菜单栏中也隐藏较深，通过命令行输入字符又太多……这时就可以使用快捷菜单来执行。

难度 ★

- 素材文件路径：无
- 效果文件路径：无
- 视频文件路径：视频/第1章/实例041 通过快捷菜单执行命令.MP4
- 播放时长：53秒

Step 01 新建一个空白文档。

Step 02 在菜单栏中选择【修改】｜【对象】｜【文字】｜【比例】选项，如图2-56所示。

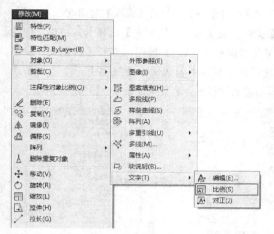

图 2-56　【文字比例】的菜单命令

Step 03 该命令在功能区中没有按钮，命令行指令为 SCALETEXT，没有简写。因此，无论使用何种方法，要再次执行该命令，都需费一番周折。这时可以在绘图区的空白处单击鼠标右键，在弹出的快捷菜单中选择【最近的输入】选项，便会自动弹出最近使用的各种命令，如图2-57所示。

Step 04 选择所需的命令，即可再次执行。该方法非常适用于执行一些不常见的命令。

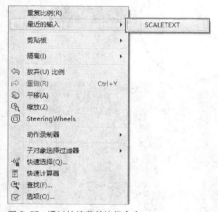

图 2-57　通过快捷菜单执行命令

实例042　重复执行命令

在绘图过程中，有时需要重复执行同一个命令，如果每次都重复输入，会使绘图效率大大降低。本例介绍重复执行命令的方法，并以此来绘制大量的同心圆。

难度 ★★

- 素材文件路径：无
- 效果文件路径：素材/第1章/实例042 重复执行命令-OK.dwg
- 视频文件路径：视频/第1章/实例042 重复执行命令.MP4
- 播放时长：1分28秒

Step 01 新建一个空白文档。

Step 02 在命令行中输入C，执行【圆】命令，单击任意位置为圆心，然后提示输入半径值时输入25，再按Enter键，即可绘制一个Ø50的圆，如图2-58所示。命令行操作如下。

```
命令: C↙//输入C执行【圆】命令CIRCLE
指定圆的圆心或 [三点(3P)/两点(2P)/切点、切点、半径(T)]:
指定圆的半径或 [直径(D)] <0.0000>: 25↙//输入半径值，按Enter键结束命令
```

Step 03 新在命令行中输入MULTIPLE，按Enter键，即执行【重复】命令，如图2-59所示。

图 2-58　素材文件　　　　图 2-59　在命令行中输入 MULTIPLE

Step 04 命令行提示输入要重复的命令，输入C，即【圆】命令，然后按Enter键确认，如图2-60所示。

Step 05 系统执行【圆】命令，但按之前指定圆心、再输入半径值的方法执行后，【圆】命令并未退出，反而重复执行。

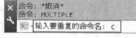

图 2-60　输入要重复执行的命令指令

Step 06 选择最初的Ø50圆心为圆心，依次绘制Ø45、Ø40、Ø20、Ø15和Ø10的圆，按ESC键退出，如图2-61所示。命令行操作如下。

```
MULTIPLE↙//输入MULTIPLE执行【重复】命令
输入要重复的命令名: C↙//输入C，指定要重复执行的命令CIRCLE
指定圆的圆心或 [三点(3P)/两点(2P)/切点、切点、半径(T)]://单击鼠标左键选择Ø50的圆心
指定圆的半径或 [直径(D)] <25.0000>: 22.5↙//输入半径值22.5
CIRCLE
```

指定圆的圆心或 [三点(3P)/两点(2P)/切点、切点、半径(T)]://
单击鼠标左键选择Ø50的圆心
指定圆的半径或 [直径(D)] <22.5000>: 20↙//输入半径值20
CIRCLE
指定圆的圆心或 [三点(3P)/两点(2P)/切点、切点、半径(T)]://
单击鼠标左键选择Ø50的圆心
指定圆的半径或 [直径(D)] <20.0000>: 10↙//输入半径值10
CIRCLE
指定圆的圆心或 [三点(3P)/两点(2P)/切点、切点、半径(T)]://
单击鼠标左键选择Ø50的圆心
指定圆的半径或 [直径(D)] <10.0000>: 7.5↙//输入半径值10
CIRCLE
指定圆的圆心或 [三点(3P)/两点(2P)/切点、切点、半径(T)]://
单击鼠标左键选择Ø50的圆心
指定圆的半径或 [直径(D)] <7.5000>: 5↙//输入半径值5
CIRCLE
指定圆的圆心或 [三点(3P)/两点(2P)/切点、切点、半径(T)]: *
取消*//按ESC键退出【重复】命令

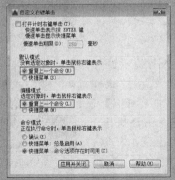

图 2-61　绘制的同心圆

实例043 自定义重复执行命令的方式 ★重点★

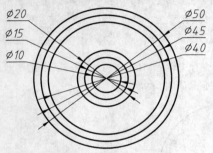

输入 MULTIPLE 虽然可以重复执行命令，但使用不方便。如果用户对绘图效率要求很高，可以将右键自定义为重复执行命令的方式。

难度 ★★

🔘 素材文件路径：无
🔘 效果文件路径：无
📹 视频文件路径：视频/第1章/实例043 自定义重复执行命令的方式.MP4
📹 播放时长：1分14秒

Step 01 新建一个空白文档。

Step 02 在绘图区的空白处单击鼠标右键，在弹出的快捷菜单中选择【选项】，打开【选项】对话框。

Step 03 切换至【用户系统配置】选项卡，单击其中的【自定义右键单击（I）】按钮，打开【自定义右键单击】对话框，在其中勾选两个【重复上一个命令】选项，即可将右键设置为重复执行命令，如图2-62所示。

图 2-62　自定义重复执行命令的方式

> **操作技巧**
>
> 默认情况下，在上一个命令完成后，直接按Enter键或空格键，即可重复该命令。

实例044 停止命令

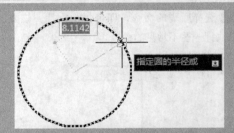

在使用 AutoCAD 2016 绘制图形的过程中，如果用户想结束当前操作，可以随时按下 Esc 键终止正在执行的命令。

难度 ★

🔘 素材文件路径：无
🔘 效果文件路径：无
📹 视频文件路径：视频/第1章/实例044 停止命令.MP4
📹 播放时长：29秒

Step 01 新建一个空白文档。

Step 02 在单击【默认】选项卡中【绘图】面板上的【圆】按钮⊘，如图2-63所示。

Step 03 根据命令行提示，单击任意位置，让其为圆心。

Step 04 在命令行提示输入半径值的时候，按下Esc键，即可取消【圆】命令的绘制，如图2-64所示。命令行操作如下。

```
命令:_circle//执行【圆】命令
指定圆的圆心或 [三点(3P)/两点(2P)/切点、切点、半径(T)]://
任意指定一点为圆心
指定圆的半径或 [直径(D)]: *取消*//按ESC键退出【圆】命令
```

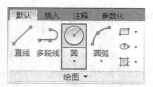

图2-63　【绘图】面板中的【圆】按钮

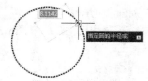

图2-64　指定半径时按 Esc 键退出命令

命令：_arraypolar
选择对象：找到 1 个//选择上方的不规则图形
选择对象：↙//按Enter键，结束对象选择
类型 = 极轴　关联 = 是//系统自动显示阵列的有关信息
指定阵列的中心点 或 [基点(B)/旋转轴(A)]://选择圆心为阵列的中心点选择夹点以编辑阵列或 [关联(AS)/基点(B)/项目(I)/项目间角度(A)/填充角度(F)/行(ROW)/层(L)/旋转项目(ROT)/退出(X)] <退出>:↙//按Enter键，退出命令，所有参数均为默认

实例045　撤销命令

Step 04 如果图形效果并未达到预期，可以按Ctrl+Z组合键来执行撤销操作，执行之后阵列效果消失，图形恢复至初始状态，如图2-68所示。

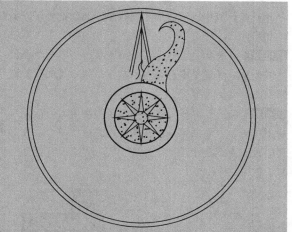

图2-67　阵列后的图形　　　　图2-68　【撤销】操作后的图形

操作技巧

除了按Ctrl+Z组合键，还可以单击快速访问工具栏中的【放弃】按钮 来执行撤销操作。且在【放弃】按钮右侧的下拉箭头里，可以选择要撤销的命令，如图2-69所示。

图2-69　快速访问工具栏中的【放弃】按钮

在使用 AutoCAD 2016 绘制图形的过程中，如果执行了错误的操作，便可以撤销该步骤，将图形恢复至命令操作之前的状态。

难度 ★

○ 素材文件路径：素材/第2章/实例045 撤销命令.dwg
○ 效果文件路径：素材/第2章/实例045 撤销命令-OK.dwg
※ 视频文件路径：视频/第2章/实例045 撤销命令.MP4
※ 播放时长：1分6秒

Step 01 打开素材文件"第2章/实例045 撤销命令.dwg"，素材图形如图2-65所示。

Step 02 单击【默认】选项卡中【修改】面板上的【环形阵列】按钮 ，如图2-66所示。

 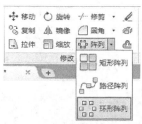

图2-65　素材图形　　　　图2-66　【修改】面板中的【环形阵列】按钮

Step 03 根据命令行的提示，选择上方的不规则图形作为要阵列的对象，然后选择圆心为环形阵列的中心点，指定完毕后直接按Enter键结束操作，不修改任何参数，结果如图2-67所示。命令行提示如下。

实例046　重做命令

通过【重做】命令，可以恢复前一次或者前几次已经被【撤销】的操作。【重做】与【撤销】是一组相对的命令。

难度 ★

- 素材文件路径：素材/第2章/实例045 撤销命令.dwg
- 效果文件路径：素材/第2章/实例046 重做命令-OK.dwg
- 视频文件路径：视频/第2章/实例046 重做命令.MP4
- 播放时长：50秒

Step 01 使用素材文件"第2章/实例045 撤销命令.dwg"来进行操作。打开素材图形，如图2-65所示。

Step 02 按实例046所述的方法进行操作，对上方的不规则图形进行阵列。

Step 03 然后按Ctrl+Z组合键进行撤销，阵列效果消失，结果如图2-70所示。

Step 04 如果想再恢复被撤销的阵列效果，则可以按组合键Ctrl+Y来执行【重做】命令，结果如图2-71所示。

图 2-70 【撤销】操作后的图形　　图 2-71 【重做】操作后的图形

操作技巧

除了按Ctrl+Y组合键，还可以单击快速访问工具栏中的【重做】按钮来执行重做操作。且在【重做】按钮右侧的下拉箭头里，可以选择要撤销的命令，如图2-72所示。

图 2-72 快速访问工具栏中的【重做】按钮

2.3 图形的选择

对图形进行任何编辑和修改操作，必须先选择图形对象。针对不同的情况，采用最佳的选择方法能大幅提高图形的编辑效率。AutoCAD 2016 提供了多种选择对象的基本方法，如点选、框选、栏选和围选等。

实例047 单击选择对象

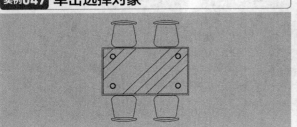

如果要选择单个图形对象，可以使用点选的方法，即将光标移动至对象上进行单击。它是常用的选择方式。

难度 ★

- 素材文件路径：素材/第2章/实例047 单击选择对象.dwg
- 效果文件路径：素材/第2章/实例047 单击选择对象-OK.dwg
- 视频文件路径：视频/第2章/实例047 单击选择对象.MP4
- 播放时长：49秒

Step 01 打开素材文件"第2章/实例047 单击选择对象.dwg"，其中已绘制好了一张桌子和六把椅子，如图2-73所示。

Step 02 如果设计变更，需要撤走左、右的两个座位，此时便可以通过单击选择对象，然后执行【删除】命令来完成。

Step 03 直接将十字光标移动到左侧椅子上方，该对象会虚化表示，然后单击鼠标左键，完成该单个对象的选择。此时被选择的图形对象将亮显且显示出自身的夹点，如图2-74所示。

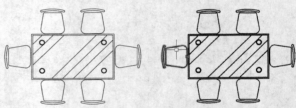

图 2-73 素材图形　　　　图 2-74 单击选择图形对象

Step 04 选择完毕后，按Delete键即可删除所选对象，效果如图2-75所示。

Step 05 按此方法删除右侧的座位，最终结果如图2-76所示。

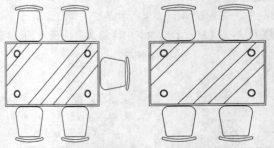

图 2-75 删除左侧座椅后的图形　　图 2-76 删除两侧座椅后的图形

操作技巧

点选方式一次只能选中一个对象，但是通过多次单击，便可以选择多个对象。此外，如果要删除已经选择的对象，可以按下Shift键并再次单击已经选中的对象，便会将这些对象从当前选择集中删除。按Esc键，可以取消对当前全部选定对象的选择。

实例048 窗口选择对象

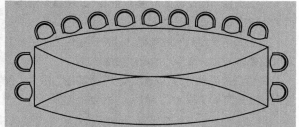

如果需要同时选择多个或者大量的对象，使用点选的方法不仅费时费力，而且容易出错。这时就可以使用窗口选择。

难度 ★

- 素材文件路径：素材/第2章/实例048 选择对象.dwg
- 效果文件路径：素材/第2章/实例048 选择对象-OK.dwg
- 视频文件路径：视频/第2章/实例048 窗口选择对象.MP4
- 播放时长：49秒

Step 01 打开素材文件"第2章/实例048 选择对象.dwg"，其中已绘制好了一张会议桌和22把椅子，如图2-77所示。

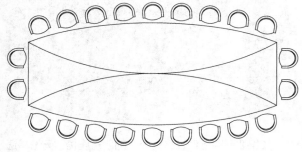

图 2-77 素材图形

Step 02 如果设计变更，要将下方的9把椅子全部撤走，那通过单击来进行选择的话无疑工作量很大，这时就可以通过窗口选择来将其框选。

Step 03 先将十字光标移动到下侧椅子的左上方，然后按住鼠标左键不放，向右拉出矩形窗口，将下方的椅子全部囊括在内。此时绘图区将伴随鼠标操作，出现一个蓝色的矩形方框，如图2-78所示。

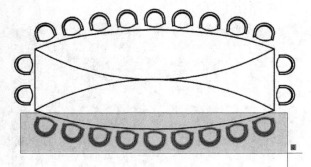

图 2-78 由左往右框选下方座椅

Step 04 释放鼠标后，被方框完全包裹的对象将被选中，与单选一样亮显且显示出自身的夹点，如图2-79所示。

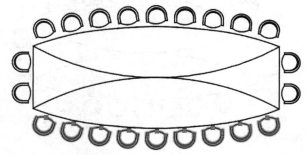

图 2-79 下侧座椅被选中

Step 05 选择完毕后，按Delete键即可删除所选对象，效果如图2-80所示。

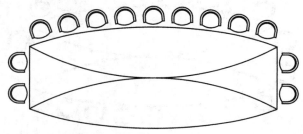

图 2-80 删除下侧座椅后的图形

实例049 窗交选择对象

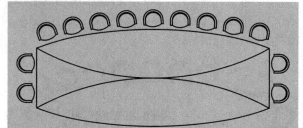

除了窗口选择外，还可以通过窗交选择的方式来选取数量较多的图形对象。窗口、窗交都是 AutoCAD 中使用最为频繁的选择操作。

难度 ★

- 素材文件路径：素材/第2章/实例048 选择对象.dwg
- 效果文件路径：素材/第2章/实例048 选择对象-OK.dwg
- 视频文件路径：视频/第2章/实例049 窗交选择对象.MP4
- 播放时长：1分8秒

Step 01 使用素材文件"第2章/实例048 选择对象.dwg"来进行操作。打开素材图形，如图2-77所示。

Step 02 按【实例048】的设计要求，要将下方的9把座椅删除。本例通过窗交方式来完成，供读者进行比对。

Step 03 先将十字光标移动到下侧椅子的右下方，然后按住鼠标左键不放，向左拉出矩形窗口，将下方的椅子全部囊括在内。此时绘图区将伴随鼠标操作，出现一个绿色的矩形方框，如图2-81所示。

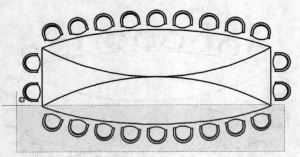

图2-81 从右往左框选下方座椅

Step 04 释放鼠标后，只要被方框接触到的对象均被选中，因此下方所有座椅与会议桌都被选中，如图2-82所示。

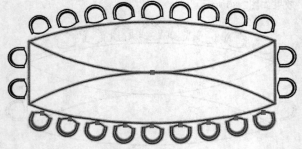

图2-82 下侧座椅连同会议桌均被选中

Step 05 此时便可以根据之前介绍的方法将其从选择集中删除：按Shift键，然后将十字光标移动至会议桌上，待十字光标变为🔲，再单击会议桌，便可以取消会议桌的选择，如图2-83所示。

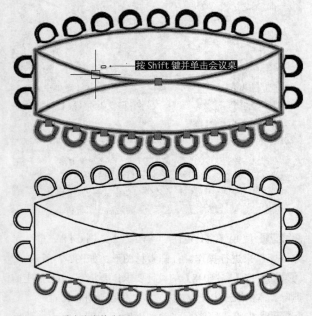

图2-83 取消会议桌的选择

·选项说明

窗口选择与窗交选择都是 AutoCAD 中最为常用的两种选择方式，其区别总结如下。

◆ 窗口选择是从左往右框选，方框颜色为蓝色，只有被蓝色区域完全覆盖的对象才会被选择。

◆ 窗交选择是从右往左框选，方框颜色为绿色，只要图形对象有被绿色区域接触到，就会被选择。

Step 06 确认选择无误后，按Delete键即可删除所选对象，效果如图2-80所示。

实例050 栏选选择对象

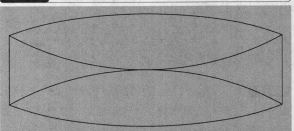

除了点选、窗口和窗交选择外，还有一种较为常用的选择方式——栏选。栏选可以让用户划出一根选择线，该线通过的图形均被选取。

难度 ★★

素材文件路径：素材/第2章/实例048 选择对象.dwg
效果文件路径：素材/第2章/实例050 栏选选择对象-OK.dwg
视频文件路径：视频/第2章/实例050 栏选选择对象.MP4
播放时长：1分17秒

如果要删除上例素材图形中的所有座椅，无论是通过窗口选择还是窗交选择，都很难快速完成。这时就可以借助另外一种较为常用的选择方法——栏选。

Step 01 使用素材文件"第2章/实例048 选择对象.dwg"来进行操作。打开素材图形，如图2-77所示。

Step 02 在绘图区空白处单击，然后在命令行中输入F并按Enter键，即可调用栏选命令。再根据命令行提示，分别指定栏选点，让其连成折线，通过所有座椅，然后按Enter键确认选择，即可选择所有座椅，如图2-84所示。命令行操作如下。

```
指定对角点或 [栏选(F)/圈围(WP)/圈交(CP)]: F✓//选择【栏选】方式
指定第一个栏选点://系统自动以单击的第一点为第一个栏选点
指定下一个栏选点或 [放弃(U)]://指定第二个栏选点，确定第一段折线
指定下一个栏选点或 [放弃(U)]://指定第三个栏选点，确定第二段折线
指定下一个栏选点或 [放弃(U)]://指定第四个栏选点，确定第三段折线
指定下一个栏选点或 [放弃(U)]://指定第五个栏选点，确定第四段折线
```

指定下一个栏选点或 [放弃(U)]://指定第六个栏选点，确定第五段折线

指定下一个栏选点或 [放弃(U)]://指定第七个栏选点，确定第六段折线

指定下一个栏选点或 [放弃(U)]:↙//按Enter键完成选择

难度 ★★

素材文件路径：素材/第2章/实例051 圈围选择对象.dwg
效果文件路径：素材/第2章/实例051 圈围选择对象-OK.dwg
视频文件路径：视频/第2章/实例051 圈围选择对象.MP4
播放时长：1分5秒

Step 01 打开素材文件"第2章/实例051 圈围选择对象.dwg"，图形由三张沙发、一张茶几和一块地毯组成，如图2-86所示。

Step 02 现在要删除外围的三张沙发，且不破坏茶几和地毯。除了借助上面实例介绍的栏选方法外，还可以使用圈围操作来完成。

Step 03 在图形左下角的空白处单击，然后在命令行中输入WP并按Enter键，即可调用圈围命令。再根据命令行提示，分别指定圈围点，构建蓝色区域的多边形，将所有沙发囊括在内，同时隔开茶几，如图2-87所示。命令行提示如下。

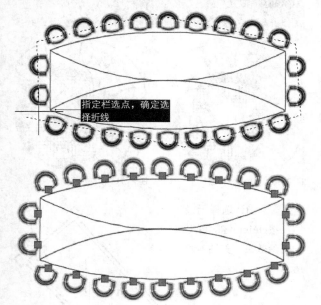

指定对角点或 [栏选(F)/圈围(WP)/圈交(CP)]：WP↙//选择【圈围】方式
指定第一个栏选点://系统自动以单击的第一点为第一个圈围点
指定直线的端点或 [放弃(U)]://指定第二个圈围点，确定选择区域的第一条边
指定直线的端点或 [放弃(U)]://指定第三个圈围点，确定选择区域的第二条边
指定直线的端点或 [放弃(U)]://指定第四个圈围点，确定选择区域的第三条边
指定直线的端点或 [放弃(U)]://指定第五个圈围点，确定选择区域的第四条边
指定直线的端点或 [放弃(U)]://指定第六个圈围点，确定选择区域的第五条边
指定直线的端点或 [放弃(U)]://指定第七个圈围点，确定选择区域的第六条边
指定直线的端点或 [放弃(U)]:↙//按Enter键完成选择

图 2-84 栏选所有座椅

Step 03 确认选择无误后，按Delete键即可删除所有座椅，效果如图2-85所示。

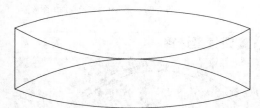

图 2-85 删除所有座椅后的图形

实例051 圈围选择对象 ★进阶★

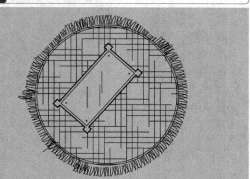

圈围是一种多边形窗口选择方式。与窗口选择对象的方法类似，不同的是圈围方法可以构造任意形状的多边形，相同的是只有被多边形选择框完全包围的对象才能被选中。

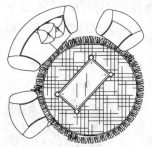 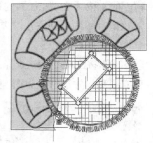

图 2-86 素材图形 　　图 2-87 圈围选择区域

Step 04 然后按Enter键确认选择，即可将所有座椅选择，如图2-88所示。

Step 05 确认选择无误后，按Delete键即可删除所有座椅，效果如图2-89所示。

图 2-88　圈围选择结果　　　图 2-89　删除沙发后的图形

实例052　圈交选择对象　　★进阶★

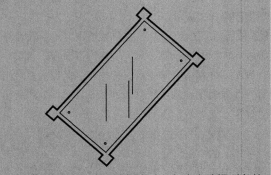

圈交也是一种多边形窗口选择方式。与窗交选择对象的方法类似，不同的是圈交方法可以构造任意形状的多边形，相同的是与多边形选择框有接触的对象均会被选中。

难度 ★★

◎ 素材文件路径：素材/第2章/实例051 圈围选择对象.dwg
◎ 效果文件路径：素材/第2章/实例052 圈交选择对象-OK.dwg
◎ 视频文件路径：视频/第2章/实例052 圈交选择对象.MP4
◎ 播放时长：1分5秒

Step 01 使用素材文件"第2章/实例051 圈围选择对象.dwg"来进行操作。打开素材图形，如图2-86所示。

Step 02 在图形左下角的空白处单击，然后在命令行中输入CP并按Enter键，即可调用圈交命令。

Step 03 按【实例051】的选择顺序进行操作，以此来对比两种不同选择方法的差异，得到绿色的多边形选择区域，如图2-90所示。

Step 04 按Enter键确认选择，可见除了未相交的茶几外，所有图形均被选中，如图2-91所示。命令行操作如下。

指定对角点或 [栏选(F)/圈围(WP)/圈交(CP)]: CP↙//选择【圈交】方式
　指定第一个栏选点://系统自动以单击的第一点为第一个圈交点
　指定直线的端点或 [放弃(U)]://指定第二个圈交点，确定选择区域的第一条边
　指定直线的端点或 [放弃(U)]://指定第三个圈交点，确定选择区域的第二条边
　指定直线的端点或 [放弃(U)]://指定第四个圈交点，确定选择区域的第三条边

指定直线的端点或 [放弃(U)]://指定第五个圈交点，确定选择区域的第四条边
　指定直线的端点或 [放弃(U)]://指定第六个圈交点，确定选择区域的第五条边
　指定直线的端点或 [放弃(U)]://指定第七个圈交点，确定选择区域的第六条边
　指定直线的端点或 [放弃(U)]: ↙//按Enter键完成选择

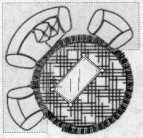

图 2-90　圈交选择区域　　　图 2-91　圈交选择结果

Step 05 确认选择无误后，按Delete键即可得到删除效果，如图2-92所示。

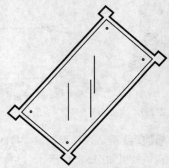

图 2-92　删除沙发和地毯后的图形

实例053　窗口套索选择　　★进阶★

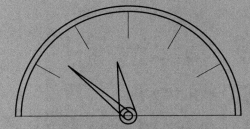

套索选择是 AutoCAD 2016 新增的选择方式，是框选命令的一种延伸，使用方法跟窗口、窗交等框选命令类似。

难度 ★★★

◎ 素材文件路径：素材/第2章/实例053 窗口套索选择.dwg
◎ 效果文件路径：素材/第2章/实例053 窗口套索选择-OK.dwg
◎ 视频文件路径：视频/第2章/实例053 窗口套索选择.MP4
◎ 播放时长：1分1秒

Step 01 打开素材文件"第2章/实例053 窗口套索选择.dwg"，其中已绘制好了一个分度盘，如图2-93所示。

Step 02 如果要删除分度盘中的方块，而不破坏其中的指针和刻度，可以使用窗口套索操作来完成。

Step 03 将光标置于图形的左上方，然后按住鼠标左键，向右划出一个不规则的蓝色多边形区域，使其完全覆盖所有方块，但又包含任何刻度和指针，如图2-94所示。

指针之外的图形全部相接触，如图2-97所示。

Step 04 释放鼠标左键，即可得到选择结果，如图2-98所示。

图 2-97　窗交套索划出多边形区域选择对象　　图 2-98　除指针外所有图形均被选中

Step 05 确认选择无误后，按Delete键即可删除所选方块，效果如图2-99所示。

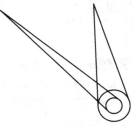

图 2-99　指针图形

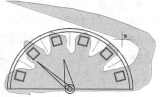

图 2-93　素材图形　　图 2-94　窗口套索划出多边形区域选择对象

Step 04 释放鼠标左键，即可得到选择结果，如图2-95所示。

Step 05 确认选择无误后，按Delete键即可删除所选方块，效果如图2-96所示。

图 2-95　所有方块均被选中　　图 2-96　删除方块后的图形

实例054 窗交套索选择 ★进阶★

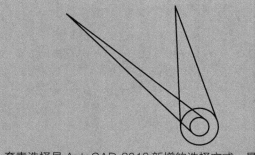

套索选择是 AutoCAD 2016 新增的选择方式，是框选命令的一种延伸，使用方法跟窗口、窗交等框选命令类似。

难度 ★★★

◎ 素材文件路径：素材/第2章/实例053 窗口套索选择.dwg
◎ 效果文件路径：素材/第2章/实例054 窗交套索选择-OK.dwg
▲ 视频文件路径：视频/第2章/实例054 窗交套索选择.MP4
▲ 播放时长：58秒

Step 01 使用素材文件"第2章/实例053 创建套索选择.dwg"进行操作，以此来对比两种不同选择方法之间的差异。打开素材图形，如图2-93所示。

Step 02 如果要删除整个分度盘，只保留指针，可以使用窗交套索操作来完成。

Step 03 将光标置于图形的左上方，然后按住鼠标左键，向左划出一个不规则的绿色多边形区域，使其与除

实例055 快速选择对象 ★重点★

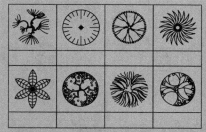

快速选择可以根据对象的图层、线型、颜色和图案填充等特性选择对象，从而快速准确地从复杂的图形中选择满足某种特性的图形对象。

难度 ★★★

◎ 素材文件路径：素材/第2章/实例055 快速选择对象.dwg
◎ 效果文件路径：素材/第2章/实例055 快速选择对象-OK.dwg
▲ 视频文件路径：视频/第2章/实例055 快速选择对象.MP4
▲ 播放时长：1分22秒

Step 01 打开素材文件"第2章/实例055 快速选择对象.dwg"，本例素材为一张简单的园林图例表格，如图2-100所示。

Step 02 如果要删除素材中的所有文字对象，而不破坏表格和图形，无论通过点选、窗交、窗口还是栏选选择，都很难快速选择所有的文字并进行删除。这时可以利用【快速选择】命令来进行选取。

Step 03 在菜单栏中选择【工具】|【快速选择】命令，系统将弹出【快速选择】对话框。

Step 04 用户可以根据要求设置选择范围。本例在【对象类型】下拉列表中选择【文字】选项，在【特性】下

拉列表中选择【颜色】，再在下方的【运算符】下拉列表中选择【=等于】，在【值】下拉列表中选择【Bylayer】，如图2-101所示。

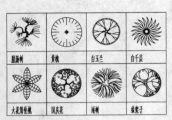

图2-100 素材图形

图2-101 【快速选择】对话框

Step 05 完成上述操作，即意味着所有颜色设置为Bylayer的文字对象会被选取。单击【确定】按钮，系统返回绘图区，可见图形中的所有文字对象均被选取，如图2-102所示。

Step 06 这时按Delete键即可删除所有文字对象，效果如图2-103所示。

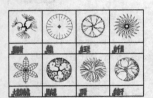

图2-102 文字对象被选中

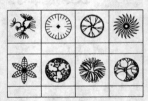

图2-103 所有文字对象被删除

2.4 AutoCAD的坐标系

在学习了视图的控制、命令的执行和图形的选择之后，就可以学习绘图了。但要利用AutoCAD来绘制图形，首先要了解坐标、对象选择和一些辅助绘图工具方面的内容。本节将通过6个实例来介绍AutoCAD坐标系的相关知识。

实例056 认识AutoCAD的坐标系

在AutoCAD 2016中，坐标系分为世界坐标系（WCS）和用户坐标系（UCS）两种。本例将分别进行介绍。

难度 ★

1 世界坐标系（WCS）

世界坐标系统（World Coordinate System, WCS）是AutoCAD的基本坐标系统。它由三个相互垂直的坐标轴X、Y和Z组成，在绘制和编辑图形的过程中，它的坐标原点和坐标轴的方向是不变的。

如图2-104所示，在默认情况下，世界坐标系统X轴正方向水平向右，Y轴正方向垂直向上，Z轴正方

向垂直屏幕平面方向，指向用户。坐标原点在绘图区左下角，在其上有一个方框标记，表明是世界坐标系统。

2 用户坐标系（UCS）

为了更好地辅助绘图，经常需要修改坐标系的原点位置和坐标方向，这时就需要使用可变的用户坐标系统（User Coordinate System, USC）。在用户坐标系中，可以任意指定或移动原点和旋转坐标轴，在默认情况下，用户坐标系统和世界坐标系统重合，如图2-105所示。

图2-104 世界坐标系统图标（WCS）

图2-105 用户坐标系统图标（UCS）

实例057 绝对直角坐标绘图 ★重点★

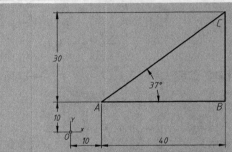

在AutoCAD 2016中，绝对坐标是以原点为基点定位所有的点。其坐标形式为用英文逗号隔开的X、Y和Z值，即：X，Y，Z。

难度 ★★

- 素材文件路径：无
- 效果文件路径：素材/第2章/实例057绝对直角坐标绘图-OK.dwg
- 视频文件路径：视频/第2章/实例057绝对直角坐标绘图.MP4
- 播放时长：53秒

以绝对直角坐标输入的方法绘制图2-106所示的图形。图中O点为AutoCAD的坐标原点，坐标为(0,0)，因此A点的绝对坐标则为（10，10），B点的绝对坐标为（50，10），C点的绝对坐标为（50，40）。绘制步骤如下。

Step 01 启动AutoCAD 2016，新建一个空白文档。

Step 02 在【默认】选项卡中，单击【绘图】面板上的【直线】按钮，执行直线命令。

Step 03 输入A点。命令行出现"指定第一点"的提示，直接在其后输入"10,10"，即第一点A点的坐标，如图2-107所示。

Step 04 按Enter键确定第一点的输入，接着命令行提示"指定下一点"，再按相同方法输入B、C点的绝对坐标值，即可得到图2-106所示的图形效果。完整的命令行操作过程如下。

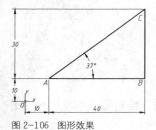

图 2-106 图形效果

图 2-107 输入绝对坐标确定第一点

```
命令: _line//调用【直线】命令
指定第一个点: 10,10✓ //输入A点的绝对直角坐标
指定下一点或 [放弃(U)]: 50,10✓ //输入B点的绝对直角坐标
指定下一点或 [放弃(U)]: 50,40✓ //输入C点的绝对直角坐标
指定下一点或 [闭合(C)/放弃(U)]: ✓ //单击Enter键结束命令
```

实例058 相对直角坐标绘图 ★重点★

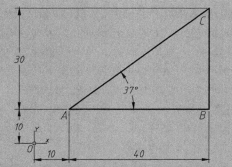

在 AutoCAD 2016 中，相对坐标是指一点相对于另一特定点的位置。相对坐标的输入格式为（@X,Y），"@"符号表示使用相对坐标输入，是指定相对于上一个点的偏移量。相对坐标在实际工作中使用较多。

难度 ★★

- 素材文件路径：无
- 效果文件路径：素材/第2章/实例057 绝对直角坐标绘图-OK.dwg
- 视频文件路径：视频/第2章/实例058 相对直角坐标绘图.MP4
- 播放时长：1分20秒

使用相对直角坐标的方法，绘制图 2-106 所示的图形。在实际绘图工作中，大多数设计师都喜欢随意在绘图区中指定一点为第一点，这样就很难界定该点及后续图形与坐标原点（0,0）的关系，因此往往采用相对坐标的输入方法来进行绘制。相比于绝对坐标的刻板，相对坐标显得更为灵活多变。

Step 01 启动AutoCAD 2016，新建一个空白文档。

Step 02 在【默认】选项卡中，单击【绘图】面板上的【直线】按钮 ，执行直线命令。

Step 03 输入A点。可按【实例057】中的方法，通过输入绝对坐标的方式确定A点；如果对A点的具体位置没有要求，也可以在绘图区中任意指定一点作为A点。

Step 04 输入B点。在图2-106中，B点位于A点的正X轴方向、距离为40点处，Y轴增量为0，因此相对于A点的坐标为（@40,0），可在命令行提示"指定下一点"时输入"@40,0"，即可确定B点，如图2-108所示。

Step 05 输入C点。由于相对直角坐标是相对于上一点进行定义的，因此在输入C点的相对坐标时，要考虑它和B点的相对关系，C点位于B点的正上方，距离为30，即输入"@0,30"，如图2-109所示。

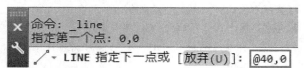

图 2-108 输入 B 点的相对直角坐标

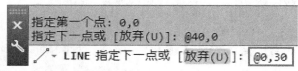

图 2-109 输入 C 点的相对直角坐标

Step 06 将图形封闭即绘制完成。完整的命令行操作过程如下。

```
命令: _line//调用【直线】命令
指定第一个点:10,10✓ //输入A点的绝对直角坐标
指定下一点或 [放弃(U)]:@40,0✓ //输入B点相对于上一个点
（A点）的相对直角坐标
指定下一点或 [放弃(U)]:@0,30✓ //输入C点相对于上一个点
（B点）的相对直角坐标
指定下一点或 [闭合(C)/放弃(U)]: C✓ //闭合图形
```

实例059 绝对极坐标绘图

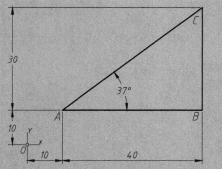

该坐标方式通过输入某点相对于坐标原点（0,0）的极坐标来进行绘图（如 12<30，指从 X 轴正方向逆时针旋转30°，距离原点 12 个图形单位的点）。在实际绘图工作中，该方法使用较少。

难度 ★★

素材文件路径：无
效果文件路径：素材/第2章/实例057绝对直角坐标绘图-OK.dwg
视频文件路径：视频/第2章/实例059绝对极坐标绘图.MP4
播放时长：1分13秒

使用绝对极坐标的方法，同样绘制图2-106所示的图形。在实际绘图工作中，由于很难确定与坐标原点之间的绝对极轴距离与角度，因此除了在一开始绘制带角度的辅助线外，该方法基本不怎么使用。

Step 01 启动AutoCAD 2016，新建一个空白文档。
Step 02 在【默认】选项卡中，单击【绘图】面板上的【直线】按钮，执行直线命令。
Step 03 输入A点。命令行出现"指定第一点"的提示，直接在其后输入"14.14<45"，即A点的绝对极坐标，如图2-107所示。

图 2-110　输入 A 点的绝对极坐标

操作技巧

通过勾股定理，可以算得OA的直线距离为$\sqrt{2}$（约等于14.14），OA与水平线的夹角为45°，因此可知A点的绝对极坐标为："14.14<45"。

Step 04 确定A点之后，B、C两点并不适合使用绝对极坐标输入，因此可切换为相对直角坐标输入的方法进行绘制，完整的命令行操作过程如下。

命令：_line//调用【直线】命令
指定第一个点:14.14<45//输入A点的绝对极坐标
指定下一点或 [放弃(U)]: @40,0//输入B点相对于上一个点（A点）的相对直角坐标
指定下一点或 [放弃(U)]: @0,30//输入C点相对于上一个点（B点）的相对直角坐标
指定下一点或 [闭合(C)/放弃(U)]: C//闭合图形

实例060 相对极坐标绘图 ★重点★

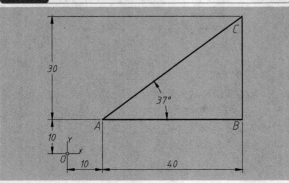

相对极坐标是以某一特定点为参考极点，通过输入相对于参考极点的距离和角度来定义一个点的位置。相对极坐标输入格式为（@A< 角度），其中 A 表示指定与特定点的距离。

难度 ★★

素材文件路径：无
效果文件路径：素材/第2章/实例057绝对直角坐标绘图-OK.dwg
视频文件路径：视频/第2章/实例060相对极坐标绘图.MP4
播放时长：1分41秒

使用相对极坐标的方法，绘制图2-106所示的图形。相对极坐标与相对直角坐标一样，都是以上一点为参考基点，输入增量来定义下一个点的位置。只不过相对极坐标输入的是极轴增量和角度值。

Step 01 启动AutoCAD 2016，新建一个空白文档。
Step 02 在【默认】选项卡中，单击【绘图】面板上的【直线】按钮，执行直线命令。
Step 03 输入A点。可按例59中的方法输入A点，也可以在绘图区中任意指定一点作为A点。
Step 04 输入C点。A点确定后，就可以通过相对极坐标的方式确定C点。C点位于A点的37°方向，距离为50（由勾股定理可知），因此相对极坐标为（@50<37），在命令行提示"指定下一点"时输入"@50<37"，即可确定C点，如图2-111所示。
Step 05 输入B点。B点位于C点的-90°方向，距离为30，因此相对极坐标为（@30<-90），输入"@30<-90"即可确定B点，如图2-112所示。

图 2-111　输入 C 点的相对极坐标　图 2-112　输入 B 点的相对极坐标

Step 06 将图形封闭即绘制完成。完整的命令行操作过程如下。

命令：_line//调用【直线】命令
指定第一个点：10,10//输入A点的绝对坐标
指定下一点或 [放弃(U)]: @50<37//输入C点相对于上一个点（A点）的相对极坐标
指定下一点或 [放弃(U)]: @30<-90//输入B点相对于上一个点（C点）的相对极坐标
指定下一点或 [闭合(C)/放弃(U)]: c//闭合图形

操作技巧

这4种坐标的表示方法，除了绝对极坐标外，其余3种均使用较多，需重点掌握。

实例061 控制坐标符号的显示

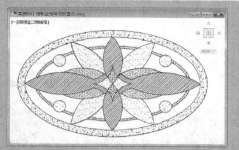

在 AutoCAD 2016 中，可以控制坐标系符号的显示与否。坐标系符号可以帮助用户直截了当地观察当前坐标的类型与方向。

难度 ★★

- 素材文件路径：素材/第2章/实例061控制坐标符号的显示.dwg
- 效果文件路径：素材/第2章/实例061控制坐标符号的显示-OK.dwg
- 视频文件路径：视频/第2章/实例061控制坐标符号的显示.MP4
- 播放时长：1分钟

Step 01 启动AutoCAD 2016，新建一个空白文档。在绘图区左下角可见坐标符号，如图2-113所示。

Step 02 执行切换工作空间操作，切换至【三维建模】工作空间。

Step 03 在功能区的【常用】选项卡中，单击【坐标】面板上的【UCS设置】按钮，如图2-114所示。

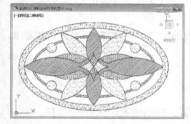

图 2-113　素材图形

图 2-114　【坐标】面板中的【USC 设置】按钮

Step 04 弹出【UCS】对话框，选择其中的【设置】选项卡，取消【开】复选框的勾选，即可隐藏坐标符号，如图2-115所示。

图 2-115　【UCS】对话框

Step 05 单击【确定】按钮，返回绘图区，可见坐标符号被隐藏了，如图2-116所示。

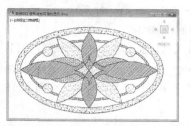

图 2-116　素材图形中的坐标符号被隐藏

操作技巧

除了切换至【三维建模】工作空间进行设置外，还可以直接在【草图与注释】工作空间中设置。在【视图】选项卡中，单击【视口工具】面板中的【UCS图标】按钮，即可进行控制，如图2-117所示。

图 2-117　在【草图与注释】工作空间中控制

2.5　辅助绘图工具

本节将介绍 AutoCAD 2016 辅助工具的设置。在实际绘图中，除了通过坐标进行定位，还可以借助AutoCAD 中提供的绘图辅助工具来绘图，如动态输入、栅格、栅格捕捉、正交和极轴追踪等。通过对辅助功能进行适当的设置，可以提高用户制图的工作效率和绘图的准确性。

实例062 使用动态输入

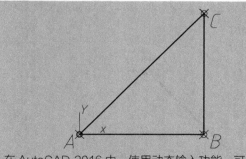

在 AutoCAD 2016 中，使用动态输入功能，可以在十字光标处显示出标注输入和命令提示信息，方便绘图。

难度 ★★

- 素材文件路径：素材/第2章/实例062 使用动态输入.dwg
- 效果文件路径：素材/第2章/实例062 使用动态输入-OK.dwg
- 视频文件路径：视频/第2章/实例062 使用动态输入.MP4
- 播放时长：1分13秒

Step 01 打开素材文件"第2章/实例062 使用动态输入.dwg",图中已绘制好了3个点A、B、C,其中A为坐标原点,AB、BC间的距离均为10,如图2-118所示。本例启用动态输入来绘制△ABC。

Step 02 连接AB。在【默认】选项卡中,单击【绘图】面板上的【直线】按钮 ,执行直线命令,连接A、B两点。绘制时请注意十字光标的显示效果,如图2-119所示。

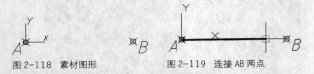

图 2-118 素材图形　　　图 2-119 连接 AB 两点

Step 03 启用动态输入。此时,单击状态栏上的【动态输入】按钮 ,若其亮显则为开启,如图2-120所示。

Step 04 连接BC。重复执行【直线】命令,连接BC两点,由于已启用了【动态输入】功能,十字光标效果如图2-121所示。在十字光标附近多出了角度值、距离文本框和操作提示栏。

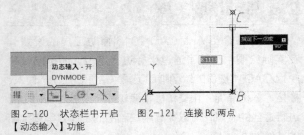

图 2-120 状态栏中开启　　图 2-121 连接 BC 两点
【动态输入】功能

Step 05 连接CA。重复执行【直线】命令,以C为起点,直接在键盘上输入A点相对于C点的相对坐标(-10,-10),动态输入框自动变为坐标输入栏,如图2-122所示。

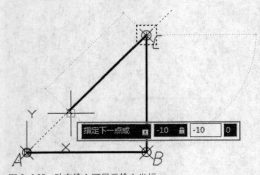

图 2-122 动态输入可显示输入坐标

Step 06 按Enter键,确认输入即可得到△ABC,如图2-123所示。

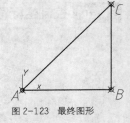

图 2-123 最终图形

实例063 使用动态输入

由例062可知,动态输入是绘图时的一种辅助工具,可以在十字光标附近显示出距离和角度值,或用以替代命令行进行相对坐标的输入。本例将在此基础之上对动态输入的相关设置进行介绍。

难度 ★

在绘图的时候,有时可在光标处显示命令提示或尺寸输入框,这类设置即称作【动态输入】。通过例062可知,【动态输入】有2种显示状态,一种为显示距离和角度值的状态,即"标注输入"状态;还有一种是输入相对坐标值的状态,即"指针输入"。两种状态显示如图2-124所示。

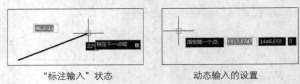

"标注输入"状态　　　　动态输入的设置
图 2-124 动态输入的显示状态

这些显示状态设置的操作步骤简单介绍如下。

Step 01 右键单击状态栏上的【动态输入】按钮 ,选择弹出的【动态输入设置】选项。

Step 02 系统自动打开【草图设置】对话框中的【动态输入】选项卡,该选项卡可以控制在启用【动态输入】时每个部件所显示的内容。

Step 03 选项卡中包含3个组件,即指针输入、标注输入和动态显示,如图2-125所示,分别介绍如下。

1 指针输入

单击【指针输入】选项区的【设置】按钮,打开【指针输入设置】对话框,如图2-126所示。可以在其中设置指针的格式和可见性。在工具提示中,十字光标所在位置的坐标值将显示在光标旁边。命令提示用户输入点时,可以在工具提示框(而非命令行)中输入坐标值。

图2-125 【动态输入】选项卡

图2-126 【指针输入设置】对话框

2 标注输入

在【草图设置】对话框的【动态输入】选项卡,选择【可能时启用标注输入】复选框,启用标注输入功能。单击【标注输入】选项区域的【设置】按钮,打开图2-127所示的【标注输入的设置】对话框。利用该对话框可以设置夹点拉伸时标注输入的可见性等。

3 动态提示

【动态显示】选项组中各选项按钮含义说明如下。

◆【在十字光标附近显示命令提示和命令输入】复选框:勾选该复选框,可在光标附近显示命令显示。

◆【随命令提示显示更多提示】复选框:勾选该复选框,显示使用 Shift 键和 Ctrl 键进行夹点操作的提示。

◆【绘图工具提示外观】按钮:单击该按钮,弹出图2-128所示的【工具提示外观】对话框,可从中进行颜色、大小、透明度和应用场合的设置。

图2-127 【标注输入的设置】对话框

图2-128 【工具提示外观】对话框

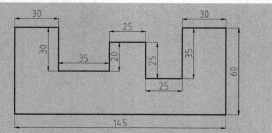

实例064 正交绘图 ★重点

使用【正交】功能可以将十字光标限制在水平或者垂直轴向上。该功能如同使用了丁字尺绘图,可以保证

绘制的直线完全呈水平或垂直状态,十分适用于绘制绝对水平或垂直的线性图形。

难度 ★★

◎ 素材文件路径:无
◎ 效果文件路径:素材/第2章/实例064 正交功能绘图-OK.dwg
◎ 视频文件路径:视频/第2章/实例064 正交功能绘图.MP4
◎ 播放时长:2分4秒

通过【正交】绘制图2-129所示的图形。【正交】功能开启后,系统自动将光标强制性地定位在水平或垂直位置上,在引出的追踪线上,直接输入一个数值即可定位目标点,而不用手动输入坐标值或捕捉栅格点来进行确定。

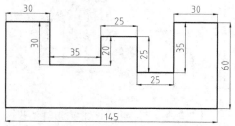

图2-129 通过正交绘制图形

Step 01 启动AutoCAD 2016,新建一个空白文档。

Step 02 单击状态栏中的 按钮,或按F8功能键,激活【正交】功能。

Step 03 因为【正交】功能限制了直线的方向,所以绘制水平或垂直直线时,指定方向后直接输入长度即可,不必再输入完整的坐标值。

Step 04 单击【绘图】面板中的 按钮,执行【直线】命令,配合【正交】功能,绘制图形。命令行操作过程如下。

```
命令:_line
指定第一点://在绘图区任意位置单击左键,拾取一点作为起点
指定下一点或 [放弃(U)]:60✓//向上移动光标,引出90°正交追踪线,如图2-130所示,此时输入60,即定位第2点
指定下一点或 [放弃(U)]:30✓//向右移动光标,引出0°正交追踪线,如图2-131所示,输入30,定位第3点
指定下一点或 [放弃(U)]:30✓//向下移动光标,引出270°正交追踪线,输入30,定位第4点
指定下一点或 [放弃(U)]:35✓//向右移动光标,引出0°正交追踪线,输入35,定位第5点
指定下一点或 [放弃(U)]:20✓//向上移动光标,引出90°正交追踪线,输入20,定位第6点
指定下一点或 [放弃(U)]:25✓//向右移动光标,引出0°的正交追踪线,输入25,定位第7点
```

Step 05 根据以上方法,配合【正交】功能绘制其他线段,最终的结果如图2-132所示。

图 2-130 引出 90° 正
交追踪线　　图 2-131
引出 0° 正
交追踪线　　图 2-132 最终结果

实例065 极轴追踪绘图　　★重点★

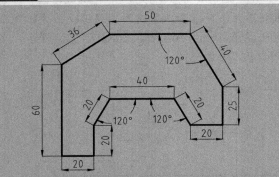

使用【极轴追踪】功能绘图时，可以按设置的角度增量
显示出一条虚线状的延伸辅助线，用户可以沿着该辅助
线追踪到光标所在的点。【极轴追踪】功能通常用来绘
制带角度的线性图形。

难度 ★★

● 素材文件路径：无
● 效果文件路径：素材/第2章/实例065 极轴追踪绘图-OK.dwg
● 视频文件路径：视频/第2章/实例065 极轴追踪绘图.MP4
● 播放时长：3分4秒

　　通过【极轴追踪】绘制图 2-133 所示的图形。【极
轴追踪】功能是一个非常重要的辅助工具，此工具可以
在任何角度和方向上引出角度矢量，从而可以很方便地
精确定位角度方向上的任何一点。相比于坐标输入、正
交等绘图方法来说，极轴追踪更为便捷，足以绘制绝大
部分图形，因此是使用最多的一种绘图方法。

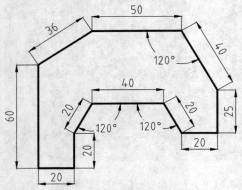

图 2-133　通过极轴追踪绘制图形

Step 01 启动AutoCAD 2016，新建一个空白文档。

Step 02 单击状态栏中的 ⟳ 按钮，或按F10功能键，激
活【极轴追踪】功能。

Step 03 用鼠标右键单击状态栏上的【极轴追踪】按钮
⟳，然后在弹出的快捷菜单中选择【正在追踪设置】
选项，如图2-134所示。

Step 04 在打开的【草图设置】对话框中勾选【启用极
轴追踪】复选框，并将当前的增量角设置为60，如图
2-135所示。

图 2-134　选择【正在追
踪设置】命令　　图 2-135　设置极轴追踪参数

Step 05 单击【绘图】面板中的 ／ 按钮，激活【直线】
命令，配合【极轴追踪】功能，绘制外框轮廓线。命令
行操作过程如下。

```
命令：_line
指定第一点：//在适当位置单击鼠标左键，拾取一点作为起
点指定下一点或 [放弃(U)]:60↙//垂直向下移动光标，引出
270° 的极轴追踪虚线，如图2-136所示，此时输入60，定位
第2点
指定下一点或 [放弃(U)]:20↙//水平向右移动光标，引出0°
的极轴追踪虚线，如图2-137所示，输入20，定位第3点
指定下一点或 [放弃(U)]:20↙//垂直向上移动光标，引出90°
的极轴追踪线，如图2-138示，输入20，定位第4点
指定下一点或 [放弃(U)]:20↙//斜向上移动光标，在60° 方向
上引出极轴追踪虚线，如图2-139所示，输入20，定位第5点
```

Step 06 根据以上方法，配合【极轴追踪】功能绘制其
他线段，即可绘制出如图2-134所示的图形。

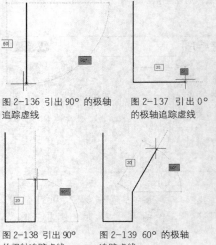

图 2-136 引出 90° 的极轴
追踪虚线　　图 2-137 引出 0°
的极轴追踪虚线

图 2-138 引出 90°
的极轴追踪虚线　　图 2-139 60° 的极轴
追踪虚线

实例066 极轴追踪的设置 ★进阶★

一般来说，【极轴追踪】可以绘制任意角度的直线，
包括水平的0°、180°与垂直的90°、270°等，
因此在某些情况下可以代替【正交】功能使用。但【极
轴追踪】的功能远不止如此，如果对其设置得当，将
大幅提升用户的绘图效率。

难度 ★

Step 01 右键单击状态栏上的【极轴追踪】按钮 ，弹
出追踪角度列表，如图2-140所示，其中的数值便为启
用【极轴追踪】时的捕捉角度。

图2-140 选择【正在追踪设置】命令

Step 02 在弹出的快捷菜单中选择【正在追踪设置】选
项，打开【草图设置】对话框，在【极轴追踪】选项卡
中可设置极轴追踪的开关和其他角度值的增量角等，如
图2-141所示。

图2-141 【极轴追踪】选项卡

【极轴追踪】选项卡中各选项的含义介绍如下。

◆【增量角】列表框：用于设置极轴追踪角度。当
光标的相对角度等于该角，或者是该角的整数倍时，屏

幕上将显示出追踪路径，如图2-142所示。

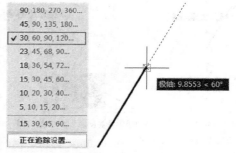

图2-142 设置【增量角】进行捕捉

◆【附加角】复选框：增加任意角度值作为极轴追
踪的附加角度。勾选【附加角】复选框，并单击【新建】
按钮，然后输入所需追踪的角度值，即可捕捉至附加角
的角度，如图2-143所示。

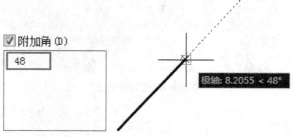

图2-143 设置【附加角】进行捕捉

◆【仅正交追踪】单选按钮：当对象捕捉追踪打开
时，仅显示已获得的对象捕捉点的正交（水平和垂直方
向）对象捕捉追踪路径，如图2-144所示。

◆【用所有极轴角设置追踪】单选按钮：对象捕捉
追踪打开时，将从对象捕捉点起沿任何极轴追踪角进行
追踪，如图2-145所示。

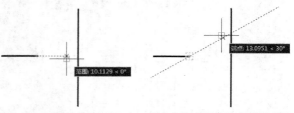

图2-144 仅从正交方向显示对
象捕捉路径

图2-145 可从极轴追踪角度显示
对象捕捉路径

◆【极轴角测量】选项组：设置极轴角的参照标准。
【绝对】单选按钮表示使用绝对极坐标，以 X 轴正方向
为0°。【相对上一段】单选按钮根据上一段绘制的直
线确定极轴追踪角，上一段直线所在的方向为0°，如
图2-146所示。

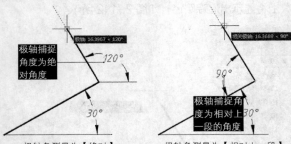

极轴角测量为【绝对】　　　　极轴角测量为【相对上一段】

图 2-146　不同的【极轴角测量】效果

操作技巧

细心的读者可能发现，极轴追踪的增量角与后续捕捉角度都是成倍递增的，如图2-140所示；但图中唯一有一个例外，那就是23°的增量角后直接跳到了45°，与后面的各角度也不成整数倍关系。这是由于AutoCAD的角度单位精度设置为整数，因此22.5°就被四舍五入为了23°。所以只需选择菜单栏【格式】|【单位】，在【图形单位】对话框中将角度精度设置为【0.0】，即可使得23°的增量角还原为22.5°，使用极轴追踪时也能正常捕捉至22.5°，如图2-147所示。

图 2-147　图形单位与极轴捕捉的关系

实例067　显示栅格效果

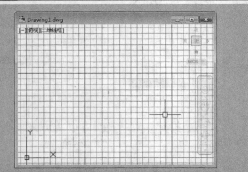

【栅格】相当于手工制图中使用的坐标纸，它按照相等的间距在屏幕上显示线矩阵栅格（或点矩阵栅格）。使用者可以通过栅格点数目来确定栅格间距，从而达到精确绘图的目的。

难度 ★

◎ 素材文件路径：无
◎ 效果文件路径：无
◎ 视频文件路径：视频/第2章/实例067 启用栅格功能.MP4
◎ 播放时长：1分40秒

1　显示线矩阵栅格（默认）

Step 01 启动AutoCAD 2016，新建一个空白文档。

Step 02 用鼠标右键单击状态栏上的【显示图形栅格】按钮 ▦，选择弹出的【网格设置】选项，如图2-148所示。

图 2-148　选择【网格设置】选项

Step 03 打开【草图设置】对话框中的【捕捉和栅格】选项卡，然后勾选【启用栅格】复选框，如图2-149所示。

图 2-149　勾选【启用栅格】复选框

Step 04 单击【确定】按钮，返回绘图区即可观察所显现的线矩阵栅格，如图2-150所示。

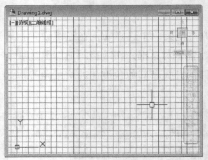

图 2-150　绘图区中的线矩阵栅格

操作技巧

也可以通过单击状态栏上的【显示图形栅格】按钮 ▦ 或按F7键来切换【栅格】的开、关状态。

2　显示点矩阵栅格

Step 01 按相同方法打开【草图设置】对话框中的【捕捉和栅格】选项卡。

Step 02 除了勾选【启用栅格】复选框，还要勾选【栅格样式】区域中的【二维模型空间】复选框，如图2-151所示。

图 2-151　勾选【二维模型空间】复选框

Step 03 单击【确定】按钮，返回绘图区，即可在二维模型空间中显示点矩阵形式的栅格，如图2-152所示。

图 2-152　绘图区中的点矩阵栅格

实例068　调整栅格间距

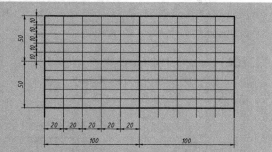

通过例 067 可知，在 AutoCAD 2016 中，栅格是点或线的矩阵，遍布指定为图形界限的整个区域。用户可以根据绘图需要调整栅格的间距。

难度 ★★

● 素材文件路径：无
● 效果文件路径：无
● 视频文件路径：视频/第2章/实例068 调整栅格间距.MP4
● 播放时长：1分34秒

一般情况下，栅格都是正方形的网格，用户可以通过设置间距来调整正方形的大小，也可以将其设置为非正方形的网格。具体的调整方法如下。

Step 01 启动AutoCAD 2016，新建一个空白文档，并按F7键来启用【栅格】功能。

Step 02 观察栅格。可见栅格线由若干颜色较深的线（称为主栅格线）和颜色较浅的线（称为辅助栅格线）

间隔显示，栅格的组成如图2-153所示。

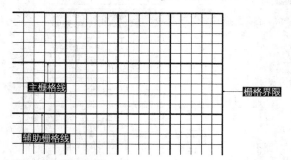

图 2-153　栅格的组成

操作技巧

【栅格界限】只有使用Limits命令定义了图形界限之后方能显现。

Step 03 用鼠标右键单击状态栏上的【显示图形栅格】按钮 ，选择弹出的【网格设置】选项，打开【草图设置】对话框中的【捕捉和栅格】选项卡。

Step 04 取消【X轴间距和Y轴间距相等】复选框的勾选。因为默认情况下，X轴间距和Y轴间距值是相等的，只有取消该复选框的勾选，才能进行输入。然后在右侧的【栅格X轴间距】、【栅格Y轴间距】输入不同的间距即可。

Step 05 输入不同的间距与所得栅格效果，如图2-154所示。

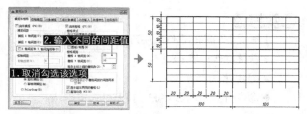

图 2-154　不同间距下的栅格效果

·选项说明

【栅格间距】区域中的各命令含义说明如下。

◆【栅格X轴间距】文本框：输入辅助栅格线在X轴上（横向）的间距值。

◆【栅格Y轴间距】文本框：输入辅助栅格线在Y轴上（纵向）的间距值。

◆【每条主线之间的栅格数】文本框：输入主栅格线之间的辅助栅格线的数量，因此可间接指定主栅格线的间距，即主栅格线间距＝辅助栅格线间距 × 数量。

实例069 启用捕捉功能

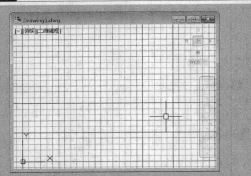

在 AutoCAD 2016 中，【捕捉】是用于设定十字光标在执行命令时移动的距离，使其按照【栅格】所限制的间距进行移动。因此【捕捉】经常和【栅格】功能联用。

难度 ★

- 素材文件路径：无
- 效果文件路径：无
- 视频文件路径：视频/第2章/实例069 启用捕捉功能.MP4
- 播放时长：1分2秒

Step 01 启动AutoCAD 2016，新建一个空白文档。

Step 02 单击状态栏上的【捕捉到图形栅格】按钮 ，如图2-155所示。若亮显则为开启。

图 2-155 启用【捕捉】功能

·执行方式

【捕捉】功能的其他启用方法介绍如下。

- ◆ 快捷操作：按 F9 键。
- ◆ 组合键：Ctrl+B。
- ◆ 命令行：输入 SNAP，按 Enter 键确认。

实例070 栅格与捕捉绘制图形

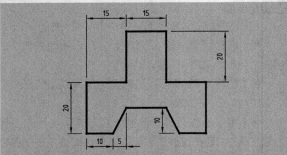

借助【栅格】与【捕捉】，可以绘制一些尺寸圆整、外形简单的图形，如钣金零件图、室内平面图等。

难度 ★★

- 素材文件路径：无
- 效果文件路径：素材/第2章/实例070 栅格与捕捉绘制图形–

OK.dwg
- 视频文件路径：视频/第2章/实例070 栅格与捕捉绘制图形.MP4
- 播放时长：1分36秒

Step 01 单击【快速访问】工具栏中的【新建】按钮 ，新建空白文件。

Step 02 用鼠标右键单击状态栏上的【捕捉模式】按钮 ，选择【捕捉设置】选项，如图2-156所示，系统弹出【草图设置】对话框。

Step 03 勾选【启用捕捉】和【启用栅格】复选框，在【捕捉间距】选项区域改为捕捉X轴间距5，捕捉Y轴间距5；在【栅格间距】选项区域，改为栅格X轴间距为1，栅格Y轴间距为1，每条主线之间的栅格数为10，如图2-157所示。

Step 04 单击【确定】按钮，完成栅格的设置。

图 2-156 设置选项　图 2-157 设置参数

Step 05 在命令行中输入L，调用【直线】命令，捕捉各栅格点绘制图2-158所示的零件图，最终效果如图2-159所示。

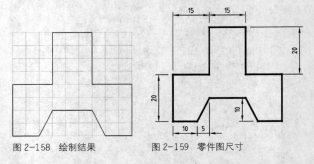

图 2-158 绘制结果　图 2-159 零件图尺寸

2.6 对象捕捉

鉴于点坐标法与直接肉眼确定法的各种弊端，AutoCAD 提供了【对象捕捉】功能。在【对象捕捉】开启的情况下，系统会自动捕捉某些特征点，如圆心、中点、端点、节点和象限点等，从而为精确绘制图形提供了有利条件。

实例071 启用对象捕捉

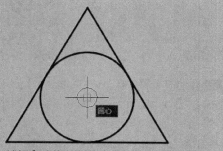

通过【对象捕捉】功能可以精确定位现有图形对象的特征点，如圆心、中点、端点、节点、象限点等。

难度 ★★

◎ 素材文件路径：素材/第2章/实例071 启用对象捕捉.dwg
◎ 效果文件路径：素材/第2章/实例071 启用对象捕捉-OK.dwg
◎ 视频文件路径：视频/第2章/实例071 启用对象捕捉.MP4
◎ 播放时长：51秒

Step 01 打开素材文件"第2章/实例071启用对象捕捉.dwg"，如图2-160所示。

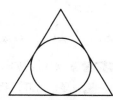

图 2-160　素材文件图形

Step 02 默认情况下，状态栏中的【对象捕捉】按钮🔲亮显，为开启状态。单击该按钮🔲，让其淡显，如图2-161所示。

图 2-161　关闭【对象捕捉】

Step 03 在【默认】选项卡中，单击【绘图】面板上的【直线】按钮✏，执行直线命令。试着以圆心为直线的第一个点，移动十字光标，效果如图2-162所示。

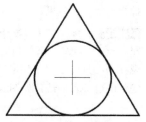

图 2-162　无法定位至圆心

Step 04 很难定位至圆心，这便是关闭了【对象捕捉】的效果。重新开启【对象捕捉】可再次单击🔲按钮，或按F3键。这时再移动鼠标，便可以很容易地定位至圆心，如图2-163所示。

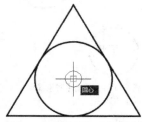

图 2-163　通过捕捉定位至圆心

实例072 设置对象捕捉点 ★重点★

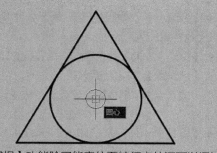

【对象捕捉】功能除了能定位至特征点外还可以通过设置来选择具体要对哪些点进行捕捉、哪些点不捕捉。

难度 ★★

◎ 素材文件路径：素材/第2章/实例071 启用对象捕捉.dwg
◎ 效果文件路径：素材/第2章/实例071 启用对象捕捉.dwg
◎ 视频文件路径：视频/第2章/实例072 设置对象捕捉点.MP4
◎ 播放时长：1分钟

在设置对象捕捉点之前，需要确定哪些点是需要的，哪些是不需要的。这样不仅仅可以提高效率，还可以避免捕捉失误。

Step 01 使用实例071的素材文件来进行操作。打开素材文件"第2章/实例071启用对象捕捉.dwg"。

Step 02 用鼠标右键单击状态栏上的【对象捕捉】按钮🔲，选择【对象捕捉设置】选项，如图2-164所示。

Step 03 系统自动弹出【草图设置】对话框，在【对象捕捉模式】选项区域中勾选用户需要的特征点，如图2-165所示。

图 2-164　选择【对象捕捉设置】选项　　图 2-165　勾选要捕捉的特征点

Step 04 在AutoCAD 2016中，对话框共列出14种对象捕捉点和对应的捕捉标记，含义分别介绍如下。

◆ 【端点】：捕捉直线或曲线的端点。
◆ 【中点】：捕捉直线或是弧段的中心点。
◆ 【圆心】：捕捉圆、椭圆或弧的中心点。
◆ 【几何中心】：捕捉多段线、二维多段线和二维样条曲线的几何中心点。

◆【节点】：捕捉用【点】、【多点】、【定数等分】和【定距等分】等 POINT 类命令绘制的点对象。

◆【象限点】：捕捉位于圆、椭圆或是弧段上 0°、90°、180° 和 270° 处的点。

◆【交点】：捕捉两条直线或是弧段的交点。

◆【延长线】：捕捉直线延长线路径上的点。

◆【插入点】：捕捉图块、标注对象或外部参照的插入点。

◆【垂足】：捕捉从已知点到已知直线的垂线的垂足。

◆【切点】：捕捉圆、弧段及其他曲线的切点。

◆【最近点】：捕捉处在直线、弧段、椭圆或样条曲线上，而且距离光标最近的特征点。

◆【外观交点】：在三维视图中，从某个角度观察两个对象可能相交，但实际并不一定相交，可以使用【外观交点】功能捕捉对象在外观上相交的点。

◆【平行】：选定路径上的一点，使通过该点的直线与已知直线平行。

Step 05 单击【确定】按钮，返回绘图区，然后在绘图过程中，当十字光标靠近这些被启用的捕捉特殊点后，便会自动对其进行捕捉，效果如图2-166所示。

 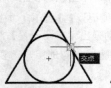

图 2-166　各捕捉效果

操作技巧

在【对象捕捉】选项卡中，各捕捉特殊点前面的形状符号，如 □、×、○ 等，便是在绘图区捕捉时显示的对应形状。

实例073 对象捕捉追踪

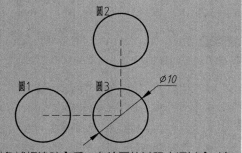

启用【对象捕捉追踪】后，在绘图的过程中通过【对象捕捉】选定点时，将光标置于其上，便可以沿该捕捉点的对齐路径引出追踪线。

难度 ★★

◎ 素材文件路径：素材/第2章/实例073 对象捕捉追踪.dwg
◎ 效果文件路径：素材/第2章/实例073 对象捕捉追踪-OK.dwg
◎ 视频文件路径：视频/第2章/实例073 对象捕捉追踪.MP4
◎ 播放时长：1分27秒

Step 01 打开素材文件"第2章/实例071启用对象捕捉追踪.dwg"，如图2-167（a）所示。在不借助辅助线的情况下，如果要绘制图2-167（b）中的圆3，便可以借助【对象捕捉追踪】来完成。

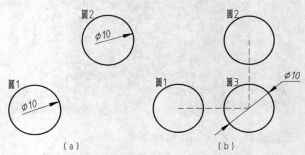

（a）　　　　　　　　　（b）

图 2-167　素材图形与完成效果

Step 02 默认情况下，状态栏中的【对象捕捉追踪】按钮 亮显，为开启状态。单击该按钮 ，让其淡显，如图2-168所示。

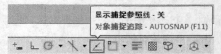

图 2-168　关闭【对象捕捉追踪】功能

Step 03 单击【绘图】面板上的【圆】按钮，执行【圆】命令。将光标置于圆1的圆心处，然后移动光标，可见除了在圆心处有一个"+"号标记外，并没有其他现象出现，如图2-169所示。这便是关闭了【对象捕捉追踪】的效果。

Step 04 重新开启【对象捕捉追踪】，可再次单击 按钮，或按F11键。这时再将光标移动至圆心，便可以发现在圆心处显示出了相应的水平、垂直或指定角度的虚线状的延伸辅助线，如图2-170所示。

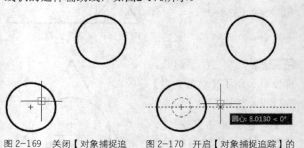

图 2-169　关闭【对象捕捉追踪】的效果

图 2-170　开启【对象捕捉追踪】的效果

Step 05 将光标移动至圆2的圆心处，待同样出现"+"号标记后，便将光标移动至圆3的大概位置，即可得到由延伸辅助线所确定的圆3圆心点，如图2-171所示。

Step 06 此时单击鼠标左键，即可指定该点为圆心，然后输入半径5，便得到最终图形，效果如图2-172所示。

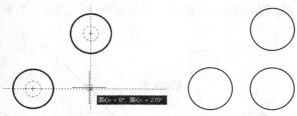

图 2-171　通过延伸线确定圆心　　　　图 2-172　最终图形效果

实例074　捕捉与追踪绘图　★重点★

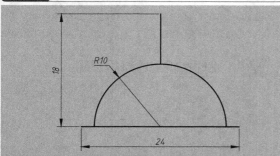

【对象捕捉追踪】通常和【对象捕捉】联用。通过对图形特征点、以及这些点的延伸辅助线，基本可以满足绝大多数的图形定位。

难度 ★★★

◎ 素材文件路径：素材/第2章/实例074 捕捉与追踪绘图.dwg
◎ 效果文件路径：素材/第2章/实例074 捕捉与追踪绘图-OK.dwg
▣ 视频文件路径：视频/第2章/实例074 捕捉与追踪绘图.MP4
▣ 播放时长：1分24秒

本例可通过【对象捕捉】与【对象捕捉追踪】来绘制电气图中常见的插座符号，如图 2-173 所示。通过对该图形的绘制，可以加深读者对于 AutoCAD 中捕捉与追踪的理解。具体绘制步骤如下。

Step 01 打开"第2章/实例074 捕捉与追踪绘图.dwg"素材文件，如图2-174所示。

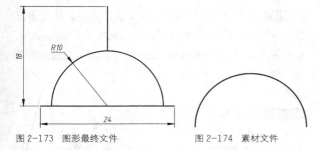

图 2-173　图形最终文件　　　　图 2-174　素材文件

Step 02 用鼠标右键单击状态栏上的【对象捕捉】按钮，在弹出的快捷菜单中选择【对象捕捉设置】命令，系统弹出【草图设置】对话框，显示【对象捕捉】选项卡，然后选择其中的【启用对象捕捉】、【启用对象捕捉追踪】和【圆心】选项，如图2-175所示。

Step 03 单击【绘图】面板中的【直线】按钮，当命令行中提示"指定第一点"时，移动鼠标捕捉至圆弧的圆心，然后单击鼠标将其指定为第一个点，如图2-176所示。

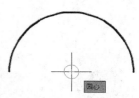

图 2-175　设置捕捉模式　　　　图 2-176　捕捉圆心

Step 04 将鼠标向左移动，引出水平追踪线，然后在动态输入框中输入12，再按空格键，即可确定直线的第一个点，如图2-177所示。

图 2-177　指定直线的起点

Step 05 此时将鼠标向右移动，引出水平追踪线，在动态输入框中输入24，单击空格键，即可绘制出直线，如图2-178所示。

图 2-178　指定直线的终点

Step 06 单击【绘图】面板中的【直线】按钮，当命令行中提示"指定第一点"时，移动鼠标捕捉至圆弧的圆心，然后向上移动引出垂直追踪线，在动态输入框中输入10，单击空格键，确定直线的起点，如图2-179所示。

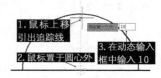

图 2-179　指定直线的起点

Step 07 再将鼠标沿着垂直追踪线向上移动，在动态输入框中输入8，单击空格键，即可绘制出垂直的直线，如图2-180所示。

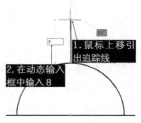

图 2-180　指定直线的终点

实例075 【临时捕捉】绘制公切线

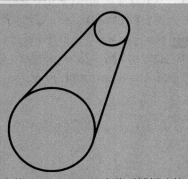

除了对象捕捉之外，AutoCAD 还有临时捕捉功能，同样可以捕捉特征点。但与对象捕捉不同的是，临时捕捉仅限"临时"调用，无法一直生效，不过可在绘图过程中随时调用，因此多用于绘制一些非常规的图形，如一些特定图形的公切线、垂直线等。

难度 ★★

- 素材文件路径：素材/第2章/实例075【临时捕捉】绘制公切线.dwg
- 效果文件路径：素材/第2章/实例075【临时捕捉】绘制公切线-OK.dwg
- 视频文件路径：视频/第2章/实例075【临时捕捉】绘制公切线.MP4
- 播放时长：1分55秒

Step 01 打开"第2章/实例075【临时捕捉】绘图.dwg"素材文件，素材图形如图2-181所示。

Step 02 在【默认】选项卡中，单击【绘图】面板上的【直线】按钮，命令行提示指定直线的起点。

Step 03 此时按住Shift键然后单击鼠标右键，在弹出的临时捕捉菜单中中选择【切点】选项，如图2-182所示。

图 2-181 素材图形

图 2-182 临时捕捉快捷菜单

Step 04 然后将光标移到大圆上，出现切点捕捉标记，如图2-183所示，在此位置单击确定直线第一点。

图 2-183 切点捕捉标记

Step 05 确定第一点后，临时捕捉失效。再重复执行步骤（3），选择【切点】临时捕捉，将指针移到小圆上，出现切点捕捉标记时单击，完成公切线绘制，如图2-184所示。

Step 06 重复上述操作，绘制另外一条公切线，如图2-185所示。

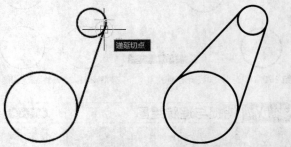

图 2-184 绘制的第一条公切线　图 2-185 绘制的第二条公切线

实例076 【临时捕捉】绘制垂直线

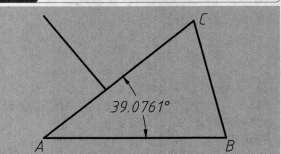

对于初学者来说，"绘制已知直线的垂直线"是一个看似简单，实则非常棘手的问题。其实仍然可以通过临时捕捉来完成。上例介绍了使用临时捕捉绘制公切线的方法，本例将介绍如何绘制特定的垂直线。

难度 ★★

- 素材文件路径：素材/第2章/实例076【临时捕捉】绘制垂直线.dwg
- 效果文件路径：素材/第2章/实例076【临时捕捉】绘制垂直线-OK.dwg
- 视频文件路径：视频/第2章/实例076【临时捕捉】绘制垂直线.MP4
- 播放时长：1分19秒

Step 01 打开"第2章/实例076【临时捕捉】绘制垂直线.dwg"素材文件，素材图形如图2-186所示，为△ABC。从素材图形中可知∠BAC为无理数，因此不可能通过输入角度的方式来绘制它的垂直线。

Step 02 在【默认】选项卡中，单击【绘图】面板上的【直线】按钮，命令行提示指定直线的起点。

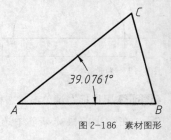

图 2-186 素材图形

Step 03 按住Shift键然后单击鼠标右键，在弹出的临时捕捉菜单中中选择【垂直】选项，如图2-187所示。

图 2-187　临时捕捉快捷菜单

Step 04 将光标移至AC上，可见出现垂足点捕捉标记，如图2-188所示，在此在任意位置单击，即可确定所绘制直线与AC垂直。

图 2-188　垂足点捕捉标记

Step 05 此时命令行提示指定直线的下一点，同时可以观察到所绘直线在AC上可以自由滑动，如图2-189所示。

Step 06 在图形任意处单击，指定直线的第二点后，即可确定该垂直线的具体长度与位置，最终结果如图2-190所示。

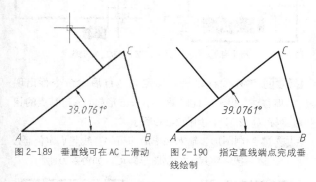

图 2-189　垂直线可在 AC 上滑动　　图 2-190　指定直线端点完成垂线绘制

实例077 **【临时追踪点】绘图**　　★进阶★

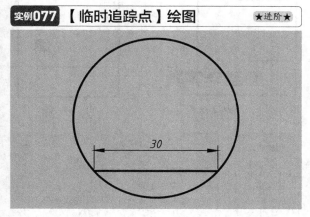

【临时追踪点】是在进行图像编辑前临时建立的一个暂时的捕捉点，以供后续绘图参考。在绘图时可通过指定【临时追踪点】快速指定起点，而无需借助辅助线。

难度 ★ ★ ★

- 素材文件路径：素材/第2章/实例077【临时追踪点】绘图.dwg
- 效果文件路径：素材/第2章/实例077【临时追踪点】绘图-OK.dwg
- 视频文件路径：无
- 播放时长：0

如果要在半径为20的圆中绘制一条指定长度为30的弦，那通常情况下，都是以圆心为起点，分别绘制2根辅助线，才可以得到最终图形，如图2-191所示。

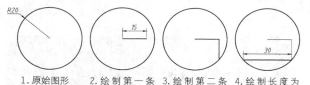

1.原始图形　2.绘制第一条辅助线　3.绘制第二条辅助线　4.绘制长度为30的弦

图 2-191　指定弦长的常规画法

而如果使用【临时追踪点】进行绘制，则可以跳过2、3步辅助线的绘制，直接从第1步原始图形跳到第4步，绘制出长度为30的弦。该方法详细步骤如下。

Step 01 打开素材文件"第2章/实例077【临时追踪点】绘图.dwg"，其中已经绘制好了半径为20的圆，如图2-192所示。

Step 02 在【默认】选项卡中，单击【绘图】面板上的【直线】按钮，执行直线命令。

Step 03 执行临时追踪点。命令行出现"指定第一点"的提示时，输入tt，执行【临时追踪点】命令，如图2-193所示。也可以在绘图区中单击鼠标右键，在弹出的快捷菜单中选择【临时追踪点】选项。

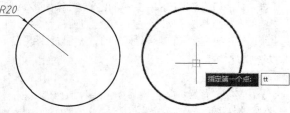

图 2-192　素材图形　　　图 2-193　执行【临时追踪点】

Step 04 指定【临时追踪点】。将光标移动至圆心处，然后水平向右移动光标，引出0°的极轴追踪虚线，接着输入15，即将临时追踪点指定为圆心右侧距离为15的点，如图2-194所示。

Step 05 指定直线起点。垂直向下移动光标，引出270°的极轴追踪虚线，到达与圆的交点处，作为直线的起点，如图2-195所示。

图 2-194 指定【临时追踪点】

图 2-195 指定直线起点

Step 06 指定直线端点。水平向左移动光标，引出180°的极轴追踪虚线，到达与圆的另一交点处，作为直线的终点，该直线即为所绘制长度为30的弦，如图2-196所示。

图 2-196 指定直线端点

操作技巧

要执行【临时追踪点】操作，除了本例所述的方法外，还可以按执行【临时捕捉】的方法，即在执行命令时，按Shift键然后单击鼠标右键，在弹出的快捷菜单中选择【临时追踪点】选项。

实例078 【自】功能绘图

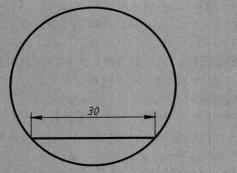

【自】功能可以帮助用户在正确的位置绘制新对象。当需要指定的点不在任何对象捕捉点上，但在 X、Y 方向上距现有对象捕捉点的距离是已知时，就可以使用【自】功能来进行捕捉。

难度 ★★★

- 素材文件路径：素材/第2章/实例078【自】功能绘图.dwg
- 效果文件路径：素材/第2章/实例078【自】功能绘图-OK.dwg
- 视频文件路径：视频/第2章/实例078【自】功能绘图.MP4
- 播放时长：1分24秒

假如要在图 2-197（a）所示的正方形中绘制一个小长方形，如图 2-197（b）所示。一般情况下只能借助辅助线来进行绘制，因为对象捕捉只能捕捉到正方形每个边上的端点和中点，这样即使通过对象捕捉的追踪线也无法定位至小长方形的起点（图中 A 点）。这时就可以用到【自】功能进行绘制，操作步骤如下。

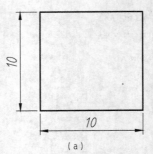

图 2-197 素材图形与完成效果

Step 01 打开素材文件"第2章/实例078【自】功能绘图.dwg"，其中已经绘制好了边长为10的正方形，如图2-197（a）所示。

Step 02 在【默认】选项卡中，单击【绘图】面板上的【直线】按钮，执行直线命令。

Step 03 执行【自】功能。命令行出现"指定第一点"的提示时，输入from，执行【自】命令，如图2-198所示。也可以在绘图区中单击鼠标右键，在弹出的快捷菜单中选择【自】选项。

Step 04 指定基点。此时提示需要指定一个基点，选择正方形的左下角点作为基点，如图2-199所示。

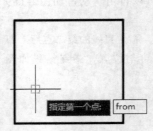 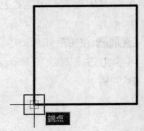

图 2-198 执行【自】功能　　图 2-199 指定基点

Step 05 输入偏移距离。指定完基点后，命令行出现"<偏移:>"提示，此时输入小长方形起点A与基点的相对坐标（@2,3），如图2-200所示。

Step 06 绘制图形。输入完毕后即可将直线起点定位至A点处，然后按给定尺寸绘制图形即可，如图2-201所示。

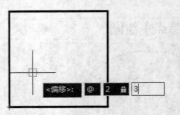

图 2-200 输入偏移距离　　图 2-201 绘制图形

操作技巧

在为【自】功能指定偏移点的时候，即使动态输入中默认的设置是相对坐标，也需要在输入时加上"@"来表明这是一个相对坐标值。动态输入的相对坐标设置仅适用于指定第2点的时候，例如，绘制一条直线时，输入的第一个坐标被当作绝对坐标，随后输入的坐标才被当作相对坐标。

实例079 【两点之间的中点】绘图 ★进阶★

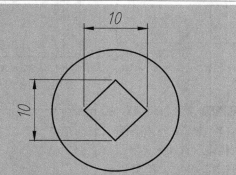

【两点之间的中点】（命令行：MTP）命令可以在执行对象捕捉或对象捕捉替代时使用，用以捕捉两定点之间连线的中点。【两点之间的中点命令】使用较为灵活，熟练掌握的话可以快速绘制出众多独特的图形。

难度 ★★★

◎ 素材文件路径：素材/第2章/实例079【两点之间的中点】绘图.dwg

◎ 效果文件路径：素材/第2章/实例079【两点之间的中点】绘图-OK.dwg

▣ 视频文件路径：视频/第2章/实例079【两点之间的中点】绘图.MP4

▣ 播放时长：2分25秒

如图 2-202 所示，在已知圆的情况下，要绘制出对角长为半径的正方形。通常只能借助辅助线或【移动】、【旋转】等编辑功能实现，但如果使用【两点之间的中点】命令，则可以一次性解决，详细步骤介绍如下。

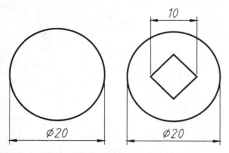

图 2-202 使用【两点之间的中点】绘制图形

Step 01 打开素材文件"第2章/实例079【两点之间的中点】绘制图形.dwg"，其中已经绘制好了直径为20的圆，如图2-203所示。

Step 02 在【默认】选项卡中，单击【绘图】面板上的【直线】按钮 ╱ ，执行直线命令。

Step 03 执行【两点之间的中点】。命令行出现"指定第一点"的提示时，输入mtp，执行【两点之间的中

点】命令，如图2-204所示。也可以在绘图区中单击鼠标右键，在弹出的快捷菜单中选择【两点之间的中点】选项。

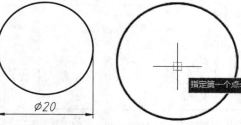

图 2-203 素材图形　　图 2-204 执行【两点之间的中点】

Step 04 指定中点的第一个点。将光标移动至圆心处，捕捉圆心为中点的第一个点，如图2-205所示。

Step 05 指定中点的第二个点。将光标移动至圆最右侧的象限点处，捕捉该象限点为第二个点，如图2-206所示。

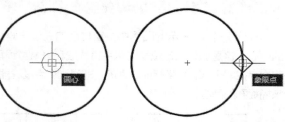

图 2-205 捕捉圆心为中点　　图 2-206 捕捉象限点为中点的第二的第一个点　　　　　　　　个点

Step 06 直线的起点自动定位至圆心与象限点之间的中点处，接着按相同方法将直线的第二点定位至圆心与上象限点的中点处，如图2-207所示。

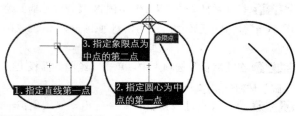

图 2-207 定位直线的第二个点

Step 07 按相同方法，绘制其余段的直线，最终效果如图2-208所示。

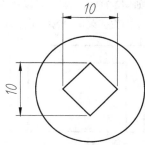

图 2-208 【两点之间的中点】绘制图形效果

实例080 【点过滤器】绘图　★进阶★

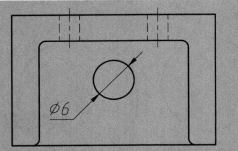

点过滤器可以提取一个已有对象的 X 坐标值和另一个对象的 Y 坐标值，来拼凑出一个新的（X，Y）坐标位置，是一种非常规的定位方法。

难度 ★★★

- 素材文件路径：素材/第2章/实例080【点过滤器】绘图.dwg
- 效果文件路径：素材/第2章/实例080【点过滤器】绘图-OK.dwg
- 视频文件路径：视频/第2章/实例080【点过滤器】绘图.MP4
- 播放时长：1分15秒

在图 2-209 所示的图例中，定位面的孔位于矩形的中心，这是通过从定位面的水平直线段和垂直直线段的中点提取出 X，Y 坐标而实现的，即通过【点过滤器】来捕捉孔的圆心。

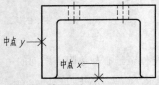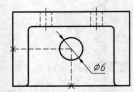

图 2-209　使用【点过滤器】绘制图形

Step 01 打开素材文件"第2章/实例080【点过滤器】绘图.dwg"，其中已经绘制好了一平面图形，如图2-210所示。

Step 02 在【默认】选项卡中，单击【绘图】面板上的【圆】按钮，执行圆命令。

Step 03 执行【点过滤器】。命令行出现"指定第一点"的提示时，输入".X"，执行【点过滤器】命令，如图2-211所示。也可以在绘图区中单击鼠标右键，在弹出的快捷菜单中选择【点过滤器】中的【X】子选项。

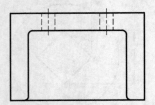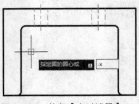

图 2-210　素材图形　　　图 2-211　执行【点过滤器】

Step 04 指定要提取X坐标值的点。选择图形底侧边的中点，即提取该点的X坐标值，如图2-212所示。

Step 05 指定要提取Y坐标值的点。选择图形左侧边的中点，即提取该点的Y坐标值，如图2-213所示。

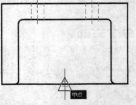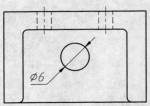

图 2-212　指定要提取 X 坐标值的点　　　图 2-213　指定要提取 Y 坐标值的点

Step 06 系统将新提取的 X、Y 坐标值指定为圆心，接着输入直径6，即可绘制如图2-214所示的图形。

图 2-214　绘制圆

操作技巧

并不需要坐标值的X和Y部分都使用已有对象的坐标值。例如，可以使用已有的一条直线的Y坐标值并选取屏幕上任意一点的X坐标值来构建X、Y坐标值。

第 3 章 二维图形的绘制

任何复杂的图形都可以分解成多个基本的二维图形，这些图形包括点、直线、圆、多边形、圆弧和样条曲线等，AutoCAD 2016 为用户提供了丰富的绘图功能，用户可以以非常轻松地绘制这些图形。通过本章的学习，用户将会对 AutoCAD 平面图形的绘制方法有一个全面的了解，并能熟练掌握常用的绘图命令。

3.1 点类图形绘制

点是所有图形中最基本的图形对象，可以用来作为捕捉和偏移对象的参考点，也可以设置特定的点样式，来显示出不同的图形效果。

实例081 设置点样式

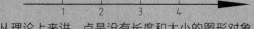

从理论上来讲，点是没有长度和大小的图形对象。在 AutoCAD 中，在默认情况下点显示为一个小圆点，在屏幕上很难看清，因此可以使用【点样式】设置，调整点的外观形状，也可以调整点的尺寸大小，以便根据需要，让点显示在图形中。

难度 ★★

- 素材文件路径：素材/第1章/实例081 设置点样式.dwg
- 效果文件路径：素材/第1章/实例081 设置点样式-OK.dwg
- 视频文件路径：视频/第1章/实例081 设置点样式.MP4
- 播放时长：1分10秒

Step 01 启动AutoCAD 2016，打开素材文件"第3章/实例081 设置点样式.dwg"，图形在各数值上已经创建好了点，但并没有设置点样式，如图3-1所示。

图 3-1　素材图形

Step 02 单击【默认】选项卡【实用工具】面板中的【点样式】按钮 ⬚点样式...，如图3-2所示。

Step 03 系统弹出【点样式】对话框，根据需要，在对话框中选择第一排最右侧的形状，然后点选【按绝对单位设置大小】单选框，输入点大小为2，如图3-3所示。

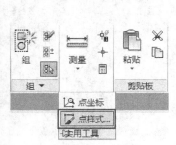

图 3-2　面板中的【点样式】按钮

图 3-3　【点样式】对话框

Step 04 单击【确定】按钮，关闭对话框，完成【点样式】的设置，最终结果如图3-4所示。

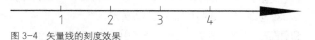

图 3-4　矢量线的刻度效果

·选项说明

【点样式】对话框中各选项的含义说明如下。

- ◆【点大小（S）】文本框：用于设置点的显示大小，与下面的两个选项有关。

- ◆【相对于屏幕设置大小（R）】单选框：用于按 AutoCAD 绘图屏幕尺寸的百分比设置点的显示大小，在进行视图缩放操作时，点的显示大小并不改变，在命令行输入 RE 命令即可重生成，始终保持与屏幕的相对比例，如图3-5所示。

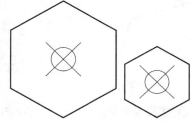

图 3-5　视图缩放时点大小相对于屏幕不变

- ◆【按绝对单位设置大小（A）】单选框：使用实际单位设置点的大小，同其他的图形元素（如直线、圆），当进行视图缩放操作时，点的显示大小也会随之改变，如图3-6所示。

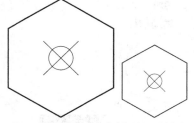

图 3-6　视图缩放时点大小相对于图形不变

实例082 创建单点

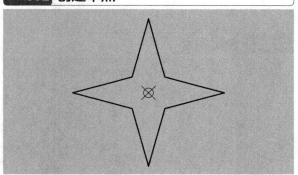

绘制单点就是执行一次命令只能指定一个点，指定完后自动结束命令。【单点】命令在 AutoCAD 2016 中已经使用较少。

难度 ★★

○ 素材文件路径：素材/第3章/实例082 创建单点.dwg
○ 效果文件路径：素材/第3章/实例082 创建单点-OK.dwg
▲ 视频文件路径：视频/第3章/实例082 创建单点.MP4
▲ 播放时长：1分4秒

Step 01 启动AutoCAD 2016，打开素材文件"第3章/实例082 创建单点.dwg"，如图3-7所示。

Step 02 设置点样式。在命令行中输入DDPTYPE，调用【点样式】命令，弹出【点样式】对话框，选择图3-8所示的点样式。

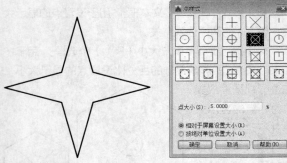

图 3-7　素材图形　　　　图 3-8　设置点样式

Step 03 绘制单点。在命令行输入POINT并按Enter键，然后移动鼠标，使用【对象捕捉追踪】功能捕捉图形的中心，如图3-9所示。

Step 04 在捕捉点处单击，即可绘制单点，效果如图3-10所示。这样就在图形上确定了一个中心点，可以用于辅助捕捉。

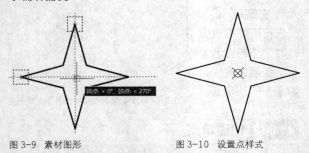

图 3-9　素材图形　　　　图 3-10　设置点样式

实例083　创建多点

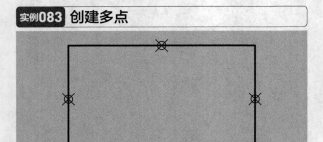

绘制多点就是指执行一次命令后可以连续指定多个点，直到按 Esc 键结束命令。

难度 ★

○ 素材文件路径：素材/第3章/实例083 创建多点.dwg
○ 效果文件路径：素材/第3章/实例083 创建多点-OK.dwg
▲ 视频文件路径：视频/第3章/实例083 创建多点.MP4
▲ 播放时长：45秒

Step 01 启动AutoCAD 2016，打开素材文件"第3章/实例083 创建多点.dwg"，如图3-11所示。

Step 02 素材文件中已经预先设置好了点样式，因此无需再重复设置。当然读者也可以根据自己偏好进行调整。

Step 03 单击【绘图】面板中的【多点】按钮，如图3-12所示。

图 3-11　素材图形　　　　图 3-12　设置点样式

Step 04 根据命令行的提示，在矩形的各边中点处单击绘制点，如图3-13所示。

Step 05 最后按Esc键退出，完成多点的绘制，结果如图3-14所示。

图 3-13　捕捉矩形上的各中点　　图 3-14　创建好的多点效果

实例084　指定坐标创建点

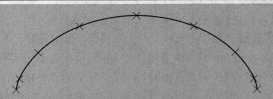

除了移动光标直接在绘图区上指定点之外，还可以通过点的坐标来创建点。该方法常用于绘制一些数学函数曲线。

难度 ★

○ 素材文件路径：素材/第3章/实例084 指定坐标创建点.dwg
○ 效果文件路径：素材/第3章/实例084 指定坐标创建点-OK.dwg
▲ 视频文件路径：视频/第3章/实例084 指定坐标创建点.MP4
▲ 播放时长：2分20秒

Step 01 启动AutoCAD 2016，打开"第3章/实例084 指定坐标创建点.dwg"素材文件，可见其中已绘制有一个表格，表格中包含某摆线的曲线方程式和特征点坐标，如图3-15所示。

摆线方程式: x=R×(t-sint),y=R×(1-cost)				
R	t	x=r×(t-sint)	y=r×(1-cost)	坐标 (x,y)
	0	0	0	(0,0)
	$\frac{1}{4}\pi$	0.8	2.9	(0.8,2.9)
	$\frac{1}{2}\pi$	5.7	10	(5.7,10)
	$\frac{3}{4}\pi$	16.5	17.1	(16.5,17.1)
R=10	π	31.4	20	(31.4,20)
	$\frac{5}{4}\pi$	46.3	17.1	(46.3,17.1)
	$\frac{3}{2}\pi$	57.1	10	(57.1,10)
	$\frac{7}{4}\pi$	62	2.9	(62,2.9)
	2π	62.8	0	(62.8,0)

图 3-15　素材

Step 02 设置点样式。选择【格式】|【点样式】命令，在弹出的【点样式】对话框中选择点样式为⊠，如图3-16所示。

图 3-16　设置点样式

Step 03 绘制各特征点。单击【绘图】面板中的【多点】按钮∙，然后在命令行中按表格中的"坐标"栏输入坐标值，所绘制的9个特征点如图3-17所示，命令行操作如下。

```
命令: _point
当前点模式: PDMODE=3 PDSIZE=0.0000
指定点: 0,0↙//输入第一个点的坐标
指定点: 0.8, 2.9↙//输入第二个点的坐标
指定点: 5.7, 10↙//输入第三个点的坐标
指定点: 16.5, 17.1↙//输入第四个点的坐标
指定点: 31.4, 20↙//输入第五个点的坐标
指定点: 46.3, 17.1↙//输入第六个点的坐标
指定点: 57.1, 10↙//输入第七个点的坐标
指定点: 62, 2.9↙//输入第八个点的坐标
指定点: 62.8, 0↙//输入第九个点的坐标
指定点: *取消*//按Esc键取消多点绘制
```

图 3-17　所绘制的 9 个特征点

Step 04 再用【样条曲线】命令进行连接，即可绘制圆滑的数学函数曲线。单击【绘图】面板中的【样条曲线

拟合】按钮～，启用样条曲线命令，然后依次连接绘制的9个特征点即可，如图3-18所示。

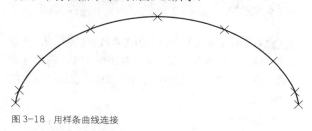

图 3-18　用样条曲线连接

实例085　创建定数等分点

在 AutoCAD 2016 中，可以使用【定数等分】命令，将绘图区中指定的对象以用户指定的数量进行等分，并在等分位置自动创建点。

难度 ★★

◎ 素材文件路径：素材/第1章/实例085 创建定数等分点.dwg
◎ 效果文件路径：素材/第1章/实例085 创建定数等分点-OK.dwg
◎ 视频文件路径：视频/第1章/实例085 创建定数等分点.MP4
◎ 播放时长：1分9秒

Step 01 打开素材文件"第3章/实例085 创建定数等分点.dwg"，如图3-19所示。

Step 02 在【默认】选项卡中，单击【绘图】面板中的【定数等分】按钮⚄，如图3-20所示，调用【定数等分】命令。

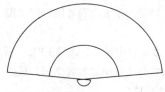

图 3-19　素材图形

图 3-20　【绘图】面板中的【定数等分】

Step 03 根据命令行提示，依次选择两条圆弧，输入项目数20，按Enter键完成定数等分，如图3-21所示。命令行操作如下。

```
命令: _divide//单击命令按钮，执行【定数等分】命令
选择要定数等分的对象://选择上段圆弧
输入线段数目或 [块(B)]: 20↙//输入等分的数量，按Enter键确认后自动结束命令↙//按Enter键重复执行【定数等分】命令
命令: DIVIDE
```

选择要定数等分的对象://选择下段圆弧

输入线段数目或 [块(B)]: 20↙//输入等分的数量，按Enter键确认后自动结束命令

Step 04 单击【绘图】面板中的【直线】按钮，绘制连接直线；然后在命令行中输入DDPTYPE，调用【点样式】命令，将点样式设置为初始点样式，最终效果图3-22所示。

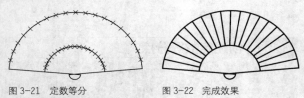

图 3-21 定数等分   图 3-22 完成效果

实例086 创建定距等分点

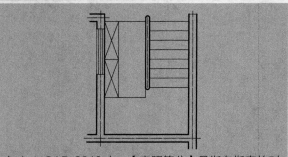

在 AutoCAD 2016 中，【定距等分】是指在指定的对象上按用户输入的长度进行等分，每一个等分位置都将自动创建点。

难度 ★★

- 素材文件路径：素材/第1章/实例086 创建定距等分点.dwg
- 效果文件路径：素材/第1章/实例086 创建定距等分点-OK.dwg
- 视频文件路径：视频/第1章/实例086 创建定距等分点.MP4
- 播放时长：1分23秒

Step 01 打开素材文件"第3章/实例086 创建定距等分点.dwg"，其中已经绘制好了一张室内设计图的局部图形，如图3-23所示。

Step 02 设置点样式。在命令行中输入DDPTYPE，调用【点样式】命令，系统弹出【点样式】对话框，根据需要选择需要的点样式，如图3-24所示。

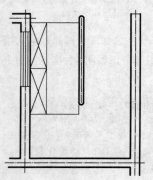

图 3-23 素材图形   图 3-24 设置点样式

Step 03 执行定距等分。单击【绘图】面板中的【定距等分】按钮，将楼梯口左侧的直线段按每段250mm长进行等分，结果如图3-25所示，命令行操作如下。

命令: _measure//执行【定距等分】命令

选择要定距等分的对象://选择素材直线

指定线段长度或 [块(B)]: 250↙//输入要等分的距离，按Enter键确认后自动结束命令

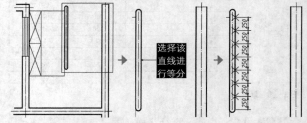

选择该直线进行等分

图 3-25 将直线定距等分

Step 04 在【默认】选项卡中，单击【绘图】面板上的【直线】按钮，以各等分点为起点向右绘制直线，结果如图3-26所示。

Step 05 将点样式重新设置为默认状态，即可得到楼梯图形，如图3-27所示。

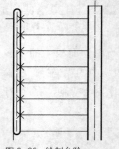

图 3-26 绘制台阶   图 3-27 完成效果

操作技巧

有时会出现总长度不能被每段长度整除的情况。如图3-28所示，已知总长500的线段AB，要求等分后每段长150，则该线段不能被完全等分。AutoCAD将从线段的一端（选取对象时单击的一端）开始，每隔150绘制一个定距等分点，到接近B点的时候剩余50，则不再继续绘制。如果在选取AB线段时单击线段右侧，则会得到如图3-29所示的等分结果。

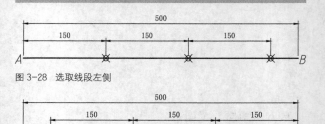

图 3-28 选取线段左侧

图 3-29 选取线段右侧

实例087 等分布置"块" ★进阶★

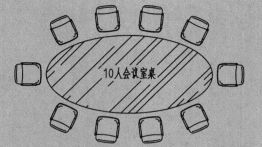

除了用【定数等分】和【定距等分】绘制点外，还可以通过选择子命令【块】来对图形进行编辑，类似于【阵列】命令。但在某些情况下较【阵列】灵活，尤其是在绘制室内布置图的时候。

难度 ★★★

- 素材文件路径：素材/第3章/实例087 等分布置"块".dwg
- 效果文件路径：素材/第3章/实例087 等分布置"块"-OK.dwg
- 视频文件路径：视频/第3章/实例087 等分布置"块".MP4
- 播放时长：58秒

Step 01 打开"第3章/实例087 等分布置"块".dwg"素材文件，如图3-30所示，素材中已经创建好了名为"yizi"的块。

Step 02 在【默认】选项卡中，单击【绘图】面板中的【定数等分】按钮，根据命令提示，绘制图形，命令行操作如下。

```
命令: _divide//调用【定数等分】命令
选择要定数等分的对象://选择桌子边
输入线段数目或 [块(B)]: B✓//选择"B(块)"选项
输入要插入的块名: yizi✓//输入"椅子"图块名
是否对齐块和对象? [是(Y)/否(N)] <Y>:✓//单击Enter键
输入线段数目: 10✓//输入等分数为10
```

Step 03 创建定数等分的结果如图3-31所示。

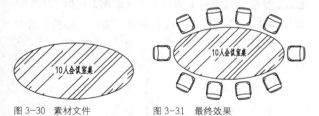

图 3-30 素材文件   图 3-31 最终效果

3.2 线性图形绘制

线性图形是 AutoCAD 中最基本的图形对象，也是绝大多数工作设计图的主要组成部分。在 AutoCAD 中，根据用途的不同，可以将线分类为直线、射线、构造线、多线和多线段。不同的线对象具有不同的特性，下面将通过 14 个例子进行详细讲解。

实例088 绘制直线

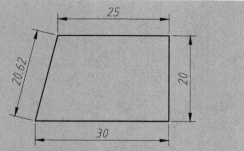

直线是绘图中最常用的图形对象，使用也非常简单。只要指定了起点和终点，就可绘制出一条直线。

难度 ★

- 素材文件路径：无
- 效果文件路径：素材/第3章/实例088 绘制直线-OK.dwg
- 视频文件路径：视频/第3章/实例088 绘制直线.MP4
- 播放时长：1分7秒

Step 01 启动AutoCAD 2016，新建一个空白文档。

Step 02 在功能区中，单击【默认】选项卡中【绘图】面板上的【直线】按钮，在绘图区任意指定一点为起点。

Step 03 按尺寸绘制如图3-32所示的图形，命令行操作提示如下。

```
命令: _line//单击【直线】按钮，执行【直线】命令
指定第一个点://指定第一个点
指定下一点或 [放弃(U)]: 30✓//光标向右移动，引出水平追踪线，输入底边长度30
指定下一点或 [放弃(U)]: 20✓//光标向上移动，引出垂直追踪线，输入侧边长度20
指定下一点或 [闭合(C)/放弃(U)]: 25✓//光标向左移动，引出水平追踪线，输入顶边长度25
指定下一点或 [闭合(C)/放弃(U)]: c✓//输入C，闭合图形，结果如图3-32所示
```

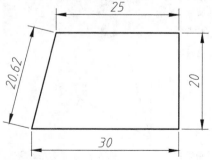

图 3-32 简单直线图形

> **操作技巧**
>
> 【直线】命令本身的操作十分简单，在绘制过程中需配合其他辅助绘图工具（如极轴、正交、捕捉等）才能得到最终的图形。

实例089 绘制射线

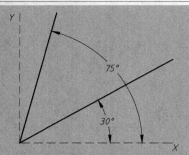

射线是一端固定而另一端无限延伸的直线，它只有起点和方向，没有终点，主要用于辅助定位或作为角度参考线。

难度 ★

- ◎ 素材文件路径：无
- ◎ 效果文件路径：素材/第3章/实例089 绘制射线-OK.dwg
- ◎ 视频文件路径：视频/第3章/实例089 绘制射线.MP4
- ◎ 播放时长：1分7秒

Step 01 启动AutoCAD 2016，新建空白文件。

Step 02 在【默认】选项卡中，单击【绘图】面板中的【射线】按钮，如图3-33所示。

Step 03 执行【射线】命令，按命令行提示，在绘图区的任意位置处单击作为起点，然后在命令行中输入各通过点，结果如图3-34所示，命令行操作如下。

命令：_ray//执行【射线】命令
指定起点：//输入射线的起点，可以用鼠标指定点或在命令行中输入点的坐标
指定通过点：<30//输入（<30）表示通过点位于与水平方向夹角为30°的直线上
角度替代：30//射线角度被锁定至30°
指定通过点：//在任意点处单击即可绘制30°角度线
指定通过点：<75//输入（<75）表示通过点位于与水平方向夹角为75°的直线上
角度替代：75//射线角度被锁定至75°
指定通过点：//在任意点处单击即可绘制75°角度线
指定通过点：//按Enter键结束命令

图3-33 面板中的【射线】按钮

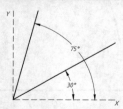

图3-34 绘制30°和75°的射线

操作技巧

调用射线命令，指定射线的起点后，可以根据"指定通过点"的提示指定多个通过点，绘制经过相同起点的多条射线，直到按Esc键或Enter键退出为止。

实例090 绘制中心投影图 ★进阶★

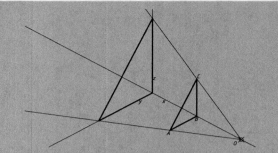

一个点光源把一个图形照射到一个平面上，这个图形的影子就是它在这个平面上的中心投影。中心投影可以使用射线进行绘制。

难度 ★★

- ◎ 素材文件路径：素材/第3章/实例090 绘制中心投影图.dwg
- ◎ 效果文件路径：素材/第3章/实例090 绘制中心投影图-OK.dwg
- ◎ 视频文件路径：视频/第3章/实例090 绘制中心投影图.MP4
- ◎ 播放时长：1分30秒

Step 01 打开素材文件"第3章/实例090 绘制中心投影图.dwg"，其中已经绘制好了△ABC和对应的坐标系，以及中心投影点O，如图3-35所示。

Step 02 在【默认】选项卡中，单击【绘图】面板中的【射线】按钮，以O点为起点，依次指定A、B、C点为下一点，绘制3条投影线，如图3-36所示。

图3-35 素材图形　　　　图3-36 绘制投影线

Step 03 单击【默认】选项卡中【绘图】面板上的【直线】按钮，执行【直线】命令，依次捕捉投影线与坐标轴的交点，这样得到的新三角形，便是原△ABC在YZ平面上的投影，如图3-37所示。

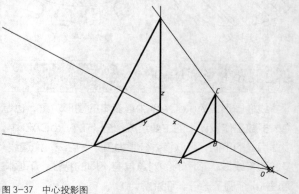

图3-37 中心投影图

实例091 绘制相贯线 ★进阶★

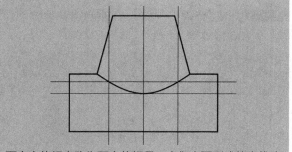

两个立体相交称为两立体相贯，它们表面形成的交线称作相贯线。在画该类零件的三视图时，必然会涉及相贯线的绘制方法。在学习了【射线】和投影方法后，便可以通过投影规则来绘制相贯线。

难度 ★★★

- 素材文件路径：素材/第3章/实例091 绘制相贯线.dwg
- 效果文件路径：素材/第3章/实例091 绘制相贯线-OK.dwg
- 视频文件路径：视频/第3章/实例091 绘制相贯线.MP4
- 播放时长：3分52秒

Step 01 打开素材文件"第3章/实例091 绘制相贯线.dwg"，其中已经绘制好了零件的左视图与俯视图，如图3-38所示。

Step 02 绘制投影线。单击【绘图】面板中的【射线】按钮，以左视图中各端点与交点为起点向右绘制射线，如图3-39所示。

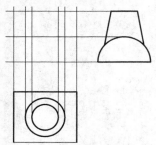

图 3-38 素材图形　　　　　图 3-39 绘制水平投影线

Step 03 绘制投影线。按相同方法，以俯视图中各端点与交点为起点，向上绘制射线，如图3-40所示。

图 3-40 绘制竖直投影线

Step 04 绘制主视图轮廓。绘制主视图轮廓之前，先要分析出俯视图与左视图中各特征点的投影关系（俯视图中的点，如1、2等，即相当于左视图中的点1′、2′，下同），然后单击【绘图】面板中的【直线】按钮，连接各点的投影在主视图中的交点，即可绘制出主视图轮廓，如图3-41所示。

Step 05 求一般交点。目前所得的图形还不足以绘制出完整的相贯线，因此需要另外找出2点，借以绘制出投影线来获取相贯线上的点（原则上5点才能确定一条曲线）。按"长对正、宽相等、高平齐"的原则，在俯视图和左视图绘制图3-42所示的两条直线，删除多余射线。

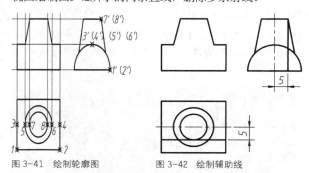

图 3-41 绘制轮廓图　　　　　图 3-42 绘制辅助线

Step 06 绘制投影线。根据辅助线与图形的交点为起点，分别使用【射线】命令绘制投影线，如图3-43所示。

Step 07 绘制相贯线。单击【绘图】面板中的【样条曲线】按钮，连接主视图中各投影线的交点，即可得到相贯线，如图3-44所示。

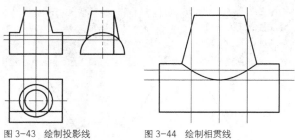

图 3-43 绘制投影线　　　　　图 3-44 绘制相贯线

实例092 绘制构造线

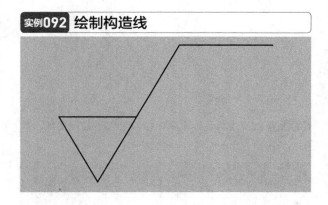

构造线是两端无限延伸的直线，没有起点和终点，只需指定两个点即可确定一根构造线。主要用于绘制辅助线和修剪边界，在绘制具体的零件图或装配图时，可以先创建两根互相垂直的构造线作为中心线。

难度 ★★★

🔘 素材文件路径：无
🔘 效果文件路径：素材/第3章/实例092 绘制构造线-OK.dwg
🎬 视频文件路径：视频/第3章/实例092 绘制构造线.MP4
🎬 播放时长：2分21秒

本例借助【构造线】来绘制机械制图中常见的粗糙度符号。

Step 01 启动AutoCAD 2016，新建一个空白文档。

Step 02 单击【绘图】面板中的【构造线】按钮✐，绘制60°倾斜角的构造线，如图3-45所示。命令行操作过程如下。

```
命令：_xline//执行【构造线】命令
指定点或 [水平(H)/垂直(V)/角度(A)/二等分(B)/偏移(O)]：A↙
//选择【角度】选项
输入构造线的角度 (0) 或 [参照(R)]：60↙//输入构造线的角度
指定通过点：//在绘图区任意一点单击确定通过点
指定通过点：*取消* //按Esc键退出【构造线】命令
```

Step 03 单击空格或Enter键重复【构造线】命令，绘制第二条构造线，如图3-46所示。命令行操作过程如下。

```
命令：XLINE
指定点或 [水平(H)/垂直(V)/角度(A)/二等分(B)/偏移(O)]：A↙
//选择【角度】选项
输入构造线的角度 (0) 或 [参照(R)]：R↙//使用参照角度
选择直线对象：//选择上一条构造线作为参照对象
输入构造线的角度 <0>：60↙//输入构造线角度
指定通过点：//任意单击一点确定通过点
指定通过点：//按Esc键退出命令
```

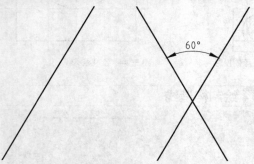

图 3-45　绘制第一条构造线　　图 3-46　绘制第二条构造线

Step 04 重复【构造线】命令，绘制水平的构造线，如图3-47所示。命令行操作过程如下。

```
命令：_xline
指定点或 [水平(H)/垂直(V)/角度(A)/二等分(B)/偏移(O)]：
H↙//选择【水平】选项
指定通过点：//选择两条构造线的交点作为通过点
```

指定通过点：*取消*//按Esc键退出【构造线】命令

Step 05 重复【构造线】命令，绘制与水平构造线平行的第一条构造线，如图3-47所示。命令行操作过程如下。

```
命令：_xline
指定点或 [水平(H)/垂直(V)/角度(A)/二等分(B)/偏移
(O)]：O↙//选择【偏移】选项指定偏移距离或 [通过(T)]
<150.0000>：5↙//输入偏移距离
选择直线对象：//选择第一条水平构造线
指定向哪侧偏移：//在所选构造线上侧单击
```

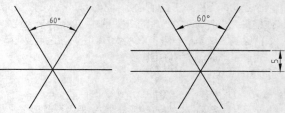

图 3-47　绘制水平构造线　　图 3-48　绘制第一条平行构造线

Step 06 重复【构造线】命令，绘制与水平构造线平行的第二条构造线，如图3-49所示。命令行操作如下。

```
命令：_xline
指定点或 [水平(H)/垂直(V)/角度(A)/二等分(B)/偏移(O)]：
O↙//选择【偏移】选项
指定偏移距离或 [通过(T)] <150.0000>：10.5↙//输入偏移距离
选择直线对象：//选择第一条水平构造线
指定向哪侧偏移：//在所选构造线上侧单击
```

Step 07 单击【直线】按钮✐。用直线依次连接交点A、B、C、D、E，然后删除多余的构造线，结果如图3-50所示。其中A点可以在构造线上任意选取一点。

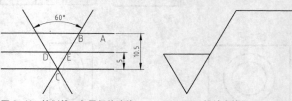

图 3-49　绘制第二条平行构造线　　图 3-50　粗糙度符号

实例093 绘制带线宽的多段线

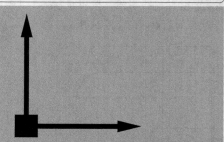

使用【多段线】命令可以生成由若干条直线和圆弧首尾连接形成的复合线实体。所谓复合对象，是指图形的所有组成部分均为一整体，单击时会选择整个图形，不能

进行选择性编辑。

难度 ★ ★

- 素材文件路径：素材/第3章/实例093 绘制带线宽的多段线.dwg
- 效果文件路径：素材/第3章/实例093 绘制带线宽的多段线-OK.dwg
- 视频文件路径：视频/第3章/实例093 绘制带线宽的多段线.MP4
- 播放时长：3分2秒

多段线的使用虽不及直线和圆频繁，但却可以通过指定宽度来绘制出许多独特的图形，这是其他命令所不具备的优势。本例将通过灵活定义多段线的线宽来一次性绘制坐标系箭头图形。

Step 01 打开"第3章/实例093 绘制带线宽的多段线.dwg"素材文件，其中已经绘制好了两段直线，如图3-51所示。

Step 02 绘制Y轴方向箭头。单击【绘图】面板中的【多段线】按钮 ⌐ ，指定竖直直线的上方端点为起点，然后在命令行中输入W，进入"宽度"选项，指定起点宽度为0、端点宽度为5，向下绘制一段长度为10的多段线，如图3-52所示。

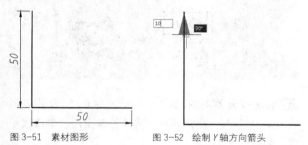

图 3-51 素材图形　　　　图 3-52 绘制 Y 轴方向箭头

Step 03 绘制Y轴连接线。箭头绘制完毕后，再次从命令行中输入W，指定起点宽度为2、端点宽度为2，向下绘制一段长度为35的多段线，如图3-53所示。

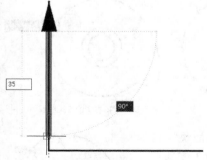

图 3-53 绘制 Y 轴连接线

Step 04 绘制基点方框。连接线绘制完毕后，再输入W，指定起点宽度为10、端点宽度为10，向下绘制一段多段线至直线交点，如图3-54所示。

Step 05 保持线宽不变，向右移动光标，绘制一段长度为5的多段线，效果如图3-55所示。

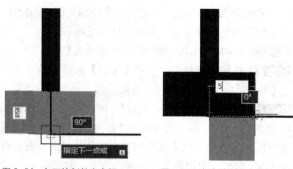

图 3-54 向下绘制基点方框　　　图 3-55 向右绘制基点方框

Step 06 绘制X轴连接线。指定起点宽度为2、端点宽度为2，向右绘制一段长度为35的多段线，如图3-56所示。

Step 07 绘制X轴箭头。按之前的方法，绘制X轴右侧的箭头，起点宽度为5、端点宽度为0，如图3-57所示。

Step 08 按Enter键退出多段线的绘制，坐标系箭头标识绘制完成，如图3-58所示。

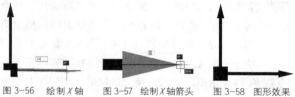

图 3-56 绘制 X 轴　　图 3-57 绘制 X 轴箭头　　图 3-58 图形效果
连接线

操作技巧

在多段线绘制过程中，可能预览图形不会及时显示出带有宽度的转角效果，让用户误以为绘制出错。只要按Enter键完成多段线的绘制，便会自动为多段线添加转角处的平滑效果。

实例094 绘制带圆弧的多段线

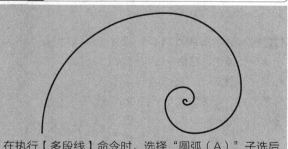

在执行【多段线】命令时，选择"圆弧（A）"子选后便开始创建与上一线段（或圆弧）相切的圆弧段。因此，可以利用该特性来绘制一些特殊的曲线图形。

难度 ★ ★ ★

- 素材文件路径：无
- 效果文件路径：素材/第3章/实例094 绘制带圆弧的多段线-OK.dwg
- 视频文件路径：视频/第3章/实例094 绘制带圆弧的多段线.MP4
- 播放时长：4分55秒

本例根据【多段线】中的圆弧命令自动相切的特性，来绘制斐波那契螺旋线，具体步骤介绍如下。

Step 01 启动AutoCAD 2016，新建空白文档。

Step 02 在默认选项卡中单击【绘图】面板上的【多段线】按钮，任意指定一点为起点。

Step 03 创建第一段圆弧。在命令行中输入A，进入圆弧绘制方法，再输入D，选择通过"方向"来绘制圆弧。接着沿正上方指定一点为圆弧切向方向，然后水平向右移动光标，绘制一段距离为2的圆弧，如图3-59所示。

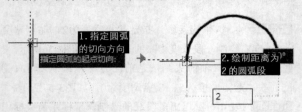

图 3-59　创建第一段圆弧

Step 04 创建第二段圆弧。紧接上步骤进行操作，在命令行中输入CE，选择"圆心"方式绘制圆弧。指定第一段圆弧，也是多段线的起点（带有"＋"标记）为圆心，绘制一个跨度为90°的圆弧，如图3-60所示。

Step 05 创建第三段圆弧。接上步骤进行操作，在命令行中输入R，选择"半径"方式绘制圆弧。根据斐波那契数列规律可知第三段圆弧半径为4，然后指定角度为90°，如图3-61所示。

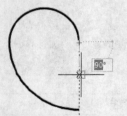

图 3-60　创建第二段圆弧

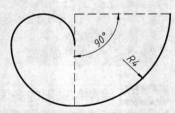

图 3-61　创建第三段圆弧

Step 06 创建第四段圆弧。紧接上步骤进行操作，在命令行中输入A，选择"角度"方式绘制圆弧。输入夹角为90°，然后指定半径为6，效果如图3-62所示。

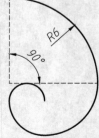

图 3-62　创建第四段圆弧

Step 07 创建第五段圆弧。再次输入R，选择"半径"方式绘制圆弧。指定半径为10，角度为90°，得到第五段圆弧，如图3-63所示。

Step 08 按相同方法，绘制其余段圆弧，即可得到斐波那契螺旋线，如图3-64所示。

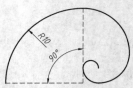

图 3-63　创建第五段圆弧

图 3-64　创建其余圆弧

实例095　合并多段线　★进阶★

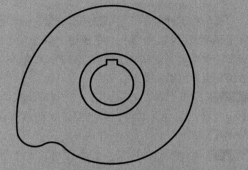

在 AutoCAD 2016 中，用户可以根据需要将直线圆弧或多段线连接到指定的非闭合多段线上，将其进行合并操作。这个功能在三维建模中经常用到，用以创建封闭的多段线，从而生成面域。

难度 ★★

📄 素材文件路径：素材/第3章/实例095 合并多段线.dwg
📄 效果文件路径：素材/第3章/实例095 合并多段线-OK.dwg
🎬 视频文件路径：视频/第3章/实例095 合并多段线.MP4
🎬 播放时长：1分27秒

Step 01 打开素材文件"第3章/实例095 合并多段线.dwg"，为一凸轮图形，其外轮廓由两段多段线组成，如图3-65所示。

Step 02 在命令行中输入PE，执行【多段线编辑】命令，根据命令行提示，在绘图区选择右侧的大圆弧多段线为编辑对象，如图3-66所示。

图 3-65　素材图形

图 3-66　选择右侧的多段线圆弧

Step 03 在弹出的快捷菜单中，选择【合并】子选项，如图3-67所示。

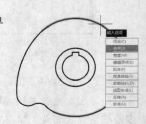

图 3-67　选择【合并】子选项

Step 04 在绘图区中依次选择左侧的多段线圆弧，如图3-68所示。

图 3-68 选择左侧的多段线圆弧

Step 05 选择完毕后，按Enter键确认，退出选择，在返回的快捷菜单中选择【合并】子选项，如图3-69所示。

Step 06 按Esc键退出操作，即可将所选择的对象合并为多段线，最终效果如图3-70所示。

图 3-69 选择【合并】子选项

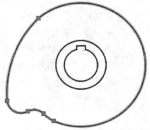

图 3-70 多段线的合并效果

操作技巧

本例通过弹出的快捷菜单来完成多段线的编辑操作，这种操作的前提是必须打开【动态输入】。如果没有打开【动态输入】，也可以在命令行中输入指令来完成，方法见例096。

实例096 调整多段线宽度 ★进阶★

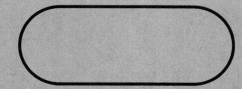

【多段线】的宽度除了在创建过程中指定，还可以在任意时间通过【多段线编辑】命令进行修改。

难度 ★★

素材文件路径：素材/第3章/实例096 调整多段线宽度.dwg
效果文件路径：素材/第3章/实例096 调整多段线宽度-OK.dwg
视频文件路径：视频/第3章/实例096 调整多段线宽度.MP4
播放时长：50秒

Step 01 打开素材文件"第3章/实例096 调整多段线宽度.dwg"，为一跑道图形，如图3-71所示。

Step 02 在命令行中输入PE，执行【多段线编辑】命令，选择跑道为要编辑的多段线。

Step 03 在命令行中输入W，执行"宽度"子命令，按Enter键确认，接着输入新的线宽2，再按Enter键退出，结果如图3-72所示。命令行操作如下。

命令: PE↙　　　//执行【多段线编辑】命令PEDIT
选择多段线或 [多条(M)]://选择跑道图形输入选项 [打开(O)/合并(J)/宽度(W)/编辑顶点(E)/拟合(F)/样条曲线(S)/非曲线化(D)/线型生成(L)/反转(R)/放弃(U)]: W↙//选择"宽度"子选项
指定所有线段的新宽度: 2↙//输入新的线宽输入选项 [打开(O)/合并(J)/宽度(W)/编辑顶点(E)/拟合(F)/样条曲线(S)/非曲线化(D)/线型生成(L)/反转(R)/放弃(U)]: ↙//按Enter键退出命令

图 3-71 素材图形　　　　图 3-72 修改线宽后的图形

实例097 为多段线插入顶点 ★进阶★

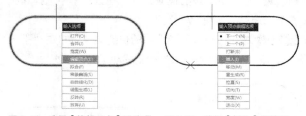

【多段线编辑】中的"顶点（E）"备选项可以对多段线的顶点进行增加、删除和移动等操作，从而修改整个多段线的形状。

难度 ★★

素材文件路径：素材/第3章/实例096 调整多段线宽度.dwg
效果文件路径：素材/第3章/实例097 为多段线插入顶点-OK.dwg
视频文件路径：视频/第3章/实例097 为多段线插入顶点.MP4
播放时长：1分7秒

Step 01 使用素材文件"第3章/实例096 调整多段线宽度.dwg"进行操作。

Step 02 在命令行中输入PE并按Enter键，执行【多段线编辑】命令，选择跑道为要编辑的多段线，在弹出的快捷菜单中选择【编辑顶点】选项，如图3-73所示。

Step 03 进入下一级的快捷菜单，在该菜单中选择【插入】子选项，如图3-74所示。

图 3-73 选择【编辑顶点】子选项　　图 3-74 选择【插入】子选项

Step 04 命令行提示为新顶点指定位置，可以在边线中点的正下方空白区域处单击一点，如图3-75所示。

Step 05 指定完新顶点后，可见图形已发生变化，然后按Esc键即可退出操作，最终结果如图3-76所示。

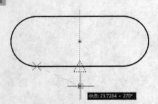

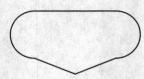

图 3-75　指定新顶点的位置　　　图 3-76　添加新顶点之后的图形

"插入"子选项可以在所选的顶点后增加新顶点，从而增加多段线的线段数目。所选的顶点会用"×"标记标明，用户也可以在图3-74所示的次级快捷菜单中选择"下一个（N）"或"上一个（P）"子选项来调整所选顶点的位置，从而调整要插入顶点的位置。

实例098　拉直多段线　　　★进阶★

既然可以为多段线添加顶点，自然也可以从多段线中删除顶点。这一操作在 AutoCAD 中被称为"拉直"。

难度　★★

- 素材文件路径：素材/第3章/实例097 为多段线插入顶点-OK.dwg
- 效果文件路径：素材/第3章/实例098 拉直多段线-OK.dwg
- 视频文件路径：视频/第3章/实例098 拉直多段线.MP4
- 播放时长：1分9秒

Step 01 延续【实例 097】进行操作，也可以打开素材文件"第3章/实例097 为多段线插入顶点-OK.dwg"进行操作。

Step 02 在命令行中输入PE，执行【多段线编辑】命令，选择跑道为要编辑的多段线，在弹出的快捷菜单中选择【编辑顶点】选项。

Step 03 进入下一级的快捷菜单，在该菜单中选择【拉直】子选项，如图3-77所示。

Step 04 进入【拉直】子选项的快捷菜单，单击"下一个（N）"，将顶点"×"标记移动至图3-78处。

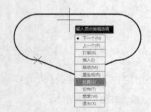

图 3-77　选择【拉直】子选项　　　图 3-78　移动顶点标记

Step 05 所选顶点确定无误后，选择【执行】子选项，如图3-79所示。

Step 06 图形已被拉直，实例097中新添的顶点被删除。按Esc键即可退出操作，最终结果如图3-80所示。

图 3-79　选择【拉直】子选项　　　图 3-80　移动顶点标记

"拉直"子选项可以删除顶点并拉直多段线，它以指定的端点为起点，通过"下一个"备选项中移动"×"标记，起点与该标记点之间的所有顶点将被删除，从而拉直多段线。指定的端点是在选择【编辑顶点】子选项后通过"下一个（N）"或"上一个（P）"来指定的，同样也是"×"标记。

实例099　创建多线样式

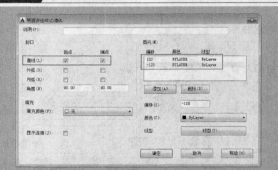

在使用【多线】命令进行绘制前，需事先指定好【多线】的样式。不同的多线样式，可以得到完全不同的效果。

难度　★★

- 素材文件路径：素材/第3章/实例099 创建多线样式.dwg
- 效果文件路径：素材/第3章/实例099 创建多线样式-OK.dwg
- 视频文件路径：视频/第3章/实例099 创建多线样式.MP4
- 播放时长：1分26秒

多线的使用虽然方便，但是默认的 STANDARD 样式过于简单，无法用来应对现实工作中所遇到的各种问题（如绘制带有封口的墙体线）。这时就可以通过创建新的多线样式来解决，具体步骤如下。

Step 01 启动AutoCAD 2016，打开"第3章/实例099 创建多线样式.dwg"素材文件。

Step 02 在命令行中输入MLSTYLE并按Enter键，系统弹出【多线样式】对话框，如图3-81所示。

Step 03 单击【新建】按钮，系统弹出【创建新的多线样式】对话框，新建新样式名为"墙体"，基础样式为STANDARD，单击【继续】按钮，如图3-82所示。

图 3-81 【多线样式】对话框

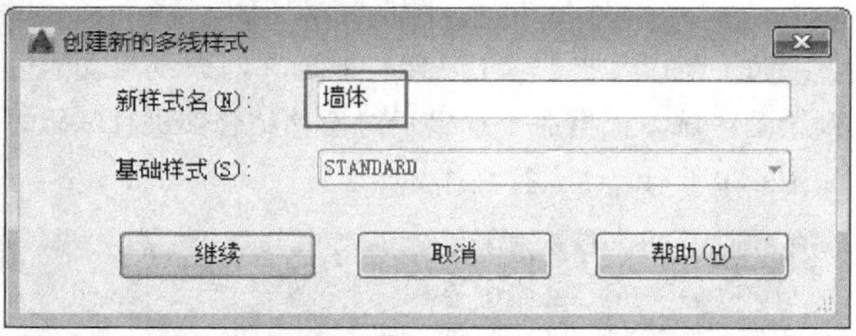

图 3-82 【创建新的多线样式】对话框

Step 04 系统弹出【新建多线样式：墙体】对话框，在【封口】区域勾选【直线】中的两个复选框、在【图元】选项区域中设置【偏移】为120与-120，如图3-83所示，单击【确定】按钮，系统返回【多线样式】对话框。

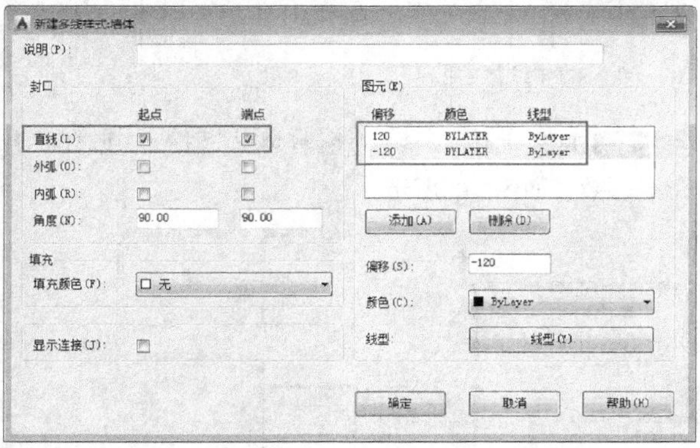

图 3-83 设置封口和偏移值

Step 05 单击【置为当前】按钮，单击【确定】按钮，关闭对话框，完成墙体多线样式的设置。单击【快速访问】工具栏中的【保存】按钮 💾，保存文件，如图3-84所示。

图 3-84 创建的【墙体】多线样式

实例100 绘制多线

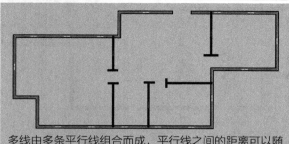

多线由多条平行线组合而成，平行线之间的距离可以随意设置，能极大地提高绘图效率。【多线】命令一般用于绘制建筑与室内墙体等。

难度 ★★

💿 素材文件路径：素材/第3章/实例099 创建多线样式-OK.dwg
💿 效果文件路径：素材/第3章/实例100 绘制多线-OK.dwg
📹 视频文件路径：视频/第3章/实例100 绘制多线.MP4
⏱ 播放时长：1分52秒

Step 01 延续【实例 099】进行绘制，或打开素材文件"第3章/实例099 创建多线样式-OK.dwg"素材文件，如图3-85所示。

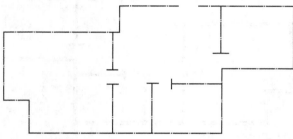

图 3-85 素材文件

Step 02 在命令行输入ML并按Enter键，激活【多线】命令，使用前面设置的多线样式，沿着轴线绘制承重墙，如图3-86所示。命令行操作如下。

```
命令: ML ↙ //调用【多线】命令MLINE
当前设置: 对正＝上，比例＝20.00，样式＝墙体
指定起点或 [对正(J)/比例(S)/样式(ST)]:S↙       // 执行
"比例"子选项
输入多线比例<20.00>: 1↙//输入多线比例
当前设置: 对正＝上，比例＝1.00，样式＝墙体
指定起点或 [对正(J)/比例(S)/样式(ST)]: J↙//执行"对正"子
选项
输入对正类型 [上(T)/无(Z)/下(B)] <上>: Z↙//执行"无"子
选项
当前设置: 对正＝无，比例＝1.00，样式＝墙体
指定起点或 [对正(J)/比例(S)/样式(ST)]://沿着轴线绘制墙体
指定下一点:
指定下一点或 [放弃(U)]:
指定下一点或 [闭合(C)/放弃(U)]: ↙//按Enter键结束绘制
```

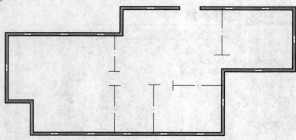

图 3-86　绘制承重墙

Step 03 再按空格键重复命令，绘制非承重墙，如图3-87所示。命令行操作如下。

```
|MLINE//调用【多线】命令
当前设置：对正＝无，比例＝1.00，样式＝墙体
指定起点或 [对正(J)/比例(S)/样式(ST)]：S↙//执行"比例"子选项
输入多线比例＜1.00＞：0.5↙//输入多线比例
当前设置：对正＝无，比例＝0.50，样式＝墙体
指定起点或 [对正(J)/比例(S)/样式(ST)]：
指定下一点：//沿着内部轴线绘制墙体
指定下一点或 [放弃(U)]：↙//按Enter键结束绘制
```

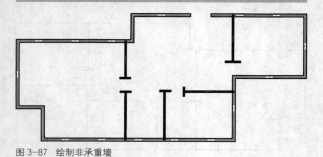

图 3-87　绘制非承重墙

实例101　编辑多线

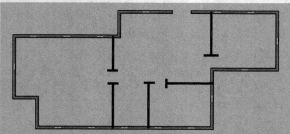

多线是复合对象，只有将其分解为多条直线后才能编辑。但在 AutoCAD 2016 中，也可以用自带的【多线编辑工具】对话框中进行编辑，如修饰实例 100 中承重墙和非承重墙的结合处。

难度 ★★

🔘 素材文件路径：素材/第3章/ 实例100 绘制多线-OK.dwg
🔘 效果文件路径：素材/第3章/ 实例101 编辑多线-OK.dwg
🎬 视频文件路径：视频/第3章/实例101 编辑多线.MP4
📺 播放时长：2分26秒

Step 01 延续【实例100】进行操作，也可以打开素材

文件"第3章/实例100 绘制多线-OK.dwg"文件。

Step 02 在命令行中输入MLEDIT，调用【多线编辑】命令，打开【多线编辑工具】对话框，如图3-88所示。

图 3-88　【多线编辑工具】对话框

Step 03 选择其中的【T形合并】选项，系统自动返回到绘图区域，根据命令行提示对墙体结合部进行编辑，如图3-89所示。命令行操作如下。

```
命令：MLEDIT↙//调用【多线编辑】命令
选择第一条多线：//选择竖直墙体
选择第二条多线：//选择水平墙体
选择第一条多线 或 [放弃(U)]：↙//重复操作
```

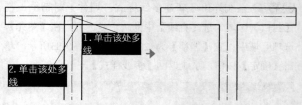

图 3-89　合并多线交接处

Step 04 重复上述操作，对所有墙体进行【T形合并】命令，效果如图3-90所示。

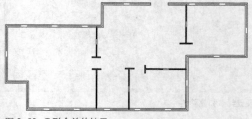

图 3-90　T形合并的结果

Step 05 在命令行中输入LA，调用【图层特性管理器】命令，在弹出的【图层特性管理器】选项板中，隐藏【轴线】图层，最终效果如图3-91所示。

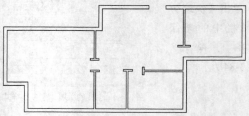

图 3-91　最终效果

中间红色的轴线可以删除也可以隐藏图层,隐藏图层的操作请见本书第8章的实例298。

3.3 曲线类图形绘制

在 AutoCAD 中,圆、圆弧、椭圆、椭圆弧和圆环都属于圆类图形,其他还有样条曲线、螺旋线等曲线类图形。其绘制方法相对于直线对象复杂,下面将通过21 个实例进行讲解。

实例102 圆心与半径绘制圆

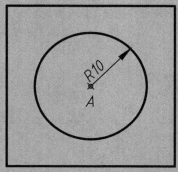

圆在各种设计图形中都应用频繁,因此对应的创建方法也很多。本例介绍其中最常用的一种,即通过指定圆心再输入半径来绘制圆。

难度 ★

- 素材文件路径:素材/第3章/实例102 圆心与半径绘制圆.dwg
- 效果文件路径:素材/第3章/实例102 圆心与半径绘制圆-OK.dwg
- 视频文件路径:视频/第3章/实例102 圆心与半径绘制圆.MP4
- 播放时长:38秒

Step 01 打开素材文件"第3章/实例102 圆心与半径绘制圆.dwg",素材中有一单点A,如图3-92所示。

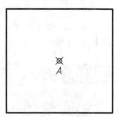

图 3-92 素材图形

Step 02 在命令行中输入C并按Enter键,或单击【绘图】面板上的【圆】按钮 ,执行【圆】命令。

Step 03 根据命令行提示,选择A点为圆心,然后在命令行中直接输入半径10,即可绘制一个圆,如图3-93所示。命令行操作如下。

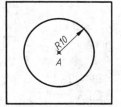

图 3-93 通过指定圆心与半径绘制圆

命令:C✓ CIRCLE
指定圆的圆心或[三点(3P)/两点(2P)/切点、切点、半径(T)]: //选择A点。也可以输入A点的坐标值
指定圆的半径或[直径(D)]:10✓ //输入半径值,也可以输入相对于圆心的相对坐标,确定圆周上一点

实例103 圆心与直径绘制圆

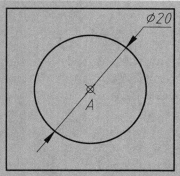

指定圆心后,除了输入半径,还可用选择输入直径来绘制圆。此种方法绘圆同上例相差不大。

难度 ★

- 素材文件路径:素材/第3章/实例102 圆心与半径绘制圆.dwg
- 效果文件路径:素材/第3章/实例102 圆心与半径绘制圆-OK.dwg
- 视频文件路径:视频/第3章/实例103 圆心与直径绘制圆.MP4
- 播放时长:33秒

Step 01 使用素材文件"第3章/实例102 圆心与半径绘制圆.dwg"进行操作。

Step 02 在命令行中输入C并按Enter键,或单击【绘图】面板上的【圆心,直径】按钮 ,如图3-94所示。执行【圆】命令。

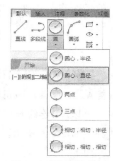

图 3-94 【绘图】面板上的【圆心,直径】按钮

Step 03 根据命令行提示,选择A点为圆心,然后在命令行中选择"直径"选项,输入直径20,即可绘制一个圆,如图3-95所示。命令行操作如下。

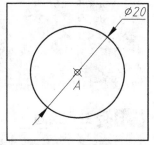

图 3-95 通过指定圆心与直径绘制圆

命令:C✓ CIRCLE
指定圆的圆心或[三点(3P)/两点(2P)/切点、切点、半径(T)]: //选择A点。也可以输入A点的坐标值
指定圆的半径或[直径(D)]<80.1736>: D//选择直径选项
指定圆的直径<200.00>: 20✓//输入直径值

实例104 两点绘圆

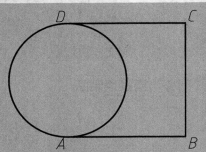

两点绘圆，实际上是以这两点的连线为直径，以两点连线的中点为圆心画圆。系统会自动提示指定圆直径的第一端点和第二端点。

难度 ★★

- 素材文件路径：素材/第3章/实例104 两点绘圆.dwg
- 效果文件路径：素材/第3章/实例104 两点绘圆-OK.dwg
- 视频文件路径：视频/第3章/实例104 两点绘圆.MP4
- 播放时长：42秒

Step 01 打开素材文件"第3章/实例104 两点绘圆.dwg"，素材由3条线段构成，如图3-96所示。

Step 02 在命令行中输入C并按Enter键，再输入2P选择"两点"子选项；或单击【绘图】面板上的【两点】按钮 ⊘，执行【圆】命令。

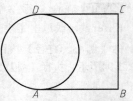

图3-96 素材图形

Step 03 根据命令行提示，捕捉A、D两点，即可自动绘制一个以AD连线长度为直径的圆，如图3-97所示。命令行操作如下。

图3-97 指定两点绘制圆

命令：C✓CIRCLE
指定圆的圆心或[三点(3P)/两点(2P)/切点、切点、半径(T)]：
2P✓//选择"两点"选项
指定圆直径的第一个端点：//单击选择第一个端点A
指定圆直径的第二个端点：//单击选择第二个端点D，或输入相对于第一个端点的相对坐标

实例105 三点绘圆

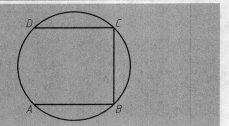

三点绘圆，实际上是绘制通过这三点所确定的三角形唯一的外接圆。系统会提示指定圆上的第一点、第二点和第三点。

难度 ★★

- 素材文件路径：素材/第3章/实例104 两点绘圆.dwg
- 效果文件路径：素材/第3章/实例105 三点绘圆-OK.dwg
- 视频文件路径：视频/第3章/实例105 三点绘圆.MP4
- 播放时长：52秒

Step 01 使用素材文件"第3章/实例104 两点绘圆.dwg"进行操作。

Step 02 在命令行中输入C并按Enter键，再输入3P选择"三点"子选项；或单击【绘图】面板上的【三点】按钮 ⊘，如图3-98所示，执行【圆】命令。

Step 03 根据命令行提示，依次捕捉A、B、C三点，即可自动绘制出△ABC唯一的外接圆，如图3-99所示。命令行操作如下。

命令：C✓CIRCLE
指定圆的圆心或[三点(3P)/两点(2P)/切点、切点、半径(T)]：
3P✓//选择"三点"选项
指定圆上的第一个点：//单击选择A点
指定圆上的第二个点：//单击选择B点
指定圆上的第三个点：//单击选择C点

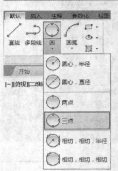
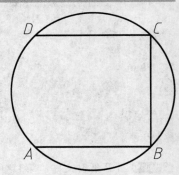

图3-98 【绘图】面板上的【三点】按钮 　图3-99 指定三点绘制圆

实例106 相切、相切、半径绘圆

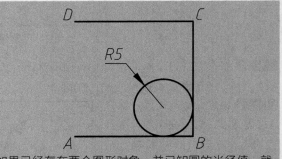

如果已经存在两个图形对象，并已知圆的半径值，就可以绘制出与这两个对象相切的公切圆。

难度 ★★

素材文件路径：素材/第3章/实例104 两点绘圆.dwg
效果文件路径：素材/第3章/实例106 相切、相切、半径绘圆-OK.dwg
视频文件路径：视频/第3章/实例106 相切、相切、半径绘圆.MP4
播放时长：53秒

Step 01 使用素材文件"第3章/实例104 两点绘圆.dwg"进行操作。

Step 02 在命令行中输入C并按Enter键，再输入T选择"切点、切点、半径"子选项；或单击【绘图】面板上的【相切、相切、半径】按钮，执行【圆】命令。

Step 03 根据命令行提示，分别在AB、BC直线上单击一点，位置不用精确，如图3-100所示。

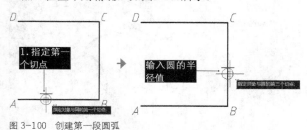

图 3-100　创建第一段圆弧

Step 04 然后输入半径值即可自动绘制出△ABC唯一的外接圆，如图3-101所示。命令行操作如下。

```
命令：_circle
指定圆的圆心或 [三点(3P)/两点(2P)/切点、切点、半径(T)]：
T↙//选择"切点、切点、半径"选项
指定对象与圆的第一个切点：//单击直线AB上任意一点
指定对象与圆的第二个切点：//单击直线BC上任意一点
指定圆的半径：5↙//输入半径值
```

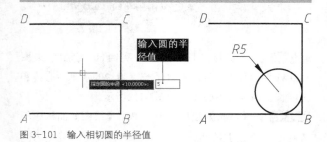

图 3-101　输入相切圆的半径值

实例107 相切、相切、相切绘圆

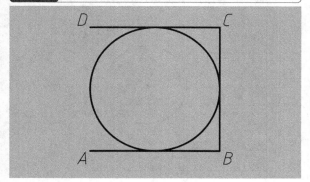

选择三条切线来绘制圆，可以绘制出与 3 个图形对象相切的公切圆。要注意与"三点"之间的区别。

难度 ★★

素材文件路径：素材/第3章/实例104 两点绘圆.dwg
效果文件路径：素材/第3章/实例107 相切、相切、相切绘圆-OK.dwg
视频文件路径：视频/第3章/实例107 相切、相切、相切绘圆.MP4
播放时长：45秒

Step 01 使用素材文件"第3章/实例104 两点绘圆.dwg"进行操作。

Step 02 单击【绘图】面板上的【相切、相切、相切】按钮，如图3-102所示，执行【圆】命令。

Step 03 根据命令行提示，分别在AB、BC和CD直线上各单击一点，位置不用精确，即可自动绘制出与直线AB、BC、CD都相切的公切圆，如图3-103所示。

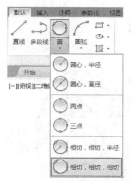

图 3-102　【绘图】面板上的【三点】按钮

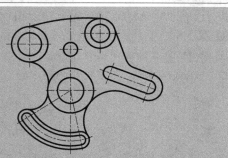

图 3-103　指定三个切点绘制圆

实例108 圆图形应用　★重点★

圆在各种设计图形中都应用频繁，因此对应的创建方法也很多。而熟练掌握各种圆的创建方法，有助于提高绘图效率。

难度 ★★

素材文件路径：素材/第3章/实例108 绘制圆.dwg
效果文件路径：素材/第3章/实例108 绘制圆-OK.dwg
视频文件路径：视频/第3章/实例108 绘制圆.MP4
播放时长：2分50秒

Step 01 打开素材文件"第3/实例108绘制圆.dwg",其中有一残缺的零件图形,如图3-104所示。

Step 02 在【默认】选项卡中,单击【绘图】面板中的【圆心、半径】按钮,如图3-105所示。

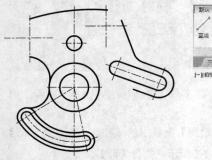 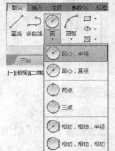

图 3-104 素材图形

图 3-105 【绘图】面板中的绘圆命令

Step 03 根据提示以右侧中心线的交点为圆心,绘制半径为8的圆形,如图3-106所示。

Step 04 单击【绘图】面板中的【圆心、直径】按钮,以左侧中心线的交点为圆心,绘制直径为20的圆形,如图3-107所示。

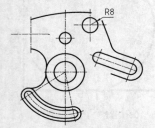 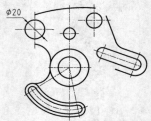

图 3-106 【圆心、半径】绘制圆

图 3-107 【圆心、直径】绘制圆

Step 05 单击【绘图】面板中的【两点】按钮,分别捕捉两条圆弧的端点1、2,绘制结果如图3-108所示。

Step 06 单击【绘图】面板中的【相切、相切、半径】按钮,捕捉与圆相切的两个切点3、4,输入半径13,按Enter键确认,绘制结果如图3-109所示。

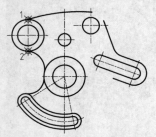 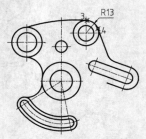

图 3-108 【两点】绘制圆

图 3-109 【相切、相切、半径】绘制圆

Step 07 重复调用【圆】命令,使用【切点、切点、切点】的方式绘制圆,捕捉与圆相切的3个切点5、6、7,绘制结果如图3-110所示。

Step 08 在命令行中输入TR,调用【修剪】命令,剪切多余弧线,最终效果如图3-111所示。

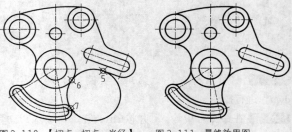

图 3-110 【切点、切点、半径】绘制圆

图 3-111 最终效果图

实例109 绘制苹果图形 ★重点★

圆除了作为图形本身之外,还可以用作辅助线,来绘制一些非常规的艺术图形,在商业设计上应用较多。其中苹果图形便是其中的一款经典设计。本例便介绍该图形的绘制方法。

难度 ★★★

- 素材文件路径:素材/第3章/实例109 绘制苹果图形.dwg
- 效果文件路径:素材/第3章/实例109 绘制苹果图形-OK.dwg
- 视频文件路径:视频/第3章/实例109 绘制苹果图形.MP4
- 播放时长:8分11秒

Step 01 打开素材文件"第3章/实例109绘制苹果图形.dwg",其中已经绘制好了长度为12的水平中心线和无限长度的竖直中心线,如图3-112所示。

Step 02 在【默认】选项卡中,单击【绘图】面板中的【圆心、半径】按钮,以水平中心线的两端点为圆心,绘制半径为5的两个圆,再以中心线的交点为圆心,绘制半径为1的圆,如图3-113所示。

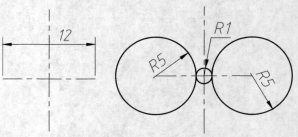

图 3-112 素材图形

图 3-113 【圆心、半径】绘制圆

Step 03 单击【绘图】面板中的【相切、相切、半径】⊘按钮，在R5圆下侧单击点1、2为切点，然后输入半径8，按Enter键确认，绘制结果如图3-114所示。

Step 04 单击【绘图】面板中的【圆心、半径】按钮⊘，将光标移动至R8圆上象限点，然后使用【对象捕捉追踪】功能，向上移动得到距离为13的点，如图3-115所示。

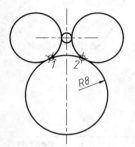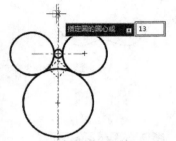

图 3-114 绘制 R8 的圆　　　图 3-115 通过对象捕捉追踪确定圆心

Step 05 以该点为圆心，输入半径为13，按Enter键退出，效果如图3-116所示。

Step 06 绘制辅助线。在【默认】选项卡中，单击【绘图】面板中的【射线】按钮✐，分别以水平中心线的端点为起点，分别绘制夹角为45°的两根射线，效果如图3-117所示。

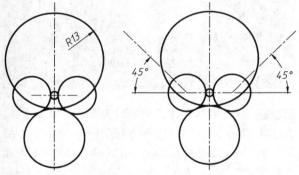

图 3-116 绘制 R13 的圆　　图 3-117 绘制辅助线

Step 07 同样使用【圆心、半径】绘图方法，以及【对象捕捉追踪】功能，在辅助线上绘制半径为3的两个圆，与R5圆的圆心距为8，结果如图3-118所示。

Step 08 单击【绘图】面板中的【相切、相切、半径】⊘按钮，分别在上步骤所绘制的圆和竖直中心线上指定切点3、4、5，然后输入半径为8，结果如图3-119所示。

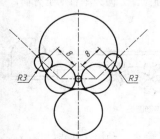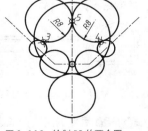

图 3-118 绘制 R3 的两个圆　　图 3-119 绘制 R8 的两个圆

Step 09 单击【绘图】面板中的【相切、相切、相切】⊘按钮，分别在R13和R8等三个圆上指定3点（点6、7、8），绘制的圆结果如图3-120所示。

Step 10 使用相同方法，在R8、R5、R3三个圆上各捕捉一点（点9、10、11和点12、13、14），绘制的两个圆效果如图3-121所示。

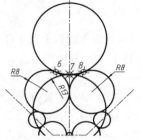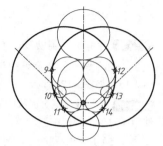

图 3-120 【相切、相切、相切】　图 3-121 【相切、相切、相切】
绘制顶圆　　　　　　　　　　绘制两侧圆

Step 11 使用TR【修剪】命令，将多余的线条修剪，并删除多余线条，仅保留苹果LOGO轮廓，效果如图3-122所示。

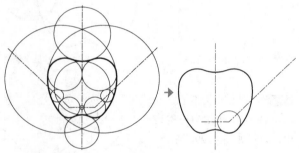

图 3-122 修剪多余图形得到苹果轮廓

Step 12 绘制树叶和缺口。单击【绘图】面板中的【圆心、半径】按钮⊘，配合【对象捕捉追踪】功能，在步骤（11）所保留的图形中绘制一R2的圆，效果如图3-123所示。

Step 13 使用相同方法，在辅助线上绘制R8的圆，结果如图3-124所示。

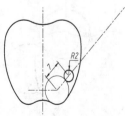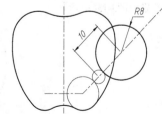

图 3-123 绘制 R2 的圆　　　图 3-124 绘制 R8 的圆

Step 14 绘制辅助线。单击【绘图】面板中的【射线】按钮✐，以上步骤绘制的R8圆圆心为起点，绘制一垂直于原辅助线的射线，效果如图3-125所示。

Step 15 在新辅助线上，按之前的方法，绘制如图3-126所示的R8圆。

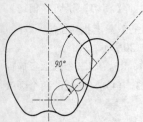

图 3-125　绘制新辅助线

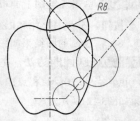

图 3-126　绘制 R8 的圆

Step 16 绘制水平辅助线。单击【绘图】面板上的【直线】按钮 ✎，连接苹果图形最上方圆弧的两个端点14、15，如图3-127所示。

Step 17 单击【绘图】面板中的【圆心、半径】按钮 ⊘，使用【对象捕捉追踪】功能，以步骤（16）所绘辅助线和步骤（15）所绘R8圆的交点为起点，向上移动得到距离为8的点，如图3-128所示。

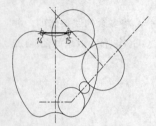

图 3-127　绘制水平辅助线

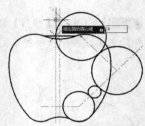

图 3-128　通过对象捕捉追踪确定圆心

Step 18 以该点为圆心，输入半径为8，按Enter键退出，效果如图3-129所示。

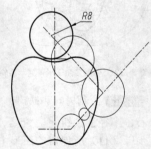

图 3-129　【相切、相切、相切】绘制顶圆

Step 19 删除所有辅助线，效果如图3-130所示。

图 3-130　删除辅助线

Step 20 使用TR【修剪】命令，修剪多余的线条，仅保留树叶和缺口轮廓，最终效果如图3-131所示。

图 3-131　修剪多余图形得到苹果轮廓

实例110 绘制圆弧 ★重点★

圆弧是 AutoCAD 中创建方法最多的一种图形，这归因它在各类设计图中都有大量使用，如机械、园林和室内等。因此，熟练掌握各种圆弧的创建方法，对于提高AutoCAD 的综合能力很有帮助。

难度 ★★★

⊙ 素材文件路径：素材/第3章/实例110 绘制圆弧.dwg
⊙ 效果文件路径：素材/第3章/实例110 绘制圆弧-OK.dwg
🎬 视频文件路径：视频/第3章/实例110 绘制圆弧.MP4
🎬 播放时长：2分5秒

Step 01 打开素材文件"第3章/实例110 绘制圆弧.dwg"，其中已经绘制好了一个景观图形，如图3-132所示。接下来便使用AutoCAD 2016中所提供的圆弧工具来进行完善。

图 3-132　素材图形

Step 02 在【默认】选项卡中，单击【绘图】面板中的【起点、端点、方向】按钮 ⟋，使用【起点、端点、方向】的方式绘制两侧的圆弧，方向为垂直向上方向，绘制结果如图3-133所示。

图 3-133　【起点、端点、方向】绘制圆弧

Step 03 重复调用【圆弧】命令，使用【起点、圆心、

端点】的方式绘制圆弧，绘制图3-134所示圆弧。

图 3-134 【起点、圆心、端点】绘制圆弧

Step 04 在【默认】选项卡中，单击【绘图】面板中的【三点】按钮，使用【三点】的方式绘制圆弧，绘制结果如图3-135所示。

图 3-135 绘制大圆弧

实例111 控制圆弧方向 ★进阶★

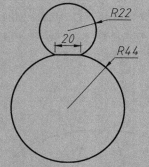

在初学圆弧时，有时绘制出来的结果与用户本人所设想的不一样，这是没有弄清楚圆弧的大小和方向的缘故。此处便通过一个经典练习来介绍圆弧方向的控制。

难度 ★★★

- 素材文件路径：素材/第3章/实例111 圆弧绘制方向.dwg
- 效果文件路径：素材/第3章/实例111 圆弧绘制方向-OK.dwg
- 视频文件路径：视频/第3章/实例111 圆弧绘制方向.MP4
- 播放时长：1分28秒

Step 01 打开素材文件"第3章/实例111 圆弧绘制方向.dwg"，其中绘制好了一条长度为20的线段，如图3-136所示。

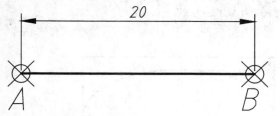

图 3-136 素材图形

Step 02 绘制上圆弧。单击【绘图】面板中【圆弧】按钮的下拉箭头，在下拉列表中选择【起点、端点、半

径】选项，接着选择直线的右端点B作为起点、左端点A作为端点，然后输入半径值-22，即可绘制上圆弧，如图3-137所示。

Step 03 绘制下圆弧。按Enter或空格键，重复执行【起点、端点、半径】绘圆弧命令，接着选择直线的左端点A作为起点，右端点B作为端点，然后输入半径值-44，即可绘制下圆弧，如图3-138所示。

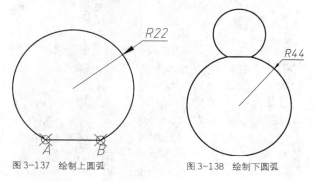

图 3-137 绘制上圆弧　　　图 3-138 绘制下圆弧

> **知识链接**
>
> AutoCAD中圆弧绘制的默认方向是逆时针方向，因此在绘制上圆弧的时候，如果我们以A点为起点，B点为端点，则会绘制出图3-139所示的圆弧（命令行虽然提示按Ctrl键反向，但只能外观发现，实际绘制时还是会按原方向处理）。根据几何学的知识我们可知，在半径已知的情况下，弦长对应着两段圆弧：优弧（弧长较长的一段）和劣弧（弧长短的一段）。而在AutoCAD中只有输入负值才能绘制出优弧，具体关系如图3-140所示。

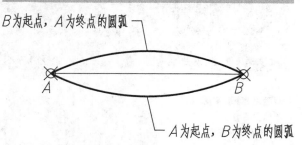

图 3-139 不同起点与终点的圆弧

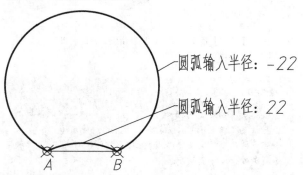

图 3-140 不同输入半径的圆弧

实例112 绘制圆环

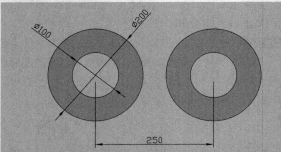

圆环是由同一圆心、不同直径的两个同心圆组成的。如果两圆直径相等，则圆环就是一个普通的圆；如果内部的圆直径为0，则圆环就是一个实心圆。

难度 ★★

- 素材文件路径：无
- 效果文件路径：素材/第3章/实例112 绘制圆环-OK.dwg
- 视频文件路径：视频/第3章/实例112 绘制圆环.MP4
- 播放时长：1分6秒

Step 01 启动AutoCAD 2016，新建一个空白文档。

Step 02 在【默认】选项卡中，单击【绘图】面板中的【圆环】按钮 ◎，如图3-141所示。

Step 03 绘制外径为200，内径为100，水平距离为250的两组圆环，如图3-142所示。命令行操作如下。

```
命令：_donut//执行【圆环】命令
指定圆环的内径<0.5000>：100↙//输入内径
指定圆环的外径<1.0000>：200↙//输入外径
指定圆环的中心点<退出>：//在绘图区域合适位置任意拾取一点作为第一组圆环圆心
指定圆环的中心点<退出>：@250，0↙//输入第二组圆环圆心的相对坐标
指定圆环的中心点<退出>：↙          //按Enter键结束命令
```

图3-141 【绘图】面板上的【三点】按钮

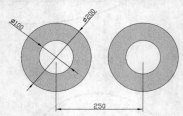

图3-142 指定三点绘制圆

操作技巧

【圆环】在指定了内径和外径之后，便可以一直以该参数进行放置，直至按Enter键结束。因此，使用【圆环】命令可以快速创建大量实心或空心圆，在这种情况下使用较【圆】命令要方便快捷。

实例113 绘制椭圆

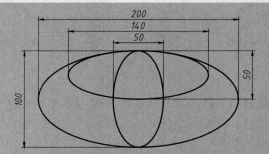

椭圆是特殊样式的圆，与圆相比，椭圆的半径长度不一。其形状由定义其长度和宽度的两条轴决定，较长的轴称为长轴，较短的轴称为短轴。

难度 ★★

- 素材文件路径：无
- 效果文件路径：素材/第3章/实例113 绘制椭圆-OK.dwg
- 视频文件路径：视频/第3章/实例113 绘制椭圆.MP4
- 播放时长：1分58秒

椭圆图形在生活中比较常见，比如地面拼花、室内吊顶造型等，在机械制图中一般用椭圆来绘制轴测图上的圆。本例将通过椭圆来绘制图3-143所示某汽车品牌商标。

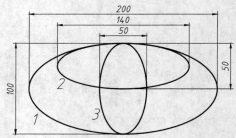

图3-143 某汽车品牌商标图形

Step 01 启动AutoCAD 2016，新建一个空白文档。

Step 02 单击【绘图】面板上的【圆心】按钮 ⊕，绘制椭圆1，如图3-144所示。命令行操作如下。

```
命令：_ellipse
指定椭圆的轴端点或 [圆弧(A)/中心点(C)]：_c//中心点方式绘制椭圆
指定椭圆的中心点：0,0↙//以原点为椭圆中心
指定轴的端点：100,0↙//输入轴端点的坐标
指定另一条半轴长度或 [旋转(R)]：50↙//输入另一半轴长度
```

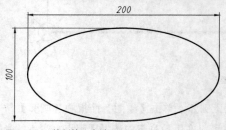

图3-144 绘制第一个椭圆

Step 03 单击【绘图】面板上的【轴端点】按钮 ，绘制椭圆2，如图3-145所示。命令行操作如下。

> 命令：_ellipse
> 指定椭圆的轴端点或 [圆弧(A)/中心点(C)]：0,50↙ //输入轴的第一个端点坐标
> 指定轴的另一个端点：0,0↙ //输入轴的第二个端点坐标
> 指定另一条半轴长度或 [旋转(R)]：70↙ //输入另一条轴的长度

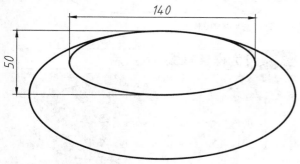

图 3-145 绘制第一个椭圆

Step 04 重复【轴端点】方式绘制椭圆3，命令行操作如下。

> 命令：_ellipse
> 指定椭圆的轴端点或 [圆弧(A)/中心点(C)]：0,50↙
> 指定轴的另一个端点：0,-50↙
> 指定另一条半轴长度或 [旋转(R)]：25↙

实例114 绘制椭圆弧

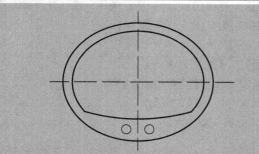

椭圆弧是椭圆的一部分。要绘制椭圆弧，需要指定其所在椭圆的两条轴及椭圆弧的起点和终点的角度。本例通过椭圆弧来绘制脸盆。

难度 ★★

- 素材文件路径：素材/第3章/实例114 绘制椭圆弧.dwg
- 效果文件路径：素材/第3章/实例114 绘制椭圆弧-OK.dwg
- 视频文件路径：视频/第3章/实例114 绘制椭圆弧.MP4
- 播放时长：3分4秒

Step 01 打开素材文件"第3章/实例114 绘制椭圆弧.dwg"，其中绘制好了两条相互垂直的中心线，如图3-146所示。

图 3-146 素材文件

Step 02 绘制外轮廓。调用【椭圆】命令，捕捉中心线交点，让其为中心绘制一个长轴长80、短轴长65的椭圆，如图3-147所示。

Step 03 绘制椭圆弧。调用【椭圆弧】命令，捕捉中心线交点，让其为中心绘制一个长轴长70、短轴长56的椭圆弧，跨度为120°，如图3-148所示。

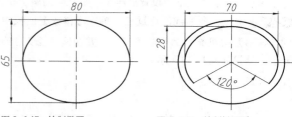

图 3-147 绘制椭圆　　　图 3-148 绘制椭圆弧

Step 04 绘制圆弧。在【绘图】面板上单击【圆弧】按钮下的展开箭头，选择【起点、端点、半径】命令，以椭圆弧的端点为起点和终点，绘制一个半径为200的圆弧，如图3-149所示。

Step 05 绘制水龙头安装孔。调用【圆】命令绘制两个半径为5的圆孔，最终结果如图3-150所示。

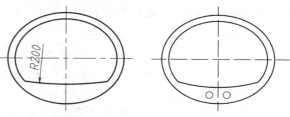

图 3-149 绘制圆弧　　　图 3-150 洗脸盆完成图

实例115 绘制样条曲线

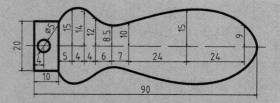

样条曲线是经过或接近一系列给定点的平滑曲线，它能够自由编辑，以及控制曲线与点的拟合程度，在各种设计绘图中均有应用。

难度 ★★

- 素材文件路径：素材/第3章/实例115 绘制样条曲线.dwg
- 效果文件路径：素材/第3章/实例115 绘制样条曲线-OK.dwg
- 视频文件路径：视频/第3章/实例115 绘制样条曲线.MP4
- 播放时长：2分6秒

Step 01 启动AutoCAD 2016，打开素材文件"第3章/实例115 绘制样条曲线.dwg"文件，素材文件内已经绘制好了中心线与各通过点（没设置点样式之前很难观察到），如图3-151所示。

图 3-151　绘制第一个椭圆

Step 02 设置点样式。选择【格式】|【点样式】命令，弹出【点样式】对话框中设置点样式，如图3-152所示。

Step 03 定位样条曲线的通过点。单击【修改】面板中的【偏移】按钮，将中心线偏移，并在偏移线交点绘制点，结果如图3-153所示。

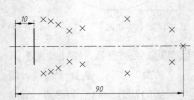

图 3-152　【点样式】对话框　　图 3-153　绘制样条曲线的通过点

Step 04 绘制样条曲线。单击【绘图】面板中的【样条曲线】按钮，以左上角辅助点为起点，按顺时针方向依次连接各辅助点，结果如图3-154所示。

图 3-154　绘制样条曲线

Step 05 闭合样条曲线。在命令行中输入C并按Enter键，闭合样条曲线，结果如图3-155所示。

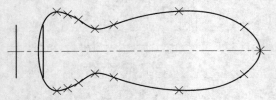

图 3-155　闭合样条曲线

Step 06 绘制圆和外轮廓线。分别单击【绘图】面板中的【直线】和【圆】按钮，绘制直径为4的圆，如图3-156所示。

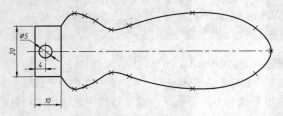

图 3-156　绘制圆和外轮廓线

Step 07 修剪整理图形。单击【修改】面板中的【修剪】命令，修剪多余样条曲线，并删除辅助点，结果如图3-157所示。

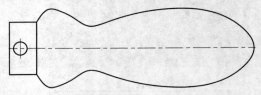

图 3-157　修剪整理图形

实例116　为样条曲线插入顶点

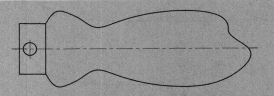

由 SPLINE 命令绘制的样条曲线具有许多特征，如数据点的数量及位置、端点特征性及切线方向等，用SPLINEDIT（编辑样条曲线）命令可以改变曲线的这些特征。

难度 ★★★

- 素材文件路径：素材/第3章/实例115 绘制样条曲线-OK.dwg
- 效果文件路径：素材/第3章/实例116 插入顶点-OK.dwg
- 视频文件路径：视频/第3章/实例116 插入顶点.MP4
- 播放时长：1分31秒

Step 01 延续【实例115】进行操作，或打开素材文件"第3章/实例115 绘制样条曲线-OK.dwg"。

Step 02 在【默认】选项卡中，单击【修改】面板中的【编辑样条曲线】按钮，如图3-158所示。

图 3-158　选择【编辑样条曲线】按钮

Step 03 选择样条曲线，执行【样条曲线编辑】命令，然后在弹出的快捷菜单中选择【编辑顶点】选项，如图3-159所示。

图 3-159　选择【插入】子选项

Step 04 进入下一级的快捷菜单，在该菜单中选择【添加】子选项，然后根据命令行提示为新顶点指定位置即可，操作如图3-160所示。

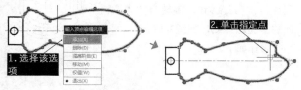

图 3-160　指定要添加的顶点位置

Step 05 指定完新顶点后，可见图形已发生变化，然后连按2次Enter键即可退出操作，最终结果如图3-161所示。

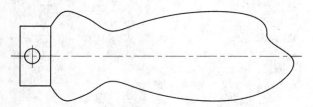

图 3-161　添加顶点后的图形

实例117 **为样条曲线删除顶点**

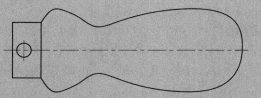

同【多段线】一样，【样条曲线】除了可以插入顶点，也可以删除顶点，形成像"拉直"一样的效果。

难度 ★★★

- 素材文件路径：素材/第3章/实例115 绘制样条曲线-OK.dwg
- 效果文件路径：素材/第3章/实例117 删除顶点-OK.dwg
- 视频文件路径：视频/第3章/实例117 删除顶点.MP4
- 播放时长：1分17秒

Step 01 延续【实例115】进行操作，或打开素材文件"第3章/实例115 绘制样条曲线-OK.dwg"。

Step 02 在命令行中输入SPEDIT，执行【样条曲线编辑】命令，选择样条曲线，在弹出的快捷菜单中选择【编辑顶点】选项。

Step 03 进入下一级的快捷菜单，在该菜单中选择【删除】子选项，然后根据命令行提示在样条曲线上选择要删除的顶点，操作如图3-162所示。

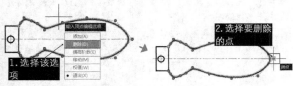

图 3-162　选择要删除的顶点

Step 04 指定新顶点后，可见图形已发生变化，然后连按2次Enter键即可退出操作，最终结果如图3-163所示。

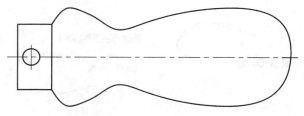

图 3-163　删除顶点后的图形

实例118 **修改样条曲线切线方向**

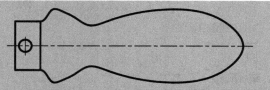

样条曲线首尾两端点的切线方向，直接决定了样条曲线的最终形态，对曲线的形状、美观都有极大影响。像例子中的手柄图形，在末端接口处连接并不圆滑，此时可以通过修改切线方向来进行调整。

难度 ★★★

- 素材文件路径：素材/第3章/实例115 绘制样条曲线-OK.dwg
- 效果文件路径：素材/第3章/实例118 修改切线方向-OK.dwg
- 视频文件路径：视频/第3章/实例118 修改切线方向.MP4
- 播放时长：1分15秒

Step 01 延续【实例115】进行操作，或打开素材文件"第3章/实例115 绘制样条曲线-OK.dwg"。

Step 02 在【默认】选项卡中，单击【修改】面板中的【编辑样条曲线】按钮，如图3-164所示。

图 3-164　【修改】面板中的【编辑样条曲线】按钮

Step 03 选择样条曲线，执行【样条曲线编辑】命令，然后在弹出的快捷菜单中选择【拟合数据】选项，如图3-165所示。

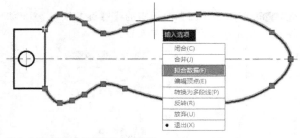

图 3-165　选择【拟合数据】子选项

Step 04 进入下一级的快捷菜单，在该菜单中选择【切线】子选项，然后根据命令行提示为首尾两个端点指定切线方向即可，如图3-166所示。

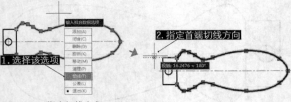

图 3-166　指定切线方向

Step 05 按Enter键确定首端端点处的切线方向，系统自动切换至为末端端点切线方向，按相同方法进行指定，再连按两次Enter键即可退出操作，效果如图3-167所示。

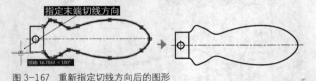

图 3-167　重新指定切线方向后的图形

实例119　绘制螺旋线

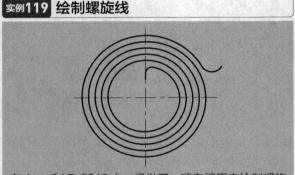

在 AutoCAD 2016 中，提供了一项专门用来绘制螺旋线的命令【螺旋】，适用于绘制弹簧、发条、螺纹和旋转楼梯等螺旋线。

难度 ★★★

素材文件路径：素材/第3章/实例119 绘制螺旋线.dwg
效果文件路径：素材/第3章/实例119 绘制螺旋线-OK.dwg
视频文件路径：视频第3章/实例119 绘制螺旋线.MP4
播放时长：3分40秒

Step 01 打开"第3章/实例119 绘制螺旋线.dwg"文件，如图3-168所示，其中已经绘制好了交叉的中心线。

Step 02 单击【绘图】面板中的【螺旋】按钮，如图3-169所示，执行【螺旋】命令。

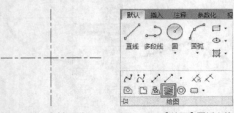

图 3-168　素材图形　　图 3-169　【绘图】面板中的【螺旋】按钮

Step 03 以中心线的交点为中心点，绘制底面半径为10、顶面半径为20，圈数为5，高度为0，旋转方向为顺时针的平面螺旋线，如图3-170所示，命令行操作如下。

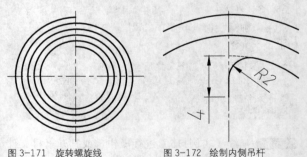

图 3-170　绘制螺旋线

```
命令: _Helix圈数 = 3.0000　　扭曲=CCW
指定底面的中心点://选择中心线的交点
指定底面半径或 [直径(D)] <1.0000>:10//输入底面半径值
指定顶面半径或 [直径(D)] <10.0000>: 20//输入顶面半径值指定螺旋高度或 [轴端点(A)/圈数(T)/圈高(H)/扭曲(W)]
<0.0000>: w✓//选择"扭曲"选项
输入螺旋的扭曲方向 [顺时针(CW)/逆时针(CCW)] <CCW>:
cw✓//选择顺时针旋转方向指定螺旋高度或 [轴端点(A)/圈数(T)/圈高(H)/扭曲(W)] <0.0000>: t✓//选择"圈数"选项
输入圈数 <3.0000>:5//输入圈数
指定螺旋高度或 [轴端点(A)/圈数(T)/圈高(H)/扭曲(W)]
<0.0000>://输入高度为0，结束操作
```

Step 04 单击【修改】面板中的【旋转】按钮，将螺旋线旋转90°，如图3-171所示。

Step 05 绘制内侧吊杆。执行L【直线】命令，在螺旋线内圈的起点处绘制一条长度为4的竖线，再单击【修改】面板中的【圆角】按钮，将直线与螺旋线倒圆R2，如图3-172所示。

图 3-171　旋转螺旋线　　图 3-172　绘制内侧吊杆

Step 06 绘制外侧吊钩。单击【绘图】面板中的【多段线】按钮，绘制以螺旋线外圈的终点为起点，螺旋线中心为圆心，端点角度为30°的圆弧，如图3-173所示，命令行操作如下。

```
命令:_pline
指定起点://指定螺旋线的终点当前线宽为 0.0000
指定下一个点或 [圆弧(A)/半宽(H)/长度(L)/放弃(U)/宽度(W)]:
A//选择"圆弧"子选项
指定圆弧的端点(按住 Ctrl 键以切换方向)或[角度(A)/圆心
(CE)/方向(D)/半宽(H)/直线(L)/半径(R)/第二个点(S)/放弃(U)/
宽度(W)]: ce✓//选择"圆心"子选项
指定圆弧的圆心://指定螺旋线中心为圆心
指定圆弧的端点(按住 Ctrl 键以切换方向)或 [角度(A)/长度
(L)]: 30//输入端点角度
```

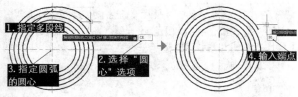

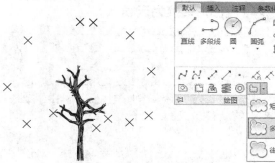

图 3-173 绘制第一段多段线

Step 07 继续【多段线】命令，水平向右移动光标，绘制一段跨距为6的圆弧，结束命令，最终图形如图3-174所示。

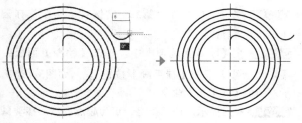

图 3-174 绘制第二段多段线

图 3-175 素材文件 　　　　　　　　图 3-176【绘图】面板中的【修订云线】按钮

Step 03 在命令行中输入A，按Enter键，根据提示分别设置云线的最小弧长为50、最大弧长为150。注意，所指定的最大弧长数值不能超过最小弧长的3倍。

Step 04 然后依次指定素材文件中的点为多边形的顶点，按Enter键完成修订云线的绘制，结果如图3-177所示。命令行操作如下。

```
命令：_revcloud//调用【修订云线】命令
最小弧长：10 最大弧长：20 样式：普通 类型：多边形指定起
点或 [弧长(A)/对象(O)/矩形(R)/多边形(P)/徒手画(F)/样式(S)/
修改(M)] <对象>：_P
指定起点或 [弧长(A)/样式(S)/修改(M)] <对象>：A√//激活
【弧长】选项
指定最小弧长 <10>:50√//指定最小弧长并按Enter键确认
指定最大弧长 <20>:150√//指定最小弧长并按Enter键确认
指定起点或 [弧长(A)/对象(O)/矩形(R)/多边形(P)/徒手画(F)/
样式(S)/修改(M)] <对象>：
指定下一点://指定素材文件中的点
指定下一点或 [放弃(U)]:…
指定下一点或 [放弃(U)]:√//按Enter键完成修订云线
```

实例120 绘制修订云线

修订云线是一类特殊的线条，它的形状类似于云朵，主要用于突出显示图纸中已修改的部分，在园林绘图中常用于绘制灌木。其组成参数包括多个控制点、最大弧长和最小弧长。

难度 ★★

- 素材文件路径：素材/第3章/实例120 绘制修订云线.dwg
- 效果文件路径：素材/第3章/实例120 绘制修订云线-OK.dwg
- 视频文件路径：视频/第3章/实例120 绘制修订云线.MP4
- 播放时长：1分钟

Step 01 打开素材文件"第3章/实例120 绘制修订云线.dwg"，其中已经绘制好了一个树干与12个点，如图3-175所示。

Step 02 在【默认】选项卡中，单击【绘图】面板中【修订云线】下的【多边形】按钮 ，如图3-176所示，调用【修订云线】命令。

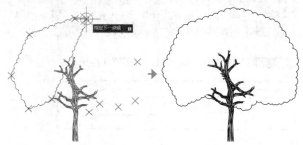

图 3-177 绘制第二段多段线

操作技巧

在绘制修订云线时，若不希望它自动闭合，可在绘制过程中将鼠标移动到合适的位置后，单击鼠标右键来结束修订云线的绘制。

实例121 将图形转换为云线

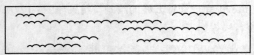

除了使用【修订云线】命令绘制云线外，还可以将现成的图形转换为修订云线。

难度 ★★

- 素材文件路径：素材/第3章/实例121 转换修订云线.dwg
- 效果文件路径：素材/第3章/实例121 转换修订云线-OK.dwg
- 视频文件路径：视频/第3章/实例121 转换修订云线.MP4
- 播放时长：1分15秒

Step 01 单击【快速访问】工具栏中的【打开】按钮，打开"第3章/实例121 转换修订云线.dwg"文件，如图3-178所示。

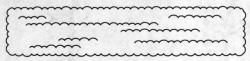

图3-178 素材图形

Step 02 单击【绘图】面板中的【修订云线】按钮，调用【修订云线】命令，对矩形进行修改，命令行提示如下。

```
命令：_REVCLOUD//调用【修订云线】命令
指定起点或 [弧长(A)/对象(O)/样式(S)] <对象>：A✓//激活【弧长】选项
指定最小弧长 <10>：100✓//指定最小弧长并按Enter键确认
指定最大弧长 <100>：200✓//指定最大弧长并按Enter键确认
指定起点或 [弧长(A)/对象(O)/样式(S)] <对象>：O✓//激活【对象】选项
反转方向 [是(Y)/否(N)] <否>：✓//不反转方向，按Enter键确定，再按Enter键完成修订云线
```

Step 03 绘制完成的绿篱效果如图3-179所示。

图3-179 绘制的绿篱

实例122 徒手绘图

在 AutoCAD 2016 中，使用【徒手画（sketch）】命令可以通过模仿手绘效果创建一系列独立的线段或多段线。这种绘图方式通常适用于签名、绘制木纹、自由轮廓以及植物等不规则图形的绘制，

难度 ★★★

- 素材文件路径：素材/第3章/实例120 绘制修订云线.dwg
- 效果文件路径：素材/第3章/实例122 徒手绘图-OK.dwg
- 视频文件路径：视频/第3章/实例122 徒手绘图.MP4
- 播放时长：55秒

Step 01 使用素材文件"第3章/实例120 绘制修订云线.dwg"进行操作。

Step 02 在【默认】选项卡中，单击【绘图】面板中【修订云线】下的【徒手画】按钮，如图3-180所示，调用【徒手画】命令。

Step 03 根据提示，任意指定一点为起点，然后移动鼠标即可自动进行绘制，直到按Enter键结束。最终结果如图3-181所示。

图3-180 【绘图】面板中的【徒手画】按钮　　图3-181 徒手绘制的图形

3.4 多边图形绘制

多边形图形包括矩形和正多边形，也是在绘图过程中使用较多的一类图形。下面通过4个例子对这类图形的画法以及操作进行讲解。

实例123 绘制正方形

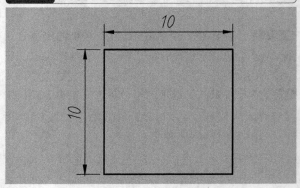

在 AutoCAD 2016 中，使用【矩形】命令，可以通过直接指定矩形的起点及对角点完成矩形的绘制。而正方形可看成是特殊的矩形，因此本例便绘制边长为 10 的正方形，让读者了解【矩形】的使用。

难度 ★★★

- 素材文件路径：无
- 效果文件路径：素材/第3章/实例123 绘制正方形-OK.dwg
- 视频文件路径：视频/第3章/实例123 绘制正方形.MP4
- 播放时长：2分31秒

1 通过相对坐标绘制

Step 01 启动AutoCAD 2016，新建一个空白文档。

Step 02 在【默认】选项卡中，单击【绘图】面板中的【矩形】按钮，如图3-182所示。

Step 03 在绘图区中任意指定一点为起点，然后输入相对坐标"@10,10"为对角点，即可绘制一边长为10的正方形，如图3-183所示。命令行操作如下。

```
命令：_rectang//执行【矩形】命令
指定第一个角点或 [倒角(C)/标高(E)/圆角(F)/厚度(T)/宽度(W)]://在绘图区中任意指定一点
指定另一个角点或 [面积(A)/尺寸(D)/旋转(R)]：@10,10✓//输入对角点的相对坐标
```

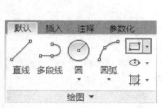

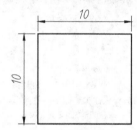

图 3-182 【绘图】面板上的【矩形】按钮

图 3-183 指定三点绘制圆

· 执行方式

还可以通过以下方法来调用【矩形】命令。

◆ 菜单栏：执行【绘图】|【矩形】菜单命令。

◆ 命令行：输入 RECTANG 或 REC。

2 通过面积绘制

Step 01 单击【绘图】面板中的【矩形】按钮，执行【矩形】命令。

Step 02 在绘图区中任意指定一点为起点，然后输入A，选择"面积"子选项，根据命令行提示进行操作，最终结果如图3-183所示。命令行参考如下。

```
命令：_rectang
指定第一个角点或 [倒角(C)/标高(E)/圆角(F)/厚度(T)/宽度(W)]：指定另一个角点或 [面积(A)/尺寸(D)/旋转(R)]：A✓//选择"面积"选项
输入以当前单位计算的矩形面积 <0.0000>:100✓//输入所绘制正方形的面积，即100
```

```
计算矩形标注时依据 [长度(L)/宽度(W)] <长度>:✓//选择"长度"选项
输入矩形长度 <0.0000>:10✓//输入长度值，单击回车即得到最终正方形
```

3 通过尺寸绘制

Step 01 单击【绘图】面板中的【矩形】按钮，执行【矩形】命令。

Step 02 在绘图区中任意指定一点为起点，然后输入D，选择"尺寸"子选项，根据命令行提示进行操作，最终结果如图3-183所示。命令行参考如下。

```
命令：_rectang
指定第一个角点或 [倒角(C)/标高(E)/圆角(F)/厚度(T)/宽度(W)]：
指定另一个角点或 [面积(A)/尺寸(D)/旋转(R)]：D/选择"尺寸"选项
指定矩形的长度 <0.0000>:10✓//输入长度值
指定矩形的宽度 <0.0000>:10✓//输入宽度值，单击回车即得到最终正方形
```

实例124 绘制带倒角的矩形

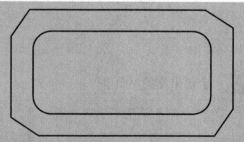

AutoCAD 的【矩形】命令不仅能够绘制常规矩形，还可以为其设置倒角、圆角及宽度和厚度值，生成不同类型的边线和边角效果。

难度 ★★

- 素材文件路径：无
- 效果文件路径：素材/第3章/实例124 绘制带倒角的矩形-OK.dwg
- 视频文件路径：视频/第3章/实例124 绘制带倒角的矩形.MP4
- 播放时长：1分59秒

Step 01 启动AutoCAD 2016，新建一个空白文档。

Step 02 单击【绘图】面板上的【矩形】按钮，绘制矩形，如图3-184所示。命令行操作如下。

```
命令：_rectang
指定第一个角点或 [倒角(C)/标高(E)/圆角(F)/厚度(T)/宽度(W)]：C✓//选择【圆角】选项
指定矩形的第一个倒角距离 <0.0000>：10✓          //输入第一个倒角距离
指定矩形的第二个倒角距离 <10.0000>：15✓//输入第二个倒角距离
```

指定第一个角点或 [倒角(C)/标高(E)/圆角(F)/厚度(T)/宽度(W)]: 0,0✓//输入矩形第一个角点坐标
指定另一个角点或 [面积(A)/尺寸(D)/旋转(R)]: 120,70✓//输入对角点坐标，完成矩形

Step 03 重复【矩形】命令，绘制内部矩形，如图3-185所示。命令行操作如下。

命令: _rectang
指定第一个角点或 [倒角(C)/标高(E)/圆角(F)/厚度(T)/宽度(W)]:F✓//选择【圆角】选项
指定矩形的圆角半径<12.0000>: 10✓//设置圆角半径为10
指定第一个角点或 [倒角(C)/标高(E)/圆角(F)/厚度(T)/宽度(W)]:12,12✓//指定第一个角点坐标
指定另一个角点或 [面积(A)/尺寸(D)/旋转(R)]: D✓//选择【尺寸】选项
指定矩形的长度<10.0000>:96✓//输入矩形长度
指定矩形的宽度<10.0000>:46✓//输入矩形宽度
指定另一个角点或 [面积(A)/尺寸(D)/旋转(R)]://在上一个角点的右上方任意一点单击，确定矩形的方向

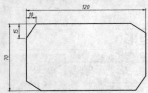
图 3-184　倒斜角的矩形

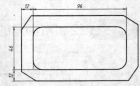
图 3-185　倒圆角的矩形

实例125 绘制带宽度的矩形

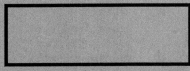

多边形与矩形，都可以看成是闭合的多段线，因此也属于复合对象。所以可以为其指定线宽，绘制带有一定宽度的矩形。

难度 ★★

- 素材文件路径: 无
- 效果文件路径: 素材/第3章/实例125 绘制带宽度的矩形-OK.dwg
- 视频文件路径: 视频/第3章/实例125 绘制带宽度的矩形.MP4
- 播放时长: 58秒

Step 01 启动AutoCAD 2016，新建一个空白文档。

Step 02 单击【绘图】面板上的【矩形】按钮▢，执行【矩形】命令。

Step 03 在命令行中输入W，选择"宽度"子选项，输入线宽值1，然后在绘图区中任意指定一点为起点，输入对角点相对坐标"@60,20"，最终结果如图3-186所示。命令行参考如下。

命令: _rectang
指定第一个角点或 [倒角(C)/标高(E)/圆角(F)/厚度(T)/宽度

(W)]: W✓//选择"面积"选项
指定矩形的线宽<0.0000>: 1✓//输入线宽值
指定第一个角点或 [倒角(C)/标高(E)/圆角(F)/厚度(T)/宽度(W)]://在绘图区中任意指定一点
指定另一个角点或 [面积(A)/尺寸(D)/旋转(R)]: @60,20✓//输入对角点的相对坐标

图 3-186　绘制的带宽度的矩形

实例126 绘制多边形

AutoCAD 2016 中的多边形为正多边形，是由三条或三条以上长度相等的线段首尾相连形成的闭合图形，其边数范围是 3~1024。

难度 ★★

- 素材文件路径: 无
- 效果文件路径: 素材/第3章/实例126 绘制多边形-OK.dwg
- 视频文件路径: 视频/第3章/实例126 绘制多边形.MP4
- 播放时长: 2分17秒

Step 01 启动AutoCAD 2016，新建一个空白文档。

Step 02 在【默认】选项卡中，单击【绘图】面板上的【多边形】按钮，如图3-187所示，执行【多边形】命令。

Step 03 绘制一个正七边形，如图3-188所示。命令行操作如下。

命令: _polygon//调用【多边形】命令
输入侧面数<6>:7✓//输入边数
指定正多边形的中心点或 [边(E)]: //在绘图区域单击任意一点
输入选项 [内接于圆(I)/外切于圆(C)] <I>: C✓//选择【外切于圆】选项
指定圆的半径: 50✓//输入圆心半径值

图 3-187 【绘图】面板上的【多边形】按钮

图 3-188　绘制正七边形

Step 04 单击【绘图】面板上的【圆】按钮，绘制正七边形的内切圆，如图3-189所示。命令行操作如下。

```
命令:_CIRCLE//调用【圆】命令
指定圆的圆心或 [三点(3P)/两点(2P)/切点、切点、半径(T)]:
3P↙//选择【三点】选项
指定圆上的第一个点://捕捉任意一条边的中点
指定圆上的第二个点://捕捉另一条边的中点
指定圆上的第三个点://捕捉第三条边的中点
```

Step 05 再次单击【多边形】按钮，以圆心为多边形中心，使用【外接圆】选项，捕捉到a点定义外接圆半径，绘制正四边形，如图3-190所示。

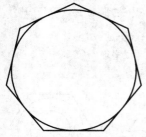
图 3-189　绘制内切圆

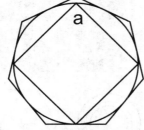
图 3-190　绘制正四边形

Step 06 重复【多边形】命令，以圆心为正四边形的中心，使用【外接圆】选项，捕捉到上一个正四边形边线中点定义外接圆半径，绘制正四边形，如图3-191所示。

Step 07 在【绘图】面板上单击【圆】按钮下的展开箭头，选择【相切、相切、相切】命令，绘制内切于正四边形的4个圆，如图3-192所示。

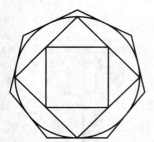
图 3-191　绘制第二个正四边形

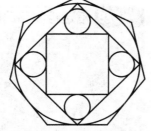
图 3-192　绘制圆

第 4 章 二维图形的编辑

前面章节学习了各种图形对象的绘制方法，为了创建图形的更多细节特征以及提高绘图的效率，AutoCAD 提供了许多编辑命令，常用的有：【移动】、【复制】、【修剪】、【倒角】与【圆角】等。本章讲解这些命令的使用方法，以进一步提高读者绘制复杂图形的能力。

4.1 图形的编辑

AutoCAD 绘图不可能一蹴而就，要想得到最终的完整图形，就必须用到各种编辑命令来处理已经绘制好的图形，或偏移、或修剪、或删除。对于一张完整的 AutoCAD 设计图来说，用于编辑的时间可能占总时间的 70% 以上，因此编辑类命令才是 AutoCAD 绘图的重点所在。

实例127 指定两点移动图形

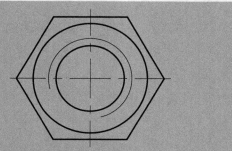

【移动】命令是将图形从一个位置平移到另一位置，移动过程中图形的大小、形状和倾斜角度均不改变。

难度 ★★

🖱 素材文件路径：素材/第4章/实例127 指定两点移动图形.dwg
🖱 效果文件路径：素材/第4章/实例127 指定两点移动图形-OK.dwg
🎬 视频文件路径：视频/第4章/实例127 指定两点移动图形.MP4
🎬 播放时长：58秒

Step 01 启动AutoCAD 2016，打开素材文件"第4章/实例127 指定两点移动图形.dwg"，图形如图4-1所示。

Step 02 在【默认】选项卡中，单击【修改】面板中的【移动】按钮✥，如图4-2所示，执行【移动】命令。

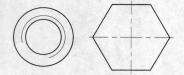

图 4-1　素材图形

图 4-2【修改】面板中的【移动】按钮

Step 03 在绘图区选择右侧的多边形和中心线为移动对象，并按Enter键确认，然后根据提示，在中心线交点处单击鼠标左键，即指定其为基点。

Step 04 拖移十字光标时可见所选图形会实时移动，因此将光标移动至左图的圆心上，单击鼠标左键即可放置，效果如图4-3所示。命令行操作如下。

```
命令:_move //执行【移动】命令
选择对象:找到 3 个//选择要移动的对象
选择对象: //按Enter键完成选择
指定基点或 [位移(D)] <位移>://选取移动对象的基点
指定第二个点或 <使用第一个点作为位移>://选取移动的目标
点，放置图形
```

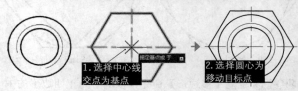

1.选择中心线交点为基点　　2.选择圆心为移动目标点

图 4-3　指定两点移动对象

· 执行方式

还可以通过以下方法执行【移动】命令。

◆ 菜单栏：执行【修改】|【移动】命令。

◆ 命令行：输入 MOVE 或 M。

实例128 指定距离移动图形

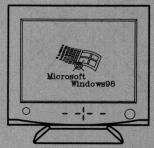

除了指定基点和移动目标点外，还可以选择对象，通过指定方向和距离来移动图形。

难度 ★★

🖱 素材文件路径：素材/第4章/实例128 指定距离移动图形.dwg
🖱 效果文件路径：素材/第4章/实例128 指定距离移动图形-OK.dwg
🎬 视频文件路径：视频/第4章/实例128 指定距离移动图形.MP4
🎬 播放时长：59秒

Step 01 打开素材文件"第4章/实例128 指定距离移动图形.dwg"，如图4-4所示。

Step 02 在命令行中输入M，按Enter键确认，执行【移动】命令。

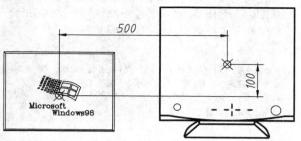

图 4-4　素材图形

Step 03 选择左侧的图形
为移动对象，然后在命令
行中输入D，执行"位移"
子选项，输入相对位移值
"@500,100"，按Enter键
完成操作，效果如图4-5所
示。命令行操作如下。

图 4-5　移动完成效果

命令: MOVE
选择对象: 指定对角点: 找到 1 个//选择要移动的对象
选择对象: ✓//按Enter键完成选择
指定基点或 [位移(D)] <位移>:D✓//选择"位移"子选项
指定位移 <0.0000, 0.0000, 0.0000>: @500,100✓//输入位移值

操作技巧

也可以直接通过移动光标、结合【对象捕捉追踪】功能来
指定距离。

实例129 旋转图形

在 AutoCAD 2016 中，使用【旋转】命令可以将所选
对象按指定的角度进行旋转，但不改变对象的尺寸。

难度 ★★

- 素材文件路径: 素材/第4章/实例129 旋转图形.dwg
- 效果文件路径: 素材/第4章/实例129 旋转图形-OK.dwg
- 视频文件路径: 视频/第4章/实例129 旋转图形.MP4
- 播放时长: 47秒

Step 01 打开素材文件"第4章/实例129 旋转图形.

dwg"，素材图形如图4-6所示。

Step 02 单击【修改】面板中的【旋转】按钮 ○，如图
4-7所示，执行【旋转】命令。

图 4-6　素材图形

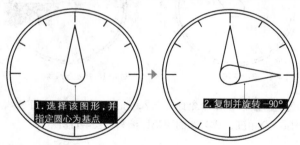

图 4-7　【修改】面板中的【旋转】按钮

Step 03 选择指针图形为旋转对象，然后指定圆心为基
点，将指针图形旋转-90°，并保留源对象，如图4-8所
示，命令行操作如下。

命令: _rotate//执行【旋转】命令
UCS 当前的正角方向: ANGDIR=逆时针 ANGBASE=0
选择对象: 指定对角点: 找到 3 个//选择旋转对象
选择对象: ✓//按Enter键结束选择
指定基点: //指定圆心为旋转中心
指定旋转角度，或 [复制(C)/参照(R)] <0>: C✓//选择"复制"
选项旋转一组选定对象
指定旋转角度，或 [复制(C)/参照(R)] <0>: -90✓//输入旋转角
度，按Enter键结束操作

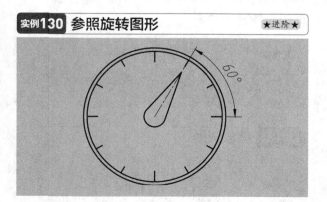

图 4-8　旋转图形效果

操作技巧

默认情况下逆时针旋转的角度为正值，顺时针旋转的角度
为负值。

实例130 参照旋转图形　　　　★进阶★

103

如果图形在基准坐标系上的初始角度为无理数，或者未知，那么可以使用"参照"旋转的方法，将对象从指定的角度旋转到新的绝对角度。特别适合于旋转那些角度值为非整数的对象。

难度 ★★★

🔷 素材文件路径：素材/第4章/实例130 参照旋转图形.dwg
🔷 效果文件路径：素材/第4章/实例130 参照旋转图形-OK.dwg
🔷 视频文件路径：视频/第4章/实例130 参照旋转图形.MP4
🔷 播放时长：1分20秒

Step 01 打开素材文件"第4章/实例130 参照旋转图形.dwg"，如图4-9所示，图中指针指在下午一点半多的位置，可见其与水平方向夹角为一无理数。

Step 02 在命令行中输入RO，按Enter键确认，执行【旋转】命令。

Step 03 选择指针为旋转对象，然后指定圆心为旋转中心，接着在命令行中输入R，选择"参照"子选项，再指定参照第一点、参照第二点，这两点的连线与X轴的夹角即为参照角，如图4-10所示。

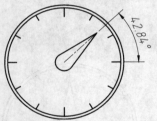
图4-9 素材图形

图4-10 指定参照角

Step 04 接着在命令行中输入新的角度值60，即可替代原参照角度，成为新的图形，结果如图4-11所示。

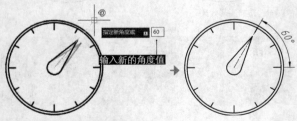
图4-11 输入新的角度值

操作技巧

最后所输入的新角度值，为图形与世界坐标系X轴夹角的绝对角度值。

实例131 缩放图形

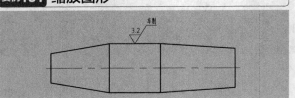

【缩放】命令可以将图形对象以指定的基点为参照，放大或缩小一定比例，创建出与源对象成一定比例且形状相同的新图形对象。

难度 ★★

🔷 素材文件路径：素材/第4章/实例131 缩放图形.dwg
🔷 效果文件路径：素材/第4章/实例131 缩放图形-OK.dwg
🔷 视频文件路径：视频/第4章/实例131 缩放图形.MP4
🔷 播放时长：33秒

Step 01 打开素材文件"第4章/实例131 缩放图形.dwg"，素材图形如图4-12所示。

Step 02 单击【修改】面板中的【缩放】按钮，如图4-13所示，执行【缩放】命令。

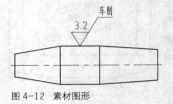
图4-12 素材图形

图4-13【修改】面板中的【缩放】按钮

Step 03 选择图形上方的粗糙度符号为缩放对象，然后指定符号的下方顶点为缩放基点，输入缩放比例为0.5，操作如图4-14所示。命令行操作如下。

```
命令:_scale//执行【缩放】命令
选择对象:指定对角点:找到6个//选择粗糙度标注
选择对象:↵//按Enter键完成选择
指定基点://选择粗糙度符号下方端点作为基点
指定比例因子或[复制(C)/参照(R)]: 0.5↵//输入缩放比例，按Enter键完成缩放
```

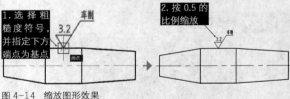
图4-14 缩放图形效果

实例132 参照缩放图形 ★重点★

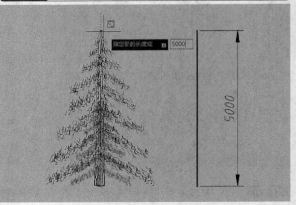

参照缩放同参照旋转一样，都可以将非常规的对象修改为特定的大小或状态。只不过参照缩放可以用来修改各种外来图块的大小，因此在室内、园林等设计中应用较多。

难度 ★ ★ ★

- 素材文件路径：素材/第4章/实例132 参照缩放图形.dwg
- 效果文件路径：素材/第4章/实例132 参照缩放图形-OK.dwg
- 视频文件路径：视频/第4章/实例132 参照缩放图形.MP4
- 播放时长：1分43秒

Step 01 打开"第4章/实例132 参照缩放图形.dwg"素材文件，素材图形如图4-15所示，其中有一个绘制的树形图和一长5000的垂直线。

图 4-15 素材图形

Step 02 在【默认】选项卡中，单击【修改】面板中的【缩放】按钮 🔲，选择树形图，并指定树形图块的最下方中点为基点，如图4-16所示。

图 4-16 指定基点

Step 03 此时根据命令行提示，选择"参照（R）"选项，然后指定参照长度的测量起点，再指定测量终点，即指定原始的树高，接着输入新的参照长度，即最终的树高5 000，操作如图4-17所示，命令行操作如下。

指定比例因子或 [复制(C)/参照(R)]: R↙//选择【参照】选项//
指定参照长度的测量起点
指定参照长度 <2839.9865>: 指定第二点: //指定参照长度的测量终点
指定新的长度或 [点(P)] <1.0000>: 5000//指定新的参照长度

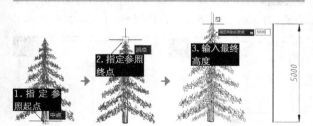

图 4-17 参照缩放

实例133 拉伸图形

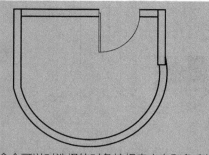

【拉伸】命令可以对选择的对象按规定方向和角度进行拉伸或缩短，使对象的形状发生改变。

难度 ★ ★

- 素材文件路径：素材/第4章/实例133 拉伸图形.dwg
- 效果文件路径：素材/第4章/实例133 拉伸图形-OK.dwg
- 视频文件路径：视频/第4章/实例133 拉伸图形.MP4
- 播放时长：1分19秒

Step 01 打开"第4章/实例133 拉伸图形.dwg"素材文件，如图4-18所示。

Step 02 在【默认】选项卡中，单击【修改】面板上的【拉伸】按钮 ◪，如图4-19所示，执行【拉伸】命令。

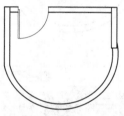

图 4-18 素材图形　　图 4-19 【修改】面板中的【拉伸】按钮

· 执行方式

还可以通过以下方法执行【拉伸】命令。

◆ 菜单栏：执行【修改】|【拉伸】命令。

◆ 命令行：输入 S 或 STRETCH。

Step 03 将门沿水平方向拉伸1 800，操作如图4-20所示，命令行提示如下。

命令: _stretch//调用【拉伸】命令以交叉窗口或交叉多边形选择要拉伸的对象...
选择对象: 指定对角点: 找到 11 个/框选对象，注意要包裹整个门图形
选择对象: ↙//按Enter键结束选择
指定基点或 [位移(D)] <位移>: //在绘图区指定任意一点
指定第二个点或 <使用第一个点作为位移>: <正交开> 800↙
//打开正交功能，在水平方向拖动指针并输入拉伸距离

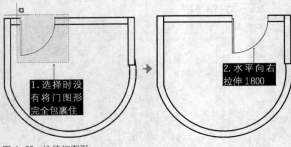

图 4-20　拉伸门图形

辅助修改，保证图形的准确性。

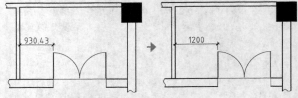

图 4-22　修改门的位置

操作技巧

如果仅仅使对象发生平移，那在选择时一定要将拉伸对象全部框选住，即如上例所示。如果在选择对象时没有全部框选中，便不会发生平移，而会产生变形，如图4-21所示。

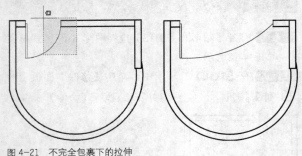

图 4-21　不完全包裹下的拉伸

实例134　参照拉伸图形　　★重点★

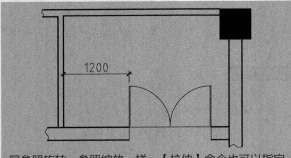

同参照旋转、参照缩放一样，【拉伸】命令也可以指定一个参考点，然后从这个点开始通过输入数值的方式，为非常规的图形进行拉伸。

难度　★★★

- 素材文件路径：素材/第4章/实例134 参照拉伸图形.dwg
- 效果文件路径：素材/第4章/实例134 参照拉伸图形-OK.dwg
- 视频文件路径：视频/第4章/实例134 参照拉伸图形.MP4
- 播放时长：2分钟

在从事室内设计时，经常需要根据客户要求对图形进行修改，如调整门、窗类图形的位置。在大多数情况下，通过 S【拉伸】命令都可以完成修改。但如果碰到图 4-22 所示的情况，仅靠【拉伸】命令就很难完成，因为距离差值并非整数，这时就可以利用【自】功能来

Step 01 打开"第4章/实例134 参照拉伸图形.dwg"素材文件，素材图形如图4-23所示，为一个局部室内图形，其中尺寸930.43为无理数，此处只显示两位小数。

Step 02 在命令行中输入S，执行【拉伸】命令，提示选择对象时按住鼠标左键不动，从右往左框选整个门图形，如图4-24所示。

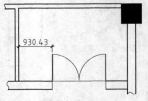

图 4-23　素材文件　　　　图 4-24　框选门图形

Step 03 指定拉伸基点。框选完毕后按Enter键确认，然后命令行提示指定拉伸基点，选择门图形左侧的端点为基点（即尺寸测量点），如图4-25所示。

Step 04 指定【自】功能基点。拉伸基点确定之后命令行便提示指定拉伸的第二个点，此时输入from，或在绘图区中单击鼠标右键，在弹出的快捷菜单中选择【自】选项，执行【自】命令，以左侧的墙角测量点为【自】功能的基点，如图4-26所示。

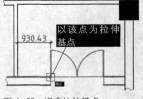

图 4-25　指定拉伸基点　　　图 4-26　指定【自】功能基点

Step 05 输入拉伸距离。此时将光标向右移动，输入偏移距离1 200，即可得到最终的图形，如图4-27所示。

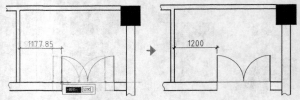

图 4-27　通过【自】功能进行拉伸

实例135 拉长图形

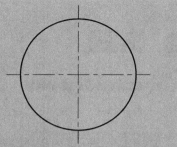

【拉长】命令可以改变原图形的长度，也可以把原图形变长或缩短。通过指定长度增量、角度增量（对于圆弧）、总长度来进行修改。

难度 ★★

- 素材文件路径：素材/第4章/实例135 拉长图形.dwg
- 效果文件路径：素材/第4章/实例135 拉长图形-OK.dwg
- 视频文件路径：视频/第4章/实例135 拉长图形.MP4
- 播放时长：1分16秒

　　大部分图形（如圆、矩形）均需要绘制中心线，而在绘制中心线的时候，通常需要将中心线延长至图形外，且伸出长度相等。如果一根根去拉伸中心线的话，就略显麻烦，这时就可以使用【拉长】命令来快速延伸中心线，使其符合设计规范。

Step 01 打开"第4章/实例135 拉长图形.dwg"素材文件，如图4-28所示。

Step 02 单击【修改】面板中的 按钮，如图4-29所示，执行【拉长】命令。

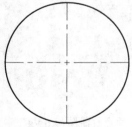

图 4-28　素材图形　　　　图 4-29　【修改】面板中的【拉长】按钮

Step 03 在2条中心线的各个端点处单击，向外拉长3个单位，如图4-30所示。命令行操作如下。

```
命令:_lengthen
选择对象或 [增量(DE)/百分数(P)/全部(T)/动态(DY)]:DE↙//选
择"增量"选项
输入长度增量或 [角度(A)] <0.5000>: 3↙//输入每次拉长增量
选择要修改的对象或 [放弃(U)]:
选择要修改的对象或 [放弃(U)]:
选择要修改的对象或 [放弃(U)]:
选择要修改的对象或 [放弃(U)]://依次在两中心线4个端点附
近单击，完成拉长
选择要修改的对象或 [放弃(U)]:↙//按Enter结束拉长命令。
```

1. 输入长度增量　　　　2. 选择中心线

图 4-30　拉长中心线

实例136 修剪图形

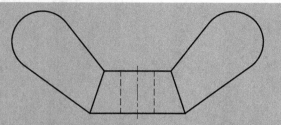

【修剪】命令是将超出边界的多余部分修剪删除掉，可以修剪直线、圆、弧、多段线、样条曲线和射线等，是最为常用的命令之一。

难度 ★★

- 素材文件路径：素材/第4章/实例136 修剪图形.dwg
- 效果文件路径：素材/第4章/实例136 修剪图形-OK.dwg
- 视频文件路径：视频/第4章/实例136 修剪图形.MP4
- 播放时长：59秒

Step 01 打开"第4章/实例136 修剪图形.dwg"素材文件，如图4-31所示。

Step 02 在【默认】选项卡中，单击【修改】面板上的【修剪】按钮 ，如图4-32所示，调用【修剪】命令。

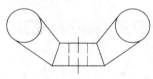

图 4-31　素材图形　　　　图 4-32　【修改】面板中的【修剪】按钮

Step 03 根据命令行提示进行修剪操作，结果如图4-33所示。命令行操作如下。

```
命令: _trim//调用【修剪】命令
当前设置:投影=UCS，边=无选择剪切边...
选择对象或 <全部选择>:↙//全选所有对象作为修剪边界选择
要修剪的对象，或按住 Shift 键选择要延伸的对象，或
[栏选(F)/窗交(C)/投影(P)/边(E)/删除(R)/放弃(U)]://分别单击
两段圆弧，完成修剪
```

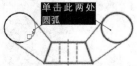

单击此两处圆弧

图 4-33　一次修剪多个对象

·执行方式

　　还可以通过以下方法执行【修剪】命令。

◆ 菜单栏：执行【修改】|【修剪】命令。

◆ 命令行：输入 TR 或 TRIM。

实例137 延伸图形

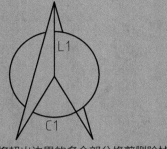

【修剪】命令是将超出边界的多余部分修剪删除掉，可以修剪直线、圆、弧、多段线、样条曲线和射线等，是最为常用的命令之一。

难度 ★★

🎬 素材文件路径：素材/第4章/实例137 延伸图形.dwg

🎬 效果文件路径：素材/第4章/实例137 延伸图形-OK.dwg

🎬 视频文件路径：视频/第4章/实例137 延伸图形.MP4

🎬 播放时长：51秒

Step 01 打开"第4章/实例137 延伸图形.dwg"素材文件，如图4-34所示。

Step 02 在【默认】选项卡中，单击【修改】面板上的【延伸】按钮，如图4-35所示，执行【延伸】命令。

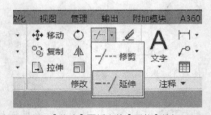

图4-34 素材图形　　图4-35 【修改】面板中的【延伸】按钮

Step 03 先选择延伸的边界L1，再选择要延伸的圆弧C1，单击Enter键结束操作，如图4-36所示。命令行操作如下。

命令：_extend//调用【延伸】命令

当前设置：投影=UCS，边=延伸选择边界的边...

选择对象或<全部选择>：找到 1 个//单击选择直线L1

选择对象：↙//按Enter键结束选择选择要延伸的对象，或按住Shift键选择要修剪的对象，或

[栏选(F)/窗交(C)/投影(P)/边(E)/放弃(U)]://单击圆弧C1右侧部分选择要延伸的对象，或按住 Shift 键选择要修剪的对象，或

[栏选(F)/窗交(C)/投影(P)/边(E)/放弃(U)]：↙//按Enter键结束命令

图 4-36　不完全包裹下的拉伸

操作技巧

在选择延伸边界的时候，可以连按两次Enter键，直接跳至选择要延伸的图形。这种操作方法会默认整个图形为边界，选择对象后将延伸至最近的图形上。

实例138 两点打断图形

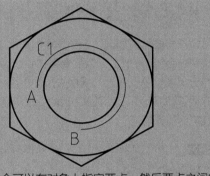

【打断】命令可以在对象上指定两点，然后两点之间的部分会被删除。被打断的对象不能是组合形体，如图块等，只能是单独的线条，如直线、圆弧、圆、多段线、椭圆、样条曲线和圆环等。

难度 ★★

🎬 素材文件路径：素材/第4章/实例138 两点打断图形.dwg

🎬 效果文件路径：素材/第4章/实例138 两点打断图形-OK.dwg

🎬 视频文件路径：视频/第4章/实例138 两点打断图形.MP4

🎬 播放时长：55秒

Step 01 打开"第4章/实例138 两点打断图形.dwg"素材文件，如图4-37所示。

Step 02 在【默认】选项卡中，单击【修改】面板中的【打断】按钮，如图4-38所示，执行【打断】命令。

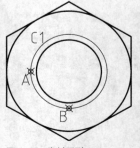

图 4-37　素材图形　　图 4-38 【修改】面板中的【打断】按钮

Step 03 将圆C1在两象限点打断，如图4-39所示。命令行操作如下。

```
命令：_break//调用【打断】命令
选择对象：//单击选择圆C1作为打断对象
指定第二个打断点 或 [第一点(F)]: F //选择【第一点】选项
指定第一个打断点：//捕捉到圆C1的左象限点A
指定第二个打断点：          //捕捉到圆C1的下象限点B，
按Enter键结束操作
```

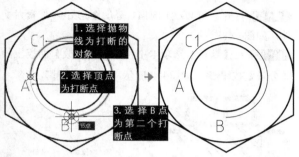

图 4-39　不完全包裹下的拉伸

实例139 **单点打断图形**

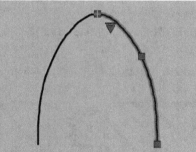

在 AutoCAD 2016 中，除了【打断】命令，还有【打断于点】。该命令是从【打断】命令衍生出来的，【打断于点】是指通过指定一个打断点，将对象从该点处断开成两个对象，断开处没有间隙。

难度 ★★

- 素材文件路径：素材/第4章/实例139 单点打断图形.dwg
- 效果文件路径：素材/第4章/实例139 单点打断图形-OK.dwg
- 视频文件路径：视频/第4章/实例139 单点打断图形.MP4
- 播放时长：46秒

Step 01 打开"第4章/实例139 单点打断图形.dwg"素材文件，素材中已用样条曲线绘制好一条抛物线，如图4-40所示。

Step 02 在【默认】选项卡中，单击【修改】面板上的【打断于点】按钮，如图4-41所示，执行【打断于点】命令。

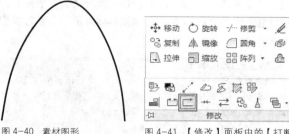

图 4-40　素材图形　　　图 4-41　【修改】面板中的【打断于点】按钮

Step 03 选择抛物线为要打断的对象，然后指定最上方的顶点为打断点，即可将抛物线从该点处分为两段，如图4-42所示。

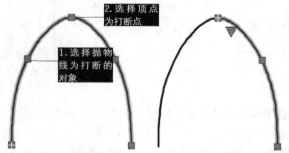

图 4-42　打断于点的图形

实例140 **合并图形**

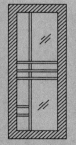

【合并】命令用于将独立的图形对象合并为一个整体。它可以将多个对象进行合并，对象包括直线、多段线、三维多段线、圆弧、椭圆弧、螺旋线和样条曲线等。

难度 ★★

- 素材文件路径：素材/第4章/实例140 合并图形.dwg
- 效果文件路径：素材/第4章/实例140 合并图形-OK.dwg
- 视频文件路径：视频/第4章/实例140 合并图形.MP4
- 播放时长：1分13秒

Step 01 打开"第4章/实例140 合并图形.dwg"素材文件，如图4-43所示。

Step 02 在【默认】选项卡中，单击【修改】面板上的【合并】按钮 ⇥，如图4-44所示，执行【合并】命令。

Step 03 合并直线L1和L2，如图4-45所示。命令行操作如下。

```
命令：_join//调用【合并】命令
选择源对象或要一次合并的多个对象：找到 1 个//选择直线L1
选择要合并的对象：找到 1 个，总计 2 个//选择直线L2
选择要合并的对象：↙    //按Enter键结束选择，完成合并，2 条直线已合并为 1 条直线
```

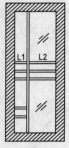
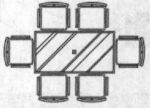
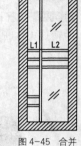

图 4-43 素材图形　　图 4-44 【修改】面板中的【合并】按钮　　图 4-45 合并L1 和 L2

Step 04 重复【合并】命令，合并另外3条水平直线，如图4-46所示。

Step 05 调用【修剪】命令，修剪竖直直线，如图4-47所示，完成门框的修改。

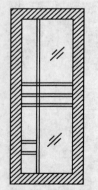
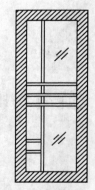

图 4-46 合并其他直线　　　　图 4-47 修剪的结果

实例141 分解图形

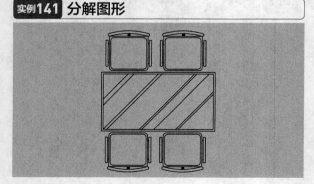

【分解】命令是将某些特殊的对象，分解成多个独立的部分，以便于进行更具体的编辑。主要用于将复合对象，如矩形、多段线、块和填充等，还原为一般的图形对象。

难度 ★★

◉ 素材文件路径：素材/第4章/实例141 分解图形.dwg
◉ 效果文件路径：素材/第4章/实例141 分解图形-OK.dwg
◉ 视频文件路径：视频/第4章/实例141 分解图形.MP4
◉ 播放时长：43秒

Step 01 打开"第4章/实例141 分解图形.dwg"素材文件，如图4-48所示。

Step 02 在【默认】选项卡中，单击【修改】面板上的【分解】按钮 ⑥，如图4-49所示，执行【分解】命令。

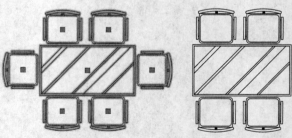

图 4-48 分解前的素材图形　　图 4-49 【修改】面板中的【分解】按钮

Step 03 选择要分解的图形，然后按Enter键即可分解，如图4-50所示。命令行操作如下。

```
命令：_explode//调用【分解】命令
选择对象：指定对角点：找到 1 个//选择整个图块作为分解对象
选择对象：↙//按Enter键完成分解
```

Step 04 可见椅子与餐桌已不是一个整体，接着选择左右两个椅子的图形，然后按Delete键即可删除，如图4-51所示。

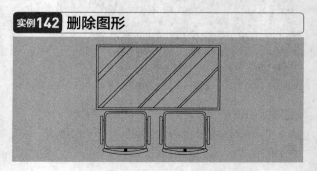

图 4-50 分解后的图形　　　　图 4-51 删除左右的椅子

实例142 删除图形

【删除】命令可将多余的对象从图形中完全清除，是AutoCAD最为常用的命令之一，使用也最为简单。

难度 ★★

- 素材文件路径：素材/第4章/实例141 分解图形.dwg
- 效果文件路径：素材/第4章/实例142 删除图形-OK.dwg
- 视频文件路径：视频/第4章/实例142 删除图形.MP4
- 播放时长：39秒

Step 01 延续【实例141】进行操作，也可以打开"第4章/实例141 分解图形-OK.dwg"素材文件。

Step 02 在【默认】选项卡中，单击【修改】面板中的【删除】按钮✐，如图4-52所示。

Step 03 选择上方的两把椅子，然后按Enter键即可删除图形，效果如图4-53所示。也可以像实例141中一样，按Delete键进行删除。

图4-52 【修改】面板中的【删除】按钮

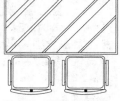

图4-53 删除上方的椅子

实例143 对齐图形

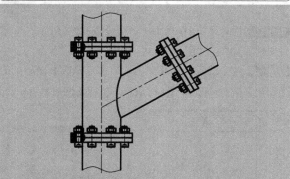

【对齐】命令可以使当前的对象与其他对象对齐，既适用于二维对象，也适用于三维对象。在对齐二维对象时，可以指定1对或2对对齐点（源点和目标点），在对齐三维对象时则需要指定3对对齐点。

难度 ★★★

- 素材文件路径：素材/第4章/实例143 对齐图形.dwg
- 效果文件路径：素材/第4章/实例143 对齐图形-OK.dwg
- 视频文件路径：视频/第4章/实例143 对齐图形.MP4
- 播放时长：1分13秒

Step 01 打开"第4章/实例143 对齐图形.dwg"素材文件，其中已经绘制好了一个三通管和一个装配管，但图形比例不一致，如图4-54所示。

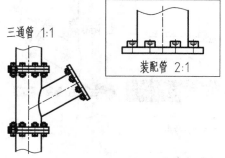

图4-54 素材图形

Step 02 单击【修改】面板中的【对齐】按钮📐，如图4-55所示，执行【对齐】命令。

图4-55 【修改】面板中的【对齐】按钮

Step 03 选择整个装配管图形，然后根据三通管和装配管的对接方式，按图4-56所示，分别指定对应的两对对齐点（1对应2、3对应4）。

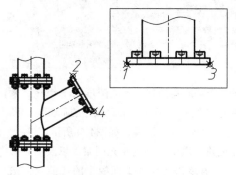

图4-56 选择对齐点

Step 04 两对对齐点指定完毕后，按Enter键，命令行提示"是否基于对齐点缩放对象"，输入Y，选择"是"，再按Enter键，即可将装配管对齐至三通管中，效果如图4-57所示。命令行提示如下。

```
命令:_align//调用【合并】命令
选择对象:指定对角点:找到1个
选择对象:↵//选择整个装配管图形
指定第一个源点://选择装配管上的点1
指定第一个目标点://选择三通管上的点2
指定第二个源点://选择装配管上的点3
指定第二个目标点://选择三通管上的点4
指定第三个源点或 <继续>://按Enter键完成对齐点的指定
是否基于对齐点缩放对象？[是(Y)/否(N)] <否>:Y↵//输入Y执
行缩放，按Enter键完成操作
```

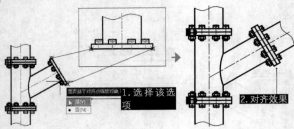

图 4-57　三对对齐点的对齐效果

实例144 更改图形次序

在 AutoCAD 2016 中，可以通过更改图形次序的方法将挡在前面的图形后置，或让要显示的图形前置，以避免图形被遮挡掩盖。

难度 ★★

- 素材文件路径：素材/第4章/实例144 更改图形次序.dwg
- 效果文件路径：素材/第4章/实例144 更改图形次序-OK.dwg
- 视频文件路径：视频/第4章/实例144 更改图形次序.MP4
- 播放时长：1分25秒

Step 01 打开"第4章/实例144 更改图形次序.dwg"素材文件，其中已经绘制好了一张市政规划的局部图，图中可见道路、文字等河流所隐藏，如图4-58所示。

Step 02 前置道路。选中道路的填充图案，以及道路的上的各线条，接着单击【修改】面板中的【前置】按钮，结果如图4-59所示。

图 4-58　素材图形

图 4-59　前置道路

Step 03 前置文字。此时道路图形被置于河流之上，符合生活实际，但道路名称被遮盖，因此需将文字对象前置。单击【修改】面板中的【将文字前置】按钮，即可完成操作，结果如图4-60所示。

Step 04 前置边框。上述步骤操作后图形边框被置于各对象之下，因此为了打印效果更好可将边框置于最高层，结果如图4-61所示。

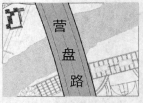

图 4-60　将文字前置

图 4-61　前置边框

实例145 输入距离倒角

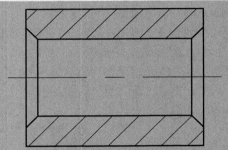

【倒角】命令用于将两条非平行直线或多段线以一斜线相连，在机械、家具和室内等设计图中均有应用。默认情况下，需要选择进行倒角的两条相邻的直线，然后按当前的倒角大小对这两条直线倒角。

难度 ★★

- 素材文件路径：素材/第4章/实例145 输入距离倒角.dwg
- 效果文件路径：素材/第4章/实例145 输入距离倒角-OK.dwg
- 视频文件路径：视频/第4章/实例145 输入距离倒角.MP4
- 播放时长：1分29秒

Step 01 打开"第4章/实例145 输入距离倒角.dwg"素材文件，如图4-62所示。

Step 02 在【默认】选项卡中，单击【修改】面板上的【倒角】按钮，如图4-63所示，执行【倒角】命令。

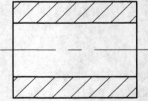

图 4-62　素材图形

图 4-63　【修改】面板中的【倒角】按钮

Step 03 在命令行中输入D，选择"距离"选项，然后输入两侧倒角距离为2，接着选择直线L1与L2创建倒角，如图4-64所示。命令行操作如下。

```
命令: _chamfer//调用【倒角】命令（"修剪"模式）当前倒角
距离 1 = 3.0000，距离 2 = 3.0000选择第一条直线或 [放弃(U)/
多段线(P)/距离(D)/角度(A)/修剪(T)/方式(E)/多个(M)]:D//选
择"距离"选项
指定 第一个 倒角距离 <0.0000>: 2//输入第一个倒角距离为2
指定 第二个 倒角距离 <2.0000>://第二个倒角距离默认与第
一个倒角距离相同
```

选择第一条直线或 [放弃(U)/多段线(P)/距离(D)/角度(A)/修剪(T)/方式(E)/多个(M)]://选择直线L1选择第二条直线，或按住Shift 键选择直线以应用角点或 [距离(D)/角度(A)/方法(M)]://选择直线L2

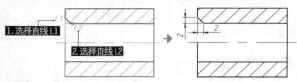

图 4-64　创建第一个倒角

Step 04 按相同方法，对其余3处进行倒角，如图4-65所示。

Step 05 在命令行中输入L，执行【直线】命令，补齐内部倒角的连接线，如图4-66所示。

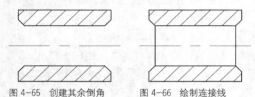

图 4-65　创建其余倒角　　　图 4-66　绘制连接线

Step 06 单击【修改】面板上的【合并】按钮，选择直线L1和L3，即可快速封闭轮廓，如图4-67所示。

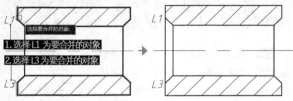

1.选择L1 为要合并的对象
2.选择L3为要合并的对象

图 4-67　合并直线创建轮廓

Step 07 使用相同方法，创建另一侧的封闭轮廓，最终结果如图4-68所示。

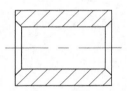

图 4-68　最终倒角图形

·执行方式

还可以通过以下方法执行【倒角】命令。

◆ 菜单栏：执行【修改】|【倒角】命令。

◆ 命令行：在命令行输入 CHA 或 CHAMFER。

实例146　输入角度倒角

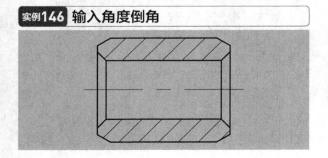

除了输入距离进行倒角之外，还可以输入角度和距离进行倒角，即工程图中常见的"3×30°"倒角等。

难度 ★★

◎ 素材文件路径：素材/第4章/实例145 输入距离倒角-OK.dwg
◎ 效果文件路径：素材/第4章/实例146 输入角度倒角-OK.dwg
◎ 视频文件路径：视频/第4章/实例146 输入角度倒角.MP4
◎ 播放时长：1分4秒

Step 01 延续【实例 145】进行操作，也可以打开"第4章/实例145 输入距离倒角-OK.dwg"素材文件。

Step 02 在【默认】选项卡中，单击【修改】面板上的【倒角】按钮，执行【倒角】命令。

Step 03 在命令行中输入A，选择"角度"选项，然后输入倒角长度为3、倒角角度为30°，接着选择直线L4与L5创建倒角，如图4-69所示。命令行操作如下。

命令：_chamfer("修剪"模式) 当前倒角距离 1 = 2.0000，距离 2 = 2.0000选择第一条直线或 [放弃(U)/多段线(P)/距离(D)/角度(A)/修剪(T)/方式(E)/多个(M)]: A✓//选择"距离"选项
指定第一条直线的倒角长度 <0.0000>: 3✓//指定倒角长度为3
指定第一条直线的倒角角度 <0>: 30✓//指定倒角角度为30°
选择第一条直线或 [放弃(U)/多段线(P)/距离(D)/角度(A)/修剪(T)/方式(E)/多个(M)]://选择直线L4
选择第二条直线，或按住 Shift 键选择直线以应用角点或 [距离(D)/角度(A)/方法(M)]://选择直线L5

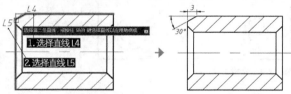

1.选择直线L4
2.选择直线L5

图 4-69　通过距离和角度创建倒角

Step 04 使用相同方法，对其余3处轮廓进行倒角，最终结果如图4-70所示。

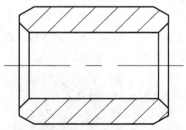

图 4-70　最终倒角图形

操作技巧

执行"角度"倒角时，要注意距离和角度的顺序。在AutoCAD 2016中，始终是先选择的对象（L4）满足距离，后选择的对象（L5）满足角度。

实例147 多段线对象倒角

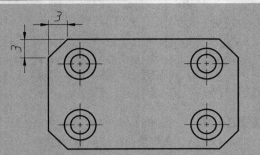

在 AutoCAD 2016 中，除了像之前例子所介绍的那样一次创建一个倒角，还可以一次性对多段线的所有折角都进行倒角。

难度 ★★

- 素材文件路径：素材/第4章/实例147 多段线对象倒角.dwg
- 效果文件路径：素材/第4章/实例147 多段线对象倒角-OK.dwg
- 视频文件路径：视频/第4章/实例147 多段线对象倒角.MP4
- 播放时长：56秒

Step 01 打开"第4章/实例147 多段线对象倒角.dwg"素材文件，如图4-71所示。

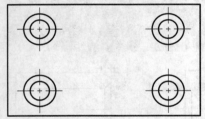

图 4-71　素材图形

Step 02 在【默认】选项卡中，单击【修改】面板上的【倒角】按钮，执行【倒角】命令。

Step 03 先在命令行中输入D，执行"距离"选项，然后输入两侧倒角距离为3，按Enter键确认。

Step 04 接着再在命令行中输入P，选择"多段线"选项，然后选择外围的矩形为倒角对象，即可对多段线进行倒角，如图4-72所示。命令行操作如下。

命令：_chamfer("修剪"模式) 当前倒角距离 1 = 0.0000，距离 2 = 0.0000选择第一条直线或 [放弃(U)/多段线(P)/距离(D)/角度(A)/修剪(T)/方式(E)/多个(M)]: D↙//选择"距离"选项
指定 第一个 倒角距离 <0.0000>: 3↙//输入第一个倒角距离为3
指定 第二个 倒角距 <3.0000>: ↙//第二个倒角距离默认与第一个倒角距离相同选择第一条直线或 [放弃(U)/多段线(P)/距离(D)/角度(A)/修剪(T)/方式(E)/多个(M)]: P↙//选择"多段线"选项
选择二维多段线或 [距离(D)/角度(A)/方法(M)]://选择外围的矩形4 条直线已被倒角//外围4个折角均被倒角

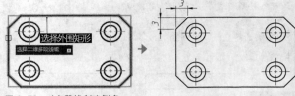

图 4-72　对多段线创建倒角

实例148 不修剪对象倒角

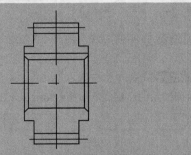

上述倒角操作中，都会自动对图形对象进行修剪。其实可以在命令行中进行设置，这样可以在保留原图形的基础上创建倒角。

难度 ★★

- 素材文件路径：素材/第4章/实例148 不修剪对象倒角.dwg
- 效果文件路径：素材/第4章/实例148 不修剪对象倒角-OK.dwg
- 视频文件路径：视频/第4章/实例148 不修剪对象倒角.MP4
- 播放时长：1分31秒

Step 01 打开"第4章/实例148 不修剪对象倒角.dwg"素材文件，如图4-73所示。

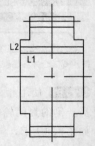

图 4-73　素材图形

Step 02 在【默认】选项卡中，单击【修改】面板上的【倒角】按钮，在直线L1与L2的交点处创建不修剪的倒角，如图4-74所示。命令行操作如下。

命令：_chamfer("修剪"模式) 当前倒角距离 1 = 2.0000，距离 2 = 2.0000选择第一条直线或 [放弃(U)/多段线(P)/距离(D)/角度(A)/修剪(T)/方式(E)/多个(M)]: D↙//选择"距离"选项
指定 第一个 倒角距离 <2.0000>: 2.5↙//输入第一个倒角距离
指定 第二个 倒角距离 <2.5000>: ↙//按Enter键默认第二个倒角距离选择第一条直线或 [放弃(U)/多段线(P)/距离(D)/角度(A)/修剪(T)/方式(E)/多个(M)]: T↙//选择"修剪"选项
输入修剪模式选项 [修剪(T)/不修剪(N)] <修剪>: N↙//将修剪模式修改为"不修剪"选择第一条直线或 [放弃(U)/多段线(P)/距离(D)/角度(A)/修剪(T)/方式(E)/多个(M)]://选择直线L1
选择第二条直线，或按住 Shift 键选择直线以应用角点或 [距离(D)/角度(A)/方法(M)]://选择直线L2，完成倒角

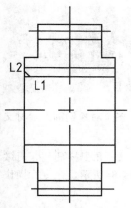

图 4-74　创建 L1 和 L2 间的倒角

Step 03 同样的方法，创建其他位置的倒角，如图4-75所示。

Step 04 单击【修改】面板上的【修剪】按钮-/-，修剪线条如图4-76所示；单击【绘图】面板上的【直线】按钮，绘制倒角连接线，如图4-77所示。

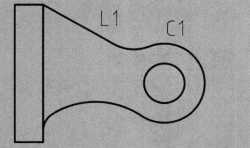

图 4-75　创建其他　图 4-76　修剪图形　图 4-77　绘制连接
倒角　　　　　　　　　　　　　　　　　　线

实例149 输入半径倒圆

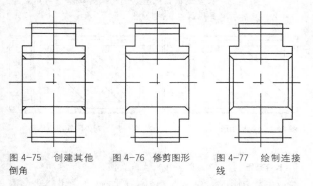

利用【圆角】命令可以将两条不相连的直线通过一个圆弧过渡连接起来，同【倒角】一样，它也是非常常用的编辑命令。

难度 ★★

📁 素材文件路径：素材/第4章/实例149 输入半径倒圆.dwg
📁 效果文件路径：素材/第4章/实例149 输入半径倒圆-OK.dwg
📹 视频文件路径：视频/第4章/实例149 输入半径倒圆.MP4
⏱ 播放时长：53秒

Step 01 打开"第4章/实例149 输入半径倒圆.dwg"素材文件，如图4-78所示。

Step 02 在【默认】选项卡中，单击【修改】面板上的【圆角】按钮，如图4-79所示，执行【圆角】命令。

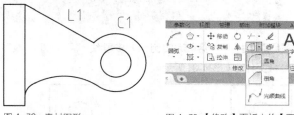

图 4-78　素材图形　　　　图 4-79　【修改】面板中的【圆角】按钮

Step 03 在命令行中输入R，选择"半径"选项，然后输入倒圆半径为10，接着选择直线L1和圆弧C1创建倒圆角，如图4-80所示。命令行操作如下。

```
命令：_fillet//调用【圆角】命令
当前设置：模式 = 修剪，半径 = 0选择第一个对象或 [放弃(U)/
多段线(P)/半径(R)/修剪(T)/多个(M)]: R↙//选择【半径】选项
指定圆角半径 <0>: 10↙//输入圆角的半径
选择第一个对象或 [放弃(U)/多段线(P)/半径(R)/修剪(T)/多个
(M)]://选择直线L1
选择第二个对象，或按住 Shift 键选择对象以应用角点或 [半
径(R)]://选择圆弧C1，完成圆角
```

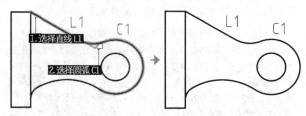

图 4-80　创建倒圆角

·执行方式

还可以通过以下方法执行【圆角】命令。

◆ 菜单栏：执行【修改】|【圆角】命令。

◆ 命令行：在命令行输入 F 或 FILLET。

实例150 多段线对象倒圆

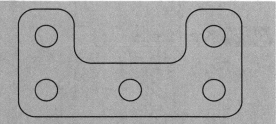

在 AutoCAD 2016 中，使用【圆角】命令可以对多段线进行圆角操作，一次性对多段线的所有折角进行圆角处理。

难度 ★★

- 素材文件路径：素材/第4章/实例150 多段线对象倒圆.dwg
- 效果文件路径：素材/第4章/实例150 多段线对象倒圆-OK.dwg
- 视频文件路径：视频/第4章/实例150 多段线对象倒圆.MP4
- 播放时长：39秒

Step 01 打开"第4章/实例147 多段线对象倒圆.dwg"素材文件，如图4-81所示。

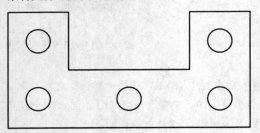

图4-81 素材图形

Step 01 在【默认】选项卡中，单击【修改】面板上的【圆角】按钮，执行【圆角】命令。

Step 02 先在命令行中输入F，执行"半径"选项，然后输入两侧倒角距离为3，按Enter键确认。

Step 03 接着再在命令行中输入P，选择"多段线"选项，然后选择外围的矩形为倒角对象，即可对多段线进行倒角，如图4-82所示。命令行操作如下。

命令：_fillet
当前设置：模式 = 修剪，半径 = 0.0000选择第一个对象或 [放弃(U)/多段线(P)/半径(R)/修剪(T)/多个(M)]: R✓//选择"半径"选项
指定圆角半径 <0.0000>: 3✓//输入倒圆的半径值选择第一个对象或 [放弃(U)/多段线(P)/半径(R)/修剪(T)/多个(M)]: P✓//选择"多段线"选项
选择二维多段线或 [半径(R)]://选择外围的多段线8 条直线已被圆角//外围所有折角均被倒圆

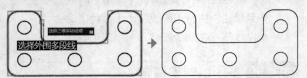

图4-82 对多段线创建倒圆

实例151 多个对象倒圆

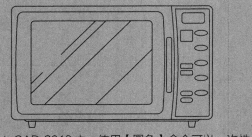

在 AutoCAD 2016 中，使用【圆角】命令可以一次性对多组对象进行倒圆，大大节省图形编辑所需的时间。

难度 ★★

- 素材文件路径：素材/第4章/实例151 多个对象倒圆.dwg
- 效果文件路径：素材/第4章/实例151 多个对象倒圆-OK.dwg
- 视频文件路径：视频/第4章/实例151 多个对象倒圆.MP4
- 播放时长：50秒

Step 01 打开"第4章/实例151 多个对象倒圆"素材文件，如图4-83所示。

Step 02 单击【修改】面板中的【圆角】按钮，对微波炉外轮廓进行倒圆角，如图4-84所示，命令行操作如下。

命令：_fillet
当前设置：模式 = 修剪，半径 = 0.0000选择第一个对象或 [放弃(U)/多段线(P)/半径(R)/修剪(T)/多个(M)]: M✓//选择"多个"选项选择第一个对象或 [放弃(U)/多段线(P)/半径(R)/修剪(T)/多个(M)]: R✓//选择"半径"选项
指定圆角半径 <0.0000>: 12✓//输入半径12选择第一个对象或 [放弃(U)/多段线(P)/半径(R)/修剪(T)/多个(M)]://单击第一条直线选择第二个对象，或按住 Shift 键选择对象以应用角点或 [半径(R)]:✓//单击第二条直线

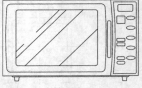 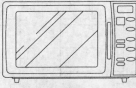

图 4-83　素材图形　　　　图 4-84　对外围轮廓倒圆角

操作技巧

"多段线（P）"和"多个（M）"都可以快速为多个对象创建圆角。"多段线（P）"效率相对更高，但仅适用于多段线对象；"多个（M）"则可以对任何图形无差别使用，但只能通过单击选择来进行，类似于重复命令。

实例152 不相连对象倒角

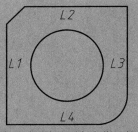

【倒角】命令除了对相连的对象有作用外，还可以对非相连的对象有作用。直接对不相连的线段进行倒角，同样可以获得圆角或斜角效果。

难度 ★★

- 素材文件路径：素材/第4章/实例152 不相连对象倒角.dwg
- 效果文件路径：素材/第4章/实例152 不相连对象倒角-OK.dwg
- 视频文件路径：视频/第4章/实例152 不相连对象倒角.MP4
- 播放时长：1分34秒

Step 01 打开"第4章/实例152 不相连对象倒角.dwg"素材文件，如图4-85所示。

Step 02 单击【修改】面板上的【倒角】按钮◻，执行【倒角】命令，设置倒角距离为3，选择L1和L2进行倒角，效果如图4-86所示。

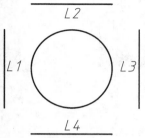

图 4-85 素材图形

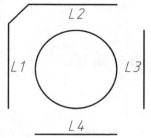

图 4-86 对 L1 和 L2 倒距离为 3 的角

Step 03 再设置倒角距离为0，对L2和L3进行倒角，可见两直线自动延伸并相交，如图4-87所示。

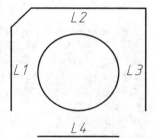

图 4-87 对 L2 和 L3 倒距离为 0 的角

Step 04 单击【修改】面板上的【圆角】按钮◻，执行【圆角】命令，设置圆角半径为5，选择L3和L4进行倒圆，效果如图4-88所示。

Step 05 再设置倒圆半径为0，对L4和L1进行倒圆，可见两直线自动延伸并相交，如图4-89所示。

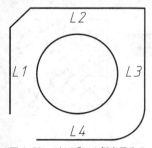

图 4-88 对 L3 和 L4 倒半径为 5 的圆

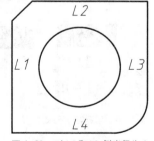

图 4-89 对 L4 和 L1 倒半径为 0 的圆

操作技巧

通过上例可知，当倒角距离或倒圆半径为0时，所得的倒角效果就是自动延伸直线至相交。因此可以利用该特性来快速封闭图形。此外，还可以按住Shift键来快速创建半径为0的圆角，如图4-90所示。

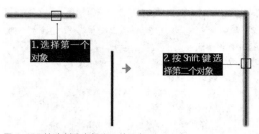

图 4-90 快速创建半径为 0 的圆角

4.2 图形的重复

如果设计图中含有大量重复或相似的图形，就可以使用图形复制类命令进行快速绘制，如【复制】、【偏移】、【镜像】和【阵列】等。本节将通过8个例子进行介绍。

实例153 复制图形

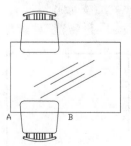

【复制】命令是指在不改变图形大小、方向的前提下，重新生成一个或多个与原对象一模一样的图形。

难度 ★★

素材文件路径：素材/第4章/实例153 复制图形.dwg
效果文件路径：素材/第4章/实例153 复制图形-OK.dwg
视频文件路径：视频/第4章/实例153 复制图形.MP4
播放时长：1分2秒

Step 01 打开"第4章/实例153 复制图形.dwg"素材文件，如图4-91所示。

Step 02 在【默认】选项卡中，单击【修改】面板上的【复制】按钮◻，如图4-92所示，执行【复制】命令。

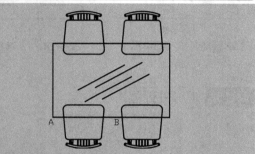

图 4-91 素材图形

图 4-92 【修改】面板中的【复制】按钮

Step 03 选择上下两张椅子作为复制对象，然后指定A点为基点，选择底边中点B为目标点，复制多个椅子如图4-93所示。命令行操作如下。

中文版AutoCAD 2016实战从入门到精通

命令: _copy//调用【复制】命令
选择对象: 指定对角点: 找到 64 个, 总计 64 个//选择左侧两
个椅子的所有轮廓线
选择对象: ↙//按Enter键结束选择
当前设置: 复制模式 = 多个
指定基点或 [位移(D)/模式(O)/多个(M)] <位移>:
　　　　//捕捉A点作为复制基点
指定第二个点或 [阵列(A)] <使用第一个点作为位移>:
　　　　//捕捉底边中点B为目标点
指定第二个点或 [阵列(A)/退出(E)/放弃(U)] <退出>: ↙
　　　　//系统默认可继续复制, 按Enter键结束复制

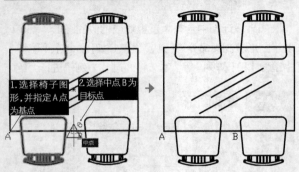

图 4-93　复制图形效果

实例154　矩形阵列图形

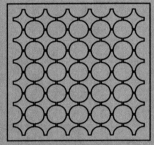

【矩形阵列】就是将图形呈行列类进行排列, 如园林平
面图中的道路绿化、建筑立面图的窗格和规律摆放的桌
椅等。

难度 ★★

● 素材文件路径: 素材/第4章/实例154 矩形阵列图形.dwg
● 效果文件路径: 素材/第4章/实例154 矩形阵列图形-OK.dwg
● 视频文件路径: 视频/第4章/实例154 矩形阵列图形.MP4
● 播放时长: 1分9秒

Step 01 打开"第4章/实例
154 矩形阵列图形.dwg"素材
文件, 如图4-94所示。

图 4-94　素材图形

Step 02 在【默认】选项卡中, 单击【修改】面板上的
【矩形阵列】按钮，如图4-95所示, 执行【矩形阵
列】命令。

图 4-95　【修改】面板中的【矩形阵列】按钮

Step 03 选择左下角菱形图案作为阵列对象, 进行矩形
阵列, 如图4-96所示。命令行操作如下。

命令: _arrayrect//调用【阵列】命令
选择对象: 指定对角点: 找到 8 个//选择菱形图案
选择对象: ↙//按Enter键结束选择
选择夹点以编辑阵列或 [关联(AS)/基点(B)/计数(COU)/间距
(S)/列数(COL)/行数(R)/层数(L)/退出(X)] <退出>: COU↙//选择
"计数(COU)"选项
输入列数或 [表达式(E)] <4>: 6↙//输入列数
输入行数或 [表达式(E)] <3>: 6↙//输入行数
选择夹点以编辑阵列或 [关联(AS)/基点(B)/计数(COU)/间距
(S)/列数(COL)/行数(R)/层数(L)/退出(X)] <退出>: S↙//选择
"间距(S)"选项
指定列之间的距离或 [单位单元(U)] <322.4873>: 75↙//输入列
间距
指定行之间的距离 <539.6354>: 75l//输入行间距
选择夹点以编辑阵列或 [关联(AS)/基点(B)/计数(COU)/间距
(S)/列数(COL)/行数(R)/层数(L)/退出(X)] <退出>: ↙//按Enter
键退出阵列

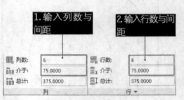
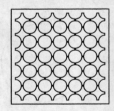

图 4-96　矩形阵列图形效果

实例155　路径阵列图形

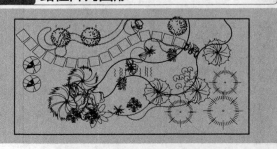

【路径阵列】可沿曲线（可以是直线、多段线、三维多段线、样条曲线、螺旋、圆弧、圆或椭圆）阵列复制图形。

难度 ★★

- 素材文件路径：素材/第4章/实例155 路径阵列图形.dwg
- 效果文件路径：素材/第4章/实例155 路径阵列图形-OK.dwg
- 视频文件路径：视频/第4章/实例155 路径阵列图形.MP4
- 播放时长：1分3秒

Step 01 打开"第4章/实例155 路径阵列图形.dwg"文件，如图4-97所示。

Step 02 在【默认】选项卡中，单击【修改】面板中的【路径阵列】按钮 ，如图4-98所示。执行【路径阵列】命令。

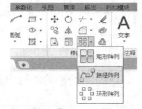

图 4-97　素材图形　　　　图 4-98　【修改】面板中的【路径阵列】按钮

Step 03 选择阵列对象和阵列曲线进行阵列，命令行操作如下。

```
命令：_arraypath//执行【路径阵列】命令
选择对象：找到 1 个//选择矩形汀步图形，按Enter确认类型 =
路径 关联 = 是
选择路径曲线：//选择样条曲线作为阵列路径，按Enter确认
选择夹点以编辑阵列或 [关联(AS)/方法(M)/基点(B)/切向(T)/
项目(I)/行(R)/层(L)/对齐项目(A)/z 方向(Z)/退出(X)] <退出>:
L//选择"项目"选项指定沿路径的项目之间的距离或 [表达
式(E)] <126>: 700I//输入项目距离最大项目数 = 16
指定项目数或 [填写完整路径(F)/表达式(E)] <16>//按Enter
键确认阵列数量选择夹点以编辑阵列或 [关联(AS)/方法(M)/
基点(B)/切向(T)/项目(I)/行(R)/层(L)/对齐项目(A)/z 方向(Z)/退
出(X)] <退出>://按Enter键完成操作
```

Step 04 路径阵列完成后，删除路径曲线，园路汀步绘制完成，最终效果如图4-99所示。

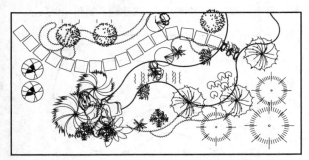

图 4-99　路径阵列结果

实例156 环形阵列图形

【环形阵列】即极轴阵列，是以某一点为中心点进行环形复制，阵列结果是使阵列对象沿中心点的四周均匀排列成环形。

难度 ★★

- 素材文件路径：素材/第4章/实例156 环形阵列图形.dwg
- 效果文件路径：素材/第4章/实例156 环形阵列图形-OK.dwg
- 视频文件路径：视频/第4章/实例156 环形阵列图形.MP4
- 播放时长：57秒

Step 01 打开"第4章/实例156 环形阵列图形.dwg"素材文件，如图4-100所示。

Step 02 在【默认】选项卡中，单击【修改】面板上的【环形阵列】按钮 ，如图4-101所示，执行【环形阵列】命令。

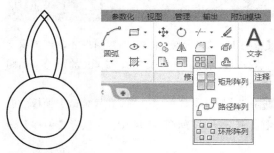

图 4-100　素材图形　图 4-101　【修改】面板中的【环形阵列】按钮

Step 03 选择上方的花瓣图形为阵列对象，圆心为阵列中心点，输入阵列数量为12，阵列图形如图4-102所示。命令行操作如下。

```
命令：_arraypolar//调用【环形阵列】命令
选择对象：指定对角点：找到 4 个//选择圆外的花纹图形
选择对象://按Enter键完成选择类型 = 极轴 关联 = 是
指定阵列的中心点或 [基点(B)/旋转轴(A)]://捕捉圆心作为中
心点选择夹点以编辑阵列或 [关联(AS)/基点(B)/项目(I)/项目
间角度(A)/填充角度(F)/行(ROW)/层(L)/旋转项目(ROT)/退出
(X)] <退出>: L//选择"项目(I)"选项
输入阵列中的项目数或 [表达式(E)] <6>: 12//输入阵列的数量
选择夹点以编辑阵列或 [关联(AS)/基点(B)/项目(I)/项目间角
度(A)/填充角度(F)/行(ROW)/层(L)/旋转项目(ROT)/退出(X)] <
退出>://按Enter键退出阵列
```

输入阵列项目数

图 4-102　环形阵列图形效果

实例157 偏移图形

【偏移】命令可以创建与源对象成一定距离的、形状相同或相似的新图形对象。

难度 ★★

- 素材文件路径：素材/第4章/实例157 偏移图形.dwg
- 效果文件路径：素材/第4章//实例157 偏移图形-OK.dwg
- 视频文件路径：视频/第4章//实例157 偏移图形.MP4
- 播放时长：49秒

Step 01 打开"第4章/实例157 偏移图形.dwg"素材文件，素材中绘制好了一个长600、宽400的矩形，如图4-103所示。

Step 02 在【默认】选项卡中，单击【修改】面板上的【偏移】按钮 ，如图4-104所示，执行【偏移】命令。

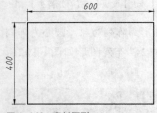

图 4-103　素材图形

图 4-104【修改】面板中的【偏移】按钮

Step 03 先输入要偏移的距离50，然后选择现有矩形，再将光标向矩形内部移动，单击鼠标左键即可偏移，效果如图4-105所示。命令行操作如下。

```
命令:_offset//调用【偏移】命令
当前设置:删除源=否 图层=源 OFFSETGAPTYPE=0
指定偏移距离或 [通过(T)/删除(E)/图层(L)] <0.0000>:50✓//指
    定偏移距离
```

选择要偏移的对象，或 [退出(E)/放弃(U)] <退出>://选择矩形
指定要偏移的那一侧上的点，或 [退出(E)/多个(M)/放弃(U)] <
退出>:　//在矩形内部任意位置单击，完成偏移
选择要偏移的对象，或 [退出(E)/放弃(U)] <退出>:l//按Enter键
结束偏移命令✓//按Enter键重复调用【偏移】命令
当前设置:删除源=否 图层=源 OFFSETGAPTYPE=0
指定偏移距离或 [通过(T)/删除(E)/图层(L)] <50.0000>:70✓//
指定偏移距离
选择要偏移的对象，或 [退出(E)/放弃(U)] <退出>://选择外层
矩形指定要偏移的那一侧上的点，或 [退出(E)/多个(M)/放弃
(U)] <退出>://在矩形内部单击，完成偏移
选择要偏移的对象，或 [退出(E)/放弃(U)] <退出>:✓//按Enter
键结束偏移Labus eo,

图 4-105　偏移图形效果

实例158 绘制平行对象中心线　★重点★

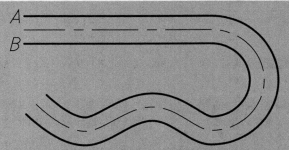

除了输入距离进行偏移外，还可以指定一个通过点来同时定义偏移的距离和方向。结合【实例079】所用命令，非常适用于绘制平行对象的中心线。

难度 ★★★

- 素材文件路径：素材/第4章/实例158 绘制平行对象中心线.dwg
- 效果文件路径：素材/第4章//实例158 绘制平行对象中心线-OK.dwg
- 视频文件路径：视频/第4章/实例158 绘制平行对象中心线.MP4
- 播放时长：1分24秒

Step 01 打开"第4章/实例158 绘制平行对象中心线.dwg"素材文件，其中已经绘制好了一条跑道，如图4-106所示。

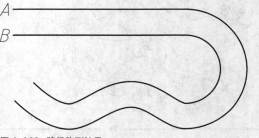

图 4-106　路径阵列结果

Step 02 在【默认】选项卡中，单击【修改】面板上的

【偏移】按钮⊿，执行【偏移】命令。

Step 03 在命令行中输入T，选择"通过"选项，再选择任意一条轮廓曲线，命令行提示"指定通过点"，如图4-107所示。

Step 04 此时按住Shift再单击鼠标右键，在弹出的快捷菜单中选择"两点之间的中点"选项，如图4-108所示。

图 4-107 选择"通过"方式偏移

图 4-108 选择"两点之间的中点"

Step 05 接着分别指定A、B两点，即可于在平行线的中间创建一条中心线，效果如图4-109所示。完整的命令行操作如所示。

```
命令：_offset
当前设置：删除源=否 图层=源 OFFSETGAPTYPE=0
指定偏移距离或 [通过(T)/删除(E)/图层(L)] <通过>:T↙//选择
 "通过"选项
选择要偏移的对象，或 [退出(E)/放弃(U)] <退出>://选择任意
一条轮廓曲线
指定通过点或 [退出(E)/多个(M)/放弃(U)] <退出>: //Shfit+右
键弹出临时捕捉菜单
_m2p 中点的第一点://捕捉A点
中点的第二点://捕捉B点
选择要偏移的对象，或 [退出(E)/放弃(U)] <退出>:↙//得到中
心线，按Enter键退出操作
```

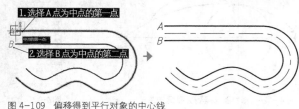
图 4-109 偏移得到平行对象的中心线

实例159 绘制"鱼"图形 ★重点★

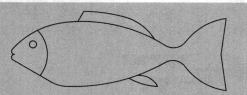

【偏移】是 AutoCAD 设计过程中出现频率较高的编辑命令之一，通过对该命令的灵活使用，再结合强大的二维绘图功能，便可以绘制出颇具设计感的图形。

难度 ★★★★

◎ 素材文件路径：素材/第4章/实例159 绘制鱼图形.dwg
◎ 效果文件路径：素材/第4章//实例158 绘制鱼图形-OK.dwg
※ 视频文件路径：视频/第4章/实例158 绘制鱼图形.MP4
※ 播放时长：13分16秒

本例便结合前面介绍过的【圆弧】等绘图命令，和上例所学的【偏移】命令，来绘制图 4-110 所示的图形。

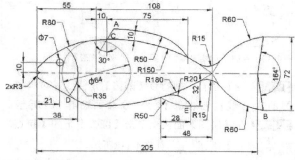
图 4-110 鱼形图尺寸

Step 01 打开"第4章/实例159 绘制鱼图形.dwg"素材文件，其中已绘制好了三段中心线，如图4-111所示。

Step 02 绘制鱼唇。在命令行中输入O，执行【偏移】命令，根据图4-112所示尺寸对中心线进行偏移。

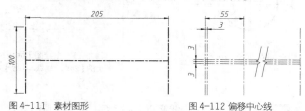
图 4-111 素材图形　　　　　图 4-112 偏移中心线

Step 03 以偏移所得的中心线交点为圆心，分别绘制两个R3的圆，如图4-113所示。

Step 04 绘制Ø64辅助圆。输入C，执行【圆】命令，以另一条辅助线的交点为圆心，绘制图4-114所示的圆。

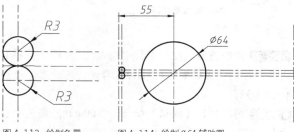
图 4-113 绘制鱼唇　　　　　图 4-114 绘制 Ø64 辅助圆

Step 05 绘制上侧鱼头。在【绘图】面板上单击【相切、相切、半径】按钮，分别在上侧的R3圆和Ø64辅助圆上单击一点，输入半径为80，结果如图4-115所示。

Step 06 执行TR【修剪】命令，修剪掉多余的圆弧部分，并删除偏移的辅助线，得到鱼头的上侧轮廓，如图4-116所示。

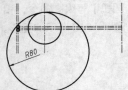
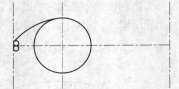

图 4-115 绘制 R80 的辅助圆　　图 4-116 修剪图形

Step 07 绘制鱼背。执行O【偏移】命令，将Ø64辅助圆的中心线向右偏移108，效果如图4-117所示。

Step 08 在【绘图】面板上单击【圆弧】下的【起点、端点、半径】按钮，如图4-118所示。

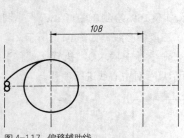
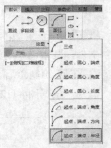

图 4-117 偏移辅助线

图 4-118 【绘图】面板上的【起点、端点、半径】按钮

Step 09 以所得的中心线交点A为起点、鱼头圆弧的端点B为终点，绘制半径为150的圆弧，效果如图4-119所示。

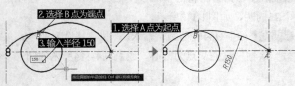

图 4-119 绘制鱼背

Step 10 绘制背鳍。在命令行中输入O，执行【偏移】命令，将鱼背弧线向上偏移10，得到背鳍轮廓，如图4-120所示。

Step 11 再次执行【偏移】命令，将Ø64辅助圆的中心线向右偏移10和75，效果如图4-121所示。

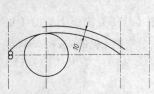
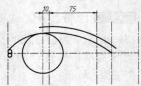

图 4-120 偏移鱼背弧线　　图 4-121 偏移辅助线

Step 12 输入L执行【直线】命令，以C点为起点，向上绘制一角度为60°的直线，相交于背鳍的轮廓线，如图4-122所示。

Step 13 输入C执行【圆】命令，以D点为圆心，绘制一半径为50的圆，如图4-123所示。

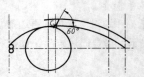

图 4-122 绘制 60° 斜线　　图 4-123 绘制 R50 的辅助圆

Step 14 再将背鳍的轮廓线向下偏移50，与上步骤所绘制的R50圆相交得到一个交点E，如图4-124所示。

Step 15 以交点E为圆心，绘制一个半径为50的圆，即可得到背鳍尾端的R50圆弧部分，如图4-125所示。

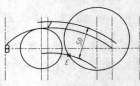
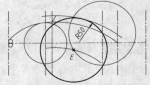

图 4-124 偏移背鳍轮廓线　　图 4-125 绘制 R50 的辅助圆

Step 16 输入TR，执行【修剪】命令，将多余的圆弧修剪掉，并删除多余辅助线，得到图4-126所示的背鳍图形。

Step 17 绘制鱼腹。在【绘图】面板上单击【圆弧】下的【起点、端点、半径】按钮，然后按住Shift再单击鼠标右键，在弹出的快捷菜单中选择"切点"选项，如图4-127所示。

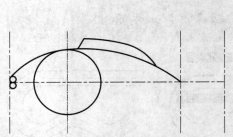

图 4-126 修剪图形得到完整背鳍图形　　图 4-127 选择"切点"选项

Step 18 在辅助圆上捕捉切点F，以该点为圆弧的起点；然后捕捉辅助线的交点G，以该点为圆弧的端点，接着输入半径180，得到鱼腹圆弧，如图4-128所示。

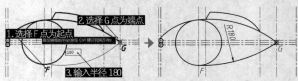

图 4-128 绘制鱼腹

Step 19 绘制下侧鱼头。单击【默认】选项卡中【绘图】面板上的【直线】按钮，执行【直线】命令，然后按相同方法，分别捕捉下鱼唇与辅助圆上的切点，绘制一条公切线，如图4-129所示。

Step 20 绘制腹鳍。在命令行中输入O，执行【偏移】命令，然后按图4-130所示尺寸重新偏移辅助线。

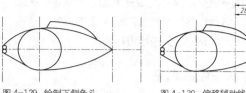

图 4-129 绘制下侧鱼头　　　　图 4-130 偏移辅助线

Step 21 单击【绘图】面板上的【起点、端点、半径】按钮，以H点为起点、K点为端点，输入半径50，绘制图4-131所示的圆弧。

Step 22 输入C执行【圆】命令，以K点为圆心，绘制一半径为20的圆，如图4-132所示。

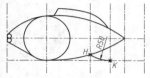　　

图 4-131 绘制下侧腹鳍　　　　图 4-132 绘制 R20 的辅助圆

Step 23 输入O，执行【偏移】命令，将鱼腹的轮廓线向下偏移20，与上步骤所绘制的R20圆相交得到一个交点L，如图4-133所示。

Step 24 以交点L为圆心，绘制一个半径为20的圆，即可得到腹鳍上侧的R20圆弧部分，如图4-134所示。

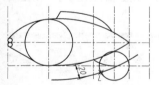　　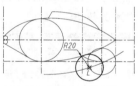

图 4-133 偏移鱼腹轮廓线　　　　图 4-134 绘制 R20 的辅助圆

Step 25 输入TR，执行【修剪】命令，将多余的圆弧修剪掉，并删除多余辅助线，得到图4-135所示的腹鳍图形。

Step 26 绘制鱼尾。单击【修改】面板上的【偏移】按钮，将水平中心线向上、下两侧各偏移36，如图4-136所示。

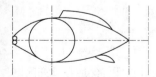　　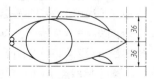

图 4-135 修剪多余辅助线　　　　图 4-136 偏移中心线

Step 27 单击【绘图】面板中的【射线】按钮，以中心线的端点M为起点，分别绘制角度为82°、-82°的两条射线，如图4-137所示。

Step 28 单击【绘图】面板上的【起点、端点、半径】按钮，以交点N点为起点、交点P为端点，输入半径60，绘制图4-138所示的圆弧。

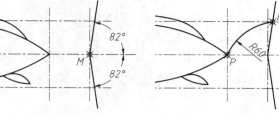

图 4-137 绘制射线　　　　图 4-138 绘制上半部鱼尾

Step 29 以相同方法，绘制下侧的鱼尾，然后使用TR【修剪】和E【删除】命令，修剪多余的辅助线，效果如图4-139所示。

Step 30 单击【修改】面板上的【圆角】按钮，输入倒圆半径为15，对鱼尾和鱼身进行倒圆，效果如图4-140所示。

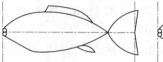　　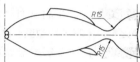

图 4-139 修剪多余辅助线　　　　图 4-140 倒圆图形

Step 31 绘制鱼眼。将水平中心线向上偏移10，再将左侧竖直中心线向右偏移21，以所得交点为圆心，绘制一直径为7的圆，即可得到鱼眼，如图4-141所示。

Step 32 绘制鱼鳃。以中心线的左侧交点为圆心，绘制一个半径为35的圆，然后修剪鱼身之外的部分，即可得到鱼鳃，如图4-142所示。

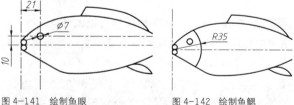

图 4-141 绘制鱼眼　　　　图 4-142 绘制鱼鳃

Step 33 删除多余辅助线，即可得到最终的鱼形图，如图4-143所示。本例综合应用到了【圆弧】、【圆】、【直线】、【偏移】和【修剪】等诸多绘图与编辑命令，对读者理解并掌握AutoCAD的绘图方法，有极大的帮助。

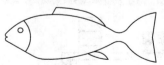

图 4-143 最终的鱼形图

实例160 镜像图形

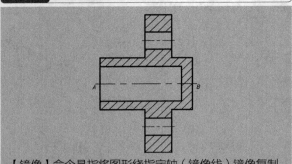

【镜像】命令是指将图形绕指定轴（镜像线）镜像复制，常用于绘制结构规则且有对称特点的图形。

难度 ★ ★

- 素材文件路径：素材/第4章/实例160 镜像图形.dwg
- 效果文件路径：素材/第4章/实例160 镜像图形-OK.dwg
- 视频文件路径：视频/第4章//实例160 镜像图形.MP4
- 播放时长：51秒

Step 01 打开素材文件"第4章/实例160 镜像图形.dwg"，素材图形如图4-144所示。

Step 02 镜像复制图形。单击【修改】面板中的【镜像】按钮，如图4-145所示，执行【镜像】命令。

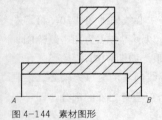

图 4-144　素材图形　　　　图 4-145　【修改】面板中的【镜像】按钮

Step 03 选择中心线上方所有图形为镜像对象，然后以水平中心线为镜像线，即可镜像复制图形，如图4-146所示，命令行操作如下。

```
命令: _mirror//执行【镜像】命令
选择对象: 指定对角点: 找到 19 个//框选水平中心线以上所有图形
选择对象:↙//按Enter键完成对象选择
指定镜像线的第一点://选择水平中心线的端点A
指定镜像线的第二点://选择水平中心线另一个端点B
要删除源对象吗？[是(Y)/否(N)] <N>:N↙//选择不删除源对象，按Enter键完成镜像
```

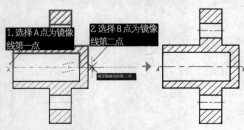

图 4-146　镜像图形效果

4.3 图案填充

图案填充是指用某种图案充满图形中指定的区域，它们描述了对象材料的特性，并增加了图形的可读性。本章将对图案填充的相关内容进行讲解。

实例161 认识图案填充

与以往的版本不同，在 AutoCAD 2016 中，是通过【图案填充创建】选项卡来创建填充的。本例将对该新加入的选项卡进行介绍。

难度 ★ ★

Step 01 在【默认】选项卡中，单击【绘图】面板中的【图案填充】按钮，如图4-147所示，即可执行【图案填充】命令，也可以在命令行中输入H或CH、BHATCH。

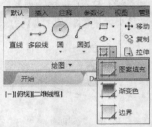

图 4-147　【绘图】面板中的【图案填充】按钮

Step 02 执行【图案填充】命令后，将在功能区显示【图案填充创建】选项卡，如图4-148所示。选择所选的填充图案，在要填充的区域中单击，生成效果预览，然后于空白处单击或单击【关闭】面板上的【关闭图案填充】按钮即可创建。

图 4-148　【图案填充创建】选项卡

Step 03 【图案填充创建】选项卡主要由【边界】、【图案】等6大面板组成，各面板及按钮的含义介绍如下。

1 【边界】面板

【边界】面板主要用于指定图案填充的边界，用户通过单击【拾取点】按钮和【选择】按钮进行填充区域的选取。【边界】面板展开后的显示如图 4-149 所示，其面板中各按钮选项的含义如下。

图 4-149　【边界】面板

◆【拾取点】：单击此按钮，然后在填充区域中单击一点，AutoCAD 自动分析边界集，并从中确定包围该点的闭合边界。

◆【选择】：单击此按钮，然后根据封闭区域选择对象确定边界。可通过选择封闭对象的方法确定填充边界，但并不自动检测内部对象，如图 4-150 所示。

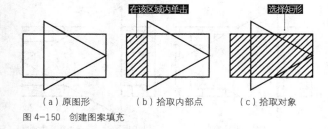

（a）原图形　　　（b）拾取内部点　　　（c）拾取对象

图 4-150　创建图案填充

◆【删除】：用于取消边界，边界即为在一个大的封闭区域内存在的一个独立的小区域。

◆【重新创建】：编辑填充图案时，可利用此按钮生成与图案边界相同的多段线或面域。

◆【显示边界对象】：单击按钮，AutoCAD 显示当前的填充边界。使用显示的夹点可修改图案填充边界。

◆【保留边界对象】：创建图案填充时，创建多段线或面域作为图案填充的边缘，并将图案填充对象与其关联。单击下拉按钮，下拉列表中包括【不保留边界】、【保留边界：多段线】和【保留边界：面域】。

◆【选择新边界集】：指定对象的有限集（称为边界集），以便由图案填充的拾取点进行评估。单击下拉按钮，在下拉列表中展开【使用当前视口】选项，根据当前视口范围中的所有对象定义边界集，选择此选项将放弃当前的任何边界集。

2　【图案】面板

显示所有预定义和自定义图案的预览图案。单击右侧的按钮可展开【图案】面板，拖动滚动条选择所需的填充图案，如图 4-151 所示。

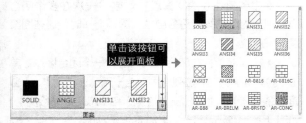

单击该按钮可以展开面板

图 4-151　【图案】面板

3　【特性】面板

图 4-152 所示为展开的【特性】面板中的隐藏选项。

图 4-152　【特性】面板

面板中各按钮选项含义如下。

◆【图案】：单击下拉按钮，在下拉列表中包括【实体】、【图案】、【渐变色】和【用户定义】4 个选项。若选择【图案】选项，则使用 AutoCAD 预定义的图案，这些图案保存在 "acad.pat" 和 "acadiso.pat" 文件中。若选择【用户定义】选项，则采用用户定制的图案，这些图案保存在 ".pat" 类型文件中。

◆【颜色】（图案填充颜色）/（背景色）：单击下拉按钮，在弹出的下拉列表中选择需要的图案颜色和背景颜色，默认状态下为无背景颜色，如图 4-153 与图 4-154 所示。

图 4-153　选择图案颜色　　　图 4-154　选择背景颜色

◆【图案填充透明度】：通过拖动滑块，可以设置填充图案的透明度，如图 4-155 所示。设置完透明度之后，需要单击状态栏中的【显示 / 隐藏透明度】按钮，透明度才能显示出来。

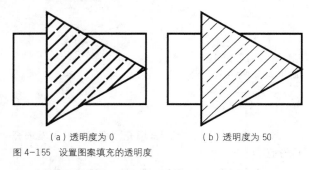

（a）透明度为 0　　　　　　（b）透明度为 50

图 4-155　设置图案填充的透明度

◆【角度】：通过拖动滑块，可以设置图案的填充角度，如图 4-156 所示

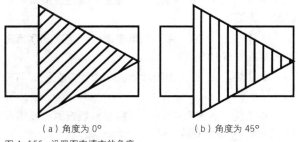

（a）角度为 0°　　　　　　（b）角度为 45°

图 4-156　设置图案填充的角度

◆【比例】⬚ 1 ⬚ ：通过在文本框中输入比例值，可以设置缩放图案的比例，如图4-157所示。

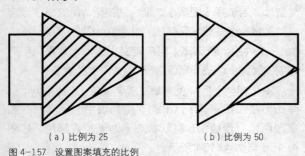

（a）比例为25 （b）比例为50
图4-157 设置图案填充的比例

◆【图层】🗇：在右方的下拉列表中可以指定图案填充所在的图层。

◆【相对于图纸空间】🗇：适用于布局。用于设置相对于布局空间单位缩放图案。

◆【双】⬚：只有在【用户定义】选项时才可用。用于将绘制两组相互呈90°的直线填充图案，从而构成交叉线填充图案。

◆【ISO笔宽】：设置基于选定笔宽缩放ISO预定义图案。只有图案设置为ISO图案的一种时才可用。

4 【原点】面板

◆图4-158所示是【原点】展开隐藏的面板选项，面板中各选项和按钮的含义如下。

图4-158 【原点】面板

◆【左下】⬚：将图案填充原点设定在图案填充矩形范围的左下角。

◆【右下】⬚：将图案填充原点设定在图案填充矩形范围的右下角。

◆【左上】⬚：将图案填充原点设定在图案填充矩形范围的左上角。

◆【右上】⬚：将图案填充原点设定在图案填充矩形范围的右上角。

◆【中心】⬚：将图案填充原点设定在图案填充矩形范围的中心。

◆【使用当前原点】⬚：将图案填充原点设定在HPORIGIN系统变量中存储的默认位置。

◆【设定原点】⬚：指定新的图案填充原点，如图4-159所示。

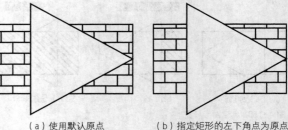

（a）使用默认原点 （b）指定矩形的左下角点为原点
图4-159 设置图案填充的原点

5 【选项】面板

图4-160所示为展开的【选项】面板中的隐藏选项，其各选项含义如下。

图4-160 【原点】面板

◆【关联】⬚：控制当用户修改当前图案时是否自动更新图案填充。

◆【注释性】⬚：指定图案填充为可注释特性。单击信息图标以了解有相关注释性对象的更多信息。

◆【特性匹配】⬚：使用选定图案填充对象的特性设置图案填充的特性，图案填充原点除外。单击下拉按钮▼，在下拉列表中包括【使用当前原点】和【使用原图案原点】。

◆【允许的间隙】：指定要在几何对象之间桥接最大的间隙，这些对象经过延伸后将闭合边界。

◆【创建独立的图案填充】⬚：一次在多个闭合边界创建的填充图案是各自独立的。选择时，这些图案是单一对象。

◆【孤岛】：在闭合区域内的另一个闭合区域。单击下拉按钮▼，在下拉列表中包含【无孤岛检测】、【普通孤岛检测】、【外部孤岛检测】和【忽略孤岛检测】，如图4-161所示。其中各选项的含义如下。

（a）无填充 （b）普通填充 （c）外部填充 （d）忽略填充
方式 方式 方式 方式
图4-161 孤岛的3种显示方式

（a）无孤岛检测：关闭以使用传统孤岛检测方法。

（b）普通：从外部边界向内填充，即第一层填充，第二层不填充。

（c）外部：从外部边界向内填充，即只填充从最外边界向内第一边界之间的区域。

（d）忽略：忽略最外层边界包含的其他任何边界，从最外层边界向内填充全部图形。

◆【绘图次序】：指定图案填充的创建顺序。单击下拉按钮▾，在下拉列表中包括【不指定】、【后置】、【前置】、【置于边界之后】、【置于边界之前】。默认情况下，图案填充绘制次序是置于边界之后的。

◆【图案填充和渐变色】对话框：单击【选项】面板上的按钮↘，打开【图案填充与渐变色】对话框，如图 4-162 所示。其中的选项与【图案填充创建】选项卡中的选项基本相同。

图 4-162 【图案填充与渐变色】对话框

6 【关闭】面板

单击面板上的【关闭图案填充创建】按钮，可退出图案填充。也可按 Esc 键代替此按钮操作。

实例162 创建图案填充

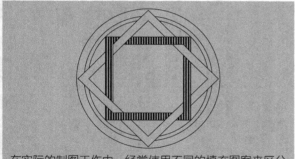

在实际的制图工作中，经常使用不同的填充图案来区分相近的图形，也可以用来表示不同的工程材料。

难度 ★★

◎ 素材文件路径：素材/第4章/实例162 创建图案填充.dwg
◎ 效果文件路径：素材/第4章/实例162 创建图案填充-OK.dwg
❀ 视频文件路径：视频/第4章/实例162 创建图案填充.MP4
❀ 播放时长：2分5秒

Step 01 打开素材文件"第4章/实例162 创建图案填充.dwg"，素材图形如图4-163所示。

Step 02 单击【绘图】面板中的【图案填充】按钮🔲，打开【图案填充创建】选项卡，单击【图案】面板中的按钮▾，展开列表框，选择其中的AR—SAND图案，如图4-164所示。

图 4-163 素材图形

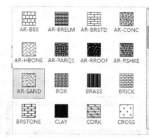

图 4-164 选择 AR—SAND 图案

Step 03 在绘图区域，使用鼠标左键在所填充的区域内单击（表示图形将要填充到区域内），然后按Enter键确认，绘制完成的结果如图4-165所示。

Step 04 在命令行中输入H，打开【图案填充创建】选项卡，单击【图案】面板中的按钮▾，展开列表框，选择其中的IS003W100图案，填充拼花如图4-166所示。

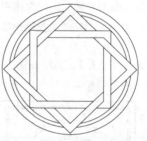

图 4-165 填充 AR—SAND 图案

图 4-166 填充 IS003W100 图案

实例163 忽略孤岛进行填充

根据实例 161 中的介绍，可知已定义好的填充区域内的封闭区域被称为"孤岛"。而在 AutoCAD 2016 中，用户可以忽略孤岛直接对图形进行填充。

难度 ★★

◎ 素材文件路径：素材/第4章/实例163 忽略孤岛进行填充.dwg
◎ 效果文件路径：素材/第4章/实例163 忽略孤岛进行填充-OK.dwg
❀ 视频文件路径：视频/第4章/实例163 忽略孤岛进行填充.MP4
❀ 播放时长：58秒

Step 01 打开素材文件"第4章/实例163 忽略孤岛进行填充.dwg"，素材图形如图4-167所示。

Step 02 单击【绘图】面板中的【图案填充】按钮🔲，打开【图案填充创建】选项卡，再单击【选项】面板的下拉按钮，在展开的面板中选择【忽略孤岛填充】选项，如图4-168所示。

图 4-167 素材图形

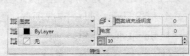
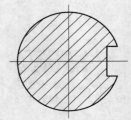

图 4-168 选择【忽略孤岛填充】选项

Step 03 在绘图区的矩形内部（圆形外部）区域单击鼠标左键，并按Enter键确认，即可得到忽略孤岛检测的填充图案，如图4-169所示。

Step 04 如果没有设置【忽略孤岛填充】选项，则填充效果如图4-170所示，读者可以自行试验。

图 4-169 忽略孤岛的填充效果

图 4-170 无孤岛检测的填充效果

实例164 修改填充比例

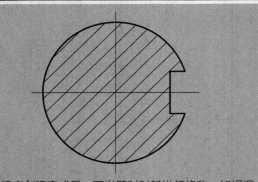

图案填充创建完成后，可以随时对其进行修改，如根据大小修改图案填充的比例。

难度 ★★

○ 素材文件路径：素材/第4章/实例164 修改填充比例.dwg
○ 效果文件路径：素材/第4章/实例164 修改填充比例-OK.dwg
⊠ 视频文件路径：视频/第4章/实例164 修改填充比例.MP4
⊠ 播放时长：43秒

Step 01 打开素材文件"第4章/实例164 修改填充比例.dwg"，素材图形如图4-171所示，可见剖面线填充过于密集。

Step 02 将光标置于填充图案上并单击鼠标左键，即可进入【图案填充创建】选项卡，然后在【特性】面板的【比例】文本框中输入新的比例值10，如图4-172所示。

图 4-171 素材文件　　图 4-172 输入新的填充比例

Step 03 按Enter键确认操作，再按Esc键退出【图案填充创建】选项卡，即可完成修改。更改比例之后的图形如图4-173所示。

图 4-173 修改填充比例之后的图形

实例165 修改填充角度

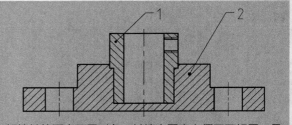

相接触的两个不同对象，其填充图案必须互不相同，最常见的便是角度各异，多用于机械装配图中。

难度 ★★

○ 素材文件路径：素材/第4章/实例165 修改填充角度.dwg
○ 效果文件路径：素材/第4章/实例165 修改填充角度-OK.dwg
⊠ 视频文件路径：视频/第4章/实例165 修改填充角度.MP4
⊠ 播放时长：49秒

Step 01 打开素材文件"第4章/实例165 修改填充角度.dwg"，素材图形如图4-174所示，为一典型的装配体，但两个零件的填充线相同，容易产生混淆。

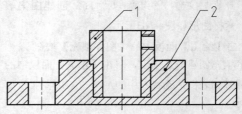

图 4-174 素材文件

Step 02 将光标置于1号零件的填充图案上并单击鼠标左键，进入【图案填充创建】选项卡，然后在【特性】面板的【角度】文本框中输入新的比例值90，如图4-175所示。

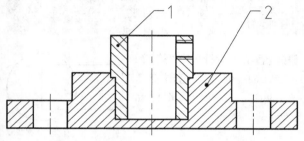

图 4-175 输入新的填充角度

Step 03 按Enter键确认操作，再按Esc键退出【图案填充创建】选项卡，即可完成修改。更改角度之后的图形如图4-176所示。

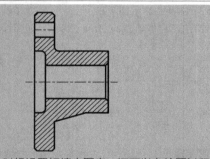

图 4-176 修改填充比例之后的图形

实例166 修改填充图案

除了在创建的时候设置好填充图案，还可以在绘图过程中随时根据需要进行修改。

难度 ★★

🔵 素材文件路径：素材/第4章/实例166 修改填充图案.dwg
🔵 效果文件路径：素材/第4章/实例166 修改填充图案-OK.dwg
🎬 视频文件路径：视频/第4章/实例166 修改填充图案.MP4
🎬 播放时长：34秒

Step 01 打开素材文件"第4章/实例166 修改填充图案.dwg"，素材图形如图4-177所示。

Step 02 将光标置于填充图案上并单击鼠标左键，进入【图案填充创建】选项卡，然后在【图案】面板中选择新的填充图案ANSI31，再在【特性】面板中设置好角度与比例，如图4-178所示。

Step 03 按Enter键确认操作，再单击Esc退出【图案填充创建】选项卡，即可完成修改。更改填充图案之后的图形如图4-179所示。

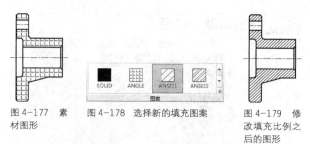

图 4-177 素材图形　图 4-178 选择新的填充图案　图 4-179 修改填充比例之后的图形

实例167 修剪填充图案

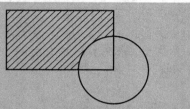

除了在创建的时候设置好填充图案，还可以在绘图过程中随时根据需要进行修改。

难度 ★★

🔵 素材文件路径：素材/第4章/实例167 修改填充图案.dwg
🔵 效果文件路径：素材/第4章/实例167 修改填充图案-OK.dwg
🎬 视频文件路径：视频/第4章/实例167 修改填充图案.MP4
🎬 播放时长：48秒

Step 01 打开"第4章/实例167 修剪填充图案.dwg"素材文件，如图4-180所示图形。

Step 02 单击【修改】面板中的【修剪】按钮，裁剪掉包含在圆形区域内的填充图案，结果如图4-181所示，命令行提示如下。

命令：_trim
当前设置:投影=UCS，边=无选择剪切边...
选择对象或<全部选择>：找到 1 个//选择圆
选择对象：↙//按Enter键结束选择
选择要修剪的对象，或按住 Shift 键选择要延伸的对象，或[栏选(F)/窗交(C)/投影(P)/边(E)/放弃(U)]://鼠标左键单击包含在圆形区域内的填充图案选择要修剪的对象，或按住 Shift 键选择要延伸的对象，或[栏选(F)/窗交(C)/投影(P)/边(E)/放弃(U)]:↙//按Enter键结束命令

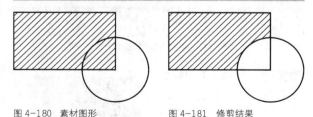

图 4-180 素材图形　图 4-181 修剪结果

实例168 创建渐变色填充

在 AutoCAD 2016 中，除了填充图案以外，还可以使用渐变色填充来创建前景色或双色渐变色。渐变填充为在两种颜色之间，或者一种颜色的不同灰度之间过渡。

难度 ★★

- 素材文件路径：素材/第4章/实例168 创建渐变色填充.dwg
- 效果文件路径：素材/第4章/实例168 创建渐变色填充-OK.dwg
- 视频文件路径：视频/第4章/实例168 创建渐变色填充.MP4
- 播放时长：56秒

Step 01 打开素材文件"第4章/实例168 创建渐变色填充.dwg"，素材图形如图4-182所示。

Step 02 单击【绘图】面板中的【渐变色】按钮，如图4-183所示，执行【渐变色填充】命令。

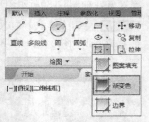

图 4-182　素材图形　　　图 4-183　【绘图】面板中的【渐变色】按钮

Step 03 打开【图案填充创建】选项卡，如图4-184所示。通过该选项卡可以在指定对象上创建具有渐变色彩的填充图案，选项卡各面板功能与之前介绍的一致。

图 4-184　渐变填充的【图案填充创建】选项卡

Step 04 在【图案】面板中选择填充方式，再在特性面板中选择颜色，在要填充的区域内单击一点，即可创建渐变色填充，效果如图4-185所示。

图 4-185　渐变填充后的图形

实例169 创建单色渐变填充

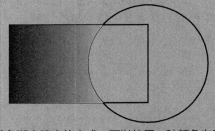

通过单色渐变填充的方式，可以使用一种颜色在不同灰度之间的过渡对图形进行填充。

难度 ★★

- 素材文件路径：素材/第4章/实例169 创建单色渐变填充.dwg
- 效果文件路径：素材/第4章/实例169 创建单色渐变填充-OK.dwg
- 视频文件路径：视频/第4章/实例169 创建单色渐变填充.MP4
- 播放时长：58秒

Step 01 打开素材文件"第4章/实例169 创建单色渐变填充.dwg"，素材图形如图4-186所示。

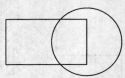

图 4-186　素材图形

Step 02 单击【绘图】面板中的【渐变色】按钮，打开【图案填充创建】选项卡，单击【特性】面板中的【渐变明暗】按钮，此时左侧的【颜色】栏只有一栏可用，设置颜色为"0,0,255"，如图4-187所示，。

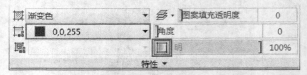

图 4-187　单击【渐变明暗】按钮

Step 03 然后使用鼠标左键在矩形内拾取填充区域，再按Enter键，即可创建填充，结果如图4-188所示。

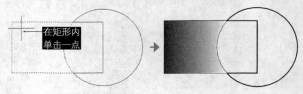

图 4-188　创建的单色渐变填充

实例170 修改渐变填充

渐变填充除了可以在颜色上进行修改外，还可以对它的渐变形式进行更改，从而创建出形态各异的渐变效果。

难度 ★★

- 素材文件路径：素材/第4章/实例170 修改渐变填充.dwg
- 效果文件路径：素材/第4章/实例170 修改渐变填充-OK.dwg
- 视频文件路径：视频/第4章/实例170 修改渐变填充.MP4
- 播放时长：41秒

Step 01 打开素材文件"第4章/实例170 修改渐变填充.dwg"，素材图形如图4-189所示。

图4-189 素材文件

Step 02 将光标置于填充图案上并单击鼠标左键，进入【图案填充创建】选项卡，然后在【图案】面板中选择新的渐变方式GR-SPHER，再在【特性】面板中设置好角度与比例，如图4-190所示。

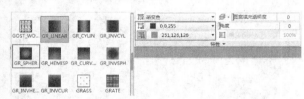

图4-190 修改渐变填充方式

Step 03 修改后渐变填充的效果如图4-191所示。

图4-191 修改之后的填充图形

实例171 填充室内平面图 ★重点★

在进行室内平面图的设计时，可以根据不同区域的装修方式来创建不同图案的填充，让设计图的内容更加丰富。

难度 ★★★

- 素材文件路径：素材/第4章/实例171 填充室内平面图.dwg
- 效果文件路径：素材/第4章/实例171 填充室内平面图-OK.dwg
- 视频文件路径：视频/第4章/实例171 填充室内平面图.MP4
- 播放时长：2分3秒

Step 01 打开"第4章/实例171 填充室内平面图.dwg"素材文件，其中已绘制好一张室内平面图，如图4-192所示。

Step 02 单击【绘图】面板中的【图案填充】按钮，打开【图案填充创建】选项卡；单击【图案】面板按钮，展开列表框，选择其中的DOLMIT图案，如图4-193所示。

图4-192 素材图形　　　　图4-193 选择DOLMIT图案

Step 03 再在【特性】面板中将【图案填充比例】改为18，将【原点】改为【指定的原点】。单击【单击以设置新原点】按钮，填充区域的左端顶点为新原点，如图4-194所示。

图4-194 设置填充比例与原点

Step 04 单击【拾取点】按钮，回到绘图区域，使用鼠标左键在所填充的主卧区域内单击（表示图形将要填充到区域内），然后按Enter键确认，结果如图4-195所示。

Step 05 用同样的方法填充客卧地砖图案，如图4-196所示。

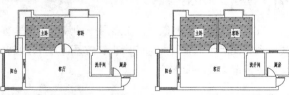

图4-195 填充主卧　　　　图4-196 填充客卧

Step 06 使用【图案填充】功能，打开【图案填充创建】选项卡；单击【图案】面板按钮，展开列表框，选择其中的NET图案，修改【图案填充比例】为200，填充客厅，结果如图4-197所示。

Step 07 重复执行【图案填充】命令，选择ANGLE图案，修改【图案填充比例】为50，填充阳台，结果如图4-198所示。

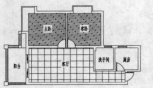

图 4-197 填充客厅

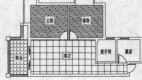

图 4-198 填充阳台

操作技巧

如果在【图案】面板中找不到NET图案，可将【特性】面板中的【图案填充类型】下拉列表中选择【图案】选项，然后再进行选择，如图4-199所示。

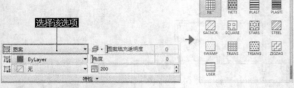

图 4-199 选择图案填充类型

Step 08 用同样的方式填充洗手间的地砖图案，如图4-200所示。

Step 09 使用【图案填充】功能，打开【图案填充创建】选项卡；单击【图案】面板按钮▼，展开列表框，选择其中的ANSI37图案，修改【图案填充比例】为100，填充厨房，结果如图4-201所示。至此，室内平面图填充完成。

图 4-200 填充洗手间

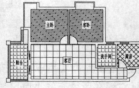

图 4-201 填充厨房

4.4 通过夹点编辑图形

在 AutoCAD 2016 中，夹点是一种集成的编辑模式，利用夹点可以编辑图形的大小、位置、方向以及对图形进行镜像复制操作等。

实例172 认识夹点

所谓"夹点"，是指图形对象上的一些特征点，如端点、顶点、中点和中心点等，图形的位置和形状通常是由夹点的位置决定的。

难度 ★★

在夹点模式下，图形对象以虚线显示，图形上的特征点(如端点、圆心和象限点等)将显示为蓝色的小方框，如图 4-202 所示，这样的小方框称为夹点。

夹点有未激活和被激活两种状态。蓝色小方框显示的夹点处于未激活状态，单击某个未激活夹点，该夹点以红色小方框显示，处于被激活状态，被称为热夹点。以热夹点为基点，可以对图形对象进行拉伸、平移、复制、缩放和镜像等操作。同时按住 Shift 键可以选择激活多个夹点。

图 4-202 不同对象的夹点

实例173 利用夹点拉伸图形

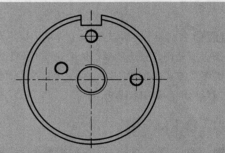

在不执行任何命令的情况下选择对象，然后单击其中的一个夹点，系统会自动将其作为拉伸的基点，即进入【拉伸】编辑模式。

难度 ★★

🔲 素材文件路径：素材/第4章/实例173利用夹点拉伸图形.dwg
🔲 效果文件路径：素材/第4章/实例173利用夹点拉伸图形-OK.dwg
🎬 视频文件路径：视频/第4章/实例173 利用夹点拉伸图形.MP4
🎬 播放时长：45秒

Step 01 打开"第4章/实例173 利用夹点拉伸图形.dwg"素材文件，如图4-203所示。

Step 02 选择键槽的底边AB，使之呈现夹点状态，如图4-204所示。

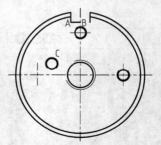

图 4-203 素材图形

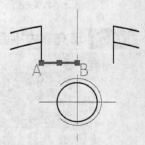

图 4-204 选择 AB 线段显示夹点

Step 03 单击激活右侧夹点B，可见B夹点变为红色，然后配合【端点捕捉】功能拉伸线段至右侧边线端点，如图4-205所示。

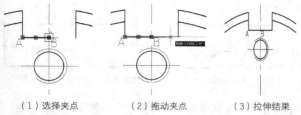

（1）选择夹点　　　（2）拖动夹点　　　（3）拉伸结果

图 4-205　利用夹点拉伸对象

操作技巧

对于某些夹点，拖动时只能移动而不能拉伸，如文字、块、直线中点、圆心、椭圆中心和点对象上的夹点。

实例174 利用夹点移动图形

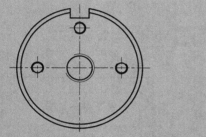

在不执行任何命令的情况下选择对象，然后单击其中的一个夹点，再按 Enter 键，系统会自动将其作为移动的基点，即进入【移动】模式。

难度 ★★

- 素材文件路径：素材/第4章/实例173利用夹点拉伸图形-OK.dwg
- 效果文件路径：素材/第4章/实例174利用夹点移动图形-OK.dwg
- 视频文件路径：视频/第4章/实例174 利用夹点移动图形.MP4
- 播放时长：52秒

Step 01 延续【实例173】进行操作，也可以打开素材文件"第4章/实例173 利用夹点拉伸图形-OK.dwg"。

Step 02 框选左侧螺纹孔C，使之呈现夹点状态，如图4-206所示。

Step 03 单击激活圆心夹点，按Enter键确认，进入【移动】模式，配合【对象捕捉】功能移动圆至左侧辅助线交点处，如图4-207所示。

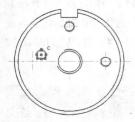

图 4-206　选择螺纹孔 C

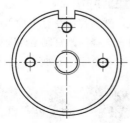

图 4-207　利用夹点移动对象

实例175 利用夹点旋转图形

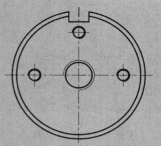

在不执行任何命令的情况下选择对象，然后单击其中的一个夹点，再按 2 次 Enter 键，系统会自动将其作为旋转的基点，即进入【旋转】模式。

难度 ★★

- 素材文件路径：素材/第4章/实例174 利用夹点移动图形-OK.dwg
- 效果文件路径：素材/第4章/实例175 利用夹点旋转图形-OK.dwg
- 视频文件路径：视频/第4章/实例175 利用夹点旋转图形.MP4
- 播放时长：58秒

Step 01 延续【实例174】进行操作，也可以打开素材文件"第4章/实例174 利用夹点移动图形-OK.dwg"。

Step 02 框选左侧螺纹孔C，使之呈现夹点状态，如图4-208所示。

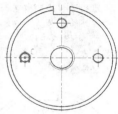

图 4-208　选择螺纹孔 C

Step 03 单击激活圆心夹点，再按2次Enter键确认，进入【旋转】模式，在命令行中输入-45，将螺纹线调整为正确的方向，如图4-209所示。

Step 04 使用相同方法对其他螺纹孔进行调整，效果如图4-210所示。

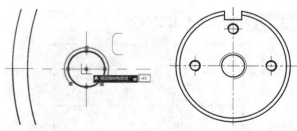

图 4-209　利用夹点旋转对象　　　图 4-210　旋转之后的效果

实例176 利用夹点缩放图形

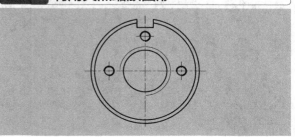

在不执行任何命令的情况下选择对象，然后单击其中的一个夹点，再按3次Enter键，系统会自动将其作为缩放的基点，即进入【缩放】模式。

难度 ★★

- 素材文件路径：素材/第4章/实例175利用夹点旋转图形-OK.dwg
- 效果文件路径：素材/第4章/实例176利用夹点缩放图形-OK.dwg
- 视频文件路径：视频/第4章/实例176 利用夹点缩放图形.MP4
- 播放时长：49秒

Step 01 延续【实例175】进行操作，也可以打开素材文件"第4章/实例175利用夹点旋转图形-OK.dwg"。

Step 02 框选正中心的螺纹孔，使之呈现夹点状态，如图4-211所示。

Step 03 单击激活圆心夹点，然后连按三次Enter键，注意命令行提示，进入【缩放】模式，输入比例因子为2，缩放螺纹孔，如图4-212所示。命令行操作如下。

```
** MOVE **//进入【移动】模式
指定移动点 或 [基点(B)/复制(C)/放弃(U)/退出(X)]:↙**
ROTATE (多个) **//进入【旋转】模式
指定移动点 或 [基点(B)/复制(C)/放弃(U)/退出(X)]:↙** 比例
缩放 **//进入【缩放】模式
指定比例因子或 [基点(B)/复制(C)/放弃(U)/参照(R)/退出(X)]:
2↙//输入比例因子
```

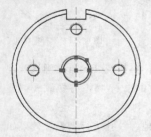

图4-211 选择中心的螺纹孔　　图4-212 利用夹点缩放对象

实例177 利用夹点镜像图形

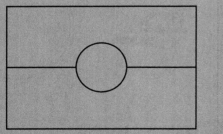

在不执行任何命令的情况下选择对象，然后单击其中的一个夹点，再连按4次Enter键，系统会自动将其作为镜像线的第一点，即进入【镜像】模式。

难度 ★★

- 素材文件路径：素材/第4章/实例177利用夹点镜像图形.dwg
- 效果文件路径：素材/第4章/实例177利用夹点镜像图形-OK.dwg
- 视频文件路径：视频/第4章/实例177利用夹点镜像图形.MP4
- 播放时长：1分7秒

Step 01 打开"第4章/实例177 利用夹点镜像图形.dwg"素材文件，如图4-213所示。

Step 02 框选所有图形，使之呈现夹点状态，如图4-214所示。

图4-213 素材图形　　图4-214 全选图形显示夹点

Step 03 单击选择左下角的夹点，连续按4次Enter键，注意命令行提示，进入【镜像】模式，再水平向右指定一点，即可创建镜像图形，如图4-215所示。

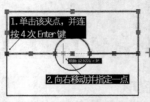　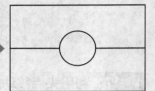

图4-215 利用夹点镜像图形

实例178 利用夹点复制图形

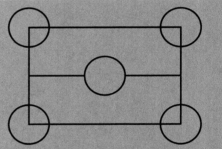

选中夹点后进入【移动】模式，然后在命令行中输入C，即可进入【复制】模式。

难度 ★★

- 素材文件路径：素材/第4章/实例177利用夹点镜像图形-OK.dwg
- 效果文件路径：素材/第4章/实例178利用夹点复制图形-OK.dwg
- 视频文件路径：视频/第4章/实例178 利用夹点复制图形.MP4
- 播放时长：44秒

Step 01 延续【实例177】进行操作，也可以打开素材文件"第4章/实例177 利用夹点镜像图形-OK.dwg"。

Step 02 框选正中心的圆，使之呈现夹点状态，如图4-216所示。

Step 03 单击激活圆心夹点，按Enter键，进入【移动】模式，然后在命令行中输入C，选择"复制"选项，接着将所选择的圆复制至外围矩形的4个角点，如图4-217所示。命令行提示如下。

```
** MOVE **//进入【移动】模式
指定移动点 或 [基点(B)/复制(C)/放弃(U)/退出(X)]:C↙//选择
```

"复制"选项** MOVE (多个) **//进入【复制】模式
指定移动点 或 [基点(B)/复制(C)/放弃(U)/退出(X)]:↙//指定放置点,并按Enter键完成操作

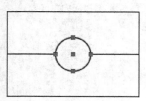

图 4-216 选择中心圆

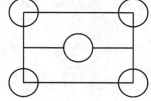

图 4-217 利用夹点复制对象

第 5 章 图形的标注

使用 AutoCAD 进行设计绘图时，首先要明确的一点就是：图形中的线条长度，并不代表物体的真实尺寸，一切数值应按标注为准。无论是零件加工、还是建筑施工，所依据的是标注的尺寸值，因而尺寸标注是绘图中最为重要的部分。像一些成熟的设计师，在现场或无法使用 AutoCAD 的场合，会直接用笔在纸上手绘出一张草图，图不一定要画得好看，但记录的数据却力求准确。由此可见，图形仅是标注的辅助而已。

对于不同的对象，其定位所需的尺寸类型也不同。AutoCAD 2016 包含一套完整的尺寸标注的命令，可以标注直径、半径、角度、直线及圆心位置等对象，还可以标注引线、形位公差等辅助说明。

5.1 尺寸标注的组成

尺寸标注在 AutoCAD 中是一个复合体，以块的形式存储在图形中。对于不同的对象，其定位所需的尺寸类型也不同，因此在了解标注命令之前，需要先了解标注的组成。

实例179 了解尺寸标注

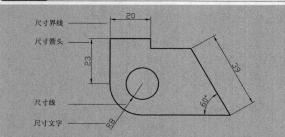

一个完整的尺寸标注，一般是由尺寸界线、尺寸箭头、尺寸线及标注文字等 4 部分组成的。

难度 ★

- 素材文件路径：素材/第5章/实例179 了解尺寸标注.dwg
- 效果文件路径：素材/第5章/实例179 了解尺寸标注-OK.dwg
- 视频文件路径：无
- 播放时长：0

Step 01 打开"第5章/实例179 了解尺寸标注.dwg"素材文件，如图5-1所示。

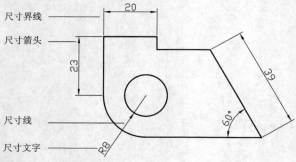

图 5-1 尺寸标注的组成要素

Step 02 素材文件详细图解了尺寸标注上的各个组成部分，其含义说明如下。

1 尺寸界线

尺寸界线表示所注尺寸的起止范围。一般从图形的轮廓线、轴线或对称中心线处引出。

2 尺寸线

尺寸线绘制在尺寸界线之间，表示尺寸的度量方向。尺寸线不能用图形轮廓线代替，也不能和其他图线重合或在其他图线的延长线上，必须单独绘制。标注线性尺寸时，尺寸线必须与所标注的线段平行。

3 箭头

箭头用于标识尺寸线的起点和终点。建筑制图的箭头用 45°的粗短斜线表示，而机械制图的箭头用实心三角形箭头表示。

4 尺寸文字

尺寸文字不需要根据图纸的输出比例变换，而直接标注尺寸的实际数值大小，一般由 AutoCAD 自动测量得到。尺寸单位为 mm 时，尺寸文字中不标注单位。尺寸文字包括数字形式的尺寸文字（尺寸数字）和非数字形式的尺寸文字（如注释）。

实例180 尺寸标注的原则

在 AutoCAD 2016 中，尺寸标注在不同的领域有着不同的规定。在进行标注前需对相关规则进行系统的了解。

难度 ★

1 尺寸标注的基本原则

尺寸标注要求对标注对象进行完整、准确、清晰的标注，标注的尺寸数值真实地反应标注对象的大小。国家标准对尺寸标注做了详细的规定，要求尺寸标注必须遵守以下基本原则。

◆ 物体的真实大小应以图形上所标注的尺寸数值为依据，与图形的显示大小和绘图的精确度无关。

◆ 图形中的尺寸为图形所表示的物体的最终尺寸，如果是绘制过程中的尺寸（如在涂镀前的尺寸等），则必须另加说明。

◆ 物体的每一尺寸，一般只标注一次，并应标注在最能清晰反映该结构的视图上。

2 建筑标注的相关规定

对建筑制图进行尺寸标注时，应遵守以下规定。

◆ 当图形中的尺寸以毫米为单位时，不需要标注计量单位。否则须注明所采用的单位代号或名称，如cm（厘米）和m（米）。

◆ 图形的真实大小应以图样上标注的尺寸数值为依据，与所绘制图形的大小比例及准确性无关。

◆ 尺寸数字一般写在尺寸线上方，也可以写在尺寸线中断处。尺寸数字的字高必须相同。

◆ 标注文字中的字体必须按照国家标准规定进行书写，即汉字必须使用仿宋体，数字使用阿拉伯数字或罗马数字，字母使用希腊字母或拉丁字母。各种字体的具体大小可以从 2.5、3.5、5、7、10、14 及 20 等 7 种规格中选取。

◆ 图形中每一部分的尺寸应只标注一次并且标注在最能反映其形体特征的视图上。

◆ 图形中所标注的尺寸应为该构件在完工后的标准尺寸，否则须另加说明。

3 机械标注的相关规定

对机械制图进行尺寸标注时，应遵循以下规定。

◆ 符合国家标准的有关规定，标注制造零件所需的全部尺寸，不重复、不遗漏，尺寸排列整齐，并符合设计和工艺的要求。

◆ 每个尺寸一般只标注一次，尺寸数字为零件的真实大小，与所绘图形的比例及准确性无关。尺寸标注以毫米为单位，若采用其他单位则必须注明单位名称。

◆ 标注文字中的字体按照国家标准规定书写，图样中的字体为仿宋体，字号分 1.8、2.5、3.5、5、7、10、14 和 20 等 8 种，其字体高度应按 2 的比率递增。

◆ 字母和数字分 A 型和 B 型，A 型字体的笔画宽度（d）与字体高度（h）符合 d=h/14，B 型字体的笔画宽度与字体高度符合 d=h/10。在同一张纸上，只允许选用一种形式的字体。

◆ 字母和数字分直体和斜体两种，但在同一张纸上只能采用一种书写形式，常用的是斜体。

实例181 标注样式的含义

在 AutoCAD 中，用户可以根据设计需要来定义一个标注样式，以满足一系列设计图纸的要求。

难度 ★★

1 标注样式的基本概念

在进行标注时，AutoCAD 2016 使用当前的标注样式，直到另一种样式设置为当前样式为止。AutoCAD

2016 默认的标注样式是 STANDARD，该样式基本上是根据美国国家标准协会（ANSI）标注标准设计的。如果开始绘制新图形时，选择了公制单位，则默认标注样式为 ISO-25（国际标准组织标准标注标准）。DIN（德国工业标准）和 JIS（日本工业标准）样式分别是由 AutoCAD DIN 和 JIS 的图形样板提供。

2 标注样式的定义内容

标注样式可定义以下内容。

◆ 尺寸界线、尺寸箭头、尺寸线和圆心编辑的格式和位置。

◆ 标注文字的外观、位置和对齐方式。

◆ AutoCAD 放置标注文字和尺寸线的规则。

◆ 全局标注比例。主单位、换算单位和角度标注单位的格式与精度。

◆ 公差标注的格式与精度。

实例182 新建标注样式

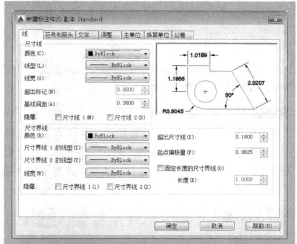

标注样式用来控制标注的外观，如箭头样式、文字的大小和尺寸公差等。在同一个 AutoCAD 文档中，可以同时定义多个不同的标注样式。

难度 ★★

- 素材文件路径：无
- 效果文件路径：素材/第5章/实例182新建标注样式-OK.dwg
- 视频文件路径：视频/第5章/实例 182新建标注样式.MP4
- 播放时长：2分28秒

Step 01 启动AutoCAD 2016，新建一个空白文档。

Step 02 在【默认】选项卡中，单击【注释】面板中的【标注样式】按钮，如图5-2所示；或在【注释】选项卡的【标注】面板中单击右下角的按钮，如图5-3所示。

图5-2 【注释】面板中的【标注样式】按钮

图5-3 【标注】面板中的【标注样式】按钮

Step 03 执行第2步所述命令后，系统弹出【标注样式管理器】对话框，如图5-4所示。

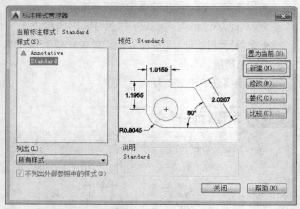

图5-4 【标注样式管理器】对话框

Step 04 单击【新建】按钮，系统弹出【创建新标注样式】对话框，如图5-5所示。新建【标注样式】时，可以在【新样式名】文本框中输入新样式的名称，如"麓山专用"。在【基础样式】下拉列表框中选择一种基础样式，新样式将在该基础样式的基础上进行修改。

图5-5 【创建新标注样式】对话框

> **操作技巧**
>
> 如果勾选其中的【注释性】复选框，则可将标注定义成可注释对象。

Step 05 设置了新样式的名称、基础样式和适用范围后，单击该对话框中的【继续】按钮，系统弹出【新建标注样式】对话框，可以设置标注中的直线、符号和箭头、文字、单位等内容，如图5-6所示。

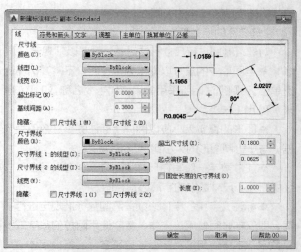

图5-6 【新建标注样式】对话框

实例183 设置尺寸线超出

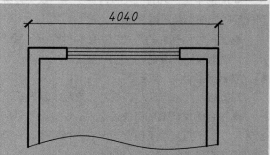

尺寸线超出一般指尺寸线超出尺寸界线的部分（水平方向超出），当尺寸线的箭头采用倾斜、建筑标记、小点、积分或无标记等样式时，便可以设置尺寸线超出延伸线的长度。

难度 ★★

📁 素材文件路径：素材/第5章/实例183 设置尺寸线超出.dwg
📁 效果文件路径：素材/第5章/实例183 设置尺寸线超出-OK.dwg
📹 视频文件路径：视频/第5章/实例183 设置尺寸线超出.MP4
📹 播放时长：1分11秒

Step 01 启动AutoCAD 2016，打开素材文件"第5章/实例183 设置尺寸线超出.dwg"，图形如图5-7所示。

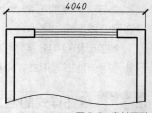

图5-7 素材图形

Step 02 建筑标记中尺寸线应该超出尺寸界线一定范围。因此，可在【默认】选项卡中单击【注释】面板上的【标注样式】按钮，打开【标注样式管理器】对话框，单击其中的【修改】按钮，对当前使用的标注样式进行修改，如图5-8所示。

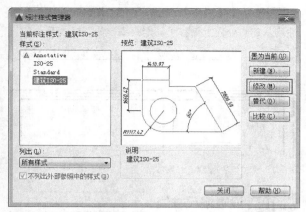

图 5-8 【标注样式管理器】对话框

Step 03 系统弹出【修改标注样式】对话框，选择【线】选项卡，然后在【超出标记】文本框中输入1，如图5-9所示。

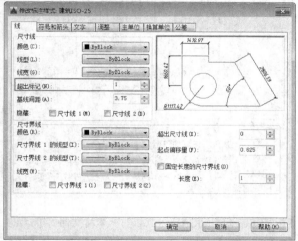

图 5-9 【修改标注样式】对话框

Step 04 单击【确定】按钮，返回绘图区，可见图形标注的尺寸线超出了尺寸界线，如图5-10所示。

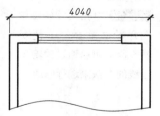

图 5-10 【创建新标注样式】对话框

实例184 设置尺寸界线超出

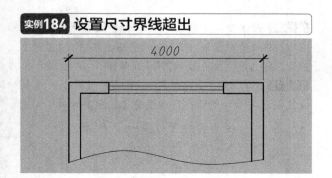

尺寸界线超出是指尺寸界线超出尺寸线的部分（竖直方向超出），一般与尺寸线超出配合使用。

难度 ★★

素材文件路径：素材/第5章/实例183 设置尺寸线超出-OK.dwg
效果文件路径：素材/第5章/实例184 设置尺寸界线超出-OK.dwg
视频文件路径：视频/第5章/实例184 设置尺寸界线超出.MP4
播放时长：1分1秒

Step 01 延续【实例183】进行操作，也可以打开素材文件"第5章/实例183 设置尺寸线超出-OK.dwg"。

Step 02 在命令行中输入D，按Enter键确认，同样可以打开【标注样式管理器】对话框；接着单击其中的【修改】按钮，对当前使用的标注样式进行修改。

Step 03 系统弹出【修改标注样式】对话框，选择【线】选项卡，然后在【超出尺寸线】文本框中输入1，如图5-11所示。

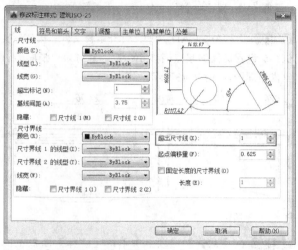

图 5-11 【修改标注样式】对话框

Step 04 单击【确定】按钮，返回绘图区，可见图形标注的尺寸界线超出了尺寸线，如图5-12所示。

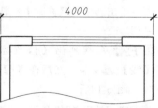

图 5-12 【创建新标注样式】对话框

操作技巧

建筑标注中【超出标记】与【超出尺寸线】的数值宜设置为相同大小。

实例185 设置标注的起点偏移

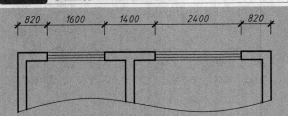

为了区分尺寸标注和被标注的对象，用户应使尺寸界线与标注对象互不接触，可以通过设置【起点偏移量】来达到该效果。在室内平面图的标注中尤其明显。

难度 ★★

- 素材文件路径：素材/第5章/实例185 设置标注的起点偏移.dwg
- 效果文件路径：素材/第5章/实例185 设置标注的起点偏移-OK.dwg
- 视频文件路径：视频/第5章/实例185 设置标注的起点偏移.MP4
- 播放时长：1分13秒

Step 01 启动AutoCAD 2016，打开素材文件"第5章/实例185 设置标注的起点偏移.dwg"，素材为一张局部的室内平面图，如图5-13所示。

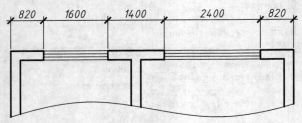

图5-13 素材文件

Step 02 在【默认】选项卡中单击【注释】面板上的【标注样式】按钮，打开【标注样式管理器】对话框，单击其中的【修改】按钮，对当前使用的标注样式进行修改。

Step 03 系统弹出【修改标注样式】对话框，选择【线】选项卡，然后在【起点偏移量】文本框中输入5，如图5-14所示。

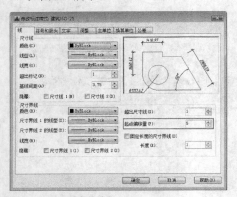

图5-14 输入起点偏移量

Step 04 单击【确定】按钮，返回绘图区，可见图形标注均从起点处向上偏移了一定距离，如图5-15所示。

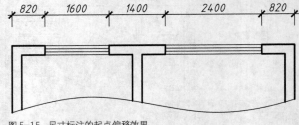

图5-15 尺寸标注的起点偏移效果

实例186 设隐藏尺寸线

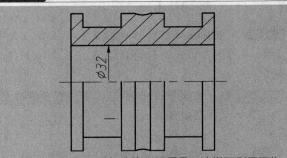

有时图形对象与尺寸标注会互相重叠，这样不利于工作人员进行查看，因此可以将尺寸进行隐藏，此情况多见于机械标注。

难度 ★★

- 素材文件路径：素材/第5章/实例186 设隐藏尺寸线.dwg
- 效果文件路径：素材/第5章/实例186 设隐藏尺寸线-OK.dwg
- 视频文件路径：视频/第5章/实例186 设隐藏尺寸线.MP4
- 播放时长：1分26秒

Step 01 启动AutoCAD 2016，打开素材文件"第5章/实例186 设隐藏尺寸线.dwg"，素材为活塞零件的半剖图，如图5-16所示。

Step 02 内孔尺寸Ø32与图形轮廓重叠，不便观察，因此可以通过消隐尺寸线的方法来进行修改。

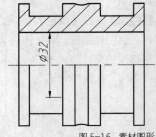

图5-16 素材图形

Step 03 在命令行中输入D，按Enter键确认可以打开【标注样式管理器】对话框；接着单击其中的【修改】按钮，对当前使用的标注样式进行修改。

Step 04 系统弹出【修改标注样式】对话框，选择【线】选项卡，然后在尺寸线的【隐藏】区域中勾选【尺寸线（2）】前的复选框，如图5-17所示。

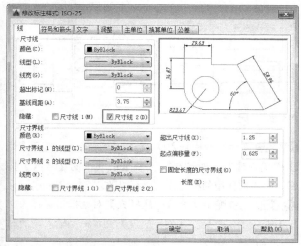

图 5-17　勾选【尺寸线 2】复选框

Step 05 单击【确定】按钮，返回绘图区，可见 Ø32 尺寸显示如图 5-18 所示，仅出现在剖视图一侧，符合审图习惯。

Step 06 如果同样勾选【尺寸线（1）】前的复选框，图形如图 5-19 所示。

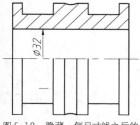

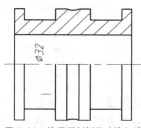

图 5-18　隐藏一侧尺寸线之后的图形

图 5-19　隐藏两侧侧尺寸线之后的图形

实例187 设隐藏尺寸界线

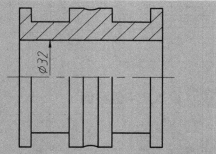

在实例 186 中，没有对尺寸界线进行隐藏，因此在图 5-18 中可见尺寸的下方仍残存有部分尺寸界线。

难度 ★★

- 素材文件路径：素材/第5章/实例186 设隐藏尺寸线-OK.dwg
- 效果文件路径：素材/第5章/实例187 设隐藏尺寸线-OK.dwg
- 视频文件路径：视频/第5章/实例187 设隐藏尺寸界线.MP4
- 播放时长：1分14秒

Step 01 延续【实例186】进行操作，也可以打开素材

文件"第5章/实例186 设隐藏尺寸线-OK.dwg"。

Step 02 在命令行中输入 D，按 Enter 键确认，同样可以打开【标注样式管理器】对话框；接着单击其中的【修改】按钮，对当前使用的标注样式进行修改。

Step 03 系统弹出【修改标注样式】对话框，选择【线】选项卡，然后在尺寸界线的【隐藏】区域中勾选【尺寸界线（1）】和【尺寸界线（2）】前的复选框，如图 5-20 所示。

Step 04 单击【确定】按钮，返回绘图区，可见 Ø32 标注下方的尺寸界线也被隐藏，至此完整地创建了半隐藏的 Ø32 尺寸，如图 5-21 所示。

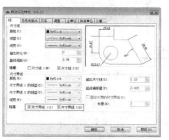

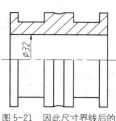

图 5-20　勾选【尺寸界线】的复选框

图 5-21　因此尺寸界线后的图形

操作技巧

如果要隐藏【尺寸线】，则必须隐藏相对应的【尺寸界线】。

实例188 设置标注箭头

通常情况下，尺寸线的两个箭头应一致。但为了适用于不同类型的图形标注需要，AutoCAD 2016 设置了 20 多种箭头样式。

难度 ★★

- 素材文件路径：素材/第5章/实例188 设置标注箭头.dwg
- 效果文件路径：素材/第5章/实例188 设置标注箭头-OK.dwg
- 视频文件路径：视频/第5章/实例188 设置标注箭头.MP4
- 播放时长：1分8秒

Step 01 启动 AutoCAD 2016，打开素材文件"第5章/实例188 设置标注箭头.dwg"，如图 5-22 所示，素材为一张别墅立面图。

Step 02 立面图中的尺寸标注宜使用建筑标准，因此需

将箭头符号改为建筑标记。

Step 03 在【默认】选项卡中单击【注释】面板上的【标注样式】按钮 ，打开【标注样式管理器】对话框，单击其中的【修改】按钮，对当前使用的标注样式进行修改。

Step 04 系统弹出【修改标注样式】对话框，选择【符号与箭头】选项卡，然后在【箭头】区域的下拉列表框中分别选择【建筑标记】，再在【箭头大小】文本框中输入2，指定箭头大小，如图5-23所示。

图 5-22　素材图形　　　　图 5-23　设置箭头符号和大小

Step 05 单击【确定】按钮，返回绘图区，可见图形标注的箭头符号均变为建筑标记，如图5-24所示。

图 5-24　修改箭头符号之后的图形

实例189　设置标注文字

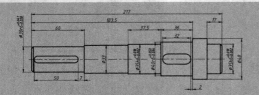

在 AutoCAD 2016 中，在【修改标注样式】对话框中可以选择文字样式，也可以单独设置文字的外观、文字位置和文字的对齐方式等。

难度 ★★

- 素材文件路径：素材/第5章/实例189 设置标注文字.dwg
- 效果文件路径：素材/第5章/实例189 设置标注文字-OK.dwg
- 视频文件路径：视频/第5章/实例189 设置标注文字.MP4
- 播放时长：1分钟

Step 01 启动AutoCAD 2016，打开素材文件"第5章/实例189 设置标注文字.dwg"，如图5-25所示，可见图中的标注文字显示过小。

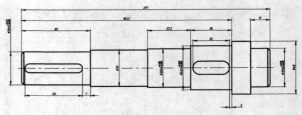

图 5-25　素材文件

Step 02 在命令行中输入D，按Enter键确认，打开【标注样式管理器】对话框；接着单击其中的【修改】按钮，对当前使用的标注样式进行修改。

Step 03 系统弹出【修改标注样式】对话框，选择【文字】选项卡，然后在【文字高度】文本框中输入新的高度5，如图5-26所示。

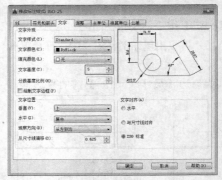

图 5-26　输入新的字高

Step 04 单击【确定】按钮，返回绘图区，可见标注文字明显增大，便于观看，如图5-27所示。

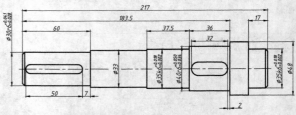

图 5-27　修改文字高度后的图形

实例190　设置文字偏移值

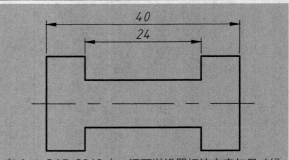

在 AutoCAD 2016 中，还可以设置标注文字与尺寸线之间的距离。距离太近会让标注文字与尺寸线重叠，而太远则又容易让人产生误解。

难度 ★★

素材文件路径：素材/第5章/实例190 设置文字偏移值.dwg

效果文件路径：素材/第5章/实例190 设置文字偏移值-OK.dwg

视频文件路径：视频/第5章/实例190 设置文字偏移值.MP4

播放时长：1分4秒

Step 01 打开素材文件"第5章/实例190 设置文字偏移值.dwg"，可见图中的标注文字与尺寸线完全重叠，中间无间距，如图5-28所示。

Step 02 在命令行中输入D，按Enter键确认，打开【标注样式管理器】对话框；接着单击其中的【修改】按钮，对当前使用的标注样式进行修改。

Step 03 系统弹出【修改标注样式】对话框，选择【文字】选项卡，然后在【从尺寸线偏移】文本框中输入新的偏移值0.625，如图5-29所示。

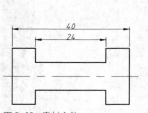
图 5-28 素材文件

图 5-29 设置文字的偏移值

Step 04 单击【确定】按钮，返回绘图区，可见标注文字从尺寸线处向上偏移了0.625，效果如图5-30所示。

Step 05 如果在【从尺寸线偏移】文本框中输入偏移值为4，则显示如图5-31所示，可见文字完全偏离了尺寸线，因此该值不宜过大，也不宜过小，宜在0.5~1，一般设置为0.625。

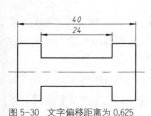
图 5-30 文字偏移距离为 0.625

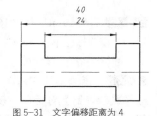
图 5-31 文字偏移距离为 4

实例191 设置标注的引线

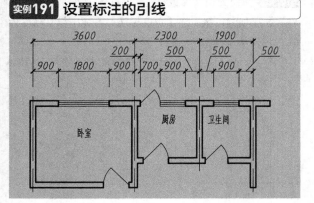

在建筑、室内的平面图绘制中，经常会出现尺寸相邻的情况，如果其中的尺寸过小，难免会显示不清楚，这时便可以设置带引线的标注来进行表示。

难度 ★★

素材文件路径：素材/第5章/实例191 设置标注的引线.dwg

效果文件路径：素材/第5章/实例191 设置标注的引线-OK.dwg

视频文件路径：视频/第5章/实例191 设置标注的引线.MP4

播放时长：1分38秒

Step 01 打开素材文件"第5章/实例191 设置标注的引线.dwg"，可见图中的标注排列相当紧密，而且右侧的3个500尺寸部分已被遮盖，有碍审阅，如图5-32所示。

Step 02 此时便可以将这部分尺寸通过引线的方法引出表示，如图5-33所示。

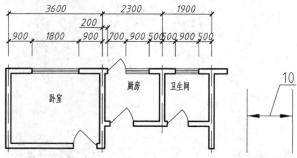
图 5-32 素材图形   图 5-33 引出尺寸线标注尺寸

Step 03 在【默认】选项卡中单击【注释】面板上的【标注样式】按钮，打开【标注样式管理器】对话框，单击其中的【修改】按钮，对当前使用的标注样式进行修改。

Step 04 系统弹出【修改标注样式】对话框，选择【调整】选项卡，然后在【文字位置】区域中选择【尺寸线上方，带引线】单选项，如图5-34所示。

Step 05 单击【确定】按钮，返回绘图区，可见图形标注并没有发生明显变化，但如果对其进行编辑操作的话，便会发现不同。

Step 06 将光标置于第一个500尺寸处，单击鼠标左键选取，再单击其中的中点夹点，通过夹点编辑功能将其标注文字拉伸至左侧200尺寸的同一高度，如图5-35所示。

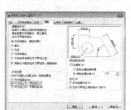
图 5-34 选择【尺寸线上方，带引线】单选项

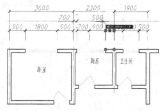
图 5-35 通过夹点编辑拉伸标注文字

Step 07 使用相同的方法对其他的500尺寸进行拉伸，最终效果如图5-36所示。

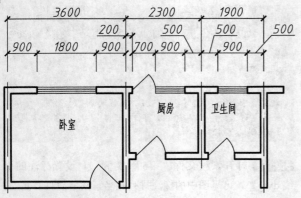

图 5-36 调整标注文字的位置

实例192 设置全局比例

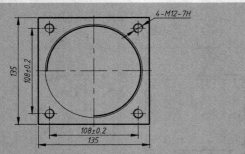

在 AutoCAD 2016 中，如果图纸标注无论是文字还是箭头，都显示过小，那么可以通过设置全局比例的方式来进行调整。

难度 ★★

- 素材文件路径：素材/第5章/实例192 设置全局比例.dwg
- 效果文件路径：素材/第5章/实例192 设置全局比例-OK.dwg
- 视频文件路径：视频/第5章/实例192 设置全局比例.MP4
- 播放时长：55秒

Step 01 打开素材文件"第5章/实例192 设置全局比例.dwg"，如图5-37所示，可见图中的标注无论是文字还是箭头均显示过小。

Step 02 在命令行中输入D，按Enter键确认，打开【标注样式管理器】对话框；接着单击其中的【修改】按钮，对当前使用的标注样式进行修改。

Step 03 系统弹出【修改标注样式】对话框，选择【调整】选项卡，然后在【全局比例】文本框中输入新的比例值3.5，如图5-38所示。

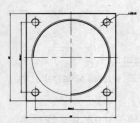

图 5-37 素材图形

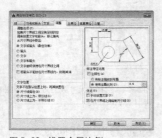

图 5-38 设置全局比例

Step 04 单击【确定】按钮，返回绘图区，可见图形无论是标注文字还是箭头大小，均得到放大，如图5-39所示。

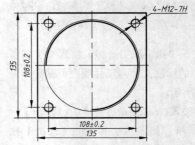

图 5-39 修改全局比例之后的图形

实例193 设置标注精度

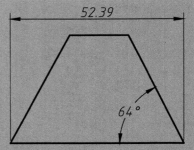

在 AutoCAD 2016 中，有时需要对图形标注的精度进行设置，如角度尺寸一般不保留小数位。这种情况可以通过设置标注单位来解决。

难度 ★★

- 素材文件路径：素材/第5章/实例190 设置标注单位.dwg
- 效果文件路径：素材/第5章/实例190 设置标注单位-OK.dwg
- 视频文件路径：视频/第5章/实例190 设置标注单位.MP4
- 播放时长：1分23秒

Step 01 启动AutoCAD 2016，打开素材文件"第5章/实例193 设置标注单位.dwg"，如图5-40所示，可见图中的尺寸标注带有小数位。

Step 02 在命令行中输入D，按Enter键确认，打开【标注样式管理器】对话框；接着单击其中的【修改】按钮，对当前使用的标注样式进行修改。

Step 03 系统弹出【修改标注样式】对话框，选择【主单位】选项卡，然后在【角度标注】区域中设置精度为0，如图5-41所示。

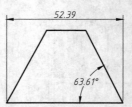

图 5-40 素材文件

图 5-41 设置文字的偏移值

Step 04 单击【确定】按钮，返回绘图区，可见角度标注小数点后数值被四舍五入，效果如图5-42所示。

Step 05 如果在【主单位】选项卡中设置【线性标注】区域中的精度为0，则显示效果如图5-43所示。但一般线性尺寸都需要保留2位小数，所以不推荐进行修改。

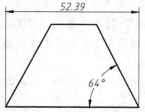
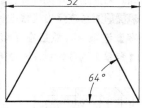

图 5-42 修改角度标注的精度　　图 5-43 修改线性标注的精度

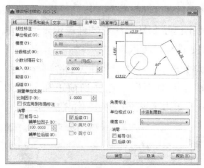

图 5-45 勾选【后续】复选框

Step 04 单击【确定】按钮，返回绘图区，可见线性标注的小数点位后被消零，效果如图5-46所示。

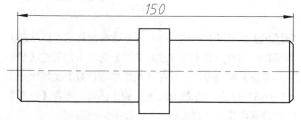

图 5-46 尾数消零的效果

实例194 标注尾数消零

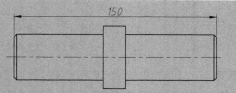

如果图形的尺寸本身为一整数（如 123），但精度设置了保留 2 位小数，那在小数位就会出现"123.00"情况，这显然不符合工程制图的规范，因此可以设置尾数消零来去除整数位后面的 0。

难度 ★★

- 素材文件路径：素材/第5章/实例194 标注尾数消零.dwg
- 效果文件路径：素材/第5章/实例194 标注尾数消零-OK.dwg
- 视频文件路径：视频/第5章/实例194 标注尾数消零.MP4
- 播放时长：1分15秒

Step 01 打开素材文件"第5章/实例194 标注尾数消零.dwg"，图中的标注了一个线性尺寸150.00，如图5-44所示。

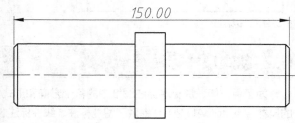

图 5-44 素材文件

Step 02 在命令行中输入D，按Enter键确认，打开【标注样式管理器】对话框；接着单击其中的【修改】按钮，对当前使用的标注样式进行修改。

Step 03 系统弹出【修改标注样式】对话框，选择【主单位】选项卡，然后在【消零】中勾选【后续】复选框，如图5-45所示。

操作技巧

勾选【后续】可以消除小数点后的零，而勾选【前导】则可以消除小数点前的零，如0.123。

实例195 设置标注的单位换算　　★进阶★

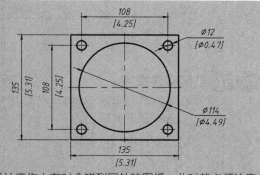

在设计工作中有时会碰到国外的图纸，此时就必须注意图纸上的尺寸是"公制"还是"英制"。1 in（英寸）＝25.4 mm（毫米），因此英制尺寸如果换算为公制尺寸，需放大 25.4 倍，反之缩小 1/25.4（约 0.0393）。

难度 ★★

- 素材文件路径：素材/第5章/实例195 设置标注的单位换算.dwg
- 效果文件路径：素材/第5章/实例195 设置标注的单位换算-OK.dwg
- 视频文件路径：视频/第5章/实例195设置标注的单位换算.MP4
- 播放时长：1分6秒

Step 01 打开素材文件"第5章/实例195 设置标注的单位换算.dwg",其中已绘制好一法兰零件图形,并已添加公制尺寸标注,如图5-47所示。

Step 02 单击【注释】面板中的【标注样式】按钮 ,打开【标注样式管理器】对话框,选择当前正在使用的【ISO-25】标注样式,单击【修改】按钮,如图5-48所示。

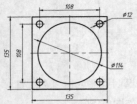

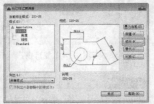

图 5-47 素材文件　　图 5-48 【标注样式管理器】对话框

Step 03 启用换算单位。打开【修改标注样式:ISO-25】对话框,切换到其中的【换算单位】选项卡,勾选【显示换算单位】复选框,然后在【换算单位倍数】文本框中输入0.0393701,即毫米换算至英寸的比例值,再在【位置】区域选择换算尺寸的放置位置,如图5-49所示。

Step 04 单击【确定】按钮,返回绘图区,可见在原标注区域的指定位置处添加了带括号的数值,该值即为英制尺寸,如图5-50所示。

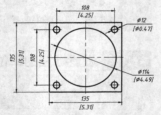

图 5-49 设置尺寸换算单位　　图 5-50 添加换算尺寸之后的标注

实例196 凸显标注文字　　★进阶★

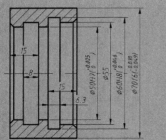

如果图形中内容很多,那在标注时就难免会出现尺寸文字与图形对象相互重叠的现象,这时就可以将标注文字进行凸显,使其在图形对象中突出显示。

难度 ★★

- 素材文件路径:素材/第5章/实例196 凸显标注文字.dwg
- 效果文件路径:素材/第5章/实例196 凸显标注文字-OK.dwg
- 视频文件路径:视频/第5章/实例196 凸显标注文字.MP4
- 播放时长:1分28秒

Step 01 打开素材文件"第5章/实例196 凸显标注文字.dwg",可见图中的标注与轮廓线、中心线和图案填充等图形对象重叠,很难看清标注文字,如图5-51所示。

Step 02 在命令行中输入D,按Enter键确认,打开【标注样式管理器】对话框;接着单击其中的【修改】按钮,对当前使用的标注样式进行修改。

Step 03 系统弹出【修改标注样式】对话框,选择【文字】选项卡,然后在【填充颜色】下拉列表框中选择【背景】选项,如图5-52所示。

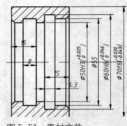

图 5-51 素材文件　　图 5-52 选择【背景】选项

Step 04 单击【确定】按钮,返回绘图区,可见各图形对象在标注文字处自动被"打断",标注文字得以突出显示,效果如图5-53所示。

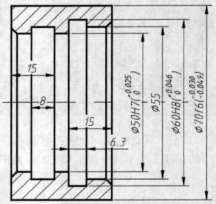

图 5-53 凸显标注文字后的效果

5.2 创建尺寸标注

为了更方便、快捷地标注图纸中的各个方向和形式的尺寸,AutoCAD 2016 提供了智能标注、线性标注、径向标注、角度标注和多重引线标注等多种标注类型。掌握这些标注方法可以为各种图形灵活添加尺寸标注,使其成为生产制造或施工的依据。

下面将通过 12 个例子,来对 AutoCAD 2016 中的各种标注方法进行说明。

实例197 创建智能标注

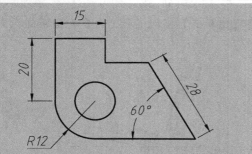

【智能标注】命令为 AutoCAD 2016 的新增功能，可以根据选定的对象自动创建相应的标注。例如，选择一条线段，则创建线性标注；选择一段圆弧，则创建半径标注。可以看作是以前【快速标注】命令的加强版。

难度 ★★

- 素材文件路径：素材/第5章/实例197 创建智能标注.dwg
- 效果文件路径：素材/第5章/实例197 创建智能标注-OK.dwg
- 视频文件路径：视频/第5章/实例197 创建智能标注.MP4
- 播放时长：2分3秒

Step 01 打开"第5章/实例197 创建智能标注.dwg"素材文件，其中已绘制好一个示例图形，如图5-54所示。

Step 02 标注水平尺寸。在【默认】选项卡中，单击【注释】面板上的【标注】按钮，如图5-55所示，执行【智能标注】命令。

Step 03 然后移动光标至图形上方的水平线段，系统自动生成线性标注，如图5-56所示。

图 5-54　素材文件　　图 5-55　【注释】　　图 5-56　标注水平尺寸
　　　　　　　　　　　面板中的【标注】
　　　　　　　　　　　按钮

Step 04 标注竖直尺寸。放置好上步创建的尺寸，即可继续执行【智能标注】命令。接着选择图形左侧的竖直线段，即可得到图5-57所示的竖直尺寸。

Step 05 标注半径尺寸。放置好竖直尺寸，接着选择左下角的圆弧段，即可创建半径标注，如图5-58所示。

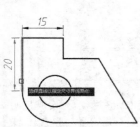
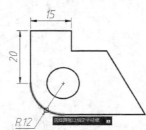

图 5-57　标注竖直尺寸　　　图 5-58　标注半径尺寸

Step 06 标注角度尺寸。放置好半径尺寸，继续执行【智能标注】命令。选择图形底边的水平线，然后不要放置标注，直接选择右侧的斜线，即可创建角度标注，如图5-59所示。

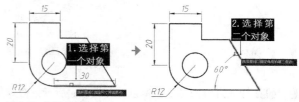

图 5-59　标注角度尺寸

Step 07 创建对齐标注。放置角度标注之后，移动光标至右侧的斜线，得到图5-60所示的对齐标注。

Step 08 按Enter键结束【智能标注】命令，最终标注结果如图5-61所示。读者也可自行使用【线性】、【半径】等传统命令进行标注，以比较两种方法之间的异同，选择自己所习惯的一种。

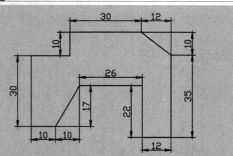

图 5-60　标注对齐尺寸　　　图 5-61　最终效果

实例198 标注线性尺寸

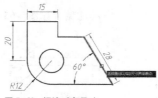

【线性标注】用于标注对象的水平或垂直尺寸。即使标注对象是倾斜的，仍生成水平或竖直方向的标注。

难度 ★★

- 素材文件路径：素材/第5章/实例198 标注线性尺寸.dwg
- 效果文件路径：素材/第5章/实例198 标注线性尺寸-OK.dwg
- 视频文件路径：视频/第5章/实例198 标注线性尺寸.MP4
- 播放时长：51秒

Step 01 打开"第5章/实例198 标注线性尺寸.dwg"素材文件，如图5-62所示。

Step 02 单击【注释】面板上的【线性标注】按钮，如图5-63所示，执行【线性标注】命令。

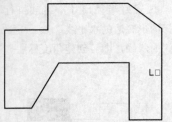

图 5-62　素材文件

图 5-63　【注释】面板中的【线性】按钮

Step 01 打开"第5章/实例199 标注对齐尺寸.dwg"素材文件，如图5-66所示。

Step 02 单击【注释】面板上的【对齐】按钮，如图5-67所示，执行【对齐标注】命令。

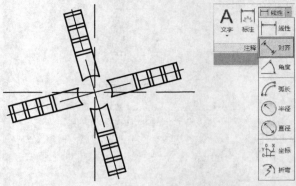

Step 03 标注直线L1的竖直高度，如图5-64所示。命令行操作如下。

> 命令：_dimlinear//调用【线性标注】命令
> 指定第一个尺寸界线原点或 <选择对象>：//捕捉并单击L1上端点
> 指定第二条尺寸界线原点：//捕捉并单击L1下端点
> 指定尺寸线位置或[多行文字(M)/文字(T)/角度(A)/水平(H)/垂直(V)/旋转(R)]：//向右拖动指针移动尺寸线，在合适位置单击放置尺寸线

Step 04 用同样的方法标注其尺寸，标注结果如图5-65所示。

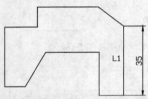

图 5-64　标注直线 L1 的长度

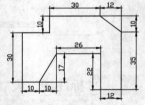

图 5-65　线性标注的结果

图 5-66　素材文件　　　　图 5-67　【注释】面板中的【对齐】按钮

Step 03 标注尺寸如图5-68所示。命令行操作如下。

> 命令：_dimaligned//调用【对齐标注】命令
> 指定第一个尺寸界线原点或 <选择对象>：//捕捉并单击直线L1上任意一点
> 指定第二条尺寸界线原点：//捕捉并单击中心线L2上的垂足指定尺寸线位置或
> [多行文字(M)/文字(T)/角度(A)]：//拖动指针，在合适的位置单击放置尺寸线标注文字 = 50

Step 04 按同样的方法标注其他对齐尺寸，如图5-69所示。

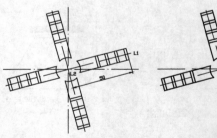

图 5-68　标注对齐尺寸　　　　图 5-69　其他对齐尺寸的标注结果

实例199　标注对齐尺寸

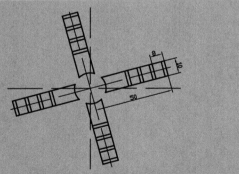

在对直线段进行标注时，如果该直线的倾斜角度未知，那么【线性标注】仅能得到水平尺寸，而无法得出直线的绝对长度。这时可以使用【对齐标注】来得到准确的测量值。

难度 ★★

- 素材文件路径：素材/第5章/实例199 标注对齐尺寸.dwg
- 效果文件路径：素材/第5章/实例199 标注对齐尺寸-OK.dwg
- 视频文件路径：视频/第5章/实例199 标注对齐尺寸.MP4
- 播放时长：49秒

实例200　标注角度尺寸

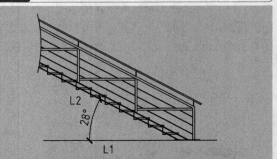

利用【角度】标注命令不仅可以标注两条呈一定角度的直线或3个点之间的夹角，选择圆弧的话，还可以标注圆弧的圆心角。

◎ 素材文件路径：素材/第5章/实例200 标注角度尺寸.dwg
◎ 效果文件路径：素材/第5章/实例200 标注角度尺寸-OK.dwg
◎ 视频文件路径：视频/第5章/实例200 标注角度尺寸.MP4
◎ 播放时长：2分58秒

Step 01 打开"第5章/实例200 标注角度尺寸.dwg"素材文件，如图5-70所示。

Step 02 在【注释】选项卡中，单击【标注】面板上的【角度】按钮，执行【角度标注】命令，如图5-71所示。

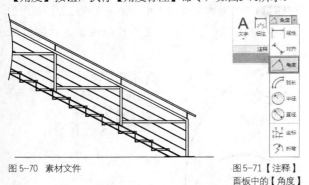

图 5-70　素材文件

图 5-71【注释】面板中的【角度】按钮

Step 03 分别选择楼梯倾角的两条边线进行标注，如图5-72所示。命令行操作如下。

命令：_dimangular//调用【角度标注】命令
选择圆弧、圆、直线或<指定顶点>://选择直线L1
选择第二条直线://选择直线L2
指定标注弧线位置或 [多行文字(M)/文字(T)/角度(A)/象限点(Q)]://指定尺寸线位置

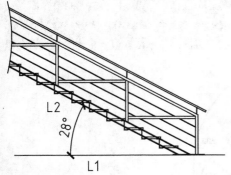

图 5-72　角度标注结果

实例201 标注弧长尺寸

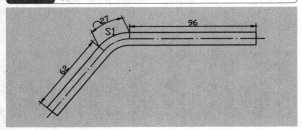

弧长是圆弧沿其曲线方向的长度，即展开长度。【弧长标注】用于标注圆弧、椭圆弧或者其他弧线的长度。

◎ 素材文件路径：素材/第5章/实例201 标注弧长尺寸.dwg
◎ 效果文件路径：素材/第5章/实例201 标注弧长尺寸-OK.dwg
◎ 视频文件路径：视频/第5章/实例201 标注弧长尺寸.MP4
◎ 播放时长：39秒

Step 01 打开"第5章/实例201 标注弧长尺寸. dwg"素材文件，如图5-73所示。

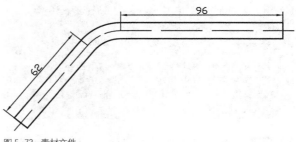

图 5-73　素材文件

Step 02 在【注释】选项卡中，单击【标注】面板上的【弧长】按钮，如图5-74所示，执行【弧长标注】命令。

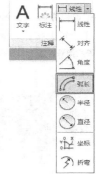

图 5-74 【注释】面板中的【弧长】按钮

Step 03 标注连接处的弧长，如图5-75所示。命令行操作如下。

命令：_dimarc//调用【弧长标注】命令
选择弧线段或多段线圆弧段://单击选择圆弧S1
指定弧长标注位置或 [多行文字(M)/文字(T)/角度(A)/部分(P)/引线(L)]://指定尺寸线的位置

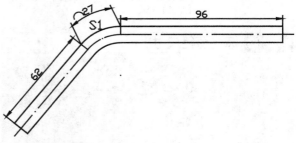

图 5-75　弧长标注结果

实例202 标注半径尺寸

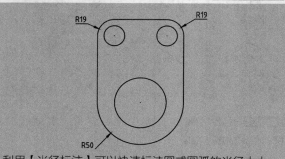

利用【半径标注】可以快速标注圆或圆弧的半径大小，系统自动在标注值前添加半径符号"R"。

难度 ★★

- 素材文件路径：素材/第5章/实例202 标注半径尺寸.dwg
- 效果文件路径：素材/第5章/实例202 标注半径尺寸-OK.dwg
- 视频文件路径：视频/第5章/实例202 标注半径尺寸.MP4
- 播放时长：28秒

Step 01 打开"第5章/实例202 标注半径尺寸.dwg"素材文件，如图5-76所示。

Step 02 在【注释】选项卡中，单击【标注】面板上的【半径】按钮，如图5-77所示。

Step 03 标注圆弧半径，如图5-78所示。命令行操作如下。

```
命令:_dimradius//调用【半径标注】命令
选择圆弧或圆://选择标注对象
指定尺寸线位置或 [多行文字(M)/文字(T)/角度(A)]://指定标注
放置的位置
```

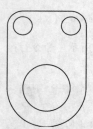

图5-76 素材文件　　图5-77 【注释】面板中的【半径】按钮

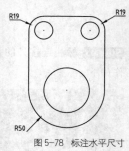

图5-78 标注水平尺寸

实例203 标注直径尺寸

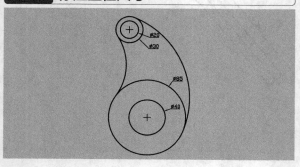

利用【直径标注】可以标注圆或圆弧的直径大小，系统自动在标注值前添加直径符号"∅"。

难度 ★★

- 素材文件路径：素材/第5章/实例203 标注直径尺寸.dwg
- 效果文件路径：素材/第5章/实例203 标注直径尺寸-OK.dwg
- 视频文件路径：视频/第5章/实例203 标注直径尺寸.MP4
- 播放时长：46秒

Step 01 打开"第5章/实例203 标注直径尺寸.dwg"素材文件，如图5-79所示。

Step 02 在【注释】选项卡中，单击【标注】面板上的【直径】按钮，执行【直径标注】，如图5-80所示。

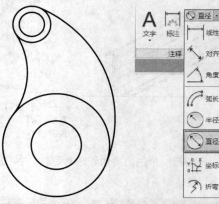

图5-79 素材文件　　图5-80 【注释】面板中的【直径】按钮

Step 03 标注圆和圆弧的直径，如图5-81所示。命令行操作如下。

```
命令:_dimdiameter//调用【直径】标注命令
选择圆弧或圆://选择圆的边线
指定尺寸线位置或 [多行文字(M)/文字(T)/角度(A)]://指定标注
放置的位置…//重复【直径标注】命令，标注其他圆
```

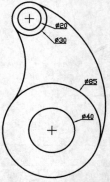

图5-81 直径标注结果

操作技巧

【半径标注】适用于非整圆图形对象的标注，如倒圆、圆弧等；而【直径标注】则适用于整圆图形的标注，如孔、轴等。

实例204 标注坐标尺寸 ★进阶★

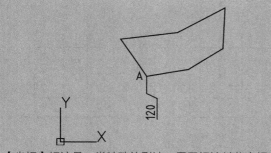

【坐标】标注是一类特殊的引注，用于标注某些点相对于 UCS 坐标原点的 X 和 Y 坐标。

难度 ★★

- 素材文件路径：素材/第5章/实例204 标注坐标尺寸.dwg
- 效果文件路径：素材/第5章/实例204 标注坐标尺寸-OK.dwg
- 视频文件路径：视频/第5章/实例204 标注坐标尺寸.MP4
- 播放时长：42秒

Step 01 打开"第5章/实例204 标注坐标尺寸.dwg"素材文件，如图5-82所示。

Step 02 在【默认】选项卡中，单击【注释】面板上的【坐标】按钮，如图5-83所示，执行【坐标标注】命令。

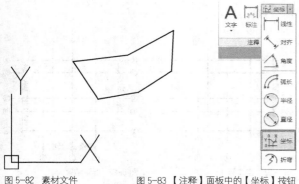

图 5-82 素材文件　　　　图 5-83 【注释】面板中的【坐标】按钮

Step 03 标注顶点A的 X 坐标，如图5-84所示。命令行操作如下。

```
命令: _dimordinate//调用【坐标标注】命令
指定点坐标://单击选择A点
指定引线端点或 [X 基准(X)/Y 基准(Y)/多行文字(M)/文字(T)/
角度(A)]: X↙//选择标注X坐标指定引线端点或 [X 基准(X)/Y
基准(Y)/多行文字(M)/文字(T)/角度(A)]: //拖动指针，在合适
位置放置标注标注文字 = 120
```

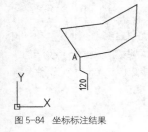

图 5-84　坐标标注结果

实例205 折弯标注尺寸

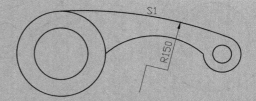

当图形本身很小，却具有非常大的半径时，半径标注的尺寸线就会显得过长，这时可以使用【折弯标注】来注释图形，以免出现标注尺寸偏移图形太多的局面。该标注方式与【半径】、【直径】标注方式基本相同，但需要指定一个位置代替圆或圆弧的圆心。

难度 ★★

- 素材文件路径：素材/第5章/实例205 折弯标注尺寸.dwg
- 效果文件路径：素材/第5章/实例205 折弯标注尺寸-OK.dwg
- 视频文件路径：视频/第5章/实例205 折弯标注尺寸.MP4
- 播放时长：57秒

Step 01 打开"第5章/实例205 折弯标注尺寸.dwg"素材文件，如图5-85所示。

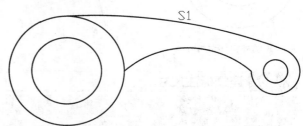

图 5-85　素材文件

Step 02 在【注释】选项卡中，单击【标注】面板上的【折弯】按钮，如图5-86所示，执行【折弯标注】命令。

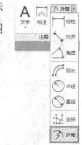

图 5-86 【注释】面板中的【折弯】按钮

Step 03 标注圆弧的半径，如图5-87所示。命令行操作如下。

```
命令: _dimjogged//调用【折弯标注】命令
选择圆弧或圆://选择圆弧S1
指定图示中心位置://指定图示圆心位置，即标注的端点标注
文字 = 150
指定尺寸线位置或 [多行文字(M)/文字(T)/角度(A)]: //指定尺
寸线位置指定折弯位置://指定折弯位置，完成标注
```

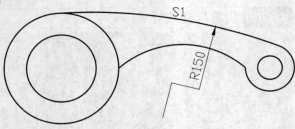

图 5-87 折弯标注结果

操作技巧

如果直接对R150的圆弧进行【半径】标注，则会出现图5-88所示的结果。可见由于半径标注圆心的位置太远，会出现太长的尺寸线。

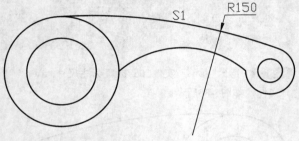

图 5-88 直接半径标注结果

实例206 连续标注尺寸

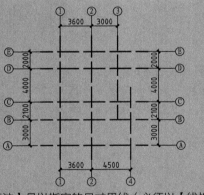

【连续标注】是以指定的尺寸界线（必须以【线性】、【坐标】或【角度】标注界限）为基线进行标注，但【连续标注】所指定的基线仅作为与该尺寸标注相邻的连续标注尺寸的基线，依此类推，下一个尺寸标注都以前一个标注与其相邻的尺寸界线为基线进行标注。

难度 ★★

- 素材文件路径：素材/第5章/实例206 连续标注尺寸.dwg
- 效果文件路径：素材/第5章/实例206 连续标注尺寸-OK.dwg
- 视频文件路径：视频/第5章/实例206 连续标注尺寸.MP4
- 播放时长：58秒

Step 01 打开"第5章/实例206 连续标注尺寸.dwg"素材文件，如图5-89所示。

Step 02 标注第一个竖直尺寸。在命令行中输入DLI，

执行【线性标注】命令，为轴线添加第一个尺寸标注，如图5-90所示。

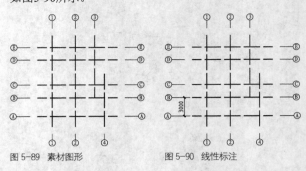

图 5-89 素材图形　　　　图 5-90 线性标注

Step 03 在【注释】选项卡中，单击【标注】面板中的【连续】按钮 ⊢⊢，执行【连续标注】命令，命令行提示如下。

命令: DCOl　　DIMCONTINUE//调用【连续标注】命令
选择连续标注://选择标注
指定第二条尺寸界线原点或 [放弃(U)/选择(S)] <选择>://指定第二条尺寸界线原点标注文字 = 2100
指定第二条尺寸界线原点或 [放弃(U)/选择(S)] <选择>:标注文字 = 4000//按Esc键退出绘制，完成连续标注的结果如图5-91所示。

Step 04 用相同的方法继续标注轴线，结果如图5-92所示。

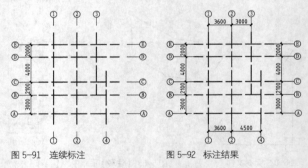

图 5-91 连续标注　　　　图 5-92 标注结果

实例207 基线标注尺寸

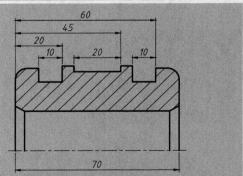

【基线标注】用于以同一尺寸界线为基准的一系列尺寸标注，即从某一点引出的尺寸界线作为第一条尺寸界线，依次进行多个对象的尺寸标注。

难度 ★★

◉ 素材文件路径：素材/第5章/实例207 基线标注尺寸.dwg
◉ 效果文件路径：素材/第5章/实例207 基线标注尺寸-OK.dwg
▨ 视频文件路径：视频/第5章/实例207 基线标注尺寸.MP4
▨ 播放时长：1分5秒

Step 01 打开"第5章/实例207 基线标注尺寸.dwg"素材文件，其中已绘制好一幅活塞的半边剖面图，如图5-93所示。

Step 02 标注第一个水平尺寸。单击【注释】面板中的【线性】按钮 ⊢⊣，在活塞上端添加一个水平标注，如图5-94所示。

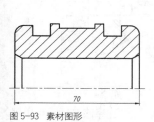

图 5-93 素材图形

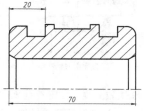

图 5-94 标注第一个水平标注

Step 03 标注沟槽定位尺寸。切换至【注释】选项卡，单击【标注】面板中的【基线】按钮 ⊢⊣，系统自动以上步骤创建的标注为基准，接着依次选择活塞图上各沟槽的右侧端点，用作定位尺寸，如图5-95所示。

Step 04 补充沟槽定型尺寸。退出【基线】命令，重新切换到【默认】选项卡，再次执行【线性】标注，依次将各沟槽的定型尺寸补齐，如图5-96所示。

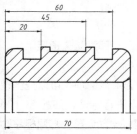

图 5-95 基线标注定位尺寸

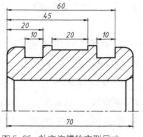

图 5-96 补齐沟槽的定型尺寸

实例208 创建圆心标记 ★进阶★

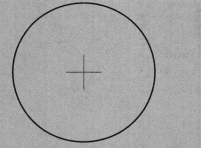

除了通过【对象捕捉】功能捕捉圆心，还可以通过创建【圆心标记】来标注圆和圆弧的圆心位置。

难度 ★ ★

◉ 素材文件路径：素材/第5章/实例208 创建圆心标记.dwg
◉ 效果文件路径：素材/第5章/实例208 创建圆心标记-OK.dwg
▨ 视频文件路径：视频/第5章/实例208 创建圆心标记.MP4
▨ 播放时长：38秒

Step 01 打开"第5章/实例208 创建圆心标记.dwg"素材文件，素材文件中已经绘制好了一个圆，如图5-97所示。

Step 02 在【注释】选项卡中，单击【标注】滑出面板上的【圆心标记】按钮 ⊕，如图5-98所示，执行【圆心标记】命令。

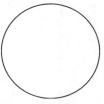

图 5-97 素材文件

图 5-98 【标注】面板中的【圆心标记】按钮

Step 03 选择素材中的圆，即可创建圆心标记，如图5-99所示。命令行操作如下。

命令：_dimcenter//调用【圆心标记】命令
选择圆弧或圆://选择圆

图 5-99 创建的圆心标记

5.3 引线标注

引线标注由箭头、引线、基线、多行文字和图块组成，用于在图纸上引出说明文字。AutoCAD 中的引线标注包括【快速引线】和【多重引线】。

实例209 了解快速引线

快速引线是一种形式较为自由的引线标注，其中转折次数可以设置，注释内容也可设置为其他类型。
难度 ★

Step 01 【快线引线】命令只能在命令行中输入QLEADER或LE来执行。

Step 02 在命令行中输入QLEADER或LE，然后按Enter键，此时命令行提示。

命令：LE ✓//执行【快速引线】命令QLEADER
指定第一个引线点或 [设置(S)] <设置>://指定引线箭头位置
指定下一点://指定转折点位置
指定下一点://指定要放置内容的位置

指定文字宽度 <0>: ✓//输入文本宽度或保持默认
输入注释文字的第一行 <多行文字(M)>: 快速引线Ⅰ/输入文本内容
输入注释文字的下一行: ✓//指定下一行内容或单击Enter键完成操作

Step 03 在命令行中输入S，系统弹出【引线设置】对话框，如图5-100所示，可以在其中对引线的注释、引出线和箭头、附着等参数进行设置。

图5-100 【引线设置】对话框

Step 04 快速引线的结构组成如图5-101所示，其中转折次数可以设置，注释内容也可设置为其他类型。

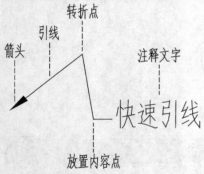

图5-101 快速引线的结构

实例210 了解多重引线

使用【多重引线】工具添加和管理所需的引出线，不但能够快速地标注装配图的证件号和引出公差，而且能够更清楚标识制图的标准、说明等内容。此外，还可以通过修改【多重引线样式】对引线的格式、类型及内容进行编辑。

难度 ★★

Step 01 在【默认】选项卡中，单击【注释】面板上的【引线】按钮，如图5-102所示，即可执行【多重引线】命令。也可以在命令中输入MLD或MLEADER。

图5-102 【注释】面板中的【引线】按钮

Step 02 执行上述任一命令后，在图形中单击确定引线箭头位置；然后在打开的文字输入窗口中输入注释内容即可，如图5-103所示，命令行提示如下。

命令: _mleader//执行【多重引线】命令
指定引线箭头的位置或 [引线基线优先(L)/内容优先(C)/选项(O)] <选项>://指定引线箭头位置
指定引线基线的位置://指定基线位置，并输入注释文字，空白处单击即可结束命令

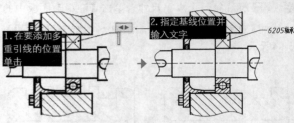

图5-103 多重引线标注示例

Step 03 命令行中各选项含义说明如下。

◆ "引线基线优先（C）"：选择该选项，可以颠倒多重引线的创建顺序，为先创建基线位置（即文字输入的位置），再指定箭头位置，如图5-104所示。

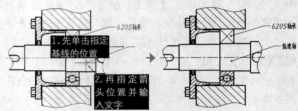

图5-104 "引线基线优先（L）"标注多重引线

◆ "引线箭头优先（H）"：即默认先指定箭头、再指定基线位置的方式。

◆ "内容优先（L）"：选择该选项，可以先创建标注文字，再指定引线箭头来进行标注，如图5-105所示。该方式下的基线位置可以自动调整，随鼠标移动方向而定。

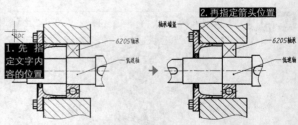

图5-105 "内容优先（L）"标注多重引线

实例211 快速引线标注形位公差

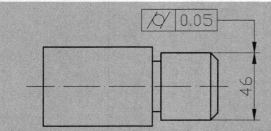

在产品设计及工程施工时很难做到分毫无差，因此必须考虑形位公差标注，最终产品不仅有尺寸误差，而且还有形状上的误差和位置上的误差。通常将形状误差和位置误差统称为"形位误差"，这类误差影响产品的功能，因此设计时应规定相应的【公差】，并按规定的标准符号标注在图样上。

难度 ★★

- 素材文件路径：素材/第5章/实例211 标注形位公差.dwg
- 效果文件路径：素材/第5章/实例211 标注形位公差-OK.dwg
- 视频文件路径：视频/第5章/实例211 标注形位公差.MP4
- 播放时长：1分11秒

Step 01 打开"第5章/实例211 标注形位公差.dwg"素材文件，如图5-106所示。

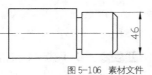

图 5-106 素材文件

Step 02 在命令行输入LE并按Enter键，调用【快速引线】命令，在命令行选择【设置】选项，系统弹出【引线设置】对话框，选择【注释类型】为【公差】，如图5-107所示。

图 5-107 【引线设置】对话框

Step 03 关闭【引线设置】对话框，继续执行命令行操作，命令如下。

```
指定第一个引线点或 [设置(S)] <设置>://选择尺寸线的上端点
指定下一点://在竖直方向上合适位置确定转折点
指定下一点://水平向左拖动指针，在合适位置单击
```

Step 04 引线确定之后，系统弹出【形位公差】对话框，选择公差类型并输入公差值，如图5-108所示。

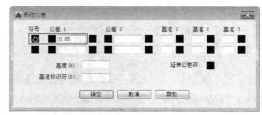

图 5-108 【形位公差】对话框

Step 05 单击【确定】按钮，标注结果如图5-109所示。

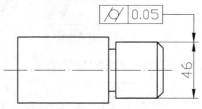

图 5-109 添加的形位公差效果

实例212 快速引线绘制剖切符号

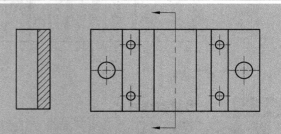

除了用来标注形位公差，快速引线命令本身还可以用来表示一些箭头类符号，如剖切图中的剖切符号。

难度 ★★

- 素材文件路径：素材/第5章/实例212 绘制剖切符号.dwg
- 效果文件路径：素材/第5章/实例212 绘制剖切符号-OK.dwg
- 视频文件路径：视频/第5章/实例212 绘制剖切符号.MP4
- 播放时长：1分32秒

Step 01 打开"第5章/实例212 绘制剖切符号.dwg"素材文件，如图5-110所示。

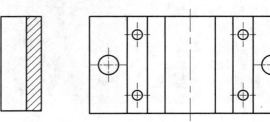

图 5-110 素材文件

Step 02 在命令行输入LE并按Enter键，调用快速引线命令，绘制剖视图中的剖切箭头。命令行操作如下。

```
命令:_LEl//调用【快速引线】命令QLEADER
指定第一个引线点或 [设置(S)] <设置>: S√//选择"设置"选
项，系统弹出【引线设置】对话框，设置引线格式如图5-111
```

和图5-112所示

指定第一个引线点或 [设置(S)] <设置>://在图形上方合适位置单击确定箭头位置

指定下一点://对齐到竖直中心线确定转折点

指定下一点://向下拖动指针，在合适位置单击完成标注

图5-111 设置注释类型

图5-112 设置引线角度

Step 03 绘制的剖切箭头符号，如图5-113所示。

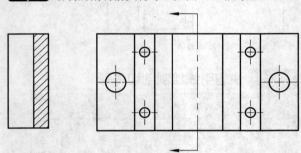

图5-113 创建的剖切符号效果

实例213 创建多重引线样式

与尺寸、多线样式类似，用户可以在文档中创建多种不同的多重引线标注样式，在进行引线标注时，可以方便地修改或切换标注样式。

难度 ★★

- 素材文件路径：无
- 效果文件路径：无
- 视频文件路径：视频/第5章/实例213 创建多重引线样式.MP4
- 播放时长：2分钟

Step 01 启动AutoCAD 2016，新建一个空白文档。

Step 02 在【默认】选项卡中，单击【注释】面板上的【多重引线样式】按钮，如图5-114所示；或在【注释】选项卡的【引线】面板中单击右下角的按钮，如图5-115所示。

图5-114 【注释】面板中的【多重引线样式】按钮

图5-115 【标注】面板中的【标注样式】按钮

Step 03 执行上述任一命令后，系统弹出【多重引线样式管理器】对话框，如图5-116所示。

Step 04 单击【新建】按钮，弹出【创建新多重引线样式】对话框，输入新样式的名称为"引线标注"，如图5-117所示。

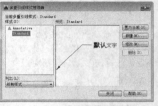

图5-116 【多重引线样式管理器】对话框

图5-117 【创建新多重引线样式】对话框

Step 05 单击【继续】按钮，系统弹出【修改多重引线样式：引线标注】对话框，如图5-118所示。

Step 06 在【引线格式】选项卡中，选择箭头样式为【直线】，设置箭头大小为0.5，如图5-119所示。

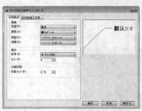

图5-118 【修改多重引线样式】对话框

图5-119 【引线格式】选项卡

Step 07 在【引线结构】选项卡中，设置【最大引线点数】为3，【设置基线距离】为1，如图5-120所示。

Step 08 在【内容】选项卡中，设置【文字高度】为2.5，如图5-121所示。

图5-120 【引线结构】选项卡

图5-121 【内容】选项卡

Step 09 单击【确定】按钮，关闭【修改多重引线样

式】对话框。然后关闭【多重引线样式管理器】对话框，完成创建。

实例214 多重引线标注图形

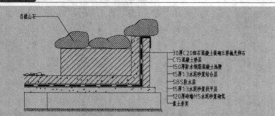

与快速引线相比，多重引线有更丰富的格式，且命令调用更为方便快捷，因此多重引线适合作为大量引线的标注方式，例如标注零件序号和材料说明。

难度 ★★★

- 素材文件路径：素材/第5章/实例214 多重引线标注图形.dwg
- 效果文件路径：素材/第5章/实例214 多重引线标注图形-OK.dwg
- 视频文件路径：视频/第5章/实例214 多重引线标注图形.MP4
- 播放时长：4分2秒

Step 01 打开"第5章/实例214 多重引线标注图形.dwg"素材文件，如图5-122所示。

Step 02 单击【注释】面板上的【多重引线样式】按钮，打开【多重引线样式管理器】对话框，如图5-123所示。

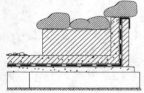

图5-122 素材文件

图5-123 【多重引线样式管理器】对话框

Step 03 单击【新建】按钮，系统弹出【创建新多重引线样式】对话框，输入新样式名称为"园林景观引线标注样式"，如图5-124所示。

Step 04 单击【继续】按钮，系统弹出【修改多重引线样式】对话框，在【引线格式】选项卡中，设置箭头的【符号】为【无】，如图5-125所示。

图5-124 创建多重引线样式

图5-125 【引线格式】选项卡

Step 05 在【引线结构】选项卡中，设置【设置基线距

离】为100，如图5-126所示。

Step 06 在【内容】选项卡中，设置【文字高度】为100，如图5-127所示。

图5-126 【引线结构】选项卡

图5-127 【内容】选项卡

Step 07 单击【确定】按钮，关闭【修改多重引线样式】对话框。然后关闭【多重引线样式管理器】对话框，完成创建。

Step 08 在命令行输入LE并按Enter键，调用【快速引线】命令，在命令行选择【设置】选项，系统弹出【引线设置】对话框，设置【注释类型】为【多行文字】，如图5-128所示。设置箭头样式为【无】，如图5-129所示。

图5-128 【注释】选项卡   图5-129 【引线和箭头】选项卡

Step 09 设置完成后，关闭【引线设置】对话框。继续执行命令行操作，标注引线注释，如图5-130所示。命令行操作如下。

```
指定第一个引线点或 [设置(S)] <设置>://指定引线起点
指定下一点://指定引线的折弯点
指定下一点://指定引线的终点
指定文字宽度 <0>: 600✓//设置文本框的宽度范围
输入注释文字的第一行 <多行文字(M)>: 自然山石//输入文字内容
输入注释文字的下一行: ✓//按Enter键结束文字输入
```

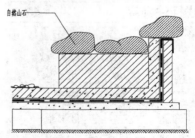

图5-130 快速引线标注

操作技巧

命令行中的文字宽度是设置文本范围的，并非设置文字大小。快速引线标注的文字大小取决于当前文字样式中的文字高度。

Step 10 在【注释】选项卡中，单击【引线】面板上的【多重引线】按钮，标注水平引线注释，如图5-131所示。

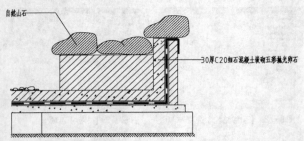

图5-131 标注第一条多重引线

Step 11 重复【多重引线】命令，由第一条多重引线上一点为起点，向下引出多重引线，并添加文字，如图5-132所示。

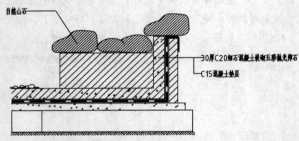

图5-132 标注第二条多重引线

Step 12 同样的方法标注其他引线注释，如图5-133所示。

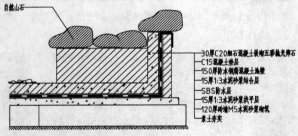

图5-133 标注其他引线注释

实例215 多重引线标注标高 ★进阶★

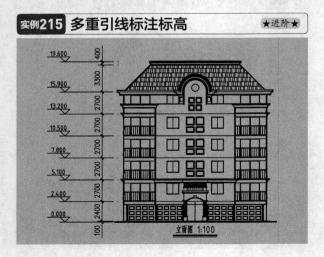

在建筑设计中，常使用"标高"来表示建筑物各部分的高度。"标高"是建筑物某一部位相对于基准面（"标高"的零点）的竖向高度，是建筑物竖向定位的依据。在施工图中用一个小小的等腰直角三角形表示，三角形的尖端或向上或向下，上面带有数值（即所指部位的高度，单位为米），作为"标高"的符号。在 AutoCAD 中，就可以灵活设置【多重引线样式】来创建专门用于标注标高的多重引线，大大提高施工图的绘制效率。

难度 ★★★★

- 素材文件路径：素材/第5章/实例215 多重引线标注标高.dwg
- 效果文件路径：素材/第5章/实例215 多重引线标注标高-OK.dwg
- 视频文件路径：视频/第5章/实例215 多重引线标注标高.MP4
- 播放时长：2分59秒

Step 01 打开"第5章/实例215 多重引线标注标高.dwg"素材文件，其中已绘制好一幅楼层的立面图，和一个名称为"标高"的属性图块，如图5-134所示。

Step 02 创建引线样式。在【默认】选项卡中单击【注释】面板下拉列表中的【多重引线样式】按钮，打开【多重引线样式管理器】对话框，单击【新建】按钮，新建名称为"标高引线"的样式，如图5-135所示。

图5-134 素材图形　　图5-135 新建"标高引线"样式

Step 03 设置引线参数。单击【继续】按钮，打开【修改多重引线样式：标高引线】对话框，在【引线格式】选项卡中设置箭头【符号】为【无】，如图5-136所示；在【引线结构】选项卡中取消【自动包含基线】复选框的勾选，如图5-137所示。

图5-136 选择箭头【符号】为【无】　图5-137 取消【自动包含基线】复选框的勾选

Step 04 设置引线内容。切换至【内容】选项卡，在【多重引线类型】下拉列表中选择【块】，然后在【源块】下拉列表中选择【用户块】，即用户自己所创建的图块，如图5-138所示。

Step 05 接着系统自动打开【选择自定义内容块】对话

框，在下拉列表中提供了图形中所有的图块，选择素材图形中已创建好的【标高】图块即可，如图5-139所示。

图 5-138 设置多重引线内容

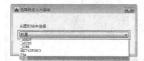

图 5-139 选择【标高】图块

Step 06 选择完毕自动返回【修改多重引线样式：标高引线】对话框，然后再在【内容】选项卡的【附着】下拉列表中选择【插入点】选项，则所有引线参数设置完成，如图5-140所示。

Step 07 单击【确定】按钮完成引线设置，返回【多重引线样式管理器】对话框，将【标高引线】置为当前，如图5-141所示。

图 5-140 设置多重引线的附着点

图 5-141 将【标高引线】样式置为当前

Step 08 标注标高。返回绘图区后，在【默认】选项卡中，单击【注释】面板上的【引线】按钮 ，执行【多重引线】命令，从左侧标注的最下方尺寸界线端点开始，水平向左引出第一条引线，然后单击鼠标左键放置，打开【编辑属性】对话框，输入标高值"0.000"，即基准标高，如图5-142所示。

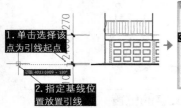

图 5-142 通过【多重引线】放置标高

Step 09 标注效果如图5-143所示。接着按相同方法，对其余位置进行标注，即可快速创建该立面图的所有标高，最终效果如图5-144所示。

图 5-143 标注第一个标高

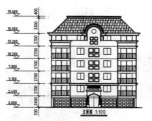

图 5-144 标注其余标高

5.4 编辑标注

在创建尺寸标注后，如未能达到预期的效果，还可以对尺寸标注进行编辑，如修改尺寸标注文字的内容、编辑标注文字的位置、更新标注和关联标注等操作，不必删除所标注的尺寸对象再重新进行标注。

实例216 更新标注样式

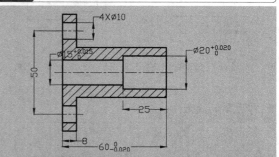

更新标注可以用当前标注样式更新标注对象，也可以将标注系统变量保存或恢复到选定的标注样式。

难度 ★★

- 素材文件路径：素材/第5章/实例216 更新标注样式.dwg
- 效果文件路径：素材/第5章/实例216 更新标注样式-OK.dwg
- 视频文件路径：视频/第5章/实例216 更新标注样式.MP4
- 播放时长：1分14秒

Step 01 打开"第5章/实例216 更新标注样式.dwg"素材文件，如图5-145所示。

Step 02 在【默认】选项卡中，展开【注释】面板，在【标注样式】下拉列表框中选择Standard，将其置为当前，如图5-146所示。

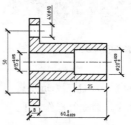

图 5-145 素材文件

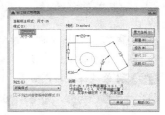

图 5-146 将 Standard 标注样式置为当前

Step 03 在【注释】选项卡中，单击【标注】面板上的【更新】按钮 ，如图5-147所示，执行【更新标注】命令。

Step 04 将标注的尺寸样式更新为当前样式，如图5-148所示。命令行操作如下。

```
命令: _dimstyle//调用【更新标注】命令
当前标注样式: Standard  注释性: 否输入标注样式选项
[注释性(AN)/保存(S)/恢复(R)/状态(ST)/变量(V)/应用(A)/?] <
恢复>: _apply
选择对象: 找到 1 个
选择对象: 找到 1 个，总计 2 个
选择对象: 找到 1 个，总计 3 个
选择对象: 找到 1 个，总计 4 个
选择对象: 找到 1 个，总计 5 个
选择对象: 找到 1 个，总计 6 个
选择对象: 找到 1 个，总计 7 个
//选择所有的尺寸标注
选择对象: ↙//按Enter键结束选择，完成标注更新
```

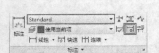
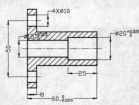

图 5-147【标注】面板中的【更新】按钮　图 5-148　更新标注的结果

实例217 编辑尺寸标注

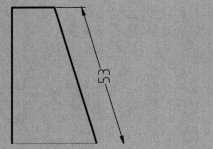

利用【编辑标注】命令可以一次修改一个或多个尺寸标注对象上的文字内容、方向、放置位置以及倾斜尺寸界限。

难度 ★★

- 素材文件路径: 素材/第5章/实例217 编辑尺寸标注.dwg
- 效果文件路径: 素材/第5章/实例217 编辑尺寸标注-OK.dwg
- 视频文件路径: 视频/第5章/实例217 编辑尺寸标注.MP4
- 播放时长: 1分49秒

Step 01 打开素材文件"第5章/实例217 编辑尺寸标注.dwg"，如图5-149所示。

Step 02 修改标注。在命令行中输入DED并按Enter键，将尺寸值修改为53，如图5-150所示，命令行操作如下。

```
命令: DED↙//执行【编辑标注】命令DIMEDIT
输入标注编辑类型 [默认(H)/新建(N)/旋转(R)/倾斜(O)] <默认
>: n↙//激活【新建】选项，系统弹出文本框和文字格式编辑
器，输入文字53，按Ctrl+Enter组合键完成输入
```

```
选择对象: 找到 1 个//选中标注尺寸50
选择对象: ↙//确定修改
```

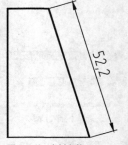
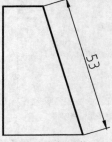

图 5-149　素材文件　　　图 5-150　修改标注值

Step 03 旋转标注。在命令行中输入DED并按Enter键，将文字旋转到90°，如图5-151所示。命令行操作如下。

```
命令: DED↙//执行【编辑标注】命令DIMEDIT输入标注编
辑类型 [默认(H)/新建(N)/旋转(R)/倾斜(O)] <默认>: r↙
//激活【旋转】选项
指定标注文字的角度: 90↙//输入旋转角度
选择对象: 找到 1 个//选中标注尺寸
选择对象: ↙//确定旋转
```

Step 04 倾斜尺寸界线。在命令行中输入DED并按Enter键，将尺寸界限调整到水平，如图5-152所示，命令行操作如下。

```
命令: DED↙//执行【编辑标注】命令DIMEDIT输入标注编辑
类型 [默认(H)/新建(N)/旋转(R)/倾斜(O)] <默认>: o↙
//激活【倾斜】选项
选择对象: 找到 1 个//选中标注尺寸
选择对象: ↙//按Enter键结束选择
输入倾斜角度 (按 ENTER 表示无): 0↙//输入倾斜角度
```

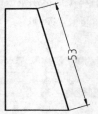
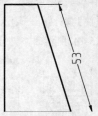

图 5-151　旋转结果　　　图 5-152　倾斜结果

实例218 编辑标注文字的位置

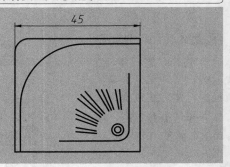

使用【编辑标注文字】命令可以修改文字的对齐方式和文字的角度，调整标注文字在标注上的位置。

难度 ★★

- 素材文件路径：素材/第5章/实例218 编辑标主文字的位置.dwg
- 效果文件路径：素材/第5章/实例218 编辑标注文字的位置-OK.dwg
- 视频文件路径：视频/第5章/实例218 编辑标注文字的位置.MP4
- 播放时长：49秒

Step 01 打开素材文件"第5章/实例218 编辑标注文字的位置.dwg"，如图5-153所示。

Step 02 在功能区中选择【注释】选项卡，然后展开【标注】面板，单击其中的【居中对正】按钮，如图5-154所示。

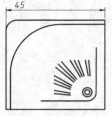

图 5-153　素材文件

图 5-154【标注】面板上的【居中对正】按钮

Step 03 在绘图区中的线性标注文字45上单击鼠标左键，即可将该标注文字设置为居中对正，效果如图5-155所示。

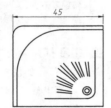

图 5-155　调整标注文字的位置

·选项说明

◆【左对齐】：将标注文字放置于尺寸线的左边，如图5-156（a）所示。

◆【右对齐】：将标注文字放置于尺寸线的右边，如图5-156（b）所示。

◆【居中对正】：将标注文字放置于尺寸线的中心，如图5-156（c）所示。

◆【文字角度】：用于修改标注文字的旋转角度，与"DIMEDIT"命令的旋转选项效果相同，如图5-156（d）所示。

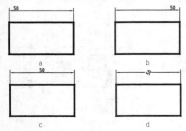

图 5-156　各种文字位置效果

实例219 编辑标注文字的内容

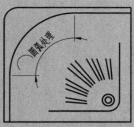

在 AutoCAD 2016 中，尺寸标注中的标注文字也是文字的一种，因此可以对其进行单独修改。

难度 ★★

- 素材文件路径：素材/第5章/实例219 编辑标主文字的内容.dwg
- 效果文件路径：素材/第5章/实例219 编辑标注文字的内容-OK.dwg
- 视频文件路径：视频/第5章/实例219 编辑标注文字的内容.MP4
- 播放时长：43秒

Step 01 打开素材文件"第5章/实例219 编辑标注文字的内容.dwg"，如图5-157所示。

Step 02 在弧度尺寸标注上双击左键，功能区切换至【文字编辑器】选项卡，同时标注变为可编辑状态，在其中输入"圆弧处理"，如图5-158所示。

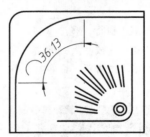

图 5-157　素材文件

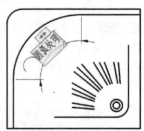

图 5-158　输入新的标注文本

Step 03 在绘图区的空白处单击鼠标左键，即可退出编辑环境，完成修改，效果如图5-159所示。

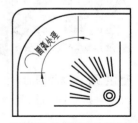

图 5-159　编辑标注文字的内容

实例220 打断标注

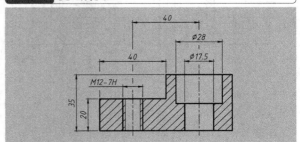

如果图形中孔系繁多，结构复杂，那图形的定位尺寸、定形尺寸就相当丰富，而且互相交叉，对我们观察图形有一定影响。这时就可以使用【标注打断】命令来优化图形显示。

难度 ★★

- 素材文件路径：素材/第5章/实例220 打断标注.dwg
- 效果文件路径：素材/第5章/实例220 打断标注-OK.dwg
- 视频文件路径：视频/第5章/实例220 打断标注.MP4
- 播放时长：1分6秒

Step 01 打开素材文件"第5章/实例220 打断标注.dwg"，如图5-160所示，可见各标注相互交叉，有的尺寸被遮挡。

Step 02 在【注释】选项卡中，单击【标注】面板中的【打断】按钮，如图5-161所示，执行【标注打断】命令。

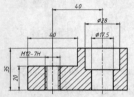
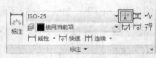

图 5-160 素材图形　　图 5-161 【标注】面板上的【打断】按钮

Step 03 然后在命令行中输入M，执行"多个（M）"选项，接着选择最上方的尺寸40，连按两次Enter键，完成打断标注的选取，结果如图5-162所示，命令行操作如下。

命令：_DIMBREAK
选择要添加/删除折断的标注或 [多个(M)]: M↙//选择"多个"选项
选择标注：找到 1 个//选择最上方的尺寸40为要打断的尺寸
选择标注：↙//按Enter键完成选择
选择要折断标注的对象或 [自动(A)/删除(R)] <自动>:↙//按Enter键完成要显示的标注选择，即所有其他标注1 个对象已修改

Step 04 根据相同的方法，打断其余要显示的尺寸，最终结果如图5-163所示。

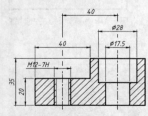
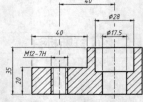

图 5-162 打断尺寸 40　　图 5-163 图形的最终打断效果

实例221 调整标注间距

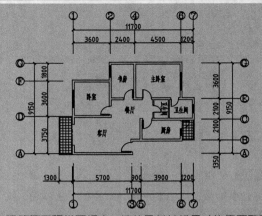

在建筑等工程类图纸中，墙体及其轴线尺寸均需要整列或整排的对齐。但是，有些时候图形会因为标注关联点的设置问题，导致尺寸移位，就需要重新将尺寸一一对齐，这在打开外来图纸时尤其常见。如果纯手工一个个调整标注，那效率十分低下，这时就可以借助【调整间距】命令来快速整理图形。

难度 ★★

- 素材文件路径：素材/第5章/实例221 调整标注间距.dwg
- 效果文件路径：素材/第5章/实例221 调整标注间距-OK.dwg
- 视频文件路径：视频/第5章/实例221 调整标注间距.MP4
- 播放时长：3分40秒

Step 01 打开素材文件"第5章/实例221 调整标注间距.dwg"，如图5-164所示，图形中各尺寸出现了移位，并不工整。

Step 02 水平对齐底部尺寸。在【注释】选项卡中，单击【标注】面板中的【调整间距】按钮，选择左下方的阳台尺寸1 300作为基准标注，然后依次选择右方的尺寸5 700、9 00、3 900、1 200作为要产生间距的标注，输入间距值为0，则所选尺寸都统一水平对齐至尺寸1 300处，如图5-165所示，命令行操作如下。

命令：_DIMSPACE
选择基准标注://选择尺寸1300
选择要产生间距的标注:找到 1 个//选择尺寸5700选择要产生间距的标注:找到 1 个，总计 2 个//选择尺寸900
选择要产生间距的标注:找到 1 个，总计 3 个//选择尺寸3900
选择要产生间距的标注:找到 1 个，总计 4 个//选择尺寸1200
选择要产生间距的标注:↙//单击Enter，结束选择
输入值或 [自动(A)] <自动>: 0↙//输入间距值0，得到水平排列

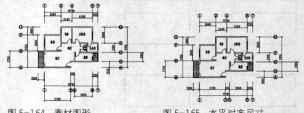

图 5-164 素材图形　　图 5-165 水平对齐尺寸

Step 03 垂直对齐右侧尺寸。选择右下方1350尺寸为基准尺寸，然后选择上方的尺寸2 100、2 100、3 600，输入间距值为0，得到垂直对齐尺寸，如图5-166所示。

Step 04 对齐其他尺寸。按相同方法，对齐其余尺寸，最外层的总长尺寸除外，效果如图5-167所示。

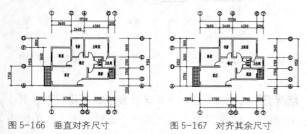

图 5-166　垂直对齐尺寸　　　图 5-167　对齐其余尺寸

Step 05 调整外层间距。再次执行【调整间距】命令，仍选择左下方的阳台尺寸1 300作为基准尺寸，然后选择下方的总长尺寸11 700为要产生间距的尺寸，输入间距值为1 300，效果如图5-168所示。

Step 06 按相同方法，调整所有的外层总长尺寸，最终结果如图5-169所示。

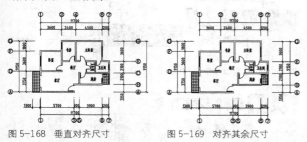

图 5-168　垂直对齐尺寸　　　图 5-169　对齐其余尺寸

实例222　折弯线性标注

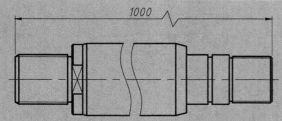

在标注细长杆件打断视图的长度尺寸时，可以使用【折弯标注】命令，在线性标注的尺寸线上生成折弯符号。

难度 ★★

- 素材文件路径：素材/第5章/实例222 折弯线性标注.dwg
- 效果文件路径：素材/第5章/实例222 折弯线性标注-OK.dwg
- 视频文件路径：视频/第5章/实例222 折弯线性标注.MP4
- 播放时长：43秒

Step 01 打开素材文件"第5章/实例222 折弯线性标注.dwg"，如图5-170所示。

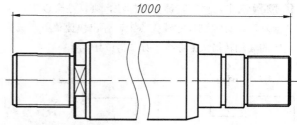

图 5-170　素材图形

Step 02 在【注释】选项卡中，单击【标注】面板中的【折弯】按钮 ，如图5-171所示，执行【折弯标注】命令。

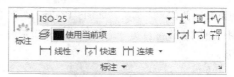

图 5-171　【标注】面板上的【折弯标注】按钮

Step 03 选择需要添加折弯的线性标注或对齐标注，然后指定折弯位置即可，如图5-172所示，命令行操作如下。

```
命令：_DIMJOGLINE//执行【折弯线性】标注命令
选择要添加折弯的标注或 [删除(R)]://选择要折弯的标注1000
指定折弯位置(或按 ENTER 键)://指定折弯位置，结束命令
```

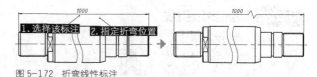

图 5-172　折弯线性标注

实例223　翻转标注箭头

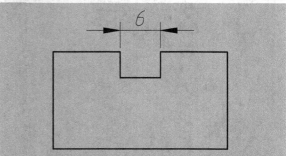

当尺寸界限内的空间狭窄时，可使用【翻转箭头】将尺寸箭头翻转到尺寸界限之外，使尺寸标注更清晰。

难度 ★★

- 素材文件路径：素材/第5章/实例223 翻转标注箭头.dwg
- 效果文件路径：素材/第5章/实例223 翻转标注箭头-OK.dwg
- 视频文件路径：视频/第5章/实例223 翻转标注箭头.MP4
- 播放时长：46秒

Step 01 打开素材文件"第5章/实例223 翻转标注箭头.dwg"，如图5-173所示。

Step 02 选中需要翻转箭头的标注，则标注会以夹点形式显示，指针移到尺寸线夹点上，弹出快捷菜单，选择其中的【翻转箭头】命令，如图5-174所示。

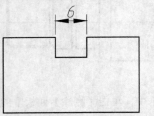

图5-173 素材图形

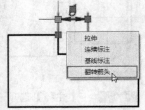

图5-174 快捷菜单中选择【翻转箭头】选项

Step 03 即可翻转该侧的一个箭头，如图5-175所示。

Step 04 使用同样的操作翻转另一端的箭头，操作示例如图5-176所示。

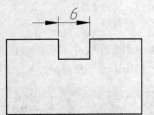

图5-175 翻转一侧箭头

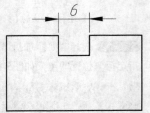

图5-176 翻转两侧箭头

实例224 添加多重引线

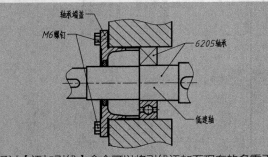

图5-177 素材文件

通过【添加引线】命令可以将引线添加至现有的多重引线对象上，从而创建一对多的引线效果。

难度 ★★

素材文件路径：素材/第5章/实例224 添加多重引线.dwg

效果文件路径：素材/第5章/实例224 添加多重引线-OK.dwg

视频文件路径：视频/第5章/实例224 添加多重引线.MP4

播放时长：1分19秒

Step 01 打开素材文件"第5章/实例224 添加多重引线.dwg"，如图5-177所示，已经创建好了若干多重引线标注。

Step 02 在【默认】选项卡中，单击【注释】面板中的【添加引线】按钮，如图5-178所示，执行【添加引线】命令。

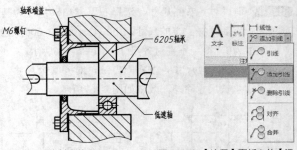

图5-178 【注释】面板上的【添加引线】按钮

Step 03 执行命令后，直接选择要添加引线的多重引线M6螺钉，然后再选择下方的一个螺钉图形，作为新引线的箭头放置点，如图5-179所示，命令行操作如下。

选择多重引线://选择要添加引线的多重引线找到1个
指定引线箭头位置或 [删除引线(R)]: ✓ //在下方螺钉图形中指定新引线箭头位置，按Enter键完成操作

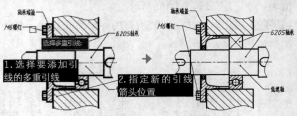

图5-179 【添加引线】操作过程

实例225 删除多重引线

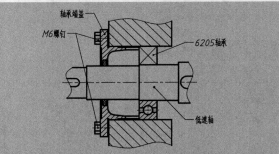

图5-180

【删除引线】命令可以将引线从现有的多重引线对象中删除，即将【添加引线】命令所创建的引线删除。

难度 ★★

素材文件路径：素材/第5章/实例224 添加多重引线-OK.dwg

效果文件路径：素材/第5章/实例225 删除多重引线-OK.dwg

视频文件路径：视频/第5章/实例225 删除多重引线.MP4

播放时长：49秒

Step 01 延续【实例224】进行操作，也可以打开素材文件"第5章/实例224 添加多重引线-OK.dwg"。可见图中右侧的"6205轴承"标注了一根多余的引线，如图5-180所示。

Step 02 在【默认】选项卡中，单击【注释】面板中的【删除引线】按钮，如图5-181所示，执行【删除引线】命令。

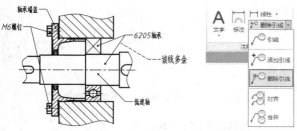

图 5-180 要删除的多余引线

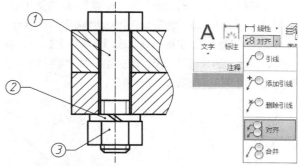

图 5-181 【注释】面板上的【删除引线】按钮

图 5-183 要删除的多余引线

图 5-184 【注释】面板上的【对齐】按钮

Step 03 执行命令后，直接选择要删除的引线，再按Enter键即可删除，如图5-182所示，命令行操作如下。

> 命令: AIMLEADEREDITREMOVE//执行【删除引线】命令
> 选择多重引线://选择"6205轴承"多重引线找到 1 个
> 指定要删除的引线或 [添加引线(A)]://选择下方多余的一条多重引线
> 指定要删除的引线或 [添加引线(A)]: ↙//按Enter结束命令

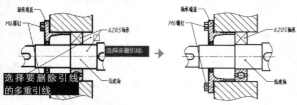

图 5-182 【删除引线】操作示例

Step 03 执行命令后，选择所有要进行对齐的多重引线，然后按Enter键确认，接着根据提示指定基准多重引线1，则其余多重引线均对齐至该多重引线，如图5-185所示，命令行操作如下。

> 命令: _mleaderalign//执行【对齐引线】命令
> 选择多重引线: 指定对角点: 找到 6 个//选择所有要进行对齐的多重引线
> 选择多重引线: ↙//单击Enter完成选择
> 当前模式: 使用当前间距//显示当前的对齐设置
> 选择要对齐到的多重引线或 [选项(O)]://选择作为对齐基准的多重引线1
> 指定方向://移动光标指定对齐方向，单击鼠标左键结束命令

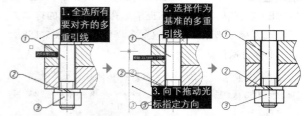

图 5-185 【对齐引线】操作过程

实例226 对齐多重引线

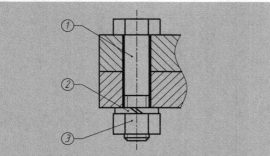

【对齐引线】命令可以将选定的多重引线对齐，并按一定的间距进行排列，因此非常适合用来调整装配图中的零件序号。

难度 ★★

📀 素材文件路径：素材/第5章/实例226 对齐多重引线.dwg
📀 效果文件路径：素材/第5章/实例226 对齐多重引线-OK.dwg
🎬 视频文件路径：视频/第5章/实例226 对齐多重引线.MP4
🎬 播放时长：1分9秒

Step 01 打开素材文件"第5章/实例226 对齐多重引线.dwg"，如图5-183所示，已经对各零件创建好了多重引线标注，但没有整齐排列。

Step 02 在【默认】选项卡中，单击【注释】面板中的【对齐】按钮，如图5-184所示，执行【对齐引线】命令。

实例227 合并多重引线

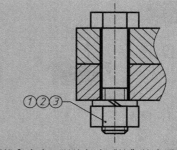

【合并引线】命令可以将包含"块"的多重引线组织成一行或一列，并使用单引线显示结果，多见于机械行业中的装配图。

难度 ★★

📀 素材文件路径：素材/第5章/实例226 对齐多重引线-OK.dwg
📀 效果文件路径：素材/第5章/实例227 合并多重引线-OK.dwg
🎬 视频文件路径：视频/第5章/实例227 合并多重引线.MP4
🎬 播放时长：1分23秒

在装配图中，有时会遇到若干个零部件成组出现的情况，如1个螺栓，就可能配有2个弹性垫圈和1个螺母。如果都一一对应一条多重引线来表示，那图形就会非常凌乱，因此一组紧固件以及装配关系清楚的零件组，可采用公共指引线，如图 5-186 所示。

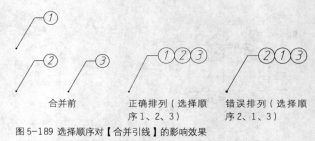

图 5-189 选择顺序对【合并引线】的影响效果

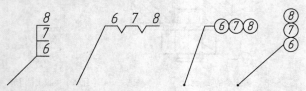

图 5-186 零件组的编号形式

Step 01 延续【实例226】进行操作，也可以打开素材文件"第5章/实例226 对齐多重引线-OK.dwg"。

Step 02 在【默认】选项卡中，单击【注释】面板中的【合并】按钮 `/8`，如图5-187所示，执行【合并引线】命令。

图 5-187 零件组的编号形式

Step 03 执行命令后，选择所有要合并的多重引线，然后按Enter确认，接着根据提示选择多重引线的排列方式，或直接单击鼠标左键放置多重引线，如图5-188所示，命令行操作如下。

```
命令: _mleadercollect//执行【合并引线】命令
选择多重引线: 指定对角点: 找到 3 个//选择所有要进行对齐的多重引线
选择多重引线: ↙//单击Enter完成选择
指定收集的多重引线位置或 [垂直(V)/水平(H)/缠绕(W)] <水平>://选择引线排列方式，或单击鼠标左键结束命令
```

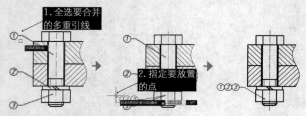

图 5-188 【合并引线】操作示例

操作技巧

执行【合并】命令的多重引线，其注释的内容必须是"块"；如果是多行文字，则无法操作。最终的引线序号应按顺序依次排列，不能出现数字颠倒、错位的情况。错位现象的出现是由于用户在操作时没有按顺序选择多重引线所致，因此无论是单独点选、还是一次性框选，都需要考虑各引线的选择先后顺序，如图5-189所示。

第 6 章 文字与表格的创建

文字和表格是图纸中的重要组成部分，用于注释和说明图形难以表达的特征，例如机械图纸中的技术要求、材料明细表，建筑图纸中的安装施工说明、图纸目录表等。本章介绍 AutoCAD 中文字、表格的设置和创建方法。

6.1 文字的创建与编辑

文字注释是绘图过程中很重要的内容，进行各种设计时，不仅要绘制出图形，还需要在图形中标注一些注释性的文字，这样可以对不便于表达的图形设计加以说明，使设计表达更加清晰。

实例228 创建文字样式

文字样式是同一类文字的格式设置的集合，包括字体、字高和显示效果等。文字样式要根据国家制图标准要求，又要根据实际情况来设置。

难度 ★★

- 素材文件路径：无
- 效果文件路径：无
- 视频文件路径：视频/第6章/实例228 创建文字样式.MP4
- 播放时长：1分42秒

Step 01 单击【快速访问】工具栏中的【新建】按钮 ，新建图形文件。

Step 02 在【默认】选项卡中，单击【注释】面板中的【文字样式】按钮 ，系统弹出【文字样式】对话框，如图6-1所示。

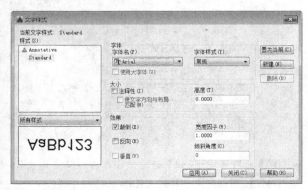

图 6-1 【文字样式】对话框

Step 03 单击【新建】按钮，弹出【新建文字样式】对话框，系统默认新建【样式1】样式名，在【样式名】文本框中输入"国标文字"，如图6-2所示。

图 6-2 【新建标注样式】对话框

Step 04 单击【确定】按钮，在样式列表框中新增【国标文字】文字样式，如图6-3所示。

Step 05 单击【字体】选项组下的【字体名】列表框中选择【gbenor.shx】字体，勾选【使用大字体】复选框，在大字体复选框中选择【gbcbig.shx】字体。其他选项保持默认，如图6-4所示。

图 6-3 新建文字样式   图 6-4 更改设置

Step 06 单击【应用】按钮，然后单击【置为当前】按钮，将【国标文字】置于当前样式。

Step 07 单击【关闭】按钮，完成【国标文字】的创建。创建完成的样式可用于【多行文字】、【单行文字】等文字创建命令，也可以用于标注、动态块中的文字。

实例229 应用文字样式

计算机辅助设计

在创建的多种文字样式中，只能有一种文字样式作为当前的文字样式，系统默认创建的文字均按照当前文字样式。因此，要应用文字样式，首先应将其设置为当前文字样式。

难度 ★★

- 素材文件路径：素材/第6章/实例229 应用文字样式.dwg
- 效果文件路径：素材/第6章/实例229 应用文字样式-OK.dwg
- 视频文件路径：视频/第6章/实例228 应用文字样式.MP4
- 播放时长：43秒

Step 01 打开"第6章/实例229 应用文字样式.dwg"素材文件，如图6-5所示，且文件中已预先创建好了多种文字样式。

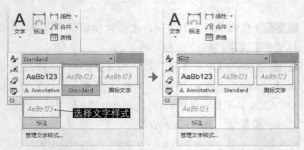

图 6-5 素材文件

Step 02 默认情况下，Standard文字样式是当前文字样式，用户可以根据需要更换为其他的文字样式。

Step 03 选择该文字，然后在【注释】面板的【文字样式控制】下拉列表框中选择要置为当前的文字样式即可，如图6-6所示。

图 6-6 切换文字样式为【标注】

Step 04 素材中的文字对象即时更改为【标注】样式下的效果，如图6-7所示。

图 6-7 更改样式后的文字

实例230 重命名文字样式

当需要更改文字样式名称时，可以对其进行重命名。除了在创建的时候进行重命名外，还可以使用【重命名】命令来完成。

难度 ★★

- 素材文件路径：素材/第6章/实例229 应用文字样式-OK.dwg
- 效果文件路径：素材/第6章/实例230 重命名文字样式-OK.dwg
- 视频文件路径：视频/第6章/实例230 重命名文字样式.MP4
- 播放时长：1分3秒

Step 01 延续【实例229】进行操作，也可以打开"第6章/实例229 应用文字样式-OK.dwg"素材文件。

Step 02 在命令行输入RENAME并按Enter键，弹出【重命名】对话框。在【命名对象】列表框中选择【文字样式】，然后在【项数】列表框中选择要重命名的文字样式，这里选择"标注"，如图6-8所示。

Step 03 在【重命名为】文本框中输入新的名称"仿宋"，如图6-9所示。然后单击【重命名为】按钮，【项数】列表框中的名称完成修改，最后单击【确定】按钮关闭该对话框。

图 6-8 素材文件　　　　图 6-9 输入文字样式的新名称

Step 04 文字样式的名称修改成功，在【文字样式控制】下拉列表框中可以观察到重命名后的样式，如图6-10所示。

图 6-10 重命名后的文字样式

实例231 删除文字样式

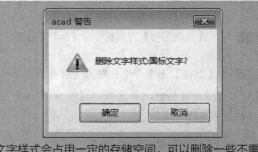

文字样式会占用一定的存储空间，可以删除一些不需要的文字样式，以节约存储空间。

难度 ★★

- 素材文件路径：素材/第6章/实例230 重命名文字样式-OK.dwg
- 效果文件路径：素材/第6章/实例231 删除文字样式-OK.dwg
- 视频文件路径：视频/第6章/实例231 删除文字样式.MP4
- 播放时长：42秒

Step 01 延续【实例230】进行操作，也可以打开"第6章/实例230 重命名文字样式-OK.dwg"素材文件。

Step 02 在命令行中输入STYLE并按Enter键，弹出【文字样式】对话框，然后选择要删除的文字样式名，单击

【删除】按钮，如图6-11所示。

Step 03 在弹出的【acad警告】对话框中单击【确定】按钮，如图6-12所示。返回【文字样式】对话框，单击【关闭】按钮即可完成文字样式的删除。

图 6-11　素材文件　　　　图 6-12　设置文字的偏移值

操作技巧

当前的文字样式不能被删除。如果要删除当前文字样式，可以先将其他文字样式置为当前，然后再进行删除。

实例232 创建单行文字

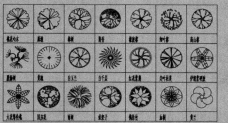

单行文字输入完成后，可以不退出命令，而直接在另一个要输入文字的地方单击鼠标，同样会出现文字输入框。因此，在需要进行多次单行文字标注的图形中使用此方法，可以大大节省时间。

难度 ★ ★

- 素材文件路径：素材/第6章/实例232 创建单行文字.dwg
- 效果文件路径：素材/第6章/实例232 创建单行文字-OK.dwg
- 视频文件路径：视频/第6章/实例232 创建单行文字.MP4
- 播放时长：1分58秒

Step 01 打开"第6章/实例232 创建单行文字.dwg"素材文件，其中已绘制好了植物平面图例，如图6-13所示。

Step 02 在【默认】选项卡中，单击【注释】面板中的【文字】下拉列表中的【单行文字】按钮，如图6-14所示，执行【单行文字】命令。

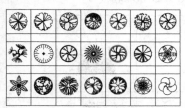

图 6-13　素材文件　　　图 6-14　【注释】面板中的【单行文字】按钮

Step 03 根据命令行提示输入文字："桃花心木"，如图6-15所示，命令行提示如下。

命令：_text//调用【单行文字】命令
当前文字样式："Standard"　文字高度：2.5000　注释性：否
指定文字的起点或 [对正(J)/样式(S)]：
指定高度 <2.5000>：600✓//指定文字高度
指定文字的旋转角度 <0>：✓//指定文字角度。按Ctrl+Enter结束命令
命令：_text
当前文字样式："Standard"　文字高度：2.5000　注释性：否
对正：左
指定文字的起点或 [对正(J)/样式(S)]：J✓//选择"对正"选项
输入选项 [左(L)/居中(C)/右(R)/对齐(A)/中间(M)/布满(F)/左上(TL)/中上(TC)/右上(TR)/左中(ML)/正中(MC)/右中(MR)/左下(BL)/中下(BC)/右下(BR)]：TL✓//选择"左上"对齐方式
指定文字的左上点：//选择表格的左上角点
指定高度 <2.5000>：600✓//输入文字高度为600
指定文字的旋转角度 <0>：✓//文字旋转角度为0//输入文字"桃花心木"

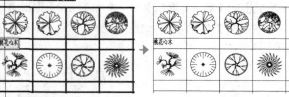

图 6-15　创建第一个单行文字

Step 04 输入完成后，可以不退出命令，直接在右边的框格中单击鼠标，同样会出现文字输入框，输入第二个单行文字："麻楝"，如图6-16所示。

Step 05 按相同方法，在各个框格中输入植被名称，效果如图6-17所示。

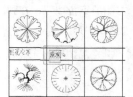
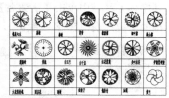

图 6-16　创建第二个单行文字　　图 6-17　创建其余单行文字

Step 06 使用【移动】命令或通过夹点拖移，将各单行文字对齐，最终结果如图6-18所示。

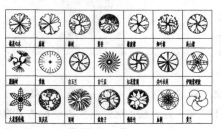

图 6-18　对齐所有单行文字

实例233 设置文字字体

在 AutoCAD 2016 中，系统配置了多种文字字体，用户可以根据自身需要，设置合理的文字字体。

难度 ★★

- 素材文件路径：素材/第6章/实例233 设置文字字体.dwg
- 效果文件路径：素材/第6章/实例233 设置文字字体-OK.dwg
- 视频文件路径：视频/第6章/实例233 设置文字字体.MP4
- 播放时长：1分6秒

Step 01 打开"第6章/实例233 设置文字字体.dwg"素材文件，其中已用了【单行文字】创建了图6-19所示的注释。

Step 02 在【默认】选项卡中，单击【注释】面板中的【文字样式】按钮，如图6-20所示，执行【文字样式】命令。

图6-19 素材文件

图6-20 【注释】面板中的【文字样式】按钮

Step 03 系统自动打开【文字样式】对话框，然后在【字体】区域中单击【字体名】右侧的下拉按钮，在弹出的下拉列表中选择"黑体"，如图6-21所示。

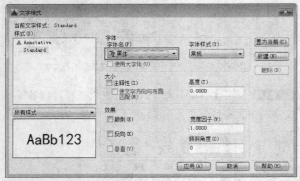

图6-21 设置新的字体

Step 04 在【文字样式】对话框中单击【应用】按钮，再单击【关闭】按钮，返回绘图区，可见各单行文字的字体已经被修改为"黑体"，如图6-22所示。

图6-22 重新设置字体之后的文字效果

实例234 设置文字高度

在 AutoCAD 2016 中，文字的高度决定了文字的大小和清晰度，用户可以根据需要设置文字的高度。

难度 ★★

- 素材文件路径：素材/第6章/实例234 设置文字字体-OK.dwg
- 效果文件路径：素材/第6章/实例234 设置文字高度-OK.dwg
- 视频文件路径：视频/第6章/实例234 设置文字高度.MP4
- 播放时长：52秒

Step 01 延续【实例233】进行操作，也可以打开"第6章/实例233 设置文字字体-OK.dwg"素材文件。

Step 02 在命令行中输入STYLE并按Enter键，弹出【文字样式】对话框，然后在【高度】文本框中输入新值300，如图6-23所示。

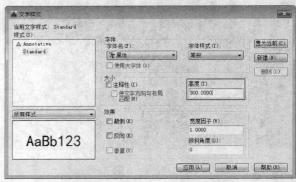

图6-23 输入新的字高

Step 03 在【文字样式】对话框中单击【应用】按钮，再单击【关闭】按钮，返回绘图区，可见各单行文字的大小已经得到修改，效果如图6-24所示。

图6-24 重新设置字高之后的文字效果

实例235 设置文字效果

在 AutoCAD 2016 中创建了文字样式之后，用户可以随时在对话框的【效果】区域中设置单行文字的显示效果。

难度 ★★

- 素材文件路径：素材/第6章/实例234 设置文字高度-OK.dwg
- 效果文件路径：素材/第6章/实例235 设置文字效果-OK.dwg
- 视频文件路径：视频/第6章/实例235 设置文字效果.MP4
- 播放时长：43秒

Step 01 延续【实例234】进行操作，也可以打开"第6章/实例234 设置文字高度-OK.dwg"素材文件。

Step 02 在命令行中输入STYLE并按Enter键，弹出【文字样式】对话框，然后在【效果】区域中勾选【反向】复选框，如图6-25所示。

图 6-25　勾选【反向】复选框

Step 03 在【文字样式】对话框中单击【应用】按钮，再单击【关闭】按钮，返回绘图区，可见各单行文字变为反向显示，效果如图6-26所示

图 6-26　设置【反向】效果之后的文字显示

实例236 创建多行文字

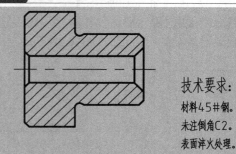

【多行文字】又称为段落文字，是一种更易于管理的文字对象，可以由两行以上的文字组成，而且各行文字都是作为一个整体处理。

难度 ★★

- 素材文件路径：素材/第6章/实例236 创建多行文字.dwg
- 效果文件路径：素材/第6章/实例236 创建多行文字-OK.dwg
- 视频文件路径：视频/第6章/实例236 创建多行文字.MP4
- 播放时长：1分43秒

Step 01 打开"第6章/实例236 创建多行文字.dwg"素材文件，如图6-27所示。

Step 02 在【默认】选项卡中，单击【注释】面板中的【文字】下拉列表中的【多行文字】按钮 A，如图6-28所示，执行【多行文字】命令。

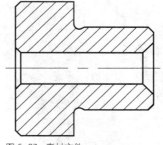

图 6-27　素材文件

图 6-28　【注释】面板中的【多行文字】按钮

Step 03 系统弹出【文字编辑器】选项卡，然后移动十字光标划出多行文字的范围，操作之后绘图区会显示一个文字输入框，如图6-29所示。命令行操作如下。

```
命令：_mtext//调用【多行文字】命令
当前文字样式："Standard" 文字高度：2.5 注释性：否
指定第一角点://在绘图区域合适位置拾取一点
指定对角点或 [高度(H)/对正(J)/行距(L)/旋转(R)/样式(S)/宽度(W)/栏(C)]://指定对角点
```

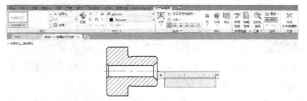

图 6-29　【文字编辑器】选项卡与文字输入框

171

Step 04 在文本框内输入文字，每输入一行按Enter键输入下一行，输入结果如图6-30所示。

Step 05 接着选中"技术要求"这4个字，然后在【样式】面板中修改文字高度为3.5，如图6-31所示。

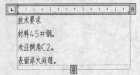

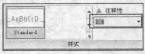

图6-30 素材文件

图6-31 修改"技术要求"4字的文字高度

Step 06 按Enter键执行修改，修改文字高度后的效果如图6-32所示。

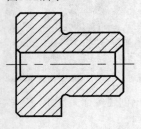

技术要求：
材料45#钢。
未注倒角C2。
表面淬火处理。

图6-32 创建的不同字高的多行文字

实例237 多行文字中添加编号

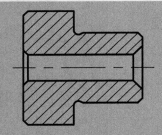

【多行文字】的编辑功能十分强大，能完成许多Word软件才能完成的专业文档编辑工作，如本例中为各段落添加编号。

难度 ★★

- 素材文件路径：素材/第6章/实例236 创建多行文字-OK.dwg
- 效果文件路径：素材/第6章/实例237多行文字中添加编号-OK. dwg
- 视频文件路径：视频/第6章/实例237多行文字中添加编号.MP4
- 播放时长：1分13秒

Step 01 延续【实例236】进行操作，也可以打开"第6章/实例236 创建多行文字-OK.dwg"素材文件。

Step 02 双击已经创建好的多行文字，进入编辑模式，打开【文字编辑器】选项卡，然后选中"技术要求"下面的3行说明文字，如图6-33所示。

Step 03 接着在【文字编辑器】选项卡中单击【段落】

面板上的【项目符号和编号】下拉列表框，选择编号方式为【以数字标记】，如图6-34所示。

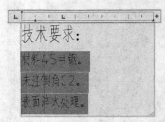

图6-33 框选要编号的文字

图6-34 选择【以数字标记】选项

Step 04 在文本框中可以预览到编号效果，如图6-35所示。

Step 05 接着调整文字的对齐标尺，减少文字的缩进量，如图6-36所示。

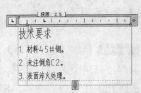

图6-35 添加编号的初步效果

图6-36 调整段落对齐

Step 06 单击【关闭】面板上的【关闭文字编辑器】按钮，或按Ctrl+Enter组合键完成多行文字编号的创建，最终效果如图6-37所示。

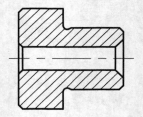

图6-37 添加编号的多行文字

实例238 添加特殊字符

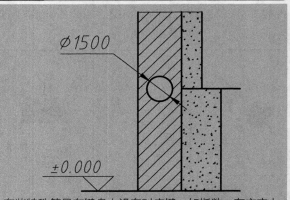

有些特殊符号在键盘上没有对应键，如指数、在文字上方或下方添加划线、角度（°）、直径（Ø）等。这些

特殊字符不能从键盘上直接输入，需要使用软件自带的特殊符号功能。在单行文字和多行文字中都可以插入特殊字符。

难度 ★★

- 素材文件路径：素材/第6章/实例238 添加特殊字符-OK.dwg
- 效果文件路径：素材/第6章/实例238 添加特殊字符-OK.dwg
- 视频文件路径：素材/第6章/实例238 添加特殊字符.MP4
- 播放时长：1分1秒

1 单行文字中插入特殊符号

Step 01 打开"第6章/实例228 添加特殊字符.dwg"素材文件，已经创建两个标高尺寸，如图6-38所示，其中"0.000"是单行文字，"1500"为多行文字。

Step 02 单行文字的可编辑性较弱，只能通过输入控制符的方式插入特殊符号。

Step 03 双击"0.000"，进入单行文字的输入框，然后移动光标至文字前端，输入控制符"%%P"，如图6-39所示。

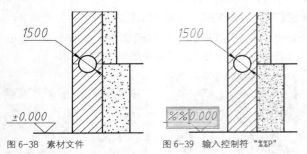

图6-38 素材文件　　　　图6-39 输入控制符"%%P"

Step 04 输入完毕，系统自动将其转换为相应的特殊符号，如图6-40所示。然后在绘图区空白处单击即可退出编辑。

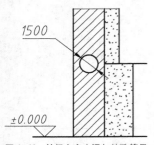

图6-40 单行文字中添加特殊符号

2 多行文字中插入特殊符号

Step 01 与单行文字相比，在多行文字中插入特殊字符的方式更灵活。除了使用控制符的方法外，还可以在【文字编辑器】选项卡中进行编辑。

Step 02 双击"1500"，进入多行文字的编辑框，同时打开【文字编辑器】选项卡，将光标移动至文字前端，然后单击【插入】面板上的【符号】按钮，在弹出列表中选择"直径 %%C"选项，如图6-41所示。

Step 03 上述操作完毕后，便会在"1500"文字之前创建一个直径符号Ø，如图6-42所示。

图6-41 素材文件　　　　图6-42 多行文字中添加特殊符号

实例239 创建堆叠文字

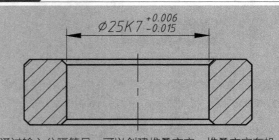

通过输入分隔符号，可以创建堆叠文字。堆叠文字在机械绘图中应用很多，可以用来创建尺寸公差、分数等。

难度 ★★

- 素材文件路径：素材/第6章/实例239 创建堆叠文字.dwg
- 效果文件路径：素材/第6章/实例239 创建堆叠文字-OK.dwg
- 视频文件路径：视频/第6章/实例239 创建堆叠文字.MP4
- 播放时长：1分39秒

Step 01 打开素材文件"第6章/实例239 创建堆叠文字.dwg"，如图6-43所示，已经标注好了所需的尺寸。

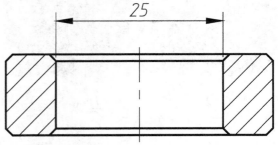

图6-43 素材图形

Step 02 添加直径符号。双击尺寸25，打开【文字编辑器】选项卡，然后将鼠标移动至25之前，输入"%%C"，为其添加直径符号，如图6-44所示。

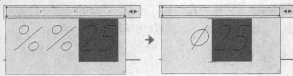

图 6-44　添加直径符号

Step 03 输入公差文字。再将鼠标移动至25的后方，依次输入"K7 +0.006^-0.015"，如图6-45所示。

图 6-45　输入公差文字

Step 04 创建尺寸公差。接着按住鼠标左键，向后拖移，选中"+0.006^-0.015"文字，然后单击【文字编辑器】选项卡中【格式】面板中的【堆叠】按钮，即可创建尺寸公差，如图6-46所示。

图 6-46　堆叠公差文字

Step 05 在【文字编辑器】选项卡中单击【关闭】按钮，退出编辑环境，得到修改后的图形，如图6-47所示。

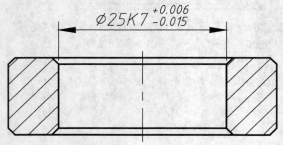

图 6-47　输入公差文字

操作技巧

除了本例用到的"^"分隔符号，还有"/""#"2个分隔符，分隔效果如图6-48所示。需要注意的是，这些分隔符号必须是英文格式的符号。

14 1/2	14 $\frac{1}{2}$
14 1^2	14 $\frac{1}{2}$
14 1#2	14 $\frac{1}{2}$

图 6-48　文字堆叠效果

实例240　添加文字背景

为了使文字清晰地显示在复杂的图形中，用户可以为文字添加不透明的背景。

难度 ★★

- 素材文件路径：素材/第6章/实例240 添加文字背景.dwg
- 效果文件路径：素材/第6章/实例240 添加文字背景-OK.dwg
- 视频文件路径：视频/第6章/实例240 添加文字背景.MP4
- 播放时长：1分3秒

Step 01 打开"第6章/实例240 添加文字背景.dwg"素材文件，如图6-49所示。

Step 02 双击文字，系统弹出【文字编辑器】选项卡，单击【样式】面板上的【遮罩】按钮，系统弹出【背景遮罩】对话框，设置参数如图6-50所示。

图 6-49　素材文件　　　　图 6-50　多行文字中添加特殊符号

Step 03 单击【确定】按钮关闭对话框，文字背景效果如图6-51所示。

图 6-51　最终效果

实例241　对齐多行文字

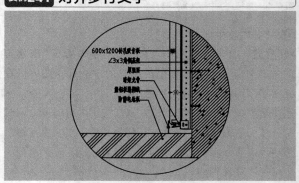

除了为多行文字添加编号、背景，还可以通过对齐工具来设置多行文字的对齐方式，操作方法同 Word 一致。

难度 ★★

- 素材文件路径：素材/第6章/实例241 对齐多行文字.dwg
- 效果文件路径：素材/第6章/实例241对齐多行文字-OK.dwg
- 视频文件路径：视频/第6章/实例241 对齐多行文字.MP4
- 播放时长：52秒

Step 01 打开"第6章/实例241 对齐多行文字.dwg"素材文件，如图6-52所示。

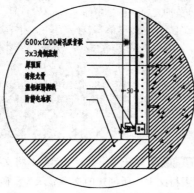
图 6-52 素材文件

Step 02 选中多行文字，然后在命令行输入ED并按Enter键，系统弹出【文字编辑器】选项卡，进入文字编辑模式。

Step 03 选中各行文字，然后单击【段落】面板上的【右对齐】按钮，文字调整为右对齐，如图6-53所示。

图 6-53 右对齐多行文字

Step 04 在第二行文字前单击，将光标移动到此位置，然后单击【插入】面板上的【符号】按钮，在选项列表中选择【角度】符号，添加角度符号。

Step 05 单击【文字编辑器】选项卡上的【关闭文字编辑器】按钮，完成文字的编辑。最终效果如图6-54所示。

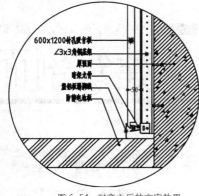
图 6-54 对齐之后的文字效果

实例242 替换文字

施工顺序：种植工程宜在道路等
土建工程施工完后进场，如有交叉施
工应采取措施保证种植施工质量。

当文字标注完成后，如果发现某个字或词输入有误，而它在注释中的多个位置，依靠人工逐个查找并修改十分困难。这时可以使用【查找】命令，查找该文字并进行替换。

难度 ★★

- 素材文件路径：素材/第6章/实例242 替换文字.dwg
- 效果文件路径：素材/第6章/实例242 替换文字-OK. dwg
- 视频文件路径：视频/第6章/实例242 替换文字.MP4
- 播放时长：1分27秒

Step 01 打开"第6章/实例242 替换文字.dwg"文件，如图6-55所示。

Step 02 在命令行输入FIND并按Enter键，打开【查找和替换】对话框。在【查找内容】文本框中输入"实施"，在【替换为】文本框中输入"施工"。

Step 03 在【查找位置】下拉列表框中选择【整个图形】选项，也可以单击该下拉列表框右侧的【选择对象】按钮，选择一个图形区域作为查找范围，如图6-56所示。

图 6-55 输入文字　　　　图 6-56 "查找和替换"对话框

Step 04 单击对话框左下角的【更多选项】按钮，展开折叠的对话框。在【搜索选项】区域取消【区分大小写】复选框，在【文字类型】区域取消【块属性值】复选框，如图6-57所示。

图 6-57 设置查找与替换选项

Step 05 单击【全部替换】按钮，将当前文字中所有符合查找条件的字符全部替换。在弹出的【查找和替换】对话框中单击"确定"按钮，关闭对话框，结果如图6-58所示。

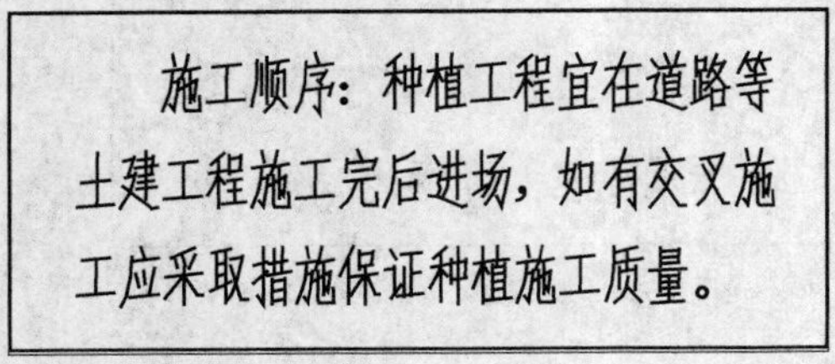

图 6-58　替换结果

实例243　创建弧形文字　　★进阶★

很多时候需要对文字进行一些特殊处理，如输入圆弧对齐文字，即所输入的文字沿指定的圆弧均匀分布。要实现这个功能可以手动输入文字后再以阵列的方式完成操作，但在 AutoCAD 中还有一种更为快捷有效的方法。

难度 ★★

- 素材文件路径：素材/第6章/实例243 创建弧形文字.dwg
- 效果文件路径：素材/第6章/实例243 创建弧形文字-OK.dwg
- 视频文件路径：视频/第6章/实例243 创建弧形文字.MP4
- 播放时长：47秒

Step 01 打开"第6章/实例243创建弧形文字形.dwg"素材文件，其中已经创建好了一段圆弧，如图6-59所示。

图 6-59　添加编号的多行文字

Step 03 在命令行中输入命令Arctext，并按Enter 键确认，然后选择圆弧，弹出"ArcAlignedText Workshop-Create"对话框。

Step 04 在对话框中设置字体样式，输入文字内容，即可在圆弧上创建弧形文字，如图6-60所示。

图 6-60　创建弧形文字

实例244　将文字正常显示　　★进阶★

建筑剖面图

打开文件后字体和符号变成了问号"？"，或有些字体不显示；打开文件时提示"缺少 SHX 文件"或"未找到字体"；出现上述字体无法正确显示的情况均是字体库出现了问题，可能是系统中缺少显示该文字的字体文件、指定的字体不支持全角标点符号或文字样式已被删除，有的特殊文字需要特定的字体才能正确显示。

难度 ★★

- 素材文件路径：素材/第6章/实例244 将文字正常显示.dwg
- 效果文件路径：素材/第6章/实例244 将文字正常显示-OK.dwg
- 视频文件路径：视频/第6章/实例244 将文字正常显示.MP4
- 播放时长：58秒

Step 01 打开"第6章/实例244 将文字正常显示.dwg"素材文件，所创建的文字显示为乱码，内容不明，如图6-61所示。

？？？？？

图 6-61　素材文件

Step 02 选取出现问号的文字，单击鼠标右键，在弹出的下拉列表中选择【特性】选项，系统弹出【特性】管理器。在【特性】管理器【文字】列表中，可以查看文字的【内容】、【样式】、【高度】等特性，并且能够修改。将其修改为【宋体】样式，如图6-62所示。

图 6-62　修改文字样式

Step 03 文字得到正确显示，如图6-63所示。

建筑剖面图

图 6-63　正常显示的文字

6.2　表格的创建与编辑

表格在各类制图中的运用非常普遍，主要用来展示于图形相关的标准、数据信息、材料和装配信息等内容。根据不同类型的图形（如机械图形、工程图形、电子线路图形等），对应的制图标准也不相同，这就需要设置符合产品设计要求的表格样式，并利用表格功能快速、清晰、醒目地反映设计思想及创意。

使用 AutoCAD 的表格功能，能够自动地创建和编辑表格，其操作方法与 Word、Excel 相似。

实例245 创建表格样式

与文字类似，AutoCAD 中的表格也有一定样式，包括表格内文字的字体、颜色、高度以及表格的行高、行距等。在插入表格之前，应先创建所需的表格样式。

难度 ★★

- 素材文件路径：无
- 效果文件路径：无
- 视频文件路径：视频/第6章/实例245 创建表格样式.MP4
- 播放时长：2分32秒

Step 01 单击【快速访问】工具栏中的【新建】按钮，新建图形文件。

Step 02 在【默认】选项卡中，单击【注释】面板上的【表格样式】按钮，如图6-64所示。

Step 03 系统弹出【表格样式】对话框，如图6-65所示。

图 6-64 【注释】面板中的【表格样式】按钮

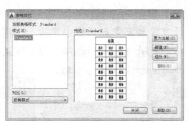

图 6-65 【表格样式】对话框

Step 04 通过该对话框可执行将表格样式置为当前、修改、删除或新建操作。单击【新建】按钮，系统弹出【创建新的表格样式】对话框，如图6-66所示。

图 6-66 【创建新的表格样式】对话框

Step 05 在【新样式名】文本框中输入表格样式名称，在【基础样式】下拉列表框中选择一个表格样式为新的表格样式提供默认设置，单击【继续】按钮，系统弹出【新建表格样式】对话框，如图6-67所示，可以对样式进行具体设置。

Step 06 当单击【新建表格样式】对话框中【管理单元样式】按钮时，弹出图6-68所示【管理单元格式】对话框，在该对话框里可以对单元格式进行添加、删除和重命名。

图 6-67 【新建表格样式】对话框

图 6-68 【管理单元样式】对话框

实例246 编辑表格样式

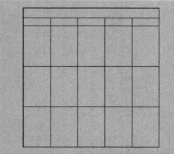

在 AutoCAD 2016 中，表格样式是用来控制表格基本性质和间距的一组设置，当插入表格对象时，系统使用当前的表格样式。

难度 ★★

- 素材文件路径：素材/第6章/实例246 编辑表格样式.dwg
- 效果文件路径：素材/第6章/实例246 编辑表格样式-OK.dwg
- 视频文件路径：视频/第6章/实例246 编辑表格样式.MP4
- 播放时长：1分13秒

Step 01 打开"第6章/实例246 编辑表格样式.dwg"素材文件，其中已经创建好了一张表格，如图6-69所示。

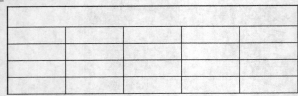

图 6-69　素材文件

Step 02 在【默认】选项卡中，单击【注释】面板上的【表格样式】按钮，打开【表格样式】对话框，然后选择Standard样式，再单击其中的【修改】按钮，如图6-70所示。

Step 03 系统打开【修改表格样式:Standard】对话框，单击其中的【选择一个表格作为此表格的起始表格】按钮，如图6-71所示。

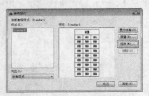

图 6-70 修改 Standard 表格样式

图 6-71　【修改表格样式】对话框

Step 04 在绘图区选择素材中的表格，然后返回【修改表格样式:Standard】对话框，再【页边距】区域的【水平】、【垂直】文本框中分别输入10和20，如图6-72所示。

Step 05 依次单击对话框中的【确定】和【关闭】按钮，返回绘图区，素材中的表格变为图6-73所示效果。

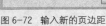

图 6-72　输入新的页边距

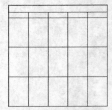

图 6-73　修改样式之后的表格

实例247　创建表格

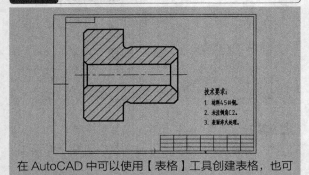

在 AutoCAD 中可以使用【表格】工具创建表格，也可以直接使用直线进行绘制。如要使用【表格】工具创建，则必须先创建它的表格样式。

难度 ★ ★

- 素材文件路径：素材/第6章/实例247 创建表格.dwg
- 效果文件路径：素材/第6章/实例247 创建表格-OK.dwg
- 视频文件路径：视频/第6章/实例247 创建表格.MP4
- 播放时长：2分16秒

Step 01 打开素材文件"第6章/实例247 创建表格.dwg"，如图6-74所示，其中已经绘制好了一幅零件图。

Step 02 在【默认】选项卡中，单击【注释】面板上的【表格样式】按钮，系统弹出【表格样式】对话框，单击【新建】按钮，系统弹出【创建新的表格样式】对话框，在【新样式名】文本框中输入"标题栏"，如图6-75所示。

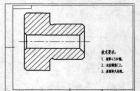

图 6-74　【表格样式】对话框

图 6-75　输入表格样式名

Step 03 设置表格样式。单击【继续】按钮，系统弹出【新建新的样式：标题栏】对话框，在【表格方向】下拉列表中选择【向上】；并在【常规】选项卡中设置对齐方式为【中上】，如图6-76所示。

图 6-76　设置表格方向和对齐方式

Step 04 切换至选择【文字】选项卡，设置【文字高度】为4；单击【文字样式】右侧的按钮，在弹出的【文字样式】对话框中修改文字样式为"宋体"，如图6-77所示，【边框】选项卡保持默认设置。

图 6-77　设置文字大小与字体

Step 05 单击【确定】按钮，返回【表格样式】对话框，选择新创建的"标题栏"样式，然后单击【置为当前】按钮，如图6-78所示。单击【关闭】按钮，完成表格样式的创建。

Step 06 返回绘图区，在【默认】选项卡中，单击【注释】面板中的【表格】按钮 ⊞，如图6-79所示，执行【创建表格】命令。

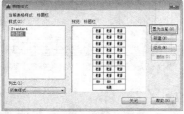

图 6-78 将"标题栏"样式置为当前

图 6-79 【注释】面板中的【表格】按钮

Step 07 系统弹出【插入表格】对话框，选择插入方式为【指定窗口】，然后设置【列数】为7，【行数】为2，设置所有行的单元样式均为【数据】，如图6-80所示。

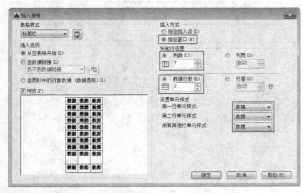

图 6-80 设置表格方向和对齐方式

Step 08 单击【插入表格】对话框中的【确定】按钮，然后在绘图区单击确定表格左下角点，向上拖动指针，在合适的位置单击确定表格右下角点。生成的表格如图6-81所示。

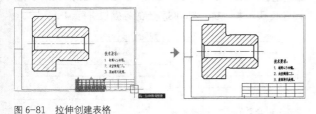

图 6-81 拉伸创建表格

> **操作技巧**
>
> 在设置行数的时候需要看清楚对话框中输入的是【数据行数】，这里的数据行数是应该减去标题与表头的数值，即"最终行数=输入行数+2"。

实例248 调整表格行高

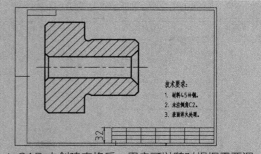

在 AutoCAD 中创建表格后，用户可以随时根据需要调整表格的高度，以达到设计的要求。

难度 ★★

- 素材文件路径：素材/第6章/实例247 创建表格-OK.dwg
- 效果文件路径：素材/第6章/实例248 调整表格行高-OK.dwg
- 视频文件路径：视频/第6章/实例248 调整表格行高.MP4
- 播放时长：56秒

Step 01 延续【实例247】进行操作，也可以打开"第6章/实例247 创建表格-OK.dwg"素材文件。

Step 02 由于在上例中的表格是手动创建的，因此尺寸难免不精确，这时就可以通过调整行高来进行调整。

Step 03 在表格的左上方单击鼠标左键，使表格呈现全选状态，如图6-82所示。

Step 04 在空白处单击鼠标右键，弹出快捷菜单，选择其中的【特性】选项，如图6-83所示。

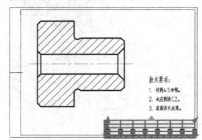

图 6-82 选择整个表格

图 6-83 在快捷菜单中选择【特性】选项

Step 05 系统弹出该表格的特性面板，在【表格】栏的【单元高度】文本框中输入新32，即每行高度为8，如图6-84所示。

图 6-84 选择整个表格

Step 06 按Enter键确认，关闭特性面板，表格变化效果如图6-85所示。

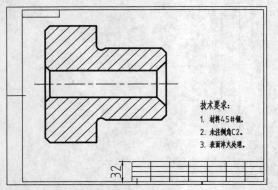

图 6-85 在快捷菜单中选择【特性】选项

图 6-86 选择整个表格

图 6-87 在快捷菜单中选择【特性】选项

实例249 调整表格列宽

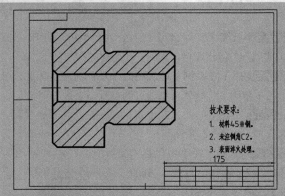

在 AutoCAD 中除了可以调整行高，还可以随时调整列宽，方法与上例相似。因此，在创建表格时并不需要很精确。

难度 ★★

素材文件路径：素材/第6章/实例248 调整表格行高-OK.dwg
效果文件路径：素材/第6章/实例249 调整表格列宽-OK.dwg
视频文件路径：视频/第6章/实例249 调整表格列宽.MP4
播放时长：54秒

Step 01 延续【实例248】进行操作，也可以打开"第6章/实例248 调整表格行高-OK.dwg"素材文件。

Step 02 同行高一样，原始列宽也是手动拉伸所得，因此可以通过相同方法来进行调整。

Step 03 在表格的左上方单击鼠标左键，使表格呈现全选状态，接着在空白处单击鼠标右键，弹出快捷菜单，选择其中的【特性】选项。

Step 04 系统弹出该表格的特性面板，在【表格】栏的【单元宽度】文本框中输入新175，即每列宽25，如图6-86所示。

Step 05 按Enter键确认，关闭特性面板，接着将表格移动至原位置，表格变化效果如图6-87所示。

实例250 合并单元格

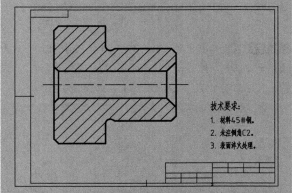

AutoCAD 2016 中的表格操作与 Office 软件类似，如需进行合并操作，只需选中单元格，然后在【表格单元】选项卡中单击相关按钮即可。

难度 ★★

素材文件路径：素材/第6章/实例249 调整表格列宽-OK.dwg
效果文件路径：素材/第6章/实例250 合并单元格-OK.dwg
视频文件路径：视频/第6章/实例250 合并单元格.MP4
播放时长：52秒

Step 01 延续【实例249】进行操作，也可以打开"第6章/实例249 调整表格列宽-OK.dwg"素材文件。

Step 02 标题栏中的内容信息较多，因此它的表格形式也比较复杂，本例参考图6-88所示的标题栏进行编辑。

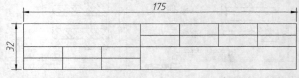

图 6-88 典型的标题栏表格形式

Step 03 在素材文件的表格中选择左上角的6个单元格（A-3、A-4；B-3、B-4；C-3、C-4），如图6-89所示。

图 6-89 典型的标题栏表格形式

Step 04 选择单元格后，功能区中自动弹出【表格单元】选项卡，在【合并】面板中单击【合并单元】按钮，然后在下拉列表中选择【合并全部】，如图6-90所示。

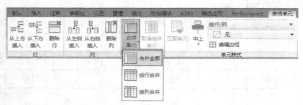

图 6-90 选择【合并全部】选项

Step 05 执行上述操作后，按Esc键退出，完成合并单元格的操作，效果如图6-91所示。

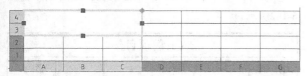

图 6-91 左上角单元格合并效果

Step 06 按相同方法，对右下角的8个单元格（D-1、D-2；E-1、E-2；F-1、F-1；G-1、G-2）进行合并，效果如图6-92所示。

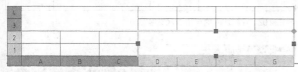

图 6-92 右下角单元格合并效果

实例251 表格中输入文字

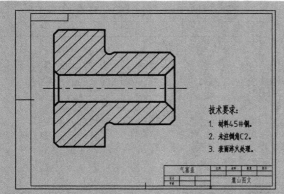

表格创建完成之后，即可输入文字，输入方法同 Office 软件类似，输入时要注意根据表格信息调整字体大小。

难度 ★★

- 素材文件路径：素材/第6章/实例250 合并单元格-OK.dwg
- 效果文件路径：素材/第6章/实例251 表格中输入文字-OK.dwg
- 视频文件路径：视频/第6章/实例251 表格中输入文字.MP4
- 播放时长：1分6秒

Step 01 延续【实例250】进行操作，也可以打开"第6章/实例250 合并单元格-OK.dwg"素材文件。

Step 02 典型标题栏的文本内容如图6-93所示，本例便按此进行输入。

零件名称		比例	材料	数量	图号
设计		公司名称			
审核					

图 6-93 典型的标题栏表格形式

Step 03 在左上角大单元格内双击鼠标左键，功能区中自动弹出【文字编辑器】选项卡，且单元格呈现可编辑状态，然后输入文字"气塞盖"，如图6-94所示。可以在【文字编辑器】选项卡中的【样式】面板中输入字高为8，如图6-95所示。

图 6-94 输入文本　　　　图 6-95 调整文本大小

Step 04 接着按键盘上的方向键"→"，自动移至右侧要输入文本的单元格（D-4），然后在其中输入"比例"，字高默认为4，如图6-96所示。

图 6-96 输入 D-4 单元格中的文字

Step 05 按相同方法，输入其他单元格内的文字，最后单击【文字编辑器】选项卡中的【关闭】按钮，完成文字的输入，最终效果如图6-97所示。

气塞盖		比例	材料	数量	图号
设计		麓山图文			
审核					

图 6-97 输入 D-4 单元格中的文字

实例252 插入行

XX工程项目部				
工程名称				图号
子项名称				比例
设计单位		监理单位		设计
建设单位		制图		负责人
施工单位		审核		日期

在 AutoCAD 2016 中，使用【表格单元】选项卡中的相关按钮，可以让用户根据需要添加表格的行数。

难度 ★★

素材文件路径：素材/第6章/实例252 插入行.dwg
效果文件路径：素材/第6章/实例252 插入行-OK.dwg
视频文件路径：视频/第6章/实例252 插入行.MP4
播放时长：47秒

Step 01 打开素材文件"第6章/实例252 插入行.dwg"，如图6-98所示，其中已经创建好了一张表格。

工程名称					图号
子项名称					比例
设计单位		监理单位			设计
建设单位		制图			负责人
施工单位		审核			日期

图6-98　素材表格

Step 02 表格的第一行应该为表头，因此可以通过【插入行】命令来添加一行。

Step 03 选择表格的最上一行，在功能区中弹出【表格单元】选项卡，在【行】面板中单击【从上方插入】按钮，如图6-99所示。

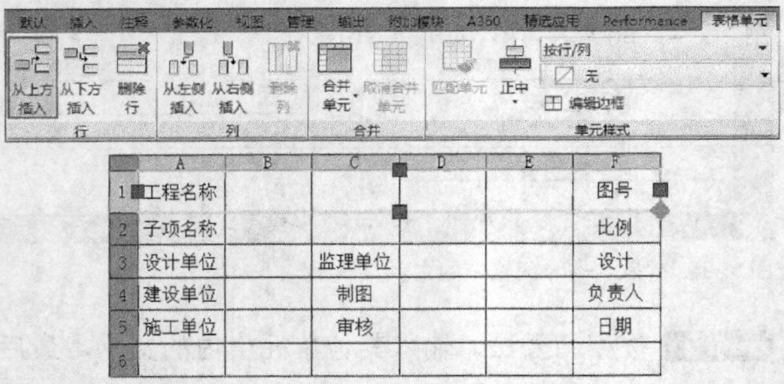

图6-99　单击【从上方插入】插入按钮

Step 04 执行上述操作后，即可在所选行上方新添加一行，样式与所选行一致。按Esc键退出【表格单元】选项卡，完成行的添加，效果如图6-100所示。

工程名称					图号
子项名称					比例
设计单位		监理单位			设计
建设单位		制图			负责人
施工单位		审核			日期

图6-100　新添加的行

Step 05 全选新插入的行，然后在【表格单元】选项卡

的【合并】面板中选择【合并全部】，效果如图6-101所示。

工程名称					图号
子项名称					比例
设计单位		监理单位			设计
建设单位		制图			负责人
施工单位		审核			日期

图6-101　合并单元格

Step 06 双击合并后的行，进入编辑状态后输入"XX工程项目部"，字高20，即创建表头，最终效果如图6-102所示。

XX工程项目部					
工程名称					图号
子项名称					比例
设计单位		监理单位			设计
建设单位		制图			负责人
施工单位		审核			日期

图6-102　在新加入的行中输入文字

实例253 删除行

XX工程项目部					
工程名称					图号
子项名称					比例
设计单位		监理单位			设计
建设单位		制图			负责人
施工单位		审核			日期

在 AutoCAD 2016 中，使用【表格单元】选项卡中的相关按钮，可以让用户根据需要删除表格的行数。

难度 ★★

素材文件路径：素材/第6章/实例252 插入行-OK.dwg
效果文件路径：素材/第6章/实例253 删除行-OK.dwg
视频文件路径：视频/第6章/实例253 删除行.MP4
播放时长：30秒

Step 01 延续【实例252】进行操作，也可以打开"第6章/实例252 插入行-OK.dwg"素材文件。

Step 02 可见表格中的最后一行多余，因此可以选中该行，在功能区中弹出【表格单元】选项卡，在其中的【行】面板中单击【删除行】按钮，如图6-103所示。

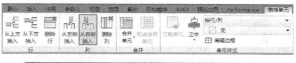

图 6-103　选中行进行删除

图 6-105　单击【从右侧插入】按钮

Step 03 执行上述操作后，所选的行即被删除，接着按 Esc 键退出【表格单元】选项卡，完成操作，效果如图 6-104 所示。

XX工程项目部					
工程名称					图号
子项名称					比例
设计单位		监理单位			设计
建设单位		制图			负责人
施工单位		审核			日期

图 6-104　删除行之后的效果

Step 03 执行上述操作后，即可在所选列右侧添加一列，样式与所选列一致。执行上述操作后，按 Esc 键退出【表格单元】选项卡，完成列的添加，效果如图 6-106 所示。

XX工程项目部					
工程名称					图号
子项名称					比例
设计单位		监理单位			设计
建设单位		制图			负责人
施工单位		审核			日期

图 6-106　添加列后效果

实例254 插入列

XX工程项目部				
工程名称				图号
子项名称				比例
设计单位		监理单位		设计
建设单位		制图		负责人
施工单位		审核		日期

在 AutoCAD 2016 中，使用【表格单元】选项卡中的相关按钮，可以让用户根据需要增加表格的列数。

难度 ★★

◎ 素材文件路径：素材/第6章/实例253 删除行-OK.dwg
◎ 效果文件路径：素材/第6章/实例254 插入列-OK.dwg
◎ 视频文件路径：视频/第6章/实例254 插入列.MP4
◎ 播放时长：42秒

Step 01 延续【实例253】进行操作，也可以打开"第6章/实例253 删除行-OK.dwg"素材文件。

Step 02 可见表格中的最右侧缺少一列，因此可以选中当前表格中的最右列（列F），功能区中弹出【表格单元】选项卡，在其中的【列】面板中单击【从右侧插入】按钮，如图6-105所示。

实例255 删除列

XX工程项目部				
工程名称				图号
子项名称				比例
设计单位		监理单位		设计
建设单位		制图		负责人
施工单位		审核		日期

在 AutoCAD 2016 中，使用【表格单元】选项卡中的相关按钮，可以让用户根据需要删除表格的列数。

难度 ★★

◎ 素材文件路径：素材/第6章/实例254 插入列-OK.dwg
◎ 效果文件路径：素材/第6章/实例255 删除列-OK.dwg
◎ 视频文件路径：视频/第6章/实例255 删除列.MP4
◎ 播放时长：36秒

Step 01 延续【实例254】进行操作，也可以打开"第6章/实例254 插入列-OK.dwg"素材文件。

Step 02 可见表格中间多出了一列（列D或列E），因此可以选中该多出的列，然后在【表格单元】选项卡的【列】面板中单击【删除列】按钮，如图6-107所示。

图 6-107 选中列进行删除

Step 03 执行上述操作后，所选的列即被删除，接着按 Esc键退出【表格单元】选项卡，完成操作，效果如图 6-108所示。

XX工程项目部			
工程名称			图号
子项名称			比例
设计单位	监理单位		设计
建设单位	制图		负责人
施工单位	审核		日期

图 6-108 删除列之后的效果

实例256 表格中插入图块

迎春花	（圆形图案）
玫瑰	（花朵图案）
银杏	（放射状图案）
垂柳	（树形图案）

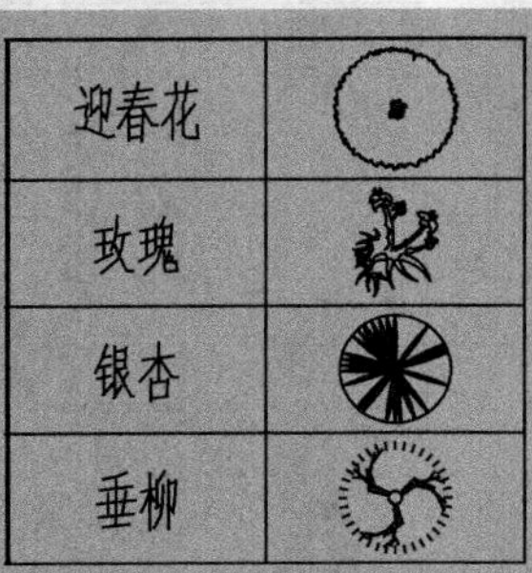

在 AutoCAD 2016 中，除了在表格中输入文字，还可以在其中插入图块，用来创建图纸中的具体图例表格。

难度 ★★

- 素材文件路径：素材/第6章/实例256 表格中插入图块.dwg
- 效果文件路径：素材/第6章/实例256 表格中插入图块-OK.dwg
- 视频文件路径：视频/第6章/实例256 表格中插入图块.MP4
- 播放时长：1分29秒

Step 01 打开素材文件"第6章/实例256 表格中插入图块.dwg"，如图6-109所示，其中已经创建好了一张表格。如果直接使用【移动】命令将图块放置在表格上，效果并不理想。因此，本例将直接使用表格中的插入块命令来进行输入。

迎春花
玫瑰
银杏
垂柳

图 6-109 素材文件

Step 02 选中要插入块的单元格。单击"迎春花"右侧的空白单元格（B1），选中该单元格之后，系统将弹出【表格单元】选项卡，单击【插入】面板上的【块】按钮，如图6-110所示。

1.选择该单元格　2.单击该按钮

图 6-110 选择要插入块的单元格

Step 03 系统自动弹出【在表格单元中插入块】对话框，然后在对话框的【名称】下拉列表中浏览到要插入的块文件"迎春花"，在【全局单元对齐】下拉列表中选择对齐方式为【正中】，如图6-111所示。

Step 04 在对话框的右下角中可以预览到块的图形，选择块名单击【确定】按钮，即可退出对话框完成插入，如图6-112所示。

迎春花	（圆形图案）
玫瑰	
银杏	
垂柳	

图 6-111 选择要插入的块和对齐效果 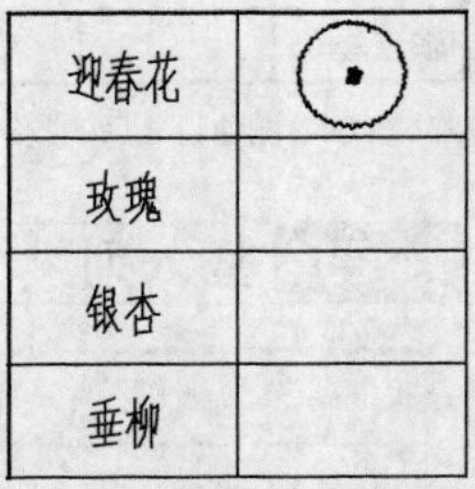　图 6-112 块插入至单元格中

Step 05 按相同方法，将其余的块插入至表格中，最终效果如图6-113所示。

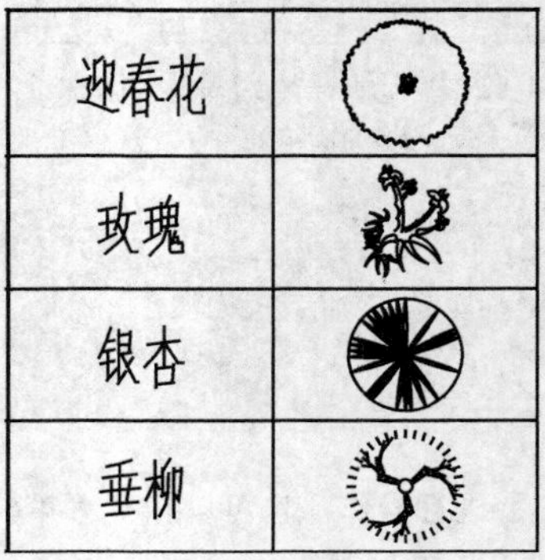

迎春花	（圆形图案）
玫瑰	（花朵图案）
银杏	（放射状图案）
垂柳	（树形图案）

图 6-113 图块插入至表格中

操作技巧

在表格单元中插入块时，块可以自动适应单元的大小，也可以调整单元以适应块的大小，并且可以将多个块插入到同一个表格单元中。

实例257 表格中插入公式

材料明细表

序号	名称	材料	数量	单重 (kg)	总重 (kg)
1	活塞杆	40Cr	1	7.6	7.6
2	缸头	QT-400	1	2.3	2.3
3	活塞	6020	2	1.7	3.4
4	底端法兰	45	2	2.5	5.0
5	缸筒	45	1	4.9	4.9

在 AutoCAD 2016 中如果遇到了复杂的计算，用户便可以使用表格中自带的公式功能进行计算，效果同Excel。

难度 ★★

- 素材文件路径：素材/第6章/实例257 表格中插入公式.dwg
- 效果文件路径：素材/第6章/实例257 表格中插入公式-OK.dwg
- 视频文件路径：视频/第6章/实例257 表格中插入公式.MP4
- 播放时长：1分46秒

Step 01 打开素材文件"第6章/实例257 表格中插入公式.dwg"，如图6-114所示，其中已经创建好了一张材料明细表。

材料明细表

序号	名称	材料	数量	单重 (kg)	总重 (kg)
1	活塞杆	40Cr	1	7.6	
2	缸头	QT-400	1	2.3	
3	活塞	6020	2	1.7	
4	底端法兰	45	2	2.5	
5	缸筒	45	1	4.9	

图 6-114 素材文件

Step 02 可见"总重"一栏仍为空白，而可知"总重 = 单重 × 数量"，因此可以通过在表格中创建公式来进行计算，一次性得出该栏的值。

Step 03 选中"总重"下方的第一个单元格（F3），选中之后，在弹出的【表格单元】选项卡中单击【插入】面板上的【公式】按钮，然后在下拉列表中选择【方程式】选项，如图6-115所示。

图 6-115 选择要插入公式的单元格

Step 04 选择【方程式】选项后，将激活该单元格，进入文字编辑模式，并自动添加一个"="符号。接着输

入与单元格标号相关的运算公式（=D3*E3），如图6-116所示。

	A	B	C	D	E	F
1			材料明细表			
2	序号	名称	材料	数量	单重 (kg)	总重 (kg)
3	1	活塞杆	40Cr	1	7.6	=D3×E3
4	2	缸头	QT-400	1	2.3	
5	3	活塞	6020	2	1.7	
6	4	底端法兰	45	2	2.5	
7	5	缸筒	45	1	4.9	

图 6-116 在单元格中输入公式

操作技巧

注意乘号使用数字键盘上的"*"号。

Step 05 按Enter键，得到方程式的运算结果，如图6-117所示。

材料明细表

序号	名称	材料	数量	单重 (kg)	总重 (kg)
1	活塞杆	40Cr	1	7.6	7.6
2	缸头	QT-400	1	2.3	
3	活塞	6020	2	1.7	
4	底端法兰	45	2	2.5	
5	缸筒	45	1	4.9	

图 6-117 得到计算结果

Step 06 按相同方法，在其他单元格中插入公式，得到最终的计算结果，如图6-118所示。

材料明细表

序号	名称	材料	数量	单重 (kg)	总重 (kg)
1	活塞杆	40Cr	1	7.6	7.6
2	缸头	QT-400	1	2.3	2.3
3	活塞	6020	2	1.7	3.4
4	底端法兰	45	2	2.5	5.0
5	缸筒	45	1	4.9	4.9

图 6-118 最终的计算效果

操作技巧

如果修改方程所引用的单元格，运算结果也随之更新。此外，可以使用Excel中的方法，直接拖动单元格，将输入的公式按规律赋予至其他单元格，即从本例的步骤（5）一次性操作至步骤（6），操作步骤如下。

Step 01 选中已经输入了公式的单元格，然后单击右下角的按钮 ◆，如图6-119所示。

	材料明细表				
序号	名称	材料	数量	单重 (kg)	总重 (kg)
1	活塞杆	40Cr	1	7.6	7.6
2	缸头	QT-400	1	2.3	
3	活塞	6020	2	1.7	
4	底端法兰	45	2	2.5	
5	缸筒	45	1	4.9	

图6-119 单击自动填充按钮

Step 02 将其向下拖动覆盖至其他的单元格，如图6-120所示。

	材料明细表				
序号	名称	材料	数量	单重 (kg)	总重 (kg)
1	活塞杆	40Cr	1	7.6	7.6
2	缸头	QT-400	1	2.3	
3	活塞	6020	2	1.7	
4	底端法兰	45	2	2.5	
5	缸筒	45	1	4.9	

图6-120 向下拖动鼠标覆盖其他单元格

Step 03 单击鼠标左键确定覆盖，即可将F3单元格的公司按规律覆盖至F4~F7单元格，效果如图6-121所示。

材料明细表					
序号	名称	材料	数量	单重 (kg)	总重 (kg)
1	活塞杆	40Cr	1	7.6	7.6
2	缸头	QT-400	1	2.3	2.3
3	活塞	6020	2	1.7	3.4
4	底端法兰	45	2	2.5	5.0
5	缸筒	45	1	4.9	4.9

图6-121 覆盖效果

实例258 修改表格底纹

材料明细表					
序号	名称	材料	数量	单重 (kg)	总重 (kg)
1	活塞杆	40Cr	1	7.6	7.6
2	缸头	QT-400	1	2.3	2.3
3	活塞	6020	2	1.7	3.4
4	底端法兰	45	2	2.5	5.0
5	缸筒	45	1	4.9	4.9

创建完表格之后，可以随时对表格的底纹进行编辑，用以创建特殊的填色。

难度 ★★

- 素材文件路径：素材/第6章/实例257 表格中插入公式-OK.dwg
- 效果文件路径：素材/第6章/实例258 修改表格底纹-OK.dwg
- 视频文件路径：视频/第6章/实例258 修改表格底纹.MP4
- 播放时长：1分12秒

Step 01 延续【实例257】进行操作，也可以打开"第6章/实例257 表格中插入公式-OK.dwg"素材文件。

Step 02 选择第一行"材料明细表"为要添加底纹的单元格，使该行呈现选中状态，如图6-122所示。

	材料明细表				
序号	名称	材料	数量	单重 (kg)	总重 (kg)
1	活塞杆	40Cr	1	7.6	7.6
2	缸头	QT-400	1	2.3	2.3
3	活塞	6020	2	1.7	3.4
4	底端法兰	45	2	2.5	5.0
5	缸筒	45	1	4.9	4.9

图6-122 选择要添加底纹的单元格

Step 03 功能区中自动弹出【表格单元】选项卡，然后在【单元样式】面板的【表格单元背景色】下拉列表中选择颜色为【黄】，如图6-123所示。

图6-123 选择底纹颜色

Step 04 按Esc键退出【表格单元】选项卡，即可设置表格底纹，效果如图6-124所示。

材料明细表					
序号	名称	材料	数量	单重 (kg)	总重 (kg)
1	活塞杆	40Cr	1	7.6	7.6
2	缸头	QT-400	1	2.3	2.3
3	活塞	6020	2	1.7	3.4
4	底端法兰	45	2	2.5	5.0
5	缸筒	45	1	4.9	4.9

图6-124 将所选单元格底纹设置为黄色

Step 05 按相同方法，将"序号""名称"所在的行设置为绿色，效果如图6-125所示。

材料明细表

序号	名称	材料	数量	单重（kg）	总重（kg）
1	活塞杆	40Cr	1	7.6	7.6
2	缸头	QT-400	1	2.3	2.3
3	活塞	6020	2	1.7	3.4
4	底端法兰	45	2	2.5	5.0
5	缸筒	45	1	4.9	4.9

图 6-125　创建的底纹效果

实例259　修改表格的对齐方式

材料明细表

序号	名称	材料	数量	单重（kg）	总重（kg）
1	活塞杆	40Cr	1	7.6	7.6
2	缸头	QT-400	1	2.3	2.3
3	活塞	6020	2	1.7	3.4
4	底端法兰	45	2	2.5	5.0
5	缸筒	45	1	4.9	4.9

在 AutoCAD 2016 中，用户可以根据设计需要对表格中的内容调整对齐方式。

难度 ★★

- 素材文件路径：素材/第6章/实例258 修改表格底纹-OK.dwg
- 效果文件路径：素材/第6章/实例259 修改表格对齐方式-OK.dwg
- 视频文件路径：视频/第6章/实例259修改表格对齐方式.MP4
- 播放时长：34秒

Step 01 延续【实例 258】进行操作，也可以打开"第6章/实例258 修改表格底纹-OK.dwg"素材文件。

Step 02 "名称"和"材料"两列的对齐方式宜设置为左对齐，因此可以在表格中进行修改，操作同Word。

Step 03 选择"名称"和"材料"两列中的10个内容单元格（B3~B7、C3~C7），使之呈现选中状态，如图6-126所示。

	A	B	C	D	E	F
1			材料明细表			
2	序号	名称	材料	数量	单重（kg）	总重（kg）
3	1	活塞杆	40Cr	1	7.6	7.6
4	2	缸头	QT-400	1	2.3	2.3
5	3	活塞	6020	2	1.7	3.4
6	4	底端法兰	45	2	2.5	5.0
7	5	缸筒	45	1	4.9	4.9

图 6-126　选择要修改对齐方式的单元格

Step 04 功能区中自动弹出【表格单元】选项卡，然后

在【表格单元】面板中单击【正中】按钮，展开对齐方式的下拉列表，选择其中的【左中】选项（即左对齐），如图6-127所示。

图 6-127　选择新的对齐方式

Step 05 执行上述操作后，即可将所选单元格的内容按新的对齐方式对齐，效果如图6-128所示。

材料明细表

序号	名称	材料	数量	单重（kg）	总重（kg）
1	活塞杆	40Cr	1	7.6	7.6
2	缸头	QT-400	1	2.3	2.3
3	活塞	6020	2	1.7	3.4
4	底端法兰	45	2	2.5	5.0
5	缸筒	45	1	4.9	4.9

图 6-128　修改对齐方式后的表格

实例260　修改表格的单位精度

材料明细表

序号	名称	材料	数量	单重（kg）	总重（kg）
1	活塞杆	40Cr	1	7.60	7.60
2	缸头	QT-400	1	2.30	2.30
3	活塞	6020	2	1.70	3.40
4	底端法兰	45	2	2.50	5.00
5	缸筒	45	1	4.90	4.90

在 AutoCAD 2016 中的表格功能十分强大，除了常规的操作外，还可以设置不同的显示内容和显示精度。

难度 ★★

- 素材文件路径：素材/第6章/实例259 修改表格对齐方式-OK.dwg
- 效果文件路径：素材/第6章/实例260 修改表格的单位精度-OK.dwg
- 视频文件路径：视频/第6章/实例260 修改表格的单位精度.MP4
- 播放时长：1分5秒

Step 01 延续【实例 259】进行操作，也可以打开"第6章/实例259 修改表格对齐方式-OK.dwg"素材文件。

Step 02 可见表格中"单重"和"总重"列显示的精度为一位小数，但工程设计中需保留两位小数，因此可对其进行修改。

Step 03 选择"单重"列中的5个内容单元格（E3~E7），使之呈现选中状态，如图6-129所示。

图6-129 选择要修改对齐方式的单元格

Step 04 功能区中自动弹出【表格单元】选项卡，然后在【单元格式】面板中单击【数据格式】按钮，展开其下拉列表，选择最后的【自定义表格单元格式】选项，如图6-130所示。

图6-130 选择【自定义表格单元格式】选项

Step 05 系统弹出【表格单元格式】对话框，然后在【精度】下拉列表中选择【0.00】选项，即表示保留两位小数，如图6-131所示。

Step 06 单击【确定】按钮，返回绘图区，可见表格"单重"列中的内容已得到更新，如图6-132所示。

图6-131 【表格单元样式】 图6-132 修改"单重"列的精度
对话框

Step 07 按相同方法，选择"总重"列中的5个内容单元格（F3~F7），将其显示精度修改为两位小数，效果如图6-133所示。

材料明细表					
序号	名称	材料	数量	单重 (kg)	总重 (kg)
1	活塞杆	40Cr	1	7.60	7.60
2	缸头	QT-400	1	2.30	2.30
3	活塞	6020	2	1.70	3.40
4	底端法兰	45	2	2.50	5.00
5	缸筒	45	1	4.90	4.90

图6-133 修改显示精度后的表格效果

操作技巧

本例不可像【实例259】一样直接选取10个单元格，因为"总重"列中的单元格内容为函数运算结果，与"单重"列中的文本性质不同，因此AutoCAD无法将它们混在一起识别。

实例261 通过Excel创建表格

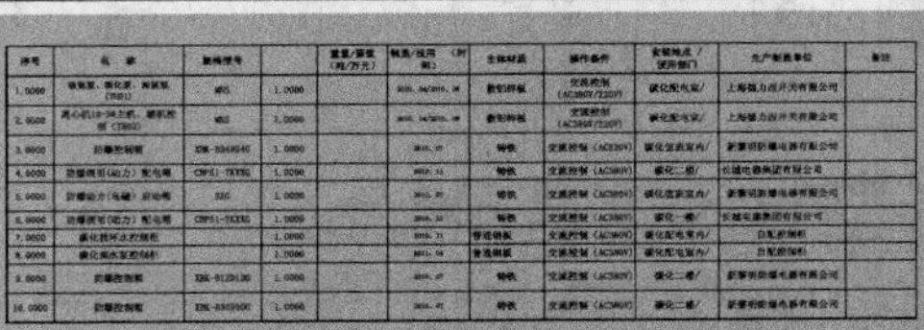

如果要统计的数据过多，如电气设施的统计表，那设计师肯定会优先使用Excel进行处理，然后再导入AutoCAD中生成表格。而且在一般公司中，这类表格数据都由其他部门制作，设计人员无需再自行整理。

难度 ★★

素材文件路径：素材/第6章/实例261 电气设施统计表.xls
效果文件路径：素材/第6章/实例261 通过Excel创建表格-OK.dwg
视频文件路径：视频/第6章/实例261 通过Excel创建表格.MP4
播放时长：1分28秒

Step 01 打开素材文件"第6章/实例261 电气设施统计表.xls"，如图6-134所示，已用Excel创建好了一张电气设施的统计表格。

图6-134 素材文件

Step 02 将表格主体（即行3~13、列A~K），复制到剪贴板。

Step 03 然后打开AutoCAD，新建空白文档，再选择【编辑】菜单中的【选择性粘贴】选项，打开【选择性粘贴】对话框，选择其中的"AutoCAD图元"选项，如图6-135所示。

图6-135 选择性粘贴

Step 04 确定以后，表格即转化成AutoCAD 中的表格，如图6-136所示。可以编辑其中的文字，非常方便。

序号	名　称	规格型号	重量/容量（吨/万元）	制造/投用（时间）	主体制质	操作条件	安装地点/使用部门	生产制造单位	备注
1.0000	氧氯泵、碳氯泵、浓氯泵（TW01）	W01	1.0000	2010、04/2013、08	哀铝钎板	交流控制（AC380V/220V）	碳化配电室/	上海银力西开关有限公司	
3.0000	离心机1#-3#主机、转机控柜（TW02）	W02	1.0000	2010、04/2013、08	哀铝钎板	交流控制（AC380V/220V）	碳化配电室/	上海银力西开关有限公司	
3.0000	防爆控制柜	XBK-B2432-4G	1.0000	2010、07	铸铁	交流控制（AC220V）	碳化值班室内/	新泰明防爆电器有限公司	
4.0000	防爆照明（动力）配电箱	CBP51-7XX8G	1.0000	2012、11	铸铁	交流控制（AC380V）	碳化二楼/	长城电极集团有限公司	
5.0000	防爆动力（电能）启动箱	55G	1.0000	2010、07	铸铁	交流控制（AC380V）	碳化值班室内/	新泰明防爆电器有限公司	
6.0000	防爆照明（动力）配电箱	CBP51-7XX8G	1.0000	2010、11	铸铁	交流控制（AC380V）	碳化二楼/	长城电极集团有限公司	
7.0000	碳化废不水控制柜		1.0000	2010、11	普通钢板	交流控制（AC380V）	碳化电室内/	自配控制柜	
8.0000	碳化废水控制柜		1.0000	2011、04	普通钢板	交流控制（AC380V）	碳化电室内/	自配控制柜	
9.0000	防爆控制柜	XBK-B12D13G	1.0000	2010、07	铸铁	交流控制（AC380V）	碳化二楼/	新泰明防爆电器有限公司	
10.0000	防爆控制柜	XBK-B36D20G	1.0000	2010、07	铸铁	交流控制（AC380V）	碳化二楼/	新泰明防爆电器有限公司	

图 6-136　粘贴为 AutoCAD 中的表格

第 7 章 图块与参照

在实际制图中，常常需要用到同样的图形，例如机械设计中的粗糙度符号，室内设计中的门、床、家居和电器等。如果每次都重新绘制，不但浪费大量的时间，同时也降低了工作效率。因此，AutoCAD 提供了图块的功能，用户可以将一些经常使用的图形对象定义为图块。当需要重新利用到这些图形时，只需要按合适的比例插入相应的图块到指定的位置即可。

在设计过程中，我们会反复调用图形文件、样式、图块、标注和线型等内容，为了提高 AutoCAD 系统的效率，AutoCAD 提供了设计中心这一资源管理工具，可以对这些资源进行分门别类地管理。

7.1 创建和插入图块

要定义一个新的图块，首先要用【绘图】和【编辑】的有关命令绘制出组成图块的所有图形对象，然后再使用"块定义"命令定义块。

实例262 图块的特点

图块是由多个对象组成的集合并具有块名。通过建立图块，用户可以将多个对象作为一个整体来操作。

难度 ★

在 AutoCAD 2016 中，图块是指由一个或多个图形对象组合而成的一个整体，简称为块。在绘图过程中，用户可以将创建的块插入到图纸中的任意位置，并且可以对其进行缩放、旋转等操作。在 AutoCAD 2016 中，图块可以帮助用户在同一图形或其他图形中重复使用，使用图块具有以下 5 个特点。

◆ 提高绘图效率：使用 AutoCAD 进行绘图过程中，经常要绘制一些重复出现的图形，如建筑工程图中的门和窗等，如果把这些图形做成图块并以文件的形式保存起来，当需要调用时再将其调入到图形文件中，就可以避免大量的重复工作，从而提高工作效率。

◆ 建立图块库：可以将绘图过程中常用的图形定义为图块（如标高符号、螺钉图形等），将其保存在磁盘上，这样就形成了一个图块库。当用户需要插入某个图块时，可以将其调用并插入至图形文件中，极大地提高了绘图效率。

◆ 节省存储空间：AutoCAD 要保存图形中的每一个相关信息，如对象的图层、线型和颜色等，都占用大量的空间，可以把这些相同的图形先定义成一个块，然后再插入所需的位置，如在绘制建筑工程图时，可将需修改的对象用图块定义，从而节省大量的存储空间。

◆ 方便修改图形：在工程设计中，特别是讨论方案、技术改造初期，常常需要修改绘制的图形，如果图形是通过插入图块的方式绘制的，那么只要简单的对图块重新定义一次，就可以对 AutoCAD 上所有插入的图块进行

修改。

◆ 为图块添加属性：很多图块要求有文字信息以解释其用途。AutoCAD 允许用户为图块创建具有文字信息的属性，并可以在插入图块时指定是否显示这些属性。属性值可以随插入图块的环境不同而改变。

实例263 创建内部图块 ★重点★

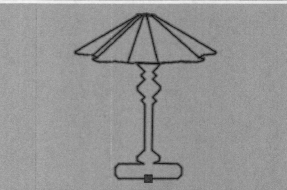

内部图块是存储在图形文件内部的块，只能在存储文件中使用，而不能在其他图形文件中使用。

难度 ★★

- 素材文件路径：素材/第7章/实例263 创建内部图块.dwg
- 效果文件路径：素材/第7章/实例263 创建内部图块-OK.dwg
- 视频文件路径：视频/第7章/实例263 创建内部图块.MP4
- 播放时长：1分12秒

Step 01 打开素材文件"第7章/实例263 创建内部图块.dwg"，如图7-1所示。

Step 02 选中所有的图形，然后在【默认】选项卡的【块】面板中单击【创建】按钮，如图7-2所示，执行【创建块】命令。

图 7-1　素材文件

图 7-2　【块】面板中的【创建】按钮

Step 03 系统打开【块定义】对话框，接着在对话框的【名称】文本框中输入图块名称"台灯"，如图7-3所示。

Step 04 然后单击【基点】区域中的【拾取点】按钮，系统回到绘图区域，使用鼠标左键单击台灯底座中点位置。这表示定义图块的插入基点为台灯底座的中点，如图7-4所示。

图 7-3 【块定义】对话框　　　图 7-4 拾取点

Step 05 系统返回【块定义】对话框，【基点】区域中将会显示刚才捕捉的插入基点的坐标值。

Step 06 将【块单位】设置为毫米，在【说明】文本框中输入文字说明"室内设计图库"。单击【确定】按钮，完成内部图块的定义，如图7-5所示。

Step 07 在绘图区域选中台灯，可以看出台灯已经被定义为图块，并且在插入基点位置显示夹点，如图7-6所示。

图 7-5 定义内部图块　　　图 7-6 选中台灯图块效果

实例264 创建外部图块　★重点★

外部图块是以外部文件的形式存在的，它可以被任何文件引用。使用【写块】命令可以将选定的对象输出为外部图块，并保存到单独的图形文件中。以下将举例说明创建外部图块的方法。

难度 ★★

◎ 素材文件路径：素材/第7章/实例264 创建外部图块.dwg
◎ 效果文件路径：素材/第7章/实例264 创建外部图块-OK.dwg
◎ 视频文件路径：视频/第7章/实例264 创建外部图块.MP4
◎ 播放时长：1分1秒

Step 01 打开素材文件"第7章/实例264 创建外部图块.dwg"，如图7-7所示。

Step 02 在命令行输入WBLOCK并回车，打开【写块】对话框，如图7-8所示。

Step 03 单击【写块】对话框中的【选择对象】按钮，在绘图区域框选所有图形并按Enter键确认；再在【基点】区域中单击【写块】对话框中的【拾取点】按钮，在绘图区域捕捉圆心作为图块的插入基点，如图7-9所示。

图 7-7 原始文件　　图 7-8 【写块】对话框　　图 7-9 拾取圆心为基点

Step 04 系统将返回【写块】对话框，单击【文件名和路径】文本框后面的按钮，打开【浏览图形文件】对话框，在其中设置图块的保存路径和图块名称，最后单击【保存】按钮，如图7-10所示。

图 7-10 保存块

Step 05 在【对象】参数栏中选择【转换为块】单选项，设置插入单位为【毫米】，单击【确定】按钮，如图7-11所示。至此，整个【餐桌】外部图块创建完成。

图 7-11 设置块参数

中文版AutoCAD 2016实战从入门到精通

Step 06 在绘图区域选中餐桌，可以看出餐桌已经被定义为图块，并且在插入基点位置显示夹点，如图7-12所示。

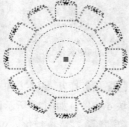

图 7-12　选择块

操作技巧

所谓【内部块】和【外部块】，通俗来说，就是临时块与永久块。

实例265　插入内部图块

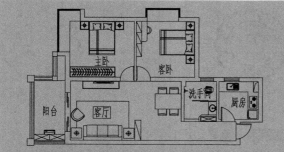

块定义完成后，就可以插入与块定义关联的块实例了。如果是内部图块，则可以在图形中直接调用。

难度 ★★

- 素材文件路径：素材/第7章/实例265 插入内部图块.dwg
- 效果文件路径：素材/第7章/实例265 插入内部图块-OK.dwg
- 视频文件路径：视频/第7章/实例265 插入内部图块.MP4
- 播放时长：1分10秒

Step 01 打开素材文件"第7章/实例265 插入内部图块.dwg"，其中已经绘制好了一张室内平面图，如图7-13所示。

Step 02 在【默认】选项卡中单击【块】面板中的【插入】按钮，展开下拉列表，选择"床"图块，如图7-14所示。

图 7-13　素材文件　　　　图 7-14　选择块

Step 03 在主卧中的合适位置插入图块，比例为1，如图7-15所示。

Step 04 重复执行【插入】命令，展开下拉列表，选择"床"图块文件，设置旋转"角度"为-90°，比例为1，在客卧的合适位置插入图块，如图7-16所示。

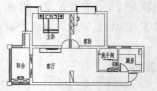 

图 7-15　插入主卧中的"床"图块　　图 7-16　插入客卧中的"床"图块

Step 05 用同样的方法依次插入"沙发组合""冰箱""便池""餐桌""煤气灶""洗菜盆""衣柜"图块，最终效果图如图7-17所示。

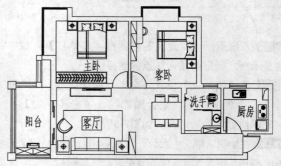

图 7-17　最终效果图

实例266　插入外部图块

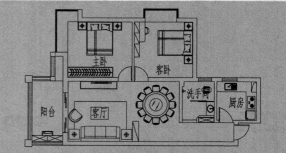

一张设计图中不可能包含所有需要的图形，因此有些时候需要调用外部图块来进行辅助。

难度 ★★

- 素材文件路径：素材/第7章/实例265 插入内部图块-OK.dwg
- 效果文件路径：素材/第7章/实例266 插入外部图块-OK.dwg
- 视频文件路径：视频/第7章/实例266 插入外部图块.MP4
- 播放时长：55秒

Step 01 延续【实例265】进行操作，也可以打开素材文件"第7章/实例265 插入内部图块-OK.dwg"。

Step 02 如果要求客厅中餐桌椅换成大型聚餐用的圆桌椅（即实例264 中创建的图形），便可以使用插入外部图块的方法。

Step 03 选择客厅右侧已创建好的餐桌椅图块，单击Delete键删除，如图7-18所示。

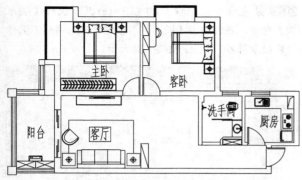

图 7-18　删除客厅右侧的餐桌椅图块

Step 04 在命令行中输入INSERT，执行【插入】命令，打开【插入】对话框，单击对话框中的【浏览】按钮，定位至"第7章/实例264 创建外部图块-OK.dwg"，如图7-19所示。

图 7-19　定位至要插入的外部块

Step 05 在对话框中单击【打开】按钮，返回【插入】对话框，取消【在屏幕上指定】复选框的勾选，再勾选【统一比例】复选框，接着在【X】文本框后面输入比例为0.8，如图7-20所示，即设置图块的比例大小为0.8。

Step 06 单击【确定】按钮，返回绘图区，在客厅的合适位置插入图块，效果如图7-21所示。

 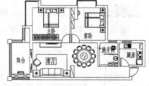

图 7-20　设置插入块的比例大小　　图 7-21　插入外部块的图形效果

实例267 创建图块属性　★重点★

图块包含的信息可以分为两类：图形信息和非图形信息。块属性指的是图块的非图形信息，例如机械设计中为零件表面定义粗糙度，零件的每个表面粗糙度信息都不一样。块属性必须和图块结合在一起使用，在图纸上显示

为块实例的标签或说明。单独的属性是没有意义的。

难度 ★★★

- 素材文件路径：素材/第7章/实例267 创建图块属性.dwg
- 效果文件路径：素材/第7章/实例267 创建图块属性-OK.dwg
- 视频文件路径：视频/第7章/实例267 创建图块属性.MP4
- 播放时长：1分50秒

Step 01 打开素材文件"第7章/实例267 创建图块属性.dwg"文件，其中已经绘制好了一个粗糙度图，如图7-22所示。

Step 02 在【默认】选项卡中单击【块】面板中的【定义属性】按钮，如图7-23所示，执行【定义属性】命令。

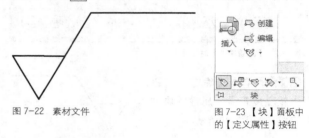

图 7-22　素材文件　　　　图 7-23　【块】面板中的【定义属性】按钮

Step 03 系统自动打开【属性定义】对话框，在【标记】文本框中输入"粗糙度"，设置【文字高度】为2，如图7-24所示。

Step 04 系统返回绘图区域后，定义的图块属性标记随光标出现，使用鼠标左键在适当位置拾取一点即可，放置"粗糙度"文字，如图7-25所示。

图 7-24　【属性定义】对话框　　图 7-25　创建好的粗糙度符号效果

Step 05 在【默认】选项卡中，单击【块】面板上的【创建】按钮，系统弹出【块定义】对话框。在【名称】下拉列表框中输入"粗糙度符号"；单击【拾取点】按钮，拾取三角形的下角点作为基点；单击【选择对象】按钮，选择整个符号图形和属性定义，如图7-26所示。

图 7-26　【块定义】对话框

Step 06 单击【确定】按钮，系统弹出【编辑属性】对话框，更改属性值为1.6，如图7-27所示。

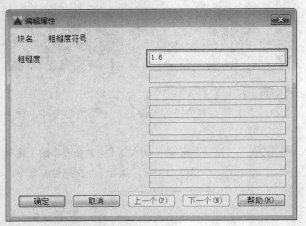

图 7-27 【编辑属性】对话框

Step 07 单击【确定】按钮，"粗糙度符号"属性图块创建完成，如图7-28所示。

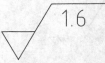

图 7-28 粗糙度属性块

实例268 插入属性图块

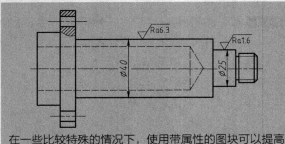

在一些比较特殊的情况下，使用带属性的图块可以提高绘图效率，如插入包含不同信息的粗糙度符号。

难度 ★★

◎ 素材文件路径：素材/第7章/实例268 插入属性图块.dwg
◎ 效果文件路径：素材/第7章/实例268 插入属性图块-OK.dwg
✎ 视频文件路径：视频/第7章/实例268 插入属性图块.MP4
✎ 播放时长：54秒

Step 01 打开素材文件"第7章/实例268 插入属性图块.dwg"，如图7-29所示。

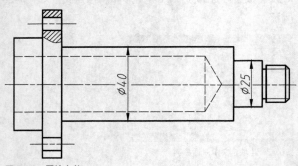

图 7-29 原始文件

Step 02 在命令行中输入I并按Enter键，执行【插入块】命令，系统弹出【插入】对话框，在对话框中选择"粗糙度符号"图块，如图7-30所示。

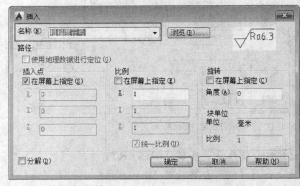

图 7-30 选择插入图块

Step 03 单击【确定】按钮，根据命令行提示拾取插入点，系统弹出【编辑属性】对话框，如图7-31所示。

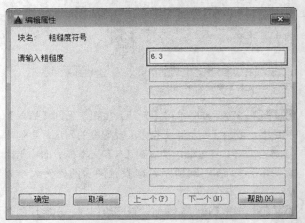

图 7-31 【编辑属性】对话框

Step 04 单击【确定】按钮，在Ø40轮廓线上单击，即可插入粗糙度符号，如图7-32所示。

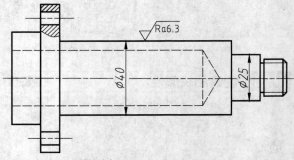

图 7-32 插入 6.3 的粗糙度

Step 05 重复执行【插入块】命令，再次插入"粗糙度符号"图块，在【编辑属性】对话框中定义粗糙度数值为1.6，如图7-33所示。

图 7-33　输入新的粗糙度数值

中选中某个属性值后，在【值】文本框中输入修改后的新值3.2，如图7-35所示。

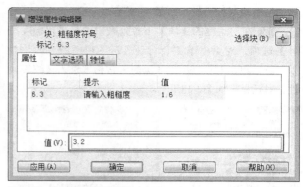

图 7-35　输入新的粗糙度数值

Step 06 在Ø25轮廓线上放置粗糙度为1.6的粗糙度符号，如图7-34所示。

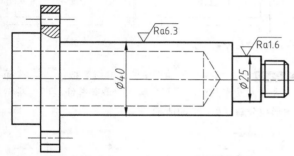

图 7-34　最终效果

Step 04 单击【确定】按钮，完成修改，修改粗糙度之后的图形如图7-36所示。

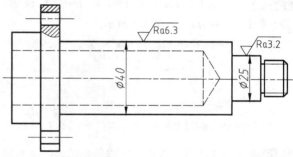

图 7-36　修改属性值效果

实例269　修改图块属性

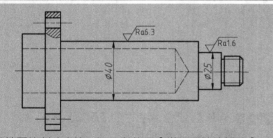

属性图块创建完毕，还可以使用【增强属性编辑器】对话框方便地修改属性值和属性文字的格式。

难度 ★★

- 素材文件路径：素材/第7章/实例268 插入属性图块-OK.dwg
- 效果文件路径：素材/第7章/实例269 修改图块属性-OK.dwg
- 视频文件路径：视频/第7章/实例269 修改图块属性.MP4
- 播放时长：36秒

Step 01 延续【实例268】进行操作，也可以打开素材文件"第7章/实例268 插入属性图块-OK.dwg"。

Step 02 尺寸Ø25的粗糙度在审核时认为设定太高，因此可以通过修改块属性的方法来进行修改。

Step 03 直接双击Ø25轮廓线上的1.6粗糙度，打开【增强属性编辑器】对话框，在该对话框的【属性】选项卡

实例270　重定义图块属性

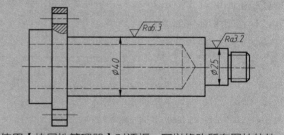

使用【块属性管理器】对话框，可以修改所有图块的块属性定义，更新相应的块实例。但同步操作仅能更新块属性定义，不能修改属性值。

难度 ★★

- 素材文件路径：素材/第7章/实例269 修改图块属性-OK.dwg
- 效果文件路径：素材/第7章/实例270 重定义图块属性-OK.dwg
- 视频文件路径：视频/第7章/实例270 重定义图块属性.MP4
- 播放时长：1分50秒

Step 01 延续【实例269】进行操作，也可以打开素材文件"第7章/实例269 修改图块属性-OK.dwg"。

Step 02 通过重定义图块属性，可以一次性修改图形中的两个粗糙度属性，但不能修改属性值。

Step 03 在命令行中输入BATTMAN，系统自动弹出【块属性管理器】对话框，对话框中显示了已附加到图块的所有块属性列表，如图7-37所示。

Step 04 在对话框的【块】下拉列表中选择【粗糙度符号】选项，对话框下侧会自动显示图形中所含的块数量，然后单击对话框中的【编辑】按钮，进入【编辑属性】对话框，如图7-38所示。

图 7-37 【块属性管理器】对话框   图 7-38 【编辑属性】对话框

Step 05 在对话框中选择【文字选项】选项卡，修改文字高度为3，对正方式为【左对齐】，如图7-39所示。

Step 06 再切换到【特性】选项卡，在【图层】下拉列表中选择【文本层】，如图7-40所示。

图 7-39 【块属性啊管理器】对话框   图 7-40 【特性】选项卡

Step 07 单击【确定】按钮，完成属性的修改，返回【块属性管理器】对话框，然后单击右边的【同步】按钮，如图7-41所示。

Step 08 再单击【确定】按钮，即可更新相应的块实例，操作结果图7-42如所示。

 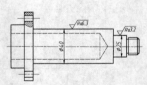

图 7-41 单击【同步】按钮   图 7-42 最终效果

实例271 重定义图块外形

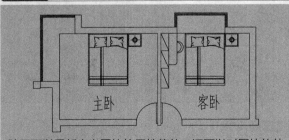

除了可以重新定义图块的属性值外，还可以对图块的外形进行重定义，只要对一个图块进行修改，文件中所有相同图块都会修改。

难度 ★★

● 素材文件路径：素材/第7章/实例271 重定义图块外形.dwg
● 效果文件路径：素材/第7章/实例271 重定义图块外形-OK.dwg
● 视频文件路径：视频/第7章/实例271 重定义图块外形.MP4
● 播放时长：1分34秒

Step 01 打开素材文件"第7章/实例271 重定义图块外形.dwg"文件，在主卧和客卧中分别添置了相同的床图块图形，但客卧中的床头灯与其他家具有磕碰，如图7-43所示。

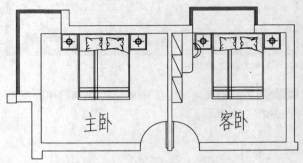

图 7-43 素材文件

Step 02 单击【修改】面板中的【分解】按钮，选择主卧室内的床图块，将其分解，拾取某些线段即可看出图形被分解，如图7-44所示。

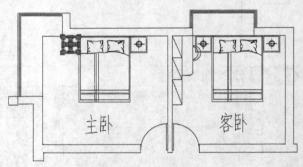

图 7-44 分解效果

Step 03 单击【修改】面板中的【删除】按钮，配合夹点编辑，将床左侧的床头灯删除，结果如图7-45所示。

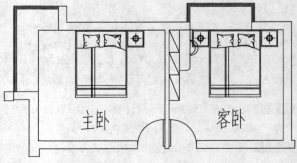

图 7-45 删除左侧床头灯

Step 04 在【默认】选项卡的【块】面板中单击【创

建】按钮 ⬚，执行【创建块】命令，系统打开【块定义】对话框。

Step 05 在对话框的【名称】文本框中输入图块名称 "床"（与原图块名相同！），然后重新选择主卧室中的床图形，指定新的基点，将其创建为新的"床"图块，如图7-46所示。

Step 06 单击【确定】按钮，系统弹出【块-重新定义块】对话框，提示原图块被重定义，单击【重新定义块】选项继续，如图7-47所示。

图 7-46　重定义"床"图块　　　图 7-47　【块－重新定义块】
　　　　　　　　　　　　　　　对话框

Step 07 返回绘图区可见客卧中的床图块外形自动得到更新，删除左侧床头灯后与其他家具不发生磕碰，效果如图7-48所示。

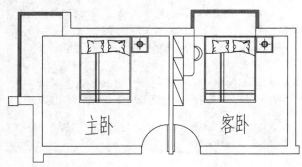

图 7-48　自动更新图块外形效果

实例272　创建动态块

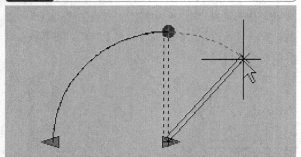

在 AutoCAD 2016 中，可以为普通图块添加动作，将其转换为动态图块，动态图块可以直接通过移动动态夹点来调整图块大小、角度，避免了频繁地参数输入或命令调用（如缩放、旋转、镜像命令等），使图块的操作变得更加轻松。

难度 ★★★

素材文件路径：素材/第7章/实例272 创建动态块.dwg
效果文件路径：素材/第7章/实例272 创建动态块-OK.dwg
视频文件路径：视频/第7章/实例272 创建动态块.MP4
播放时长：2分42秒

Step 01 打开"第7章/实例272 创建动态块.dwg"素材文件，图形中已经创建了一个门的普通块，如图7-49所示。

Step 02 在命令行中输入BE并按Enter键，系统弹出【编辑块定义】对话框，选择【门】图块，如图7-50所示。

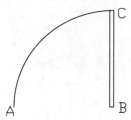

图 7-49　素材图形　　　　图 7-50　【编辑块定义】对话框

Step 03 单击【确定】按钮，进入块编辑模式，系统弹出【块编辑器】选项卡，同时弹出【块编写选项板】选项板，如图7-51所示。

Step 04 为块添加线性参数。选择【块编写选项板】选项板上的【参数】选项卡，单击【线性参数】按钮，为门的宽度添加一个线性参数，如图7-52所示。命令行操作如下。

> 命令:_BParameter 线性
> 指定起点或 [名称(N)/标签(L)/链(C)/说明(D)/基点(B)/选项板(P)/值集(V)]://选择圆弧端点A
> 指定端点://选择矩形端点B
> 指定标签位置://向下拖动指针，在合适位置放置线性参数标签

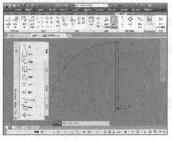 

图 7-51　块编辑界面　　　　图 7-52　添加线性参数

Step 05 为线性参数添加动作。切换到【块编写选项板】选项板上的【动作】选项卡，单击【缩放】按钮，为线性参数添加缩放动作，如图7-53所示。命令行操作如下。

> 命令:_BActionTool 缩放
> 选择参数://选择上一步添加的线性参数
> 指定动作的选择集
> 选择对象:找到 1 个

选择对象: 找到 1 个, 总计 2 个//依次选择门图形包含的全部轮廓线, 包括一条圆弧和一个矩形

选择对象://按Enter键结束选择, 完成动作的创建

Step 06 为块添加旋转参数。切换到【块编写选项板】选项板上的【参数】选项卡, 单击【旋转】按钮, 添加一个旋转参数, 如图7-54所示。命令行操作如下。

命令:_BParameter 旋转

指定基点或 [名称(N)/标签(L)/链(C)/说明(D)/选项板(P)/值集(V)]://选择矩形角点B作为旋转基点

指定参数半径://选择矩形角点C定义参数半径

指定默认旋转角度或 [基准角度(B)] <0>: 90↙//设置默认旋转角度为90°

指定标签位置://拖动参数标签位置, 在合适位置单击放置标签

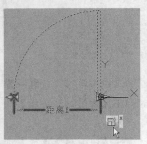

图 7-53 添加缩放动作

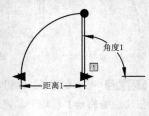

图 7-54 添加旋转参数

Step 07 为旋转参数添加动作。切换到【块编写选项板】选项板中的【动作】选项卡, 单击【旋转】按钮, 为旋转参数添加旋转动作, 如图7-55所示。命令行操作如下。

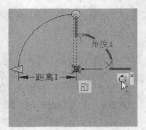

图 7-55 添加旋转动作

命令:_BActionTool 旋转

选择参数://选择创建的角度参数

指定动作的选择集

选择对象: 找到 1 个//选择矩形作为动作对象

选择对象://按Enter键结束选择, 完成动作的创建

Step 08 在【块编辑器】选项卡中, 单击【打开/保存】面板上的【保存块】按钮, 保存对块的编辑。单击【关闭块编辑器】按钮 关闭块编辑器, 返回绘图窗口, 此时单击创建的动态块, 该块上出现3个夹点显示, 如图7-56所示。

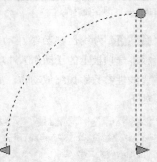

图 7-56 块的夹点显示

Step 09 拖动三角形夹点可以修改门的大小, 如图7-57所示; 而拖动圆形夹点可以修改门的打开角度, 如图7-58所示。门符号动态块创建完成。

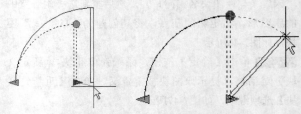

图 7-57 拖动三角形夹点　　图 7-58 拖动圆形夹点

实例273 块编辑器编辑动态块　　★进阶★

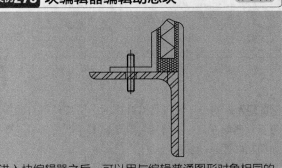

进入块编辑器之后, 可以用与编辑普通图形对象相同的方法修改动态块, 还可以添加属性定义、约束和动态参数等。

难度 ★★

素材文件路径: 素材/第7章/实例273 块编辑器编辑动态块.dwg

效果文件路径: 素材/第7章/实例273 块编辑器编辑动态块-OK.dwg

视频文件路径: 视频/第7章/实例273 块编辑器编辑动态块.MP4

播放时长: 3分42秒

Step 01 打开 "第7章/实例273 块编辑器编辑动态块.dwg" 素材文件, 如图7-59所示。

Step 02 在命令行输入I并按Enter键, 调用【插入】块命令, 插入素材 "第7章/实例273 双头螺柱.dwg" 外部块, 单击【修改】面板上的【移动】按钮, 将其移动到中心线安装位置, 如图7-60所示。

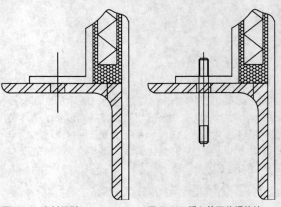

图 7-59 素材图形　　图 7-60 插入的双头螺柱块

Step 03 选中插入的双头螺柱图块，然后在【默认】选项卡中，单击【块】面板上的【编辑】按钮，系统弹出【编辑块定义】对话框，如图7-61所示。单击【确定】按钮，进入块编辑器。

Step 04 如果【块编写选项板】选项板没有打开，单击【管理】面板上的【块编写选项板】按钮，将其打开。

Step 05 在【块编写选项板】选项板中，切换到【参数】选项卡，单击【线性】按钮，为螺柱的无螺纹段添加一个线性参数，如图7-62所示。

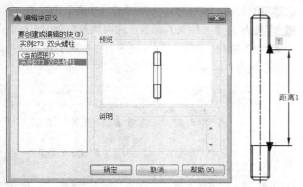

图 7-61 【编辑块定义】对话框　　图 7-62 添加的线性参数

Step 06 在【块编写选项板】选项板中，切换到【动作】选项卡，单击【拉伸】按钮，为螺柱添加一个长度方向的拉伸动作，如图7-63所示。命令行操作如下。

```
命令：_BActionTool 拉伸
选择参数：//选择创建的线性参数
指定要与动作关联的参数点或输入 [起点(T)/第二点(S)] <起点>://选择线性参数的一个节点，如图7-64所示
指定拉伸框架的第一个角点或 [圈交(CP)]://对齐到如图7-65所示的水平位置，作为拉伸第一角点
指定对角点：//拖动窗口，指定对角点，如图7-66所示指定要拉伸的对象
选择对象：指定对角点：找到 13 个，总计 13 个//选择拉伸框架内的所有图形对象
```

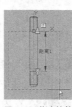

图 7-63 添加的拉伸动作　图 7-64 选择节点　图 7-65 指定拉伸框架第一个角点　图 7-66 指定拉伸框架第二个角点

Step 07 单击【块编辑器】选项卡上的【关闭块编辑器】按钮，系统弹出提示对话框，如图7-67所示。单击【保存更改】按钮，回到绘图界面。

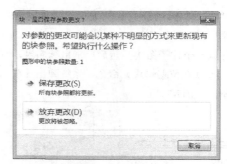

图 7-67 保存更改的提示对话框

Step 08 单击双头螺柱图块，图块上出现夹点显示，如图7-68所示。拖动三角形夹点可以修改螺柱的长度，修改的结果如图7-69所示。

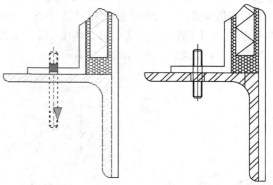

图 7-68 动态块的夹点显示　　图 7-69 调整螺柱长度的效果

操作技巧

通过【块编辑器】编辑的块，只对当前文件中的块起作用，也就是说没有修改外部块文件。

实例274 在位编辑器编辑动态块 ★进阶★

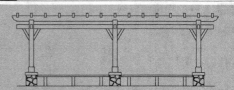

在位编辑块不进入块编辑器，在原图形中直接编辑块。对于需要以图形中其他对象作为参考的块，在位编辑十分有用。例如，插入一个门图块之后，该门的宽度需要以门框的宽度作为参考，如果进入块编辑器编辑该块，将会隐藏其他图形对象，无法做到实时参考。

难度 ★★★★

- 素材文件路径：素材/第7章/实例274 在位编辑器编辑动态块.dwg
- 效果文件路径：素材/第7章/实例274 在位编辑器编辑动态块-OK.dwg
- 视频文件路径：视频/第7章/实例274 在位编辑器编辑动态块.MP4
- 播放时长：2分25秒

Step 01 打开"第7章/实例274 在位编辑器编辑动态块.dwg"素材文件，如图7-70所示。

Step 02 选中任意一个柱子图块，然后单击鼠标右键，在快捷菜单中选择【在位编辑块】命令，系统弹出【参照编辑】对话框，如图7-71所示。

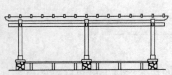
图 7-70 素材图形

图 7-71 【参照编辑】对话框

Step 03 单击【参照编辑】对话框上的【确定】按钮，进入在位编辑模式，系统弹出【编辑参照】面板，如图7-72所示。调用【直线】、【偏移】和【镜像】等命令，绘制柱子到横梁的斜撑，如图7-73所示。

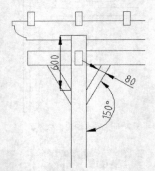

图 7-72 【编辑参照】面板

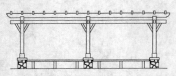
图 7-73 修改块图形

Step 04 然后单击【编辑参照】面板上的【保存修改】按钮，系统弹出提示对话框，如图7-74所示，单击【确定】按钮完成块的编辑。

Step 05 廊柱的在位编辑效果如图7-75所示。

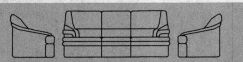
图 7-74 系统提示信息　　图 7-75 在位编辑效果

实例275 设计中心插入图块　　★进阶★

前面介绍了利用【插入块】命令插入图块的方法，而利用设计中心插入图块功能更强大，可以直接使用拖曳的方式，将某个 AutoCAD 图形文件作为外部块插入到当前文件中，也可以将外部图形文件中包含的图层、线型、样式和图块等对象插入到当前文件中，因而省去了创建

图层、样式的操作。

难度 ★★

○ 素材文件路径：无

○ 效果文件路径：素材/第7章/实例275 设计中心插入图块-OK.dwg

○ 视频文件路径：视频/第7章/实例275 设计中心插入图块.MP4

○ 播放时长：3分20秒

Step 01 单击快速访问工具栏上的【新建】按钮，新建空白文件。

Step 02 按Ctrl+2组合键，打开【设计中心】选项板。

Step 03 展开【文件夹】标签，在树状图目录中定位到"第7章"素材文件夹，文件夹中包含的所有图形文件均显示在内容区，如图7-76所示。

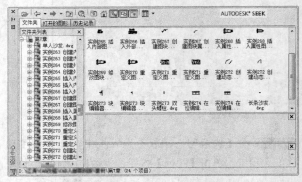
图 7-76 浏览到文件夹

Step 04 在内容区选择"长条沙发"文件并单击鼠标右键，弹出快捷菜单，如图7-77所示，选择【插入为块】命令，系统弹出【插入】对话框，如图7-78所示。

图 7-77 快捷菜单　　图 7-78 【插入】对话框

Step 05 单击【确定】按钮，将该图形作为一个块插入到当前文件中，如图7-79所示。

Step 06 在内容区选择同文件夹的"长条沙发"图形文件，将其拖动到绘图区，根据命令行提示插入单人沙发，图7-80所示。命令行操作如下。

命令：_INSERT 输入块名或 [?] <长条沙发>:
单位：毫米　转换:1指定插入点或 [基点(B)/比例(S)/X/Y/Z/旋转(R)]://选择块的插入点输入 X 比例因子，指定对角点，或 [角点(C)/XYZ(XYZ)] <1>:✓//使用默认X比例因子
输入 Y 比例因子或 <使用 X 比例因子>:✓//使用默认Y比例因子
指定旋转角度 <0>:✓//使用默认旋转角度

图 7-79　插入的长条沙发

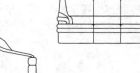

图 7-80　插入单人沙发

Step 07 在命令行输入M并按Enter键，将刚插入的"单人沙发"图块移动到合适位置，然后使用【镜像】命令镜像一个与之对称的单人沙发，结果如图7-81所示。

Step 08 将【设计中心】选项板左侧切换到【打开的图形】窗口，树状图中显示当前打开的图形文件，选择【块】项目，在内容区显示当前文件中的两个图块，如图7-82所示。

图 7-81　移动和镜像沙发的结果

图 7-82　当前图形中的块

实例276 **统计图块数量**　　　　★进阶★

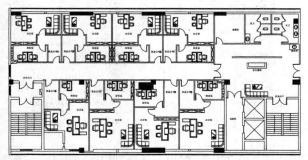

在室内、园林等设计图纸中，都具有数量非常多的图块，若要人工进行统计计数则工作效率很低，且准确度不高。这时就可以使用【快速选择】命令来进行统计。

难度 ★★

🔵 素材文件路径：素材/第7章/实例276 统计图块数量.dwg
🔵 效果文件路径：素材/第7章/实例276 统计图块数量-OK.dwg
🎬 视频文件路径：视频/第7章/实例276 统计图块数量.MP4
🎬 播放时长：1分45秒

Step 01 打开"第7章/实例276 统计图块数量.dwg"素材文件，如图7-83所示。

图 7-83　素材文件

Step 02 查找块对象的名称。在需要统计的图块上双击鼠标，系统弹出【编辑块定义】对话框，在块列表中显示图块名称，如图7-84所示，为"普通办公电脑"。

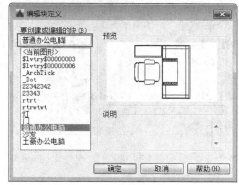

图 7-84　【编辑块定义】对话框

Step 03 在命令行中输入QSELECT并按Enter键，弹出【快速选择】对话框，选择应用到【整个图形】，在【对象类型】下拉列表中选择【块参照】选项，在【特性】列表框中选择【名称】选项，再在【值】下拉列表中选择"普通办公电脑"选项，指定【运算符】选项为【=等于】，如图7-85所示。

Step 04 设置完成后单击【确定】按钮，在文本信息栏里就会显示找到对象的数量，如图7-86所示，即为15台普通办公电脑。

图 7-85　【快速选择】对话框　　　图 7-86　命令行中显示数量

实例277 **图块的重命名**

创建图块后，对其进行重命名的方法有多种。如果是外部图块文件，可直接在保存目录中对该图块文件进行重命名；如果是内部图块，可使用重命名命令 RENAME/REN 来更改图块的名称。

难度 ★★

- 素材文件路径：素材/第7章/实例277 图块的重命名.dwg
- 效果文件路径：素材/第7章/实例277 图块的重命名-OK.dwg
- 视频文件路径：视频/第7章/实例277 图块的重命名.MP4
- 播放时长：1分31秒

Step 01 打开"第7章/实例277 图块的重命名.dwg"文件。

Step 02 在命令行中输入REN【重命名图块】命令，系统弹出【重命名】对话框，如图7-87所示。

Step 03 在对话框左侧的【命名对象】列表框中选择【块】选项，在右侧的【项数】列表框中选择【中式吊灯】块。

Step 04 在【旧名称】文本框中显示的是该图块的现有名称"中式吊灯"，在【重命名为】按钮后面的文本框中输入新名称"吊灯"，如图7-88所示。

图 7-87 【重命名】对话框　　图 7-88 选择需重命名对象

Step 05 单击【重命名为】按钮确定操作，重命名图块完成，如图7-89所示。

图 7-89 重命名完成效果

实例278 图块的删除

如果图形中存在用不到的图块，最好将其清除，否则过多的图块文件会占用图形的内存，使得绘图时反应变慢。

难度 ★★

- 素材文件路径：素材/第7章/实例278 图块的删除.dwg
- 效果文件路径：素材/第7章/实例278 图块的删除-OK.dwg
- 视频文件路径：视频/第7章/实例278 图块的删除.MP4
- 播放时长：1分26秒

Step 01 打开"第7章/实例278 图块的删除.dwg"文件。

Step 02 单击【应用程序按钮】，在下拉菜单中选择【实用工具】中的【清理】选项，如图7-90所示，系统自动弹出【清理】对话框，如图7-91所示。

图 7-90 【应用程序按钮】中的【清理】工具　　图 7-91 【清理】对话框

Step 03 选择【查看能清理的项目】单选按钮，在【图形中未使用的项目】列表框中双击【块】选项，展开此项将显示当前图形文件中的所有内部快，如图7-92所示。

Step 04 选择要删除的【DP006】图块，然后单击【清理】按钮，清理后如图 7-93所示。

图 7-92 选择【块】选项　　图 7-93 清理后效果

7.2 外部参照的引用与管理

AutoCAD 将外部参照作为一种图块类型定义，它也可以提高绘图效率。但外部参照与图块有一些重要的区别，将图形作为图块插入时，它存储在图形中，不随原始图形的改变而更新；将图形作为外部参照时，会将该参照图形链接到当前图形，对参照图形所做的任何修改都会显示在当前图形中。一个图形可以作为外部参照同时附着插入到多个图形中，同样也可以将多个图形作为外部参照附着到单个图形中。

实例279 外部参照与图块的区别

在 AutoCAD 2016 中，外部参照与块在当前图形中都是以单个对象的形式存在，但还是存在一定的差异。
难度 ★★

【外部参照】与【块】有相似之处，但它们的主要区别是：一旦插入了块，该块就永久性地插入到当前图形中，成为当前图形的一部分。而以外部参照方式将图形插入到某一图形后，被插入图形文件的信息并不直接加入到主图形中，主图形只是记录参照的关系。

1 块的概念

在 AutoCAD 2016 中，每个图形对象都具有诸如颜色、线型、线宽和图层等特性，当生成图块时，可以把处于不同图层上的具有颜色、线型和线宽的对象定义为图块，使图块中的对象仍保持原来的图层和特性。

2 外部参照的概念

通过外部参照，参照图形所做的修改将反映在当前图形中，附着的外部参照链接至另一个图形，并不需要真正插入。

3 外部参照与图块的区别

如果把图形作为块插入到另一个图形中，则块定义和所有相关联的几何图形都将存储在当前图形数据中。修改后，块不会随之更新，插入的块如果被分解，则同其他图形没有本质区别，相当于一个图形文件中的图形对象粘贴至另一个文件中。外部参照提供了另一种更为灵活的图形引用方法，使用外部参照可以将多个图形连接到当前图形，并且作为外部参照的图形会随原图形的修改而更新。

当一个图形文件被作为外部参照插入到当前图形时，外部参照中的每个图形数据仍然分别保存在各自的源图形文件中，当前图形中所保留的只是外部参照的名称和路径。因此，外部参照不会明显地增加当前图形的文件大小。无论一个外部参照多么复杂，AutoCAD 中都会将它当作一个单一对象来处理，因而不允许分解。用户可以对外部参照进行比例缩放、移动、复制、旋转和镜像等操作，还可以控制外部参照的显示状态，但这些操作不会影响到原图形文件。

实例280 外部参照在设计中的应用

外部参照通常称为 XREF，用户可以将整个图形作为参照图形附着到当前图形中，而不是插入它。这样可以通过在图形中参照其他用户的图形协调用户之间的工作，查看当前图形是否与其他图形相匹配。
难度 ★★

1 保证各专业设计协作的连续一致性

外部参照可以保证各专业的设计、修改同步进行。例如，建筑专业对建筑条件做了修改，其他专业只要重新打开图或者重载当前图形，就可以看到修改的部分，从而马上按照最新建筑条件继续设计工作，从而避免了其他专业因建筑专业的修改而出现图纸对不上的问题。

2 减小文件容量

含有外部参照的文件只是记录了一个路径，该文件的存储容量增大不多。采用外部参照功能可以使一批引用文件附着在一个较小的图形文件上而生成一个复杂的图形文件，可以大大提高图形的生成速度。在设计中，如果能利用外部参照功能，可以轻松处理由多个专业配合、汇总而成的庞大的图形文件。

3 提高绘图速度

由于外部参照"立竿见影"的功效，各个相关专业的图纸都在随着设计内容的改变随时更新，而不需要不断复制，不断滞后，这样，不但可以提高绘图速度，而且可以大大减少修改图形所耗费的时间和精力。同时，CAD 的参照编辑功能可以让设计人员在不打开部分外部参照文件的情况下对外部参照文件进行修改，从而加快绘图速度。

4 优化设计文件的数量

一个外部参照文件可以被多个文件引用，而且一个文件可以重复引用同一个外部参照文件，从而使图形文件的数量减少到最低，提高了项目组文件管理的效率。

实例281 附着DWG外部参照

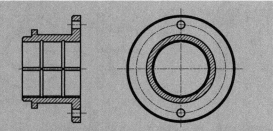

在 AutoCAD 2016 中，一个图形能作为外部参照并同时附着到多个图形文件中，多个图形作为参照图形也可以附着到另外图形中去。
难度 ★★★

素材文件路径：素材/第7章/实例281 附着DWG外部参照.dwg

效果文件路径：素材/第7章/实例281 附着DWG外部参照-OK.dwg

视频文件路径：视频/第7章/实例281 附着DWG外部参照.MP4

播放时长：2分53秒

　　外部参照图形非常适合用作参考插入。据统计，如果要参考某一现成的 dwg 图纸来进行绘制，那绝大多数设计师都会采取打开该 dwg 文件，然后使用 Ctrl+C、Ctrl+V 组合键直接将图形复制到新创建的图纸上。这种方法使用方便、快捷，但缺陷是新建的图纸与原来的 dwg 文件没有关联性，如果参考的 dwg 文件有所更改，则新建的图纸不会有所提升。而如果采用外部参照的方式插入参考用的 dwg 文件，则可以实时更新。下面通过一个例子来进行介绍。

Step 01 打开"第7章/实例281 附着DWG外部参照.dwg"文件，如图7-94所示。

Step 02 在【插入】选项卡中，单击【参照】面板中的【附着】按钮，系统弹出【选择参照文件】对话框。在【文件类型】下拉列表中选择"图形（*.dwg）"，并找到同文件内的"参照素材.dwg"文件，如图7-95所示。

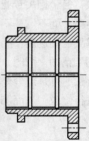

图 7-94　素材图样　　图 7-95　【选择参照文件】对话框

Step 03 单击【打开】按钮，系统弹出【附着外部参照】对话框，所有选项保持默认，如图7-96所示。

Step 04 单击【确定】按钮，在绘图区域指定端点，并调整其位置，即可附着外部参照，如图7-97所示。

图 7-96　【附着外部参照】对话框　　图 7-97　附着参照效果

Step 05 插入的参照图形为该零件的右视图，此时就可以结合现有图形与参照图绘制零件的其他视图，或者进行标注。

Step 06 读者可以先按Ctrl+S组合键进行保存，然后退出该文件；接着打开同文件夹内的"参照素材.dwg"文

件，并删除其中的4个小孔，如图7-98所示，再按Ctrl+S组合键进行保存，然后退出。

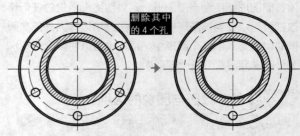

图 7-98　对参照文件进行修改

Step 07 此时再重新打开"实例281附着DWG外部参照.dwg"文件，则会出现图7-99所示的提示，单击"重载参照素材"链接，则图形变为图7-100所示效果。这样参照的图形得到了实时更新，可以保证设计的准确性。

图 7-99　参照提示　　　　图 7-100　更好参照对象后的附着效果

实例282 附着图片外部参照

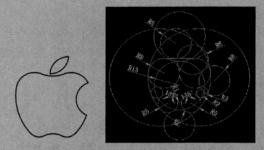

　　在 AutoCAD 2016 中，附着图片参照与外部参照一样，其图形由一些称为像素的小方块或点的矩形栅格组成，附着后的图形像图块一样为一个整体，用户可以对其进行多次重新附着。

难度 ★★

素材文件路径：素材/第3章/实例109 绘制苹果图形-OK.dwg

效果文件路径：素材/第7章/实例282 附着图片外部参照-OK.dwg

视频文件路径：视频/第7章/实例282 附着图片外部参照.MP4

播放时长：57秒

Step 01 打开"第3章/实例109 绘制苹果图形-OK.dwg"素材文件，其中已经绘制好了一个苹果图形，如图7-101所示。

Step 02 在菜单栏中选择【插入】|【光栅图像参照】选项，执行【光栅图像参照】命令，如图7-102所示。

图 7-101 素材图样

图 7-102 菜单栏中的【光栅图形参照】选项

Step 03 系统自动打开【选择参照文件】对话框，然后定位至"第7章"素材文件夹，选择其中的"苹果画法"文件，如图7-103所示。

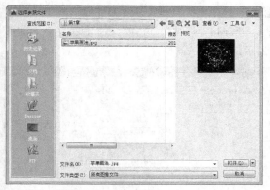

图 7-103 浏览到文件夹

Step 04 单击对话框中的【打开】按钮，弹出【附着图像】对话框，在【缩放比例】区域设置缩放比例为0.005，如图7-104所示。

图 7-104 设置附着参数

Step 05 单击【确定】按钮，在命令行提示下任意指定图片的放置点，即可附着该图片参照，效果如图7-105所示。

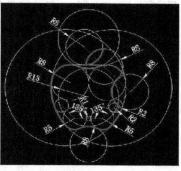

图 7-105 将图片插入至 AutoCAD 中效果

实例283 附着DWF外部参照

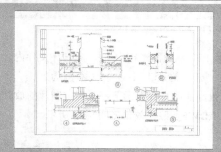

附着 DWF 是一种从 DWG 格式文件创建的高压缩的文件格式，可以将 DWF 文件作为参考底图附着至图形文件上。

难度 ★★★

⬡ 素材文件路径：素材/第7章/实例283 附着DWF外部参照.dwf
⬡ 效果文件路径：素材/第7章/实例283 附着DWF外部参照-OK.dwg
⬡ 视频文件路径：视频/第7章/实例283 附着DWF外部参照.MP4
⬡ 播放时长：56秒

Step 01 启动AutoCAD 2016，新建一个空白文档。

Step 02 在菜单栏中选择【插入】|【DWF参考底图】选项，执行【DWF参照】命令，如图7-106所示。

Step 03 系统自动弹出【选择参照文件】对话框，在"第7章"素材文件夹中选择"实例283 附着DWF外部参照.dwf"文件，如图7-107所示。

图 7-106 菜单栏中的【DWF 参考底图】选项

图 7-107 【选择参照文件】对话框

Step 04 单击对话框中的【打开】按钮，弹出【附着 DWF参考底图】对话框，所有选项皆保持默认，如图7-108所示。

图 7-108 【附着 DWF 参考底图】对话框

Step 05 在右侧的图形框中可见该DWF文件内含多个参考底图，任意选择其中一个（本例为2），单击【确定】按钮，在命令行提示下任意指定图片的放置点，即可附着该DWF参照，效果如图7-109所示。

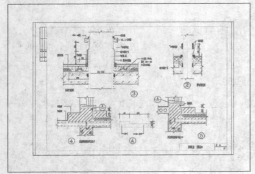

图 7-109 附着的 DWF 底图效果

实例284 附着PDF外部参照

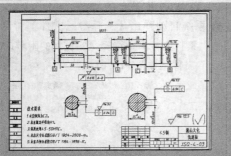

在 AutoCAD 2016 中，用户可以附着 PDF 文件进行辅助绘图，多页 PDF 文件一次只能附着一页，因此要注意与 DWF 附着的区别。

难度 ★★

- 素材文件路径：素材/第7章/实例284 附着PDF外部参照.pdf
- 效果文件路径：素材/第7章/实例284 附着PDF外部参照-OK.dwg
- 视频文件路径：视频/第7章/实例284 附着PDF外部参照.MP4
- 播放时长：47秒

Step 01 启动AutoCAD 2016，新建一个空白文档。

Step 02 在菜单栏中选择【插入】|【DWF参考底图】选项，执行【DWF参照】命令，如图7-110所示。

Step 03 系统自动弹出【选择参照文件】对话框，在"第7章"素材文件夹中选择"实例284 附着PDF外部参照.pdf"文件，如图7-111所示。

图 7-110 菜单栏中的【PDF 参考底图】选项

图 7-111 【选择参照文件】对话框

Step 04 单击对话框中的【打开】按钮，弹出【附着DWF参考底图】对话框，所有选项皆保持默认，如图7-112所示。

图 7-112 【附着 PDF 参考底图】对话框

Step 05 在右侧的图形框中选择一个参考底图，单击【确定】按钮，在命令行提示下任意指定图片的放置点，即可附着该PDF参照，效果如图7-113所示。

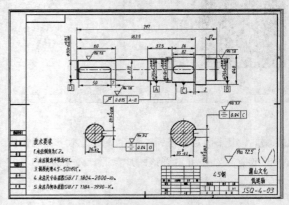

图 7-113 附着的 PDF 底图效果

实例285 编辑外部参照

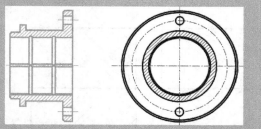

在图形中插入了外部参照之后，可以根据需要对外部参照进行管理、编辑、剪裁和绑定等操作。

难度 ★★

- 素材文件路径：素材/第7章/实例281 附着DWG外部参照-OK.dwg
- 效果文件路径：素材/第7章/实例285 编辑外部参照-OK.dwg
- 视频文件路径：视频/第7章/实例285 编辑外部参照.MP4
- 播放时长：1分23秒

Step 01 延续【实例281】进行操作，也可以打开素材文件"第7章/实例281 附着DWG外部参照-OK.dwg"，如图7-114所示，可见附着图形淡化显示。

Step 02 切换至功能区的【插入】选项卡，然后单击【参照】面板中的【参照编辑】按钮，如图7-115所示，执行【参照编辑】命令。

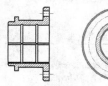
图 7-114　素材图形

图 7-115　【参照】面板中的【编辑参照】按钮

Step 03 此时鼠标呈现选中状态，选择右侧的参照图形进行编辑，弹出【参照编辑】对话框，在对话框中可以设置是否编辑参照图形中的参照对象，即嵌套对象，如图7-116所示。

Step 04 单击【确定】按钮，系统弹出提示对话框，提示该参照文件的早期编辑信息，如图7-117所示。

图 7-116　【参照编辑】对话框

图 7-117　提示对话框

Step 05 单击【确定】按钮，即可进入外部参照的编辑模式，此时绘图区中可见原参照图形加强显示，而原图形淡化显示，如图7-118所示，可执行绘图或编辑命令

对其修改。

Step 06 在功能区中多出了【编辑参照】面板，如图7-119所示。待参照图形修改完毕，单击其中的【保存修改】按钮，即可完成外部参照图形的编辑。

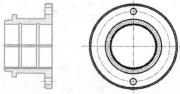
图 7-118　编辑状态下的外部参照图形

图 7-119　【编辑参照】面板

实例286 剪裁外部参照

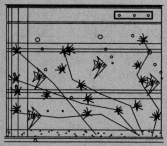

在 AutoCAD 2016 中，剪裁外部参照可以去除多余的参照部分，而无需更改原参照图形。

难度 ★★

- 素材文件路径：素材/第7章/实例286 剪裁外部参照.dwg
- 效果文件路径：素材/第7章/实例286 剪裁外部参照-OK.dwg
- 视频文件路径：视频/第7章/实例286 剪裁外部参照.MP4
- 播放时长：1分3秒

Step 01 打开"第7章/实例286 剪裁外部参照.dwg"文件，如图7-120所示。

Step 02 在【插入】选项板中，单击【参照】面板中的【剪裁】按钮，根据命令行的提示修剪参照，如图7-121所示，命令行操作如下。

```
命令:_xclip//调用【剪裁】命令
选择对象:找到 1 个//选择外部参照
选择对象:输入剪裁选项[开(ON)/关(OFF)/剪裁深度(C)/删除
(D)/生成多段线(P)/新建边界(N)]<新建边界>: ON↙//激活
【开(ON)】选项输入剪裁选项[开(ON)/关(OFF)/剪裁深度(C)/
删除(D)/生成多段线(P)/新建边界(N)]<新建边界>: n↙//激活
【新建边界(N)】选项外部模式 - 边界外的对象将被隐藏。
指定剪裁边界或选择反向选项:[选择多段线(S)/多边形(P)/矩
形(R)/反向剪裁(I)]<矩形>: p↙//激活【多边形(P)】选项
指定第一点://拾取A、B、C、D点指定剪裁边界，如图7-120
所示
指定下一点或 [放弃(U)]:
指定下一点或 [放弃(U)]:
指定下一点或 [放弃(U)]:↙//按Enter键完成修剪
```

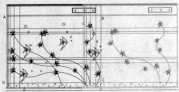

图7-120 素材图样

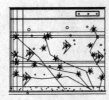

图7-121 剪裁后效果

实例287 卸载外部参照

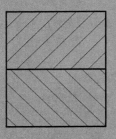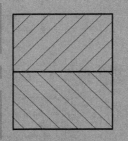

如果要隐藏外部参照图形的显示,可以使用【卸载】命令,对指定的外部参照进行卸载,该操作可以隐藏所选的参照图形。

难度 ★★

- 素材文件路径: 素材/第7章/实例287 卸载外部参照.dwg
- 效果文件路径: 素材/第7章/实例287 卸载外部参照-OK.dwg
- 视频文件路径: 视频/第7章/实例287 卸载外部参照.MP4
- 播放时长: 1分19秒

Step 01 打开"第7章/实例287 卸载外部参照.dwg"素材文件,素材中已加载了一张螺钉图,如图7-122所示。

Step 02 切换至【插入】选项卡,然后单击【参照】下滑面板中的【外部参照】按钮,如图7-123所示。

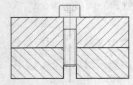

图7-122 素材图形

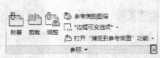

图7-123 【参照】面板中的【外部参照】按钮

Step 03 执行上述操作后,系统打开【文件参照】选项板,选择其中的"实例287 外部参照"选项,然后单击鼠标右键,在弹出的快捷菜单中选择【卸载】选项,如图7-124所示。

图7-124 选择外部参照并卸载

Step 04 在绘图区中可见素材文件中的螺钉图形被消隐,如图7-125所示。

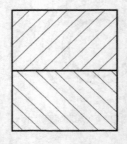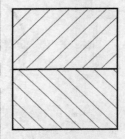

图7-125 卸载外部参照之后的图形

实例288 重载外部参照

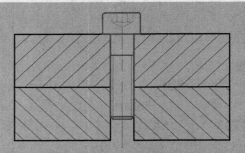

被卸载之后的外部参照图形并没有被删除,仍然保留在原文件中,还可以执行【重载】命令将其还原。

难度 ★★

- 素材文件路径: 素材/第7章/实例287 卸载外部参照-OK.dwg
- 效果文件路径: 素材/第7章/实例288 重载外部参照-OK.dwg
- 视频文件路径: 视频/第7章/实例288 重载外部参照.MP4
- 播放时长: 49秒

Step 01 延续【实例287】进行操作,也可以打开素材文件"第7章/实例287 卸载外部参照-OK.dwg"。

Step 02 切换至【插入】选项卡,然后单击【参照】下滑面板中的【外部参照】按钮。

Step 03 在弹出的【文件参照】选项板中可见"实例287 外部参照"选项右侧显示"已卸载",然后选择该选项并单击鼠标右键,在弹出的快捷菜单中选择【重载】,如图7-126所示。

Step 04 在绘图区中可见素材文件中的螺钉图形重新被显示,如图7-127所示。

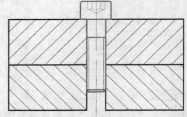

图7-126 选择外部参照并重载　　图7-127 重载外部参照之后的图形

实例289 拆离外部参照

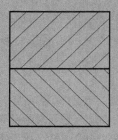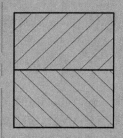

要从图形中完全删除外部参照，需要执行【拆离】而不是【删除】或【卸载】。因为删除外部参照不会删除与其关联的图层定义，而使用【拆离】命令，才能删除与外部参照有关的所有关联信息。

难度 ★★

- 素材文件路径：素材/第7章/实例288 重载外部参照-OK..dwg
- 效果文件路径：素材/第7章/实例289 拆离外部参照-OK.dwg
- 视频文件路径：视频/第7章/实例289 拆离外部参照.MP4
- 播放时长：46秒

Step 01 延续【实例288】进行操作，也可以打开素材文件"第7章/实例288 重载外部参照-OK.dwg"。

Step 02 切换至【插入】选项卡，然后单击【参照】面板中的【外部参照】按钮。

Step 03 执行上述操作后，系统打开【文件参照】选项板，选择其中的"实例287 外部参照"选项，然后单击鼠标右键，在弹出的快捷菜单中选择【拆离】选项，如图7-128所示。

图 7-128 选择外部参照并卸载

Step 04 可见无论是绘图区中素材文件上的螺钉，还是在【文件参照】选项板中的"实例287 外部参照"选项，均被彻底删除，如图7-129所示。

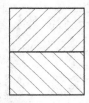

图 7-129 拆离外部参照之后的选项板和图形

第 8 章 图层的创建与管理

图层是 AutoCAD 提供给用户的组织图形的强有力工具。AutoCAD 的图形对象必须绘制在某个图层上，可能是默认的图层，也可以是用户自己创建的图层。利用图层的特性，如颜色、线宽和线型等，可以非常方便地区分不同的对象。此外，AutoCAD 还提供了大量的图层管理功能（打开 / 关闭、冻结 / 解冻、加锁 / 解锁等），这些功能使用户可以非常方便地组织图层。

8.1 图层的创建

为了根据图形的相关属性对图形进行分类，AutoCAD 引入了"图层 (Layer)"的概念，也就是把线型、线宽、颜色和状态等属性相同的图形对象放进同一个图层，以方便用户管理。

在绘图前指定每一个图层的线型、线宽、颜色和状态等属性，可将具有与之相同属性的图形对象都放到该图层上。在绘图时只需要指定每个图形对象的几何数据和其所在的图层即可。这样既简化了绘图过程，又便于图形管理。

实例290 图层的创建原则

按照图层组织数据，将图形对象分类组织到不同的图层中，这是 AutoCAD 设计人员的一个良好习惯。在新建文档时，首先应该在绘图前大致设计好文档的图层结构。多人协同设计时，更应该设计好一个统一而又规范的图层结构，以便数据交换和共享。切忌将所有的图形对象全部放在同一个图层中。

难度 ★

AutoCAD 图层相当于传统图纸中使用的重叠图纸。它就如同一张张透明的图纸，整个 AutoCAD 文档就是由若干透明图纸上下叠加的结果，如图 8-1 所示。用户可以根据不同的特征、类别或用途，将图形对象分类组织到不同的图层中。同一个图层中的图形对象具有许多相同的外观属性，如线宽、颜色和线型等。

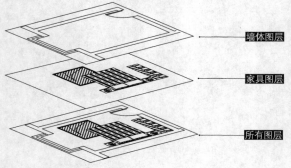

图 8-1 图层的原理

按图层组织数据有很多好处。首先，图层结构有利于设计人员对 AutoCAD 文档的绘制和阅读。不同工种

的设计人员，可以将不同类型的数据组织到各自的图层中，最后统一叠加。阅读文档时，可以暂时隐藏不必要的图层，减少屏幕上的图形对象数量，提高显示效率，也有利于看图。修改图纸时，可以锁定或冻结其他工种的图层，以防误删、误改他人图纸。其次，按照图层组织数据，可以减少数据冗余，压缩文件数据量，提高系统处理效率。许多图形对象都有共同的属性。如果逐个记录这些属性，那么这些共同属性将被重复记录。而按图层组织数据以后，具有共同属性的图形对象同属一个层。

可以按照以下的原则组织图层。

◆ 按照图形对象的使用性质分层。例如，在建筑设计中，可以将墙体、门窗、家具和绿化分在不同的层。

◆ 按照外观属性分层。具有不同线型或线宽的实体应当分属不同的图层，这是一个很重要的原则。例如，在机械设计中，粗实线（外轮廓线）、虚线（隐藏线）和点画线（中心线）就应该分属 3 个不同的层，也方便了打印控制。

◆ 按照模型和非模型分层。AutoCAD 制图的过程实际上是建模的过程。图形对象是模型的一部分；文字标注、尺寸标注、图框和图例符号等并不属于模型本身，是设计人员为了便于设计文件的阅读而人为添加的说明性内容。所以模型和非模型应当分属不同的层。

实例291 新建图层 ★重点★

图层新建和设置在【图层特性管理器】选项板中进行，包括组织图层结构和设置图层属性和状态。

难度 ★★

素材文件路径：无
效果文件路径：无
视频文件路径：视频/第8章/实例291 新建图层.MP4
播放时长：2分49秒

Step 01 单击快速访问工具栏上的【新建】按钮 ，新建空白文件。

Step 02 在【默认】选项卡中，单击【图层】面板上的【图层特性】按钮 ，如图8-2所示，执行【图层特性】命令。

Step 03 系统弹出【图层特性管理器】选项板，单击【新建图层】按钮 ，新建图层。默认名称为【图层1】，如图8-3所示。

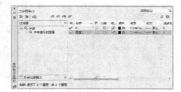

图 8-2【图层】面板中的【图层特性】按钮　　图 8-3 【图层特性管理器】选项板

Step 04 用鼠标右键单击【图层1】，在弹出的快捷菜单中选择【重命名图层】命令，更改名称为"中心线"，如图8-4所示。

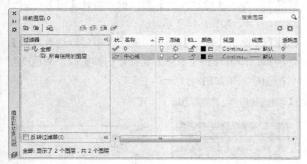

图 8-4　重命名图层

Step 05 单击【颜色】属性项，弹出【选择颜色】对话框，如图8-5所示，选择【索引颜色：1】。

Step 06 单击【确定】按钮，返回【图层特性管理器】选项板，如图8-6所示。

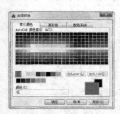 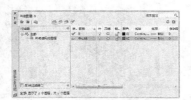

图 8-5【选择颜色】对话框　　图 8-6 【图层特性管理器】选项板

Step 07 单击【线型】属性项，弹出【选择线型】对话框。单击【加载】按钮，在弹出的【加载或重载线型】对话框中选择CENTER线型，如图8-7所示。

Step 08 单击【确定】按钮，返回【选择线型】对话框。再次选择CENTER线型，然后单击【确定】按钮，如图8-8所示。

图 8-7 【加载或重载线型】对　　图 8-8 【选择线型】对话框
话框

Step 09 单击【确定】按钮，返回【图层特性管理器】选项板。设置线型效果如图8-9所示。

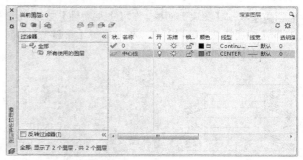

图 8-9 【图层特性管理器】选项板

Step 10 按照同样的方法，新建【虚线】图层，设置【颜色】为【索引颜色：6】，设置【线型】为DASHED；新建【轮廓线】图层，设置【颜色】为【索引颜色：7】，【线型】为Solid，设置【线宽】为0.3mm，最终效果如图8-10所示。

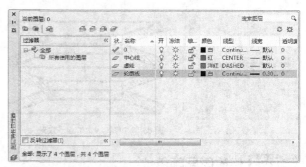

图 8-10　新建并设置其他图层

> **操作技巧**
>
> 若先选择一个图层再新建另一个图层，则新图层与被选择的图层具有相同的颜色、线型和线宽等。

**实例292 修改图层线宽**

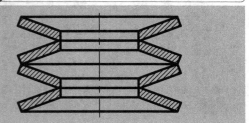

线宽是控制线条显示和打印宽度的特性，在绘制过程中可以随时根据设计要求对其进行修改。

难度 ★★

- 素材文件路径：素材/第8章/实例292 修改图层线宽.dwg
- 效果文件路径：素材/第8章/实例292 修改图层线宽-OK.dwg
- 视频文件路径：视频/第8章/实例292 修改图层线宽.MP4
- 播放时长：55秒

Step 01 打开"第8章/实例292 修改图层线宽.dwg"素材文件，如图8-11所示。

Step 02 单击【图层】面板上的【图层特性】按钮，打开【图层特性管理器】选项板，单击【轮廓线】层对应的线宽值，如图8-12所示。

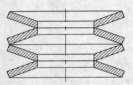
图8-11　素材图形

图8-12 【图层特性管理器】选项板

Step 03 系统弹出【线宽】对话框，将线宽值修改为0.30mm，如图8-13所示，然后关闭图层特性管理器。

Step 04 单击状态栏上【显示/隐藏线宽】按钮，打开线宽显示，图形显示效果如图8-14所示。

图8-13 【线宽】对话框

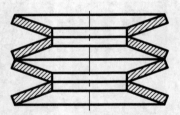
图8-14　修改线宽的显示效果

实例293 修改图层颜色

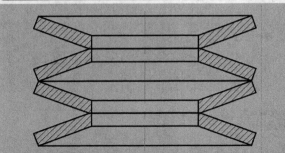

除了在创建图层的时候设置好颜色特性外，在绘制过程中可以随时根据设计要求对其进行修改。

难度 ★★

- 素材文件路径：素材/第8章/实例292 修改图层线宽-OK.dwg
- 效果文件路径：素材/第8章/实例293 修改图层颜色-OK.dwg

- 视频文件路径：视频/第8章/实例293 修改图层颜色.MP4
- 播放时长：43秒

Step 01 延续【实例292】进行操作，也可以打开素材文件"第8章/实例292 修改图层线宽-OK.dwg"。

Step 02 单击【图层】面板上的【图层特性】按钮，系统弹出【图层特性管理器】选项板，单击【剖面线】图层中的【颜色】属性项，如图8-15所示。

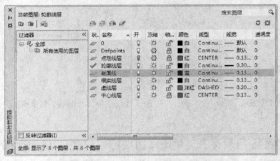
图8-15 【图层特性管理器】选项板

Step 03 弹出【选择颜色】对话框，选择【白】（索引颜色：7），如图8-16所示。

Step 04 单击【确定】按钮，返回【图层特性管理器】选项板，即可看到【颜色】属性项已被更改，颜色变更后的图形效果如图8-17所示。

图8-16　选择新的图层颜色

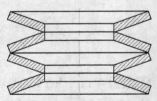
图8-17　修改颜色的显示效果

实例294 修改图层线型

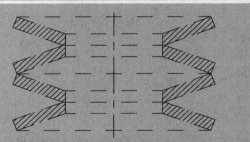

除了在创建图层的时候设置好线型特性外，在绘制过程中也可以随时根据设计要求对其进行修改。

难度 ★★

- 素材文件路径：素材/第8章/实例293 修改图层颜色-OK.dwg
- 效果文件路径：素材/第8章/实例294 修改图层线型-OK.dwg
- 视频文件路径：视频/第8章/实例294 修改图层线型.MP4
- 播放时长：45秒

Step 01 延续【实例293】进行操作，也可以打开素材文件"第8章/实例293 修改图层颜色-OK.dwg"。

Step 02 在【默认】选项卡中，单击【图层】面板上的【图层特性】按钮，系统弹出【图层特性管理器】选项板，单击【轮廓线层】图层中的【线型】属性项，如图8-18所示。

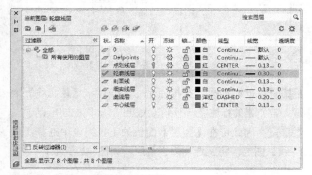

图 8-18 【图层特性管理器】选项板

Step 03 系统自动弹出【选择线型】对话框，单击【加载】按钮，弹出【加载或重载线型】对话框，选择DASHDOT线型，如图8-19所示。

图 8-19 加载线型

Step 04 单击【确定】按钮，返回【选择线型】对话框，选择DASHDOT线型，如图8-20所示。

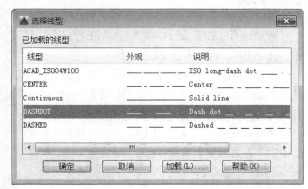

图 8-20 选择 DASHDOT 线型

Step 05 单击【确定】按钮，返回【图层特性管理器】

选项板，即可看出【轮廓线层】的【线型】属性项被修改了，如图8-21所示。

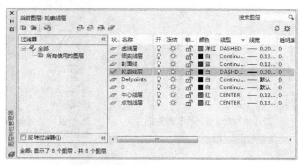

图 8-21 【图层特性管理器】选项板

Step 06 关闭选项板，效果如图8-22所示。

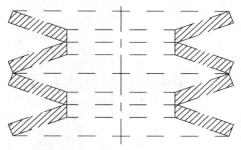

图 8-22 修改线型后的效果

实例295 重命名图层

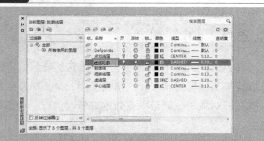

在 AutoCAD 2016 中，默认创建的新图层名称为"图层 1"，除了在创建时进行设置，在绘制过程中可以随时根据设计要求对其进行修改。

难度 ★★

- 素材文件路径：素材/第8章/实例294 修改图层线型-OK.dwg
- 效果文件路径：素材/第8章/实例295 重命名图层-OK.dwg
- 视频文件路径：视频/第8章/实例295 重命名图层.MP4
- 播放时长：39秒

Step 01 延续【实例294】进行操作，也可以打开素材文件"第8章/实例294 修改图层线型-OK.dwg"。

Step 02 在【默认】选项卡中，单击【图层】面板上的【图层特性】按钮，系统弹出【图层特性管理器】选项板，如图8-23所示。

Step 03 选择【轮廓线层】图层并单击鼠标右键，在弹出的快捷菜单中选择【重命名图层】选项，如图8-24所示。

图 8-23 【图层特性管理器】选项板

图 8-24 在弹出的快捷菜单中选择【重命名图层】选项

Step 04 自动跳转回【图层特性管理器】选项板，可见【轮廓线层】图层名变为可编辑状态，将其修改为"虚线轮廓"，如图8-25所示。

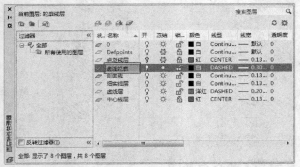

图 8-25 修改图层名称

8.2 图层的管理

在 AutoCAD 中，还可以对图层进行隐藏、冻结以及锁定等其他管理操作，这样在使用 AutoCAD 绘制复杂的图形对象时，就可以有效地降低误操作，提高绘图效率。

实例296 设置当前图层

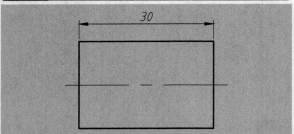

当前图层是当前工作状态下所处的图层。设定某一图层为当前图层之后，接下来所绘制的对象都位于该图层中。如果要在其他图层中绘图，就需要更改当前图层。

难度 ★★

素材文件路径：素材/第8章/实例296 设置当前图层.dwg
效果文件路径：素材/第8章/实例296 设置当前图层-OK.dwg
视频文件路径：视频/第8章/实例296 设置当前图层.MP4
播放时长：56秒

Step 01 打开"第8章/实例296 设置当前图层.dwg"素材文件，其中已创建好了一个简单图形，如图8-26所示。

Step 02 在【图层】面板的下拉列表中可见当前显示的为【轮廓线】层，如图8-27所示。

图 8-26 素材图形

图 8-27 【图层】面板显示当前图层为【轮廓线】

Step 03 此时如果执行标注命令，会显示【轮廓线】效果，与正常的标注显示不符（太粗），如图8-28所示。

Step 04 因此可在【图层】面板的下拉列表中选择【标注线】图层，将其选择为当前层，如图8-29所示。

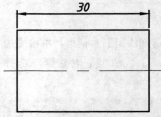

图 8-28 【轮廓线】图层下的错误标注效果

图 8-29 将【标注线】图层置为当前

Step 05 再次执行标注命令，可见标注变为正确的显示效果，如图8-30所示。

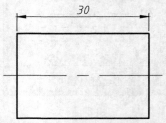

图 8-30 【标注线】图层下的正确标注效果

·执行方式

还可以通过以下方法来将图层设置为当前图层。

◆ 命令行：在命令行中输入 CLAYER 命令，然后输入图层名称，即可将该图层置为当前。

◆ 【图层特性管理器】选项板：在【图层特性管理器】选项板中选择目标图层，单击【置为当前】按钮。被置为当前的图层在项目前会出现 ✔ 符号。

◆ 功能区：在【默认】选项卡中，单击【图层】面板中【置为当前】按钮，即可将所选图形对象的图层置为当前，如图8-31所示。

图 8-31 【图层】面板中的【置为当前】按钮

实例297 转换对象图层

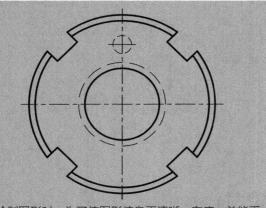

在绘制图形时，为了使图形信息更清晰、有序，并能更加方便地修改、观察及打印图形，用户常需要在各个图层之间进行切换。

难度 ★★

- 素材文件路径：素材/第8章/实例297 转换对象图层.dwg
- 效果文件路径：素材/第8章/实例297 转换对象图层-OK.dwg
- 视频文件路径：视频/第8章/实例297 转换对象图层.MP4
- 播放时长：40秒

Step 01 打开"第8章/实例297 转换对象图层.dwg"素材文件，如图8-32所示。

Step 02 选择两个圆作为切换图层的对象，如图8-33所示。

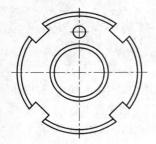
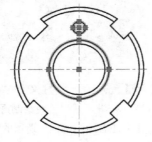

图 8-32 素材文件　　　　图 8-33 选择对象

Step 03 在【默认】选项卡中，单击【图层】面板上的【图层】按钮，并在其下拉列表中选择【虚线层】图层，如图8-34所示。

Step 04 图形对象由粗实线层转换到虚线层，显示效果如图8-35所示。

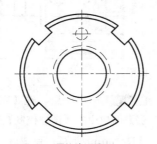

图 8-34 【图层】下拉列表　　　图 8-35 最终效果图

实例298 关闭图层

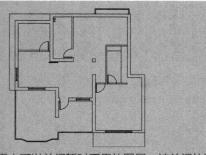

在绘图的过程中可以关闭暂时不用的图层，被关闭的图层中的图形对象将不可见，并且不能被选择、编辑、修改以及打印。

难度 ★★

- 素材文件路径：素材/第8章/实例298 关闭图层.dwg
- 效果文件路径：素材/第8章/实例298 关闭图层-OK.dwg
- 视频文件路径：视频/第8章/实例298 关闭图层.MP4
- 播放时长：1分26秒

Step 01 打开素材文件"第8章/实例298 关闭图层.dwg"，其中已经绘制好了一张室内平面图，如图8-36所示；且图层效果全开，如图8-37所示。

图 8-36 素材图形　　　图 8-37 素材中的图层

Step 02 设置图层显示。在【默认】选项卡中，单击【图层】面板中的【图层特性】按钮，打开【图层特性管理器】选项板。在对话框内找到【家具】层，选中该层前的【打开/关闭图层】按钮，单击使按钮变成，即可关闭【家具】层。再按此方法关闭其他图层，只让【QT-000墙体】和【门窗】图层开启，如图8-38所示。

Step 03 关闭【图层特性管理器】选项板，此时图形仅包含墙体和门窗，效果如图8-39所示。

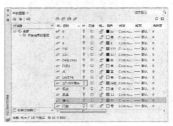

图 8-38 关闭除墙体和门窗之外的所有图层　　图 8-39 关闭图层效果

操作技巧

当关闭的图层为【当前图层】时，将弹出图8-40所示的确认对话框，此时单击【关闭当前图层】链接即可，关闭当前图层后所有操作皆不可见。

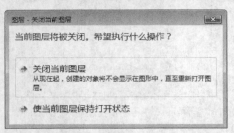

图 8-40 确定关闭当前图层提示

实例299 打开图层

如果要恢复关闭的图层，可以单击图层前的【关闭】图标💡，将其恢复为 💡 状即可打开图层。

难度 ★★

- 素材文件路径：素材/第8章/实例298 关闭图层-OK.dwg
- 效果文件路径：素材/第8章/实例299 打开图层-OK.dwg
- 视频文件路径：视频/第8章/实例299 打开图层.MP4
- 播放时长：36秒

Step 01 延续【实例298】进行操作，也可以打开素材文件"第8章/实例298 关闭图层-OK.dwg"。

Step 02 在【默认】选项卡中，单击【图层】面板中的【图层特性】按钮📑，打开【图层特性管理器】选项板。在对话框内找到【家具】层，选中该层前的【打开/关闭图层】按钮💡，单击使按钮变成 💡，即可开启【家具】层，如图8-41所示。

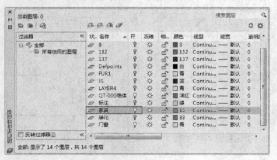

图 8-41 打开【家具】图层

Step 03 关闭【图层特性管理器】选项板，此时图形在墙体和门窗的基础上又添加了家具，效果如图8-42所示。

图 8-42 打开图层效果

实例300 冻结图层

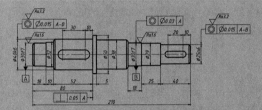

冻结长期不需要显示的图层，可以提高系统运行速度，减少图形刷新的时间，因为这些图层不会被加载到内存中。AutoCAD 不会在被冻结的图层上显示、打印或重生成对象。

难度 ★★

- 素材文件路径：素材/第8章/实例300 冻结图层.dwg
- 效果文件路径：素材/第8章/实例300 冻结图层-OK.dwg
- 视频文件路径：视频/第8章/实例300 冻结图层.MP4
- 播放时长：1分8秒

Step 01 打开素材文件"第8章/实例300 冻结图层.dwg"，其中已经绘制好了一张完整图形，但在图形上方还有绘制过程中遗留的辅助图，如图8-43所示。

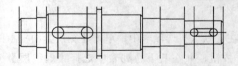

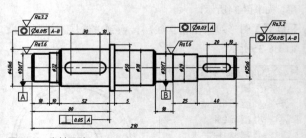

图 8-43 素材图形

Step 02 冻结图层。在【默认】选项卡中，打开【图层】面板中的【图层控制】下拉列表，在列表框内找到【Defpoints】层，单击该层前的【冻结】按钮☀，变

成 ❀，即可冻结【Defpoints】层，如图8-44所示。

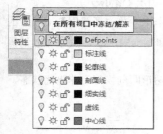

图 8-44 冻结不需要的图形图层

Step 03 冻结【Defpoints】层之后的图形如图8-45所示，可见上方的辅助图形被消隐。

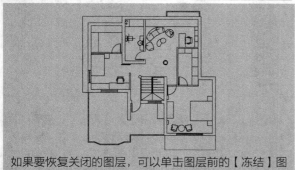

图 8-45 图层冻结之后的结果

实例301 解冻图层

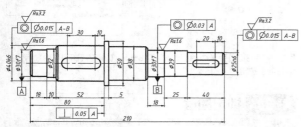

如果要恢复关闭的图层，可以单击图层前的【冻结】图标 ❀，将其恢复为 ☀ 状即可解冻图层。

难度 ★★

◉ 素材文件路径：素材/第8章/实例300 冻结图层-OK.dwg
◉ 效果文件路径：素材/第8章/实例301 解冻图层-OK.dwg
▣ 视频文件路径：视频/第8章/实例301 解冻图层.MP4
▣ 播放时长：24秒

Step 01 延续【实例300】进行操作，也可以打开素材文件"第8章/实例300 冻结图层-OK.dwg"。

Step 02 在【默认】选项卡中，单击【图层】面板中的【图层特性】按钮 ✎，打开【图层特性管理器】选项板。在对话框内找到【Defpoints】层，选中该层前的【冻结】按钮 ❀，即可解冻【Defpoints】层，如图8-46所示。

Step 03 关闭【图层特性管理器】选项板，此时图形恢复为原来效果，效果如图8-47所示。

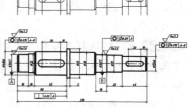

图 8-46 解冻【Defpoints】图层   图 8-47 图层解冻效果

操作技巧

图层的【冻结】和【关闭】，都能使该图层上的对象全部被隐藏，看似效果一致，其实仍有不同。被【关闭】的图层，不能显示、不能编辑、不能打印，但仍然存在于图形当中，图形刷新时仍会计算该图层上的对象，可以近似理解为被"忽视"；而被【冻结】的图层，除了不能显示、不能编辑、不能打印之外，还不会再被认为属于图形，图形刷新时也不会再计算该图层上的对象，可以理解为被"无视"。图层【冻结】和【关闭】的一个典型区别就是视图刷新时的处理差别，以实例301为例，如果选择关闭【Defpoints】层，那双击鼠标滚轮进行【范围】缩放时，则效果如图8-48所示，辅助图虽然已经隐藏，但图形上方仍空出了它的区域；反之【冻结】则如图8-49所示，相当于删除了辅助图。

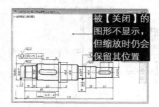

图 8-48 图层【关闭】时的视图   图 8-49 图层【冻结】时的视图
缩放效果   缩放效果

实例302 隔离图层 ★重点★

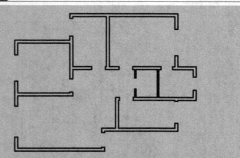

在 AutoCAD 2016 中，使用【隔离图层】命令可以关闭除选定对象所在图层之外的所有图层。

难度 ★★

◉ 素材文件路径：素材/第8章/实例302 隔离图层.dwg
◉ 效果文件路径：素材/第8章/实例302 隔离图层-OK.dwg
▣ 视频文件路径：视频/第8章/实例302 隔离图层.MP4
▣ 播放时长：1分4秒

Step 01 打开素材文件"第8章/实例302 隔离图层.dwg",其中已经绘制好了一张室内平面图,如图8-50所示。

Step 02 在【默认】选项卡中,单击【图层】面板中的【隔离】按钮，如图8-51所示,执行【图层隔离】命令。

图 8-50 素材图形

图 8-51 【图层】面板中的【隔离】按钮

Step 03 此时光标变为拾取状态,选择平面图中的墙体线,如图8-52所示。

Step 04 选择完毕按Enter键确认,即可将除墙体线所在图层之外的所有图层全部关闭,效果如图8-53所示。可见该方法在单独显示某图层的情况下较【关闭图层】更为适用。

图 8-52 选择要隔离图层上的对象

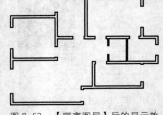

图 8-53 【隔离图层】后的显示效果

实例303 取消图层隔离

在 AutoCAD 2016 中,【取消隔离】命令可以将图层恢复为隔离之前的状态,且保留使用隔离后对图层设置的更改。

难度 ★★

- 素材文件路径: 素材/第8章/实例302 隔离图层-OK.dwg
- 效果文件路径: 素材/第8章/实例303 取消图层隔离-OK.dwg
- 视频文件路径: 视频/第8章/实例303 取消图层隔离.MP4
- 播放时长: 31秒

Step 01 延续【实例302】进行操作,也可以打开素材文件"第8章/实例302 隔离图层-OK.dwg"。

Step 02 在【默认】选项卡中,单击【图层】面板中的【取消隔离】按钮，如图8-54所示,执行【取消隔离】命令。

Step 03 单击该按钮后,图形即刻恢复为非隔离状态,如图8-55所示。

图 8-54 【图层】面板中的【取消隔离】按钮

图 8-55 取消隔离图层后的显示效果

实例304 锁定图层

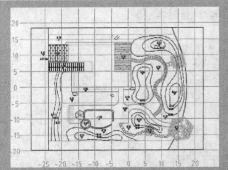

如果某个图层上的对象只需要显示、不需要选择和编辑,那么可以锁定该图层。被锁定图层上的对象仍然可见,但会淡化显示,而且可以被选择、标注和测量,但不能被编辑、修改和删除。另外,还可以在该层上添加新的图形对象。因此,使用 AutoCAD 绘图时,可以将中心线、辅助线等基准线条所在的图层锁定。

难度 ★★

- 素材文件路径: 素材/第8章/实例304 锁定图层.dwg
- 效果文件路径: 素材/第8章/实例304 锁定图层-OK.dwg
- 视频文件路径: 视频/第8章/实例304 锁定图层.MP4
- 播放时长: 56秒

Step 01 打开素材文件"第8章/实例304 锁定图层.dwg",其中已经绘制好了一张总平面图与许多方格辅助线,如图8-56所示。

Step 02 在【默认】选项卡中,单击【图层】面板中的【隔离】按钮，如图8-57所示,执行【图层隔离】命令。

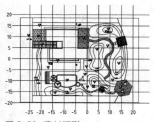

图 8-56 素材图形

图 8-57 【图层】面板中的【隔离】按钮

Step 03 此时光标变为拾取状态，选择平面图中的方格线，如图8-58所示。

Step 04 选择完毕按Enter键确认，即可将方格线所在图层全部锁定，效果如图8-59所示。被锁定后的方格线将淡化显示，无法被编辑、修改和删除。

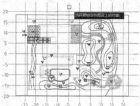

图 8-58 选择要锁定图层上的对象

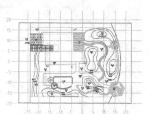

图 8-59 锁定图层后的显示效果

实例305 解锁图层

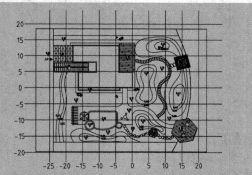

在 AutoCAD 2016 中，【解锁图层】命令可以将之前所有锁定的图层解锁，在这些图层上创建的对象将恢复正常，能被编辑与修改。

难度 ★★

- 素材文件路径：素材/第8章/实例304 锁定图层-OK.dwg
- 效果文件路径：素材/第8章/实例305 解锁图层-OK.dwg
- 视频文件路径：视频/第8章/实例305 解锁图层.MP4
- 播放时长：32秒

Step 01 延续【实例304】进行操作，也可以打开素材文件"第8章/实例304 解锁图层-OK.dwg"。

Step 02 在【默认】选项卡中，单击【图层】面板中的【解锁】按钮 ，如图8-60所示，执行【解锁图层】命令。

Step 03 单击该按钮后选择要解锁图层上的对象，如图8-61所示。

图 8-60 【图层】面板中的【解锁】按钮

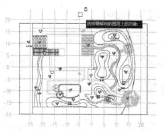

图 8-61 选择要解锁图层上的对象

Step 04 单击即可解锁图形，效果正常显示，如图8-62所示。

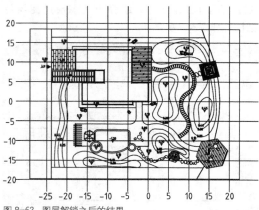

图 8-62 图层解锁之后的结果

实例306 图层过滤

图层的过滤就是指按照图层的颜色、线型和线宽等特性，过滤出一类相同特性的图层，方便查看与选择。

难度 ★★

- 素材文件路径：素材/第8章/实例306 图层过滤.dwg
- 效果文件路径：素材/第8章/实例306 图层过滤-OK.dwg
- 视频文件路径：视频/第8章/实例306 图层过滤.MP4
- 播放时长：1分36秒

Step 01 打开"第8章/实例306 图层过滤.dwg"素材文件，文件中已经创建了多个图层。

Step 02 在【默认】选项卡中，单击【图层】面板上的【图层特性】按钮 ，系统弹出【图层特性管理器】选项板，如图8-63所示。

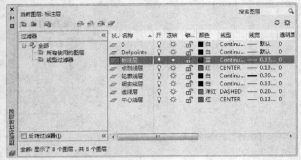

图 8-63 【图层特性管理器】选项板

Step 03 单击【图层特性管理器】选项板左上角的【新建特性过滤器】按钮[图]，系统弹出【图层过滤器特性】对话框，如图8-64所示。

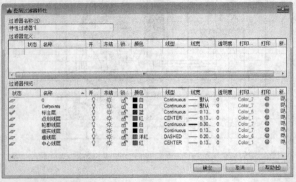

图 8-64 【图层过滤器特性】对话框

Step 04 重命名【特性过滤器1】为【虚线层】，设置【线型】属性项为虚线，如图8-65所示，在【过滤器预览】中可以看到过滤出的图层。

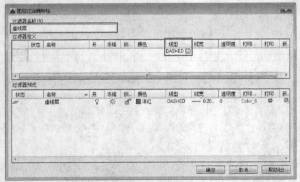

图 8-65 创建并设置过滤器

Step 05 单击【确定】按钮，返回【图层过滤器特性】对话框，即可看到新建的过滤器与过滤后的图层，如图8-66所示。

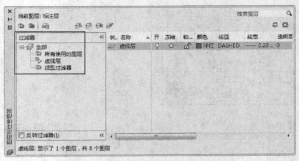

图 8-66 【虚线型】过滤器图层设置后的效果

实例307 **特性匹配图层**

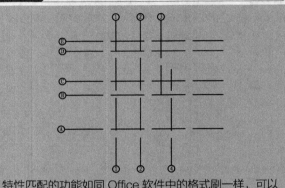

特性匹配的功能如同 Office 软件中的格式刷一样，可以把一个图形对象（源对象）的特性完全过继给另外一个（或一组）图形对象（目标对象），使这些图形对象的部分或全部特性和源对象相同。

难度 ★★

素材文件路径：素材/第8章/实例307 特性匹配图层.dwg
效果文件路径：素材/第8章/实例307 特性匹配图层-OK.dwg
视频文件路径：视频/第8章/实例307 特性匹配图层.MP4
播放时长：1分8秒

Step 01 打开"第8章/实例307 特性匹配图层.dwg"素材文件，如图8-67所示。

Step 02 选择轴线E，编辑其特性，将线型比例设置为200，如图8-68所示。

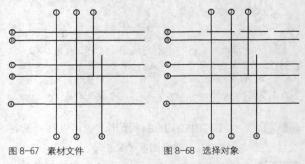

图 8-67 素材文件   图 8-68 选择对象

Step 03 在命令行输入MA并按Enter键，将轴线E的特性应用到其他轴线上，如图8-69所示。命令行操作如下。

命令: MA↙//调用【特性匹配】命令MATCHPROP
选择源对象://单击选择轴线E作为源对象

当前活动设置: 颜色 图层 线型 线型比例 线宽 透明度 厚度 打
印样式 标注 文字 图案填充 多段线 视口 表格 材质 阴影显示
多重引线
选择目标对象或 [设置(S)]:
选择目标对象或 [设置(S)]:
选择目标对象或 [设置(S)]:
选择目标对象或 [设置(S)]:
选择目标对象或 [设置(S)]:
选择目标对象或 [设置(S)]:
选择目标对象或 [设置(S)]:
选择目标对象或 [设置(S)]://依次单击其他8条轴线，完成特性
匹配

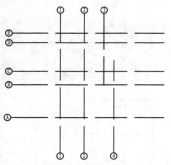

图 8-69 特性匹配的效果

操作技巧

通常，源对象可供匹配的特性很多，执行【特性匹配】命令
的过程中，在命令行选择【设置】选项，系统将弹出图8-70
所示的【特性设置】对话框。在该对话框中，可以设置哪些
特性允许匹配，哪些特性不允许匹配。

图 8-70 【特性设置】对话框

实例308 保存图层状态 ★进阶★

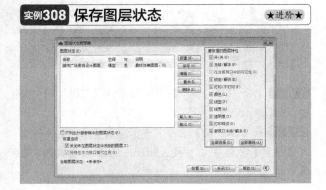

每次调整所有图层状态和特性都可能要花费很长的时
间。实际上，可以保存并恢复图层状态集，也就是保存
并恢复某个图形的所有图层的特性和状态，保存图层状
态集之后，可随时恢复其状态。

难度 ★ ★ ★

- 素材文件路径: 无
- 效果文件路径: 无
- 视频文件路径: 视频/第8章/实例308 保存图层状态.MP4
- 播放时长: 1分38秒

Step 01 新建空白文档，创建好所需的图层并设置好它
们的各项特性。

Step 02 在【图层特性管理器】中单击【图层状态管理
器】按钮，打开【图层状态管理器】对话框，如图
8-71所示。

图 8-71 打开【图层状态管理器】对话框

Step 03 在对话框中单击【新建】按钮，系统弹出【要
保存的新图层状态】对话框，在该对话框的【新图层状
态名】文本框中输入新图层的状态名，如图8-72所示，
用户也可以输入说明文字进行备忘。最后单击【确定】
按钮返回。

Step 04 系统返回【图层状态管理器】对话框，这时单
击对话框右下角的按钮，展开其余选项，在【要恢
复的图层特性】区域内选择要保存的图层状态和特性即
可，如图8-73所示。

图 8-72 【要保存的新图层状态】   图 8-73 选择要保存的图层状态
对话框   和特性

操作技巧

没有保存的图层状态和特性在后面进行恢复图层状态的时
候就不会起作用。例如，如果仅保存图层的开/关状态，然
后在绘图时修改图层的开/关状态和颜色，那恢复图层状态
时，仅仅开/关状态可以被还原，而颜色仍为修改后的新颜
色。如果要使得图形与保存图层状态时完全一样（就图层来
说），可以勾选【关闭未在图层状态中找到的图层（T）】
选项，这样，在恢复图层状态时，在图层状态已保存之后新
建的所有图层都会被关闭。

第 9 章 图形约束与信息查询

图形约束是从 AutoCAD 2010 版本开始新增的功能，它改变了在 AutoCAD 中绘制图形的思路和方式。图形约束能够使设计更加方便，也是今后设计领域的发展趋势。常用的约束有几何约束和尺寸约束两种，其中几何约束用于控制对象的关系；尺寸约束用于控制对象的距离、长度、角度和半径值。

计算机辅助设计不可缺少的一个功能就是提供对图形对象的点坐标、距离、周长和面积等属性的几何查询。AutoCAD 2016 提供了查询图形对象的面积、距离、坐标、周长、体积等的工具。

9.1 约束的创建与编辑

常用的对象约束有几何约束和尺寸约束两种，其中几何约束用于控制对象的位置关系，包括重合、共线、平行、垂直、同心、相切、相等、对称、水平和竖直等；尺寸约束用于控制对象的距离、长度、角度和半径值，包括对齐约束、水平约束、竖直约束、半径约束、直径约束以及角度约束等。

实例309 创建重合约束

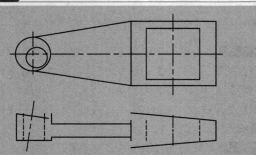

重合约束用于约束两点使其重合，或约束一个点使其位于曲线（或曲线的延长线）上。可以使对象上的约束点与某个对象重合，也可以使其与另一对象上的约束点重合。

难度 ★★

- 素材文件路径：素材/第9章/实例309 创建重合约束.dwg
- 效果文件路径：素材/第9章/实例309 创建重合约束-OK.dwg
- 视频文件路径：视频/第9章/实例309 创建重合约束.MP4
- 播放时长：1分8秒

Step 01 打开"第9章/实例309 创建重合约束"素材文件，如图9-1所示。

Step 02 在【参数化】选项卡中，单击【几何】面板上的【重合】按钮，如图9-2所示，执行【重合】约束命令。

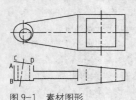

图 9-1 素材图形

图 9-2 【几何】面板中的【重合】按钮

Step 03 使线AB和线CD在A点重合，如图9-3所示。命令行操作如下。

```
命令：_GcCoincident//调用【重合】约束命令
选择第一个点或 [对象(O)/自动约束(A)] <对象>://捕捉并单击A点
选择第二个点或 [对象(O)] <对象>://捕捉并单击C点，完成约束
```

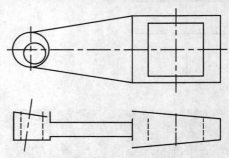

图 9-3 重合约束的效果

实例310 创建垂直约束

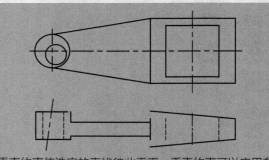

垂直约束使选定的直线彼此垂直，垂直约束可以应用在两个直线对象之间。

难度 ★★

- 素材文件路径：素材/第9章/实例310 创建垂直约束.dwg
- 效果文件路径：素材/第9章/实例310 创建垂直约束-OK.dwg
- 视频文件路径：视频/第9章/实例310 创建垂直约束.MP4
- 播放时长：45秒

Step 01 打开"第9章/实例310 创建垂直约束"素材文件，如图9-4所示。

Step 02 在【参数化】选项卡中，单击【几何】面板上的【垂直】按钮，如图9-5所示，执行【垂直约束】命令。

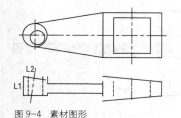

图 9-4 素材图形

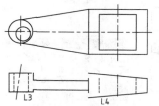

图 9-7 素材图形

图 9-5 【几何】面板中的【垂直】按钮

图 9-8 【几何】面板中的【共线】按钮

Step 03 使直线L1和L2相互垂直，如图9-6所示。命令行操作如下。

> 命令: _GcPerpendicular//调用【垂直】约束命令
> 选择第一个对象://选择直线L1
> 选择第二个对象://选择直线L2

Step 03 选择L3和L4两条直线，使两条直线共线，如图9-9所示。命令行操作如下。

> 命令: _GcCollinear//调用【共线】约束命令
> 选择第一个对象或[多个(M)]://选择直线L3
> 选择第二个对象://选择直线L4

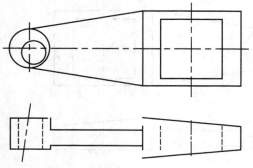

图 9-6 垂直约束的效果

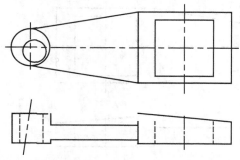

图 9-9 共线约束的效果

实例311 创建共线约束

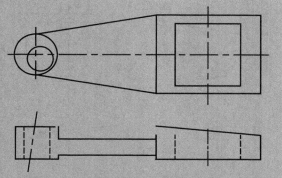

共线约束可以控制两条或多条直线到同一直线方向，常用来创建空间共线的对象。

难度 ★★

- 素材文件路径：素材/第9章/实例311 创建共线约束.dwg
- 效果文件路径：素材/第9章/实例311 创建共线约束-OK.dwg
- 视频文件路径：视频/第9章/实例311 创建共线约束.MP4
- 播放时长：29秒

Step 01 打开"第9章/实例311 创建共线约束.dwg"素材文件，如图9-7所示。

Step 02 在【参数化】选项卡中，单击【几何】面板上的【共线】按钮 ，如图9-8所示，执行【共线约束】命令。

实例312 创建相等约束

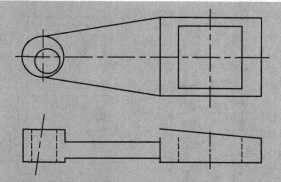

相等约束是将选定圆弧和圆约束到半径相等，或将选定直线约束到长度相等。

难度 ★★

- 素材文件路径：素材/第9章/实例312 创建相等约束.dwg
- 效果文件路径：素材/第9章/实例312 创建相等约束-OK.dwg
- 视频文件路径：视频/第9章/实例312 创建相等约束.MP4
- 播放时长：39秒

Step 01 打开"第9章/实例312 创建相等约束.dwg"素材文件，如图9-10所示。

Step 02 在【参数化】选项板中，单击【几何】面板上的【相等】按钮 = ，如图9-11所示，执行【相等约束】命令。

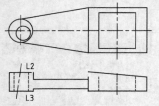

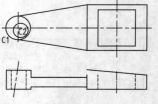

图9-10　素材图形　　图9-11【几何】面板中的【相等】按钮　　图9-13　素材图形　　图9-14【几何】面板中的【同心】按钮

Step 03 选择直线L2和L3，创建相等约束，如图9-12所示。命令行操作如下。

```
命令：_GcEqual//调用【相等】约束命令
选择第一个对象或[多个(M)]://选择L3直线
选择第二个对象://选择L2直线
```

Step 03 选择素材图形中的圆C1和C2，约束两圆同心，如图9-15所示。命令行操作如下。

```
命令：_GcConcentric//调用【同心】约束命令
选择第一个对象://选择圆C1
选择第二个对象://选择圆C2
```

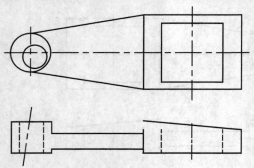
图9-12　相等约束的效果

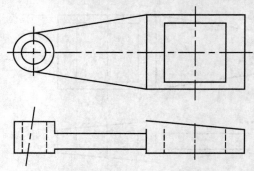
图9-15　共线约束的效果

实例313 创建同心约束

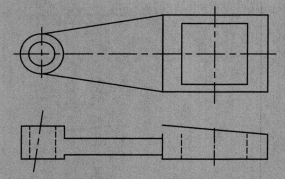

同心约束是将两个圆弧、圆或椭圆约束到同一个中心点，效果相当于为圆弧和另一圆弧的圆心添加重合约束。

难度 ★★

- 素材文件路径：素材/第9章/实例313 创建同心约束.dwg
- 效果文件路径：素材/第9章/实例313 创建同心约束-OK.dwg
- 视频文件路径：视频/第9章/实例313 创建同心约束.MP4
- 播放时长：37秒

Step 01 打开"第9章/实例313 创建同心约束.dwg"素材文件，如图9-13所示。

Step 02 在【参数化】选项卡中，单击【几何】面板上的【同心】按钮◎，如图9-14所示，执行【同心约束】命令。

实例314 创建竖直约束

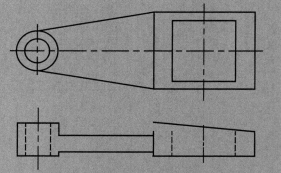

选择任意直线或点，创建竖直约束，可以使所选直线或点与当前坐标系Y轴平行。

难度 ★★

- 素材文件路径：素材/第9章/实例314 创建竖直约束.dwg
- 效果文件路径：素材/第9章/实例314 创建竖直约束-OK.dwg
- 视频文件路径：视频/第9章/实例314 创建竖直约束.MP4
- 播放时长：35秒

Step 01 打开"第9章/实例314 创建竖直约束.dwg"素材文件，如图9-16所示。

Step 02 在【参数化】选项板单击【几何】面板上的【竖直】按钮，如图9-17所示，执行【竖直约束】命令。

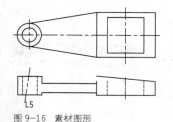

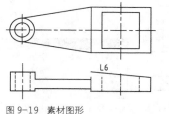

图9-16 素材图形

图9-17 【几何】面板中的【竖直】按钮

图9-19 素材图形

图9-20 【几何】面板中的【水平】按钮

Step 03 选择中心线L5，使中心线调整到竖直位置，如图9-18所示。命令行操作如下。

> 命令：_GcVertical//调用【竖直】约束命令
> 选择对象或 [两点(2P)] <两点>://选择中心线L5

Step 03 选择直线L6，将其调整到水平位置，如图9-21所示。命令行操作如下。

> 命令：_GcHorizontal//调用【水平】约束命令
> 选择对象或 [两点(2P)] <两点>://在直线L6右半部分单击

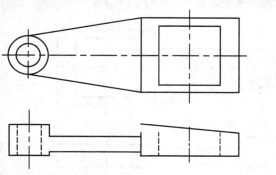

图9-18 共线约束的效果

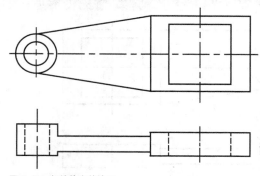

图9-21 相等约束的效果

实例315 创建水平约束

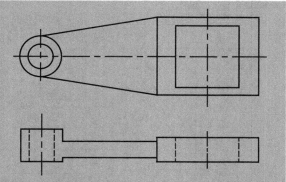

选择任意直线或点，创建水平约束，可以使所选直线或点与当前坐标系的 X 轴平行。

难度 ★★

◎ 素材文件路径：素材/第9章/实例315 创建水平约束.dwg
◎ 效果文件路径：素材/第9章/实例315 创建水平约束-OK.dwg
◎ 视频文件路径：视频/第9章/实例315 创建水平约束.MP4
◎ 播放时长：31秒

Step 01 打开"第9章/实例315 创建水平约束dwg"素材文件，如图9-19所示。

Step 02 在【参数化】选项卡中，单击【几何】面板上的【水平】按钮 ，如图9-20所示，执行【水平约束】命令。

实例316 创建平行约束

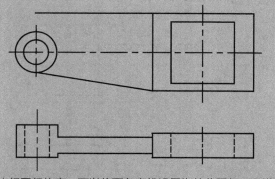

执行平行约束，可以将两条直线设置为彼此平行。通常用来编辑相交的直线。

难度 ★★

◎ 素材文件路径：素材/第9章/实例316 创建平行约束.dwg
◎ 效果文件路径：素材/第9章/实例316 创建平行约束-OK.dwg
◎ 视频文件路径：视频/第9章/实例316 创建平行约束.MP4
◎ 播放时长：38秒

Step 01 打开"第9章/实例316 创建平行约束.dwg"素材文件，如图9-22所示。

Step 02 在【参数化】选项卡中，单击【几何】面板上的【平行】按钮 ，如图9-23所示，执行【平行约束】命令。

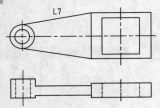

图 9-22　素材图形

图 9-23　【几何】面板中的【平行】按钮

图 9-25　素材图形　　图 9-26　【几何】面板中的【相切】按钮

Step 03 使直线L7与中心辅助线相互平行，如图9-24所示。命令行操作如下。

命令：_GcParallel//调用【平行】约束命令
选择第一个对象：//选择中心辅助线
选择第二个对象：//选择直线L7

Step 03 将直线L7约束到与圆C1相切，如图9-27所示。命令行操作如下。

命令：_GcTangent//调用【相切】约束命令
选择第一个对象：//选择圆C1
选择第二个对象：//选择直线L7

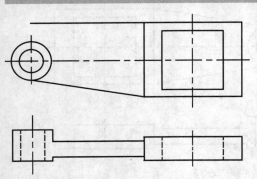

图 9-24　平行约束的效果

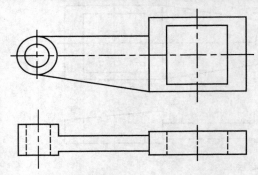

图 9-27　相等约束的效果

实例317　创建相切约束

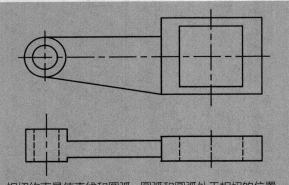

相切约束是使直线和圆弧、圆弧和圆弧处于相切的位置，但单独的相切约束不能控制切点的精确位置。

难度 ★★

⊙ 素材文件路径：素材/第9章/实例317 创建相切约束.dwg
⊙ 效果文件路径：素材/第9章/实例317 创建相切约束-OK.dwg
⊛ 视频文件路径：视频/第9章/实例317 创建相切约束.MP4
⊛ 播放时长：39秒

Step 01 打开"第9章/实例317 创建相切约束.dwg"素材文件，如图9-25所示。

Step 02 在【参数化】选项卡中，单击【几何】面板上的【相切】按钮⬦，如图9-26所示，执行【相切约束】命令。

实例318　创建对称约束

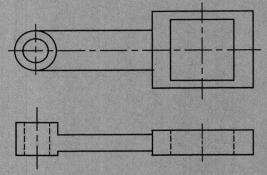

对称约束是使选定的两个对象相对于选定直线对称，操作类似于【镜像】命令。

难度 ★★

⊙ 素材文件路径：素材/第9章/实例318 创建对称约束.dwg
⊙ 效果文件路径：素材/第9章/实例318 创建对称约束-OK.dwg
⊛ 视频文件路径：视频/第9章/实例318 创建对称约束.MP4
⊛ 播放时长：50秒

Step 01 打开"第9章/实例318 创建对称约束.dwg"素材文件，如图9-28所示。

Step 02 在【参数化】选项卡中，单击【几何】面板上的【对称】按钮⬚，如图9-29所示，执行【对称约束】命令。

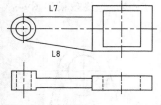

图 9-28 素材图形

图 9-29 【几何】面板中的【对称】按钮

Step 03 将直线L8约束到与直线L7对称，如图9-30所示。命令行操作如下。

命令：_GcSymmetric//调用【对称】约束命令
选择第一个对象或 [两点(2P)] <两点>://选择直线L7
选择第二个对象://选择斜线L8
选择对称直线://选择水平中心线

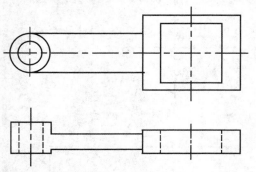

图 9-30 对称约束的效果

实例319 创建固定约束

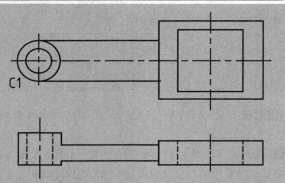

在添加约束之前，为了防止某些对象产生不必要的移动，可以添加固定约束。添加固定约束之后，该对象将保持不动，不能被移动或修改。

难度 ★★

- 素材文件路径：素材/第9章/实例319 创建固定约束.dwg
- 效果文件路径：素材/第9章/实例319 创建固定约束-OK.dwg
- 视频文件路径：视频/第9章/实例319 创建固定约束.MP4
- 播放时长：1分2秒

Step 01 打开"第9章/实例319 创建固定约束.dwg"素材文件，如图9-31所示。

Step 02 在【参数化】选项卡中，单击【几何】面板上

的【固定】按钮，如图9-32所示，执行【固定约束】命令，选择圆C1将其固定。命令行操作如下。

命令：_GcFix//调用【固定】约束命令
选择点或 [对象(O)] <对象>://按Enter键使用默认选项
选择对象://选择圆C1

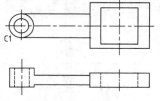

图 9-31   素材图形

图 9-32 【几何】面板中的【固定】按钮

实例320 添加竖直尺寸约束

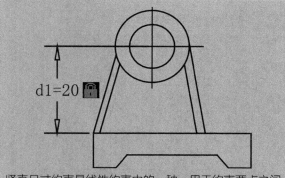

竖直尺寸约束是线性约束中的一种，用于约束两点之间的竖直距离，约束之后的两点将始终保持该距离。

难度 ★★

- 素材文件路径：素材/第9章/实例320 添加竖直尺寸约束.dwg
- 效果文件路径：素材/第9章/实例320 添加竖直尺寸约束-OK.dwg
- 视频文件路径：视频/第9章/实例320 添加竖直尺寸约束.MP4
- 播放时长：1分9秒

Step 01 打开"第9章/实例320 添加竖直尺寸约束.dwg"素材文件，如图9-33所示。

Step 02 在【参数化】选项卡中，单击【标注】面板上的【竖直】按钮，如图9-34所示，执行【竖直尺寸约束】命令。

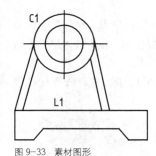

图 9-33   素材图形

图 9-34 【标注】面板中的【竖直】按钮

Step 03 选择圆C1的圆心与素材图形的底边，添加竖直距离约束。命令行操作如下。

```
命令：_DcVertical//调用【竖直】约束命令
指定第一个约束点或 [对象(O)] <对象>://捕捉圆C1的圆心
指定第二个约束点://捕捉直线L1左侧端点
指定尺寸线位置://拖动尺寸线，在合适位置单击放置尺寸线
标注文字 = 18.12//该尺寸的当前值
```

Step 04 清除尺寸文本框，然后输入数值20，按Enter键确认。尺寸约束效果如图9-35所示。

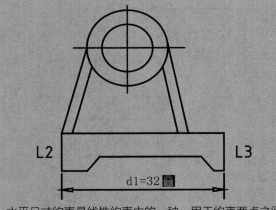

图 9-35 竖直尺寸约束的效果

实例321 添加水平尺寸约束

水平尺寸约束是线性约束中的一种，用于约束两点之间的水平距离，约束之后的两点将始终保持该距离。

难度 ★★

- 素材文件路径：素材/第9章/实例321 添加水平尺寸约束.dwg
- 效果文件路径：素材/第9章/实例321 添加水平尺寸约束-OK.dwg
- 视频文件路径：视频/第9章/实例321 添加水平尺寸约束.MP4
- 播放时长：55秒

Step 01 打开"第9章/实例321 添加水平尺寸约束.dwg"素材文件。

Step 02 在【参数化】选项卡中，单击【标注】面板上的【水平】按钮，如图9-36所示，执行【水平尺寸约束】命令。

Step 03 对底座宽度进行水平尺寸约束。命令行操作如下。

```
命令：_DcHorizontal//调用【水平】约束命令
指定第一个约束点或 [对象(O)] <对象>://捕捉直线L2下端点
指定第二个约束点://捕捉直线L3下端点
指定尺寸线位置://指定尺寸线位置标注文字 = 35
```

Step 04 在文本框中输入文字32，最终效果如图9-37所示。

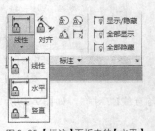

图 9-36 【标注】面板中的【水平】按钮

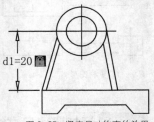

图 9-37 水平尺寸约束的效果

实例322 添加对齐尺寸约束

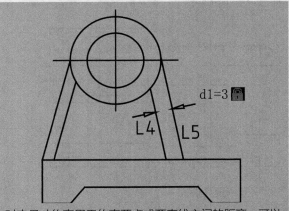

对齐尺寸约束用于约束两点或两直线之间的距离，可以约束水平距离、竖直尺寸或倾斜尺寸。

难度 ★★

- 素材文件路径：素材/第9章/实例322 添加对齐尺寸约束.dwg
- 效果文件路径：素材/第9章/实例322 添加对齐尺寸约束-OK.dwg
- 视频文件路径：视频/第9章/实例322 添加对齐尺寸约束.MP4
- 播放时长：1分49秒

Step 01 打开"第9章/实例322 添加对齐尺寸约束.dwg"素材文件。

Step 02 在【参数化】选项卡中，单击【标注】面板上的【对齐】按钮，如图9-38所示，执行【对齐尺寸约束】命令。

Step 03 约束两平行直线L4和L5的距离。命令行操作如下。

```
命令：_DcAligned//调用【对齐】约束命令
指定第一个约束点或 [对象(O)/点和直线(P)/两条直线(2L)] <对象>：2L//选择标注两条直线
选择第一条直线：//选择直线L4
选择第二条直线，以使其平行：//选择直线L5
指定尺寸线位置://指定尺寸线位置标注文字 = 2
```

Step 04 在文本框中输入数值3，最终效果如图9-39所示。

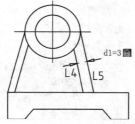

图 9-38 【标注】面板中的【对齐】
按钮

图 9-39 对齐尺寸约束的效果

实例323 添加半径尺寸约束

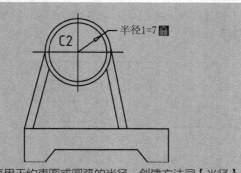

半径约束用于约束圆或圆弧的半径，创建方法同【半径】
标注，执行命令后选择对象即可。

难度 ★★

- 素材文件路径：素材/第9章/实例323 添加半径尺寸约束.dwg
- 效果文件路径：素材/第9章/实例323 添加半径尺寸约束-OK.dwg
- 视频文件路径：视频/第9章/实例323 添加半径尺寸约束.MP4
- 播放时长：50秒

Step 01 打开"第9章/实例323 添加半径尺寸约束.
dwg"素材文件。

Step 02 在【参数化】选项卡中，单击【标注】面板上
的【半径】按钮，如图9-40所示，执行【半径尺寸约
束】命令。

Step 03 约束圆C2的半径尺寸。命令行操作如下。

命令：_DcRadius//调用【半径】约束命令
选择圆弧或圆://选择圆C2标注文字=5
指定尺寸线位置://指定尺寸线位置

Step 04 在文本框中输入半径值7，最终效果如图9-41
所示。

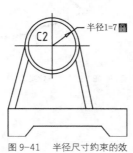

图 9-40 【标注】面板中的【半径】
按钮

图 9-41 半径尺寸约束的效果

实例324 添加直径尺寸约束

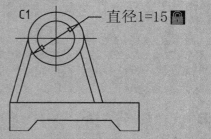

直径约束用于约束圆或圆弧的直径，创建方法同【直径】
标注，执行命令后选择对象即可。

难度 ★★

- 素材文件路径：素材/第9章/实例324 添加直径尺寸约束.dwg
- 效果文件路径：素材/第9章/实例324 添加直径尺寸约束-OK.dwg
- 视频文件路径：视频/第9章/实例324 添加直径尺寸约束.MP4
- 播放时长：51秒

Step 01 打开"第9章/实例324 添加直径尺寸约束.
dwg"素材文件。

Step 02 在【参数化】选项卡中，单击【标注】面板上
的【直径】按钮，如图9-42所示，执行【直径尺寸约
束】命令。

Step 03 约束圆C1的尺寸。命令行操作如下。

命令：_DcDiameter//调用【直径】约束命令
选择圆弧或圆://选择圆C1标注文字=16
指定尺寸线位置://指定尺寸线位置

Step 04 在文本框中输入数值15，最终效果如图9-43所示。

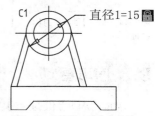

图 9-42 【标注】面板中的【直
径】按钮

图 9-43 直径尺寸约束的效果

实例325 添加角度尺寸约束

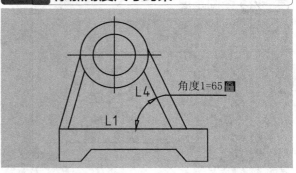

角度约束用于约束直线之间的角度或圆弧的包含角。创建方法同【角度】标注，执行命令后选择对象即可。

难度 ★★

◈ 素材文件路径：素材/第9章/实例325 添加角度尺寸约束.dwg
◈ 效果文件路径：素材/第9章/实例325 添加角度尺寸约束-OK.dwg
◈ 视频文件路径：视频/第9章/实例325 添加角度尺寸约束.MP4
◈ 播放时长：46秒

Step 01 打开"第9章/实例325 添加角度尺寸约束.dwg"素材文件。

Step 02 在【参数化】选项卡中，单击【标注】面板上的【角度】按钮，如图9-44所示，执行【角度尺寸约束】命令。

Step 03 约束倾斜直线L4与水平线L1的夹角。命令行操作如下。

命令：_DcAngular//调用【角度】约束命令
选择第一条直线或圆弧或 [三点(3P)] <三点>://选择水平直线L1
选择第二条直线://选择倾斜直线L4
指定尺寸线位置://指定尺寸线位置标注文字 = 78

Step 04 在文本框中输入数值65，最终效果如图9-45所示。

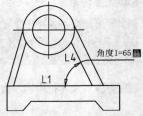

图9-44 【标注】面板中的【角度】按钮

图9-45 角度尺寸约束的效果

9.2 信息查询

AutoCAD 提供的查询功能可以查询图形的几何信息，供绘图时参考，包括查询距离、半径、角度、面积、质量特性、状态和时间等。

实例326 查询距离

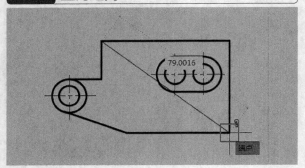

【距离查询】命令可以计算空间中任意两点间的距离及连线的倾斜角度。

难度 ★★

◈ 素材文件路径：素材/第9章/实例326 查询距离.dwg
◈ 效果文件路径：无
◈ 视频文件路径：视频/第9章/实例326 查询距离.MP4
◈ 播放时长：37秒

Step 01 打开"第9章/实例326 查询距离.dwg"素材文件，如图9-46所示。

Step 02 在【默认】选项卡中，单击【实用工具】面板上的【距离】按钮，如图9-47所示，执行【查询距离】命令。

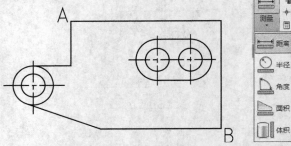

图9-46 素材图形　　图9-47 【实用工具】面板上的【距离】按钮

Step 03 选择A、B两点进行查询，结果如图9-48所示，命令行操作如下。

命令：_MEASUREGEOM输入选项 [距离(D)/半径(R)/角度(A)/面积(AR)/体积(V)] <距离>：_distance//调用【距离查询】命令
指定第一点://捕捉A点
指定第二个点或 [多个点(M)]://捕捉B点距离 = 79.0016，
XY 平面中的倾角 = 143，　与 XY 平面的夹角 = 0X 增量 = -63.5000，　Y 增量 = 47.0000，　Z 增量 = 0.0000输入选项 [距离(D)/半径(R)/角度(A)/面积(AR)/体积(V)/退出(X)] <距离>：*取消*　　//按Esc键退出

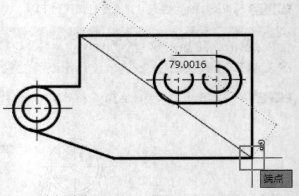

图9-48 查询距离效果

实例327 查询半径

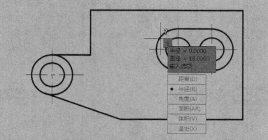

【查询半径】命令用于查询圆、圆弧的半径，执行命令后选择要查询的对象即可。

难度 ★★

- 素材文件路径：素材/第9章/实例326 查询距离.dwg
- 效果文件路径：无
- 视频文件路径：视频/第9章/实例327 查询半径.MP4
- 播放时长：35秒

Step 01 延续【实例326】进行操作，也可以打开"第9章/实例326 查询距离.dwg"素材文件。

Step 02 在【默认】选项板中，单击【实用工具】面板上的【半径】按钮，查询圆弧A，如图9-49所示。命令行操作如下。

命令：_MEASUREGEOM输入选项 [距离(D)/半径(R)/角度(A)/面积(AR)/体积(V)] <距离>:_radius//调用【查询半径】命令
选择圆弧或圆://选择圆A半径 = 9.0直径 = 18.0输入选项 [距离(D)/半径(R)/角度(A)/面积(AR)/体积(V)/退出(X)] <半径>: *取消*//按Esc键退出

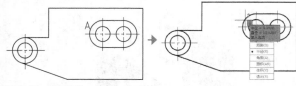

图 9-49　查询半径

实例328 查询角度

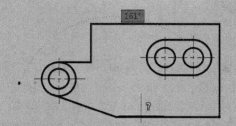

【查询角度】命令用于查询对象的角度，执行命令后选择要查询的对象即可。

难度 ★★

- 素材文件路径：素材/第9章/实例326 查询距离.dwg
- 效果文件路径：无
- 视频文件路径：视频/第9章/实例328 查询角度.MP4
- 播放时长：29秒

Step 01 延续【实例327】进行操作，也可以打开"第9章/实例326 查询距离.dwg"素材文件。

Step 02 在【默认】选项卡中，单击【实用工具】面板上的【角度】按钮，查询直线L1、L2之间角度，如图9-50所示。命令行操作如下。

命令：_MEASUREGEOM输入选项 [距离(D)/半径(R)/角度(A)/面积(AR)/体积(V)] <距离>:_angle//调用【查询角度】命令
选择圆弧、圆、直线或 <指定顶点>://选择直线L1
选择第二条直线://选择直线L2角度 = 161° 输入选项 [距离(D)/半径(R)/角度(A)/面积(AR)/体积(V)/退出(X)] <角度>: *取消*//按Esc键退出

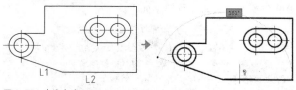

图 9-50　查询角度

实例329 查询面积　　★重点★

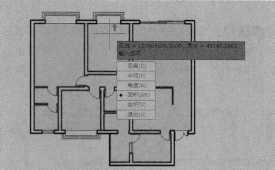

使用 AutoCAD 绘制好室内平面图后，自然就可以通过查询方法来获取室内面积。对于时下的购房者来说，室内面积无疑是一个很重要的考虑因素，计算住宅使用面积，可以比较直观地反应住宅的使用状况，但在住宅买卖中一般不采用使用面积来计算价格。室内面积减去墙体面积，也就是屋中的净使用面积。

难度 ★★★

- 素材文件路径：素材/第9章/实例329 查询面积.dwg
- 效果文件路径：无
- 视频文件路径：视频/第9章/实例329 查询面积.MP4
- 播放时长：1分18秒

Step 01 打开"第9章/实例329 查询面积.dwg"素材文件，如图9-51所示。

Step 02 在【默认】选项卡中，单击【实用工具】面板中的【面积】工具按钮，当系统提示"指定第一个角点或 [对象(O)/增加面积(A)/减少面积(S)/退出(X)] <对象(O)>:"时，指定建筑区域的第一个角点，如图9-52所示。

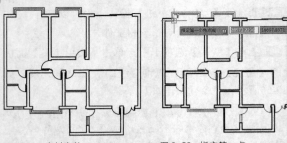

图 9-51　素材文件　　　　图 9-52　指定第一点

Step 03 当系统提示"指定下一个点或 [圆弧(A)/长度(L)/放弃(U)]："时，指定建筑区域的下一个角点，如图9-53所示。其命令行提示如下。

```
命令：_MEASUREGEOM//调用【查询面积】命令
输入选项 [距离(D)/半径(R)/角度(A)/面积(AR)/体积(V)] <距离>：_area指定第一个角点或 [对象(O)/增加面积(A)/减少面积(S)/退出(X)] <对象(O)>://指定第一个角点
指定下一个点或 [圆弧(A)/长度(L)/放弃(U)]://指定另一个角点
……
指定下一个点或 [圆弧(A)/长度(L)/放弃(U)/总计(T)] <总计>：
区域 = 107624600.0000，周长 = 48780.8332//查询结果
```

Step 04 根据系统的提示，继续指定建筑区域的其他角点，然后按下空格键进行确认，系统将显示测量出的结果，在弹出的菜单栏中选择【退出】命令，如图9-54所示。

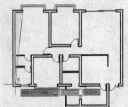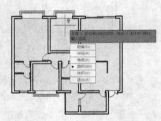

图 9-53　指定下一点　　　图 9-54　查询结果

设计点拨

在建筑实例中，平面图的单位为毫米。因此，这里查询得到的结果，周长的单位为毫米；面积的单位为平方毫米。而 $1mm^2 = 0.000001m^2$。

Step 05 命令行中的"区域"即为所查得的面积，而AutoCAD默认的面积单位为平方毫米mm²，因此需转换为常用的平方米m²，即：107624600 mm²=107.62 m²，该住宅粗算面积为107平方米。

Step 06 再使用相同方法加入阳台面积、减去墙体面积，便得到真实的净使用面积，过程略。

操作技巧

可以看出本实例中确定查询区域的方式类似于绘制多段线

的步骤，这种方法较为烦琐。如果在命令行选择"对象O"的方式查询面积，只需选择对象边界即可，但选择的对象必须是一个完整的对象，如圆、矩形、多边形或多段线。如果不是完整对象时，需要先创建面域，使其变成一个整体。

实例330　查询体积　　　★重点★

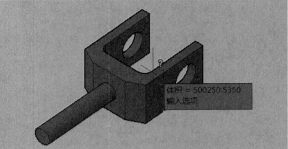

在实际的机械加工行业中，有时需要对客户所需的产品进行报价，虽然每个公司都有自己的专门方法，但通常都是基于成品质量与加工过程的。因此快速、准确地得出零件的成品质量，无疑在报价上就能拔得头筹。

难度 ★★

- 素材文件路径：素材/第9章/实例330 查询体积.dwg
- 效果文件路径：无
- 视频文件路径：视频/第9章/实例330 查询体积.MP4
- 播放时长：1分7秒

Step 01 打开"第9章/实例330 查询体积.dwg"素材文件，如图9-55所示，其中已创建好一个零件模型。

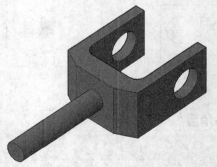

图 9-55　素材文件

Step 02 在【默认】选项卡中，单击【实用工具】面板中的【体积】工具按钮，当系统提示"指定第一个角点或 [对象(O)/增加面积(A)/减少面积(S)/退出(X)] <对象(O)>："时，选择"对象（O）"选项，如图9-56所示。

图 9-56　指定第一点

Step 03 然后选择零件模型，即可得到如图9-57所示的体积数据。

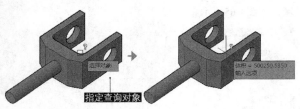

图 9-57　查询对象体积

设计点拨

在机械实例中，零件的单位为毫米。因此，这里查询得到的结果，体积的单位为立方毫米。$1 mm^3 = 0.001 cm^3 = 10^{-9} m^3$。

Step 04 将该体积乘以零件的材料密度，即可得到最终的质量。如果本例的模型为铁，查得铁密度= 7.85g/ cm^3，该零件体积为500250.53 mm^3=500.25 cm^3，则零件质量=7.85×500.25=3926.96g=3.9kg。

实例331　列表查询

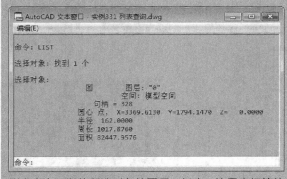

列表查询可以将所选对象的图层、长度、边界坐标等信息在 AutoCAD 文本窗口中列出。

难度 ★★

- 素材文件路径：素材/第9章/实例331 列表查询.dwg
- 效果文件路径：无
- 视频文件路径：素材/第9章/实例331 列表查询.MP4
- 播放时长：52秒

Step 01 打开"第9章/实例331 列表查询.dwg"素材文件，如图9-58所示。

Step 02 在命令行输入LIST并按Enter键，查询圆A的特性。命令行操作如下。

```
命令: LIST↙//调用【列表】命令
选择对象: 找到 1 个//选择圆A
选择对象:↙//按Enter键结束选择，系统打开AutoCAD文本窗
口, //结果如图9-59所示
```

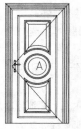

图 9-58　素材文件

图 9-59　指定第一点

实例332　查询数控加工点坐标　　★进阶★

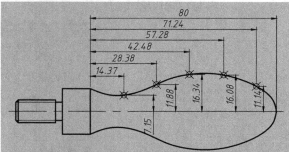

在机械行业，经常会看到一些具有曲线外形的零件，如常见的机床手柄。要加工这类零件，势必需要获取曲线轮廓上的若干点来作为加工、检验尺寸的参考。

难度 ★★★

- 素材文件路径：素材/第9章/实例332 查询数控加工点坐标.dwg
- 效果文件路径：无
- 视频文件路径：视频/第9章/实例332 查询数控加工点坐标.MP4
- 播放时长：1分32秒

Step 01 打开"第9章/实例332 查询数控加工点坐标.dwg"素材文件，其中已经绘制好了一个手柄零件图形，如图9-60所示。

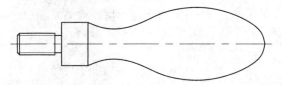

图 9-60　素材文件

Step 02 坐标归零。要得到各加工点的准确坐标，就必须先定义坐标原点，即数据加工中的"对刀点"。在命令行中输入UCS，按Enter键，可见UCS坐标粘附于十字光标上，然后将其放置在手柄曲线的起始端，如图9-61所示。

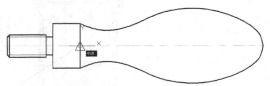

图 9-61　重新定义坐标原点

Step 03 执行定数等分。按Enter键放置UCS坐标，接着单击【绘图】面板中的【定数等分】按钮，选择上方的曲线（上、下两曲线对称，故选其中一条即可），输入项目数6，按Enter键完成定数等分，如图9-62所示。

Step 04 获取点坐标。在命令行中输入LIST，选择各等分点，然后按Enter键，即在命令行中得到坐标如图9-63所示。

Step 05 这些坐标值即为各等分点相对于新指定原点的坐标，可用作加工或质检的参考。

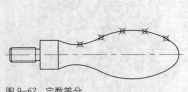

图9-62 定数等分

图9-63 通过 LIST 命令获取点坐标

实例333 查询面域\质量特性

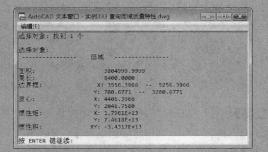

面域\质量特性也可称为截面特性，包括面积、质心位置和惯性矩等，这些特性关系到物体的力学性能，在建筑或机械设计中，经常需要查询这些特性。

难度 ★★★

- 素材文件路径：素材/第9章/实例333 查询面域\质量特性.dwg
- 效果文件路径：无
- 视频文件路径：视频/第9章/实例333 查询面域\质量特性.MP4
- 播放时长：1分27秒

Step 01 打开素材文件"第9章/实例333 查询面域\质量特性.dwg"，如图9-64所示。

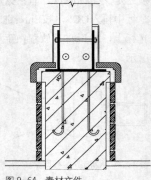

图9-64 素材文件

Step 02 在【默认】选项卡中，单击【绘图】面板上的【面域】按钮 ，由混凝土梁的截面轮廓创建一个面域，如图9-65所示。

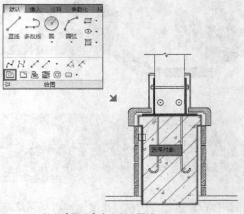

图9-65 执行【面域】命令创建面域

Step 03 选择【工具】|【查询】|【面域\质量特征】命令，如图9-66所示，查询混凝土梁截面特性。命令行操作如下。

命令：_massprop//调用【面域\质量特性】查询命令
选择对象：找到 1 个//选择创建的截面面域，按Enter键，系统弹出AutoCAD//文本窗口，如图9-67所示

图9-66 菜单栏中的【面域/质量特性】选项

图9-67 面域\质量特性查询结果

设计点拨

调用该命令时，选择的对象必须是已经创建的面域。

实例334 查询系统变量 ★进阶★

所谓系统变量就是控制某些命令工作方式的设置。命令通常用于启动活动或打开对话框，而系统变量则用于控制命令的行为、操作的默认值或用户界面的外观。但在某些特殊情况下，如使用他人的电脑、重装系统和误操作等都可能会变更已经习惯了的软件设置，让用户的操作水平大打折扣。这时就可以使用【查询系统变量】命令来恢复原有设置。

难度 ★★★

- 素材文件路径：无
- 效果文件路径：无
- 视频文件路径：视频/第9章/实例334 查询系统变量.MP4
- 播放时长：1分4秒

Step 01 新建一个图形文件（新建文件的系统变量是默认的），或使用没有问题的图形文件。分别在两个文件中运行【SETVAR】后按Enter键，单击命令行问号再按Enter键，系统弹出【AutoCAD文本窗口】，如图9-68所示。

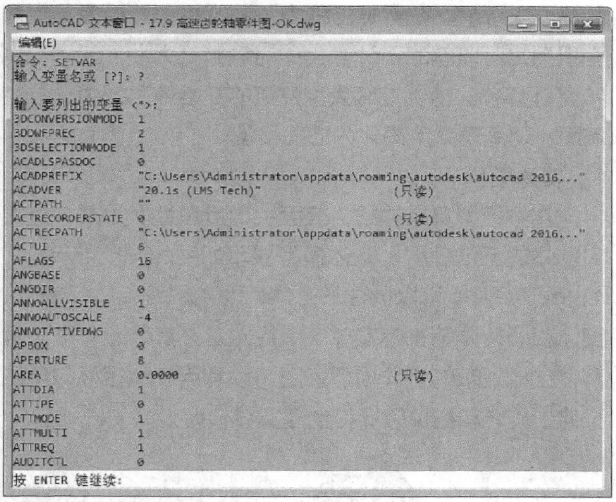

图 9-68 系统变量文本窗口

Step 02 框选文本窗口中的变量数据，复制到Excel文档中。一个位于A列，一个位于B列，比较变量中有哪些不一样，这样可以大大减少查询变量的时间。

Step 03 在C列输入【=IF(A1=B1,0,1)】公式，下拉单元格算出所有行的值，这样不相同的单元格就会以数字1表示，相同的单元格会以0表示，如图9-69所示，再分析变量查出哪些变量有问题即可。

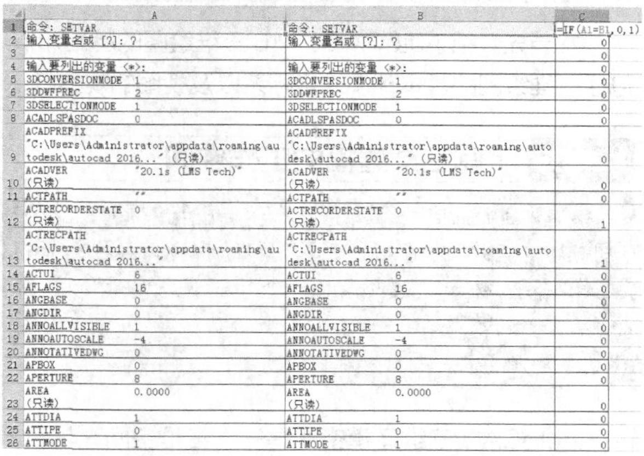

	A	B	C
1	命令: SETVAR	命令: SETVAR	=IF(A1=B1,0,1)
2	输入变量名或 [?]: ?	输入变量名或 [?]: ?	0
3			0
4	输入要列出的变量 <*>:	输入要列出的变量 <*>:	0
5	3DCONVERSIONMODE 1	3DCONVERSIONMODE 1	0
6	3DDWFPREC 2	3DDWFPREC 2	0
7	3DSELECTIONMODE 1	3DSELECTIONMODE 1	0
8	ACADLSPASDOC 0	ACADLSPASDOC 0	0
9	ACADPREFIX "C:\Users\Administrator\appdata\roaming\autodesk\autocad 2016..." (只读)	ACADPREFIX "C:\Users\Administrator\appdata\roaming\autodesk\autocad 2016..." (只读)	0
10	ACADVER "20.1s (LMS Tech)" (只读)	ACADVER "20.1s (LMS Tech)" (只读)	0
11	ACTPATH ""	ACTPATH ""	0
12	ACTRECORDERSTATE 0 (只读)	ACTRECORDERSTATE 0 (只读)	1
13	ACTRECPATH "C:\Users\Administrator\appdata\roaming\autodesk\autocad 2016..."	ACTRECPATH "C:\Users\Administrator\appdata\roaming\autodesk\autocad 2016..."	1
14	ACTUI 6	ACTUI 6	0
15	AFLAGS 16	AFLAGS 16	0
16	ANGBASE 0	ANGBASE 0	0
17	ANGDIR 0	ANGDIR 0	0
18	ANNOALLVISIBLE 1	ANNOALLVISIBLE 1	0
19	ANNOAUTOSCALE -4	ANNOAUTOSCALE -4	0
20	ANNOTATIVEDWG 0	ANNOTATIVEDWG 0	0
21	APBOX 0	APBOX 0	0
22	APERTURE 8	APERTURE 8	0
23	AREA 0.0000 (只读)	AREA 0.0000 (只读)	0
24	ATTDIA 1	ATTDIA 1	0
25	ATTIPE 0	ATTIPE 0	0
26	ATTMODE 1	ATTMODE 1	0

图 9-69 Excel 变量数据列表

第 10 章 三维图形的建模

随着 AutoCAD 技术的发展与普及，越来越多的用户已不满足于传统的二维绘图设计，因为二维绘图需要想象模型在各方向的投影，需要一定的抽象思维。相比而言，三维设计更符合人们的直观感受。

10.1 三维建模的基础

本节先介绍 AutoCAD 2016 三维绘图的基础知识，包括三维绘图的基本环境、坐标系以及视图的观察等。

实例335 了解三维建模的工作空间

二维图形的绘制与编辑一般都在【草图与注释】工作空间进行，与此类似，三维的建模与编辑也有自己特有的工作空间。在与之对应的工作空间进行工作，可以达到事半功倍的效果。

难度 ★★

AutoCAD 三维建模空间是一个三维空间，与草图与注释空间相比，此空间中多出一个 Z 轴方向的维度。三维建模功能区的选项卡有：【常用】、【实体】、【曲面】、【网格】、【渲染】、【参数化】、【插入】、【注释】、【布局】、【视图】、【管理】和【输出】，每个选项卡下都有与之对应的功能面板。由于此空间侧重的是实体建模，所以功能区中还提供了【三维建模】、【视觉样式】、【光源】、【材质】、【渲染】和【导航】等面板，这些都为创建、观察三维图形，以及对附着材质、创建动画、设置光源等操作。

进入三维模型空间的执行方法如下。

◆ 快速访问工具栏：启动 AutoCAD 2016，单击快速访问工具栏上的【切换工作空间】列表框，如图 10-1 所示，在下拉列表中选择【三维建模】工作空间。

图 10-1 快速访问工具栏切换工作空间

◆ 状态栏：在状态栏右边，单击【切换工作空间】按钮，展开菜单如图 10-2 所示，选择【三维建模】工作空间。

图 10-2 状态栏切换工作空间

实例336 了解三维模型的种类

AutoCAD 支持 3 种类型的三维模型——线框模型、表面模型和实体模型。每种模型都有各自的创建和编辑方法，以及不同的显示效果。

难度 ★★

1 线框模型

线框模型是三维形体的框架，是一种较直观和简单的三维表达方式，是描述三维对象的骨架，如图 10-3 所示。用 AutoCAD 可以在三维空间的任何位置放置二维（平面）对象来创建线框模型。AutoCAD 也提供一些三维线框对象，例如三维多段线（只能显示"连续"线型）和样条曲线。由于构成线框模型的每个对象都必须单独绘制和定位，因此这种建模方式最烦琐。

2 曲面模型

曲面模型用面描述三维对象，它不仅定义了三维对象的边界，而且还定义了曲面，即其具有面的特征，如图 10-4 所示。在实际工程中，通常将那些厚度与其表面积相比可以忽略不计的实体对象简化为曲面模型。例如，在体育馆、博物馆等大型建筑的三维效果图中，屋顶、墙面、格间等就可简化为曲面模型。

3 实体模型

实体模型具有边线、表面和厚度属性，是最接近真实物体的三维模型，实体模型显示如图 10-5 所示。在 AutoCAD 中，可以创建长方体、圆柱体、圆锥体、球体、楔体和圆环体等基本实体，然后对这些实体进行布尔运算，生成复杂的实体模型。还可以利用二维截面对象的拉伸、旋转和扫掠等操作创建实体模型。

图 10-3 线框模型　　图 10-4 曲面模型　　图 10-5 实体模型

实例337 切换至世界坐标系

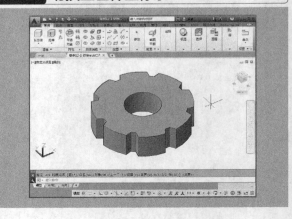

用户新建一个 AutoCAD 文件进入绘图界面之后，为了使用户的绘图具有定位基准，系统提供了一个默认的坐标系，这样的坐标系称为"世界坐标系"，简称 WCS。在 AutoCAD 2016 中，世界坐标系是固定不变的，不能更改其位置和方向。

难度 ★★

- 素材文件路径：素材/第10章/实例337 切换至世界坐标系.dwg
- 效果文件路径：素材/第10章/实例337 切换至世界坐标系-OK.dwg
- 视频文件路径：视频/第10章/实例337 切换至世界坐标系.MP4
- 播放时长：53秒

Step 01 打开"第10章/实例337 切换至世界坐标系.dwg"素材文件，如图10-6所示。

Step 02 在命令行输入UCS并按Enter键，将坐标系恢复到世界坐标系的位置，即绘图区的左下角，如图10-7所示。命令行操作如下。

命令: UCS✓//调用【新建UCS】命令
当前 UCS 名称: *没有名称*指定 UCS 的原点或 [面(F)/命名(NA)/对象(OB)/视图(V)/世界(W)/X/Y/Z/Z 轴(ZA)] <世界>: W✓/选择【世界】选项

图 10-6　素材图形　　　　图 10-7　切换至 WCS

实例338　创建用户坐标系

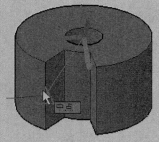

"用户坐标系"简称 UCS，是用户创建的，用于临时绘图定位的坐标系。通过重新定义坐标原点的位置以及 XY 平面和 Z 轴的方向，即可创建一个 UCS 坐标系，UCS 使三维建模中的绘图、视图观察更为灵活。

难度 ★★

- 素材文件路径：素材/第10章/实例338 创建用户坐标系.dwg
- 效果文件路径：素材/第10章/实例338 创建用户坐标系-OK.dwg
- 视频文件路径：视频/第10章/实例338 创建用户坐标系.MP4
- 播放时长：1分25秒

Step 01 打开"第10章/实例338 创建用户坐标系.dwg"素材文件，如图10-8所示。

Step 02 在命令行输入UCS并按Enter键，创建一个 UCS，如图10-9所示。

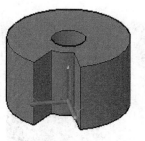

图 10-8　素材图形　　　　　　图 10-9　新建的 UCS

Step 03 创建UCS的命令行操作如下。

命令: UCS✓//调用【新建UCS】命令
当前 UCS 名称: *世界*指定 UCS 的原点或 [面(F)/命名(NA)/对象(OB)/上一个(P)/视图(V)/世界(W)/X/Y/Z/Z 轴(ZA)] <世界>:✓//捕捉到零件顶面圆心，如图10-10所示
指定 X 轴上的点或 <接受>:✓//捕捉到0° 极轴方向任意位置单击，如图10-11所示
指定 XY 平面上的点或 <接受>:✓//指定图10-12所示的边线中点作为XY平面的通过点

图 10-10　指定　　图 10-11　指定 X 轴方向　　图 10-12　指定 XY
坐标原点　　　　　　　　　　　　　　　　　　平面通过点

实例339　显示用户坐标系

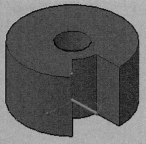

UCS 图标有两种显示位置：一是显示在坐标原点，即用户定义的坐标位置；二是显示在绘图区左下角，此位置的图标并不表示坐标系的位置，仅指示了当前各坐标轴的方向。

难度 ★★

- 素材文件路径：素材/第10章/实例339 显示用户坐标系.dwg
- 效果文件路径：素材/第10章/实例339 显示用户坐标系-OK.dwg
- 视频文件路径：视频/第10章/实例339 显示用户坐标系.MP4
- 播放时长：29秒

Step 01 打开素材文件"第10章/实例339 显示用户坐标系.dwg",如图10-13所示。

Step 02 在命令行输入UCSICON并按Enter键,设置UCS图标的显示位置,使其在当前UCS位置显示,如图10-14所示。命令行操作如下。

命令: UCSICON↙ //调用【显示UCS图标】命令
输入选项 [开(ON)/关(OFF)/全部(A)/非原点(N)/原点(OR)/可选(S)/特性(P)] <开>:OR↙ //选择在原点显示UCS

图 10-13 素材图形

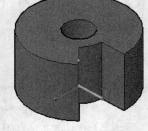

图 10-14 显示 UCS 的效果

· 选项说明

命令行各主要选项介绍如下。

◆ 开 (ON)/ 关 (OFF): 这两个选项可以控制 UCS 图标的显示与隐藏。

◆ 全部 (A): 可以将对图标的修改应用到所有活动视口,否则【显示 UCS 图标】命令只影响当前视口。

◆ 非原点 (N): 此时不管 UCS 原点位于何处,都始终在视口的左下角处显示 UCS 图标。

◆ 原点 (OR): UCS 图标将在当前坐标系的原点处显示,如果原点不在屏幕上,UCS 图标将显示在视口的左下角处。

◆ 特性 (P): 在弹出的【UCS 图标】对话框中,可以设置 UCS 图标的样式、大小和颜色等特性,如图10-15 所示。

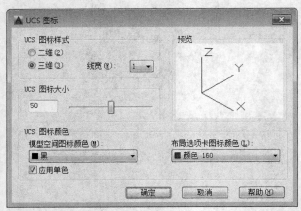

图 10-15 【UCS 图标】对话框

实例340 调整视图方向

通过 AutoCAD 自带的视图工具,可以很方便地将模型视图调节至标准方向,如俯视、仰视、右视、左视、主视、后视、西南等轴测、东南等轴测、东北等轴测和西北等轴测 10 个方向。

难度 ★★

◉ 素材文件路径: 素材/第10章/实例340 调整视图方向.dwg
◉ 效果文件路径: 素材/第10章/实例340 调整视图方向-OK.dwg
🎬 视频文件路径: 视频/第10章/实例340 调整视图方向.MP4
🎬 播放时长: 34秒

Step 01 打开"第10章/实例340 调整视图方向.dwg"文件,如图10-16所示。

Step 02 单击绘图区左上角的视图控件,在弹出的菜单中选择【西南等轴测】选项,如图10-17所示。

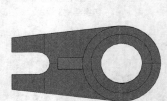

图 10-16 素材图样

图 10-17 选择【西南等轴测】选项

Step 03 模型视图转换至西南等轴测视图,结果如图10-18示。

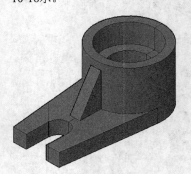

图 10-18 西南等轴测视图

实例341 调整视觉样式

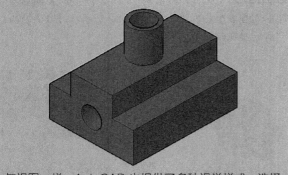

与视图一样，AutoCAD 也提供了多种视觉样式，选择对应的选项，即可快速切换至所需的样式。

难度 ★★

- 素材文件路径：素材/第10章/实例341 调整视觉样式.dwg
- 效果文件路径：素材/第10章/实例341调整视觉样式-OK.dwg
- 视频文件路径：视频/第10章/实例341 调整视觉样式.MP4
- 播放时长：35秒

Step 01 打开"第10章/实例341 调整视觉样式.dwg"素材文件，如图10-19所示。

Step 02 单击绘图区左上角的视图控件，在弹出的菜单中选择【西南等轴测】选项，将视图调整到西南等轴测方向，如图10-20所示。

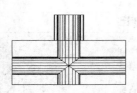

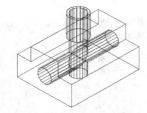

图 10-19 素材图样　　　图 10-20 选择【西南等轴测】选项

Step 03 单击绘图区左上角的视觉样式控件，在弹出的菜单中选择【概念】视觉样式，如图10-21所示。

Step 04 调整为【概念】视觉样式的效果如图10-22所示。

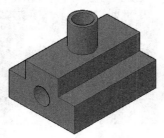

图 10-21 选择视觉样式　　　图 10-22 【概念】视觉样式效果

·选项说明

各种视觉样式的含义如下。

◆ 二维线框：显示用直线和曲线表示边界的对象。光栅和OLE对象、线型和线宽均可见，如图10-23所示。

◆ 概念：着色多边形平面间的对象，并使对象的边平滑化。着色使用古氏面样式，一种冷色和暖色之间的过渡，而不是从深色到浅色的过渡。效果缺乏真实感，但是可以更方便地查看模型的细节，如图10-24所示。

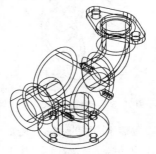

图 10-23 二维线框视觉样式　　　图 10-24 概念视觉样式

◆ 隐藏：显示用三维线框表示的对象并隐藏表示后向面的直线，效果如图 10-25 所示。

◆ 真实：对模型表面进行着色，并使对象的边平滑化。将显示已附着到对象的材质，效果如图 10-26 所示。

图 10-25 隐藏视觉样式　　　图 10-26 真实视觉样式

◆ 着色：该样式与真实样式类似，但不显示对象轮廓线，效果如图 10-27 所示。

◆ 带边框着色：该样式与着色样式类似，对其表面轮廓线以暗色线条显示，效果如图 10-28 所示。

图 10-27 着色视觉样式　　　图 10-28 带边框着色视觉样式

◆ 灰度：以灰色着色多边形平面间的对象，并使对象的边平滑化。着色表面不存在明显的过渡，同样可以方便地查看模型的细节，效果如图 10-29 所示。

◆勾画：利用手工勾画的笔触效果显示用三维线框表示的对象并隐藏表示后向面的直线，效果如图10-30所示。

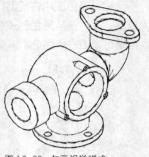

图10-29　灰度视觉样式　　　　图10-30　勾画视觉样式

◆线框：显示用直线和曲线表示边界的对象，效果与三维线框类似，如图10-31所示。

◆X射线：以X光的形式显示对象效果，可以清楚地观察到对象背面的特征，效果如图10-32所示。

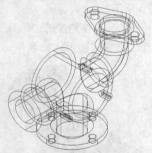

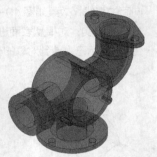

图10-31　线框视觉样式　　　　图10-32　X射线视觉样式

实例342 动态观察模型

AutoCAD提供了一个交互的三维动态观察器，该命令可以在当前视口中添加一个动态观察控标，用户可以使用鼠标实时地调整控标以得到不同的观察效果。使用三维动态观察器，既可以查看整个图形，也可以查看模型中任意的对象。

难度 ★★

素材文件路径：素材/第10章/实例342 动态观察模型.dwg
效果文件路径：无
视频文件路径：视频/第10章/实例342 动态观察模型.MP4
播放时长：46秒

Step 01 打开素材文件"第10章/实例342 动态观察模

型.dwg"，如图10-33所示。

Step 02 在【视图】选项卡中，单击【导航】面板上的【动态观察】按钮，如图10-34所示，可以快速执行三维动态观察。

图10-33　素材模型　　　　图10-34　【导航】面板中的【动态观察】按钮

Step 03 此时【绘图区】光标呈形状。按住鼠标左键并拖动光标可以对视图进行受约束三维动态观察，如图10-35所示。

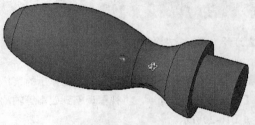

图10-35　通过【动态观察】观察模型

实例343 自由动态观察模型

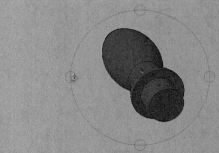

利用【自由动态观察】可以对视图中的图形进行任意角度的动态观察，此时选择并在转盘的外部拖动光标，将使视图围绕延长线通过转盘的中心并垂直于屏幕的轴旋转。

难度 ★★

素材文件路径：素材/第10章/实例342 动态观察模型.dwg
效果文件路径：无
视频文件路径：视频/第10章/实例343自由动态观察模型.MP4
播放时长：1分22秒

Step 01 延续【实例342】进行操作，也可以打开素材文件"第10章/实例342 动态观察模型.dwg"。

Step 02 单击【导航】面板中的【自由动态观察】按钮，此时在【绘图区】显示出一个导航球，如图10-36所示。

Step 03 当在弧线球内拖动光标进行图形的动态观察时，光标将变成🖐形状，此时观察点可以在水平、垂直以及对角线等任意方向上移动任意角度，即可以对观察对象做全方位的动态观察，如图10-37所示。

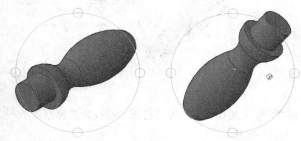

图 10-36　导航球　　　　　图 10-37　光标在弧线球内拖动

Step 04 当光标在弧线外部拖动时，光标呈⊙形状，此时拖动光标图形将围绕着一条穿过弧线球球心且与屏幕正交的轴（即弧线球中间的绿色圆心🔵）进行旋转，如图10-38所示。

Step 05 当光标置于导航球顶部或者底部的小圆上时，光标呈⊕形状，按住鼠标左键并上下拖动将使视图围绕着通过导航球中心的水平轴进行旋转。当光标置于导航球左侧或者右侧的小圆时，光标呈⊖形状，按住鼠标左键并左右拖动将使视图围绕着通过导航球中心的垂直轴进行旋转，如图10-39所示。

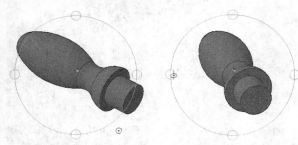

图 10-38　光标在弧线球内拖动　　图 10-39　光标在左右侧小圆内拖动

实例344 连续动态观察模型

利用【连续动态观察】可以使观察对象绕指定的旋转轴和旋转速度连续做旋转运动，从而对其进行连续动态的观察。

难度 ★★

素材文件路径：素材/第10章/实例342 动态观察模型.dwg
效果文件路径：无
视频文件路径：视频/第10章/实例344连续动态观察模型.MP4
播放时长：46秒

Step 01 延续【实例342】进行操作，也可以打开素材文件"第10章/实例342 动态观察模型.dwg"。

Step 02 单击【导航】面板中的【连续动态观察】按钮🔄，如图10-40所示。

Step 03 此时在【绘图区】光标呈🔄形状，单击鼠标左键并拖动光标，使对象沿拖动方向开始移动。释放鼠标后，对象将在指定的方向上继续运动，如图10-41所示。光标移动的速度决定了对象的旋转速度。

图 10-40　【导航】面板中　　图 10-41　连续动态观察效果
的【连续动态观察】按钮

实例345 使用相机观察模型

在 AutoCAD 2016 中，通过在模型空间中放置相机，并根据需要调整相机设置，可以定义三维视图。

难度 ★★

素材文件路径：素材/第10章/实例345 使用相机观察模型.dwg
效果文件路径：无
视频文件路径：视频/第10章/实例345 使用相机观察模型.MP4
播放时长：1分15秒

Step 01 打开素材文件"第10章/实例345 使用相机观察模型.dwg"，如图10-42所示。

Step 02 在命令行中输入CAM，执行【相机】命令，按Enter键确认，在绘图区出现一个相机外形的光标，然后在模型的右上区域单击放置该相机，接着拖动鼠标，将相机的观察范围覆盖整个模型，如图10-43所示。

图10-42　素材模型

图10-43　调整相机方位与焦距

Step 03 连按2次Enter键退出命令，完成【相机】命令，在绘图区出现一个相机图形，单击即可打开【相机预览】对话框，在对话框中选择【视觉样式】为【概念】，如图10-44所示。

Step 04 即可从对话框中观察到相机方位的模型效果，如图10-45所示。

图10-44　【相机预览】对话框

图10-45　【相机】观察效果

实例346　切换透视投影视图

透视投影模式可以直观地表达模型的真实投影状况，具有较强的立体感。透视投影视图取决于理论相机和目标点之间的距离。

难度 ★★

- 素材文件路径：素材/第10章/实例346 切换透视投影视图.dwg
- 效果文件路径：素材/第10章/实例346 切换透视投影视图-OK.dwg
- 视频文件路径：视频/第10章/实例346 切换透视投影视图.MP4
- 播放时长：1分18秒

Step 01 打开素材文件"第10章/实例346 切换透视投影视图.dwg"，如图10-46所示。

Step 02 将光标移至绘图区右上角的ViewCube，然后单击鼠标右键，在弹出的快捷菜单中选择【透视】选项，如图10-47所示。

图10-46　素材模型

图10-47　在 ViewCube 的快捷菜单中选择【透视】选项

Step 03 上述操作完毕即可得到透视投影的模型效果，如图10-48所示。

图10-48　透视投影视图效果（近大远小）

实例347　切换平行投影视图

平行投影模式是平行的光源照射到物体上所得到的投影，可以准确地反映模型的实际形状和结构，是默认的投影效果。

难度 ★★

- 素材文件路径：素材/第10章/实例346 切换透视投影视图-OK.dwg
- 效果文件路径：素材/第10章/实例347 切换平行投影视图-OK.dwg
- 视频文件路径：视频/第10章/实例347 切换平行投影视图.MP4
- 播放时长：58秒

Step 01 延续【实例346】进行操作，也可以打开素材文件"第10章/实例346 切换透视投影视图-OK.dwg"。

Step 02 将光标移至绘图区右上角的ViewCube，然后单击鼠标右键，在弹出的快捷菜单中选择【平行】选项。

Step 03 上述操作完毕即可得到透视投影的模型效果，如图10-49所示。

图10-49　平行投影视图效果（远近一致）

10.2 创建线框模型

　　三维空间中的点和线是构成三维实体模型的最小几何单元，创建方法与二维对象的点和直线类似，但相比之下，多出一个定位坐标。在三维空间中，三维点和直线不仅可以用来绘制特征截面继而创建模型，还可以构造辅助直线或辅助平面来辅助实体创建。一般情况下，三维线段包括直线、射线、构造线、多段线、螺旋线以及样条曲线等类型；而点则可以根据其确定方式分为特殊点和坐标点两种类型。

实例348 输入坐标创建三维点

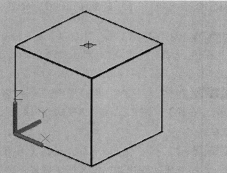

　　利用三维空间的点可以绘制直线、圆弧、圆、多段线及样条曲线等基本图形，也可以标注实体模型的尺寸参数，还可以作为辅助点间接创建实体模型。

难度 ★★

* 素材文件路径：素材/第10章/实例348 输入坐标创建三维点.dwg
* 效果文件路径：素材/第10章/实例348 输入坐标创建三维点-OK.dwg
* 视频文件路径：视频/第10章/实例348 输入坐标创建三维点.MP4
* 播放时长：46秒

Step 01 打开素材文件"第10章/实例348 输入坐标创建三维点.dwg"，如图10-50所示。

Step 02 要绘制三维空间点，在【三维建模】空间中，展开【常用】选项卡中的【绘图】面板，单击【多点】按钮，如图10-51所示。

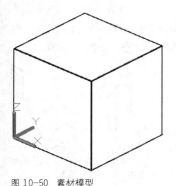

图 10-50　素材模型　　　图 10-51　【绘图】面板中的
　　　　　　　　　　　　　　　　　【多点】按钮

Step 03 然后在命令行内输入三维坐标（50,50,100），即可确定三维点，三维空间绘制点的效果如图10-52所示。在AutoCAD中绘制点，如果省略输入Z方向的坐标，系统默认Z坐标为0，即该点在XY平面内。

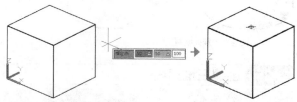

图 10-52　利用坐标绘制空间点

实例349 对象捕捉创建三维点

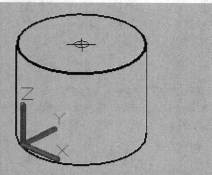

　　三维实体模型上的一些特殊点，如交点、端点以及中点等，可通过启用【对象捕捉】功能捕捉来确定位置。

难度 ★★

* 素材文件路径：素材/第10章/实例349 对象捕捉创建三维点.dwg
* 效果文件路径：素材/第10章/实例349 对象捕捉创建三维点-OK.dwg
* 视频文件路径：视频/第10章/实例349 对象捕捉创建三维点.MP4
* 播放时长：54秒

Step 01 打开素材文件"第10章/实例349 对象捕捉创建三维点.dwg"，如图10-53所示。

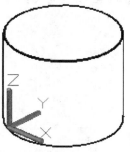

图 10-53　素材模型

Step 02 在【三维建模】空间中，展开【常用】选项卡中的【绘图】面板，单击【多点】按钮。执行【绘制点】命令。

Step 03 将光标移动至素材模型的圆心处，捕捉至圆心，单击即可在该处创建点，如图10-54所示。

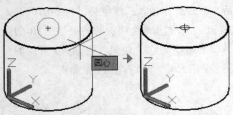

图 10-54　利用对象捕捉绘制空间点

实例350　创建三维直线

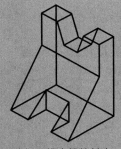

三维直线的绘制方法与二维直线的基本一致，只是多了一个Z轴方向上的参数，在绘制时仍按二维进行处理即可。

难度 ★★★★

- 素材文件路径：无
- 效果文件路径：素材/第10章/实例350 创建三维直线-OK.dwg
- 视频文件路径：视频/第10章/实例350 创建三维直线.MP4
- 播放时长：10分59秒

本实例便使用三维直线来绘制如图 10-55 所示的线架模型。

Step 01 单击【快速访问】工具栏中的【新建】按钮，系统弹出【选择样板】对话框，选择"acadiso.dwt"样板，单击【打开】按钮，进入AutoCAD绘图模式。

Step 02 单击绘图区左上角的视图快捷控件，将视图切换至【东南等轴测】，此时绘图区呈三维空间状态，其坐标显示如图10-56所示。

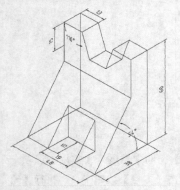

图 10-55　三维线架模型　　　　图 10-56　坐标系显示状态

Step 03 调用L（直线）命令，根据命令行的提示，在绘图区空白处单击确定第一点，鼠标向左移动输入

14.5，鼠标向上移动输入15，鼠标向左移动输入19，鼠标向下移动输入15，鼠标向左移动输入14.5，鼠标向上移动输入38，鼠标向右移动输入48，输入C激活闭合选项，完成图10-57所示线架底边线条的绘制。

Step 04 单击绘图区左上角的视图快捷控件，将视图切换至【东南等轴测】，查看所绘制的图形，如图10-58所示。

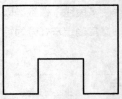

图 10-57　底边线条　　　　图 10-58　图形状态

Step 05 单击【坐标】面板中的【Z轴矢量】按钮，在绘图区选择两点以确定新坐标系的Z轴方向，如图10-59所示。

Step 06 单击绘图区左上角的视图快捷控件，将视图切换至【右视】，进入二维绘图模式，以绘制线架的侧边线条。

Step 07 用鼠标右键单击【状态栏】中的【极轴追踪】，在弹出的快捷菜单中选择【设置】命令，添加极轴角为126°。

Step 08 调用L（直线）命令，绘制图10-60所示的侧边线条，其命令行提示如下。

```
命令：LINE↙
指定第一点：//在绘图区指定直线的端点"A点"
指定下一点或 [放弃(U)]：60↙
指定下一点或 [放弃(U)]：12↙//利用极轴追踪绘制直线
指定下一点或 [闭合(C)/放弃(U)]：//在绘图区指定直线的终点
指定下一点或 [放弃(U)]：*取消*//按Esc键，结束绘制直线操
作
命令：LINE↙//再次调用直线命令，绘制直线
指定第一点：//在绘图区单击确定直线一端点"B点"
指定下一点或 [放弃(U)]：//利用极轴绘制直线
```

Step 09 调用TR（修剪）命令，修剪掉多余的线条，单击绘图区左上角的视图快捷控件，将视图切换至【东南等轴测】，查看所绘制的图形状态，如图10-61所示。

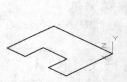

图 10-59　生成的新坐标系　　图 10-60　　　图 10-61　绘制的右
绘制直线　　　侧边线条

Step 10 调用CO（复制）命令，在三维空间中选择要复

制的右侧线条。

Step 11 单击鼠标右键或按Enter键，然后选择基点位置，拖动鼠标在合适的位置单击放置复制图形，按Esc键或Enter键完成复制操作，复制效果如图10-62所示。

Step 12 单击【坐标】面板中的【三点】按钮 ，在绘图区选择三点以确定新坐标系的Z轴方向，如图10-63所示。

Step 13 单击绘图区左上角的视图快捷控件，将视图切换至【后视】，进入二维绘图模式，绘制线架的后方线条，其命令行提示如下。

```
命令: LINE✓
指定第一点:
指定下一点或 [放弃(U)]: 13✓
指定下一点或 [放弃(U)]: @20<290✓
指定下一点或 [闭合(C)/放弃(U)]: *取消*//利用极坐标方式绘制直线，按ESC键，结束直线绘制命令
命令: LINE✓
指定第一点:
指定下一点或 [放弃(U)]: 13✓
指定下一点或 [放弃(U)]: @20<250✓
指定下一点或 [闭合(C)/放弃(U)]: *取消*//用同样的方法绘制直线
```

Step 14 调用O（偏移）命令，将底边直线向上偏移45，如图10-64所示。

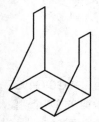 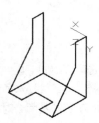 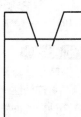

图 10-62　复制图形　　图 10-63　新建坐标系　　图 10-64　绘制的直线图形

Step 15 调用TR（修剪）命令，修剪掉多余的线条，如图10-65所示。

Step 16 使用同第9~10步的方法，复制图形，其复制效果如图10-66所示。

Step 17 单击【坐标】面板中的【UCS】按钮 ，移动鼠标在要放置坐标系的位置单击，按空格键或Enter键结束操作，生成图10-67所示的坐标系。

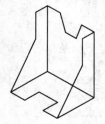  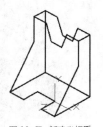

图 10-65　修剪后的图形　　图 10-66　复制图形　　图 10-67　新建坐标系

Step 18 单击绘图区左上角的视图快捷控件，将视图切换至【前视】，进入二维绘图模式，绘制二维图形，向上距离为15，两侧直线中间相距19。如图10-68所示。

Step 19 单击绘图区左上角的视图快捷控件，将视图切换至【东南等轴测】，查看所绘制的图形状态，如图10-69所示。

Step 20 调用L（直线）命令，将三维线架中需要连接的部分，用直线连接，其效果如图10-70所示。完成三维线架绘制。

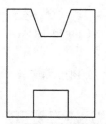 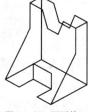 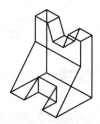

图 10-68　绘制的二维图形　　图 10-69　图形的三维状态　　图 10-70　三维线架

10.3　创建曲面模型

曲面是不具有厚度和质量特性的壳形对象。曲面模型也能够进行隐藏、着色和渲染。AutoCAD 中曲面的创建和编辑命令集中在功能区的【曲面】选项卡中，如图 10-71 所示。

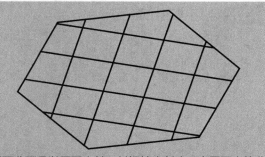

图 10-71　【曲面】选项卡

实例351　创建平面曲面

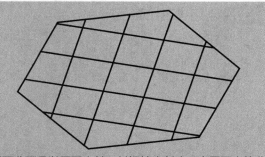

平面曲面是以平面内某一封闭轮廓创建一个平面内的曲面。在 AutoCAD 中，既可以用指定角点的方式创建矩形的平面曲面，也可用指定对象的方式，创建复杂边界形状的平面曲面。

难度 ★★

素材文件路径：素材/第10章/实例351 创建平面曲面.dwg
效果文件路径：素材/第10章/实例351 创建平面曲面-OK.dwg
视频文件路径：视频/第10章/实例351 创建平面曲面.MP4
播放时长：50秒

Step 01 打开"第10章/实例351 创建平面曲面.dwg"素材文件，如图10-72所示。

Step 02 在【曲面】选项卡中，单击【创建】面板上的【平面】按钮，如图10-73所示，执行【平面曲面】命令。

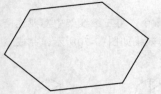

图10-72 素材图形

图10-73 【创建】面板中的【平面】按钮

Step 03 由多边形边界创建平面曲面，如图10-74所示。命令行操作如下。

```
命令: _Planesurf//调用【平面曲面】命令
指定第一个角点或 [对象(O)] <对象>: o✓//选择【对象】选项
选择对象: 找到 1 个//选择多边形边界
选择对象://按Enter键完成创建
```

Step 04 选中创建的曲面，按Ctrl＋1组合键打开【特性】面板，将曲面的U素线设置为4，V素线设置为4，效果如图10-75所示。

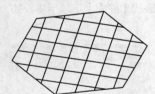

图10-74 创建的平面曲面

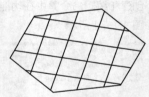

图10-75 修改素线数量的效果

实例352 创建过渡曲面

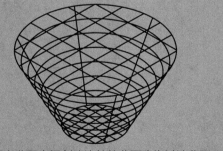

在两个现有曲面之间创建连续的曲面称为过渡曲面。将两个曲面融合在一起时，需要指定曲面连续性和凸度幅值。

难度 ★★

◎ 素材文件路径：素材/第10章/实例352 创建过渡曲面.dwg
◎ 效果文件路径：素材/第10章/实例352 创建过渡曲面-OK.dwg
◎ 视频文件路径：视频/第10章/实例352 创建过渡曲面.MP4
◎ 播放时长：34秒

Step 01 打开"第10章/实例352 创建过渡曲面.dwg"素材文件，如图10-76所示。

Step 02 在【曲面】选项卡中，单击【创建】面板上的【过渡】按钮，创建过渡曲面，如图10-77所示。命令行操作如下。

```
命令: _SURFBLEND连续性＝G1 - 相切，凸度幅值＝0.5
选择要过渡的第一个曲面的边或 [链(CH)]: 找到 1 个//选择上面的曲面的边线
选择要过渡的第一个曲面的边或 [链(CH)]: ✓//按Enter键结束选择
选择要过渡的第二个曲面的边或 [链(CH)]: 找到 1 个//选择下面的曲面边线
选择要过渡的第二个曲面的边或 [链(CH)]: ✓//按Enter键结束选择
按 Enter 键接受过渡曲面或 [连续性(CON)/凸度幅值(B)]: B✓//选择【凸度幅值】选项
第一条边的凸度幅值 <0.5000>: 0✓//输入凸度幅值
第二条边的凸度幅值 <0.5000>: 0✓按 Enter 键接受过渡曲面或 [连续性(CON)/凸度幅值(B)]://按Enter键接受创建的过渡曲面
```

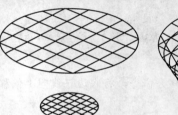

图10-76 素材图形

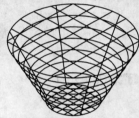

图10-77 过渡曲面

·选项说明

命令行各主要选项介绍如下。

◆ 连续性：选择"连续性"选项时，有 G0\G1\G2 等 3 种形式连接。G0 意味着两个对象相连或两个对象的位置是连续的；G1 意味着两个对象光顺连接，一阶微分连续，或者是相切连续的。G2 意味着两个对象光顺连接，二阶微分连续，或者两个对象的曲率是连续的。

◆ 凸度幅值：指曲率的取值范围。

实例353 创建修补曲面

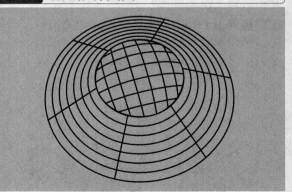

曲面【修补】即在创建新的曲面或封口时，闭合现有曲面的开放边，也可以通过闭环添加其他曲线，以约束和引导修补曲面。

难度 ★★

🔘 素材文件路径：素材/第10章/实例353 创建修补曲面.dwg
🔘 效果文件路径：素材/第10章/实例353 创建修补曲面-OK.dwg
🔘 视频文件路径：视频/第10章/实例353 创建修补曲面.MP4
🔘 播放时长：1分钟

Step 01 打开"第10章/实例353 创建修补曲面.dwg"素材文件，如图10-78所示。

Step 02 在【曲面】选项卡中，单击【创建】面板上的【修补】按钮🌐，创建修补曲面，如图10-79所示。命令行操作如下。

命令：_SURFPATCH//调用【修补曲面】命令连续性 = G0 - 位置，凸度幅值 = 0.5
选择要修补的曲面边或 [链(CH)/曲线(CU)] <曲线>：找到 1 个
//选择上部的圆形边线
选择要修补的曲面边或 [链(CH)/曲线(CU)] <曲线>：✓//按Enter键结束选择按 Enter 键接受修补曲面或 [连续性(CON)/凸度幅值(B)/导向(G)]：CON ✓//选择【连续性】选项
修补曲面连续性 [G0(G0)/G1(G1)/G2(G2)] <G0>：G1✓//选择连续曲率为G1按 Enter 键接受修补曲面或 [连续性(CON)/凸度幅值(B)/导向(G)]：✓//按Enter键接受修补曲面

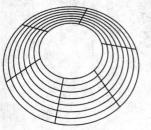 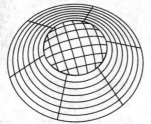

图 10-78　素材图形　　　　　图 10-79　创建的修补曲面

实例**354** 创建偏移曲面

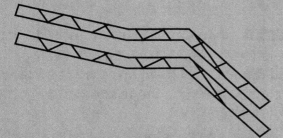

偏移曲面可以创建与原始曲面平行的曲面，类似于二维对象的【偏移】操作，在创建过程中需要指定偏移距离。

难度 ★★

🔘 素材文件路径：素素材/第10章/实例354 创建偏移曲面.dwg
🔘 效果文件路径：素材/第10章/实例354 创建偏移曲面-OK.dwg
🔘 视频文件路径：视频/第10章/实例354 创建偏移曲面.MP4
🔘 播放时长：1分1秒

Step 01 打开"第10章/实例354 创建偏移曲面.dwg"素材文件，如图10-80所示。

Step 02 在【曲面】选项卡中，单击【创建】面板上的【偏移】按钮🗐，创建偏移曲面，如图10-81所示。命令行操作如下。

命令：_SURFOFFSET//调用【偏移曲面】命令连接相邻边 = 否
选择要偏移的曲面或面域：找到 1 个//选择要偏移的曲面
选择要偏移的曲面或面域：✓//按Enter键结束选择
指定偏移距离或 [翻转方向(F)/两侧(B)/实体(S)/连接(C)/表达式(E)] <20.0000>：1✓//指定偏移距离1 个对象将偏移。1个偏移操作成功完成

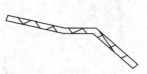 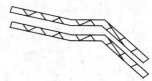

图 10-80　素材图形　　　　图 10-81　偏移曲面的结果

实例**355** 创建圆角曲面

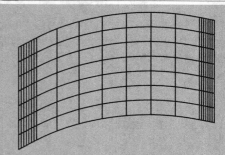

使用【圆角曲面】命令可以在现有曲面之间的空间中创建新的圆角曲面，圆角曲面有固定半径轮廓且与原始曲面相切。

难度 ★★

🔘 素材文件路径：素材/第10章/实例355 创建圆角曲面.dwg
🔘 效果文件路径：素材/第10章/实例355 创建圆角曲面-OK.dwg
🔘 视频文件路径：视频/第10章/实例355 创建圆角曲面.MP4
🔘 播放时长：34秒

Step 01 打开"第10章/实例355 创建圆角曲面.dwg"素材文件，如图10-82所示。

Step 02 在【曲面】选项卡中，单击【创建】面板上的【圆角】按钮🖘，创建圆角曲面，如图10-83所示。命令行提示如下。

命令：_SURFFILLET半径 = 1.0000，修剪曲面 = 是选择要圆角化的第一个曲面或面域或者 [半径(R)/修剪曲面(T)]：R✓//选择【半径】选项
指定半径或 [表达式(E)] <1.0000>：2✓//指定圆角半径
选择要圆角化的第一个曲面或面域或者 [半径(R)/修剪曲面(T)]：//选择要圆角的第一个曲面
选择要圆角化的第二个曲面或面域或者 [半径(R)/修剪曲面

(T)]://选择要圆角的第二个曲面

按 Enter 键接受圆角曲面或 [半径(R)/修剪曲面(T)]: ✓//按 Enter键完成圆角

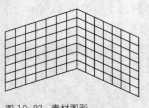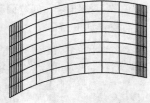

图 10-82　素材图形　　　图 10-83　创建的圆角曲面

实例356　创建网络曲面　　★重点★

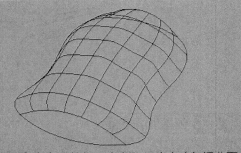

【网络曲面】命令可以在 U 方向和 V 方向（包括曲面和实体边子对象）的几条曲线之间的空间中创建曲面，是曲面建模最常用的方法之一。

难度 ★★

- 素材文件路径：素材/第10章/实例356 创建网络曲面.dwg
- 效果文件路径：素材/第10章/实例356 创建网络曲面-OK.dwg
- 视频文件路径：视频/第10章/实例356 创建网络曲面.MP4
- 播放时长：1分14秒

Step 01 打开"第10章/实例356 创建网络曲面.dwg"素材文件，如图10-84所示。

Step 02 在【曲面】选项卡中，单击【创建】面板上的【网络】按钮，选择横向的3根样条曲线为第一方向曲线，如图10-85所示。

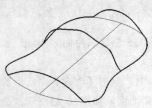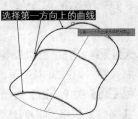

图 10-84　素材文件　　　图 10-85　选择第一方向上的曲线

Step 03 选择完毕按Enter键确认，然后再根据命令行提示选择左右两侧的样条曲线为第二方向曲线，如图10-86所示。

Step 04 鼠标曲面创建完成，如图10-87所示。

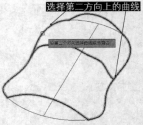

图 10-86　选择第二方向上的曲线　　　图 10-87　完成的网络曲面

10.4　创建三维实体

实体模型是具有更完整信息的模型，不再像曲面模型那样只是一个"空壳"，而是具有厚度和体积的对象。在 AutoCAD 2016 中，除了可以直接创建长方体、圆柱等基本的实体模型，还可以通过二维对象的旋转、拉伸、扫掠和放样等创建非常规的模型。

实例357　创建长方体

长方体具有长、宽、高三个尺寸参数，可以创建各种方形基体，例如创建零件的底座、支撑板、建筑墙体及家具等。

难度 ★★

- 素材文件路径：无
- 效果文件路径：素材/第10章/实例357 创建长方体-OK.dwg
- 视频文件路径：视频/第10章/实例357 创建长方体.MP4
- 播放时长：1分31秒

Step 01 启动AutoCAD 2016，单击【快速访问】工具栏中的【新建】按钮，建立一个新的空白图形。

Step 02 在【常用】选项卡中，单击【建模】面板上【长方体】按钮，如图 10-88所示，绘制一个长方体，其命令行提示如下。

```
命令:_box//调用【长方体】命令
指定第一个角点或 [中心(C)]:C//选择定义长方体中心
指定中心: 0,0,0//输入坐标，指定长方体中心
指定其他角点或 [立方体(C)/长度(L)]: L✓//由长度定义长方体
指定长度:40✓//捕捉到X轴正向，然后输入长度为40
指定宽度:20✓//输入长方体宽度为20
指定高度或 [两点(2P)]: 20✓//输入长方体高度为20
指定高度或 [两点(2P)] <175>://指定高度
```

Step 03 通过操作即可完成图 10-89所示的长方体。

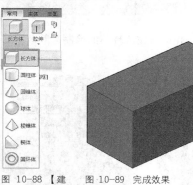

图 10-88 【建模】面板中的【长方体】按钮

图 10-89 完成效果

图 10-90 素材图样

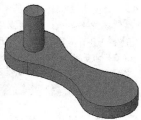

图 10-91 绘制圆柱体

Step 04 重复以上操作，绘制另一边的圆柱体，即可完成连接板的绘制，其效果如图10-92所示。

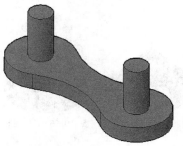

图 10-92 创建的圆柱体效果

实例358 创建圆柱体

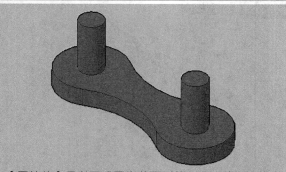

【圆柱体】是以面或圆为截面形状，沿该截面法线方向拉伸所形成的实体，常用于绘制各类轴类零件、建筑图形中的各类立柱等。

难度 ★★

- 素材文件路径：素材/第10章/实例358 创建圆柱体.dwg
- 效果文件路径：素材/第10章/实例358 创建圆柱体-OK.dwg
- 视频文件路径：素材/第10章/实例358 创建圆柱体.MP4
- 播放时长：1分24秒

Step 01 打开"第10章/实例358 创建圆柱体.dwg"文件，如图 10-90所示。

Step 02 在【常用】选项卡中，单击【建模】面板【圆柱体】工具按钮 ，在底板上面绘制两个圆柱体，命令行提示如下。

```
命令: _cylinder//调用【圆柱体】命令
指定底面的中心点或 [三点(3P)/两点(2P)/切点、切点、半径
(T)/椭圆(E)]://捕捉到圆心为中心点
指定底面半径或 [直径(D)] <50.0000>: 7↙//输入圆柱体底面
半径
指定高度或 [两点(2P)/轴端点(A)] <10.0000>: 30↙//输入圆柱
体高度
```

Step 03 通过以上操作，即可绘制一个圆柱体，如图10-91所示。

实例359 创建圆锥体

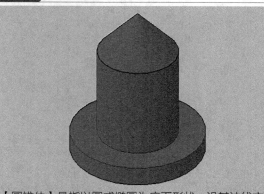

【圆锥体】是指以圆或椭圆为底面形状、沿其法线方向并按照一定锥度向上或向下拉伸而形成的实体。使用【圆锥体】命令可以创建【圆锥】、【平截面圆锥】两种类型的实体。

难度 ★★

- 素材文件路径：素材/第10章/实例359 创建圆锥体.dwg
- 效果文件路径：素材/第10章/实例359 创建圆锥体-OK.dwg
- 视频文件路径：视频/第10章/实例359 创建圆锥体.MP4
- 播放时长：1分6秒

Step 01 打开"第10章/实例359 创建圆锥体.dwg"文件，如图 10-93所示。

Step 02 在【默认】选项卡中，单击【建模】面板上【圆锥体】按钮 ，绘制一个圆锥体，命令行提示如下。

命令：_cone//调用【圆锥体】命令
指定底面的中心点或 [三点(3P)/两点(2P)/切点、切点、半径
(T)/椭圆(E)]://指定圆锥体底面中心
指定底面半径或 [直径(D)]：6✓//输入圆锥体底面半径值
指定高度或 [两点(2P)/轴端点(A)/顶面半径(T)]：7✓//输入圆
锥体高度

Step 03 通过以上操作，即可绘制一个圆锥体，如图
10-94所示。

Step 04 调用M（移动）命令，将圆锥体移动到圆柱顶
面。其效果如图 10-95所示。

图 10-93　素材图样　　图 10-94　圆锥体　　图 10-95　最终图形
　　　　　　　　　　　　　　　　　　　　　　　效果

实例360　创建球体

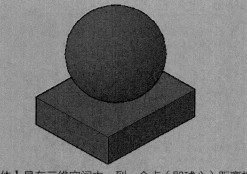

【球体】是在三维空间中，到一个点（即球心）距离相
等的所有点的集合形成的实体，它广泛应用于机械、建
筑等制图中，如创建档位控制杆、建筑物的球形屋顶等。
难度 ★★

◎ 素材文件路径：素材/第10章/实例360 创建球体.dwg
◎ 效果文件路径：素材/第10章/实例360 创建球体-OK.dwg
◎ 视频文件路径：视频/第10章/实例360 创建球体.MP4
◎ 播放时长：38秒

Step 01 打开"第10章/实例360 创建球体.dwg"文件，
如图 10-96所示。

Step 02 在【常用】选项卡中，单击【建模】面板上
【球体】按钮◎，在底板上绘制一个球体，命令行提
示如下。

命令：_sphere//调用【球体】命令
指定中心点或 [三点(3P)/两点(2P)/切点、切点、半径(T)]：
2p✓//指定绘制球体方法

指定直径的第一个端点://捕捉到长方体上表面的中心
指定直径的第二个端点：120✓//输入球体直径，绘制完成

Step 03 通过以上操作即可完成球体的绘制，其效果如
图10-97所示。

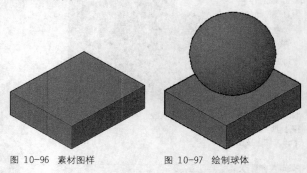

图 10-96　素材图样　　　　　　　图 10-97　绘制球体

实例361　创建楔体

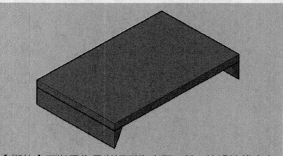

【楔体】可以看作是以矩形为底面，其一边沿法线方向
拉伸所形成的具有楔状特征的实体。该实体通常用于填
充物体的间隙，如安装设备时用于调整设备高度及水平
度的楔体和楔木。
难度 ★★

◎ 素材文件路径：素材/第10章/实例361 创建楔体.dwg
◎ 效果文件路径：素材/第10章/实例361 创建楔体-OK.dwg
◎ 视频文件路径：视频/第10章/实例361 创建楔体.MP4
◎ 播放时长：2分7秒

Step 01 打开"第10章/实例361 创建楔体.dwg"文件，
如图10-98所示。

Step 02 在【常用】选项卡中，单击【建模】面板上
【楔体】按钮◻，在长方体底面创建两个支撑，命令
行提示如下。

命令：_wedge//调用【楔体】命令
指定第一个角点或 [中心(C)]://指定底面矩形的第一个角点
指定其他角点或 [立方体(C)/长度(L)]:L✓//指定第二个角点的
输入方式为长度输入
指定长度：5✓//输入底面矩形的长度
指定宽度：50✓//输入底面矩形的宽度
指定高度或 [两点(2P)]：10//输入楔体高度

Step 03 通过以上操作，即可绘制一个楔体，如图10-99
所示。

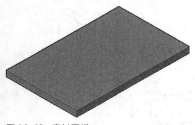

图 10-98　素材图样　　　　　　　图 10-99　绘制楔体

Step 04 重复以上操作绘制另一个楔体，调用ALIGN【对齐】命令将两个楔体移动到合适位置，其效果如图10-100所示。

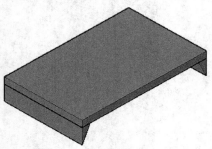

图 10-100　绘制座板

实例362　创建圆环体

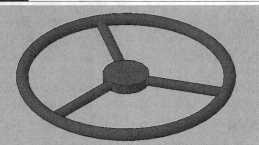

【圆环体】可以看作是在三维空间内，圆轮廓线绕与其共面直线旋转所形成的实体特征，该直线即是圆环的中心线；直线和圆心的距离即是圆环的半径；圆轮廓线的直径即是圆环的直径。

难度 ★★

- 素材文件路径：素材/第10章/实例362 创建圆环体.dwg
- 效果文件路径：素材/第10章/实例362 创建圆环体-OK.dwg
- 视频文件路径：视频/第10章/实例362 创建圆环体.MP4
- 播放时长：55秒

Step 01 打开"第10章/实例362 创建圆环体.dwg"文件，如图10-101所示。

Step 02 在【常用】选项卡中，单击【建模】面板上【圆环体】工具按钮 ◎ ，绘制一个圆环体，命令行提示如下。

```
命令: _torus//调用【圆环】命令
指定中心点或 [三点(3P)/两点(2P)/切点、切点、半径(T)]://捕
```

捉到圆心
```
指定半径或 [直径(D)] <20.0000>: 45✓//输入圆环半径值
指定圆管半径或 [两点(2P)/直径(D)] : 2.5✓//输入圆管半径值
```

Step 03 通过以上操作，即可绘制一个圆环体，其效果如图 10-102所示。

图 10-101　素材图样　　　　图 10-102　创建的圆环体效果

实例363　创建棱锥体

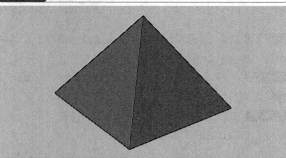

棱锥体常用于创建建筑屋顶，其底面平行于 XY 平面，轴线平行与 Z 轴。绘制圆锥体需要输入的参数有底面大小和棱锥高度。

难度 ★★

- 素材文件路径：无
- 效果文件路径：素材/第10章/实例363 创建棱锥体-OK.dwg
- 视频文件路径：视频/第10章/实例363 创建棱锥体.MP4
- 播放时长：43秒

Step 01 启动AutoCAD 2016，单击【快速访问】工具栏中的【新建】按钮 □ ，建立一个新的空白图形。

Step 02 在【默认】选项卡中，单击【建模】面板上的【棱锥体】按钮 ◇ ，绘制一个棱锥体，如图10-103所示，其命令行提示如下。

```
命令: _pyramid//调用【棱锥体】命令4 个侧面 外切
指定底面的中心点或 [边(E)/侧面(S)]://指定底面中心点
指定底面半径或 [内接(I)] <135.6958>:100✓//指定底面半径
指定高度或 [两点(2P)/轴端点(A)/顶面半径(T)]
<-254.5365>:180✓//指定高度
```

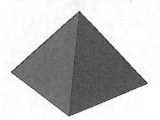

图 10-103　创建的棱锥体效果

实例364 创建多段体

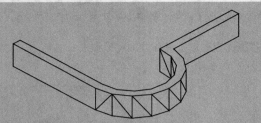

多段体常用于创建三维墙体。其底面平行于 XY 平面，轴线平行与 Z 轴。多段体的创建方法与多段线类似。

难度 ★★

- 素材文件路径：无
- 效果文件路径：素材/第10章/实例364 创建多段体-OK.dwg
- 视频文件路径：视频/第10章/实例364 创建多段体.MP4
- 播放时长：1分45秒

Step 01 启动AutoCAD 2016，单击【快速访问】工具栏中的【新建】按钮，建立一个新的空白图形。

Step 02 单击ViewCube上的西南等轴测角点，将视图切换到西南等轴测方向。

Step 03 在命令行输入PL并按Enter键，绘制一条二维多段线，如图10-104所示。

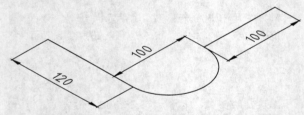

图10-104 二维多段线

Step 04 在【常用】选项卡中，单击【建模】面板上的【多段体】按钮，以多段线为对象创建多段体。命令行操作如下。

```
命令：_Polysolid//调用【多段体】命令
高度 = 80.0000, 宽度 = 5.0000, 对正 = 居中
指定起点或 [对象(O)/高度(H)/宽度(W)/对正(J)] <对象>: H↙
指定高度 <80.0000>: 30↙ //输入多段体高度
高度 = 30.0000, 宽度 = 5.0000, 对正 = 居中
指定起点或 [对象(O)/高度(H)/宽度(W)/对正(J)] <对象>: W↙
指定宽度 <5.0000>: 10↙ //输入多段体宽度
高度 = 50.0000, 宽度 = 10.0000, 对正 = 居中
指定起点或 [对象(O)/高度(H)/宽度(W)/对正(J)] <对象>: J↙
输入对正方式 [左对正(L)/居中(C)/右对正(R)] <居中>: C↙ //
选择【居中】对正方式 高度 = 50.0000, 宽度 = 10.0000, 对正 =
居中
指定起点或 [对象(O)/高度(H)/宽度(W)/对正(J)] <对象>:O↙
选择对象://选择绘制的多段线，完成多段体
```

Step 05 选择【视图】|【消隐】命令，显示结果如图10-105所示。

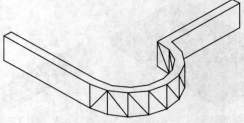

图10-105 创建的多段体

实例365 创建面域

面域实际上就是厚度为 0 的实体，是用闭合的形状创建的二维区域。面域的边界由端点相连的曲线组成，曲线上每个端点仅连接两条边。

难度 ★★

- 素材文件路径：素材/第10章/实例365 创建面域.dwg
- 效果文件路径：素材/第10章/实例365 创建面域-OK.dwg
- 视频文件路径：视频/第10章/实例365 创建面域.MP4
- 播放时长：52秒

Step 01 打开"第10章/实例365 创建面域.dwg"素材文件，其中已绘制好一个封闭图形，如图10-106所示。

Step 02 在【草图与注释】工作空间中单击【绘图】面板上的【面域】按钮，如图10-107所示，执行【面域】命令。

图10-106 素材图样

图10-107 【绘图】面板中的【面域】按钮

Step 03 选择素材文件中的封闭轮廓，即可创建面域，如图10-108所示。如果要通过【拉伸】、【旋转】等命令创建三维实体，那必须先将所选截面转换为面域。

图10-108 创建的面域效果

实例366 拉伸创建实体

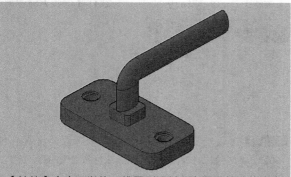

【拉伸】命令可以将二维图形沿其所在平面的法线方向扫描，而形成三维实体。该二维图形可以是多段线、多边形、矩形、圆、椭圆、闭合的样条曲线、圆环和面域等。【拉伸】命令常用于创建某一个方向上截面固定不变的实体，例如机械中的齿轮、轴套和垫圈等，建筑制图中的楼梯栏杆、管道和异形装饰等物体。

难度 ★★

- 素材文件路径：无
- 效果文件路径：素材/第10章/实例366 拉伸创建实体-OK.dwg
- 视频文件路径：视频/第10章/实例366 拉伸创建实体.MP4
- 播放时长：7分21秒

Step 01 启动AutoCAD 2016，单击【快速访问】工具栏中的【新建】按钮，建立一个新的空白图形。

Step 02 将工作空间切换到【三维建模】工作空间中，单击【绘图】面板中的【矩形】按钮，绘制一个长为10、宽为5的矩形。然后单击【修改】面板中的【圆角】按钮，在矩形边沿角创建R1的圆角。然后绘制两个半径为0.5的圆，其圆心到最近边的距离为1.2，截面轮廓效果如图10-109所示。

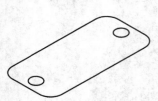

图 10-109 绘制底面　　　　图 10-110 拉伸

Step 03 将视图切换到【东南等轴测】，将图形转换为面域，并利用【差集】命令由矩形面域减去两个圆的面域，然后单击【建模】面板上的【拉伸】按钮，拉伸高度为1.5，效果如图10-110所示。命令行提示如下。

```
命令: _extrude//调用拉伸命令
当前线框密度: ISOLINES=4，闭合轮廓创建模式 = 实体
选择要拉伸的对象或 [模式(MO)]: _MO 闭合轮廓创建模式
[实体(SO)/曲面(SU)] <实体>: _SO
选择要拉伸的对象或 [模式(MO)]: 找到 1 个//选择面域
指定拉伸的高度或 [方向(D)/路径(P)/倾斜角(T)/表达式(E)]:
1.5 //输入拉伸高度
```

Step 04 单击【绘图】面板中的【圆】按钮，绘制两个半径为0.7的圆，如图10-111所示。

Step 05 单击【建模】面板上的【拉伸】按钮，选择上一步绘制的两个圆，向下拉伸高度为0.2。单击实体编辑中的【差集】按钮，在底座中减去两圆柱实体，效果如图10-112所示。

图 10-111 绘制圆　　　　图 10-112 沉孔效果

Step 06 单击【绘图】面板中的【矩形】按钮，绘制一个边长为2正方形，在边角处创建半径为0.5的圆角，效果如图10-113所示。

Step 07 单击【建模】面板上的【拉伸】按钮，拉伸上一步绘制的正方形，拉伸高度为1，效果如图10-114所示。

图 10-113 绘制正方形　　　　图 10-114 拉伸正方体

Step 08 单击【绘图】面板中的【椭圆】按钮，绘制如图10-115所示的长轴为2、短轴为1的椭圆。

Step 09 在椭圆和正方体的交点绘制一个高为3、长为10、圆角为R1的路径，效果如图10-116所示。

图 10-115 绘制椭圆　　　　图 10-116 绘制拉伸路径

Step 10 单击【建模】面板上的【拉伸】按钮，拉伸椭圆，拉伸路径选择上一步绘制的拉伸路径，命令行提示如下。

```
命令: _extrude//调用【拉伸】命令
当前线框密度: ISOLINES=4，闭合轮廓创建模式 = 实体
选择要拉伸的对象或 [模式(MO)]: _MO 闭合轮廓创建模式
[实体(SO)/曲面(SU)] <实体>: _SO
选择要拉伸的对象或 [模式(MO)]: 找到 1 个//选择椭圆
指定拉伸的高度或 [方向(D)/路径(P)/倾斜角(T)/表达式(E)]
<1.0000>: p//选择路径方式
选择拉伸路径或[倾斜角（T）]: //选择绘制的路径
```

Step 11 通过以上操作步骤即可完成拉伸模型的创建，效果如图10-117所示。

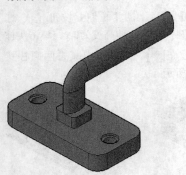

图10-117　最终模型效果

操作技巧

当沿路径进行拉伸时，拉伸实体起始于拉伸对象所在的平面，终止于路径的终点所在的平面。

实例367 旋转创建实体

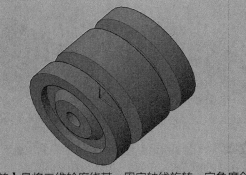

【旋转】是将二维轮廓绕某一固定轴线旋转一定角度创建实体，用于旋转的二维对象可以是封闭的多段线、多边形、圆、椭圆、封闭的样条曲线、圆环及封闭区域，而且每一次只能旋转一个对象。

难度 ★★

🔘 素材文件路径：素材/第10章/实例367 旋转创建实体.dwg
🔘 效果文件路径：素材/第10章/实例367 旋转创建实体-OK.dwg
🔘 视频文件路径：视频/第10章/实例367 旋转创建实体.MP4
🔘 播放时长：49秒

Step 01 打开"第10章/实例367 旋转创建实体.dwg"素材文件，如图10-118所示。

图10-118　素材图样

Step 02 在【常用】选项卡中，单击【建模】面板上的【旋转】按钮，如图10-119所示，执行【旋转】命令。

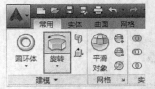

图10-119　【建模】面板中的【旋转】按钮

Step 03 选取皮带轮轮廓线作为旋转对象，将其旋转360°，结果如图10-120所示。命令行操作如下。

命令：_REVOLVE//调用【旋转】命令当前线框密度：ISOLINES=4
选择要旋转的对象：找到 1 个//选取皮带轮轮廓线为旋转对象
选择要旋转的对象：✓//按Enter键完成选择
指定轴起点或根据以下选项之一定义轴 [对象(O)/X/Y/Z] <对象>://选择直线上端点为轴起点
指定轴端点：//选择直线下端点为轴端点
指定旋转角度或 [起点角度(ST)] <360>：✓//使用默认旋转角度

图10-120　创建的旋转效果

实例368 放样创建实体

【放样】实体即将横截面沿指定的路径或导向运动扫描所得到的三维实体。横截面指的是具有放样实体截面特征的二维对象，使用该命令时必须指定两个或两个以上的横截面来创建放样实体。

难度 ★★

🔘 素材文件路径：素材/第10章/实例368 放样创建实体.dwg
🔘 效果文件路径：素材/第10章/实例368 放样创建实体-OK.dwg
🔘 视频文件路径：视频/第10章/实例368 放样创建实体.MP4
🔘 播放时长：1分3秒

Step 01 打开"第10章/实例368 放样创建实体.dwg"素材文件。

Step 02 单击【常用】选项卡【建模】面板中的【放样】工具按钮 ⟦圖⟧，然后依次选择素材中的4个截面，操作如图10-121所示，命令行操作如下。

```
命令: _loft//调用【放样】命令
当前线框密度: ISOLINES=4, 闭合轮廓创建模式 = 实体
按放样次序选择横截面或 [点(PO)/合并多条边(J)/模式(MO)]:
_mo 闭合轮廓创建模式 [实体(SO)/曲面(SU)] <实体>: _su
按放样次序选择横截面或 [点(PO)/合并多条边(J)/模式(MO)]:
找到 1 个
按放样次序选择横截面或 [点(PO)/合并多条边(J)/模式(MO)]:
找到 1 个, 总计 2 个
按放样次序选择横截面或 [点(PO)/合并多条边(J)/模式(MO)]:
找到 1 个, 总计 3 个
按放样次序选择横截面或 [点(PO)/合并多条边(J)/模式(MO)]:
找到 1 个, 总计 4 个
按放样次序选择横截面或 [点(PO)/合并多条边(J)/模式(MO)]:
选中了 4 个横截面
输入选项 [导向(G)/路径(P)/仅横截面(C)/设置(S)] <仅横截面>:
C↙//选择截面连接方式
```

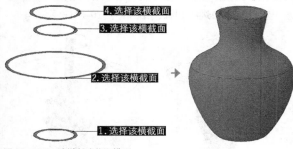

图 10-121　放样创建花瓶模型

实例369 扫掠创建实体

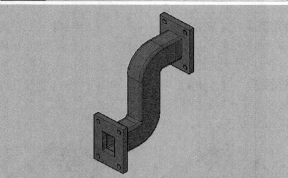

使用【扫掠】命令可以将扫掠对象沿着开放或闭合的二维或三维路径运动扫描，来创建实体或曲面。

难度 ★★

📄 素材文件路径: 素材/第10章/实例369 扫掠创建实体.dwg
📄 效果文件路径: 素材/第10章/实例369 扫掠创建实体-OK.dwg
🎬 视频文件路径: 视频/第10章/实例369 扫掠创建实体.MP4
🎬 播放时长: 1分21秒

Step 01 打开"第10章/实例369 扫掠创建实体.dwg"文件，如图10-122所示。

Step 02 单击【建模】面板中【扫掠】按钮 ⟦🡒⟧，选取图中管道的截面图形，选择中间的扫掠路径，完成管道的绘制，命令行提示如下。

```
命令: _sweep//调用【扫掠】命令
当前线框密度: ISOLINES=4, 闭合轮廓创建模式 = 实体
选择要扫掠的对象或 [模式(MO)]: _MO 闭合轮廓创建模式
[实体(SO)/曲面(SU)] <实体>: _SO
选择要扫掠的对象或 [模式(MO)]: 找到 1 个//选择扫掠的对象
管道横截面图形, 如图 10-122所示
选择扫掠路径或 [对齐(A)/基点(B)/比例(S)/扭曲(T)]: //选择扫
描路径2, 如图10-122所示
```

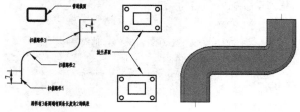

图 10-122　素材图样　　　　　图 10-123　绘制管道

Step 03 通过以上的操作完成管道的绘制，如图10-123所示。接着创建法兰，再次单击【建模】面板中【扫掠】按钮 ⟦🡒⟧，选择法兰截面图形，选择路径1作为扫描路径，完成一端连接法兰的绘制，效果如图10-124所示。

Step 04 重复以上操作，绘制另一端的连接法兰，效果如图 10-125所示。

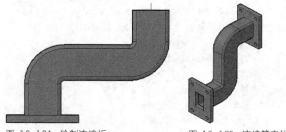

图 10-124　绘制连接板　　　　图 10-125　连接管实体

操作技巧

在创建比较复杂的放样实体时，可以指定导向曲线来控制点如何匹配相应的横截面，以防止创建的实体或曲面中出现皱褶等缺陷。

实例370 创建台灯模型 ★重点★

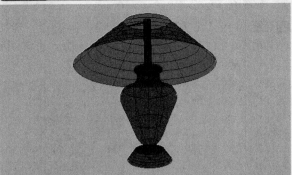

同二维绘图一样，三维模型的创建也需要灵活使用多种命令组合来完成。本例通过一个经典的台灯建模，对前面所学命令进行总结。

难度 ★★★★

- 素材文件路径：素材/第10章/实例370 创建台灯模型.dwg
- 效果文件路径：素材/第10章/实例370 创建台灯模型-OK.dwg
- 视频文件路径：视频/第10章/实例370 创建台灯模型.MP4
- 播放时长：1分22秒

Step 01 打开"第10章/实例370 创建台灯模型.dwg"素材文件，如图10-126所示。

Step 02 在【常用】选项卡中，单击【建模】面板上的【放样】按钮，选择底部的两个圆进行放样，结果如图10-127所示。命令行操作如下。

```
命令：_loft//调用【放样】命令
当前线框密度：ISOLINES=8，闭合轮廓创建模式 = 实体
按放样次序选择横截面或 [点(PO)/合并多条边(J)/模式(MO)]：
_MO 闭合轮廓创建模式 [实体(SO)/曲面(SU)] <实体>：_SO
按放样次序选择横截面或 [点(PO)/合并多条边(J)/模式(MO)]：
找到 1 个//选择第一个圆
按放样次序选择横截面或 [点(PO)/合并多条边(J)/模式(MO)]：
找到 1 个，总计 2 个//选择第二个圆
按放样次序选择横截面或 [点(PO)/合并多条边(J)/模式(MO)]：
✓//结束选择对象选中了 2 个横截面
输入选项 [导向(G)/路径(P)/仅横截面(C)/设置(S)] <仅横截面
>：✓//按Enter键完成放样
```

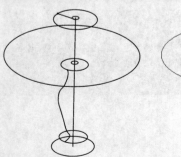

图10-126 素材图样

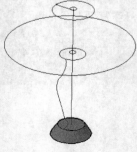

图10-127 放样管道

Step 03 在【常用】选项卡中，单击【建模】面板上的【旋转】按钮，选择轮廓曲线作为旋转对象，由竖直中心

线定义旋转轴，旋转角度360°，结果如图10-128所示。

Step 04 在【常用】选项卡中，单击【建模】面板上的【拉伸】按钮，选择旋转体顶部的圆为拉伸对象，拉伸至小圆处，如图10-129所示。

图10-128 旋转效果　　　　图10-129 拉伸效果

Step 05 在【常用】选项卡中，单击【建模】面板上的【按住并拖动】按钮，选择下端的小圆并拖到上端的小圆，结果如图10-130所示。

Step 06 在【常用】选项卡中，单击【建模】面板上的【扫掠】按钮，选择竖直平面的小圆作为扫掠对象，以水平直线为路径进行扫掠，结果如图10-131所示。

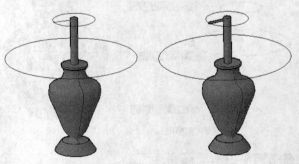

图10-130 按住并拖动后效果　　　图10-131 扫略效果

Step 07 在【常用】选项卡中，单击【建模】面板上的【放样】按钮，在命令行选择放样模式为曲面模式，选择灯罩的两个大圆进行放样，放样结果如图10-132所示。

Step 08 在【常用】选项卡中，单击【视图】面板上的【视觉样式】下拉列表，选择"X射线"样式，效果如图10-133所示。

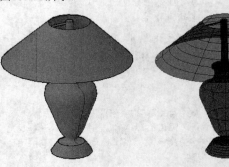

图10-132 放样效果　　　　图10-133 X射线视觉样式

10.5 创建网格模型

网格是用离散的多边形表示实体的表面，与曲面、实体模型一样，可以对网格模型进行隐藏、着色和渲染。同时网格模型还具有实体模型所没有的编辑方式，包括锐化、分割和增加平滑度等。

创建网格的方式有多种，包括使用基本网格图元创建规则网格，以及使用二维或三维轮廓线生成复杂网格。AutoCAD 2016 的网格命令集中在【网格】选项卡中，如图 10-134 所示。

图 10-134 【网格】选项卡

图 10-135 【图元】面板中的【网格长方体】按钮

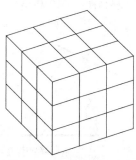

图 10-136 创建的网格立方体

操作技巧

通过单击【图元】面板中的其他网格命令，可以创建相应的网格基本图元，操作过程与基本实体一致。

实例371 创建长方体网格

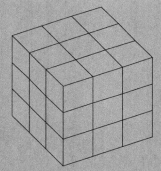

AutoCAD 2016 提供了 7 种三维网格图元，例如长方体、圆锥体、球体以及圆环体等。

难度 ★★

- 素材文件路径：无
- 效果文件路径：素材/第10章/实例371 创建长方体网格-OK.dwg
- 视频文件路径：视频/第10章/实例371 创建长方体网格.MP4
- 播放时长：54秒

Step 01 启动AutoCAD 2016，新建空白文档。

Step 02 在【网格】选项卡中，单击【图元】面板上的【网格长方体】按钮⊞，如图10-135所示，执行【网格长方体】命令。

Step 03 创建一个尺寸为100×100×100的网格立方体，如图10-136所示。命令行提示如下。

```
命令:_MESH//调用【网格】命令
当前平滑度设置为:0输入选项 [长方体(B)/圆锥体(C)/圆柱体
(CY)/棱锥体(P)/球体(S)/楔体(W)/圆环体(T)/设置(SE)] <长方
体>: B↙//选择创建网格长方体
指定第一个角点或 [中心(C)]://在绘图区任意位置单击确定第
一角点
指定其他角点或 [立方体(C)/长度(L)]:C↙ //选择创建立方体
指定长度 <87.0473>: 100↙//捕捉到0° 极轴方向，然后输入
立方体长度
```

实例372 创建直纹网格

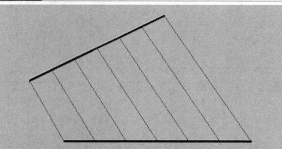

直纹网格是以空间两条曲线为边界，创建直线连接的网格。直纹网格的边界可以是直线、圆、圆弧、椭圆、椭圆弧、二维多段线、三维多段线和样条曲线。

难度 ★★

- 素材文件路径：素材/第10章/实例372 创建直纹网格.dwg
- 效果文件路径：素材/第10章/实例372 创建直纹网格-OK.dwg
- 视频文件路径：视频/第10章/实例372 创建直纹网格.MP4
- 播放时长：50秒

Step 01 打开"第10章/实例372 创建直纹网格.dwg"素材文件，其中已经绘制好了两条空间直线，如图10-137所示。

Step 02 在【网格】选项卡中，单击【图元】面板上的【直纹曲面】按钮，如图10-138所示，执行【直纹网格】命令。

图 10-137 素材图样

图 10-138 【图元】面板中的【直纹曲面】按钮

Step 03 分别选择素材文件中的两根直线，即可得到直纹网格面，如图10-139所示。

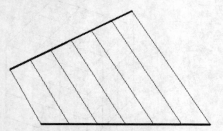

图10-139 创建的直纹网格效果

操作技巧

在绘制直纹网格的过程中，除了点及其他对象，作为直纹网格轨迹的两个对象必须同时开放或关闭。且在调用命令时，因选择曲线的点不一样，绘制的直线会出现交叉和平行两种情况，如图10-140所示。

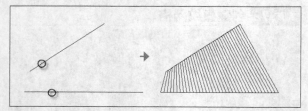

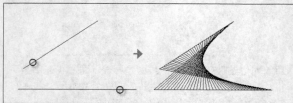

图10-140 拾取点位置不同所形成的直纹网格

实例373 创建平移网格

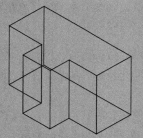

使用【平移网格】命令可以将平面轮廓沿指定方向进行平移，从而绘制出平移网格。平移的轮廓可以是直线、圆、圆弧、椭圆、椭圆弧、二维多段线、三维多段线和样条曲线等。

难度 ★★

素材文件路径：素材/第10章/实例373 创建平移网格.dwg
效果文件路径：素材/第10章/实例373 创建平移网格-OK.dwg
视频文件路径：视频/第10章/实例373 创建平移网格.MP4
播放时长：45秒

Step 01 打开"第10章/实例373 创建平移网格.dwg"素材文件，如图10-141所示。

Step 02 通过调整surftab1和surftab2系统变量，调整网格密度。命令行操作如下。

```
命令: surftab1//修改surftab1系统变量
输入 SURFTAB1 的新值 <6>: 36↙//输入新值
命令: surftab2↙//修改surftab2系统变量
输入 SURFTAB2 的新值 <6>: 36↙//输入新值
```

在【网格】选项卡中，单击【图元】面板上的【平移曲面】按钮，绘制图10-142所示的图形。命令行操作如下：

```
命令: _tabsurf//调用【平移网格】命令当前线框密度：
SURFTAB1=36
选择用作轮廓曲线的对象://选择T形轮廓作为平移的对象
选择用作方向矢量的对象://选择竖直直线作为方向矢量
```

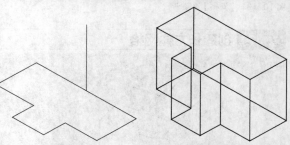

图10-141 素材图样　　　图10-142 创建的平移网格效果

操作技巧

被平移对象只能是单一轮廓，不能平移创建的面域。

实例374 创建旋转网格

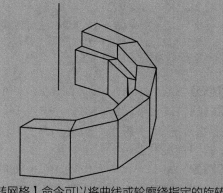

使用【旋转网格】命令可以将曲线或轮廓绕指定的旋转轴旋转一定的角度，从而创建旋转网格。旋转轴可以是直线，也可以是开放的二维或三维多段线。

难度 ★★

素材文件路径：素材/第10章/实例374 创建旋转网格.dwg
效果文件路径：素材/第10章/实例374 创建旋转网格-OK.dwg
视频文件路径：视频/第10章/实例374 创建旋转网格.MP4
播放时长：1分19秒

Step 01 打开"第10章/实例374 创建旋转网格.dwg"素

材文件，如图10-143所示。

Step 02 在【网格】选项卡中，单击【图元】面板上的【旋转曲面】按钮 ⊞ ，如图10-144所示。

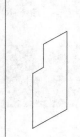

图 10-143　素材图样

图 10-144　【图元】面板中的【旋转曲面】按钮

Step 03 绘制图10-145所示的图形。命令行操作如下。

命令：_revsurf//调用【旋转网格】命令
当前线框密度：SURFTAB1=36　SURFTAB2=36
选择要旋转的对象：//选择封闭轮廓线
选择定义旋转轴的对象：//选择直线
指定起点角度 <0>:✓//使用默认起点角度
指定包含角 (+=逆时针, -=顺时针) <360>:180✓//输入旋转角度，完成网格创建

Step 04 选择【视图】|【消隐】命令，隐藏不可见线条，效果如图10-146所示。

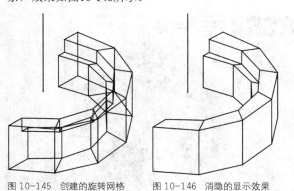

图 10-145　创建的旋转网格　　　图 10-146　消隐的显示效果

实例375 创建边界网格

使用【边界网格】命令可以由 4 条首尾相连的边创建一个三维多边形网格。创建边界曲面时，需要依次选择 4 条边界。边界可以是圆弧、直线、多段线、样条曲线和椭圆弧，并且必须形成闭合环和共享端点。

难度 ★★

◎ 素材文件路径：素材/第10章/实例375 创建边界网格.dwg
◎ 效果文件路径：素材/第10章/实例375 创建边界网格-OK.dwg
◎ 视频文件路径：视频/第10章/实例375 创建边界网格.MP4
◎ 播放时长：47秒

Step 01 打开"第10章/实例375 创建边界网格.dwg"素材文件，其中已经绘制好了一个空间封闭图形，如图10-147所示。

Step 02 在【网格】选项卡中，单击【图元】面板上的【边界曲面】按钮 ⋒ ，然后依次旋转素材图形中的4根外围轮廓边，即可得到图10-148所示的边界网格曲面。

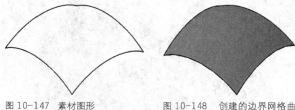

图 10-147　素材图形　　　　图 10-148　创建的边界网格曲面效果

第 11 章 三维模型的编辑

在 AutoCAD 中，由基本的三维建模工具只能创建初步的模型的外观，模型的细节部分，如壳、孔、圆角等特征，需要由相应的编辑工具来创建。另外，模型的尺寸、位置、局部形状的修改，也需要用到一些编辑工具。

11.1 实体模型的编辑

在对三维实体进行编辑时，不仅可以对实体上单个表面和边线执行编辑操作，同时还可以对整个实体执行编辑操作。常用的编辑命令有布尔运算（并集、差集、交集）、三维移动、三维旋转、三维对齐、三维镜像和三维阵列等。

实例376 并集三维实体

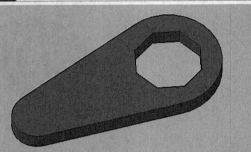

【并集】运算是将两个或两个以上的实体（或面域）对象组合成为一个新的组合对象。执行并集操作后，原来各实体相互重合的部分变为一体，使其成为无重合的实体。

难度 ★★

- 素材文件路径：素材/第11章/实例376 并集三维实体.dwg
- 效果文件路径：素材/第11章/实例376 并集三维实体-OK.dwg
- 视频文件路径：视频/第11章/实例376 并集三维实体.MP4
- 播放时长：43秒

Step 01 打开"第11章/实例376 并集三维实体.dwg"素材文件，如图11-1所示。

Step 02 在【常用】选项卡中，单击【实体编辑】面板中的【并集】工具按钮 ⊚，如图11-2所示。

图 11-1　素材图形

图 11-2【实体编辑】面板中的【并集】按钮

Step 03 对连接体与圆柱体进行并集运算，结果如图11-3所示。命令行操作如下。

命令：_union//调用【并集】命令
选择对象：找到 1 个//选择圆柱体
选择对象：找到 1 个，总计 2 个//选择圆柱体
选择对象：↙//按Enter键完成并集操作

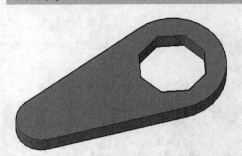

图 11-3　并集运算结果

操作技巧

在对两个或两个以上的三维对象进行并集运算时，即使它们之间没有相交的部分，也可以对其进行并集运算。

实例377 差集三维实体

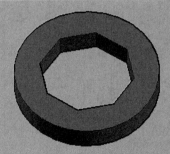

【差集】运算就是将一个对象减去另一个对象从而形成新的组合对象。与并集操作不同的是首先选取的对象则为被剪切对象，之后选取的对象则为剪切对象。

难度 ★★

- 素材文件路径：素材/第11章/实例377 差集三维实体.dwg
- 效果文件路径：素材/第11章/实例377 差集三维实体-OK.dwg
- 视频文件路径：视频/第11章/实例377 差集三维实体.MP4
- 播放时长：1分4秒

Step 01 打开"第11章/实例377 差集三维实体.dwg"素材文件，如图11-4所示。

Step 02 在【常用】选项卡中，单击【实体编辑】面板上的【差集】按钮 ⊚，从圆柱体中减去六棱柱，如图11-5所示。命令行操作如下。

命令: _subtract//调用【差集】命令
选择要从中减去的实体、曲面和面域…
选择对象: 找到 1 个//选择圆柱体
选择对象: 选择要减去的实体、曲面和面域…
选择对象: 找到 1 个//选择八棱柱
选择对象: ✓//按Enter键完成差集运算

 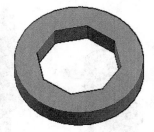

图11-4 素材图形　　　　　　图11-5 差集运算结果

操作技巧

在执行差集运算时，如果第二个对象包含在第一个对象之内，则差集操作的结果是第一个对象减去第二个对象；如果第二个对象只有一部分包含在第一个对象之内，则差集操作的结果是第一个对象减去两个对象的公共部分。

实例378 交集三维实体

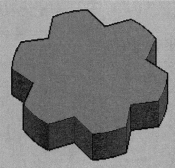

【交集】运算是保留两个或多个相交实体的公共部分，仅属于单个对象的部分被删除，从而获得新的实体。

难度 ★★

🔵 素材文件路径：素材/第11章/实例378 交集三维实体.dwg
🔵 效果文件路径：素材/第11章/实例378 交集三维实体-OK.dwg
🎬 视频文件路径：视频/第11章/实例378 交集三维实体.MP4
🎬 播放时长：37秒

Step 01 打开"第11章/实例378 交集三维实体.dwg"素材文件，如图11-6所示。

Step 02 在【常用】选项卡中，单击【实体编辑】面板上的【交集】按钮◎，获取六角星和圆柱体的公共部分，如图11-7所示。命令行操作如下。

命令: _intersect//调用【交集】命令
选择对象: 找到 1 个//选择六角星
选择对象: 找到 1 个，总计 2 个//选择圆柱体
选择对象: //按Enter键完成交集

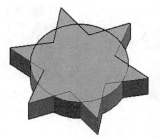 

图11-6 素材图形　　　　　图11-7 交集运算结果

实例379 布尔运算编辑实体 ★重点★

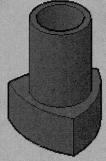

AutoCAD 的【布尔运算】功能贯穿建模的整个过程，尤其是在建立一些机械零件的三维模型时使用更为频繁，该运算用来确定多个体（曲面或实体）之间的组合关系，也就是说，通过该运算可将多个形体组合为一个形体，从而实现一些特殊的造型，如孔、槽、凸台和齿轮特征都是执行布尔运算组合而成的新特征。

难度 ★★★

🔵 素材文件路径：无
🔵 效果文件路径：素材/第11章/实例379 布尔运算编辑实体-OK.dwg
🎬 视频文件路径：视频/第11章/实例379 布尔运算编辑实体.MP4
🎬 播放时长：2分53秒

Step 01 新建一个空白文档，在【常用】选项卡中，单击【建模】面板上的【圆柱体】按钮，创建3个圆柱体。命令行操作如下：

命令: _cylinder
指定底面的中心点或 [三点(3P)/两点(2P)/切点、切点、半径(T)/椭圆(E)]: 30,0✓
指定底面半径或 [直径(D)] <0.2891>: 30✓
指定高度或 [两点(2P)/轴端点(A)] <-14.0000>: 15✓//创建第一个圆柱体，半径为30，高度为15✓//按Enter键重复执行【圆柱体】命令
命令: _cylinder指定底面的中心点或 [三点(3P)/两点(2P)/切点、切点、半径(T)/椭圆(E)]: 0,0,0✓
指定底面半径或 [直径(D)] <30.0000>:✓
指定高度或 [两点(2P)/轴端点(A)] <15.0000>:✓//创建第二个圆柱体✓//按Enter键重复执行【圆柱体】命令
命令: _cylinder
指定底面的中心点或 [三点(3P)/两点(2P)/切点、切点、半径(T)/椭圆(E)]: 30<60✓//输入圆心的极坐标

指定底面半径或 [直径(D)] <30.0000>:↙
指定高度或 [两点(2P)/轴端点(A)] <15.0000>:↙//创建第三个
圆柱体,3个圆柱体如图11-8所示

Step 02 在【常用】选项卡中,单击【实体编辑】面板
上的【交集】按钮◎,选择3个圆柱体为对象,求交集
的结果如图11-9所示。

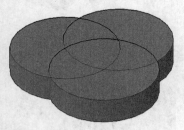

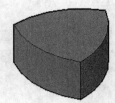

图 11-8 创建的三个圆柱体   图 11-9 求交集运算结果

Step 03 在【常用】选项卡中,单击【建模】面板上的
【圆柱体】按钮,再次创建圆柱体。命令行操作如下。

命令: _cylinder指定底面的中心点或 [三点(3P)/两点(2P)/切
点、切点、半径(T)/椭圆(E)]://捕捉到图11-10所示的顶面三维
中心点
指定底面半径或 [直径(D)] <30.0000>: 10↙
指定高度或 [两点(2P)/轴端点(A)] <15.0000>: 30↙//输入圆柱
体的参数,创建的圆柱体如图11-11所示

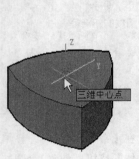
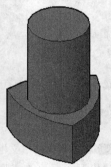

图 11-10 捕捉中心点   图 11-11 创建的圆柱体

Step 04 在【常用】选项卡中,单击【实体编辑】面板
上的【并集】按钮,将凸轮和圆柱体合并为单一实体。

Step 05 在【常用】选项卡中,单击【建模】面板上的
【圆柱体】按钮,再次创建圆柱体。命令行操作如下。

命令: _cylinder指定底面的中心点或 [三点(3P)/两点(2P)/切
点、切点、半径(T)/椭圆(E)]://捕捉到图11-12所示的圆柱体顶
面中心
指定底面半径或 [直径(D)] <30.0000>:8↙
指定高度或 [两点(2P)/轴端点(A)] <15.0000>: -70↙//输入圆
柱体的参数,创建的圆柱体,如图11-13所示

Step 06 在【常用】选项卡中,单击【实体编辑】面板
上的【差集】按钮,从组合实体中减去圆柱体。命令行
操作如下。

命令: _subtract//执行【差集】操作
选择要从中减去的实体、曲面和面域...
选择对象: 找到 1 个//选择组合实体
选择对象: 选择要减去的实体、曲面和面域...
选择对象: 找到 1 个//选择中间圆柱体
选择对象:↙//按Enter键完成差集操作,结果如图11-14所示

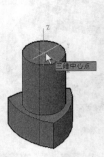
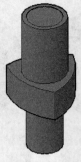
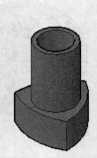

图 11-12 捕捉中心点   图 11-13 创建的   图 11-14 求差集
                                圆柱体   的结果

操作技巧

指定圆柱体高度时,如果动态输入功能是打开的,则高度
的正负是相对于用户拉伸的方向而言的,即正值的高度与
拉伸方向相同,负值则相反。如果动态输入功能是关闭
的,则高度的正负是相对于坐标系Z轴而言的,即正值的
高度沿Z轴正向,负值则相反。

实例380 移动三维实体

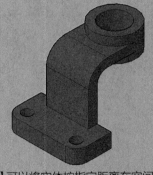

【三维移动】可以将实体按指定距离在空间中进行移动,
以改变对象的位置。使用【三维移动】工具能将实体沿X、
Y、Z轴或其他任意方向,以及直线、面或任意两点间
移动,从而将其定位到空间的准确位置。

难度 ★★

● 素材文件路径: 素材/第11章/实例380 移动三维实体.dwg
● 效果文件路径: 素材/第11章/实例380 移动三维实体-OK.dwg
● 视频文件路径: 视频/第11章/实例380 移动三维实体.MP4
● 播放时长: 1分3秒

Step 01 打开"第11章/实例380 移动三维实体.dwg"文
件,如图11-15所示。

Step 02 单击【修改】面板中【三维移动】按钮,选

择要移动的底座实体，单击鼠标右键完成选择，然后在移动小控件上选择Z轴为约束方向，命令行提示如下。

```
命令: _3dmove//调用【三维移动】命令
选择对象: 找到 1 个//选中底座为要移动的对象
选择对象: //单击鼠标右键完成选择
指定基点或 [位移(D)] <位移>:正在检查 666 个交点....
** MOVE **
指定移动点 或 [基点(B)/复制(C)/放弃(U)/退出(X)]: //将底座
移动到合适位置，然后单击鼠标左键，结束操作。
```

Step 03 通过以上操作即可完成三维移动的操作，其图形移动的效果如图11-16所示。

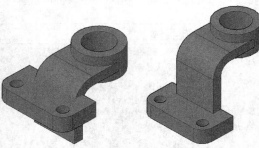

图 11-15　素材图样　　　　图 11-16　三维移动结果图

实例381 旋转三维实体

利用【三维旋转】命令可将选取的三维对象和子对象，沿指定旋转轴（X轴、Y轴、Z轴）进行自由旋转。

难度 ★★

- 素材文件路径：素材/第11章/实例381 旋转三维实体.dwg
- 效果文件路径：素材/第11章/实例381 旋转三维实体-OK.dwg
- 视频文件路径：视频/第11章/实例381 旋转三维实体.MP4
- 播放时长：54秒

Step 01 打开"第11章/实例381 旋转三维实体.dwg"文件，如图11-17所示。

Step 02 单击【修改】面板上【三维旋转】按钮，选取连接板和圆柱体为旋转的对象，单击鼠标右键完成对象选择。然后选取圆柱中心为基点，选择Z轴为旋转轴。输入旋转角度为180，命令行提示如下。

```
命令: _3drotate//调用【三维旋转】命令
UCS 当前的正角方向: ANGDIR=逆时针 ANGBASE=0
选择对象: 找到 1 个//选择连接板和圆柱为旋转对象
选择对象: //单击鼠标右键结束选择
指定基点: //指定圆柱中心点为基点
拾取旋转轴: //拾取Z轴为旋转轴
指定角的起点或键入角度: 180↙//输入角度
```

Step 03 通过以上操作即可完成三维旋转的操作，其效果如图 11-18所示。

图 11-17　素材图样　　　　图 11-18　三维旋转效果

实例382 缩放三维实体

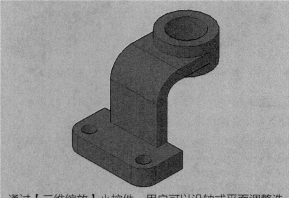

通过【三维缩放】小控件，用户可以沿轴或平面调整选定对象和子对象的大小，也可以统一调整对象的大小。

难度 ★★

- 素材文件路径：素材/第11章/实例382 缩放三维实体.dwg
- 效果文件路径：素材/第11章/实例382 缩放三维实体-OK.dwg
- 视频文件路径：视频/第11章/实例382 缩放三维实体.MP4
- 播放时长：1分2秒

Step 01 打开"第11章/实例382 缩放三维实体.dwg"文件，如图 11-19所示。

图 11-19　素材图样

263

Step 02 单击【修改】面板上【三维缩放】按钮，选择连接板和圆柱体为旋转的对象，然后单击底边中点为缩放基点，如图11-20所示。

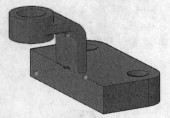

图 11-20　指定缩放基点

Step 03 命令行提示拾取比例轴或平面，在小三角形区域中单击，激活所有比例轴，进行全局缩放，如图11-21所示。

Step 04 系统提示指定比例因子，输入比例因子为2，如图11-22所示。

图 11-21　素材图样　　　　图 11-22　指定缩放基点

Step 05 按Enter键完成操作，结果如图11-23所示，完整的命令行操作如下。

```
命令: _3DSCALE//调用【三维旋转】命令
选择对象: 找到 1 个//选择连接板和圆柱为旋转对象
选择对象: //单击鼠标右键结束选择
指定基点: //指定底边中点为基点
拾取比例轴或平面://拾取内部小三角平面为缩放平面
指定比例因子或 [复制(C)/参照(R)]: 2↙//输入比例因子
```

图 11-23　三维缩放效果

● 选项说明

在缩放小控件中单击选择不同的区域，可以获得不同的缩放效果，具体介绍如下。

◆ 单击最靠近三维缩放小控件顶点的区域：将亮显小控件的所有轴的内部区域，如图 11-24 所示，模型整体按统一比例缩放。

◆ 单击定义平面的轴之间的平行线：将亮显小控件

上轴与轴之间的部分，如图 11-25 所示，会将模型缩放约束至平面。此选项仅适用于网格，不适用于实体或曲面。

◆ 单击轴：仅亮显小控件上的轴，如图 11-26 所示，会将模型缩放约束至轴上。此选项仅适用于网格，不适用于实体或曲面。

  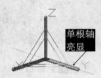

图 11-24　统一比例缩放时的小控件　　图 11-25　约束至平面缩放时的小控件　　图 11-26　约束至轴上缩放时的小控件

实例383　镜像三维实体

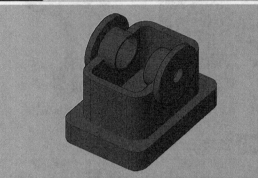

使用【三维镜像】命令能够将三维对象通过镜像平面获取与之完全相同的对象，其中镜像平面可以是与 UCS 坐标系平面平行的平面或三点确定的平面。

难度 ★★

◎ 素材文件路径：素材/第11章/实例383 镜像三维实体.dwg
◎ 效果文件路径：素材/第11章/实例383 镜像三维实体-OK.dwg
🎬 视频文件路径：视频/第11章/实例383 镜像三维实体.MP4
🎬 播放时长：1分9秒

Step 01 打开"第11章/实例383 镜像三维实体.dwg"素材文件，如图11-27所示。

Step 02 单击【常用】选项卡【修改】面板中的【三维镜像】按钮，如图11-28所示，执行【三维镜像】命令。

图 11-27　素材图样

图 11-28　【修改】面板中的【三维镜像】按钮

Step 03 选择已安装的轴盖进行镜像，如图11-29所示，命令行操作提示如下。

命令: MIRROR3D↙//调用三维镜像命令
选择对象: 找到 1 个
选择对象: ↙//选择要镜像的对象，按Enter键确认指定镜像平面 (三点) 的第一个点或[对象(O)/最近的(L)/Z 轴(Z)/视图(V)/XY 平面(XY)/YZ 平面(YZ)/ZX 平面(ZX)/三点(3)] <三点>:
在镜像平面上指定第二点:
在镜像平面上指定第三点://指定确定镜像面的三个点
是否删除源对象? [是(Y)/否(N)] <否>:↙//按Enter键或空格键，系统默认为不删除源对象

图 11-29　镜像三维实体

对齐三维实体

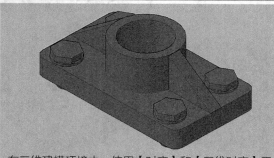

在三维建模环境中，使用【对齐】和【三维对齐】工具可对齐三维对象，从而获得准确的定位效果。

难度 ★ ★

- 素材文件路径：素材/第11章/实例384 对齐三维实体.dwg
- 效果文件路径：素材/第11章/实例384 对齐三维实体-OK.dwg
- 视频文件路径：视频/第11章/实例384 对齐三维实体.MP4
- 播放时长：2分钟

Step 01 打开 "第11章/实例384 对齐三维实体.dwg" 素材文件，如图11-30所示。

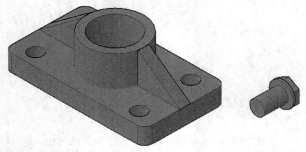

图 11-30　素材图样

Step 02 单击【修改】面板中【三维对齐】按钮，选择螺栓为要对齐的对象，此时命令行提示如下。

命令: _3dalign↙//调用【三维对齐】命令
选择对象: 找到 1 个//选中螺栓为要对齐对象
选择对象://右键单击结束对象选择指定源平面和方向 ...
指定基点或 [复制(C)]://指定第二个点或 [继续(C)] <C>:
指定第三个点或 [继续(C)] <C>://在螺栓上指定3点定源平面，如图11-31所示A、B、C三点，指定目标平面和方向
指定第一个目标点:
指定第二个目标点或 [退出(X)] <X>:
指定第三个目标点或 [退出(X)] <X>://在底座上指定3个点定目标平面，如图 11-32所示A、B、C三点，完成三维对齐操作

图 11-31　选择源平面

图 11-32　选择目标平面

Step 03 通过以上操作即可完成对螺栓的三维移动，效果如图11-33所示。

Step 04 复制螺栓实体图形，重复以上操作完成所有位置螺栓的装配，如图11-34所示。

图 11-33　三维对齐效果

图 11-34　装配效果

矩形阵列三维实体

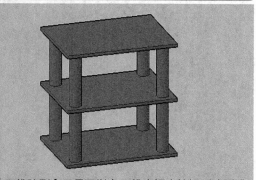

使用【三维阵列】工具可以在三维空间中按矩形阵列或环形阵列的方式，创建指定对象的多个副本。在执行【矩形阵列】阵列时，需要指定行数、列数、层数、行间距和层间距，其中一个矩形阵列可设置多行、多列和多层。

○ 素材文件路径：素材/第11章/实例385 矩形阵列三维实体.dwg
○ 效果文件路径：素材/第11章/实例385 矩形阵列三维实体-OK.dwg
🎬 视频文件路径：视频/第11章/实例385 矩形阵列三维实体.MP4
🎬 播放时长：2分16秒

Step 01 打开"第11章/实例385 矩形阵列三维实体.dwg"素材文件。

Step 02 在命令行中输入3DARRAY命令，选择圆柱体立柱作为要阵列的对象进行矩形阵列，如图11-35所示，其命令提示行如下。

命令：_3darray//调用【三维阵列】命令
选择对象：找到 1 个
选择对象：✓//选择需要阵列的对象
输入阵列类型 [矩形(R)/环形(P)] <矩形>:R✓//激活【矩形(R)】选项
输入行数 (---) <1>: 2✓//指定行数
输入列数 (│││) <1>: 2✓//指定列数
输入层数 (...) <1>: 2✓//指定层数
指定行间距 (---): 1600✓//指定行间距
指定列间距 (│││): 1100✓//指定列间距
指定层间距 (...): 950✓//指定层间距//分别指定矩形阵列参数，按Enter键，完成矩形阵列操作

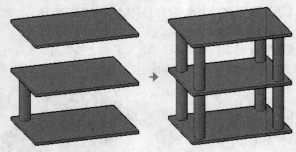

图 11-35 矩形阵列

实例386 环形阵列三维实体

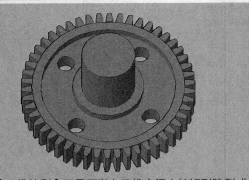

使用【三维阵列】工具可以在三维空间中按矩形阵列或环形阵列的方式，创建指定对象的多个副本。在执行【环形阵列】阵列时，需要指定阵列的数目、阵列填充的角度、旋转轴的起点和终点及对象在阵列后是否绕着阵列中心旋转。

○ 素材文件路径：素材/第11章/实例386 环形阵列三维实体.dwg
○ 效果文件路径：素材/第11章/实例386 环形阵列三维实体-OK.dwg
🎬 视频文件路径：视频/第11章/实例386 环形阵列三维实体.MP4
🎬 播放时长：1分27秒

Step 01 打开"第11章/实例386环形阵列三维实体.dwg"素材文件。

Step 02 在命令行中输入3DARRAY命令，将齿沿轴进行环形阵列，如图11-36所示，其命令提示行如下。

命令：_3darray//调用【三维阵列】命令
选择对象：找到 1 个//选择齿实体
选择对象：✓//按Enter键结束选择
输入阵列类型 [矩形(R)/环形(P)] <矩形>:P✓//选择环形阵列
输入阵列中的项目数目：50✓//输入阵列数量
指定要填充的角度 (+=逆时针，-=顺时针) <360>: ✓//使用默认角度
旋转阵列对象? [是(Y)/否(N)] <Y>:✓//选择旋转对象
指定阵列的中心点：//捕捉到轴端面圆心
指定旋转轴上的第二点：<极轴 开>//打开极轴，捕捉到Z轴上任意一点

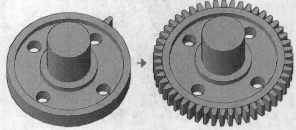

图 11-36 环形阵列

实例387 创建三维倒斜角

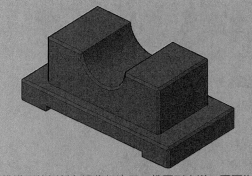

三维模型的倒斜角操作相比于二维图形来说，要更为烦琐一些，在进行倒角边的选择时，可能选中目标显示得不明显，这是操作【倒角边】要注意的地方。

○ 素材文件路径：素材/第11章/实例387 创建三维倒角.dwg
○ 效果文件路径：素材/第11章/实例387 创建三维倒角-OK.dwg
🎬 视频文件路径：视频/第11章/实例387 创建三维倒角.MP4
🎬 播放时长：1分46秒

Step 01 打开"第11章/实例387 创建三维倒角.dwg"素材文件,如图11-37所示。

Step 02 在【实体】选项卡中,单击【实体编辑】面板上【倒角边】按钮 ,选择图11-38所示的边线为倒角边,命令行提示如下。

```
命令:_CHAMFEREDGE//调用【倒角边】命令
选择一条边或 [环(L)/距离(D)]://选择同一面上需要倒角的边
选择同一个面上的其他边或 [环(L)/距离(D)]:
选择同一个面上的其他边或 [环(L)/距离(D)]:
选择同一个面上的其他边或 [环(L)/距离(D)]:
按 Enter 键接受倒角或 [距离(D)]:d↙//单击鼠标右键结束选择
倒角边,然后输入d设置倒角参数
指定基面倒角距离或 [表达式(E)] <1.0000>: 2↙
指定其他曲面倒角距离或 [表达式(E)] <1.0000>: 2↙ //输入倒
角参数
按 Enter 键接受倒角或 [距离(D)]://按Enter键结束倒角边命令
```

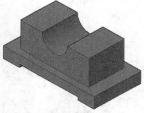

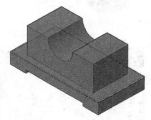

图 11-37　素材图样　　　　图 11-38　选择倒角边

Step 03 通过以上操作即可完成倒角边的操作,其效果如图11-39所示。

Step 04 重复以上操作,继续完成其他边的倒角操作,如图11-40所示。

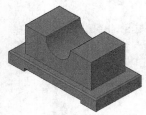

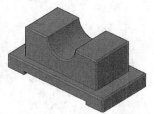

图 11-39　倒角效果　　　　图 11-40　完成所有边的倒角

Step 05 三维倒角在顶点处的倒角细节如图11-41所示。

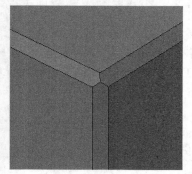

图 11-41　顶点处的倒角细节

实例388　创建三维倒圆角

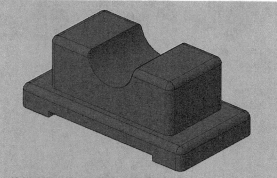

三维模型的倒圆角操作相对于倒斜角来说要简单一些,只需选择要倒角的边,然后输入倒角半径值即可。边相交的顶点倒圆可以得到球面效果。

难度 ★★

* 素材文件路径:素材/第11章/实例388 创建三维倒圆.dwg
* 效果文件路径:素材/第11章/实例388 创建三维倒圆-OK.dwg
* 视频文件路径:视频/第11章/实例388 创建三维倒圆.MP4
* 播放时长:1分6秒

Step 01 打开"第11章/实例388 创建三维倒圆.dwg"文件,如图11-42所示。

Step 02 单击【实体编辑】面板上【圆角边】按钮 ,选择图11-43所示的边为要圆角的边,其命令行提示如下。

```
命令:_FILLETEDGE//调用【圆角边】命令
半径 = 1.0000
选择边或 [链(C)/环(L)/半径(R)]://选择要圆角的边
选择边或 [链(C)/环(L)/半径(R)]://单击鼠标右键结束边选择已
选定 1 个边用于圆角
按 Enter 键接受圆角或 [半径(R)]:r↙//选择半径参数
指定半径或 [表达式(E)] <1.0000>: 5↙//输入半径值
按 Enter 键接受圆角或 [半径(R)]: ↙//按Enter键结束操作
```

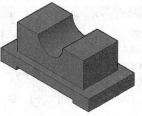

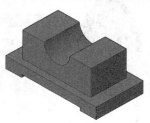

图 11-42　素材图样　　　　图 11-43　选择倒圆角边

Step 03 通过以上操作即可完成三维圆角的创建,其效果如图11-44所示。

Step 04 继续重复以上操作创建其他位置的圆角,效果如图11-45所示。

Step 05 在顶点处的倒圆细节如图11-46所示。

图 11-44 倒圆角
效果

图 11-45 完成所有
边倒圆角

图 11-46 顶点处
的倒圆细节

实例389 抽壳三维实体

通过执行【抽壳】操作可将实体以指定的厚度，形成一个空的薄层，同时还允许将某些指定面排除在壳外。指定正值从圆周外开始抽壳，指定负值从圆周内开始抽壳。

难度 ★★

⊙ 素材文件路径：素材/第11章/实例389 抽壳三维实体.dwg
⊙ 效果文件路径：素材/第11章/实例389 抽壳三维实体-OK.dwg
⊙ 视频文件路径：视频/第11章/实例389 抽壳三维实体.MP4
⊙ 播放时长：1分32秒

Step 01 打开"第11章/实例389 抽壳三维实体.dwg"素材文件，其中已绘制好了一个实体花瓶，如图11-47所示。

Step 02 在【实体】选项卡中，单击【实体编辑】面板中【抽壳】按钮▣，如图11-48所示，执行【抽壳】命令。

图 11-47 素材
图样

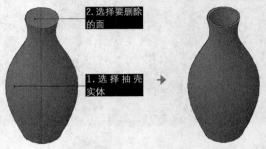

图 11-48 【实体编辑】面板中的【抽壳】按钮

Step 03 选择素材文件的顶面，然后输入抽壳距离1，操作如图11-49所示。命令行操作如下。

```
命令：_solidedit//调用【抽壳】命令
实体编辑自动检查：SOLIDCHECK=1
输入实体编辑选项 [面(F)/边(E)/体(B)/放弃(U)/退出(X)] <退出>：_body输入体编辑选项
[压印(I)/分割实体(P)/抽壳(S)/清除(L)/检查(C)/放弃(U)/退出(X)] <退出>：_shell
选择三维实体：//选择要抽壳的对象
```

删除面或 [放弃(U)/添加(A)/全部(ALL)]：找到一个面，已删除1个。//选择瓶口平面为要删除的面
删除面或 [放弃(U)/添加(A)/全部(ALL)]：//单击右键结束选择
输入抽壳偏移距离：1↙//输入抽壳壁厚，按Enter键执行操作
已开始实体校验。
已完成实体校验。
输入体编辑选项
[压印(I)/分割实体(P)/抽壳(S)/清除(L)/检查(C)/放弃(U)/退出(X)] <退出>：↙//按Enter键，结束命令

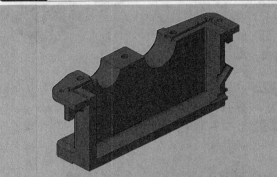

图 11-49 抽壳方法创建花瓶

实例390 剖切三维实体

在绘图过程中，为了表达实体内部的结构特征，可使用【剖切】命令假想一个与指定对象相交的平面或曲面将该实体剖切，从而创建新的对象。可通过指定点、选择曲面或平面对象来定义剖切平面。

难度 ★★

⊙ 素材文件路径：素材/第11章/实例390 剖切三维实体.dwg
⊙ 效果文件路径：素材/第11章/实例390 剖切三维实体-OK.dwg
⊙ 视频文件路径：视频/第11章/实例390 剖切三维实体.MP4
⊙ 播放时长：1分40秒

Step 01 打开"第11章/实例390 剖切三维实体.dwg"素材文件，如图11-50所示。

Step 02 单击【实体】选项卡中【实体编辑】面板中的【剖切】按钮🔪，如图11-51所示。

图 11-50 素材图样

图 11-51 【实体编辑】面板中的【剖切】按钮

Step 03 根据命令行提示，选择默认的【三点】选项，依次选择箱座上的3处中点，再删除所选侧面即可，如图11-52所示。

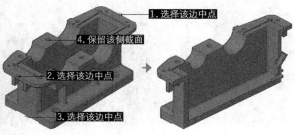

1. 选择该边中点
4. 保留该侧截面
2. 选择该边中点
3. 选择该边中点

图 11-52　三维模型剖切效果

实例391　曲面剖切三维实体

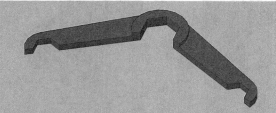

通过绘制辅助平面的方法来进行剖切，是最为复杂的一种，但是功能也最为强大。对象除了是平面，还可以是曲面，因此能创建出任何所需的剖切图形，如阶梯剖、旋转剖等。

难度 ★★

- 素材文件路径：素材/第11章/实例391曲面剖切三维实体.dwg
- 效果文件路径：素材/第11章/实例391曲面剖切三维实体-OK.dwg
- 视频文件路径：视频/第11章/实例391曲面剖切三维实体.MP4
- 播放时长：58秒

Step 01 打开"第11章/实例391 曲面剖切三维实体.dwg"文件，如图11-53所示。

Step 02 拉伸素材中的多段线，绘制图11-54所示的平面，为剖切的平面。

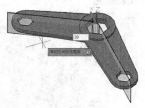

图 11-53　素材图样　　　　图 11-54　绘制剖切平面

Step 03 单击【实体编辑】面板上【剖切】按钮，选择三维实体为剖切对象，其命令行提示如下。

```
命令：_slice//调用【剖切】命令
选择要剖切的对象：找到 1 个//选择剖切对象
选择要剖切的对象：//单击鼠标右击结束选择
指定 切面 的起点或 [/曲面(S)/Z 轴(Z)/视图(V)/XY(XY)/YZ(YZ)/ZX(ZX)/三点(3)] <三点>:S✓
```

//选择剖切方式为曲面选择用于定义剖切平面的圆、椭圆、圆弧、二维样条线或二维多段线://单击选择平面
在所需的侧面上指定点或 [保留两个侧面(B)] <保留两个侧面>://选择需要保留的一侧

Step 04 通过以上操作即可完成实体的剖切，删除多余对象，最终效果如图11-55所示。

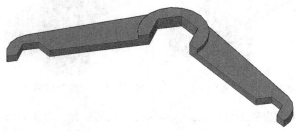

图 11-55　剖切结果

实例392　Z轴剖切三维实体

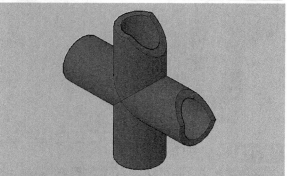

"Z轴"和"指定切面起点"进行剖切的操作过程完全相同，同样都是指定两点，但结果却不同。指定"Z轴"指定的两点是剖切平面的Z轴，而"指定切面起点"所指定的两点直接就是剖切平面。

难度 ★★

- 素材文件路径：素材/第11章/实例392 Z轴剖切三维实体.dwg
- 效果文件路径：素材/第11章/实例392 Z轴剖切三维实体-OK.dwg
- 视频文件路径：视频/第11章/实例392 Z轴剖切三维实体.MP4
- 播放时长：1分14秒

Step 01 打开"第11章/实例392 Z轴剖切三维实体.dwg"文件，如图11-56所示。

Step 02 单击【实体编辑】面板中的【剖切】按钮，选择四通管实体为剖切对象，其命令行提示如下。

```
命令：_slice//调用【剖切】命令
选择要剖切的对象：<正交 开>找到 1 个//选择剖切对象
选择要剖切的对象://单击右击结束选择
指定 切面 的起点或 [平面对象(O)/曲面(S)/Z 轴(Z)/视图(V)/
XY(XY)/YZ(YZ)/ZX(ZX)/三点(3)] <三点>:Z//选择Z轴方式剖切实体
指定剖面上的点：
指定平面 Z 轴 (法向) 上的点://选择剖切面上的点，如图11-57
```

所示
在所需的侧面上指定点或 [保留两个侧面(B)] <保留两个侧面>: //选择要保留的一侧

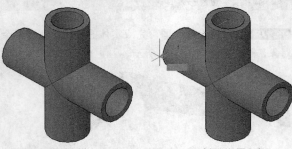

图 11-56　素材图样　　　　图 11-57　选择剖切面上点

Step 03 通过以上操作即可完成剖切实体，效果如图11-58所示。

图 11-58　剖切效果

实例393　视图剖切三维实体

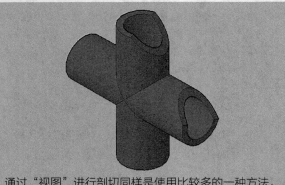

通过"视图"进行剖切同样是使用比较多的一种方法，该方法操作简便，使用快捷，只需指定一点，就可以根据屏幕所在的平面对模型进行剖切。缺点是精确度不够，只适合用作演示、观察。

难度 ★★

素材文件路径：素材/第11章/实例393 视图剖切三维实体.dwg
效果文件路径：素材/第11章/实例393视图剖切三维实体-OK.dwg
视频文件路径：视频/第11章/实例392 Z轴剖切三维实体.MP4
播放时长：1分21秒

Step 01 打开"第11章/实例393 视图剖切三维实体.dwg"文件，如图11-59所示。

Step 02 单击【实体编辑】面板中的【剖切】按钮，选择四通管实体为剖切对象，其命令行提示如下。

命令：_slice//调用【剖切】命令
选择要剖切的对象：找到 1 个//选择剖切对象
选择要剖切的对象：//单击右键结束选择
指定 切面 的起点或 [平面对象(O)/曲面(S)/Z 轴(Z)/视图(V)/XY(XY)/YZ(YZ)/ZX(ZX)/三点(3)] <三点>: V//选择剖切方式
指定当前视图平面上的点 <0,0,0>: //指定三维坐标，如图11-60所示
在所需的侧面上指定点或 [保留两个侧面(B)] <保留两个侧面>: //选择要保留的一侧

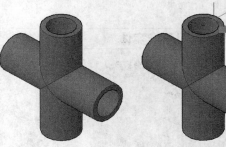

图 11-59　素材图样　　　　图 11-60　指定三维点

Step 03 通过以上操作即可完成实体的剖切操作，其效果如图11-61所示。

图 11-61　剖切效果

实例394　复制实体边　　　　★进阶★

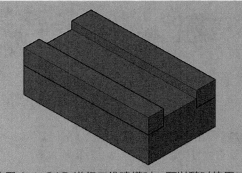

在使用 AutoCAD 进行三维建模时，可以随时使用二维工具如圆、直线来绘制草图，然后再进行拉伸等建模操作。相较于其他建模软件要绘制草图时还需特地进入草图环境，AutoCAD 显得更为灵活。尤其再结合【复制边】等操作，熟练掌握后可直接从现有模型中分离出对象轮廓进行下一步建模，极为方便。

难度 ★★★

○ 素材文件路径：素材/第11章/实例394 复制实体边.dwg
○ 效果文件路径：素材/第11章/实例394 复制实体边-OK.dwg
📹 视频文件路径：视频/第11章/实例394 复制实体边.MP4
📹 播放时长：1分56秒

Step 01 打开"第11章/实例394 复制实体边.dwg"素材文件，如图 11-62所示。

Step 02 单击【实体编辑】面板上【复制边】按钮，选择图11-63所示的边为复制对象，其命令行提示如下。

```
命令：_solidedit
实体编辑自动检查：SOLIDCHECK=1输入实体编辑选项 [面
(F)/边(E)/体(B)/放弃(U)/退出(X)] <退出>: _edge输入边编辑
选项 [复制(C)/着色(L)/放弃(U)/退出(X)] <退出>: _copy
//调用【复制边】命令
选择边或 [放弃(U)/删除(R)]://选择要复制的边
……
选择边或 [放弃(U)/删除(R)]://选择完毕，单击鼠标右键结束
选择边
指定基点或位移://指定基点
指定位移的第二点://指定平移到的位置
输入边编辑选项 [复制(C)/着色(L)/放弃(U)/退出(X)] <退出>://
按Esc退出复制边命令
```

图 11-62 素材图样

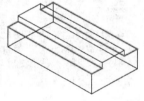

图 11-63 选择要复制的边

Step 03 通过以上操作即可完成复制边的操作，其效果如图 11-64所示。

Step 04 单击【建模】面板中【拉伸】按钮，选择复制的边，拉伸高度为40，其效果如图 11-65所示。

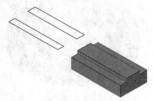

图 11-64 复制边效果

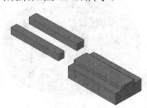

图 11-65 拉伸图形

Step 05 单击【修改】面板中【三维对齐】按钮，选择拉伸出的长方体为要对齐的对象，将其对齐到底座上。效果如图 11-66所示。

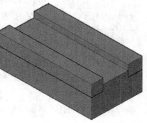

图 11-66 导向底座

实例395 压印实体边 ★进阶★

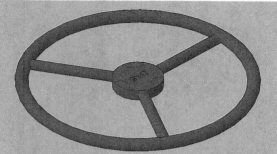

【压印边】是使用 AutoCAD 建模时最常用的命令之一，使用【压印边】可以在模型之上创建各种自定义的标记，也可以用作模型面的分割。

难度 ★★★

○ 素材文件路径：素材/第11章/实例395 压印实体边.dwg
○ 效果文件路径：素材/第11章/实例395 压印实体边-OK.dwg
📹 视频文件路径：视频/第11章/实例395 压印实体边.MP4
📹 播放时长：1分21秒

Step 01 打开"第11章/实例395 压印实体边.dwg"文件，如图 11-67所示。

图 11-67 素材图样

图 11-68 选择三维实体

Step 02 单击【实体编辑】工具栏上【压印边】按钮，选取方向盘为三维实体，命令行提示如下。

```
命令：_imprint//调用【压印边】命令
选择三维实体或曲面://选择三维实体，如图 11-68所示
选择要压印的对象://选择图11-69所示的图标
是否删除源对象 [是(Y)/否(N)] <N>: y//选择是否保留源对象
```

Step 03 重复以上操作完成图标的压印，其效果如图 11-70所示。

图 11-69 选择要压印的对象

图 11-70 压印效果

操作技巧

执行压印操作的对象仅限于：圆弧、圆、直线、二维和三维多段线、椭圆、样条曲线、面域、体和三维实体。实例中使用的文字为直线和圆弧绘制的图形。

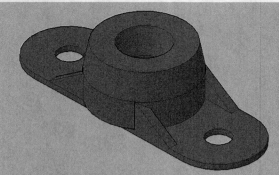

实例396 拉伸实体面

除了对模型现有的轮廓边进行复制、压印等操作之外，还可以通过【拉伸面】等面编辑方法来直接修改模型。

难度 ★★★

- 素材文件路径：素材/第11章/实例396 拉伸实体面.dwg
- 效果文件路径：素材/第11章/实例396 拉伸实体面-OK.dwg
- 视频文件路径：视频/第11章/实例396 拉伸实体面.MP4
- 播放时长：1分2秒

Step 01 打开"第11章/实例396 拉伸实体面.dwg"文件，如图 11-71所示。

Step 02 单击【实体编辑】工具栏上【拉伸面】按钮，选择图11-72所示的面为拉伸面，其命令行提示如下。

```
命令:_solidedit
实体编辑自动检查: SOLIDCHECK=1
输入实体编辑选项 [面(F)/边(E)/体(B)/放弃(U)/退出(X)] <退出
>: _face输入面编辑选项
[拉伸(E)/移动(M)/旋转(R)/偏移(O)/倾斜(T)/删除(D)/复制(C)/
颜色(L)/材质(A)/放弃(U)/退出(X)] <退出>: _extrude//调用【拉
伸面】命令
选择面或 [放弃(U)/删除(R)]: 找到一个面//选择要拉伸的面
选择面或 [放弃(U)/删除(R)/全部(ALL)]://单击右键结束选择
指定拉伸高度或 [路径(P)]: 50✓//输入拉伸高度
指定拉伸的倾斜角度 <10>: 10✓//输入拉伸的倾斜角度
已开始实体校验。
已完成实体校验。
输入面编辑选项
[拉伸(E)/移动(M)/旋转(R)/偏移(O)/倾斜(T)/删除(D)/复制(C)/
颜色(L)/材质(A)/放弃(U)/退出(X)] <退出>: *取消*//按Enter或
Esc键结束操作
```

图 11-71 素材图样　　　　图 11-72 选择拉伸面

Step 03 通过以上操作即可完成拉伸面的操作，其效果如图 11-73所示。

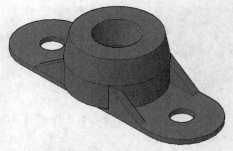

图 11-73 拉伸面完成效果

实例397 倾斜实体面

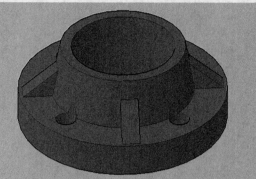

除了对模型现有的轮廓边进行复制、压印等操作之外，还可以通过【拉伸面】等面编辑方法来直接修改模型。

难度 ★★★

- 素材文件路径：素材/第11章/实例397 倾斜实体面.dwg
- 效果文件路径：素材/第11章/实例397 倾斜实体面-OK.dwg
- 视频文件路径：视频/第11章/实例397 倾斜实体面.MP4
- 播放时长：2分1秒

Step 01 打开"第11章/实例397 倾斜实体面.dwg"文件，如图 11-74所示。

Step 02 单击【实体编辑】面板上【倾斜面】按钮，选择图11-75所示的面为要倾斜的面，其命令行提示如下。

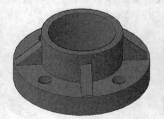

图 11-74 素材图样　　　　图 11-75 选择倾斜面

```
命令:_solidedit//调用【倾斜面】命令
实体编辑自动检查: SOLIDCHECK=1
输入实体编辑选项 [面(F)/边(E)/体(B)/放弃(U)/退出(X)] <退出
>: _face输入面编辑选项
[拉伸(E)/移动(M)/旋转(R)/偏移(O)/倾斜(T)/删除(D)/复制(C)/
颜色(L)/材质(A)/放弃(U)/退出(X)] <退出>: _taper//调用【倾斜
面】命令
选择面或 [放弃(U)/删除(R)]: 找到一个面//选择要倾斜的面
```

选择面或 [放弃(U)/删除(R)/全部(ALL)]://单击右键结束选择
指定基点：
指定沿倾斜轴的另一个点://依次选择上下两圆的圆心，如图 11-76
所示指定倾斜角度：-10↙//输入倾斜角度
已开始实体校验。
已完成实体校验。
输入面编辑选项
[拉伸(E)/移动(M)/旋转(R)/偏移(O)/倾斜(T)/删除(D)/复制(C)/
颜色(L)/材质(A)/放弃(U)/退出(X)] <退出>:↙//按Enter或Esc键
结束操作

Step 03 通过以上操作即可完成倾斜面的操作，其效果
如图 11-77所示。

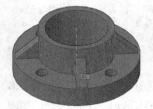 

图 11-76　选择倾斜轴　　　　　图 11-77　倾斜效果

操作技巧

在执行倾斜面时倾斜的方向，由选择的基点和第二点的顺
序决定，并且输入正角度则向内倾斜，负角度则向外倾
斜，不能使用过大角度值。如果角度值过大，面在达到指
定的角度之前可能倾斜成一点，在AutoCAD 2016中不能
支持这种倾斜。

实例398　移动实体面

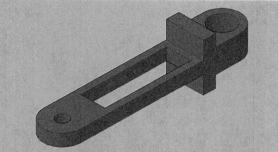

【移动面】命令常用于对现有模型的修改，如果某个模
型拉伸得过多，在 AutoCAD 中并不能回溯到【拉伸】
命令进行编辑，因此只能通过【移动面】这类面编辑命
令进行修改。

难度 ★★★

● 素材文件路径：素材/第11章/实例398 移动实体面.dwg
● 效果文件路径：素材/第11章/实例398 移动实体面-OK.dwg
● 视频文件路径：视频/第11章/实例398 移动实体面.MP4
● 播放时长：1分57秒

Step 01 打开"第11章/实例398 移动实体面.dwg"文

件，如图 11-78所示。

Step 02 单击【实体编辑】面板上【移动面】按钮 ，选
择图 11-79所示的面为要移动的面，其命令行提示如下。

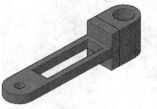 

图 11-78　素材图样　　　　　图 11-79　选择移动实体面

命令：_solidedit
实体编辑自动检查：SOLIDCHECK=1
输入实体编辑选项 [面(F)/边(E)/体(B)/放弃(U)/退出(X)] <退出
>:_face输入面编辑选项
[拉伸(E)/移动(M)/旋转(R)/偏移(O)/倾斜(T)/删除(D)/复制(C)/
颜色(L)/材质(A)/放弃(U)/退出(X)] <退出>:_move
选择面或 [放弃(U)/删除(R)]：找到一个面//选择要移动的面
选择面或 [放弃(U)/删除(R)/全部(ALL)]://单击鼠标右键完成
选择
指定基点或位移://指定基点，如图 11-80所示，正在检查 780
个交点...
指定位移的第二点：20↙//输入移动的距离
已开始实体校验。
已完成实体校验。
输入面编辑选项
[拉伸(E)/移动(M)/旋转(R)/偏移(O)/倾斜(T)/删除(D)/复制(C)/
颜色(L)/材质(A)/放弃(U)/退出(X)] <退出>://按Enter键或Esc键
退出移动面操作

Step 03 通过以上操作即可完成移动面的操作，其效果
如图 11-81所示。

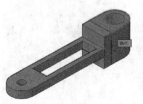 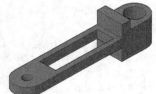

图 11-80　选取基点　　　　　图 11-81　移动面效果

Step 04 旋转图形，重复以上的操作，移动另一面，其
效果如图 11-82所示。

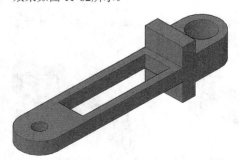

图 11-82　模型面移动效果

实例399 偏移实体面

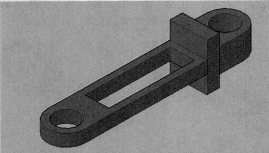

【偏移面】操作是在一个三维实体上按指定的距离均匀地偏移实体面,可根据设计需要将现有的面从原始位置向内或向外偏移指定的距离,从而获取新的实体面。

难度 ★★★

- 素材文件路径:素材/第11章/实例398 移动实体面-OK.dwg
- 效果文件路径:素材/第11章/实例399 偏移实体面-OK.dwg
- 视频文件路径:视频/第11章/实例399 偏移实体面.MP4
- 播放时长:57秒

Step 01 延续【实例398】进行操作,也可以打开"第11章/实例398 移动实体面-OK.dwg"素材文件。

Step 02 单击【实体编辑】面板上【偏移面】按钮,选择图11-83所示的面为要偏移的面,其命令行提示如下。

```
命令:_solidedit
实体编辑自动检查:SOLIDCHECK=1
输入实体编辑选项 [面(F)/边(E)/体(B)/放弃(U)/退出(X)] <退出>:_face输入面编辑选项
[拉伸(E)/移动(M)/旋转(R)/偏移(O)/倾斜(T)/删除(D)/复制(C)/颜色(L)/材质(A)/放弃(U)/退出(X)] <退出>:_offset//调用偏移面命令
选择面或 [放弃(U)/删除(R)]:找到一个面//选择要偏移的面
选择面或 [放弃(U)/删除(R)/全部(ALL)]://单击鼠标右键结束选择
指定偏移距离:-10✓//输入偏移距离,负号表示方向向外
已开始实体校验。
已完成实体校验。
输入面编辑选项
[拉伸(E)/移动(M)/旋转(R)/偏移(O)/倾斜(T)/删除(D)/复制(C)/颜色(L)/材质(A)/放弃(U)/退出(X)] <退出>:*取消*//按Enter键或Esc键结束操作
```

Step 03 通过以上操作即可完成偏移面的操作,其效果如图11-84所示。

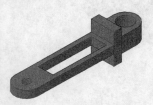

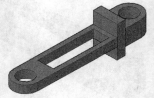

图 11-83 选取偏移面　　图 11-84 偏移面效果

实例400 删除实体面

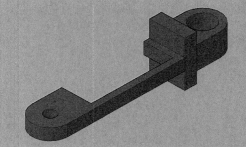

在三维建模环境中,执行【删除面】操作是从三维实体对象上删除实体表面、圆角等实体特征。

难度 ★★★

- 素材文件路径:素材/第11章/实例399 偏移实体面-OK.dwg
- 效果文件路径:素材/第11章/实例400 删除实体面-OK.dwg
- 视频文件路径:视频/第11章/实例400 删除实体面.MP4
- 播放时长:57秒

Step 01 延续【实例399】进行操作,也可以打开"第11章/实例399 偏移实体面-OK.dwg"素材文件,如图11-85所示。

Step 02 单击【实体编辑】面板上【删除面】按钮,选择要删除的面,按Enter键进行删除,如图11-86所示。

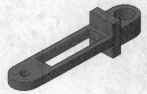

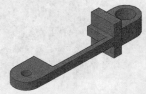

图 11-85 素材图样　　图 11-86 删除实体面

实例401 修改实体记录 ★进阶★

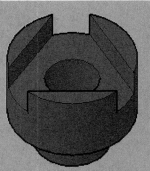

利用布尔操作创建组合实体之后,原实体就消失了,且新生成的特征位置完全固定,如果想再次修改就会变得十分困难,例如利用差集在实体上创建孔,孔的大小和位置就只能用偏移面和移动面来修改;而将两个实体进行并集之后,其相对位置就不能再修改。AutoCAD 提供的实体历史记录功能,可以解决这一难题。

难度 ★★★

⬥ 素材文件路径：素材/第11章/实例401 修改实体记录.dwg
⬥ 效果文件路径：素材/第11章/实例401修改实体记录-OK.dwg
⬥ 视频文件路径：视频/第11章/实例401 修改实体记录.MP4
⬥ 播放时长：4分9秒

Step 01 打开"第11章/实例401 修改实体记录.dwg"素材文件，如图11-87所示。

Step 02 单击【坐标】面板上的【原点】按钮，然后捕捉到圆柱顶面的中心点，放置原点，如图11-88所示。

Step 03 单击绘图区左上角的视图快捷控件，将视图调整到俯视的方向，然后在XY平面内绘制一个矩形多段线轮廓，如图11-89所示。

图 11-87 模型素材

图 11-88 捕捉圆心

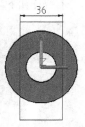
图 11-89 长方形轮廓

Step 04 单击【建模】面板上的【拉伸】按钮，选择矩形多段线为拉伸的对象，拉伸方向向圆柱体内部，输入拉伸高度为14，创建的拉伸体如图11-90所示。

Step 05 单击选中拉伸创建的长方体，然后单击鼠标右键，在快捷菜单中选择【特性】命令，弹出该实体的特性选项板，在选项板中，将历史记录修改为【记录】，并显示历史记录，如图11-91所示。

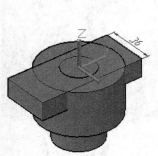
图 11-90 创建的长方体　　图 11-91 设置实体历史记录

Step 06 单击【实体编辑】面板中的【差集】按钮，从圆柱体中减去长方体，结果如图11-92所示，以线框显示的即为长方体的历史记录。

Step 07 按住Ctrl键然后选择线框长方体，该历史记录呈夹点显示状态，将长方体两个顶点夹点合并，修改为三棱柱的形状，拖动夹点适当调整三角形形状，结果如图11-93所示。

Step 08 选择圆柱体，用步骤5的方法打开实体的特性

选项板，将【显示历史记录】选项修改为【否】，隐藏历史记录，最终结果如图11-94所示。

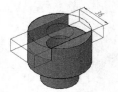
图 11-92 求差集的结果　图 11-93 编辑历史记录的结果　图 11-94 最终结果

实例402 检查实体干涉 ★进阶★

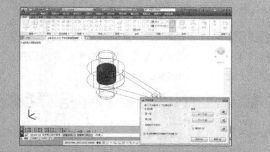

在装配过程中，往往会出现模型与模型之间的干涉现象，因而在执行两个或多个模型装配时，需要通过【干涉检查】操作，以便及时调整模型的尺寸和相对位置，达到准确装配的效果。

难度 ★★★

⬥ 素材文件路径：素材/第11章/实例402 检查实体干涉.dwg
⬥ 效果文件路径：无
⬥ 视频文件路径：视频/第11章/实例402 检查实体干涉.MP4
⬥ 播放时长：1分15秒

Step 01 打开"第11章/实例402 检查实体干涉.dwg"文件，如图11-95所示。其中已经创建好了一个销轴和一个连接杆。

Step 02 单击【实体编辑】面板上【干涉】按钮，选择图11-96所示的图形为第一组对象。其命令行提示如下。

图 11-95 素材图样

图 11-96 选择第一组对象

命令：_interfere//调用【干涉检查】命令
选择第一组对象或 [嵌套选择(N)/设置(S)]: 找到 1 个//选择销轴为第一组对象
选择第一组对象或 [嵌套选择(N)/设置(S)]://单击Enter键结束选择
选择第二组对象或 [嵌套选择(N)/检查第一组(K)] <检查>: 找

到 1 个//选择图 11-97所示的连接杆为第二组对象

选择第二组对象或 [嵌套选择(N)/检查第一组(K)] <检查>://按Enter键弹出干涉检查效果

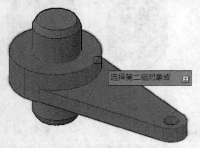

图 11-97 选择第二组对象

Step 03 通过以上操作，系统弹出【干涉检查】对话框，如图 11-98所示，红色亮显的地方即为超差部分。单击关闭按钮即可完成干涉检查。

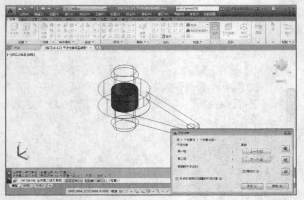

图 11-98 干涉检查结果

11.2 曲面与网格的编辑

与三维实体一样，曲面与网格模型也可以进行类似的编辑操作。

实例403 修剪曲面

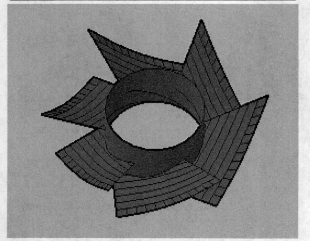

使用【修剪曲面】命令可以修剪相交曲面中不需要的部分，也可利用二维对象在曲面上的投影生成修剪。

难度 ★★★

- 素材文件路径：素材/第11章/实例403 修剪曲面.dwg
- 效果文件路径：素材/第11章/实例403 修剪曲面-OK.dwg
- 视频文件路径：视频/第11章/实例403 修剪曲面.MP4
- 播放时长：1分14秒

Step 01 打开"第11章/实例403 修剪曲面.dwg"素材文件，如图11-99所示。

Step 02 在【曲面】选项卡中，单击【编辑】面板上的【修剪】按钮，修剪扇叶曲面，如图11-100所示。命令行操作如下。

```
命令：_SURFTRIM
延伸曲面＝是，投影＝自动
选择要修剪的曲面或面域或者 [延伸(E)/投影方向(PRO)]：找到 1 个
选择要修剪的曲面或面域或者 [延伸(E)/投影方向(PRO)]：找到 1 个，总计 2 个
选择要修剪的曲面或面域或者 [延伸(E)/投影方向(PRO)]：找到 1 个，总计 3 个
选择要修剪的曲面或面域或者 [延伸(E)/投影方向(PRO)]：找到 1 个，总计 4 个
选择要修剪的曲面或面域或者 [延伸(E)/投影方向(PRO)]：找到 1 个，总计 5 个
选择要修剪的曲面或面域或者 [延伸(E)/投影方向(PRO)]：找到 1 个，总计 6 个 //依次选择6个扇叶曲面
选择要修剪的曲面或面域或者 [延伸(E)/投影方向(PRO)]：↙//按Enter键结束选择
选择剪切曲线、曲面或面域：找到 1 个//选择圆柱面作为剪切曲面
选择剪切曲线、曲面或面域：↙//按Enter键结束选择
选择要修剪的区域 [放弃(U)]：
选择要修剪的区域 [放弃(U)]：
选择要修剪的区域 [放弃(U)]：
选择要修剪的区域 [放弃(U)]：
选择要修剪的区域 [放弃(U)]：
选择要修剪的区域 [放弃(U)]://依次单击6个扇叶在圆柱内的部分
选择要修剪的区域 [放弃(U)]：↙//按Enter键完成裁剪
```

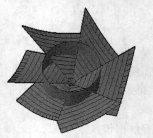
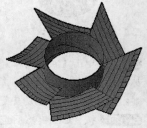

图 11-99 素材模型　　　　图 11-100 曲面修剪效果

实例404 曲面倒圆

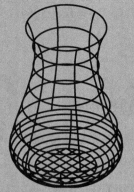

使用曲面【圆角】命令可以在现有曲面之间的空间中创建新的圆角曲面。圆角曲面具有固定半径轮廓且与原始曲面相切。

难度 ★★★

- 素材文件路径：素材/第11章/实例404 曲面倒圆.dwg
- 效果文件路径：素材/第11章/实例404 曲面倒圆-OK.dwg
- 视频文件路径：视频/第11章/实例404 曲面倒圆.MP4
- 播放时长：55秒

Step 01 打开"第11章/实例404 曲面倒圆.dwg"素材文件，如图11-101所示。

Step 02 在【曲面】选项卡中，单击【创建】面板中的【圆角】按钮，圆角曲面创建如图11-102所示，命令行提示如下。

```
命令：_SURFFILLET↙//调用"圆角"命令
半径 = 5.0000，修剪曲面 = 是
选择要圆角化的第一个曲面或面域或者 [半径(R)/修剪曲面(T)]：R↙//选择"半径"备选项
指定半径或 [表达式(E)] <5.0000>：40↙//指定圆角半径
选择要圆角化的第一个曲面或面域或者 [半径(R)/修剪曲面(T)]://选择要圆角的第一个曲面
选择要圆角化的第二个曲面或面域或者 [半径(R)/修剪曲面(T)]://选择要圆角的第二个曲面
按 Enter 键接受圆角曲面或 [半径(R)/修剪曲面(T)]：↙//按Enter键结束圆角操作
```

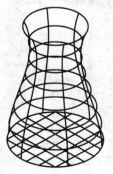 

图 11-101 素材模型　　图 11-102 曲面倒圆效果

实例405 曲面延伸

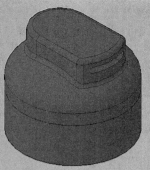

延伸曲面可通过将曲面延伸到与另一对象的边相交或指定延伸长度来创建新曲面。可以将延伸曲面合并为原始曲面的一部分，也可以将其附加为与原始曲面相邻的第二个曲面。

难度 ★★★

- 素材文件路径：素材/第11章/实例405 曲面延伸.dwg
- 效果文件路径：素材/第11章/实例405 曲面延伸-OK.dwg
- 视频文件路径：视频/第11章/实例405 曲面延伸.MP4
- 播放时长：56秒

Step 01 打开"第11章/实例405 曲面延伸.dwg"素材文件，如图11-103所示。

Step 02 在【曲面】选项卡中，单击【修改】面板中的【延伸】按钮，如图11-104所示，执行【曲面延伸】命令。

图 11-103 素材模型　　图 11-104 【编辑】面板中的【延伸】按钮

Step 03 选择底边为要延伸的边，然后输入延伸距离为20，如图11-105所示。

Step 04 延伸曲面如图11-106所示，命令行提示如下。

```
命令：_SURFEXTEND//调用【延伸】命令
模式 = 延伸，创建 = 附加
选择要延伸的曲面边：找到 1 个//选择底边为要延伸的边
选择要延伸的曲面边：↙//按Enter键确认选择
指定延伸距离 [表达式(E)/模式(M)]：20↙//输入延伸距离，并按Enter键结束操作
```

图 11-105 选择要延伸的边

图 11-106 曲面延伸效果

实例406 曲面造型

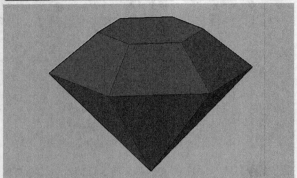

在其他专业性质的三维建模软件中，如 UG、Solidworks、犀牛等，均有将封闭曲面转换为实体的功能，这极大地提高了产品的曲面造型技术。在 AutoCAD 2016 中，也有与此功能相似的命令，那就是【造型】。

难度 ★★★

素材文件路径：素材/第11章/实例406 曲面造型.dwg
效果文件路径：素材/第11章/实例406 曲面造型-OK.dwg
视频文件路径：视频/第11章/实例406 曲面造型.MP4
播放时长：1分26秒

钻石色泽光鲜，璀璨夺目，是一种昂贵的装饰品，因此在家具、灯饰上通常使用玻璃、塑料等制成的假钻石来作为替代。与真钻石一样，这些替代品也被制成为多面体形状，如图 11-107 所示。

Step 01 打开"第11章/实例406 曲面造型.dwg"素材文件，如图11-108所示。

图 11-107 钻石

图 11-108 素材文件

Step 02 单击【常用】选项卡【修改】面板中的【环形阵列】按钮，选择素材中已经创建好的3个曲面，然后以直线为旋转轴，设置阵列数量为6，角度360°，如图11-109所示。

图 11-109 曲面造型

Step 03 在【曲面】选项卡中，单击【编辑】面板中的【造型】按钮，全选阵列后的曲面，再按Enter键确认选择，即可创建钻石模型，如图11-110所示。

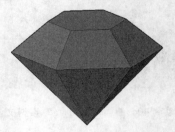

图 11-110 创建的钻石模型

实例407 曲面加厚

在三维建模环境中，可以将网格曲面、平面曲面或截面曲面等多种曲面类型通过加厚处理形成具有一定厚度的三维实体。

难度 ★★★

素材文件路径：素材/第11章/实例407 曲面加厚.dwg
效果文件路径：素材/第11章/实例407 曲面加厚-OK.dwg
视频文件路径：视频/第11章/实例407 曲面加厚.MP4
播放时长：1分1秒

Step 01 打开"第11章/实例407 曲面加厚.dwg"素材文件。

Step 02 单击【实体】选项卡中【实体编辑】面板中的【加厚】按钮，选择素材文件中的花瓶曲面，然后输入厚度值1即可，操作如图11-111所示。

图 11-111 加厚花瓶曲面

实例408 编辑网格模型 ★进阶★

网格建模与实体建模可以实现的操作并不完全相同。如果需要通过交集、差集或并集操作来编辑网格对象，则可以将网格转换为三维实体或曲面对象。同样，如果需要将锐化或平滑应用于三维实体或曲面对象，则可以将这些对象转换为网格。

难度 ★★★

- 素材文件路径：无
- 效果文件路径：素材/第11章/实例408 编辑网格模型-OK.dwg
- 视频文件路径：视频/第11章/实例408 编辑网格模型.MP4
- 播放时长：5分59秒

Step 01 单击快速访问工具栏中的【新建】按钮，新建空白文件。

Step 02 在【网格】选项卡中，单击【图元】选项卡右下角的箭头 ，在弹出的【网格图元选项】对话框中，选择【长方体】图元选项，设置长度细分为5、宽度细分为3、高度细分为2，如图11-112所示。

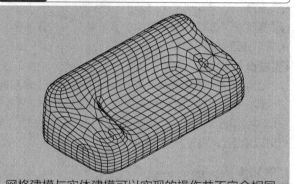

图 11-112 【网格图元选项】对话框

Step 03 将视图调整到西南等轴测方向，在【网格】选项卡中，单击【图元】面板上的【网格长方体】按钮，在绘图区绘制长宽高分别为200、100、30的长方体网格，如图11-113所示。

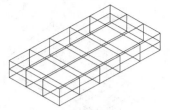

图 11-113 创建的网格长方体

Step 04 在【网格】选项卡中，单击【网格编辑】面板上的【拉伸面】按钮，选择网格长方体上表面3条边界处的9个网格面，向上拉伸30，如图11-114所示。

Step 05 在【网格】选项卡中，单击【网格编辑】面板上的【合并面】按钮，在绘图区中选择沙发扶手外侧的两个网格面，将其合并；重复使用该命令，合并扶手内侧的两个网格面，以及另外一个扶手的内外网格面，如图11-115所示。

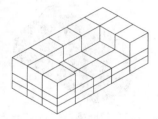

图 11-114 拉伸面　　　　　图 11-115 合并面的结果

Step 06 在【网格】选项卡中，单击【网格编辑】面板上的【分割面】按钮，选择以上合并后的网格面，绘制连接矩形角点和竖直边中点的分割线，并使用同样的方法分割其他3组网格面，如图11-116所示。

Step 07 再次调用【分割面】命令，在绘图区中选择扶手前端面，绘制平行底边的分割线，结果如图11-117所示。

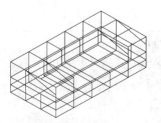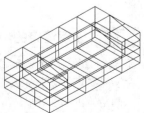

图 11-116 分割面　　　　　图 11-117 分割前端面

Step 08 在【网格】选项卡中，单击【网格编辑】面板上的【合并面】按钮，选择沙发扶手上面的两个网格面、侧面的两个三角网格面和前端面，将它们合并。按照同样的方法合并另一个扶手上对应的网格面，结果如

图11-118所示。

Step 09 在【网格】选项卡中，单击【网格编辑】面板上的【拉伸面】按钮，选择沙发顶面的5个网格面，设置倾斜角为30°，向上拉伸距离为15，结果如图11-119所示。

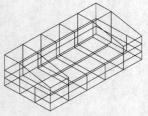
图11-118 合并面的结果

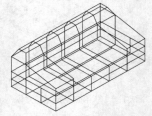
图11-119 拉伸顶面的结果

Step 10 在【网格】选项卡中，单击【网格】面板上的【提高平滑度】按钮 🔳，选择沙发的所有网格，提高平滑度2次，结果如图11-120所示。

Step 11 在【视图】选项卡中，单击【视觉样式】面板上的【视觉样式】下拉列表，选择【概念】视觉样式，显示效果如图11-121所示。

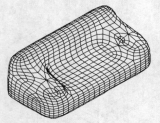
图11-120 提高平滑度

图11-121 概念视觉样式效果

11.3 外观渲染

尽管三维建模比二维图形更逼真，但是看起来仍不真实，缺乏现实世界中的色彩、阴影和光泽。而在电脑绘图中，将模型按严格定义的语言或者数据结构来对三维物体进行描述，包括几何、视点、纹理以及照明等各种信息，从而获得真实感极高的图片，这一过程称为渲染。

实例409 了解渲染的步骤

现实中的模型都具有一定的材质外观，并且处于一定的光照环境中。在AutoCAD中，为了模拟现实环境，创建逼真的模型效果，可以为模型添加材质和贴图，并且设置光照条件，最后进行渲染。

难度 ★

渲染是多步骤的过程。通常需要通过大量的反复试验才能得到所需的结果。渲染图形的步骤如下。

Step 01 使用默认设置开始尝试渲染。根据结果的表现可以看出需要修改的参数与设置。

Step 02 创建光源。AutoCAD提供了4种类型的光源：默认光源、平行光（包括太阳光）、点光源和聚光灯。

Step 03 创建材质。材质为材料的表面特性。包括颜色、纹理、反射光（亮度）、透明度和折射率等。也可以从现成的材质库中调用真实的材质如钢铁、塑料、木材等。

Step 04 将材质附着在模型对象上。可以根据对象或图层附着材质。

Step 05 添加背景或雾化效果。

Step 06 如果需要，调整渲染参数。例如，可以用不同的输出品质来渲染。

Step 07 渲染图形。

上述步骤仅供参考，并不一定要严格按照该顺序进行操作。例如，可以在创建材质之后再设置光源。另外，在渲染结果出来后，可能会发现某些地方需要改进，这时可以返回到前面的步骤中进行修改。

实例410 设置模型材质

在AutoCAD中为模型添加材质，可以获得接近真实的外观效果。但值得注意的是，在"概念"视觉样式下，仍然有很多材质未能得到逼真的表现，效果也差强人意。若想得到更为真实的图形，只能通过渲染获得图片。

难度 ★★★

🔘 素材文件路径：素材/第11章/实例410 设置模型材质.dwg
🔘 效果文件路径：素材/第11章/实例410 设置模型材质-OK.dwg
🎬 视频文件路径：视频/第11章/实例410 设置模型材质.MP4
🎬 播放时长：1分17秒

Step 01 打开"第11章/实例410 设置模型材质.dwg"文件，如图11-122所示。

Step 02 在【可视化】选项卡中，单击【材质】面板上的【材质浏览器】按钮 ⊗ 材质浏览器，打开【材质】选型板，其命令行操作如下。

命令:_RMAT//调用【材质浏览器】命令
选择材质,重生模型。//选择【生锈】材质,如图 11-123所
示。

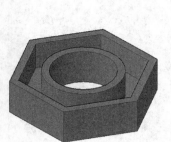

图 11-122 素材图样

图 11-123 赋予铁锈材质效果

Step 03 通过以上操作即可完成材质的设置,其效果如
图 11-124所示。

图 11-124 赋予生锈材质的模型

实例411 设置点光源

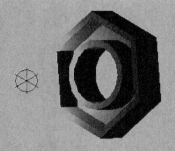

点光源是某一点向四周发射的光源,类似于环境中典
型的电灯泡或者蜡烛等。点光源通常来自于特定的位
置,向四面八方辐射。点光源会衰减,也就是其亮度
会随着距点光源的距离的增加而减小。

难度 ★ ★ ★

素材文件路径:素材/第11章/实例410 设置模型材质-OK.dwg
效果文件路径:素材/第11章/实例411 设置点光源-OK.dwg
视频文件路径:视频/第11章/实例411 设置点光源.MP4
播放时长:1分9秒

Step 01 延续【实例410】进行操作,也可以打开"第
11章/实例410 设置模型材质-OK.dwg"文件,如图
11-125所示。

Step 02 在命令行输入POINTLIGHT命令,在模型附近
添加点光源,其命令行操作如下。

命令:_pointlight//执行【点光源】命令
指定源位置 <0,0,0>://指定源位置
输入要更改的选项 [名称(N)/强度因子(I)/状态(S)/光度(P)/阴影
(W)/衰减(A)/过滤颜色(C)/退出(X)] <退出>:I↙//编辑光照强度
输入强度 (0.00 - 最大浮点数) <1>:0.05↙//输入强度因子
输入要更改的选项 [名称(N)/强度因子(I)/状态(S)/光度(P)/阴影
(W)/衰减(A)/过滤颜色(C)/退出(X)] <退出>:N//修改光源名称
输入光源名称 <点光源1>:Point1↙//输入光源名称为
"point1",按Enter键结束

Step 03 通过以上操作即可完成设置点光源,其效果如
图 11-126所示。

图 11-125 素材图样 　　　　图 11-126 设置光源效果

实例412 添加平行光照

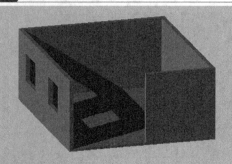

平行光仅向一个方向发射统一的平行光线。通过在绘
图区指定光源的方向矢量的两个坐标,就可以定义平
行光的方向。平行光照可以用来为室内添加采光,能
极大程度地还原真实的室内光影效果。

难度 ★ ★ ★

素材文件路径:素材/第11章/实例412 添加平行光照.dwg
效果文件路径:素材/第11章/实例412 添加平行光照-OK.dwg
视频文件路径:视频/第11章/实例412 添加平行光照.MP4
播放时长:1分15秒

Step 01 打开素材"第11章/实例412 添加平行光
照.dwg",如图 11-127所示。

Step 02 在【渲染】选项卡中，单击【光源】面板展开【创建光源】列表，选择【平行光】选项，在模型上添加平行光照射，命令行操作如下。

命令：_distantlight//调用【平行光】命令
指定光源来向 <0,0,0> 或 [矢量(V)]: -120,-120,120↙//指定方向矢量的起点
指定光源去向 <1,1,1>:50, -30, 0↙//指定方向矢量的终点坐标
输入要更改的选项 [名称(N)/强度(I)/状态(S)/阴影(W)/颜色(C)/退出(X)]: I↙//选择【强度】选项
输入强度 (0.00 - 最大浮点数) <1>:2↙//输入光照的强度为2
输入要更改的选项 [名称(N)/强度(I)/状态(S)/阴影(W)/颜色(C)/退出(X)]:↙//按Enter键结束编辑，完成光源创建

Step 03 通过以上操作即可完成平行光的创建，光照的效果如图 11-128所示。

图 11-127 室内模型

图 11-128 平行光照的效果

实例413 添加光域网灯光

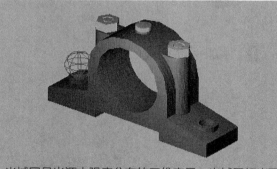

光域网是光源中强度分布的三维表示，光域网灯光可以用于表示各向异形光源分布，此分布来源于现实中的光源制造商提供的数据。

难度 ★★★

- 素材文件路径：素材/第11章/实例413 添加光域网灯光.dwg
- 效果文件路径：素材/第11章/实例413 添加光域网灯光-OK.dwg
- 视频文件路径：视频/第11章/实例413 添加光域网灯光.MP4
- 播放时长：1分45秒

Step 01 打开"第11章/实例413 添加光域网灯光.dwg"素材文件，如图 11-129所示。

Step 02 在命令行输入WEBLIGHT并按Enter键，创建光域网灯光，如图 11-130所示。命令行操作如下。

命令：WEBLIGHT↙//调用【光域网灯光】命令
指定源位置 <0,0,0>: 200,-200,200↙//输入光源位置
指定目标位置 <0,0,-10>:0,100,0↙//输入目标位置
输入要更改的选项 [名称(N)/强度因子(I)/状态(S)/光度(P)/光域网(B)/阴影(W)/过滤颜色(C)/退出(X)] <退出>: I↙//选择修改强度因子
输入强度 (0.00 - 最大浮点数) <1>: 0.5↙//指定强度因子
输入要更改的选项 [名称(N)/强度因子(I)/状态(S)/光度(P)/光域网(B)/阴影(W)/过滤颜色(C)/退出(X)] <退出>: P↙//选择修改光度
输入要更改的光度控制选项 [强度(I)/颜色(C)/退出(X)] <强度>:I↙//选择修改强度
输入强度 (Cd) 或输入选项 [光通量(F)/照度(I)] <1500>: 700↙//输入强度数值
输入要更改的光度控制选项 [强度(I)/颜色(C)/退出(X)] <强度>: X↙//选择退出
输入要更改的选项 [名称(N)/强度因子(I)/状态(S)/光度(P)/光域网(B)/阴影(W)/过滤颜色(C)/退出(X)] <退出>:↙//按Enter键退出

图 11-129 素材模型

图 11-130 光域网灯光照射效果

实例414 创建贴图

为模型添加贴图可以将任意图片赋予至模型表面，从而创建真实的产品商标或其他标识等。贴图的操作极需耐心，在进行调整时，所有参数都不具参考性，只能靠经验一点点地更改参数，反复调试。

难度 ★★★★

- 素材文件路径：素材/第11章/实例414 创建贴图.dwg
- 效果文件路径：素材/第11章/实例414 创建贴图-OK.dwg
- 视频文件路径：视频/第11章/实例414 创建贴图.MP4
- 播放时长：3分7秒

Step 01 打开"第11章/实例414 创建贴图.dwg"文件，如图 11-131所示。

Step 02 展开【渲染】选项卡，并在【材质】面板中单击选择【材质/纹理开】按钮，如图 11-132 所示。

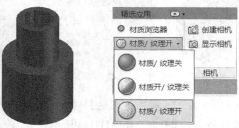

图 11-131 素材图样　　　图 11-132 【材质/纹理开】按钮

Step 03 打开材质浏览器，在【材质浏览器】的左下角，单击【在文档中创建新材质】按钮，在展开的列表里选择【新建常规材质】选项，如图 11-133 所示。

Step 04 此时弹出【材质编辑器】对话框，在此编辑器中，单击图像右边的空白区域（图中红框所示），如图 11-134 所示。

图 11-133 创建材质　　　图 11-134 【材质编辑器】对话框

Step 05 在弹出的对话框中，选择路径，打开素材"第11章\麓山文化图标.jpg"，选择打开，如图 11-135 所示。

图 11-135 选择要附着的图片

Step 06 系统弹出【纹理编辑器】，如图 11-136 所示，将其关闭。

图 11-136 图片预览效果

Step 07 在【材质编辑器】中已经创建了一种新材质，其名称为【默认为通用】，将其重命名为"麓山文化"，如图 11-137 所示。

Step 08 将"麓山文化"材质拖动到绘图区实体上，效果如图 11-138 所示。

图 11-137 重命名材质　　　图 11-138 添加材质效果

操作技巧

如果删除引用的图片，那么材质浏览器里的相应材质也将变得不可用，用此材质的渲染，也都会变成无效的。所以，将材质所用的源图片，统一、妥善地保存好非常重要。最好是放到 autocad 默认的路径里，一般为：C:\Program Files\Common Files\Autodesk Shared\Materials\Textures，可以在此创建自己的文件夹，放置自己的材质源图片。

Step 09 接下来修改纹理的密度。在"麓山文化"材质上单击鼠标右键，选择【编辑】，打开材质编辑器。在材质编辑器中，单击预览图像，弹出【纹理编辑器】，通过调整该编辑器下的【样例尺寸】，如图 11-139 所示，可以更改图像的密度（值越大，图片越稀疏，值越小，图片越密集）。

Step 10 修改图像大小后，贴图的效果如图 11-140 所示。

图 11-139 【纹理编辑器】对话框　　图 11-140 修改密度效果

操作技巧

如果某个材质经常使用，可以把它放到"我的材质里"。
方法：在常用的材质上单击鼠标右键，选择添加到"我的材质/"我的材质"，这样下次再用此材质时，可以直接在"材质浏览器"中单击"我的材质"即可轻松找到。

实例415 渲染模型 ★重点★

通过渲染可以得到极为逼真的图形，如果参数设置得当，甚至可以获得真实相片级别的图像。下面便通过一个具体实例，来系统地介绍模型渲染的整个过程。

难度 ★★★★

◎ 素材文件路径：素材/第11章/实例415 渲染模型.dwg
◎ 效果文件路径：素材/第11章/实例415 渲染模型-OK.dwg
◎ 视频文件路径：视频/第11章/实例415 渲染模型.MP4
◎ 播放时长：5分47秒

Step 01 打开"第11章/实例415 渲染模型.dwg"素材文件，如图11-141所示。

Step 02 切换到【可视化】选项卡，单击【材质】面板上的【材质/纹理开】按钮，将材质和纹理效果打开。

Step 03 单击【材质】面板上的【材质浏览器】按钮，系统弹出【材质浏览器】选项板，在排序依据中单击【类别】栏，如图11-142所示，Autodesk库中的文件以材质类别进行排序。

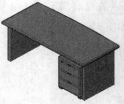

图 11-141 办公桌模型　　　图 11-142 选择排序依据

Step 04 找到木材中的【枫木-野莓色】材质，按住鼠标左键将其拖到办公桌面板上，如图11-143所示。

Step 05 用同样的方法，将【枫木-野莓色】材质添加到其他实体上，效果如图11-144所示。

图 11-143 顶板添加材质的效果　　图 11-144 材质添加完成的效果

Step 06 切换到【常用】选项卡，单击【坐标】面板上的【Z轴矢量】按钮，新建UCS，如图11-145所示。

Step 07 单击【光源】面板上的【创建光源】按钮，选择【聚光灯】选项，系统弹出【光源-视口光源模式】对话框，如图11-146所示，单击【关闭默认光源】按钮。然后执行以下命令行操作，创建聚光灯，如图11-147所示。

```
命令: _spotlight↙
指定源位置 <0,0,0>: 0,-500,1500//输入光锥的顶点坐标
指定目标位置 <0,0,-10>: 0,0,0//输入光锥底面中心的坐标
输入要更改的选项 [名称(N)/强度(I)/状态(S)/聚光角(H)/照射角
(F)/阴影(W)/衰减(A)/颜色(C)/退出(X)] <退出>: H//选择【聚光
角】选项
输入聚光角 (0.00-160.00) <45>: 65//输入聚光角角度
输入要更改的选项 [名称(N)/强度(I)/状态(S)/聚光角(H)/照射角
(F)/阴影(W)/衰减(A)/颜色(C)/退出(X)] <退出>: I//选择【强度】
选项
输入强度 (0.00 - 最大浮点数) <1>: 2//输入强度因子
输入要更改的选项 [名称(N)/强度(I)/状态(S)/聚光角(H)/照射角
(F)/阴影(W)/衰减(A)/颜色(C)/退出(X)] <退出>:↙//选择退出
```

图 11-145 新建 UCS　　图 11-146 【光源-视口光源模式】对话框

Step 08 单击【光源】面板上的【地面阴影】按钮，打开阴影效果。

Step 09 再次单击【创建光源】按钮，选择【创建平行光】，然后在命令行执行以下操作。

命令：_distantlight✓指定光源来向 <0,0,0> 或 [矢量(V)]: 100,-150,100//输入矢量的起点坐标
指定光源去向 <1,1,1>: 0,0,0//输入矢量的终点坐标
输入要更改的选项 [名称(N)/强度(I)/状态(S)/阴影(W)/颜色(C)/退出(X)] <退出>: I//选择【强度】选项
输入强度 (0.00 - 最大浮点数) <1>: 2//输入强度因子
输入要更改的选项 [名称(N)/强度(I)/状态(S)/阴影(W)/颜色(C)/退出(X)] <退出>://选择退出，创建的平行光照效果如图11-148所示

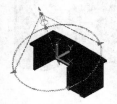 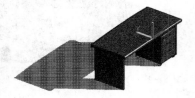

图 11-147　创建的聚光灯　　图 11-148　平行光照的效果

Step 10 选择【视图】/【命名视图】命令，系统弹出【视图管理器】对话框，如图11-149所示。单击【新建】按钮，系统弹出【新建视图/快照特性】对话框，输入新视图的名称为"渲染背景"，然后在【背景】下拉列表框中选择【图像】选项，如图11-150所示。浏览到"第11章/地板背景.JPEG"素材文件，将其打开作为该视图的背景，然后单击【视图管理器】对话框上的【置为当前】按钮，应用此视图。

 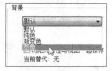

图 11-149　【视图管理器】对话框　　图 11-150　设置背景

Step 11 单击【渲染】面板上的【渲染】按钮，查看渲染效果，如图11-151所示。

图 11-151　渲染效果

实例416 产品的建模　　★重点★

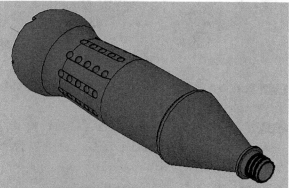

无论是建模还是渲染，都是为最终的产品服务的，脱离产品的工作都是无意义的。本例通过一个真实的饮料瓶产品建模实例，来介绍具体工作中的软件操作。

难度 ★★★★

- 素材文件路径：无
- 效果文件路径：素材/第11章/实例416 产品的建模-OK.dwg
- 视频文件路径：视频/第11章/实例416 产品的建模.MP4
- 播放时长：23分58秒

Step 01 单击【快速访问】工具栏中的【新建】按钮，新建空白图形文件。

Step 02 选择【前视】视图，绘制图 11-152所示的瓶身轮廓线和中心线。

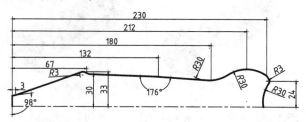

图 11-152　绘制轮廓线

Step 03 选择上一步绘制的瓶身轮廓线和中心线，单击【绘图】面板中的【面域】工具按钮，创建一个面域，如图11-153所示。

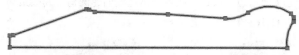

图 11-153　创建面域

Step 04 单击【建模】面板上【旋转】按钮，选择上一步创建的面域为旋转对象，绕中心线旋转创建瓶身实体，如图11-154所示。

Step 05 绘制图 11-155所示的镶嵌体。

图 11-154 绘制瓶身

图 11-155 绘制瓶底镶嵌体

Step 06 在命令行中输入ALIGN，执行对齐命令，将镶嵌体移动到图 11-156所示位置。

Step 07 在命令行中输入3DARRAY【三维阵列】命令并按Enter键，选择镶嵌体为阵列的对象，选择阵列类型为环形阵列，其阵列效果如图 11-157所示。

图 11-156 移动镶嵌体

图 11-157 阵列图形

Step 08 单击【实体编辑】面板中【差集】按钮，选择瓶身为被减的对象，选取阵列出的5个镶嵌体为减去的对象，完成差集的效果如图 11-158所示。

Step 09 绘制图 11-159所示的平面，将其移动到合适位置。

图 11-158 求差集效果

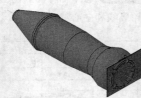

图 11-159 绘制平面

Step 10 单击【实体编辑】面板中【剖切】按钮，选择瓶身为剖切对象，剖切方式为【平面对象】。在刚绘制的平面上任意单击一点，完成剖切操作，其效果如图 11-160所示。

Step 11 在【实体】选项卡中，单击【实体编辑】面板上【圆角边】按钮，在各切槽边线创建圆角，其效果如图 11-161所示。

图 11-160 剖切对象

图 11-161 倒圆角

Step 12 绘制一个半径为3的球体，其位置如图 11-162所示。

图 11-162 绘制球体

Step 13 在命令行中输入3DARRAY【三维阵列】命令并按Enter键，选择球体为阵列的对象，选择阵列类型为矩形阵列，其距离为10，数目为5，效果如图 11-163所示。

图 11-163 路径阵列球体

Step 14 在命令行中输入3DARRAY【三维阵列】命令并按Enter键，选择5个球体为阵列的对象，选择阵列类型为环形阵列，阵列数目为20，阵列中心为瓶子轴线，完成阵列的效果如图 11-164所示。

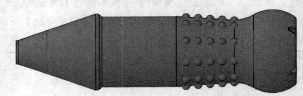

图 11-164 环形阵列

Step 15 单击【实体编辑】面板中【差集】按钮，选择瓶身为被减的对象，选取阵列出的球体为被减的对象，差集操作的效果如图 11-165所示。

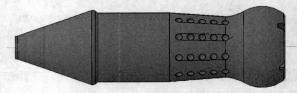

图 11-165 差集效果

Step 16 将视图切换到【西北等轴测】视图，单击【绘图】面板上【圆】按钮，绘制一个半径为14的圆。然后拉伸此圆，拉伸高度为2。重复绘制【圆】命令，绘制一个半径为11的圆，拉伸高度为5。效果如图 11-166所示。

Step 17 再次单击【绘图】面板上【圆】按钮，绘制一个半径为9.5的圆。然后拉伸此圆，拉伸高度为12。效果如图 11-167所示。

图 11-166 拉伸瓶口托

图 11-167 拉伸瓶口

Step 18 将视图切换到【俯视】视图，单击【绘图】面板中【螺旋线】按钮，绘制一个半径为9.5，高度为12的螺旋线，并在螺旋线端点绘制一个截面，尺寸如图11-168所示。

Step 19 单击【建模】面板上【扫掠】按钮，将截面沿螺旋线扫掠，效果如图 11-169所示。

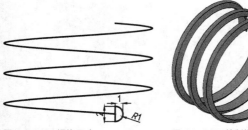

图 11-168 螺纹尺寸　　　　图 11-169 绘制螺纹

Step 20 在命令行中输入ALIGN命令，将螺纹移动到图11-170所示的位置。

Step 21 将视图切换到【西北等轴测】视图，单击【实体编辑】面板上【抽壳】按钮，选择瓶身为抽壳对象，选择瓶口面为要删除的面，如图11-171所示。

图 11-170 移动螺纹

图 11-171 抽壳对象

Step 22 输入抽壳距离为1，效果如图11-172所示。

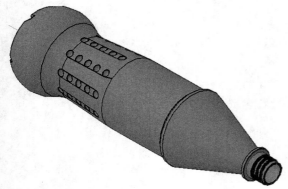

图 11-172 抽壳效果

实例417 产品的渲染 ★重点★

无论是建模还是渲染，都是为最终的产品服务的，脱离产品的工作都是无意义的。本例延续上例的建模结果，对饮料瓶产品设置材质与贴图，以达到较为真实的渲染效果。

难度 ★★★★★

○ 素材文件路径：素材/第11章/实例416 产品的建模-OK.dwg
○ 效果文件路径：素材/第11章/实例417 产品的渲染-OK.dwg
○ 视频文件路径：视频/第11章/实例417 产品的渲染.MP4
○ 播放时长：5分11秒

Step 01 延续【实例416】进行操作，也可以打开素材文件"第11章/实例416 产品的建模-OK.dwg"。

Step 02 执行【复制】命令，在空白区域复制出一个模型样本，如图11-173所示。

Step 03 再输入X，执行【分解】命令，将副本模型分解，并删除多余曲面，只保留瓶身中间的圆柱面，如图11-174所示。

图 11-173 复制瓶身　　　　图 11-174 仅保留瓶身圆柱面

Step 04 在【曲面】选项卡中，单击【创建】面板上的【偏移】按钮，将该圆柱面向外偏移0.5，如图11-175所示。然后删除原有面。

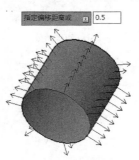

图 11-175 偏移瓶身圆柱面

Step 05 打开材质浏览器，在【材质浏览器】的左下角，单击【在文档中创建新材质】按钮 ，在展开的列表里选择【塑料】选项，如图11-176所示。

图 11-176　创建材质

Step 06 此时弹出【材质编辑器】对话框，在此编辑器中，选择【颜色】下拉列表中的【图像】选项，如图11-177所示。

Step 07 在弹出的对话框中，选择路径，打开素材"第11章/饮料瓶图标.jpg"，如图11-178所示。

图 11-177　选择【图像】选项

图 11-178　图片预览效果

Step 08 将【视觉样式】切换为【真实】效果，然后按实例414 所述方法，调整贴图的【样例尺寸】与贴图位置，然后将这段圆柱面移动至饮料瓶处，所得结果如图11-179所示。

Step 09 单击【材质】面板上的【材质浏览器】按钮 ⊗ 材质浏览器 ，打开【材质】选型板，为瓶身赋予【透明-黑色】的塑料材质；瓶及螺纹赋予【透明-清晰】的塑料材质，最终效果如图11-180所示。

图 11-179　模型创建贴图效果

图 11-180　模型最终效果

第 12 章 文件的打印与输出

当完成所有的设计和制图工作之后，就需要将图形文件通过绘图仪打印为图样或输出为其他格式。本章主要讲述 AutoCAD 出图过程中涉及的一些问题，包括模型空间与图样空间的转换、打印样式和打印比例设置等，以及不同格式间的文件交互。

12.1 文件的打印

AutoCAD 中绘制的图形最终都是通过纸质图纸应用到生产和施工中去的，这就需要应用 AutoCAD 的图形输出和打印功能。AutoCAD 的绘图和打印一般在不同的空间进行，本章先介绍模型空间和布局空间，再介绍打印样式、页面设置等操作。

实例418 模型空间与布局空间的介绍

模型空间和布局空间是 AutoCAD 的两个功能不同的工作空间，单击绘图区下面的标签页，可以在模型空间和布局空间切换，一个打开的文件中只有一个模型空间和两个默认的布局空间，用户也可创建更多的布局空间。

难度 ★ ★

1 模型空间

当打开或新建一个图形文件时，系统将默认进入模型空间，如图 12-1 所示。模型空间是一个无限大的绘图区域，可以在其中创建二维或三维图形，以及进行必要的尺寸标注和文字说明。

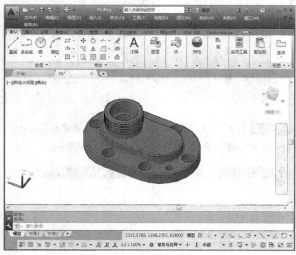

图 12-1 模型空间

模型空间对应的窗口称模型窗口，在模型窗口中，十字光标在整个绘图区域都处于激活状态，并且可以创建多个不重复的平铺视口，以展示图形的不同视口。例如，在绘制机械三维图形时，可以创建多个视口，方便从不同的角度观测图形。在一个视口中对图形做出修改

后，其他视口也会随之更新，如图 12-2 所示。

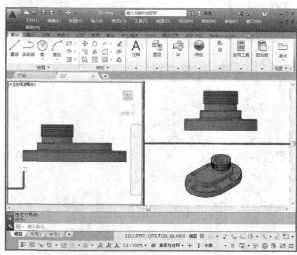

图 12-2 模型空间的视口

2 布局空间

布局空间又称为图纸空间，主要用于出图。模型建立后，需要将模型打印到纸面上形成图样。使用布局空间可以方便地设置打印设备、纸张、比例尺和图样布局，并预览实际出图的效果，如图 12-3 所示。

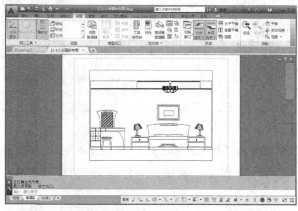

图 12-3 布局空间

布局空间对应的窗口称为布局窗口，可以在同一个 AutoCAD 文档中创建多个不同的布局图，单击工作区左下角的各个布局按钮，可以从模型窗口切换到各个布局窗口，当需要将多个视图放在同一张图样上输出时，布局就可以很方便地控制图形的位置、输出比例等参数。

289

实例419 新建布局空间

布局是一种图纸空间环境，它模拟显示图纸页面，提供直观的打印设置，主要用来控制图形的输出，布局中所显示的图形与图纸页面上打印出来的图形完全一样。

难度 ★★

- 素材文件路径：素材/第12章/实例419 新建布局空间.dwg
- 效果文件路径：素材/第12章/实例419 新建布局空间-OK.dwg
- 视频文件路径：视频/第12章/实例419 新建布局空间.MP4
- 播放时长：1分2秒

Step 01 打开"第12章/实例419 新建布局空间.dwg"，图12-4所示是【布局1】窗口显示界面。

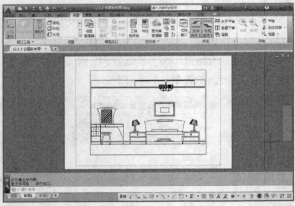

图12-4 素材文件

Step 02 在【布局】选项卡中，单击【布局】面板中的【新建】按钮，新建名为【立面图布局】的布局，命令行提示如下。

```
命令:_layout
输入布局选项 [复制(C)/删除(D)/新建(N)/样板(T)/重命名(R)/
另存为(SA)/设置(S)/?] <设置>: _new
输入新布局名 <布局3>: 立面图布局
```

Step 03 完成布局的创建，单击【立面图布局】选项卡，切换至【立面图布局】空间，效果如图12-5所示。

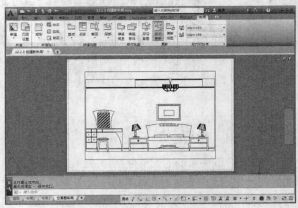

图12-5 创建布局空间

实例420 利用向导工具新建布局 ★进阶★

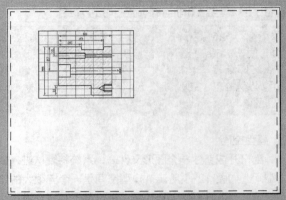

创建布局并重命名为合适的名称，可以起到快速浏览文件的作用，也能快速定位至需要打印的图纸，如立面图、平面图等。本例通过向导工具来创建这样的布局。

难度 ★★★★

- 素材文件路径：素材/第12章/实例420 向导工具新建布局.dwg
- 效果文件路径：素材/第12章/实例420 向导工具新建布局-OK.dwg
- 视频文件路径：视频/第12章/实例420 向导工具新建布局.MP4
- 播放时长：1分22秒

Step 01 打开"第12章/实例420 向导工具新建布局.dwg"素材文件，图形在模型窗口显示，如图12-6所示。

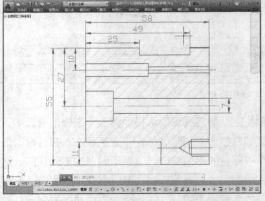

图12-6 素材文件

Step 02 选择【工具】|【向导】|【创建布局】命令，系统弹出【创建布局-开始】对话框，输入新布局的名称"零件图布局"，如图12-7所示。

Step 03 单击【下一步】按钮，弹出【创建布局-打印机】对话框，如果没有安装打印机，可以随意选择一种打印机，如图12-8所示。

图 12-7 【创建布局－开始】对话框

图 12-8 【创建布局－打印机】对话框

Step 04 单击【下一步】按钮，弹出【创建布局-图纸尺寸】对话框，设置布局打印图纸的大小、图形单位，如图12-9所示。

Step 05 单击【下一步】按钮，弹出【创建布局-方向】对话框中，选中【横向】单选按钮，如图12-10所示。

图 12-9【创建布局－图纸尺寸】对话框

图 12-10 【创建布局－方向】对话框

Step 06 单击单击【下一步】按钮，弹出【创建布局-标题栏】对话框，这里选择【无】选项，如图12-11所示。

Step 07 单击【下一步】按钮，弹出【创建布局-定义视口】对话框，设置视口数量和视口比例，如图12-12所示。

图 12-11【创建布局－标题栏】对话框

图 12-12【创建布局－定义视口】对话框

Step 08 单击单击【下一步】按钮，弹出【创建布局-拾取位置】对话框，如图12-13所示。

图 12-13 【创建布局－拾取位置】对话框

Step 09 单击【选择位置】按钮，然后在图形窗口中指定两个对角点，定义视口的大小和位置，如图12-14所示。

Step 10 选择视口位置之后，系统弹出【创建布局-完成】对话框，单击【完成】按钮，新建的布局图如图12-15所示。

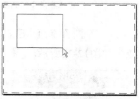 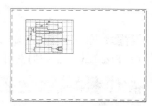

图 12-14 指定视口范围

图 12-15 布局效果

实例421 插入样板布局

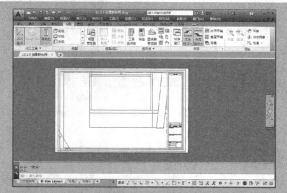

AutoCAD 2016 中还自带了许多英制或公制的空间模板，很多时候可以直接插入这些现成的模板，而无需另行新建。

难度 ★★

- 素材文件路径：无
- 效果文件路径：素材/第12章/实例421 插入样板布局-OK.dwg
- 视频文件路径：视频/第12章/实例421 插入样板布局.MP4
- 播放时长：1分22秒

Step 01 单击【快速访问】工具栏中的【新建】按钮，新建空白文件。

Step 02 在【布局】选项卡中，单击【布局】面板中的【从样板】按钮，系统弹出【从文件选择样板】对话框，如图12-16所示。

图 12-16 【从文件选择样板】对话

Step 03 选择【Tutorial-iArch】样板，单击【打开】按钮，系统弹出【插入布局】对话框，如图12-17所示，选择布局名称后单击【确定】按钮。

图 12-17 【插入布局】对话框

Step 04 完成样板布局的插入，切换至新创建的【D-Size Layout】布局空间，效果如图12-18所示。

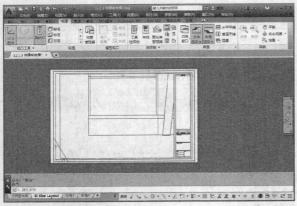

图 12-18 样板空间

实例422 打印样式的两种类型

在图形绘制过程中，AutoCAD 可以为单个的图形对象设置颜色、线型和线宽等属性，这些样式可以在屏幕上直接显示出来。在出图时，有时用户希望打印出来的图样和绘图时图形所显示的属性有所不同，例如在绘图时一般会使用各种颜色的线型，但打印时仅以黑白打印。

难度 ★★

AutoCAD 中有两种类型的打印样式：【颜色相关样式（CTB）】和【命名样式（STB）】

◆ 颜色相关打印样式以对象的颜色为基础，共有255种颜色相关打印样式。在颜色相关打印样式模式下，通过调整与对象颜色对应的打印样式可以控制所有具有同种颜色的对象的打印方式。颜色相关打印样式表文件的后缀名为".ctb"。

◆ 命名打印样式可以独立于对象的颜色使用，可以给对象指定任意一种打印样式，不管对象的颜色是什么。命名打印样式表文件的后缀名为".stb"。

简而言之，".ctb"的打印样式是根据颜色来确定线宽的，同一种颜色只能对应一种线宽；而".stb"则是根据对象的特性或名称来指定线宽的，同一种颜色打印出来可以有两种不同的线宽，因为它们的对象可能不一样。

实例423 创建.ctb打印样式

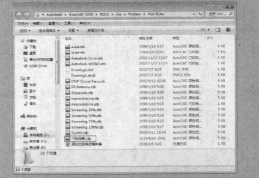

同图层、尺寸标注、文字一样，打印也有自己的打印样式。而打印样式的作用就是在打印时修改图形外观。每种打印样式都有其样式特性，包括端点、连接、填充图案，以及抖动、灰度等打印效果。

难度 ★★★

- 素材文件路径：无
- 效果文件路径：素材/第12章/打印线宽.ctb
- 视频文件路径：视频/第12章/实例423 创建打印样式.MP4
- 播放时长：1分47秒

Step 01 单击【快速访问】工具栏中的【新建】按钮，新建空白文件

Step 02 执行【文件】|【打印样式管理器】菜单命令，系统自动弹出图12-19所示对话框，双击【添加打印样式表向导】图标，系统弹出【添加打印样式表】对话框，单击【下一步】按钮，系统转换成【添加打印样式表-开始】对话框，如图12-20所示。

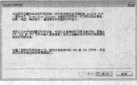

图 12-19 【添加打印样式表】对话框　　图 12-20 【添加打印样式表-开始】对话框

Step 03 选择【创建新打印样式表】单选按钮，单击【下一步】按钮，系统打开【添加打印样式表-选择打印样式表】对话框，如图12-21所示，选择【颜色相关打印样式表】单选按钮，单击【下一步】按钮，系统转换成【添加打印样式表-文件名】对话框，如图12-22所示，新建一个名为【以线宽打印】的颜色打印样式表文件，单击【下一步】按钮。

图 12-21 【添加打印样式表-选择打印样式】对话框　　图 12-22 【添加打印样式表-文件名】对话框

Step 04 在【添加打印样式表-完成】对话框中单击【打印样式表编辑器】按钮，如图12-23所示，打开【打印样式表编辑器】对话框。

Step 05 在【打印样式】列表框中选择【颜色1】，单击【表格视图】选项卡中【特性】选项组的【颜色】下拉列表框中选择黑色，【线宽】下拉列表框中选择线宽0.3000毫米，如图12-24所示。

图 12-23 【添加打印样式表－完成】对话框

图 12-24 【打印样式表编辑器】对话框

操作技巧

黑白打印机常用灰度区分不同的颜色，使得图样比较模糊。可以在【打印样式表编辑器】对话框的【颜色】下拉列表框中将所有颜色的打印样式设置为"黑色"，以得到清晰的出图效果。

Step 06 单击【保存并关闭】按钮，这样所有用【颜色1】的图形打印时都将以线宽0.3000来出图，设置完成后，再选择【文件】｜【打印样式管理器】，在打开的对话框中，【打印线宽】就出现在该对话框中，如图12-25所示。

图 12-25 添加打印样式结果

实例424 创建.STB打印样式

同图层、尺寸标注和文字一样，打印也有自己的打印样式。而打印样式的作用就是在打印时修改图形外观。每种打印样式都有其样式特性，包括端点、连接、填充图案，以及抖动、灰度等打印效果。

难度 ★★★

⊚ 素材文件路径：无
⊚ 效果文件路径：素材/第12章/机械零件图.stp
⊛ 视频文件路径：视频/第12章/实例424 创建打印样式.MP4
⊛ 播放时长：1分11秒

Step 01 单击【快速访问】工具栏中的【新建】按钮□，新建空白文件。

Step 02 执行【文件】｜【打印样式管理器】菜单命令，单击系统弹出的对话框中的【添加打印样式表向导】图标，系统弹出【添加打印样式表】对话框，如图12-26所示。

Step 03 单击【下一步】按钮，打开【添加打印样式表-开始】对话框，选择【创建新打印样式表】单选按钮，如图12-27所示。

图 12-26 【添加打印样式表】对话框

图 12-27 【添加打印样式表－开始】对话框

Step 04 单击【下一步】按钮，打开【添加打印样式表-选择打印样式表】对话框，单击【命名打印样式表】单选按钮，如图12-28所示。

Step 05 单击【下一步】按钮，系统打开【添加打印样式表-文件名】对话框，如图12-29所示，新建一个名为【机械零件图】的命名打印样式表文件，单击【下一步】按钮。

图 12-28 【添加打印样式表－选择打印样式】对话框

图 12-29 【添加打印样式表－文件名】对话框

Step 06 在【添加打印样式表-完成】对话框中单击【打印样式表编辑器】按钮，如图12-30所示。

Step 07 在打开的【打印样式表编辑器-机械零件图.stb】对话框中，在【表格视图】选项卡中，单击【添加样式】按钮，添加一个名为【粗实线】的打印样式，设置【颜色】为黑色，【线宽】为0.3毫米。用同样的方法添加一个命名打印样式为【细实线】，设置【颜色】为黑

293

色，【线宽】为0.1毫米，【淡显】为30，如图12-31所示。设置完成后，单击【保存并关闭】按钮退出对话框。

图 12-30 【打印样式表编辑器】对话框　　图 12-31 【添加打印样式】对话框

Step 08 设置完成后，再执行【文件】/【打印样式管理器】，在打开的对话框中，【机械零件图】就出现在该对话框中，如图12-32所示。

图 12-32 添加打印样式结果

实例425 创建页面设置

页面设置是出图准备过程中的最后一个步骤，在进行布局之前，先要对布局的页面进行设置，以确定出图的纸张大小等参数。页面设置包括打印设备、纸张、打印区域和打印方向等参数的设置。页面设置可以命名保存，可以将同一个命名页面设置应用到多个布局图中，也可

以从其他图形中输入命名页设置并应用到当前图形的布局中，这样就避免了在每次打印前都反复进行打印设置的麻烦。

难度 ★★★

🔹 素材文件路径：无
🔹 效果文件路径：无
🔹 视频文件路径：视频/第12章/实例425 创建页面设置.MP4
🔹 播放时长：1分52秒

Step 01 启动AutoCAD 2016，新建空白文档。

Step 02 在命令行中输入PAGESETUP并按Enter键，弹出【页面设置管理器】对话框，如图12-33所示。

Step 03 单击【新建】按钮，系统弹出【新建页面设置】对话框，新建一个页面设置，并命名为"A4竖向"，选择基础样式为【无】，如图12-34所示。

图 12-33 【页面设置管理器】对话框　　图 12-34 【新建页面设置】对话框

Step 04 单击【确定】按钮，系统弹出【页面设置】对话框，如图12-35所示。

图 12-35 【页面设置】对话框

Step 05 在【打印机/绘图仪】下拉列表框中选择DWG To PDF.PC3打印设备。在【图纸尺寸】下拉列表框中选择"ISO full bleed A4 (210.00×297.00 毫米)"纸张。在【图形方向】选项区域中选择【纵向】单选按钮。在【打印偏移】选项组中选中【居中打印】复选框，在【打印范围】下拉列表框中选择【图形界限】选项，如图12-36所示。

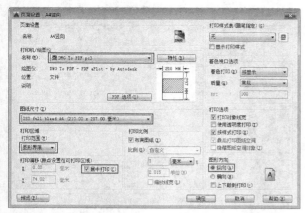

图 12-36 设置页面参数

Step 06 在【打印样式表】下拉列表框中选择acad.ctb,系统弹出提示对话框,如图12-37所示,单击【是】按钮。最后单击【页面设置】对话框上的【确定】按钮,创建的"A4竖向"页面设置如图12-38所示。

图 12-37 提示对话框

图 12-38 新建的页面设置

实例426 打印平面图

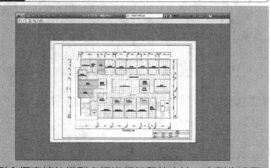

本例介绍直接从模型空间进行打印的方法。本例先设置打印参数,然后再进行打印,是基于统一规范的考虑。读者可以用此方法调整自己常用的打印设置,也可以直接从步骤(7)开始进行快速打印。

难度 ★★★

- 素材文件路径:素材/第12章/实例426 打印平面图.dwg
- 效果文件路径:素材/第12章/实例426 打印平面图.dwf
- 视频文件路径:视频/第12章/实例426 打印平面图.MP4
- 播放时长:3分8秒

Step 01 打开"第12章/实例426 打印平面图"素材文件,如图12-39所示。

Step 02 单击【应用程序】按钮，在弹出的下拉菜单中选择【打印】|【管理绘图仪】命令,系统弹出【Plotter】对话框,如图12-40所示。

图 12-39 素材文件

图 12-40 【Plottery】文件夹

Step 03 双击对话框中的【DWF6 ePlot】图标,系统弹出【绘图仪配置编辑器-DWF6 ePlot.pc3】对话框。在对话框中单击【设备和文档设置】选项卡。单击选择对话框中的【修改标准图纸尺寸(可打印区域)】,如图12-41所示。

Step 04 在【修改标准图纸尺寸】选择框中选择尺寸为【ISOA2(594.00×420.00)】,如图12-42所示。

图 12-41 选择【修改标准图纸尺寸(可打印区域)】

图 12-42 选择图纸尺寸

Step 05 单击【修改】按钮，系统弹出【自定义图纸尺寸-可打印区域】对话框,设置参数,如图12-43所示。

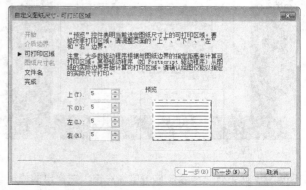

图 12-43 设置图纸打印区域

Step 06 单击【下一步】按钮,系统弹出【自定义尺寸-完成】对话框,如图12-44所示,在对话框中单击【完成】按钮,返回【绘图仪配置编辑器-DWF6 ePlot.pc3】对话框,单击【确定】按钮,完成参数设置。

中文版AutoCAD 2016实战从入门到精通

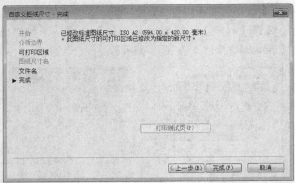

图 12-44　完成参数设置

Step 07 再单击【应用程序】按钮 ，在其下拉菜单中选择【打印】|【页面设置】命令，系统弹出【页面设置管理器】对话框，如图12-45所示。

Step 08 当前布局为【模型】，单击【修改】按钮，系统弹出【页面设置-模型】对话框，设置参数，如图12-46所示。【打印范围】选择【窗口】，框选整个素材文件图形。

图 12-45　选择【修改标准图纸尺寸（可打印区域）】　　图 12-46　设置参数

Step 09 单击【预览】按钮，效果如图12-47所示。

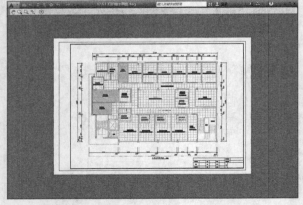

图 12-47　预览效果

Step 10 如果效果满意，单击鼠标右键，在弹出的快捷菜单中选择【打印】选项，系统弹出【浏览打印文件对话框】，如图12-48所示，设置保存路径，单击【保存】按钮，保存文件，完成模型打印的操作。

图 12-48　保存打印文件

实例427　打印零件图

本例介绍机械零件图的打印方法。本例先设置打印参数，然后再进行打印，是基于统一规范的考虑。读者可以用此方法调整自己常用的打印设置。

难度 ★★★

- 素材文件路径：素材/第12章/实例427 打印零件图.dwg
- 效果文件路径：素材/第12章/实例427 打印零件图.pdf
- 视频文件路径：视频/第12章/实例427 打印零件图.MP4
- 播放时长：2分24秒

Step 01 打开"第12章/实例427 打印零件图.dwg"素材文件，如图12-49所示。

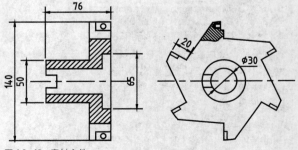

图 12-49　素材文件

Step 02 将"0图层"设置为当前图层，然后在命令行输入I并按Enter键，插入"第12章/A3图框.dwg"素材文件，其中块参数设置如图12-50所示。

图 12-50 设置参数

Step 03 在命令行输入M并按Enter键，调用【移动】命令，适当移动图框的位置，结果如图12-51所示。

Step 04 选择【文件】|【页面设置管理器】命令，弹出【新建页面设置】管理器对话框，单击【确定】按钮，新建一个名为"A3"的页面设置，如图12-52所示。

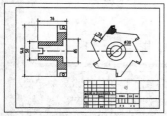
图 12-51 调整图框位置

图 12-52 为新页面设置命名

Step 05 单击【确定】按钮，弹出【页面设置-模型】对话框，设置打印机的名称、图纸尺寸、打印偏移、打印比例和图形方向等页面参数，如图12-53所示。

Step 06 设置打印范围为【窗口】定义方式，然后单击【窗口】按钮，在绘图区以图框的两个对角点定义一个窗口。返回【页面设置】对话框，单击【确定】按钮完成页面设置。

Step 07 返回【页面设置管理器】对话框，创建的"A3横向"页面设置在列表中列出，如图12-54所示。单击【置为当前】按钮将其置为当前。

图 12-53 设置页面参数

图 12-54 创建的页面设置

Step 08 选择【文件】|【打印预览】命令，对当前图形进行打印预览，预览效果如图12-55所示。

Step 09 单击预览窗口左上角的【打印】按钮🖶，系统弹出【浏览打印文件】对话框，如图12-56所示，选

择文件的保存路径。

Step 10 单击【浏览打印文件】对话框上【保存】按钮，系统开始打印。完成之后，在指定路径生成一个PDF格式的文件。

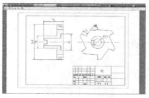

图 12-55 打印预览　　　　图 12-56 保存文件

实例428 单比例打印

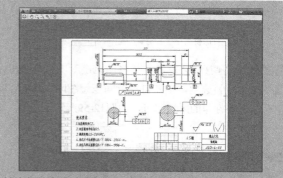

单比例打印通常用于打印简单的图形，机械图纸多用此种方法打印。通过本实例的操作，熟悉布局空间的创建、多视口的创建、视口的调整、打印比例的设置和图形的打印等。

难度 ★★★

◎ 素材文件路径：素材/第12章/实例428 单比例打印.dwg
◎ 效果文件路径：素材/第12章/实例428 单比例打印.pdf
◎ 视频文件路径：视频/第12章/实例428 单比例打印.MP4
◎ 播放时长：2分11秒

Step 01 打开"第12章/实例428 单比例打印.dwg"素材文件，如图12-57所示。

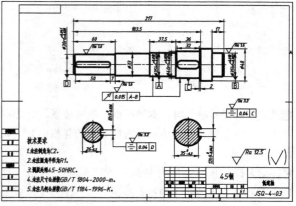

图 12-57 素材文件

Step 02 按Ctrl+P组合键，弹出【打印】对话框。然后

在【名称】下拉列表框中选择所需的打印机，本例以【DWG To PDF.pc3】打印机为例。该打印机可以打印出PDF格式的图形。

Step 03 设置图纸尺寸。在【图纸尺寸】下拉列表框中选择【ISO full bleed A3（420.00×297.00 毫米）】选项，如图12-58所示。

图12-58　指定打印机

Step 04 设置打印区域。在【打印范围】下拉列表框中选择【窗口】选项，系统自动返回至绘图区，然后在其中框选出要打印的区域即可，如图12-59所示。

图12-59　设置打印区域

Step 05 设置打印偏移。返回【打印】对话框之后，勾选【打印偏移】选项区域中的【居中打印】选项，如图12-60所示。

Step 06 设置打印比例。取消勾选【打印比例】选项区域中的【布满图纸】选项，然后在【比例】下拉列表中选择1:1选项，如图12-61所示。

图12-60　设置打印偏移　　图12-61　设置打印比例

Step 07 设置图形方向。本例图框为横向放置，因此在【图形方向】选项区域中选择打印方向为【横向】，如图12-62所示。

Step 08 打印预览。所有参数设置完成后，单击【打印】对话框左下角的【预览】按钮进行打印预览，效果如图12-63所示。

Step 09 打印图形。图形显示无误后，便可以在预览窗

口中单击鼠标右键，在弹出的快捷菜单中选择【打印】选项，即可输出打印。

　　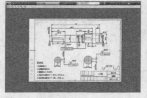

图12-62　设置图形方向　　　图12-63　打印预览

实例429　多比例打印　　★进阶★

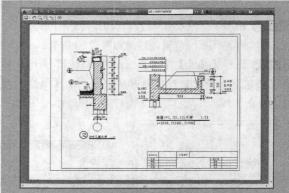

有时图形中可能会出现多种比例关系，因此如果仍使用单比例打印的方法，难免会使最终的打印效果差强人意。而多比例打印则可以将各个不同部分的比例真实显示，从而在一张图纸上显示不同比例的图形。

难度 ★★★★

- 素材文件路径：素材/第12章/实例429 多比例打印.dwg
- 效果文件路径：素材/第12章/实例429 多比例打印-OK.dwg
- 视频文件路径：视频/第12章/实例429 多比例打印.MP4
- 播放时长：5分1秒

Step 01 打开"第12章/实例429 多比例打印.dwg"素材文件，如图12-64所示。

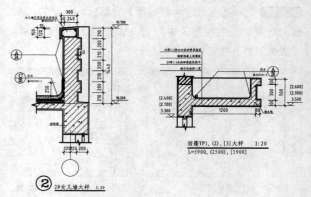

图12-64　素材文件

Step 02 切换模型空间空间至【布局1】，如图12-65所示。

Step 03 选中【布局1】中的视口，按Delete键删除，如图12-66所示。

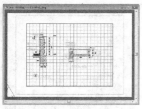

图 12-65 切换布局

图 12-66 删除视口

Step 04 在【布局】选项卡中，单击【布局视口】面板中的【矩形】按钮 ，在【布局1】中创建两个视口，如图 12-67所示。

Step 05 双击进入视口，对图形进行缩放，调整至合适效果，如图 12-68所示。

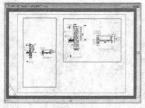

图 12-67 创建视口

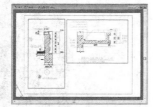

图 12-68 缩放图形

Step 06 调用I（插入）命令，插入A3图框，并调整图框和视口大小和位置，结果如图 12-69与图 12-70所示。

图 12-69 【插入】对话框

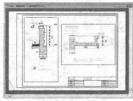

图 12-70 插入A3图框

Step 07 单击【应用程序】按钮 ，在弹出的下拉菜单中选择【打印】|【管理绘图仪】命令，系统弹出【Plotter】文件夹，如图 12-71所示。

Step 08 双击对话框中的【DWF6 ePlot】图标，系统弹出【绘图仪配置编辑器-DWF6 ePlot.pc3】对话框。在对话框中单击【设备和文档设置】选项卡，单击选择对话框中的【修改标准图纸尺寸（可打印区域）】，如图 12-72所示。

图 12-71 【Plottery】文件夹

图 12-72 【绘图仪配置编辑器 - DWF6 ePlot. pc3】对话框

Step 09 在【修改标准图纸尺寸】选择框中选择尺寸为【ISOA3（420.00×297.00）】，如图 12-73所示。

Step 10 单击【修改】按钮 修改(M)... ，系统弹出【自定义图纸尺寸-可打印区域】对话框，设置参数，如图 12-74所示。

图 12-73 选择图纸尺寸

图 12-74 设置图纸打印区域

Step 11 单击【下一步】按钮，系统弹出【自定义尺寸-完成】对话框，如图 12-75所示，在对话框中单击【完成】按钮，返回【绘图仪配置编辑器-DWF6 ePlot.pc3】对话框，单击【确定】按钮，完成参数设置。

Step 12 单击【应用程序】按钮 ，在其下拉菜单中选择【打印】|【页面设置】命令，系统弹出【页面设置管理器】对话框，如图 12-76所示。

图 12-75 完成参数设置

图 12-76 【页面设置管理器】对话框

Step 13 当前布局为【布局1】，单击【修改】按钮，系统弹出【打印-布局1】对话框，设置参数，如图 12-77所示。

Step 14 在命令行中输入LA（图层特性管理器）命令，新建【视口】图层，并设置为不打印，如图 12-78所示，再将视口边框转变成该图层。

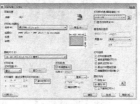

图 12-77 设置参数

图 12-78 新建【视口】图层

Step 15 单击【快速访问】工具栏中的【打印】按钮，系统弹出【打印-布局1】对话框，单击【浏览】按钮，效果如图 12-79所示。

Step 16 如果效果满意，单击鼠标右键，在弹出的快捷菜单中选择【打印】选项，系统弹出【浏览打印文件对话框】，如图 12-80所示，设置保存路径，单击【保存】按钮，打印图形，完成多视口打印的操作。

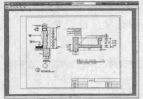

图 12-79　预览效果　　　　图 12-80　保存打印文件

12.2　文件的输出

AutoCAD 拥有强大、方便的绘图能力，有时候我们利用其绘图后，需要将绘图的结果用于其他程序，在这种情况下，我们需要将 AutoCAD 图形输出为通用格式的图像文件，如 JPG、PDF 等。

实例430　输出.dxf文件

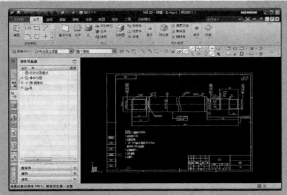

dxf 是 Autodesk 公司开发的用于 AutoCAD 与其他软件之间进行 CAD 数据交换的 CAD 数据文件格式。将 AutoCAD 图形输出为 .dxf 文件后，就可以导入至其他的建模软件中打开，如 UG、Creo、草图大师等。dxf 文件适用于 AutoCAD 的二维草图输出。

难度 ★★

- 素材文件路径：素材/第12章/实例430 输出.dxf文件.dwg
- 效果文件路径：素材/第12章/实例430 输出.dxf文件.dxf
- 视频文件路径：视频/第12章/实例430 输出.dxf文件.MP4
- 播放时长：53秒

Step 01 打开"第12章/实例430 输出.dxf文件.dwg"素材文件，如图12-81所示。

Step 02 按Ctrl+Shift+S组合键，打开【图形另存为】对话框，选择输出路径，再输入新的文件名为"实例430 输出dxf"文件，在【文件类型】下拉列表中选择【AutoCAD2000/LT2000图形 （*.dxf）】选项，如图12-82所示。

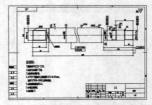

图 12-81　素材文件　　　图 12-82　【图形另存为】对话框

Step 03 在建模软件中导入生成"实例430 输出dxf"文件，具体方法请见各软件有关资料，最终效果如图12-83所示。

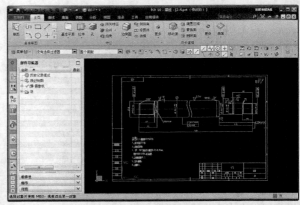

图 12-83　在其他软件（UG）中导入的 dxf 文件

实例431　输出.stl文件

stl 文件是一种平板印刷文件，可以将实体数据以三角形网格面形式保存，一般用来转换 AutoCAD 的三维模型。除了专业的三维建模外，AutoCAD 2016 所提供的三维建模命令也可以使得用户创建出自己想要的模型，并通过输出 stl 文件来进行 3D 打印。

难度 ★★★

- 素材文件路径：素材/第12章/实例431 输出.stl文件.dwg
- 效果文件路径：素材/第12章/实例431 输出.stl文件.stl
- 视频文件路径：视频/第12章/实例431 输出.stl文件.MP4
- 播放时长：46秒

Step 01 打开素材文件"第12章/实例431 输出.stl文件.dwg"，其中已经创建好了一个三维模型，如图12-84所示。

Step 02 单击【应用程序】按钮，在弹出的快捷菜单中选择【输出】选项，在右侧的输出菜单中选择【其他格式】命令，如图12-85所示。

图 12-84 素材模型

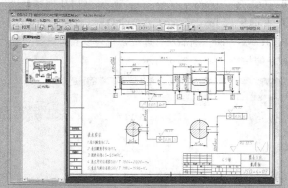

实例432 输出.pdf文件

图 12-85 输出其他格式

Step 03 系统自动打开【输出数据】对话框，在文件类型下拉列表中选择【平板印刷（*.stl）】选项，单击【保存】按钮，如图12-86所示。

PDF（Portable Document Format 的简称，意为"便携式文档格式"），是与应用程序、操作系统和硬件无关的方式进行文件交换所发展出的文件格式。对于AutoCAD 用户来说，掌握 PDF 文件的输出尤为重要。

难度 ★★★★

- 素材文件路径：素材/第12章/实例432 输出.pdf文件.dwg
- 效果文件路径：素材/第12章/实例432 输出. pdf文件. pdf
- 视频文件路径：视频/第12章/实例432 输出. pdf文件.MP4
- 播放时长：3分54秒

图 12-86 【输出数据】对话框

Step 01 打开素材文件"第12章/实例432 输出.pdf文件.dwg"，其中已经绘制好了一张完整图纸，如图12-88所示。

Step 04 单击【保存】按钮后系统返回绘图界面，命令行提示选择实体或无间隙网络，手动选中整个模型，然后按Enter键完成选择，即可在指定路径生成stl文件，如图12-87所示。

Step 05 该stl文件即可支持3D打印，具体方法请参阅3D打印的有关资料。

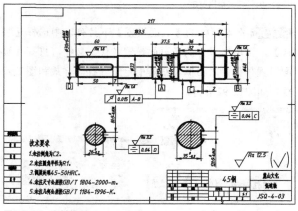

图 12-88 素材模型

实例431 输出.stl文件.stl

图 12-87 输出 .stl文件并打印

Step 02 单击【应用程序】按钮，在弹出的快捷菜单中选择【输出】选项，在右侧的菜单中选择【PDF】，如图12-89所示。

图 12-89 输出 PDF

Step 03 系统自动打开【另存为PDF】对话框，在对话框中指定输出路径、文件名，然后在【PDF预设】下拉列表框中选择【AutoCAD PDF（High Quality Print）】，即"高品质打印"，也可以自行选择要输出PDF的品质，如图12-90所示。

图12-90 【另存为PDF】对话框

Step 04 在对话框的【输出】下拉列表中选择【窗口】，系统返回绘图界面，然后点选素材图形的对角点即可，如图12-91所示。

图12-91 定义输出窗口

Step 05 在对话框的【页面设置】下拉列表中选择【替代】，再单击下方的【页面设置替代】按钮，打开【页面设置替代】对话框，在其中定义好打印样式和图纸尺寸，如图12-92所示。

图12-92 定义页面设置

Step 06 单击【确定】按钮返回【另存为PDF】对话框，再单击【保存】按钮，即可输出PDF，效果如图12-93所示。

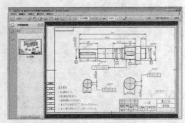

图12-93 输出的PDF效果

实例433 输出高清.jpg文件 ★进阶★

dwg图纸可以截图或导出为jpg、jpeg等图片格式文件，但这样创建的图片分辨率很低，如果图形比较大，是无法满足印刷要求的。因此，可以通过打印与输出相配合的方法来输出。

难度 ★★★★

- 素材文件路径：素材/第12章/实例433 输出高清.jpg文件.dwg
- 效果文件路径：素材/第12章/实例433 输出高清.jpg文件.jpg
- 视频文件路径：视频/第12章/实例433 输出高清.jpg文件.MP4
- 播放时长：3分27秒

Step 01 打开"第12章/实例433 输出高清.jpg文件.dwg"，其中绘制好了某公共绿地平面图，如图12-94所示。

Step 02 按Ctrl+P组合键，弹出【打印-模型】对话框。在【名称】下拉列表框中选择所需的打印机，本例要输出JPG图片，便以【PublishToWeb JPG.pc3】打印机为例，如图12-95所示。

图12-94 素材文件

图12-95 指定打印机

Step 03 单击【PublishToWeb JPG.pc3】右边的【特性】按钮 特性(R)...，系统弹出【绘图仪配置编辑器】对话框，选择【用户定义图纸尺寸与校准】节点下的【自定义图纸尺寸】，然后单击右下方的【添加】按钮，如图12-96所示。

图12-96 【绘图仪配置编辑器】对话框

Step 04 系统弹出【自定义图纸尺寸-开始】对话框，选择【创建新图纸】单选项，然后单击【下一步】按钮，如图12-97所示。

图 12-97 【自定义图纸尺寸－开始】对话框

Step 05 调整分辨率。系统跳转到【自定义图纸尺寸-介质边界】对话框，此处会提示当前图形的分辨率，可以酌情进行调整，本例修改分辨率，如图12-98所示。

图 12-98 调整分辨率

操作技巧

设置分辨率时，要注意图形的长宽比与原图一致。如果所输入的分辨率与原图长、宽不成比例，则会失真。

Step 06 单击【下一步】按钮，系统跳转到【自定义图纸尺寸-图纸尺寸名】对话框，在【名称】文本框中输入图纸尺寸名称，如图12-99所示。

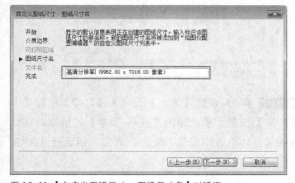

图 12-99 【自定义图纸尺寸－图纸尺寸名】对话框

Step 07 单击【下一步】按钮，再单击【完成】按钮，完成高清分辨率的设置。返回【绘图仪配置编辑器】对话框后单击【确定】按钮，再返回【打印-模型】对话框，在【图纸尺寸】下拉列表中选择刚才创建好的【高清分辨率】，如图12-100所示。

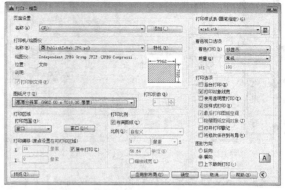

图 12-100 选择图纸尺寸（即分辨率）

Step 08 单击【确定】按钮，即可输出高清分辨率的JPG图片，局部截图效果如图12-101所示（也可打开素材中的效果文件进行观察）。

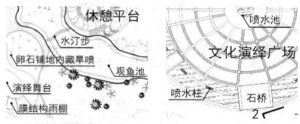

图 12-101 局部效果

实例434 输出PS用的.eps文件 ★进阶★

对于新时期的设计工作来说，已不能是仅靠一门软件来进行操作，无论是客户要求还是自身发展，都在逐渐向多软件互通的方向靠拢。因此，使用 AutoCAD 进行设计时，就必须掌握 dwg 文件与其他主流软件（如 Word、PS、CorelDRAW）的交互。

难度 ★★★★

- 素材文件路径：素材/第12章/实例434 输出PS用的.eps文件.dwg
- 效果文件路径：素材/第12章/实例434 输出PS用的.eps文件.eps
- 视频文件路径：视频/第12章/实例434 输出PS用的.eps文件.MP4
- 播放时长：2分35秒

Step 01 打开"第12章/实例434 输出PS用的.eps文件.dwg",其中绘制好了一张简单室内平面图,如图12-102所示。

Step 02 单击功能区【输出】选项卡【打印】组面板中【绘图仪管理器】按钮，系统打开【Plotters】文件夹窗口，如图12-103所示。

图 12-102 素材文件

图 12-103 【Plotters】文件夹窗口

Step 03 双击文件夹窗口中【添加绘图仪向导】快捷方式,打开【添加绘图仪-简介】对话框,如图12-104所示。介绍显示向导可配置现有的Windows绘图仪或新的非Windows系统绘图仪。配置信息将保存在PC3文件中。PC3文件将添加为绘图仪图标,该图标可从Autodesk绘图仪管理器中选择。在【Plotters】文件夹窗口中以【.pc3】为后缀名的文件都是绘图仪文件。

Step 04 单击【添加绘图仪-简介】对话框中【下一步】按钮,系统跳转到【添加绘图仪-开始】对话框,如图12-105所示。

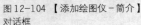

图 12-104 【添加绘图仪－简介】对话框

图 12-105 【添加绘图仪－开始】对话框

Step 05 选择默认的选项【我的电脑】,单击【下一步】按钮,系统跳转到【添加绘图仪-绘图仪型号】对话框,如图12-106所示。选择默认的生产商及型号,单击【下一步】按钮,系统跳转到【添加绘图仪-输入PCP或PC2】对话框,如图12-107所示。

图 12-106 【添加绘图仪－绘图仪型号】对话框图

图 12-107 【添加绘图仪－输入PCP或PC2】对话框

Step 06 再单击【下一步】按钮,系统跳转到【添加绘图仪-端口】对话框,选择【打印到文件】选项,如图12-108所示。因为是用虚拟打印机输出,打印时弹出保存文件的对话框,所以选择打印到文件。

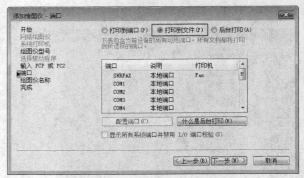

图 12-108 【添加绘图仪－端口】对话框

Step 07 单击【下一步】按钮,系统跳转到【添加绘图仪-绘图仪名称】对话框,如图12-109所示。在【绘图仪名称】文本框中输入名称"EPS"。

图 12-109 【添加绘图仪－绘图仪名称】对话框

Step 08 单击【下一步】按钮,系统跳转到【添加绘图仪-完成】对话框,单击【完成】按钮,完成EPS绘图仪的添加,如图12-110所示。

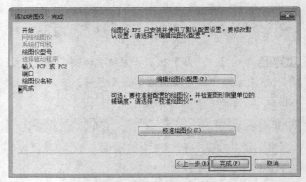

图 12-110 【添加绘图仪－完成】对话框

Step 09 单击功能区【输出】选项卡【打印】组面板中【打印】按钮,系统弹出【打印-模型】对话框,在对话框【打印机／绘图仪】下拉列表中可以选择【EPS.

pc3】选项，即上述创建的绘图仪，如图12-111所示。单击【确定】按钮，即可创建EPS文件。

图 12-111　添加绘图仪－完成

Step 10 以后通过此绘图仪输出的文件便是EPS类型的文件，用户可以使用AI（Adobe Illustrator）、CDR（CorelDraw）、PS（PhotoShop）等图像处理软件打开，置入的EPS文件是智能矢量图像，可自由缩放。能打印出高品质的图形图像，最高能表示32位图形图像。

Step 11 通过添加打印设备，可以让AutoCAD输出EPS文件，然后再通过PS、CorelDRAW进行二次设计，即可得到极具表现效果的设计图（彩图），如图12-112所示，这在室内设计中极为常见。

图 12-112　经过 PS 修缮后的彩图

机械制图是用图样确切地表示机械的结构形状、尺寸大小、工作原理和技术要求的学科。图样由图形、符号、文字和数字组成，是表达设计意图和制造要求及交流经验的技术文件，常被称为工程界的语言。

本章将介绍一些典型零件的绘制方法，通过本章的学习，让读者掌握实用绘图技巧的同时，对 AutoCAD 绘图有更深入的理解，进一步提高解决实际问题的能力。

实例435 机械设计制图的内容

对于机械制造行业来说，机械制图在行业中起着举足轻重的作用。因此，每个工程技术人员都需要熟练地掌握机械制图的内容和流程。

难度 ★★

机械制图主要包括零件图和装配图，其中零件图主要包括以下几部分内容。

◆ 机械图形：采用一组视图，如主视图、剖视图、断面图和局部放大图等，用以正确、完整、清晰并且简便地表达零件的结构。

◆ 尺寸标注：用一组正确、完整、清晰及合理的尺寸标注零件的结构形状和其相互位置。

◆ 技术要求：用文字或符号表明零件在制造、检验和装配时应达到的具体要求。如表面粗糙度、尺寸公差、形状和位置公差、表面热处理和材料热处理等一些技术要求。

◆ 标题栏：由名称、签字区和更改区组成的栏目。

装配图主要包括以下几个部分。

◆ 机械图形：用基本视图完整、清晰表达机器或部件的工作原理、各零件间的装配关系和主要零件的基本结构。

◆ 几何尺寸：包括机器或部件规格、性能以及装配、安装的相关尺寸。

◆ 技术要求：用文字或符号表明机器或部件的性能、装配和调整要求、试验和验收条件及使用要求等。

◆ 明细栏：标明图形中序号所指定的具体内容。

◆ 标题栏：由名称、签字区和其他区组成。

实例436 设置机械绘图环境

事先设置好绘图环境，可以使用户在绘制机械图时更加方便、灵活、快捷。设置绘图环境，包括绘图区区域界限及单位的设置、图层的设置、文字和标注样式的设置等。用户可以先创建一个空白文件，然后设置好相关参数后将其保存为模板文件，以后如需绘制机械图纸，则可直接调用。本章所有实例皆基于该模板。

难度 ★★

◉ 素材文件路径：无
◉ 效果文件路径：素材/第13章/机械制图样板.dwg
◉ 视频文件路径：视频/第13章/实例436 设置机械绘图环境.MP4
◉ 播放时长：9分18秒

Step 01 启动AutoCAD 2016软件，新建空白文件。

Step 02 选择【格式】|【单位】命令，打开【图形单位】对话框，将长度单位类型设定为【小数】，精度设定为【0.00】，角度单位类型设定为【十进制度数】，精度精确到【0】，如图13-1所示。

图 13-1　设置图形单位

Step 03 规划图层。机械制图中的主要图线元素有轮廓线、标注线、中心线、剖面线、细实线和虚线等，因此，在绘制机械图纸之前，最好先创建图13-2所示的图层。

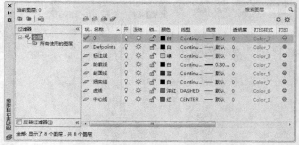

图 13-2　创建机械制图用图层

Step 04 设置文字样式。机械制图中的文字有图名文字、尺寸文字和技术要求说明文字等，也可以直接创建一种通用的文字样式，然后应用时修改具体大小即可。根据机械制图标准，机械图文字样式的规划如表 13-1 所示。

表 13-1　文字样式

文字样式名	打印到图纸上的文字高度	图形文字高度（文字样式高度）	宽度因子	字体｜大字体
图名	5	5		Gbeitcr.shx：gbcbig.shx
尺寸文字	3.5	3.5	0.7	Gbeitc.shx
技术要求说明文字	5	5		仿宋

Step 05 选择【格式】｜【文字样式】命令，打开【文字样式】对话框，单击【新建】按钮打开【新建文字样式】对话框，样式名定义为"机械设计文字样式"，如图13-3所示。

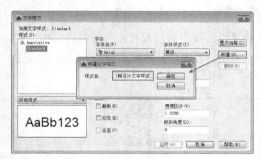

图 13-3　新建"机械设计文字样式"

Step 06 在【字体】下拉框中选择字体"Gbeitc.shx"，勾选【使用大字体】选择项，并在【大字体】下拉框中选择字体"gbcbig.shx"，在【高度】文本框中输入3.5，【宽度因子】文本框中输入0.7，单击【应用】按钮，完成该文字样式的设置，如图13-4所示。

图 13-4　设置"机械设计文字样式"

Step 07 设置标注样式。选择【格式】｜【标注样式】命令，打开【标注样式管理器】对话框，如图13-5所示。

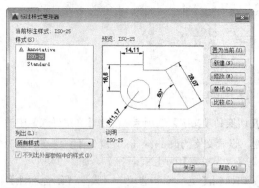

图 13-5　【标注样式管理器】对话框

Step 08 单击【新建】按钮，系统弹出【创建新标注样式】对话框，在【新样式名】文本框中输入"机械图标注样式"，如图13-6所示。

图 13-6　【创建新标注样式】对话框

Step 09 单击【继续】按钮，弹出【修改标注样式：机械标注】对话框，切换到【线】选项卡，设置【基线间距】为8，设置【超出尺寸线】为2.5，设置【起点偏移量】为2，如图13-7所示。

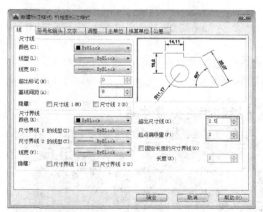

图 13-7　【线】选项卡

Step 10 切换到【符号和箭头】选项卡，设置【引线】为【无】，设置【箭头大小】为2.5，设置【圆心标记】为2.5，设置【弧长符号】为【标注文字的上方】，设置【半径折弯角度】为90，如图13-8所示。

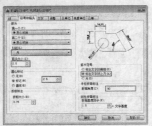

图 13-8 【符号和箭头】选项卡

Step 11 切换到【文字】选项卡，单击【文字样式】中的
……按钮，设置文字为gbenor.shx，设置【文字高度】为
2.5，设置【文字对齐】为【ISO标准】，如图13-9所示。

Step 12 切换到【主单位】选项卡，设置【线性标注】
中的【精度】为0.00，设置【角度标注】中的精度为
0.0，【消零】都设为【后续】，如图13-10所示。然后
单击【确定】按钮，选择【置为当前】后，单击【关
闭】按钮，创建完成。

图 13-9 【文字】选项卡   图 13-10 【主单位】选项卡

Step 13 保存为样板文件。选择【文件】|【另存为】
命令，打开【图形另存为】对话框，保存为"第13章\
机械制图样板.dwt"文件，如图 13-11所示。

图 13-11 保存样板文件

实例437 绘制齿轮类零件图

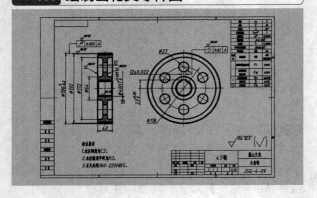

轮盘类零件包括端盖、阀盖和齿轮等，一般需要两个以
上基本视图表达。除主视图外，为了表示零件上分布的
孔、槽、肋、轮辐等结构，还需选用一个端面视图（左
视图或右视图），以表达凸缘和均匀分布的通孔。此外，
为了表达细小结构，有时还常采用局部放大图。

难度 ★★★★

素材文件路径：素材/第13章/实例437 绘制齿轮类零件图.dwg
效果文件路径：素材/第13章/实例437 绘制齿轮类零件图-OK.dwg
视频文件路径：视频/第13章/实例437 绘制齿轮类零件图.MP4
播放时长：33分29秒

I 绘制图形轮廓

Step 01 打开素材文件"第13章/实例437 绘制齿轮类零
件图轮廓.dwg"，素材中已经绘制好了一个1:1.5大小的
A3图纸框，右上角也绘制好了该齿轮的参数表，如图
13-12和图13-13所示。

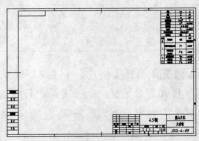

图 13-12 齿轮参数表   图 13-13 素材文件

Step 02 将【中心线】图层设置为当前图层，执行XL
（构造线）命令，在合适的地方绘制水平的中心线，如
图13-14所示。

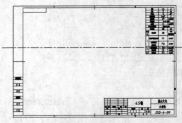

图 13-14 绘制水平中心线

Step 03 重复XL（构造线）命令，在合适的地方绘制2
条垂直的中心线，如图13-15所示。

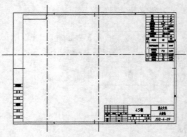

图 13-15 绘制垂直中心线

Step 04 绘制齿轮轮廓。将【轮廓线】图层设置为当前图层，执行C（圆）命令，以右边的垂直-水平中心线的交点为圆心，绘制直径为40、44、64、118、172、192、196的圆，绘制完成后将Ø118和Ø192的圆图层转换为【中心线】层，如图13-16所示。

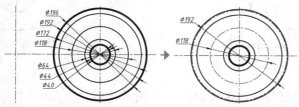

图 13-16 绘制圆

Step 05 绘制键槽。执行O（偏移）命令，将水平中心线向上偏移23，将该图中的垂直中心线分别向左、向右偏移6，结果如图13-17所示。

Step 06 切换到【轮廓线】图层，执行L（直线）命令，绘制键槽的轮廓，再执行TR（修剪）命令，修剪多余的辅助线，结果如图13-18所示。

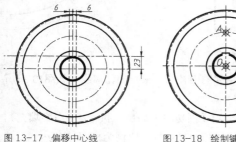

图 13-17 偏移中心线　　　图 13-18 绘制键槽

Step 07 绘制腹板孔。将【轮廓线】图层设置为当前图层，执行C（圆）命令，以Ø118中心线与垂直中心线的交点（即图13-18中的A点）为圆心，绘制一Ø27的圆，如图13-19所示。

Step 08 选中绘制好的Ø27的圆，然后单击【修改】面板中的【环形阵列】按钮 ，设置阵列总数为6，填充角度360°，选择同心圆的圆心（即图13-18中中心线的交点O点）为中心点，进行阵列，阵列效果如图13-20所示。

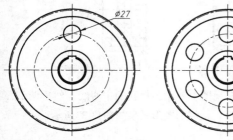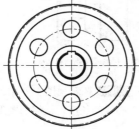

图 13-19 绘制腹板孔　　　图 13-20 阵列腹板孔

Step 09 执行O（偏移）命令，将主视图位置的水平中心线对称偏移6、20，结果如图13-21所示。

Step 10 切换到【虚线】图层，按"长对正，高平齐，宽相等"的原则绘制主视图投影线，如图13-22所示。

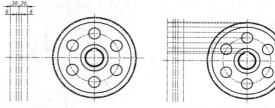

图 13-21 偏移中心线　　　图 13-22 绘制主视图投影线

Step 11 切换到【轮廓线】图层，执行L（直线）命令，绘制主视图的轮廓，再执行TR（修剪）命令，修剪多余的辅助线，结果如图13-23所示。

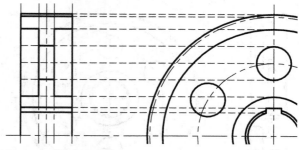

图 13-23 绘制主视图轮廓

Step 12 执行E（删除）、TR（修剪）、S（延伸）等命令整理图形，将中心线对应的投影线同样改为中心线，并修剪至合适的长度。分度圆线同样如此操作，结果如图13-24所示。

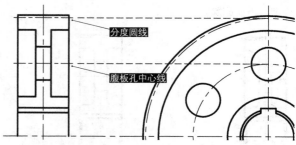

图 13-24 整理图形

Step 13 执行CHA（倒角）命令，对齿轮的齿顶倒角C1.5，对齿轮的轮毂部位进行倒角C2；再执行F（倒圆角）命令，对腹板圆处倒圆角R5，如图13-25所示。

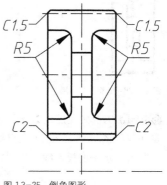

图 13-25 倒角图形

Step 14 然后执行L（直线）命令，在倒角处绘制连接线，并删除多余的线条，图形效果如图13-26所示。

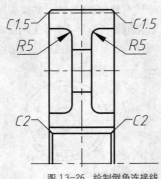

图 13-26 绘制倒角连接线

Step 15 选中绘制好的半边主视图，然后单击【修改】面板中的【镜像】按钮 ⚒ 镜像，以水平中心线为镜像线，镜像图形，结果如图13-27所示。

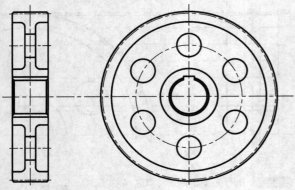

图 13-27 镜像图形

Step 16 将镜像部分的键槽线段全部删除，如图13-28所示。轮毂的下半部分不含键槽，因此该部分不符合投影规则，需要删除。

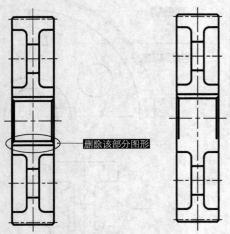

图 13-28 删除多余图形

Step 17 切换到【虚线】图层，按"长对正，高平齐，宽相等"的原则，执行L（直线）命令，由左视图向主视图绘制水平的投影线，如图13-29所示。

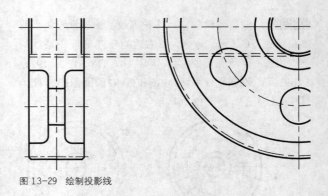

图 13-29 绘制投影线

Step 18 切换到【轮廓线】图层，执行L（直线）、S（延伸）等命令整理下半部分的轮毂部分，如图13-30所示。

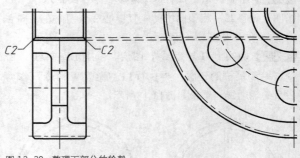

图 13-30 整理下部分的轮毂

Step 19 在主视图中补画齿根圆的轮廓线，如图13-31所示。

Step 20 切换到【剖切线】图层，执行H（图案填充）命令，选择图案为ANSI31，比例为1，角度为0°，填充图案，结果如图13-32所示。

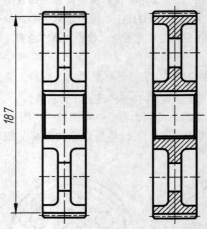

图 13-31 补画齿根圆轮廓线   图 13-32 填充剖面线

Step 21 在左视图中补画腹板孔的中心线，然后调整各中心线的长度，最终的图形效果如图13-33所示。

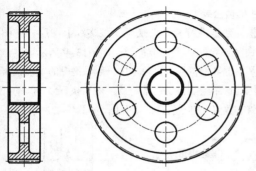

图 13-33　图形效果

2　标注尺寸

Step 01 将标注样式设置为【ISO-25】，可自行调整标注的【全局比例】，如图13-34所示。用以控制标注文字的显示大小。

Step 02 标注线性尺寸。切换到【标注线】图层，执行DLI（线性）标注命令，在主视图上捕捉最下方的两个倒角端点，标注齿宽的尺寸，如图13-35所示。

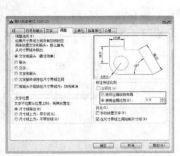

图 13-34　调整全局比例

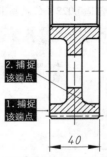

图 13-35　标注线性尺寸

Step 03 使用相同方法，对其他的线性尺寸进行标注。主要包括主视图中的齿顶圆、分度圆、齿根圆（可以不标）、腹板圆等尺寸，线性标注后的图形如图13-36所示。注意按之前学过的方法添加直径符号（标注文字前方添加"%%C"）。

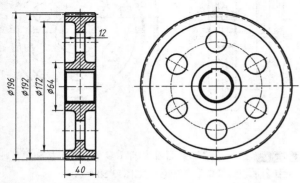

图 13-36　标注其余的线性尺寸

Step 04 标注直径尺寸。在【注释】面板中选择【直

径】按钮，执行【直径】标注命令，选择左视图上的腹板圆孔进行标注，如图13-37所示。

Step 05 使用相同方法，对其他的直径尺寸进行标注。主要包括左视图中的腹板圆、以及腹板圆的中心圆线，如图13-38所示。

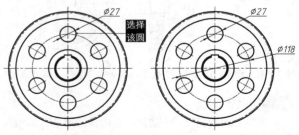

图 13-37　标注直径尺寸　　　图 13-38　标注其余的直径尺寸

Step 06 标注键槽部分。在左视图中执行DLI（线性）标注命令，标注键槽的宽度与高度，如图13-39所示。

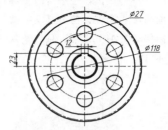

图 13-39　标注左视图键槽尺寸

Step 07 同样使用DLI（线性）标注来标注主视图中的键槽部分。由于键槽的存在，主视图的图形并不对称，因此无法捕捉到合适的标注点，这时可以先捕捉主视图上的端点，然后手动在命令行中输入尺寸40，进行标注，如图13-40所示，命令行操作如下。

```
命令: _dimlinear
指定第一个尺寸界线原点或<选择对象>://指定第一个点
指定第二条尺寸界线原点: 40//光标向上移动，引出垂直追踪
线，输入数值40指定尺寸线位置或放置标注尺寸
[多行文字(M)/文字(T)/角度(A)/水平(H)/垂直(V)/旋转(R)]:标注
文字 = 40
```

图 13-40　标注主视图键槽尺寸

Step 08 选中新创建的Ø40尺寸，单击鼠标右键，在弹出的快捷菜单中选择【特性】选项，在打开的【特性】面板中，将"尺寸线2"和"尺寸界线2"设置为"关"，如图13-41所示。

Step 09 为主视图中的线性尺寸添加直径符号，此时的图形如图13-42所示，确认没有遗漏任何尺寸。

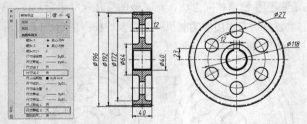

图13-41 关闭尺寸线与尺寸界线　　图13-42 标注主视图键槽尺寸

3 添加尺寸精度

　　齿轮上的精度尺寸主要集中在齿顶圆尺寸、键槽孔尺寸上，因此需要对该部分尺寸添加合适的精度。

Step 01 添加齿顶圆精度。齿顶圆的加工很难保证精度，而对于减速器来说，也不是非常重要的尺寸，因此精度可以适当放宽，但尺寸宜小勿大，以免啮合时受到影响。双击主视图中的齿顶圆尺寸Ø196，打开【文字编辑器】选项卡，然后将鼠标移动至Ø196之后，依次输入" 0^-0.2"，如图13-43所示。

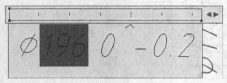

图13-43 输入公差文字

Step 02 创建尺寸公差。按住鼠标左键，向后拖移，选中"0^-0.2"文字，然后单击【文字编辑器】选项卡中【格式】面板中的【堆叠】按钮，即可创建尺寸公差，如图13-44所示。

图13-44 堆叠公差文字

Step 03 按相同方法，对键槽部分添加尺寸精度，添加后的图形如图13-45所示。

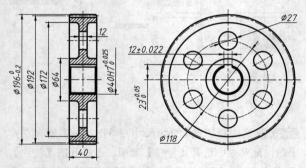

图13-45 添加其他尺寸精度

4 标注形位公差

Step 01 创建基准符号。切换至【细实线】图层，在图形的空白区域绘制一个基准符号，如图13-46所示。

Step 02 放置基准符号。齿轮零件一般以键槽的安装孔为基准，因此选中绘制好的基准符号，然后执行M（移动）命令，将其放置在键槽孔Ø40尺寸上，如图13-47所示。

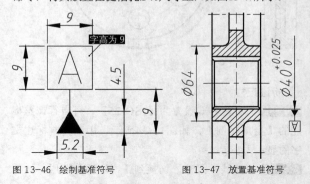

图13-46 绘制基准符号　　图13-47 放置基准符号

Step 03 选择【标注】|【公差】命令，弹出【形位公差】对话框，选择公差类型为【圆跳动】，然后输入公差值0.022和公差基准A，如图13-48所示。

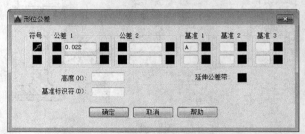

图13-48 设置公差参数

Step 04 单击【确定】按钮，在要标注的位置附近单击，放置该形位公差，如图13-49所示。

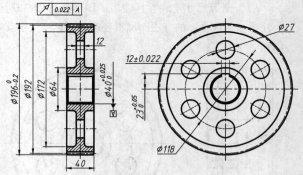

图13-49 生成的形位公差

Step 05 单击【注释】面板中的【多重引线】按钮，绘制多重引线指向公差位置，如图13-50所示。

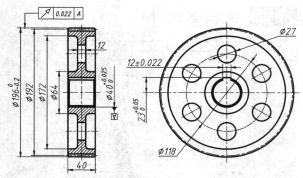

图 13-50　标注齿顶圆的圆跳动

Step 06 按相同方法，对键槽部分添加对称度，添加后的图形如图13-51所示。

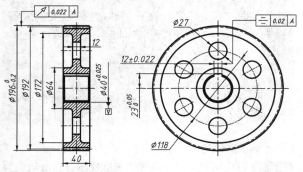

图 13-51　标注键槽的对称度

5 标注粗糙度

Step 01 切换至【细实线】图层，在图形的空白区域绘制粗糙度符号，如图13-52所示。

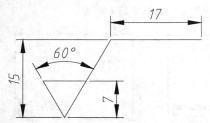

图 13-52　绘制粗糙度符号

Step 02 单击【默认】选项卡中【块】面板中的【定义属性】 按钮，打开"属性定义"对话框，按图13-53进行设置。

图 13-53　【属性定义】对话框

Step 03 单击【确定】按钮，光标便变为标记文字的放置形式，在粗糙度符号的合适位置放置即可，如图13-54所示。

图 13-54　放置标记文字

Step 04 单击单击【默认】选项卡中【块】面板中的【创建】 创建 按钮，打开【块定义】对话框，选择粗糙度符号的最下方的端点为基点，然后选择整个粗糙度符号（包含上步骤放置的标记文字）作为对象，在【名称】文本框中输入"粗糙度"，如图13-55所示。

图 13-55　【块定义】对话框

Step 05 单击【确定】按钮，便会打开【编辑属性】对话框，在其中便可以灵活输入所需的粗糙度数值，如图13-56所示。

Step 06 在【编辑属性】对话框中单击【确定】按钮，然后单击【默认】选项卡中【块】面板中的【插入】按钮，打开【插入】对话框，在【名称】下拉列表中选择"粗糙度"，如图13-57所示。

图 13-56　【编辑属性】对话框　　图 13-57　【插入】对话框

Step 07 在【插入】对话框中单击【确定】按钮，光标变为粗糙度符号的放置形式，在图形的合适位置放置即可，放置之后系统自动打开【编辑属性】对话框，如图13-58所示。

Step 08 在对应的文本框中输入所需的数值"Ra 3.2"，然后单击【确定】按钮，即可标注粗糙度，如图13-59所示。

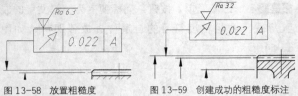

图 13-58 放置粗糙度　　　　图 13-59 创建成功的粗糙度标注

Step 09 按相同方法，对图形的其他部分标注粗糙度，然后将图形调整至A3图框的合适位置，如图13-60所示。

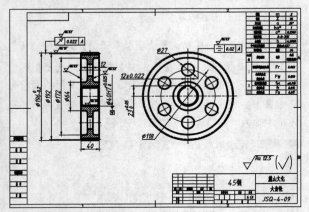

图 13-60 添加其他粗糙度

6 填写技术要求

Step 01 填写技术要求。单击【默认】选项卡中【注释】面板上的【多行文字】按钮，在图形的左下方空白部分插入多行文字，输入技术要求，如图13-61所示。

技术要求
1.未注倒角为C2。
2.未注圆角半径为R3。
3.正火处理160-220HBS。

图 13-61 填写技术要求

Step 02 大齿轮零件图绘制完成，最终的图形效果如图13-62所示（详见素材文件"第13章/实例437 绘制齿轮类零件图-OK"）。

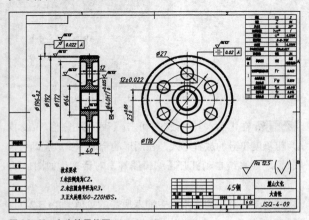

图 13-62 大齿轮零件图

实例438 绘制轴类零件图

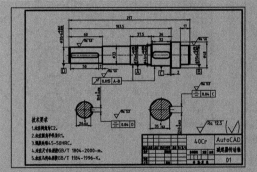

轴套类零件主要结构形状是回转体，一般只画一个主视图。确定了主视图后，由于轴上的各段形体的直径尺寸在其数字前加注符号"Ø"表示，因此不必画出其左（或右）视图。对于零件上的键槽、孔等结构，一般可采用局部视图、局部剖视图、移出断面和局部放大图。

难度 ★★★

- 素材文件路径：无
- 效果文件路径：素材/第13章/实例438 绘制轴类零件图-OK.dwg
- 视频文件路径：视频/第13章/实例438 绘制轴类零件图.MP4
- 播放时长：24分59秒

1 绘制图形轮廓

Step 01 以实例436 创建好的"机械制图样板.dwt"为样板文件，新建空白文档，插入"素材/第13章/ A3图框"，如图13-63所示。

Step 02 将【中心线】图层设置为当前图层，执行XL（构造线）命令，在合适的地方绘制水平的中心线，以及一条垂直的定位中心线，如图13-64所示。

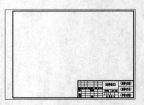
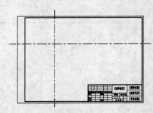

图 13-63 以"机械制图 .dwt"　　图 13-64 绘制中心线
为样板新建图形

Step 03 使用快捷键O激活（偏移）命令，将垂直的中心线向右偏移60、50、37.5、36、16.5、17，如图13-65所示。

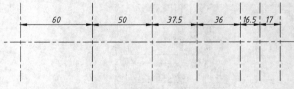

图 13-65 偏移垂直中心线

Step 04 同样使用O（偏移）命令，将水平的中心线向上偏移15、16.5、17.5、20、24，如图13-66所示。

图 13-66　偏移水平中心线

Step 05 切换到【轮廓线】图层，执行L（直线）命令，绘制轴体的半边轮廓，再执行TR（修剪）、E（删除）命令，修剪多余的辅助线，结果如图13-67所示。

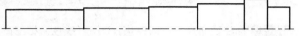

图 13-67　绘制轴体

Step 06 单击【修改】面板中的按钮，激活CHA（倒角）命令，对轮廓线进行倒角，倒角尺寸为C2，然后使用L（直线）命令，配合捕捉与追踪功能，绘制倒角的连接线，结果如图13-68所示。

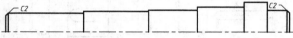

图 13-68　倒角并绘制连接线

Step 07 使用快捷键MI激活【镜像】命令，对轮廓线进行镜像复制，结果如图13-69所示。

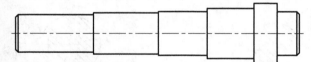

图 13-69　镜像图形

Step 08 绘制键槽。使用快捷键O激活【偏移】命令，创建图13-70所示的垂直辅助线。

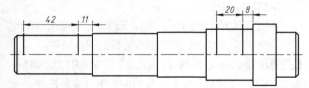

图 13-70　偏移图形

Step 09 将【轮廓线】设置为当前图层，使用C（圆）命令，以刚偏移的垂直辅助线的交点为圆心，绘制直径为12和8的圆，如图13-71所示。

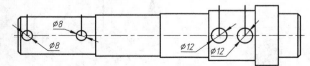

图 13-71　绘制圆

Step 10 使用L（直线）命令，配合【捕捉切点】功能，绘制键槽轮廓，如图13-72所示。

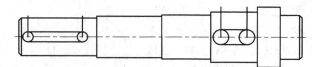

图 13-72　绘制连接直线

Step 11 使用TR（修剪）命令，对键槽轮廓进行修剪，并删除多余的辅助线，结果如图13-73所示。

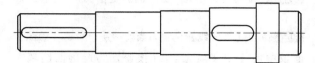

图 13-73　删除多余图形

2 绘制移出断面图

Step 01 绘制断面图。将【中心线】设置为当前层，使用快捷键XL激活【构造线】命令，绘制图13-74所示的水平和垂直构造线，作为移出断面图的定位辅助线。

Step 02 将【轮廓线】设置为当前图层，使用C（圆）命令，以构造线的交点为圆心，分别绘制直径为30和40的圆，结果如图13-75所示。

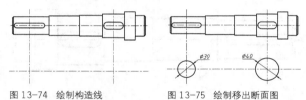

图 13-74　绘制构造线　　　图 13-75　绘制移出断面图

Step 03 单击【修改】面板中的【偏移】按钮，对Ø30圆的水平和垂直中心线进行偏移，结果如图13-76所示。

图 13-76　偏移中心线得到键槽辅助线

Step 04 将【轮廓线】设置为当前图层，使用L（直线）命令，绘制键深，结果如图13-77所示。

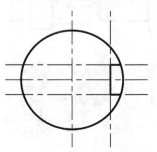

图 13-77　绘制 Ø30 圆的键槽轮廓

Step 05 综合使用E（删除）和TR（修剪）命令，去掉不需要的构造线和轮廓线，整理Ø30断面图，如图13-78所示。

图 13-78　修剪 Ø30 圆的键槽

Step 06 按相同方法绘制Ø25圆的键槽图，如图13-79所示。

Step 07 将【剖面线】设置为当前图层，单击【绘图】面板中的【图案填充】 按钮，为此剖面图填充【ANSI31】图案，填充比例为1，角度为0，填充结果如图13-80所示。

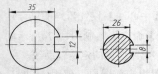

图 13-79　绘制 Ø30 圆的键槽轮廓　　　图 13-80　修剪 Ø30 圆的键槽

Step 08 绘制好的图形如图13-81所示。

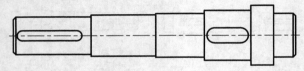

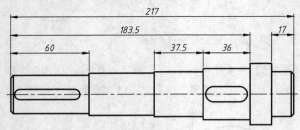

图 13-81　低速轴的轮廓图形

Step 09 标注轴向尺寸。切换到【标注线】图层，执行DLI（线性）标注命令，标注轴的各段长度，如图13-82所示。

图 13-82　标注轴的轴向尺寸

提示

标注轴的轴向尺寸时，应根据设计及工艺要求确定尺寸基准，通常有轴孔配合端面基准面及轴端基准面。应使尺寸

标注反映加工工艺要求，同时满足装配尺寸链的精度要求，不允许出现封闭的尺寸链。如图13-82所示，基准面1是齿轮与轴的定位面，为主要基准，轴段长度36、183.5都以基准面1作为基准尺寸；基准面2为辅助基准面，最右端的轴段长度17为轴承安装要求所确定；基准面3同基准面2，轴段长度60为联轴器安装要求所确定；而未特别标明长度的轴段，其加工误差不影响装配精度，因而取为闭环，加工误差可积累至该轴段上，以保证主要尺寸的加工误差。

Step 10 标注径向尺寸。同样执行DLI（线性）标注命令，标注轴的各段直径长度，尺寸文字前注意添加"Ø"，如图13-83所示。

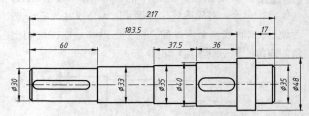

图 13-83　标注轴的径向尺寸

Step 11 标注键槽尺寸。同样使用DLI（线性）标注来标注键槽的移出断面图，如图13-84所示。

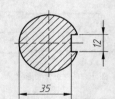

图 13-84　标注键槽的移出断面图

3　添加尺寸精度

经过前面章节的分析，可知低速轴的精度尺寸主要集中在各径向尺寸上，与其他零部件的配合有关。

Step 01 添加轴段1的精度。轴段1上需安装HL3型弹性柱销联轴器，因此尺寸精度可按对应的配合公差选取，此处由于轴径较小，因此可选用r6精度，然后查得Ø30mm对应的r6公差为+0.028~+0.041，即双击Ø30mm标注，然后在文字后输入该公差文字，如图13-85所示。

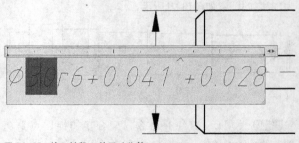

图 13-85　输入轴段 1 的尺寸公差

Step 02 创建尺寸公差。接着按住鼠标左键，向后拖移，选中"+0.041^+0.028"文字，然后单击【文字编辑器】选项卡中【格式】面板中的【堆叠】按钮，即可创建尺寸公差，如图13-86所示。

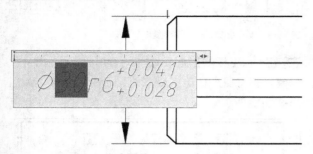

图 13-86 创建轴段 1 的尺寸公差

Step 03 添加轴段2的精度。轴段2上需要安装端盖，以及一些防尘的密封件（如毡圈），总的来说，精度要求不高，因此可以不添加精度。

Step 04 添加轴段3的精度。轴段3上需安装6207的深沟球轴承，因此该段的径向尺寸公差可按该轴承的推荐安装参数进行取值，即k6，查得Ø35mm对应的k6公差为+0.018~+0.002，再按相同标注方法标注即可，如图13-87所示。

图 13-87 标注轴段 3 的尺寸公差

Step 05 添加轴段4的精度。轴段4上需安装大齿轮，而轴、齿轮的推荐配合为H7/r6，因此该段的径向尺寸公差即r6，查得Ø40mm对应的r6公差为+0.050~+0.034，再按相同标注方法标注即可，如图13-88所示。

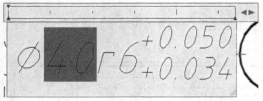

图 13-88 标注轴段 4 的尺寸公差

Step 06 添加轴段5的精度。轴段5为闭环，无尺寸，无需添加精度。

Step 07 添加轴段6的精度。轴段6的精度同轴段3，按轴段3进行添加，如图13-89所示。

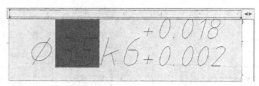

图 13-89 标注轴段 6 的尺寸公差

Step 08 添加键槽公差。取轴上的键槽的宽度公差为h9，长度均向下取值-0.2，如图13-90所示。

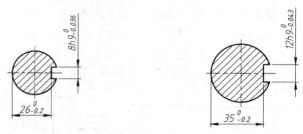

图 13-90 标注键槽的尺寸公差

> **提示**
>
> 由于在装配减速器时，一般是先将键敲入轴上的键槽，然后再将齿轮安装在轴上，因此轴上的键槽需要稍紧密，所以取负公差；而齿轮轮毂上键槽与键之间，需要轴向移动的距离要超过键本身的长度，因此间隙应大一点，易于装配。

Step 09 标注完尺寸精度的图形，如图13-91所示。

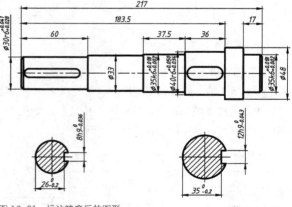

图 13-91 标注精度后的图形

> **提示**
>
> 不添加精度的尺寸均按GB/T 1804-2000、GB/T 1184-1996处理，需在技术要求中说明。

4 标注形位公差

Step 01 放置基准符号。调用样板文件中创建好的基准图块，分别以各重要的轴段为基准，即标明尺寸公差的轴上放置基准符号，如图13-92所示。

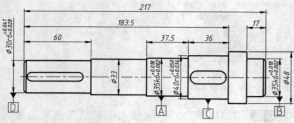

图13-92　放置基准符号

Step 02 添加轴上的形位公差。轴上的形位公差主要为轴承段、齿轮段的圆跳动，具体标注如图13-93所示。

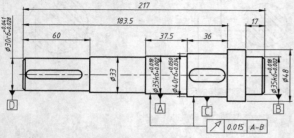

图13-93　标注轴上的圆跳动公差

Step 03 添加键槽上的形位公差。键槽上主要为相对于轴线的对称度，具体标注如图13-94所示。

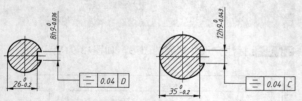

图13-94　标注键槽上的对称度公差

5 标注粗糙度

Step 01 标注轴上的表面粗糙度。调用样板文件中创建好的表面粗糙度图块，在齿轮与轴相互配合的表面上标注相应粗糙度，具体标注如图13-95所示。

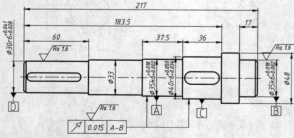

图13-95　标注轴上的表面粗糙度

Step 02 标注断面图上的表面粗糙度。键槽部分表面粗糙度可按相应键的安装要求进行标注，本例中的标注如图13-96所示。

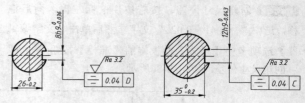

图13-96　标注断面图上的表面粗糙度

Step 03 标注其余粗糙度，然后对图形的一些细节进行修缮，再将图形移动至A4图框中的合适位置，如图13-97所示。

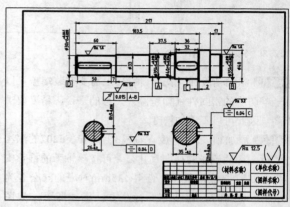

图13-97　添加标注后的图形

Step 04 单击【默认】选项卡中【注释】面板上的【多行文字】按钮，在图形的左下方空白部分插入多行文字，输入技术要求，如图13-98所示。

技术要求
1.未注倒角为C2。
2.未注圆角半径为R1。
3.调质处理45-50HRC。
4.未注尺寸公差按GB/T 1804-2000-m。
5.未注几何公差按GB/T 1184-1996-K。

图13-98　填写技术要求

6 填写技术要求

Step 01 根据企业或个人要求填写标题栏，效果如图13-99所示。

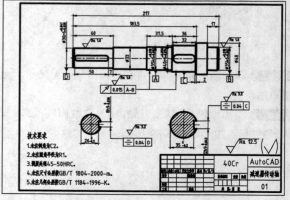

图13-99　填写技术要求

实例439 绘制箱体类零件图

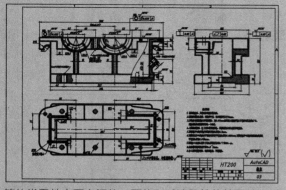

箱体类零件主要有阀体、泵体和减速器箱体等零件，其作用是支持或包容其他零件。由于箱体类零件加工工序较多，加工位置多变，所以在选择主视图时，主要根据工作位置原则和形状特征原则来考虑，并采用剖视，以重点反映其内部结构。为了表达箱体类零件的内外结构，一般要用 3 个或 3 个以上的基本视图，并根据结构特点在基本视图上取剖视，还可采用局部视图、斜视图及规定画法等表达外形。

难度 ★★★★★

- 素材文件路径：素材/第13章/实例439 绘制箱体类零件图.dwg
- 效果文件路径：素材/第13章/实例439 绘制箱体类零件图-OK.dwg
- 视频文件路径：视频/第13章/实例439 绘制箱体类零件图.MP4
- 播放时长：38分49秒

┃ 绘制主视图

Step 01 打开素材文件"第13章/实例439 绘制箱体类零件图.dwg"，素材中已经绘制好了一个1:1大小的A1图框，如图13-100所示。

Step 02 将【中心线】图层设置为当前图层，执行XL（构造线）命令，在合适的地方绘制水平的中心线，以及一条垂直的定位中心线，如图13-101所示。

图 13-100 素材图形   图 13-101 绘制中心线

Step 03 绘制轴承安装孔。执行O（偏移）命令，将垂直的中心线向右偏移120，然后将图层切换为【轮廓线】，在中心线的交点处绘制图13-102所示的半圆。

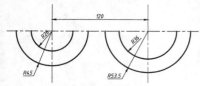

图 13-102 绘制轴承安装孔轮廓

Step 04 绘制端面平台。再次输入O，执行【偏移】命令，将水平中心线向下偏移12、37；两根竖直中心线分别向两侧偏移59、113，以及69、149，如图13-103所示。

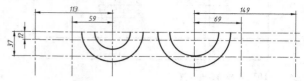

图 13-103 偏移中心线

Step 05 执行L（直线）命令，根据辅助线位置绘制端面平台轮廓，如图13-104所示。

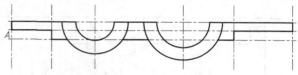

图 13-104 绘制端面平台

Step 06 绘制箱体。删除多余的辅助线，按F8键开启【正交】模式，然后再次输入L，执行【直线】命令，从图13-104中的A点处向右侧水平偏移34作为起点，绘制图13-105所示的图形。

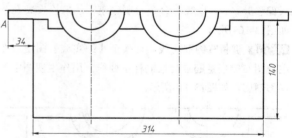

图 13-105 绘制箱体

Step 07 绘制底座。关闭【正交】模式，执行O（偏移）命令，将最下方的轮廓线向上偏移30，如图13-106所示。

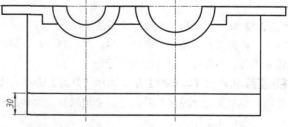

图 13-106 绘制底座

Step 08 绘制箱体肋板。同样执行O（偏移）命令，将轴孔处的竖直中心线各向两侧偏移5、7，轴孔最外侧的半圆向外偏移3，如图13-107所示。

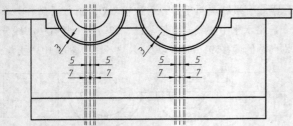

图13-107　偏移肋板中心线

Step 09 执行L（直线）命令，根据辅助线位置绘制轮廓线并删除多余辅助线，在首尾两端倒R3的圆角，效果如图13-108所示。

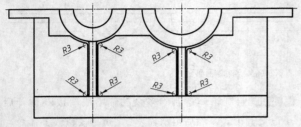

图13-108　绘制肋板

Step 10 绘制底座安装孔。按之前的绘图方法，使用O（偏移）、L（直线）命令绘制底座上的螺栓安装孔，如图13-109所示。

Step 11 绘制右侧剖切线。切换至【细实线】图层，在主视图右侧任意起点处绘制样条曲线，用作主视图中的局部剖切，如图13-110所示。

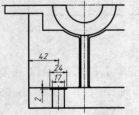

图13-109　绘制底座安装孔　　　图13-110　绘制剖切线

Step 12 绘制放油孔。执行O（偏移）命令，将最下方的水平轮廓线向上偏移13、18、24、30、35，最右侧的轮廓线向右偏移6，如图13-111所示。

Step 13 切换回【轮廓线】层，调用【直线】命令，根据辅助线位置绘制轮廓线并删除多余辅助线，绘制放油孔，如图13-112所示。

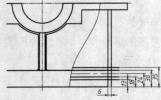
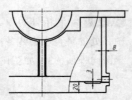

图13-111　偏移放油孔中心线　　　图13-112　绘制放油孔

Step 14 绘制油标孔。将【中心线】图层设置为当前图层，执行XL（构造线）命令，在右下角端点处绘制一条45°角的辅助线，如图13-113所示。

Step 15 执行O（偏移）命令，将该辅助线向上偏移50，在在此基础之上对称偏移8、14，效果如图13-114所示。

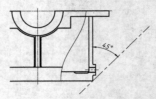
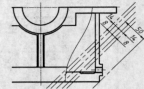

图13-113　绘制45°辅助线　　　图13-114　绘制油标孔中心线

Step 16 执行L（偏移）命令，根据辅助线位置绘制油标孔轮廓，并删除多余辅助线，如图13-115所示。

Step 17 绘制油槽截面。在主视图的局部剖视图中，可以表现端面平台上的油槽截面，直接执行L（直线）命令绘制图形，如图13-116所示。

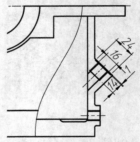
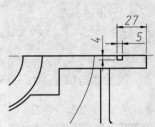

图13-115　绘制油标孔　　　图13-116　绘制油槽截面

Step 18 绘制吊耳。执行L（直线）、C（圆）命令，并结合TR（修剪）工具，绘制主视图上的吊钩，如图13-117所示。

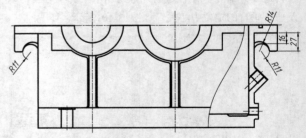

图13-117　绘制吊耳图形

Step 19 绘制螺钉安装通孔。螺钉安装通孔用于连接箱座与箱盖，对称均布在端面平台上。执行O（偏移）命令，将左侧轴承安装孔的中心线向右偏移60，如图13-118所示。

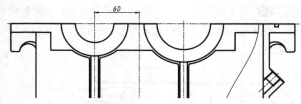

图 13-118　偏移轴孔中心线

Step 20 以端面平台与该辅助线的交点为圆心，绘制直径为Ø12和Ø22的圆，如图13-119所示。

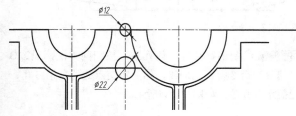

图 13-119　绘制辅助圆

Step 21 以圆的左右象限点为起点，执行L（直线）命令，绘制图13-120所示的图形。

Step 22 将【细实线】置为当前图层，在绘制通孔左右两侧绘制剖切边线，并使用TR（修剪）命令进行修剪，如图13-121所示。

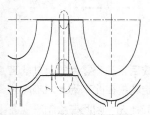

图 13-120　绘制螺钉安装通孔　　图 13-121　绘制剖切边线

Step 23 输入O，执行【偏移】命令，将螺钉孔的中心线向左右两侧偏移103与113，如图13-122所示，即以简化画法标明另外几处螺钉安装孔。

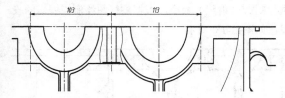

图 13-122　绘制其余螺钉孔处中心线

Step 24 将【剖面线】图层设置为当前图层，对主视图中的3处剖切位置进行填充，效果如图13-123所示。

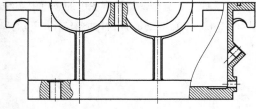

图 13-123　填充剖切区域

2　绘制俯视图

主视图的大致图形绘制完成后，就可以根据"长对正、宽相等、高平齐"的投影原则绘制箱座零件的俯视图和左视图。而根据箱座零件的具体特性，宜先绘制表达内部特征的俯视图，这样在绘制左视图时就不会出现较大的修改。

Step 01 切换至【中心线】图层，首先执行XL（构造线）命令，在主视图下方绘制一根水平的中心线，然后执行RAY（射线）命令，根据主视图绘制投影线，如图13-124所示。

Step 02 调用【偏移】命令，偏移俯视图中的水平中心线，如图13-125所示。

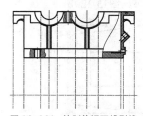
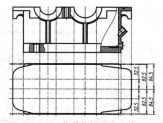

图 13-124　绘制俯视图投影线　　图 13-125　偏移俯视图中心线

Step 03 绘制箱体内壁。箱座的俯视图绘制方法依照"先主后次"的原则，先绘制主要的尺寸部位。切换至【轮廓线】图层，执行L（直线）命令，在俯视图中绘制图13-126所示的箱体内壁。

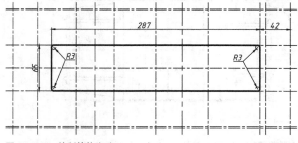

图 13-126　绘制箱体内壁

Step 04 再根据偏移出来的中心线，绘制俯视图中的轴承安装孔，效果如图13-127所示。

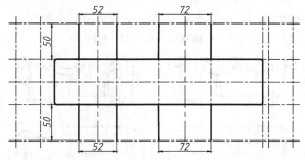

图 13-127　绘制俯视图中的轴承安装孔

Step 05 绘制俯视图外侧轮廓。绘制完内壁与轴承安装孔后，就可以绘制俯视图的外侧轮廓，也是除主视图之外，箱座的主要外观表达。执行L（直线）命令，连接各中心线的交点，绘制效果如图13-128所示。

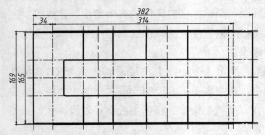

图 13-128　绘制俯视图中的外侧轮廓

Step 06 执行L（直线）、CHA（倒角）、F（圆角）命令，对外侧轮廓进行修剪，效果如图13-129所示。

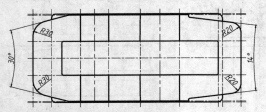

图 13-129　修剪俯视图中的外侧轮廓

Step 07 绘制油槽。根据主视图中的油槽截面与位置，执行ML（多线）与TR（修剪）命令，在俯视图中绘制图13-130所示的油槽图形。

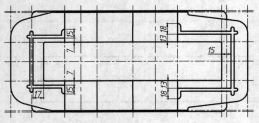

图 13-130　绘制油槽

Step 08 绘制螺钉孔。删除俯视图中多余的辅助线，然后将图层切换至【中心线】，接着执行RAY（射线）命令，根据主视图中的螺钉孔中心线向俯视图绘制3根投影线，如图13-131所示。

Step 09 执行O（偏移）命令，将俯视图中的水平中心线往上下两侧对称偏移60，如图13-132所示。

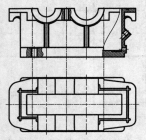

图 13-131　绘制投影线

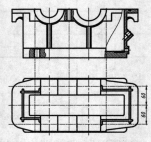

图 13-132　偏移俯视图中心线

Step 10 将【轮廓线】图层置为当前，执行C（圆）命令，在中心线的交点处绘制Ø12大小的圆，如图13-133所示。

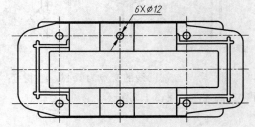

图 13-133　绘制螺钉孔

Step 11 绘制销钉孔等其他孔系。按相同方法，通过O（偏移）命令得到辅助线，然后在交点处绘制销钉孔、起盖螺钉孔等，如图13-134所示。

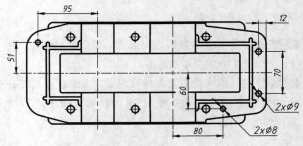

图 13-134　绘制销钉孔等其他孔系

3 绘制左视图

　　主视图、俯视图绘制完成后，箱座零件的尺寸就基本确定下来了，左视图的作用就是在此基础上对箱座的外形以及内部构造进行一定的补充，因此在绘制左视图的时候，采用半剖的形式来表达：一侧表现外形，另一侧表现内部。

Step 01 切换至【中心线】图层，首先执行XL（构造线）命令，在左视图的位置绘制一条竖直的中心线，然后执行RAY（射线）命令，根据主视图绘制左视图的投影线，如图13-135所示。

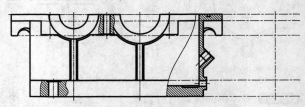

图 13-135　绘制左视图投影线

Step 02 调用【偏移】命令，将左视图中的竖直中心线向左偏移40.5、60、80、82.5、84.5，如图13-136所示。

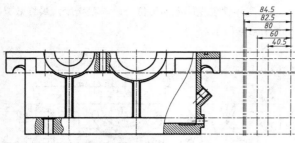

图 13-136　偏移左视图投影线

Step 03 绘制外形图。将【轮廓线】置为当前，根据左侧偏移的辅助线，绘制外形的轮廓线，如图13-137所示。

Step 04 偏移中心线。删除多余辅助线，再次执行O（偏移）命令，将左视图的竖直中心线向右偏移32.5、40.5、60.5、82.5、84.5，如图13-138所示。

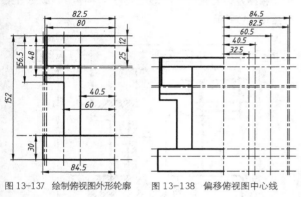

图 13-137　绘制俯视图外形轮廓　　图 13-138　偏移俯视图中心线

Step 05 绘制内部图。结合主视图，执行L（直线）命令，绘制左视图中的内部结构，如图13-139所示。

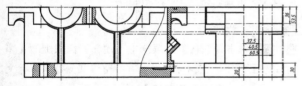

图 13-139　绘制左视图中的内部结构

Step 06 绘制底座阶梯面。一般的箱体底座都会设计有阶梯面，以减少与地面的接触，增加稳定性，也减小加工面。执行L（直线）命令，在左视图中绘制底层的阶梯面，并修剪主视图和左视图的对应图形，如图13-140所示。

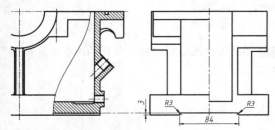

图 13-140　绘制底座阶梯面

Step 07 按相同的投影方法，使用L（直线）、F（圆角）命令绘制左视图中吊耳部分，如图13-141所示。

Step 08 修剪左视图。使用F（圆角）命令对左视图进行编辑，然后执行H（图案填充）命令，填充左视图右侧的半剖部分，如图13-142所示。左视图就此绘制完成。

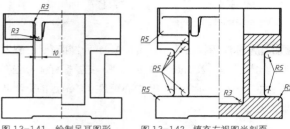

图 13-141　绘制吊耳图形　　图 13-142　填充左视图半剖面

4 标注尺寸

Step 01 在进行标注前要先检查图形，补画其中遗漏或缺失的细节，如主视图中轴承安装孔处的螺钉孔，补画如图13-143所示。

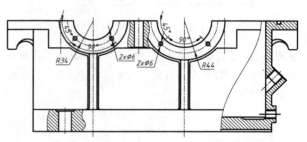

图 13-143　补画主视图

Step 02 标注主视图尺寸。切换到【标注线】图层，执行DLI（线性）、DDI（直径）等标注命令，按之前介绍的方法标注主视图图形，如图13-144所示。

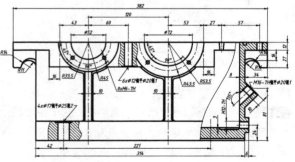

图 13-144　标注主视图尺寸

Step 03 标注主视图的精度尺寸。主视图中仅轴承安装孔孔径（52、72）、中心距（120）等重要尺寸需要添加精度，而轴承的安装孔公差为H7，中心距可以取双向公差，对这些尺寸添加精度，如图13-145所示。

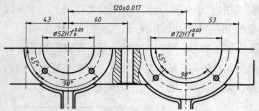

图 13-145　标注主视图的精度尺寸

Step 04 标注俯视图尺寸。俯视图的标注相对于主视图来说比较简单，没有过多重要尺寸，主要需标注一些在主视图上不好表示的轴、孔中心距尺寸，最后的标注效果如图13-146所示。

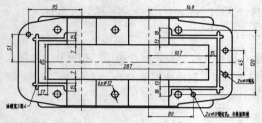

图 13-146　标注俯视图尺寸

Step 05 标注左视图尺寸。左视图主要需标注箱座零件的高度尺寸，比如零件总高、底座高度等，具体标注如图13-147所示。

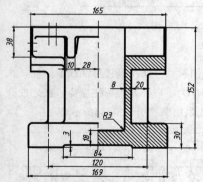

图 13-147　标注左视图尺寸

5 标注形位公差与粗糙度

Step 01 标注俯视图形位公差与粗糙度。由于主视图上尺寸较多，因此此处选择俯视图作为放置基准符号的视图，具体标注效果如图13-148所示。

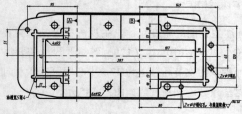

图 13-148　为俯视图添加形位公差与粗糙度

Step 02 标注主视图形位公差与粗糙度。按相同方法，

标注箱座零件主视图上的形位公差与粗糙度，最终效果如图13-149所示。

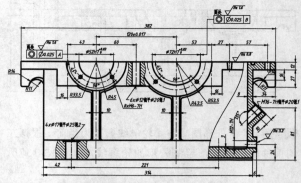

图 13-149　标注主视图的形位公差与粗糙度

Step 03 标注右视图形位公差与粗糙度。按相同方法，标注箱座零件右视图上的形位公差与粗糙度，最终效果如图13-150所示。

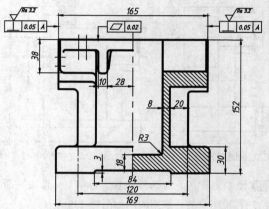

图 13-150　标注左视图的形位公差与粗糙度

6 添加技术要求

Step 01 单击【默认】选项卡中【注释】面板上的【多行文字】按钮，在图标题栏上方的空白部分插入多行文字，输入技术要求，如图13-151所示。

技术要求

1. 箱座铸成后，应清理并进行实效处理。
2. 箱盖和箱座合箱后，边缘应平齐，相互错位不大于2mm。
3. 应检查与箱盖接合面的密封性，用0.05mm塞尺塞入深度不得大于接合面宽度的1/3。用涂色法检查接触面积达一个斑点。
4. 与箱盖联接后，打上定位销进行镗孔，镗孔时结合面处禁放任何衬垫。
5. 轴承孔中心线对剖分面的位置度公差为0.3mm。
6. 两轴承孔中心线在水平面内的轴线平行度公差为0.020mm，两轴承孔中心线在垂直面内的轴线平行度公差为0.010mm。
7. 机械加工未注公差尺寸的极差等级为GB/T1804-m。
8. 未注明的铸造圆角半径R=3~5mm。
9. 加工后应清除污垢，内表面涂漆，不得漏油。

图 13-151　输入技术要求

Step 02 箱座零件图绘制完成，最终的图形效果如图13-152所示。

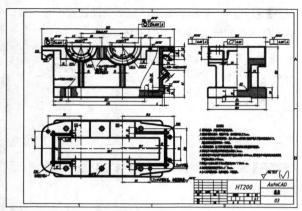

图 13-152 箱座零件图

实例440 绘制叉架类零件图

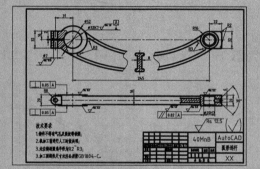

叉架类零件一般有拨叉、连杆和支座等，该类零件结构形状比较复杂，加工位置多变，有的零件位置也不固定，所以这类零件的主视图一般按工作位置原则和形状特征原则确定。对其他视图的选择，常常需要两个或两个以上的基本视图，并且还要用适当的局部视图、断面图等表达方法来表达零件的局部结构。

难度 ★★★★

⊙ 素材文件路径：无
⊙ 效果文件路径：素材\第13章\实例440 绘制叉架类零件图-OK.dwg
⊙ 视频文件路径：视频\第13章\实例440 绘制叉架类零件图.MP4
⊙ 播放时长：13分49秒

▍绘制主视图

Step 01 以实例436 创建好的"机械制图样板.dwt"为样板文件，新建空白文档，如图13-153所示。

Step 02 将【中心线】图层设置为当前图层，调用【直线】、【圆】命令绘制中心辅助线，如图13-154所示。

图 13-153 设置图层

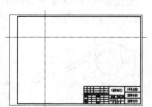

图 13-154 绘制中心辅助线

Step 03 执行O（偏移）命令，偏移中心辅助线，如图13-155所示。

图 13-155 偏移中心线

Step 04 切换【轮廓线】为当前图层。执行C（圆）命令绘制圆，如图13-156所示。

图 13-156 绘制圆

Step 05 调用【相切、相切、半径】命令。绘制相切圆，如图13-157所示。

Step 06 调用【直线】命令，根据辅助线位置绘制轮廓线并删除多余辅助线，如图13-158所示。

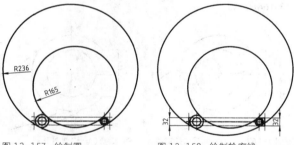

图 13-157 绘制圆   图 13-158 绘制轮廓线

Step 07 调用【修剪】命令，对图形进行修剪，如图13-159所示。

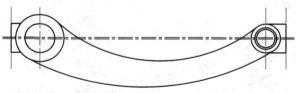

图 13-159 修剪图形

Step 08 调用【偏移】命令，将圆弧向内偏移5个单位，如图13-160所示。

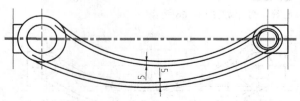

图 13-160 偏移弧线

Step 09 调用【修剪】命令，对图形进行修剪，如图13-161所示。

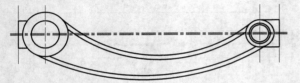

图13-161 修剪图形

Step 10 调用【圆角】命令，对图形进行倒圆角，圆角半径为3，如图13-162所示。

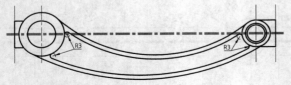

图13-162 圆角图形

Step 11 调用【直线】命令，根据辅助线位置绘制左侧轴孔处锯口的轮廓线，并删除多余的辅助线，如图13-163所示。

Step 12 调用【修剪】命令，对图形进行修剪，如图13-164所示。

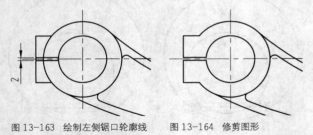

图13-163 绘制左侧锯口轮廓线　　图13-164 修剪图形

Step 13 调用【偏移】命令，将左侧轴孔的中心线向右偏移120、水平的中心线向下偏移42，如图13-165所示。

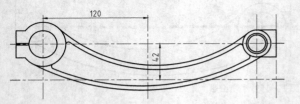

图13-165 偏移绘制中心辅助线

Step 14 再次执行【偏移】命令，偏移上步骤创建的中心线，效果如图13-166所示。

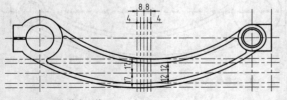

图13-166 偏移中心线

Step 15 调用【直线】命令，根据辅助线绘制轮廓线，并删除多余的辅助线，如图13-167所示。

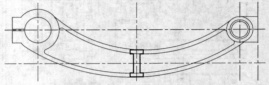

图13-167 绘制轮廓线

Step 16 通过【样条曲线】与【修剪】命令绘制断面，如图13-168所示。

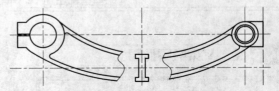

图13-168 绘制断面

Step 17 删除多余辅助线。调用【圆角】命令，对图形进行倒圆角，如图13-169所示。

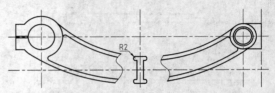

图13-169 圆角图形

Step 18 切换至【剖面线】图层，填充剖面线，将中心线调整至合适长度，如图13-170所示。至此，主视图绘制告一段落。

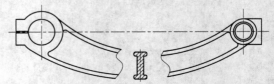

图13-170 填充剖切面

2 绘制俯视图

在主视图的断面图中能细致表现出弧形连杆的截面部分，但是还不足以表现其他的细节，如轴承安装孔处的宽度。这时就可以使用俯视图进行表达。

Step 01 切换至【中心线】图层。根据主视图绘制投影线，如图13-171所示。

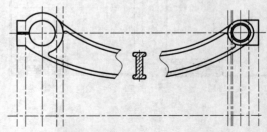

图13-171 绘制辅助线

Step 02 调用【偏移】命令，对图形进行偏移，效果如图13-172所示。

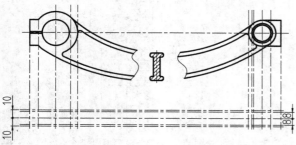

图 13-172　偏移辅助线

Step 03 切换至【轮廓线】图层，在俯视图最左侧竖直中心线与水平中心线的交点处绘制R8和R3.5的圆，如图13-173所示。

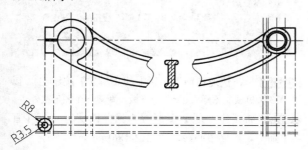

图 13-173　绘制圆

Step 04 再根据辅助线的位置，绘制轮廓线，如图13-174所示。

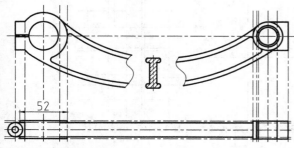

图 13-174　绘制轮廓线

Step 05 调用【删除】命令，删除不必要的图形，如图13-175所示。

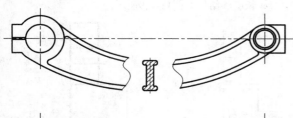

图 13-175　删除多余图形

Step 06 调用【偏移】命令，偏移俯视图的水平中心线，如图13-176所示。

图 13-176　偏移俯视图的中心线

Step 07 调用【直线】命令，绘制俯视图右侧的螺纹孔轮廓线，如图13-177所示。

Step 08 再次调用【直线】命令，绘制该处的倒角线，并删除对应的辅助线，如图13-178所示

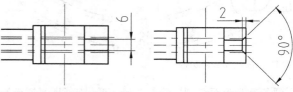

图 13-177　绘制螺纹孔轮廓线　　图 13-178　绘制倒角线

Step 09 切换为【细实线】图层，执行SPL【样条曲线】命令，在俯视图右侧绘制样条曲线，如图13-179所示。

图 13-179　偏移俯视图的样条曲线

Step 10 切换到【轮廓线】图层，继续调用【直线】命令，绘制右侧断面的轮廓线，然后删除相应的辅助线，如图13-180所示。

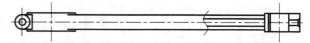

图 13-180　绘制俯视图断面的轮廓线

Step 11 切换至【中心线】图层，根据俯视图，执行RAY（射线）命令向主视图绘制投影线，如图13-181所示。

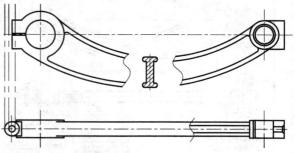

图 13-181　绘制投影线

Step 12 将【轮廓线】置为当前图层，根据辅助线的位置，补画主视图左端的轮廓线，如图13-182所示。

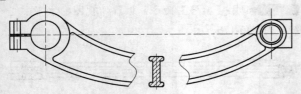

图13-182 补画主视图轮廓线

Step 13 切换至【细实线】图层,调用【样条曲线】命令,绘制剖切边线,如图13-183所示。

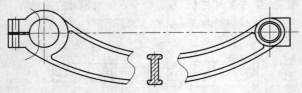

图13-183 绘制剖切边线

Step 14 切换至【剖面线】图层,调用H(图案填充)命令,填充主视图与俯视图两处的剖面线,并修剪剖切边线,如图13-184所示。

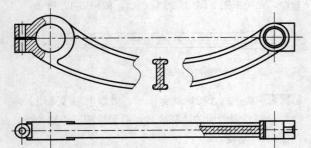

图13-184 填充主视图与俯视图两处的剖面线

3 标注图形

按前文介绍的方法对图形进行标注,填写技术要求,效果如图13-185所示。至此,弧形连杆零件图绘制完成。

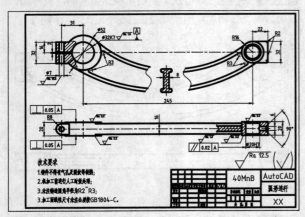

图13-185 标注图形

实例441 直接绘制法绘制装配图

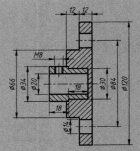

直接绘制法即根据装配体结构直接绘制整个装配图,适用于绘制比较简单的装配图。

难度 ★★★

- 素材文件路径:无
- 效果文件路径:素材/第13章/实例441 直接绘制法绘制装配图-OK.dwg
- 视频文件路径:视频/第13章/实例441 直接绘制法绘制装配图MP4
- 播放时长:10分9秒

Step 01 单击快速访问工具栏中的【新建】按钮,以"第13章/机械制图样板.dwt"为样板,新建一个图形文件。

Step 02 将【中心线】图层置为当前图层,执行【直线】命令,绘制中心线,如图13-186所示。

Step 03 执行【偏移】命令,将水平中心线向上偏移5、7.5、8.5、16.5、21、24.5、30,将垂直中心线向左偏移4、12、22、24、40,结果如图13-187所示。

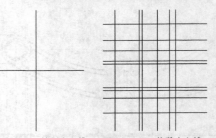

图13-186 绘制中心线　图13-187 偏移中心线

Step 04 执行【修剪】命令,对图形进行修剪,结果如图13-188所示。

Step 05 选择相关线条,转换到【轮廓线】图层,调整中心线长度,结果如图13-189所示。

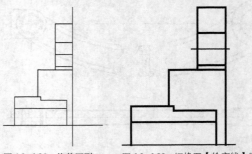

图13-188 修剪图形　图13-189 切换至【轮廓线】图层

Step 06 执行【镜像】命令，以水平中心线为镜像线镜像图形，结果如图13-190所示。

Step 07 执行【偏移】命令，将左侧边线向右偏移5、6、9、12、13，如图13-191所示。

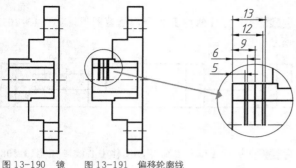

图 13-190 镜像图形　　图 13-191 偏移轮廓线

Step 08 执行【修剪】命令，修剪图形并将孔中心线切换到【中心线】图层，将孔的大径线切换到【细实线】图层，结果如图13-192所示。

Step 09 执行【图案填充】命令，选择填充图案为ANSI31，设置填充比例为1，角度为0°，填充图案，结果如图13-193所示。

Step 10 重复执行【图案填充】命令，选择填充图案为ANSI31，设置填充比例为1，角度为0°，填充另一个零件剖面，结果如图13-194所示。

Step 11 按Ctrl+S组合键，保存文件，完成绘制。

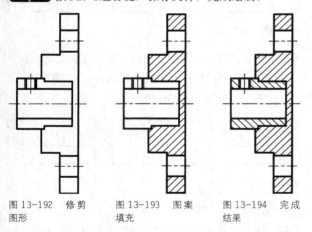

图 13-192 修剪图形　　图 13-193 图案填充　　图 13-194 完成结果

实例442 零件插入法绘制装配图

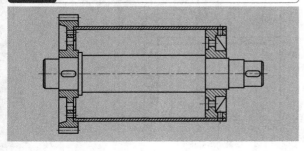

零件插入法是指首先绘制装配图中的各个零件，然后选择其中一个主体零件，将其他各零件依次通过【移动】、【复制】和【粘贴】等命令插入主体零件中来完成绘制。

难度 ★★★★

- 素材文件路径：无
- 效果文件路径：素材/第13章/实例442 零件插入法绘制装配图-OK.dwg
- 视频文件路径：视频/第13章/实例442 零件插入法绘制装配图.MP4
- 播放时长：28分20秒

1 绘制轴零件

Step 01 单击快速访问工具栏中的【新建】按钮，以"第13章机械制图样板.dwt"为样板，新建一个图形文件。

Step 02 将【中心线】图层设置为当前图层，执行【直线】命令，绘制中心线，如图13-195所示。

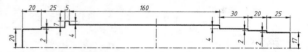

图 13-195 绘制中心线

Step 03 将【轮廓线】图层设置为当前图层，执行【直线】命令，绘制轴上半部分的轮廓线，如图13-196所示。

图 13-196 绘制轮廓线

Step 04 执行【倒角】命令，为图形倒角，如图13-197所示。

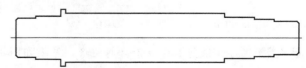

图 13-197 图形倒角

Step 05 执行【镜像】命令，以水平中心线为镜像线镜像图形，结果如图13-198所示。

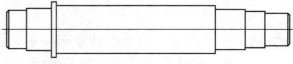

图 13-198 镜像图形

Step 06 执行【直线】命令，捕捉端点绘制倒角连接线，结果如图13-199所示。

图 13-199 绘制连接线

Step 07 执行【偏移】命令，按图13-200所示的尺寸偏移轮廓线。

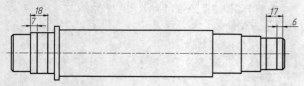

图13-200　偏移直线

Step 08 执行【圆】命令，以偏移线与中心线交点为圆心绘制Ø8的圆；然后执行【直线】命令，绘制圆连接线，如图13-201所示。

图13-201　绘制键槽

Step 09 执行【修剪】命令，修剪出键槽轮廓，如图13-202所示。

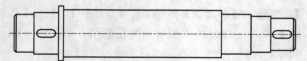

图13-202　修剪键槽

2 绘制齿轮

Step 01 将【中心线】图层设置为当前图层，执行【直线】命令，在空白处绘制中心线，如图13-203所示。

Step 02 执行【偏移】命令，将垂直中心线对称偏移22、32、44、56、64、72、76、80，将水平中心线向上偏移10、19、25，结果如图13-204所示。

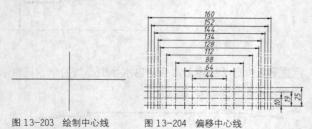

图13-203　绘制中心线　　　图13-204　偏移中心线

Step 03 执行【修剪】命令，修剪图形，结果如图13-205所示。

图13-205　修剪图形

Step 04 将相关线条切换至【轮廓线】图层，然后执行【直线】命令，绘制两段连接斜线，如图13-206所示。

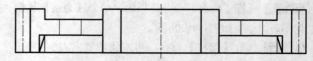

图13-206　绘制连接线

Step 05 执行【修剪】命令，修剪图形，如图13-207所示。

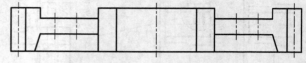

图13-207　修剪图形

Step 06 执行【偏移】命令，偏移中心线，如图13-208所示。

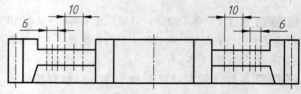

图13-208　偏移中心线

Step 07 将偏移出的线条切换到【轮廓线】图层，然后执行【修剪】命令，修剪出孔轮廓，如图13-209所示。

图13-209　修剪图形

Step 08 切换至【剖面线】图层，执行【图案填充】命令，选择填充图案为ANSI31，比例为1，角度为0°，填充剖面线，结果如图13-210所示。

图13-210　图案填充

3 绘制箱体

Step 01 将【轮廓线】图层设置为当前图层，执行【矩形】命令，绘制一个矩形；并执行【直线】命令，绘制中心线，如图13-211所示。

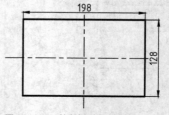

图13-211　绘制矩形和中心线

Step 02 执行【分解】命令，将矩形分解；执行【偏移】命令，偏移矩形的边线和中心线，如图13-212所示。

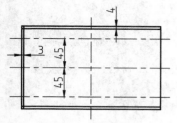

图 13-212　偏移轮廓和中心线

Step 03 执行【修剪】命令，修剪箱体轮廓，将相关线条切换到【轮廓线】图层，如图13-213所示。

Step 04 执行【偏移】命令，将水平中心线向两侧偏移56个单位，将竖直中心线向右偏移91个单位，如图13-214所示。

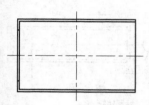

图 13-213　修剪图形　　　　　图 13-214　偏移中心线

Step 05 重复【偏移】命令，将上一步偏移出的中心线再次向两侧偏移3，如图13-215所示。

Step 06 执行【修剪】命令，修剪出4个孔轮廓，然后将孔边线切换到【轮廓线】图层，并调整中心线长度，如图13-216所示。

图 13-215　修剪图形　　　　　图 13-216　偏移中心线

Step 07 将【剖面线】图层设置为当前图层，执行【图案填充】命令，选择ANSI31图案，填充剖面线，如图13-217所示。

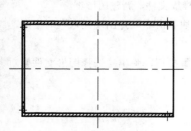

图 13-217　填充图案

4　绘制端盖

Step 01 将【中心线】图层设置为当前图层，执行【直线】命令，在空白处绘制中心线，结果如图13-218所示。

Step 02 执行【偏移】命令，将垂直中心线向右偏移4、13、19、27，将水平中心线对称偏移21、31、41、52、60，结果如图13-219所示。

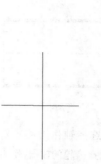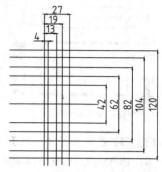

图 13-218　绘制中心线　　　　图 13-219　偏移中心线

Step 03 执行【修剪】命令，修剪图形，将线条切换至【轮廓线】图层，结果如图13-220所示。

Step 04 执行【直线】命令，绘制连接线，如图13-221所示。

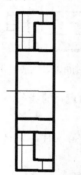

图 13-220　绘制中心线　　　　图 13-221　偏移中心线

Step 05 执行【偏移】命令，偏移中心线，如图13-222所示。

Step 06 执行【修剪】命令，修剪图形，然后将孔边线切换到【轮廓线】图层，如图13-223所示。

Step 07 执行【图案填充】命令，选择填充图案为ANSI31，填充剖面线，结果如图13-224所示。

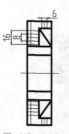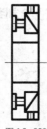

图 1 3-2 2 2　　　图 13-223　　　图 13-224　
偏移直线　　　　　修剪图形　　　　图案填充

5 创建装配图

Step 01 执行【复制】命令，复制以上创建的零件到图纸空白位置，如图13-225所示。

Step 02 执行【移动】命令，选择齿轮作为移动的对象，选择齿轮的A点作为移动基点，选择箱体的A'点作为移动目标，移动结果如图13-226所示。

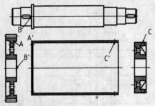 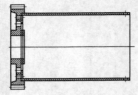

图13-225 复制零件图　　　　图13-226 移动齿轮

Step 03 重复执行【移动】命令，选择轴作为移动对象，选择轴的B点作为移动基点，选择齿轮的B'点作为移动的目标点，移动结果如图13-227所示。

Step 04 重复执行【移动】命令，选择端盖作为移动对象，选择端盖的C点作为移动基点，选择箱体的C'点作为移动的目标点，移动结果如图13-228所示。

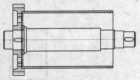 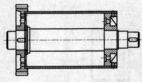

图13-227 复制零件图　　　　图13-228 移动齿轮

Step 05 执行【修剪】命令，修剪箱体被遮挡的线条，结果如图13-229所示。

Step 06 选择【文件】|【保存】命令，保存文件，完成装配图的绘制。

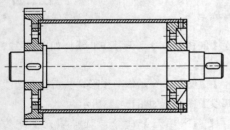

图13-229 修剪多余的线条

实例443 图块插入法绘制装配图

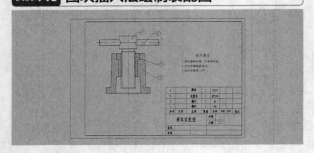

图块插入法是指将各种零件存储为外部图块，然后以插入图块的方法来添加零件图，然后使用【旋转】、【复制】和【移动】等命令组合成装配图。

难度 ★★★★

- 素材文件路径：无
- 效果文件路径：素材/第13章/实例443 图块插入法绘制装配图-OK.dwg
- 视频文件路径：视频/第13章/实例443 图块插入法绘制装配图.MP4
- 播放时长：30分11秒

1 外部块创建

Step 01 新建AutoCAD图形文件，绘制图13-230所示的零件图形。执行【写块】命令，将该图形创建为【阀体】外部块，保存在计算机中。

Step 02 绘制图13-231所示的零件图形，并创建为【螺钉】外部块。

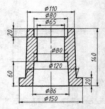 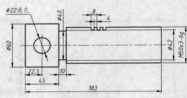

图13-230 绘制阀体　　　　图13-231 绘制螺钉

Step 03 绘制图13-232所示的零件图形，并创建为【过渡套】外部块。

Step 04 绘制图13-233所示的零件图形，并创建为【销杆】外部块。

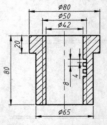 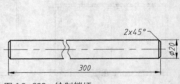

图13-232 绘制过渡套　　　　图13-233 绘制销杆

2 插入零件图块并创建装配图

Step 01 单击快速访问工具栏中的【新建】按钮，在【选择样板】对话框中选择素材文件夹中的"第13章/机械制图样板.dwt"样板文件，新建图形。

Step 02 执行【插入块】命令，弹出【插入】对话框，如图13-234所示。

Step 03 单击【浏览】按钮，弹出【选择图形文件】对话框，如图13-235所示。

图 13-234　【插入】对话框

图 13-235　【选择图形文件】对话框

Step 04 选择"阀体.dwg"文件，设置插入比例为0.5，单击【打开】按钮，将其插入绘图区中，结果如图13-236所示。

Step 05 执行【插入块】命令，设置插入比例为0.5，插入"过渡套块.dwg"文件，以A作为配合点，结果如图13-237所示。

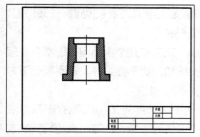

图 13-236　插入阀体块

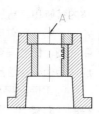

图 13-237　插入过渡套块

Step 06 执行【插入块】命令，设置插入比例为0.5，旋转角度为-90°，插入"螺钉.dwg"；并执行【移动】命令，以螺纹配合点为基点装配到阀体上，结果如图13-238所示。执行【插入块】命令，设置插入比例为0.5，插入"销杆.dwg"，然后执行【移动】命令将销杆中心与螺钉圆心重合，结果如图13-239所示。

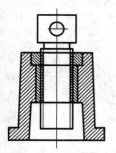

图 13-238　插入螺钉块

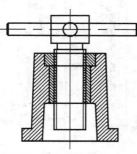

图 13-239　插入销杆块

Step 07 执行【分解】命令，分解图形；然后执行【修剪】命令，修剪整理图形，结果如图13-240所示。

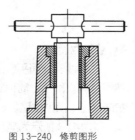

图 13-240　修剪图形

3　绘制明细表

Step 01 将"零件序号引线"多重引线样式设置为当前引线样式，执行【多重引线】命令标注零件序号，如图13-241所示。

Step 02 执行【插入表格】命令，设置表格参数，如图13-242所示，单击【确定】按钮，然后在绘图区指定宽度范围与标题栏对齐，向上拖动调整表格的高度为5行。

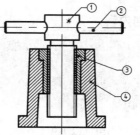

图 13-241　标注零件序号

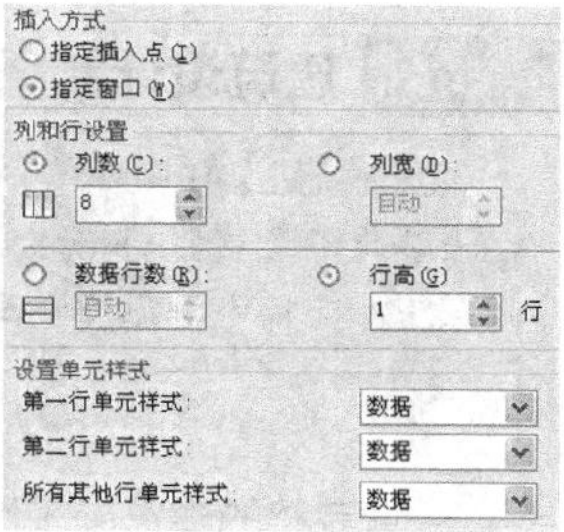

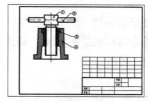

图 13-242　设置表格参数

Step 03 创建的表格如图13-243所示。

Step 04 选中创建的表格，拖动表格夹点，修改各列的宽度，如图13-244所示。

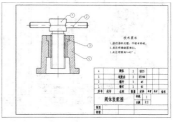

图 13-243　插入的表格 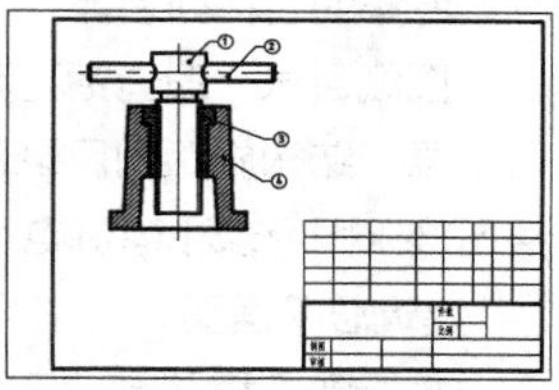　　　　图 13-244　调整明细表宽度

Step 05 分别双击标题栏和明细表各单元格，输入文字内容，填写结果如图13-245所示。

Step 06 将"机械文字"文字样式设置为当前文字样式，执行【多行文字】命令，填写技术要求，如图13-246所示。

4		阀体	1	Q235			
3		过渡套	1	HT200			
2		销杆	1	45			
1		螺钉	1	45			
序号	代号	名称	数量	材料	单重	总计	备注

技术要求

1.进行清砂处理，不允许有砂眼。

2.未注明铸造圆角R3。

3.未注明倒角1×45°。

图 13-245　填写明细表和标题栏　　　图 13-246　填写技术要求

Step 07 调整装配图图形和技术要求文字的位置，如图13-247所示。按Ctrl+S组合键保存文件，完成阀体装配图的绘制。

图 13-247　装配图结果

第 14 章 建筑设计工程实例

本章主要讲解建筑设计的概念及建筑制图的内容和流程,并通过具体的实例来对各种建筑图形进行实例演练。通过本章的学习,我们能够了解建筑设计的相关理论知识,并掌握建筑制图的流程和实际操作方法。

建筑图形所涉及的内容较多,绘制起来比较复杂。使用 AutoCAD 进行绘制,不仅可使建筑制图更加专业,还能保证制图质量,提高制图效率,做到图面清晰、简明。

实例444 建筑设计制图的内容

建筑工程施工图是工程技术的"语言",能够十分准确地表达出建筑物的外形轮廓和尺寸大小、结构造型、装修做法、材料做法以及设备管线的图样。

难度 ★★

一套完整的建筑施工图,应当包括以下主要图纸内容。

1 建筑施工图首页

建筑施工图首页内含工程名称、实际说明、图纸目录、经济技术指标、门窗统计表以及本套建施图所选用标准图集的名称列表等。

图纸目录一般包括整套图纸的目录,应有建筑施工图目录、结构施工图目录、给水排水施工图目录、采暖通风施工图目录和建筑电气施工图目录。

2 建筑总平面图

将新建工程四周一定范围内的新建、拟建、原有和拆除的建筑物、构筑物连同其周围的地形、地物状况用水平投影方法和相应的图例所画出的图样,即为总平面图。

建筑总平面图主要表示新建房屋的位置、朝向、与原有建筑物的关系,以及周围道路、绿化和给水、排水和供电条件等方面的情况,作为新建房屋施工定位、土方施工、设备管网平面布置,作为在施工时进入现场的材料和构件、配件堆放场地、构件预制的场地以及运输道路的依据。

图 14-1 所示为某中学建筑总平面图。

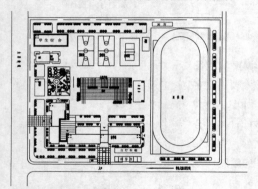

图 14-1 某中学建筑总平面图

3 建筑各层平面图

建筑平面图是假想用一个水平剖切平面从建筑窗台上一点剖切建筑,移去上面的部分,向下所作的正投影图,简称平面图。

建筑平面图反映建筑物的平面形状和大小、内部布置、墙的位置、厚度和材料、门窗的位置和类型以及交通等情况,可作为建筑施工定位、放线、砌墙、安装门窗、室内装修和编制预算的依据。

一般房屋有几层,就应有几个平面图。通常有底层平面图、标准层平面图和顶层平面图等,在平面图下方应注明相应的图名及采用的比例。

因平面图是剖面图,因此应按剖面图的图示方法绘制,即被剖切平面剖切到的墙、柱等轮廓用粗实线表示,未被剖切到的部分如室外台阶、散水、楼梯以及尺寸线等用细实线表示,门的开启线用中粗实线表示。图 14-2 所示为某别墅一层平面图。

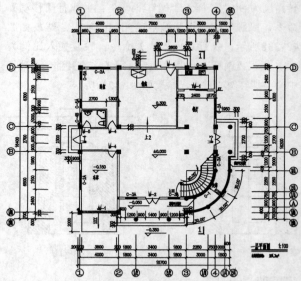

图 14-2 某别墅一层平面图

4 建筑立面图

在与建筑立面平行的铅直投影面上所作的正投影图称为建筑立面图,简称立面图。建筑立面图是反映建筑物的体型、门窗位置、墙面的装修材料和色调等的图样。

图 14-3 所示为某别墅立面图。

图 14-3　某别墅立面图

5　建筑剖面图

建筑剖面图是假想用一个或一个以上垂直于外墙轴线的铅垂剖切平面剖切建筑而得到的图形，简称剖面图。

图 14-4 所示为某别墅剖面图。

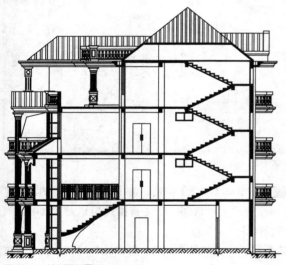

图 14-4　某别墅剖面图

6　建筑详图

建筑详图主要包括屋顶详图、楼梯详图、卫生间详图及一切非标准设计或构件的详略图。

实例445　设置建筑绘图环境

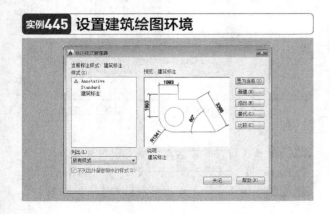

事先设置好绘图环境，可以使用户在绘制各类建筑图时更加方便、灵活、快捷。本章所有实例皆基于该模板。

难度 ★★

- 素材文件路径：无
- 效果文件路径：素材/第14章 建筑制图样板.dwt
- 视频文件路径：视频第14章 实例445 设置建筑绘图环境.MP4
- 播放时长：9分24秒

1　设置图形单位

Step 01　单击【快速访问工具栏】中的【新建】按钮□，新建一空白文档。

Step 02　调用UN命令，系统打开【图形单位】对话框，设置单位，如图14-5所示。

图 14-5　【图形单位】对话框

Step 03　单击【图层】面板中的【图层特性管理器】按钮绾，设置图层，如图14-6所示。

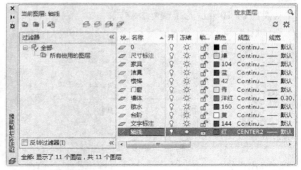

图 14-6　设置图层

Step 04　调用LIMITS（图形界限）命令，设置图形界限。命令行提示如下。

命令: LIMIts//调用【图形界限】命令
重新设置模型空间界限:
指定左下角点或 [开(ON)/关(OFF)] <0.0,0.0>://按Enter键确定
指定右上角点 <420.0,297.0>: 29700,21000//指定界限按Enter
键确定

2 设置文字样式

Step 01 单击【注释】面板中的【文字样式】按钮 ![A],
打开【文字样式】对话框,如图14-7所示。

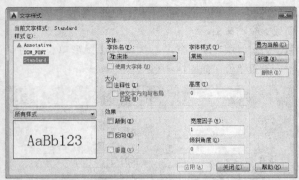

图 14-7 【文字样式】对话框

Step 02 单击【新建】按钮,新建【标注】文字样式,
如图14-8所示。

图 14-8 新建文字样式

Step 03 使用相同方法新建图14-9所示的【文字说明】
样式及图14-10所示的【轴号】样式。

图 14-9 【文字说明】样式

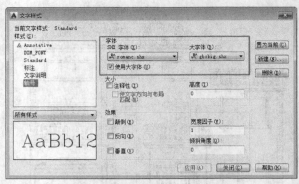

图 14-10 【轴号】样式

3 设置标注样式

Step 01 单击【注释】面板中的【标注样式】按钮 ![],
系统打开【标注样式】对话框,如图14-11所示。

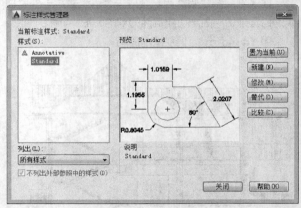

图 14-11 标注样式对话框

Step 02 单击【新建】按钮,弹出图14-12所示的【创建
新标注样式】对话框,在【新样式名】文本框中输入
"建筑标注"。

Step 03 单击【继续】按钮,弹出【新建标注样式】对
话框。【线】选项卡参数设置如图14-13所示,【超出
尺寸线】设置为200,【起点偏移量】设置为100,其他
保持默认值不变。

图 14-12 【创建新标注样式】　图 14-13 【线】选项卡设置
对话框

Step 04 在【符号和箭头】选项卡中设置箭头符号为
【建筑标记】,【箭头大小】为200,如图14-14所示。

Step 05 单击【文字】选项卡,设置【文字样式】为

【标注】，【文字高度】设置为300，【从尺寸线偏移】设置为100，【文字位置】中【垂直】选择【上】，【文字对齐】设置为【与尺寸线对齐】，如图14-15所示。

图 14-14 【符号与箭头】选项卡设置　　图 14-15 【文字】选项卡设置

Step 06 单击【调整】选项卡，【文字设置】设置为【尺寸线上方，带引线】，其他保持默认不变，如图14-16所示。

Step 07 单击【主单位】选项卡，【精度】设置为0，【小数分隔符】设置为【句点】，如图14-17所示。

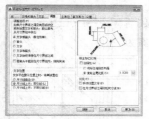

图 14-16 【调整】选项卡设置　　图 14-17 【主单位】选项卡设置

Step 08 设置完毕，单击【确定】按钮返回到【样式管理器】对话框，单击【置为当前】按钮，然后单击【关闭】按钮，完成新样式的创建，如图14-18所示。

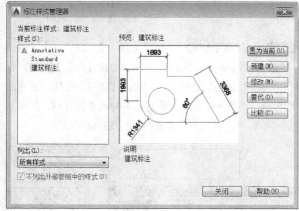

图 14-18 设置完成

4　保存为样板文件

Step 01 选择【文件】|【另存为】命令，打开【图形另存为】对话框，保存为"第19章/建筑制图样板.dwt"文件。

实例446　绘制西式窗

现代窗户由窗框、玻璃和活动构件（铰链、执手和滑轮等）三部分组成。窗框负责支撑窗体的主结构，可以是木材、金属、陶瓷或塑料材料，透明部分依附在窗框上，可以是纸、布、丝绸或玻璃材料。活动构件主要以金属材料为主，在人手触及的地方也可能包裹以塑料等绝热材料。窗户在外形上可分为古典窗、平开窗、推拉窗、倒窗、百叶窗和天窗等几大类。本例主要讲解利用 AutoCAD 多种命令绘制西式窗型，主要包括窗框、玻璃和装饰三部分。

难度 ★★

◈ 素材文件路径：无
◈ 效果文件路径：素材/第14章/实例446 绘制西式窗-OK.dwg
◈ 视频文件路径：视频/第14章/实例446 绘制西式窗.MP4
◈ 播放时长：10分27秒

Step 01 绘制窗框。新建空白文件，调用REC（矩形）命令绘制尺寸为1200×2300的矩形，作为窗户的外边框，如图14-19所示。

Step 02 将矩形分别向内偏移10、40、50、60、100，如图14-20所示。

Step 03 调用X（分解）命令，将所有矩形分解，删除偏移得到的所有矩形的下边，然后调用EX（延伸）命令，将所有矩形的左右两侧边向第一个矩形的下边延伸，结果如图14-21所示。

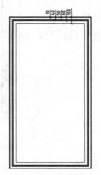

图 14-19 绘制矩形　　图 14-20 偏移矩形　　图 14-21 延伸线段

Step 04 调用O（偏移）命令，将第一个矩形的下边分别向上偏移530、550、600、640，结果如图14-22所示。

Step 05 调用TR（修剪）命令，对图形进行修剪，结果如图14-23所示。

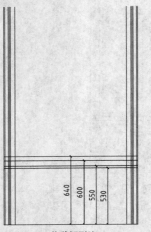

图 14-22　偏移矩形边

图 14-23　修剪图形

Step 06 单击功能区【实用工具】面板中的【点样式】按钮，对点的样式进行设置，如图14-24所示。在命令行输入DIV激活【等分】命令，输入等分数目为3，对最内侧的左右两边进行等分，结果如图14-25所示。

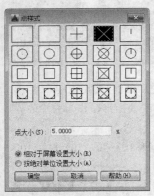

图 14-24　设置点样式

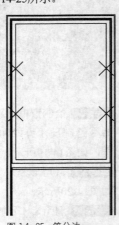

图 14-25　等分边

Step 07 调用REC（矩形）命令，配合捕捉功能捕捉到内侧矩形左右两边的等分点和上下两边的中点，绘制矩形，如图14-26所示。

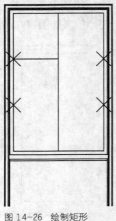

图 14-26　绘制矩形

Step 08 调用O（偏移）命令，设置偏移距离为40，将刚刚绘制的两个矩形向内偏移，并删掉原有矩形和等分点，结果如图14-27所示。

Step 09 调用MI（镜像）命令，将两个矩形进行镜像，调用L（直线）命令连接图形内部线段，细化窗户轮廓，结果如图14-28所示。

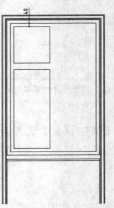

图 14-27　偏移矩形

图 14-28　镜像矩形

Step 10 在命令行输入H激活【图案填充】命令，选择图案为ar-rroof，设置填充角度为45，比例为600，鼠标左键单击绘图区域，对玻璃部分进行填充，结果如图14-29所示。

图 14-29　填充图形

Step 11 在命令行输入I激活【插入】命令，系统弹出【插入】对话框，如图14-30所示，单击【浏览】按钮，打开"装饰柱.dwg"素材文件，单击【确定】按钮，返回绘图界面，将块移动到合适位置，并对其进行复制，结果如图14-31所示。至此，西式窗的绘制过程就完成了。

图 14-30　【插入】对话框

图 14-31　插入块

实例447 绘制装饰门

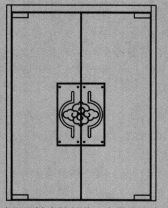

门是建筑物中不可缺少的部分。主要用于交通和疏散，同时也起采光和通风作用。门的尺寸、位置、开启方式和立面形式，应考虑人流疏散、安全防火、家具设备的搬运安装以及建筑艺术等方面的要求。门的宽度按使用要求可做成单扇、双扇及四扇等多种。本例主要向大家讲解钢化玻璃装饰门的绘制方法，其主要组成部分包括玻璃门、把手和装饰。

难度 ★ ★

- 素材文件路径：无
- 效果文件路径：素材/第14章/实例447 绘制装饰门-OK.dwg
- 视频文件路径：视频/第14章/实例447 绘制装饰门.MP4
- 播放时长：6分43秒

Step 01 启动AutoCAD 2016，新建空白文件，并设置捕捉模式为【端点】、【中点】和【象限点】。

Step 02 绘制门框。选择【绘图】|【矩形】菜单命令，绘制长度为1870、宽度为2490的矩形，如图14-32所示。

Step 03 调用X（分解）命令分解矩形，将矩形的左侧竖直边向右分别偏移60、70、635、645、930，如图14-33所示。

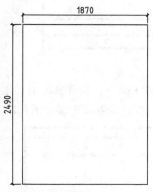

图14-32 绘制矩形

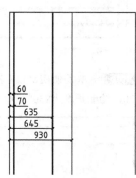

图14-33 偏移竖直边

Step 04 调用MI（镜像）命令，捕捉到矩形水平边的中点作为镜像线，镜像所有竖直边，结果如图14-34所示。

Step 05 重复O（偏移）命令，将矩形下侧水平边分别向上偏移10、700、710、1490、1500、2390、2400，如图14-35所示。

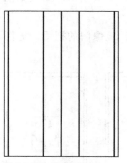

图14-34 镜像图形

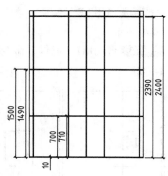

图14-35 偏移水平边

Step 06 修剪图形，结果如图14-36所示。

Step 07 绘制铰链。调用REC（矩形）命令，以内侧线段的交点为角点绘制4个尺寸为300×60的矩形，如图14-37所示。

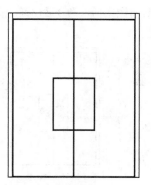

图14-36 修剪图形

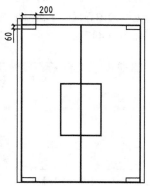

图14-37 绘制矩形 1

Step 08 重复REC（矩形）命令，以刚才所绘制的4个小矩形上边中点为角点，打开正交模式，绘制尺寸为28×10的矩形，如图14-38所示。

Step 09 绘制把手。在命令行输入C激活【圆】命令，配合捕捉功能，捕捉到图14-39所示的A点，输入相对坐标@（195,120）确定圆心，绘制半径为15的圆，调用MI（镜像）命令，镜像该圆，结果如图14-39所示。

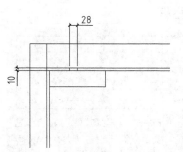

图14-38 绘制矩形 2

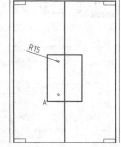

图14-39 绘制圆 1

Step 10 在命令行输入L激活【直线】命令，连接两个圆的左右象限点，以右侧线段的中点为圆心分别绘制半径为150和180的圆，如图14-40所示。

Step 11 调用TR（修剪）命令，修剪图形，结果如图14-41所示。

Step 12 调用MI（镜像）命令，镜像门的把手，如图14-42所示。

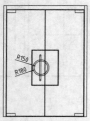 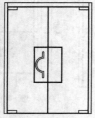 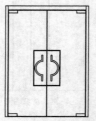

图 14-40 绘制圆2　　图 14-41 修剪图形　　图 14-42 镜像图形

Step 13 在命令行输入I激活【插入】命令，系统弹出【插入】对话框，如图14-43所示，单击【浏览】按钮，打开"祥云.dwg"素材文件，单击【确定】按钮，返回绘图界面，单击鼠标左键将图案插入到合适位置，如图14-44所示。

图 14-43 【插入】对话框

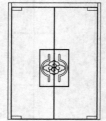

图 14-44 插入块

Step 14 调用TR（修剪）命令，修剪门缝部分的祥云图案，结果如图14-45所示。装饰门绘制完成。

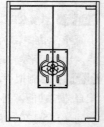

图 14-45 修剪图形

实例448 绘制铁艺栏杆

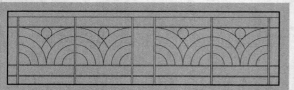

从形式上看，栏杆可分为节间式与连续式两种。前者由立柱、扶手及横挡组成，扶手支撑于立柱上；后者具有连续的扶手，由扶手、栏杆柱及底座组成。常见种类有：木制栏杆、石栏杆、不锈钢栏杆、铸铁栏杆、铸造石栏杆、

水泥栏杆和组合式栏杆。本例通过绘制铁艺栏杆让读者更好地掌握 AutoCAD 各项命令的运用。

难度 ★★

○ 素材文件路径：无
○ 效果文件路径：素材/第14章/实例448 绘制铁艺栏杆OK.dwg
○ 视频文件路径：视频/第14章/实例448 绘制铁艺栏杆.MP4
○ 播放时长：9分14秒

Step 01 新建空白文件，在命令行输入REC执行【矩形】命令，设置线宽为10，绘制长度为1840、宽度为900的矩形作为外框。

Step 02 选择【绘图】|【直线】菜单命令，捕捉到矩形的左上角点，向下移动鼠标，输入数值70，作为直线的起点，然后向右移动鼠标，捕捉到矩形右侧边上的垂直点，单击鼠标左键确定直线终点。

Step 03 选择【绘图】|【多线】菜单命令，设置多线比例为10，绘制长度为1840的多线，如图 14-46所示。

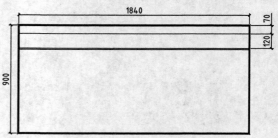

图 14-46 绘制直线和多线

Step 04 选择【修改】|【复制】菜单命令，将刚绘制的多线垂直向下复制两份，距离分别为470和600，结果如图 14-47所示。

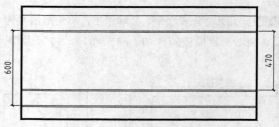

图 14-47 复制多线

Step 05 重复使用ML（多线）命令，设置多线比例为20，绘制长度为830的垂直多线，结果如图14-48所示。

图 14-48 绘制多线

Step 06 将垂直多线向右复制720，然后以交点B为圆心，绘制半径为350的圆，如图 14-49所示。

Step 07 在命令行输入TR执行【修剪】命令，对圆图形进行修剪，结果如图 14-50所示。

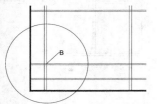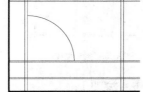

图 14-49 绘制圆　　　　图 14-50 修剪圆

Step 08 将修剪后产生的圆弧向内侧偏移100和200，向外偏移110，结果如图 14-51所示。

Step 09 执行MI（镜像）命令，将4条圆弧进行镜像，结果如图 14-52所示。

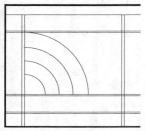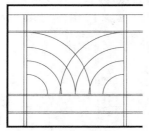

图 14-51 偏移圆弧　　　　图 14-52 镜像圆弧

Step 10 选择【绘图】|【圆】|【相切、相切、相切】菜单命令，绘制图 14-53所示的相切圆。

Step 11 执行TR（修剪）命令，对圆弧进行修剪，结果如图 14-54所示。

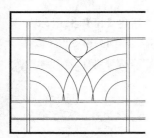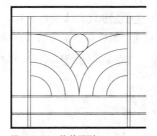

图 14-53 绘制相切圆　　　　图 14-54 修剪图形

Step 12 在命令行输入CO执行【复制】命令，将内部的图形结构进行复制，结果如图 14-55所示。

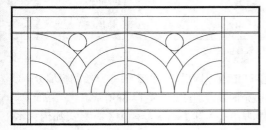

图 14-55 复制图形

Step 13 选择【修改】|【对象】|【多线】菜单命令，使用"十字闭合"选项功能，对十字相交的多线进行编辑，结果如图 14-56所示。

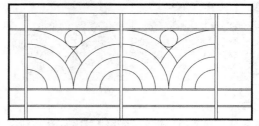

图 14-56 编辑多线

Step 14 在命令行输入MI执行【镜像】命令，配合两点之间的中点捕捉功能对所有对象进行镜像，结果如图 14-57所示。

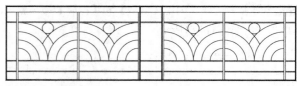

图 14-57 镜像图形

Step 15 选择外侧的两条多段线边框进行分解，然后删除多余图线，结果如图 14-58所示。

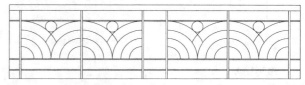

图 14-58 细化图形

Step 16 夹点显示外侧的轮廓线，修改其线宽为0.30mm，然后打开线宽显示功能，结果如图 14-59所示。

Step 17 最后执行SAVE（保存）命令，将图形命名存储为"铁艺栏杆.dwg"。

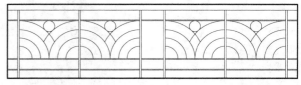

图 14-59 设置线宽

实例449 绘制建筑平面图

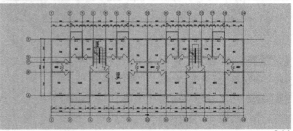

建筑平面图的一般绘制步骤为：先绘制轴线，然后依据轴线绘制墙体，再绘制门、窗，再插入图例设施，最后添加文字标注。

难度 ★★

- 素材文件路径：素材/第14章/实例449 绘制建筑平面图
- 效果文件路径：素材/第14章/实例449 绘制建筑平面图-OK.dwg
- 视频文件路径：视频/第14章/实例449 绘制建筑平面图.MP4
- 播放时长：54分40秒

1 绘制轴线

Step 01 新建空白文档，新建【轴线】图层，指定线型为【ACAD_IS004W100】，颜色为红色，并将其置为当前图层。

Step 02 绘制轴线。调用【直线】命令配合【偏移】命令绘制横竖5×6条直线，如图14-60所示。

Step 03 修剪轴线。利用【修剪】和【擦除】命令整理轴线，结果如图14-61所示。

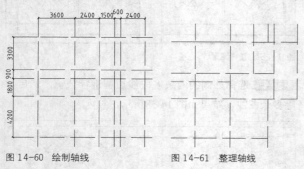

图 14-60　绘制轴线　　　　图 14-61　整理轴线

2 绘制墙体

Step 01 新建【墙体】图层，设置其颜色、线型和线宽为默认。并将其置为当前层。

Step 02 创建【墙体样式】。新建【墙体】多线样式，设置参数如图14-62所示，并将其置于当前。

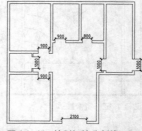

图 14-62　设置多线样式

Step 03 绘制墙体。调用【多段线】命令，指定比例为1，沿轴线交点绘制墙体，如图14-63所示。

Step 04 整理图形。调用【分解】与【修剪】命令，整理墙体，结果如图14-64所示。

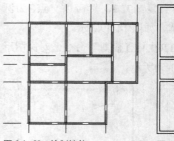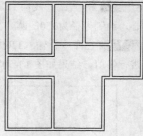

图 14-63　绘制墙体　　　　　　图 14-64　整理墙体

3 绘制门

Step 01 新建【门】图层，将其颜色改为【洋红】并置为当前层。

Step 02 开门洞。调用【直线】命令，依据设计的尺寸绘制门与墙的分隔线并修剪掉多余的线条，结果如图14-65所示。

Step 03 插入门图块。插入素材文件中"普通门"与"推拉门"图块，如图14-66所示。

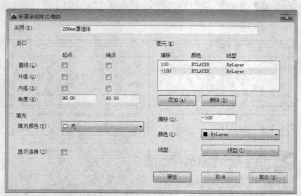

图 14-65　绘制门墙分割线　　　图 14-66　插入门图块

4 绘制窗

Step 01 新建【窗】图层，将其颜色改为【青色】并置为当前图层。

Step 02 建立【窗户】样式。新建【窗】多线样式，设置参数并将其置为当前多线样式，如图14-67所示。

图 14-67　设置多线样式

Step 03 开窗洞。调用【直线】命令，绘制窗墙分割线并修剪多余的线段，结果如图14-68所示。

Step 04 调用【多线】命令绘制窗户，效果如图14-69所示。

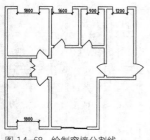

图 14-68 绘制窗墙分割线

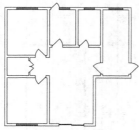

图 14-69 绘制窗户

5 绘制楼梯、阳台

Step 01 新建【楼梯、台阶、散水】图层，设置为默认属性并将其置为当前图层。

Step 02 调用【多段线】命令绘制开放式阳台，效果如图14-70所示。

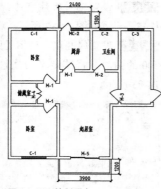

图 14-70 绘制阳台

6 添加文字说明

Step 01 新建【文字注释】图层，设置属性为默认并置为当前图层。

Step 02 新建【GBCIG】字体样式，设置字体如图14-71所示，并将其置为当前文字样式。

图 14-71 设置字体样式

Step 03 对图形添加文字说明，效果如图14-72所示。

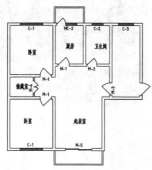

图 14-72 添加文字说明

7 镜像复制户型

Step 01 沿着墙体中心绘制一条中心线，如图14-73所示。

Step 02 调用【偏移】命令，向右侧偏移1200个绘图单位，如图14-74所示。

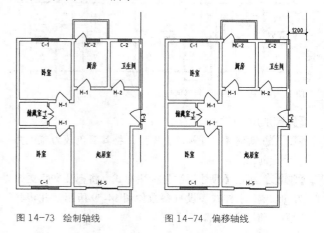

图 14-73 绘制轴线 图 14-74 偏移轴线

Step 03 镜像图形。调用【镜像】命令，以偏移之后的辅助线为轴，镜像户型，并绘制墙体与窗户，结果如图14-75所示。

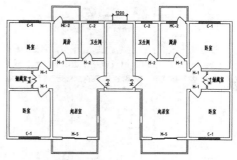

图 14-75 镜像复制户型

Step 04 整理图形。调用【修剪】与【删除】命令删除户型间重复的地方。

Step 05 插入楼梯。调用【插入块】命令插入素材文件"楼梯平面图.dwg"图块并将其放置于【楼梯、台阶、散水】图层，如图14-76所示。

Step 06 绘制卧室墙、窗。调用【直线】与【多线】命令绘制两阳台间卧室墙与窗并添加文字说明，如图14-77所示。

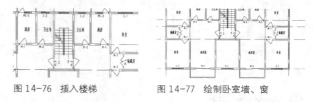

图 14-76 插入楼梯 图 14-77 绘制卧室墙、窗

Step 07 复制图形。调用【复制】命令，将整理好的两个

户型向右复制一份并以最右端的轴线为基准连接两部分。

Step 08 整理图形。调用【修剪】命令，修剪相连接两部分之间多余的线段，并绘制轴线，结果如图14-78所示。

图 14-78　复制户型并进行修剪

8　添加尺寸标注

Step 01 新建【尺寸标注】图层，将其颜色改为蓝色并置为当前图层。

Step 02 新建【尺寸标注】标注样式，将标注文字更改为 gbcig 文字样式，设置参数如图 14-79 所示。并将其置为当前标注样式。

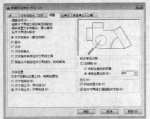

（【符号和箭头】选项卡设置）　　（【文字】选项卡设置）

（【调整】选项卡设置）　　（【主单位】选项卡设置）

图 14-79　设置尺寸标注参数

Step 03 尺寸标注。调用【线性】、【连续】和【基线】标注命令，对图形进行尺寸标注，结果如图 14-80 所示。

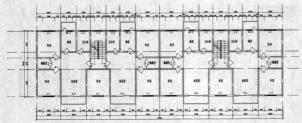

图 14-80　标注尺寸

9　添加标高标注

本例中标准层标高有两处需要标注，一是楼梯间平台标高，二是室内地面标高。插入素材文件"标高符号 .dwg"并修改高度。结果如图 14-81 所示。

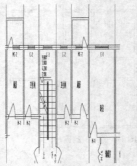
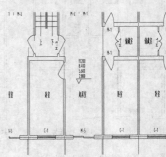

图 14-81　添加标高标注

10　添加轴号标注

Step 01 设置轴号标注字体。新建"COMPLEX"文字样式，设置如图 14-82 所示。

Step 02 设置属性块。调用【圆】命令绘制一个直径为800 的圆，并将其定义为属性块，属性参数设置如图14-83 所示。

图 14-82　置轴号标注字体　　　　图 14-83　定义属性块

Step 03 调用【插入】命令，插入属性块，完成轴号的标注，结果如图 14-84 所示。至此，平面图绘制完成。

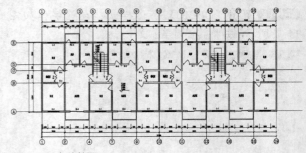

图 14-84　标注轴号

> **设计点拨**
>
> 平面图上定位轴线的编号，横向编号应用阿拉伯数字，从左至右顺序编写，竖向编号应用大写英文字母，从下至上顺序编写。英文字母的I、Z、O不得用作编号，以免与数字1、2、0混淆。编号应写在定位轴线端部的圆内，该圆的直径为800～1000mm，横向、竖向的圆心各自对齐在一条线上。

实例450 绘制建筑立面图

建筑立面图主要用来表示建筑物的体型和外貌、外墙装修、门窗的位置与形式，以及遮阳板、窗台、窗套、屋顶水箱、檐口、雨篷、雨水管、水斗、勒脚、平台和台阶等构配件各部位的标高和必要尺寸。

难度 ★★

⊙ 素材文件路径：素材/第14章/实例450 绘制建筑立面图
⊙ 效果文件路径：素材/第14章/实例450 绘制建筑立面图-OK.dwg
▶ 视频文件路径：视频/第14章/实例450 绘制建筑立面图.MP4
▶ 播放时长：33分54秒

1 绘制外部轮廓

Step 01 延续【实例449】进行操作，也可以打开素材文件"第14章/实例449 绘制建筑平面图.dwg"。

Step 02 复制平面图，调用【删除】和【修剪】等操作，整理出一个户型图，如图14-85所示。

Step 03 绘制轮廓线。将【墙体】层置为当前图层，调用【构造线】命令，过墙体及门窗边缘绘制图14-86所示的11条构造线，进行墙体和窗体的定位。

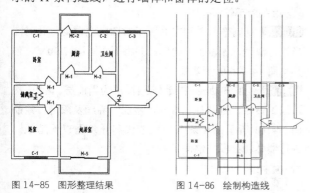

图 14-85 图形整理结果 　　　图 14-86 绘制构造线

设计点拨

最右侧的构造线位于窗线中点的位置，户型关于此线对称。

2 绘制阳台

Step 01 调用【直线】及【偏移】命令绘制标高线位置，并删除多余的线条，结果如图14-87所示。

Step 02 绘制线脚。调用【矩形】命令绘制一个110×2400大小的矩形，并将其移动定位于0标高线下方30个单位处，如图14-88所示。

图 14-87 绘制标高线位置

图 14-88 绘制矩形

Step 03 调用【矩形】命令绘制一个1000×2340大小的矩形，捕捉中点对齐上一步所绘矩形，如图14-89所示。

Step 04 插入门窗。插入素材文件中的"立面C1样式窗.dwg""立面MC2样式门连窗.dwg""立面C2样式窗.dwg"并修剪图形多余部分，结果如图14-90所示。

图 14-89 绘制矩形

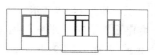

图 14-90 插入门窗图块

3 复制、镜像型立面

Step 01 调用【复制】命令，捕捉标高处辅助线，依次向上复制6层立面，如图14-91所示。

Step 02 调用【镜像】命令，以右边轮廓线为轴线将立面户型镜像两次并删除多余的线条，如图14-92所示。

图 14-91 复 　　图 14-92 镜像立面图形
制多层户型

Step 03 插入楼梯间门窗。插入素材文件"立面入户门.dwg"与"立面C3样式窗"并通过辅助线定位，如图14-93所示。

图 14-93 插入楼梯间门窗

4 完善图形

Step 01 将【墙体】图层置为当前图层。

Step 02 绘制屋顶。调用【矩形】命令，绘制38400×520大小矩形，捕捉矩形左下角点移动至户型立面图左上角点左侧400个单位处，如图14-94所示。

Step 03 将【楼梯、台阶、散水】图层置为当前层。

Step 04 绘制地面线脚。调用【矩形】命令，绘制长宽为 37640×700 大小的矩形并打断，通过中点对齐方式对齐 0 标高线下 700 单位处，修剪掉线脚与门窗相交处的线条，并向两端拉伸地坪线，如图 14-95 所示。

图 14-94　绘制屋顶　　　　图 14-95　绘制地面线脚

Step 05 调用【直线】与【矩形】命令绘制入口坡道与挡板，如图 14-96 所示。

Step 06 绘制雨水管。插入素材文件"立面雨水管.dwg"，如图 14-97 所示。

图 14-96　绘制入户坡道与挡板　　图 14-97　插入雨水管

5　图形标注

参照平面图标高、轴号与文字的标注方法标注立面图，其结果如图 14-98 所示。

图 14-98　标注标高与轴号

6　文字标注

Step 01 调用【引线】命令，设置引线箭头为实心闭合，大小为 2.5 进行标注，

Step 02 调用【单行文字】命令，在引线末端输入文字说明，在图形下方输入图名及比例，如图 14-99 所示。至此，立面图绘制完毕。

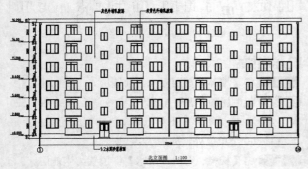

图 14-99　添加文字标注

实例451　绘制建筑剖面图

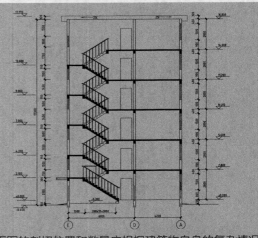

剖面图的剖切位置和数量应根据建筑物自身的复杂情况而定，一般剖切位置选择在建筑物的主要部位或是构造较为典型的部位，如楼梯间等处。习惯上，剖面图不画基础，断开面上材料图例与图线的表示均与平面图的表示相同，即被剖到的墙、梁和板等用粗实线表示，没有剖到的但是可见的部分用中粗实线表示，被剖切断开的钢筋混凝土梁、板涂黑表示。

难度 ★★

● 素材文件路径：素材/第14章/实例451 绘制建筑剖面图
● 效果文件路径：素材/第14章/实例451 绘制建筑剖面图-OK.dwg
※ 视频文件路径：视频/第14章/实例451 绘制建筑剖面图.MP4
※ 播放时长：45分27秒

1　绘制外部轮廓

Step 01 复制平面图和立面图于绘图区空白处，并对图形进行清理，保留主体轮廓，并将平面图旋转 90°，使其呈图 14-100 所示效果。

Step 02 绘制辅助线。指定【墙】图层为当前层。调用【构造线】命令，过墙体、楼梯、楼层分界线及阳台，绘制图 14-101 所示的 4 条水平构造线和 6 条垂直构造线，进行墙体和梁板的定位。

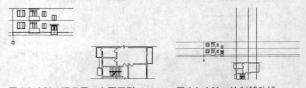

图 14-100　调用平、立面图形　　图 14-101　绘制辅助线

Step 03 调用【修剪】命令，修剪轮廓线，结果如图 14-102 所示。

2　绘制楼板结构

Step 01 新建【梁、板】图层，指定图层颜色为【24】，并将图层置为当前层。

Step 02 调用【直线】命令，打开正交模式，沿中间墙体向左绘制一根长 1880 的直线，再向下绘制一根长 300 的直线，然后向左绘制直线延伸到墙体。

Step 03 绘制二层起居室楼板。调用【偏移】命令，将一、二层标高线及上一步所绘 1880 长直线向下偏移 100，修剪并整理相交部分图形，如图 14-103 所示。

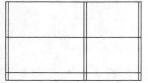 

图 14-102　修剪轮廓线　　　　图 14-103　绘制楼板

3　绘制楼梯

Step 01 将【楼梯、台阶、散水】图层置为当前层。

Step 02 绘制楼梯第一跑。调用【直线】命令，绘制两级宽 280，高 150 的踏步，如图 14-104 所示。

Step 03 绘制楼梯第二跑及平台。调用【直线】命令，绘制 12 级高宽为 175×280 的台阶，通过延伸捕捉从墙体处画长为 1960 的直线，对齐最上边的台阶，如图 14-105 所示。

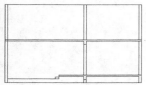 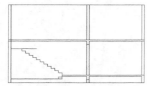

图 14-104　绘制楼梯第一跑　　图 14-105　绘制楼梯第二跑及平台

Step 04 绘制楼梯第三跑。调用【直线】命令，向右绘制 4 级高宽为 175×280 的台阶，修剪掉二层楼面板多出部分，如图 14-106 所示。

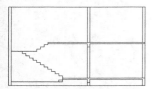

图 14-106　绘制楼梯第三跑

Step 05 绘制楼梯第四跑。调用【直线】命令，向左绘制 8 级高宽为 175×280 的台阶，如图 14-107 所示。

Step 06 绘制楼梯第五跑，调用【直线】命令，向右绘制 8 级高宽为 175×280 的台阶，修剪掉三层楼面板多出部分。如图 14-108 所示。

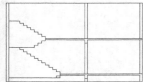 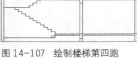

图 14-107　绘制楼梯第四跑　　图 14-108　绘制楼梯第五跑

Step 07 完善楼梯。调用【多段线】菜单命令，绘制图 14-109 所示的多段线。

Step 08 填充楼板。调用【图案填充】命令，选择【SOLID】图案对楼板进行填充，结果如图 14-110 所示。

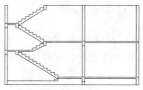 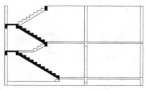

图 14-109　完善楼梯　　　　图 14-110　填充楼梯

4　添加门窗、阳台

Step 01 将【门】图层置为当前图层。调用【矩形】命令，绘制 1000×2000，900×2000 矩形门，通过平面图对齐位置，如图 14-111 所示。

Step 02 指定【窗】图层为当前图层。插入素材文件"剖面 C3 样式窗 .dwg"和"剖面 C4 样式窗 .dwg"。如图 14-112 所示。

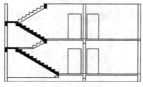 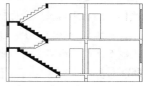

图 14-111　插入门　　　　图 14-112　插入窗

Step 03 插入素材文件文件"剖面阳台 .dwg"。

5　绘制细部

Step 01 指定【梁、板】图层为当前图层，调用【图案填充】命令，选择【SOLID】图案对楼板进行填充，结果如图 14-113 所示。

Step 02 指定【楼梯、台阶、散水】图层为当前图层，绘制入口坡道及入户门上的遮雨板，如图 14-114 所示。

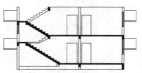 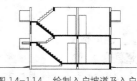

图 14-113　填充楼板　　　　图 14-114　绘制入户坡道及入户
　　　　　　　　　　　　　　　　　　门遮雨板

6　绘制楼梯栏杆

Step 01 指定【楼梯、台阶、散水】图层为当前层。

Step 02 绘制扶手。调用【直线】命令，在楼面板与楼梯平台台阶处分别向上绘制高 1000 的直线，如图 14-115 所示。

Step 03 调用【偏移】命令，将扶手偏移 50 个单位，并在每个转角处向外延伸 100 个单位，如图 14-116 所示。

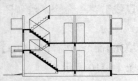

图 14-115 绘制扶手

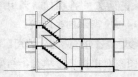

图 14-116 完善扶手

Step 04 调用【偏移】命令，将栏杆线偏移 30 个单位，并复制至每级台阶中点处，修剪整理图形。最终结果如图 14-117 所示。

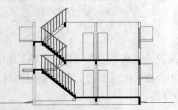

图 14-117 绘制栏杆

7 完善图形

Step 01 复制图形。调用【复制】命令，选择第二层楼板、墙体、门、阳台及整个楼梯及其中间平台，以一层楼梯间左上角点为基点，上一层门左上角点为第二点，向上复制 5 次，并修剪多余的线条，结果如图 14-118 所示。

Step 02 绘制屋顶。调用【多段线】命令，在图形顶部绘制多段线，如图 14-119 所示。两端屋檐伸出屋顶距离为 500，高 520，屋顶高 320。

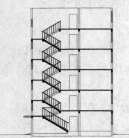

图 14-118 复制户型

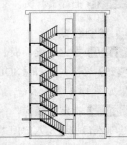

图 14-119 绘制屋顶板

8 图形标注

Step 01 标高标注。参照立面图标高标注办法，将标高图形复制对齐并修改高度数据，结果如图 14-120 所示。

Step 02 标注轴号。参照本章平面图轴号标注方法，标注轴号。结果如图 14-121 所示。

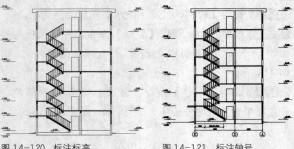

图 14-120 标注标高   图 14-121 标注轴号

Step 03 标注屋顶排水方向。参照平面图尺寸标注方法设置好尺寸标注样式，并将其置为当前标注样式。调用【引线】绘制两个带方向的箭头。调用【单行文字】命令，输入坡度大小，结果如图 14-122 所示。

图 14-122 标注屋顶排水坡度

Step 04 标注文字。调用【单行文字】命令，标注图形说明文字，并在文字下端绘制一条宽 60 的多段线，如图 14-123 所示。

1-1剖 面 图　　1：100

图 14-123 标注文字说明

第 15 章 室内设计工程实例

对建筑内部空间所进行的设计称为室内设计。是运用物质技术手段和美学原理，为满足人类生活、工作的物质和精神要求，根据空间的使用性质、所处环境的相应标准所营造出美观舒适、功能合理、符合人类生理与心理要求的内部空间环境，同时还应该反映相应的历史文脉、环境风格和气氛等文化内涵。

室内设计一般分为方案设计阶段和施工图设计阶段。方案设计阶段形成方案图，多用手工绘制方式表现，而施工图阶段则形成施工图。施工图是施工的主要依据，它需要详细、准确地表示出室内布置、各部分的形状、大小、材料做法及相互关系等内容，故一般用计算机来绘制。

实例452 室内设计制图的内容

室内装潢设计是建筑物内部环境的设计，是以一定建筑空间为基础，运用技术和艺术因素制造的一种人工环境，它是一种以追求室内环境多种功能的完美结合，充分满足人们的生活，工作中的物质需求和精神需求为目标的设计活动。

难度 ★★

一套完整的室内设计图纸包括施工图和效果图。

1 施工图和效果图

室内装潢施工图完整、详细地表达了装饰的结构、材料构成及施工的工艺技术要求等，它是木工、油漆工和水电工等相关施工人员进行施工的依据，具体指导每个工种、工序的施工。装饰施工图要求准确、详细，一般使用 AutoCAD 进行绘制。如图 15-1 所示为施工图中的地材图。

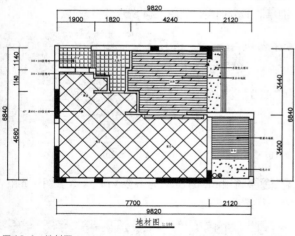

图15-1　地材图

效果图是在施工图的基础上，把装修后的效果用彩色透视图的形式表现出来，以便对装修进行评估。效果图一般用 3ds Max 绘制，它根据施工图的设计进行建模、编辑材质、设置灯光和渲染，最终得到一张彩色图像。效果图反映的是装修的用材、家具布置和灯光设计的综合效果，由于是三维透视彩色图像，没有任何装修专业

知识的普通业主也可轻易地看懂设计方案，了解最终的装修效果，如图 15-2 所示。

图 15-2　效果图

2 施工图的分类

施工图可以分为平面图、立面图、剖面图和节点图4 种类型。

平面图比较直观，主要信息是由墙体、柱子、门和窗等建筑结构和家具、陈设物、各种标注符号等组成，是以一平行于地面的剖切面将建筑剖切后，移去上部分而形成的正投影图。

施工图立面是室内墙面与装饰物的正投影图，它表明了室内的标高，吊顶装修的尺寸及梯次造型的相互关系尺寸，墙面装饰时的样式及材料、位置尺寸，墙面与门、窗、隔断的高度尺寸，墙面与顶、地的衔接方式等。

剖面图是将装饰面剖切，以表达结构构成的方式、材料的形式和主要支撑构件的相互关系等。剖面图标注有详细尺寸、工艺做法及施工要求。

节点图是两个以上装饰面的汇交点，按垂直或水平方向切开，以标明装饰面之间的对接方式和固定方法。节点图应该详细表现出装饰面连接处的构造，注有详细的尺寸和收口、封边的施工方法。

3 施工图的组成

一套完整的室内设计施工图包括原始户型图、平面布置图、顶棚图、地材图、电气图和给排水图等。

◆ 原始户型图：原始户型图需要绘制的内容有房型

结构、空间关系和尺寸等，这是室内设计绘制的第一张图，即原始房型图。其他专业的施工图都是在原始房型图的基础上进行绘制的，包括平面布置图、顶棚图、地材图和电气图等。

◆ 平面布置图：平面布置图是室内装饰施工图纸中的关键性图纸。它是在原建筑结构的基础上，根据业主的要求和设计师的设计意图，对室内空间进行详细的功能划分和室内设施定位。反映室内家具及其他设施的平面布置、绿化、窗帘和灯饰在平面中位置。

◆ 地材图：地材图是用来表示地面做法的图样，包括地面用材和形式。其形成方法与平面布置图相同，所不同的是地面平面图不需绘制室内家具，只需绘制地面所使用的材料和固定于地面的设备与设施图形。

◆ 电气图：电气图包括配电箱规格、型号、配置以及照明、插座和开关等线路的敷设方式和安装说明等。主要用来反映室内的配电情况。

◆ 顶棚平面图：顶棚图指建设室内地坪为整片镜面，并在该镜面上所形成的图像。主要用来表示顶棚的造型和灯具的布置，同时也反映了室内空间组合的标高关系和尺寸等。其内容主要包括各种装饰图形、灯具、说明文字、尺寸和标高。顶棚平面图也是室内装饰设计图中不可缺少的图样。

◆ 主要空间和构件立面图：立面图通常是假设以一平行室内墙面的切面将前部切去而形成的正投影图。立面图所要表达的内容为 4 个面（左右墙、地面和顶棚）所围合成的垂直界面的轮廓和轮廓里面的内容，包括按正投影原理能够投影到画面上的所有构配件，如门、窗、隔断和窗帘、壁饰、灯具、家具、设备与陈设等。

◆ 给水施工图：家庭装潢中，管道有给水（包括热水和冷水）和排水两个部分。给水施工图就是用于描述室内给水和排水管道、开关等用水设施的布置和安装情况。

实例453 设置室内绘图环境

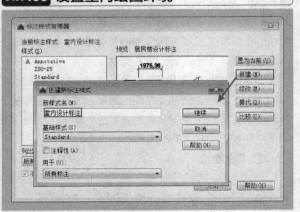

为了避免绘制每一张施工图都重复地设置图层、线型、文字样式和标注样式等内容，可以预先将这些相同部分一次性设置好，然后将其保存为样板文件。创建了样板文件后，在绘制施工图时，就可以在该样板文件基础上创建图形文件，从而加快了绘图速度，提高了工作效率。本章所有实例皆基于该模板。

难度 ★★

◎ 素材文件路径：无
◎ 效果文件路径：素材/第15章/实例453 室内设计样板.dwg
◎ 视频文件路径：视频/第15章/实例453 设置室内绘图环境.MP4
◎ 播放时长：7分19秒

1 设置图形单位与图层

Step 01 单击【快速访问工具栏】中的【新建】按钮，新建图形文件。

Step 02 在命令行中输入 UN，打开【图形单位】对话框。【长度】选项组用于设置线性尺寸类型和精度，这里设置【类型】为【小数】，【精度】为0。

Step 03 【角度】选项组用于设置角度的类型和精度。这里取消【顺时针】复选框勾选，设置角度【类型】为【十进制度数】，精度为0。

Step 04 在【插入时的缩放单位】选项组中选择【用于缩放插入内容的单位】为【毫米】，这样当调用非毫米单位的图形时，图形能够自动根据单位比例进行缩放。最后单击【确定】按钮关闭对话框，完成单位设置，如图 15-3 所示。

Step 05 单击【图层】面板中的【图层特性管理器】按钮，设置图层，如图 15-4 所示。

图 15-3 设置单位　　图 15-4 设置图层

Step 06 调用 LIMITS（图形界限）命令，设置图形界限。命令行提示如下。

```
命令: LIMIts//调用【图形界限】命令
重新设置模型空间界限:
指定左下角点或 [开(ON)/关(OFF)] <0.0,0.0>: ↙//按Enter键确定
指定右上角点 <420.0,297.0>: 42000,29700↙//指定界限按Enter键确定
```

2 设置文字样式

Step 01 选择【格式】|【文字样式】命令，打开【文字样式】对话框，单击【新建】按钮打开【新建文字样式】

对话框，样式名定义为"图内文字"，如图 15-5 所示。

Step 02 在【字体】下拉框中选择字体"gbenor.shx"，勾选【使用大字体】选择项，并在【大字体】下拉框中选择字体"gbcbig.shx"，在【高度】文本框中输入350，【宽度因子】文本框中输入 0.7，单击【应用】按钮，完成该样式的设置，如图 15-6 所示。

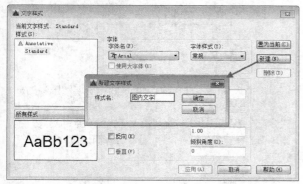

图 15-5　文字样式名称的定义

图 15-6　设置"图内文字"文字样式

Step 03 重复前面的步骤，建立如表 15-1 所示中其他文字样式。

表15-1　文字样式

文字样式名	打印到图纸上的文字高度	图形文字高度（文字样式高度）	宽度因子	字体|大字体
图内文字	3.5	350	1	gbenor.shx；gbcbig.shx
图名	5	500		gbenor.shx；gbcbig.shx
尺寸文字	3.5	0		gbenor.shx

3 设置标注样式

Step 01 选择【格式】|【标注样式】命令，打开【标注样式管理器】对话框，单击【新建】按钮，打开【创建新标注样式】对话框，新建样式名定义为"室内设计标注"，如图 15-7 所示。

图 15-7　定义标注样式的名称

Step 02 单击【继续】按钮后，进入【新建标注样式】对话框，然后分别在各选项卡中设置相应的参数，其设置后的效果如表 15-2 所示。

表15-2　标注样式的参数设置

【线】选项卡	【符号和箭头】选项卡
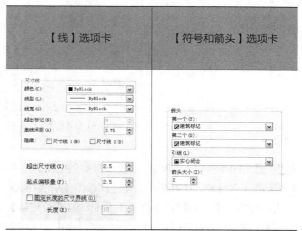	

【文字】选项卡	【调整】选项卡
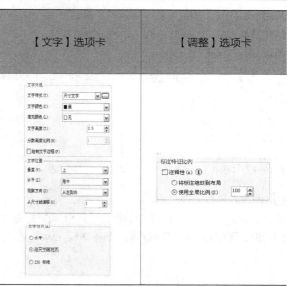	

4 设置引线样式

Step 01 执行【格式】|【多重引线样式】命令,打开【多重引线样式管理器】对话框,结果如图15-8所示。

Step 02 在对话框中单击【新建】按钮,弹出【创建新多重引线】对话框,设置新样式名为"室内标注样式",如图15-9所示。

图15-8 【多重引线样式管理器】对话框　　图15-9 【创建新多重引线样式】对话框

Step 03 在对话框中单击【继续】按钮,弹出【修改多重引线样式:室内标注样式】对话框;选择【引线格式】选项卡,设置参数如图15-10所示。

Step 04 选中【引线结构】选项卡,设置参数如图15-11所示。

图15-10 【修改多重引线样式:室内标注样式】对话框　　图15-11 【引线结构】选项卡

Step 05 选择【内容】选项卡,设置参数如图15-12所示。

Step 06 单击【确定】按钮,关闭【修改多重引线样式:室内标注样式】对话框;返回【多重引线样式管理器】对话框,将【室内标注样式】置为当前,单击【关闭】按钮,关闭【多重引线样式管理器】对话框。

Step 07 多重引线的创建结果如图15-13所示。

图15-12 【内容】选项卡　　图15-13 创建结果

5 保存为样板文件

选择【文件】|【另存为】命令,打开【图形另存为】对话框,保存为"第20章/室内制图样板.dwt"文件。

实例454 绘制钢琴

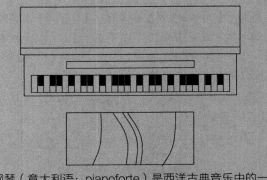

钢琴(意大利语:pianoforte)是西洋古典音乐中的一种键盘乐器,由88个琴键(52个白键,36个黑键)和金属弦音板组成。随着现代人们生活水平的提高,越来越多的家庭都乐意在家中添置一台钢琴以陶冶情操。

难度 ★★

📁 素材文件路径:无
📁 效果文件路径:素材/第15章/实例454 绘制钢琴-OK.dwg
🎬 视频文件路径:视频/第15章/实例454 绘制钢琴.MP4
🎬 播放时长:5分7秒

Step 01 启动 AutoCAD 2016,新建一空白文档。

Step 02 使用 REC(矩形)命令,分别绘制尺寸为1575×356、1524×305的矩形,如图15-14所示。

Step 03 调用L(直线)命令,绘制直线。调用 REC(矩形)命令,绘制尺寸为914×50的矩形,如图15-15所示。

图15-14 绘制矩形　　图15-15 绘制结果

Step 04 调用 REC(矩形)命令,绘制尺寸为1408×127的矩形。调用 X(分解)命令,分解矩形。

Step 05 执行【绘图】|【点】|【定距等分】菜单命令,选取矩形的上边为等分对象,指定等分距离为44。调用L(直线)命令,根据等分点绘制直线,结果如图15-16所示。

图15-16 绘制直线

Step 06 调用 REC(矩形)命令,绘制尺寸为38×76的矩形。

Step 07 调用 H(填充)命令,在弹出的【图案填充和渐变色】对话框中设置参数,如图15-17所示。调用【添加:拾取点】按钮,拾取尺寸为38×76的矩形为填充区域,填充结果如图15-18所示。并选择M(移动)命令将琴键放置到合适的位置。

图 15-17　设置参数

图 15-18　填充结果

Step 08 调用 REC（矩形）命令，绘制尺寸为 914×390 的矩形。调用 SPL（样条曲线）命令，绘制曲线，完成座椅的绘制。钢琴的绘制结果如图 15-19 所示。

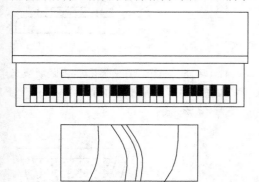

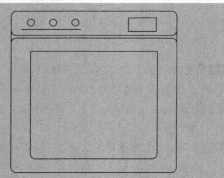

图 15-19　钢琴最终效果

实例455　绘制洗衣机

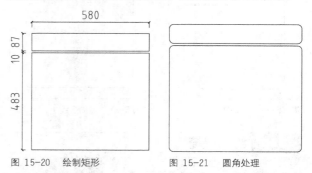

洗衣机可以减少人们的劳动量，一般放置在阳台或者卫生间。洗衣机也是室内设计中最常见的家具图块。洗衣机图形主要调用矩形命令、圆角命令、圆形命令来绘制。

难度 ★★

○ 素材文件路径：无

○ 效果文件路径：素材/第15章/实例455 绘制洗衣机-OK.dwg

○ 视频文件路径：视频/第15章/实例455 绘制洗衣机.MP4

○ 播放时长：4分25秒

Step 01 启动 AutoCAD 2016，新建空白文档。

Step 02 绘制洗衣机外轮廓。调用 REC（矩形）命令，绘制矩形，结果如图 15-20 所示。

Step 03 调用 F（圆角）命令，设置圆角半径为 19，对绘制完成的图形进行圆角处理，结果如图 15-21 所示。

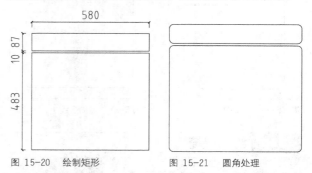

图 15-20　绘制矩形　　　　图 15-21　圆角处理

Step 04 调用 L（直线）命令，绘制直线，结果如图 15-22 所示。

Step 05 调用 REC（矩形）命令，绘制尺寸为 444×386 矩形，结果如图 15-23 所示。

图 15-22　绘制直线　　　　图 15-23　绘制矩形

Step 06 调用 F（圆角）命令，设置圆角半径为 19，对绘制完成的图形进行圆角处理，结果如图 15-24 所示。

Step 07 绘制液晶显示屏。调用 REC（矩形）命令，绘制矩形，结果如图 15-25 所示。

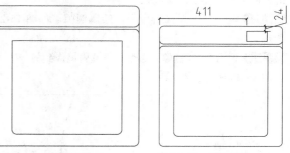

图 15-24　圆角处理　　　　图 15-25　绘制矩形

Step 08 绘制按钮。调用 C（圆）命令，绘制半径为 12 的圆形，结果如图 15-26 所示。

Step 09 调用 L（直线）命令，绘制直线，结果如图 15-27 所示。

Step 10 创建成块。调用 B（块）命令，打开【块定义】

对话框；框选绘制完成的图形，设置图形名称，单击【确定】按钮，即可将图形创建成块，方便以后调用。

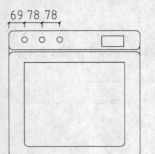

图 15-26　绘制圆形

图 15-27　绘制直线

实例456　绘制座椅

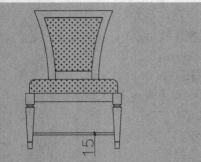

座椅是一种有靠背，有的还有扶手的坐具，在室内设计中，常需要绘制其立面图或平面图，以配各个不同的设计情况。下面讲解绘制方法。

难度 ★★

○ 素材文件路径：无
○ 效果文件路径：素材/第15章/实例456 绘制座椅-OK.dwg
○ 视频文件路径：视频/第15章/实例456 绘制座椅.MP4
○ 播放时长：5分24秒

Step 01 启动 AutoCAD 2016，新建一个空白文档。

Step 02 绘制靠背。调用 L（直线）命令，绘制长度为 550 的线段，如图 15-28 所示。

Step 03 调用 A（圆弧）命令，绘制圆弧，如图 15-29 所示。

Step 04 调用 MI（镜像）命令，将圆弧镜像到另一侧，如图 15-30 所示。

图 15-28　绘制线段　　图 15-29　绘制圆弧　　图 15-30　镜像圆弧

Step 05 调用 O（偏移）命令，将线段和圆弧向内偏移 50，并对线段进行调整，如图 15-31 所示。

Step 06 调用 L（直线）命令和 O（偏移）命令，绘制线段，如图 15-32 所示。

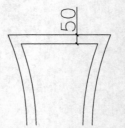

图 15-31　偏移线段和圆弧

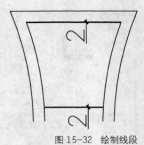

图 15-32　绘制线段

Step 07 绘制坐垫。调用 REC（矩形）命令，绘制尺寸为 615×100 的矩形，如图 15-33 所示。

Step 08 调用 F（圆角）命令，对矩形进行圆角，圆角半径为 40，如图 15-34 所示。

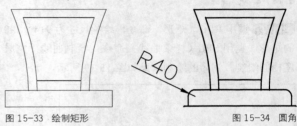

图 15-33　绘制矩形　　　　　　图 15-34　圆角

Step 09 调用 H（填充）命令，在靠背和坐垫区域填充 CROSS 图案，填充参数设置和效果如图 15-35 所示。

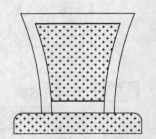

图 15-35　填充参数设置和效果

Step 10 绘制椅脚。调用 PL（多段线）命令、A（圆弧）命令和 L（直线）命令，绘制椅脚，如图 15-36 所示。

Step 11 调用 MI（镜像）命令，将椅脚镜像到另一侧，如图 15-37 所示。

Step 12 调用 L（直线）命令和 O（偏移）命令，绘制线段，如图 15-38 所示，完成座椅的绘制。

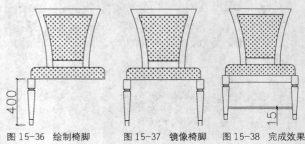

图 15-36　绘制椅脚　　图 15-37　镜像椅脚　　图 15-38　完成效果

实例457 绘制欧式门

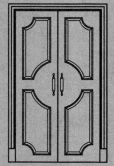

门是室内制图中最常用的图元之一，它大致可以分为平开门、折叠门、推拉门、推杠门、旋转门和卷帘门等，其中，平开门最为常见。门的名称代号用 M 表示，在门立面图中，开启线实线为外开，虚线为内开，具体形式应根据实际情况绘制。

难度 ★★

- 素材文件路径：无
- 效果文件路径：素材/第15章/实例457 绘制欧式门-OK.dwg
- 视频文件路径：视频/第15章/实例457 绘制欧式门.MP4
- 播放时长：9分47秒

Step 01 启动 AutoCAD2016，新建空白文档。

Step 02 绘制门套。调用 REC（矩形）命令绘制一个大小为 1400×2350 的矩形，如图 15-39 所示。

Step 03 调用 O（偏移）命令，将矩形依次向内偏移 40、20、40，并删除和延伸线段，对其进行调整，结果如图 15-40 所示。

Step 04 绘制踢脚线。调用 O（偏移）命令，将底线向上偏移 200，结果如图 15-41 所示。

Step 05 绘制门装饰图纹。调用 REC（矩形）命令，绘制大小为 400×922 的矩形，如图 15-42 所示。

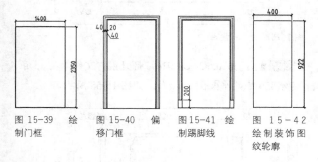

图 15-39 绘制门框　　图 15-40 偏移门框　　图 15-41 绘制踢脚线　　图 15-42 绘制装饰图纹轮廓

Step 06 调用 ARC（圆弧）命令，分别绘制半径为 150、350 的圆弧，并修剪多余的线段，结果如图 15-43 与图 15-44 所示。

Step 07 调用 O（偏移）命令，将门装饰框图纹依次向内偏移 15、30，并用 L（直线）、EX（延伸）、TR（修剪）命令完善图形，门装饰图纹绘制结果如图 15-45 所示。

Step 08 调用 REC（矩形）、C（圆）命令，绘制门把手，如图 15-46 所示。

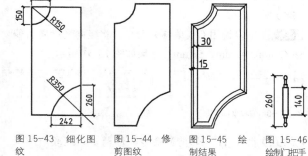

图 15-43 细化图纹　　图 15-44 修剪图纹　　图 15-45 绘制结果　　图 15-46 绘制门把手

Step 09 完善门。调用 M（移动）命令，将装饰图纹移动至合适位置，并用 L（直线）命令分割出门扇，结果如图 15-47 所示。

Step 10 调用 MI（镜像）命令，镜像装饰纹图形，完善门，如图 15-48 所示。

Step 11 调用 M（移动）命令，将门把手移动至合适位置，结果如图 15-49 所示。

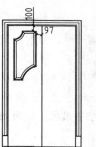
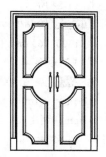

图 15-47 移动装饰图纹　　图 15-48 镜像装饰图纹　　图 15-49 最终效果

实例458 绘制矮柜

矮柜是指收藏衣物、文件等用的器具，方形或长方形，一般为木制或铁制。本例介绍矮柜的构造及绘制方法。

难度 ★★

- 素材文件路径：无
- 效果文件路径：素材/第15章/实例458 绘制矮柜-OK.dwg
- 视频文件路径：视频/第15章/实例458 绘制矮柜.MP4
- 播放时长：4分34秒

Step 01 启动 AutoCAD 2016，新建空白文档。

Step 02 绘制柜头。调用 REC（矩形）命令，绘制尺寸为 1519×354mm 的矩形。并调用 O（偏移）命令，将横向线段向下偏移 34mm、51mm、218mm，结果如图 15-50 所示。

Step 03 重复调用 O（偏移）命令，将竖向线段向右偏移 42mm、43mm、58mm，结果如图 15-51 所示。

图 15-50 偏移横向线段　　　图 15-51 偏移竖向

Step 04 调用 TR（修剪）命令，修剪多余线段，结果如图 15-52 所示。

Step 05 细化柜头。调用 ARC（圆弧）命令，绘制圆弧，结果如图 15-53 所示。

图 15-52 修剪线段　　　图 15-53 细化柜头

Step 06 调用 E（删除）命令，删除多余线段，结果如图 15-54 所示。

Step 07 绘制柜体。调用 REC（矩形）命令，绘制尺寸为 1326×633mm 的矩形。调用 X 分解命令，分解绘制完成的矩形。

Step 08 调用 O（偏移）命令，将线段向下偏移 219mm、51mm、219mm、60mm、20mm，向左偏移 47mm。调用 TR（修剪）命令，修剪多余线段，结果如图 15-55 所示。

 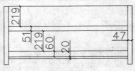

图 15-54 删除线段　　　图 15-55 绘制柜体

Step 09 绘制矮柜装饰。按 Ctrl+O 组合键，打开配套光盘提供的"素材 / 第 15 章 / 家具图例 .dwg"素材文件，将其中的"雕花"等图形粘贴到图形中，结果如图 15-56 所示。欧式矮柜绘制完成。

图 15-56 欧式矮柜绘制效果

实例459 绘制平面布置图

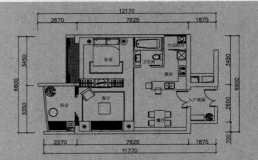

平面布置图是室内装饰施工图纸中的关键性图纸。它是在原建筑结构的基础上，根据业主的要求和设计师的设计意图，对室内空间进行详细的功能划分和室内设施定位。

难度 ★★

素材文件路径：素材/第15章/实例459 原始平面图.dwg
效果文件路径：素材/第15章/实例459 平面布置图-OK.dwg
视频文件路径：视频/第15章/实例459 平面布置图.MP4
播放时长：19分21秒

本例以原始平面图为基础绘制图 15-57 所示的平面布置图。其一般绘制步骤为：先对原始平面图进行整理和修改，然后分区插入室内家具图块，最后进行文字和尺寸等标注。

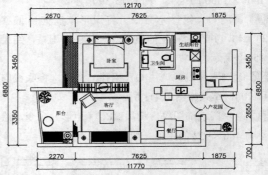

图 15-57 平面布置图

Step 01 启动 AutoCAD 2016，打开素材文件"第 15 章 / 实例 459 原始平面图 .dwg"，如图 15-58 所示。

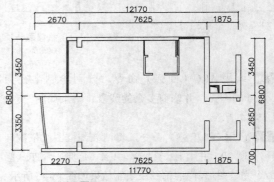

图 15-58 原始平面图

Step 02 绘制橱柜台面。调用 L（直线）命令，绘制直线；调用 O（偏移），偏移直线；调用 TR（修剪）命令，修剪线段，绘制橱柜如图 15-59 所示。

Step 03 调用 REC（矩形）命令，绘制尺寸为 100×80 的矩形，如图 15-60 所示。

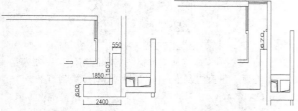

图 15-59 绘制橱柜　　　　　图 15-60 绘制矩形

Step 04 调用 REC（矩形）命令，绘制尺寸为 740×40 的矩形；调用 CO（复制）命令，移动复制矩形，绘制厨房与生活阳台之间的推拉门，如图 15-61 所示。

Step 05 调用 REC（矩形）命令，绘制尺寸为 700×40 的矩形，表示卫生间推拉门，如图 15-62 所示。

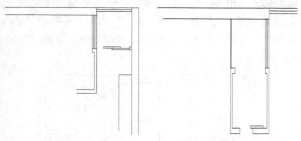

图 15-61 绘制推拉门 1　　　　图 15-62 绘制推拉门 2

Step 06 调用 L（直线）命令，绘制直线，表示卫生间沐浴区与洗漱区地面有落差，如图 15-63 所示。

Step 07 重复调用 L（直线）命令，绘制分隔卧室和厨房的直线，结果如图 15-64 所示。

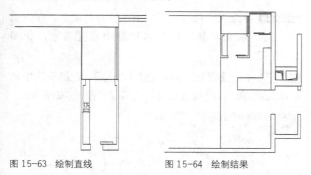

图 15-63 绘制直线　　　　　图 15-64 绘制结果

Step 08 调用 O（偏移）命令，设置偏移距离分别为 23、11、7，向右偏移直线，结果如图 15-65 所示，完成卧室、客厅与厨房之间的地面分隔绘制。

Step 09 调用 REC（矩形）命令，绘制尺寸为 740×40 的矩形；调用 CO（复制）命令，移动复制矩形。阳台推拉门的绘制结果如图 15-66 所示。

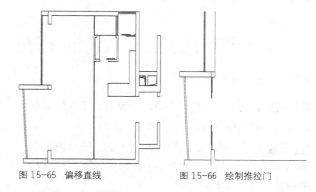

图 15-65 偏移直线　　　　　图 15-66 绘制推拉门

Step 10 绘制装饰墙体。调用 REC（矩形）命令，绘制尺寸为 600×40 的矩形；调用 CO（复制）命令，移动复制矩形，绘制结果如图 15-67 所示，在装饰墙体和推拉门之间安装窗帘。

Step 11 绘制卧室衣柜。调用 L（直线）命令、O（偏移）命令、TR（修剪）命令，绘制图 15-68 所示的图形。

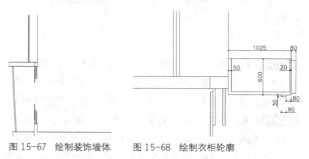

图 15-67 绘制装饰墙体　　　图 15-68 绘制衣柜轮廓

Step 12 绘制挂衣杆。调用 L（直线）命令，绘制直线；调用 O（偏移）命令，偏移直线，结果如图 15-69 所示。

Step 13 绘制衣架图形。调用 REC（矩形）命令，绘制尺寸为 450×40 的矩形；调用 CO（复制）命令，移动复制矩形，绘制结果如图 15-70 所示。

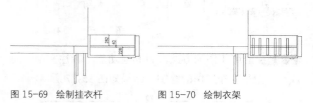

图 15-69 绘制挂衣杆　　　　图 15-70 绘制衣架

Step 14 调用 MI（镜像）命令，镜像复制完成的衣柜图形，结果如图 15-71 所示。

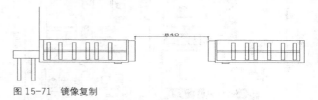

图 15-71 镜像复制

Step 15 调用 L（直线）命令，绘制直线，结果如图 15-72 所示。

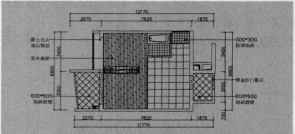

图 15-72　绘制直线

Step 16 调用 H（填充）命令，在弹出的【图案填充和渐变色】对话框中设置参数，如图 15-73 所示。

Step 17 单击【添加：拾取点】按钮，在绘图区中拾取填充区域，完成卧室窗台填充，结果如图 15-74 所示。

 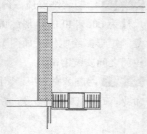

图 15-73　设置参数　　　　图 15-74　填充窗台

Step 18 按 Ctrl+O 组合键，打开"第 15 章 / 家具图例 .dwg"文件，将其中的家具图形粘贴到图形中。调用【修剪】命令修剪多余线段，结果如图 15-75 所示。

Step 19 调用 MT（多行文字）命令，在绘图区指定文字标注的两个对角点，在弹出的【文字格式】对话框中输入功能区的名称；单击【确定】按钮，关闭【文字格式】对话框，文字标注结果如图 15-76 所示。

图 15-75　插入图块　　　　图 15-76　文字标注

Step 20 沿用相同的方法，为其他功能区标注文字，完成小户型平面布置图的绘制，结果如图 15-77 所示。

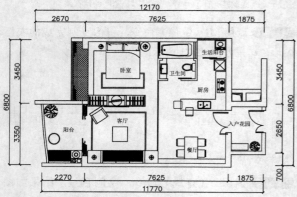

图 15-77　小户型平面布置图

实例460　绘制地面布置图

本例延续上例，介绍室内地材图的绘制方法，主要内容包括客厅、卧室以及卫生间等地面图案的绘制方法。

难度 ★★★★

- 素材文件路径：素材/第15章/实例459 平面布置图-OK.dwg
- 效果文件路径：素材/第15章/实例460 地面布置图-OK.dwg
- 视频文件路径：视频/第15章/实例460 地面布置图.MP4
- 播放时长：11分49秒

Step 01 延续（实例 459）进行操作，也可以打开"第 15 章 / 实例 459 平面布置图 -OK.dwg"素材文件。

Step 02 调用 CO（复制）命令，移动复制一份平面布置图到一旁；调用 E（删除）命令，删除不必要的图形；调用 L（直线）命令，在门口处绘制直线，整理结果如图 15-78 所示。

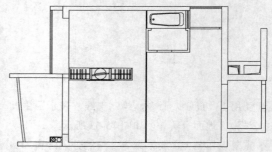

图 15-78　整理图形

Step 03 填充入户花园。调用 H（填充）命令，在弹出的【图案填充和渐变色】对话框中设置参数，如图 15-79 所示。

Step 04 单击【添加：拾取点】按钮，在绘图区中选取填充区域。入户花园地面填充结果如图 15-80 所示。

图 15-79　设置参数　　　　图 15-80　填充入户花园

Step 05 填充阳台。沿用相同的参数，为阳台地面填充图案，结果如图 15-81 所示。

Step 06 填充客厅调用 H（填充）命令，在弹出的【图案填充和渐变色】对话框中设置参数，如图 15-82 所示。

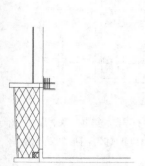

图 15-81 填充结果　　　　图 15-82 填充参数

Step 07 单击【添加：拾取点】按钮，在客厅区域中拾取填充区域，完成地面的填充，结果如图 15-83 所示。

Step 08 填充卫生间和生活阳台。调用 H（填充）命令，在弹出的【图案填充和渐变色】对话框中设置参数，如图 15-84 所示。

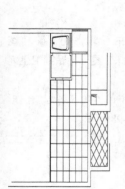

图 15-83 填充结果　　　　图 15-84 设置参数

Step 09 单击【添加：拾取点】按钮，在绘图区中拾取填充区域，完成卫生间及生活阳台地面的填充，结果如图 15-85 所示。

Step 10 填充卧室。调用 H（填充）命令，在弹出的【图案填充和渐变色】对话框中设置参数，如图 15-86 所示。

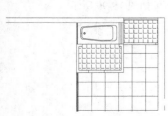

图 15-85 填充结果　　　　图 15-86 设置填充参数

Step 11 单击【添加：拾取点】按钮，在绘图区中拾取填充区域，完成卧室地面的填充，结果如图 15-87 所示。

Step 12 填充飘窗窗台。调用 H（填充）命令，在弹出的【图案填充和渐变色】对话框中设置参数，如图 15-88 所示。

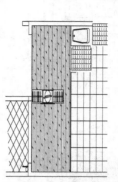

图 15-87 填充结果　　　　图 15-88 设置填充参数

Step 13 单击【添加：拾取点】按钮，在绘图区中拾取填充区域，完成卧室飘窗台面的填充，结果如图 15-89 所示。

Step 14 调用 H（填充）命令，在弹出的【图案填充和渐变色】对话框中设置参数，如图 15-90 所示。

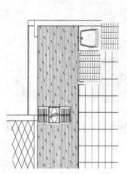

图 15-89 填充窗台　　　　图 15-90 设置参数

Step 15 单击【添加：拾取点】按钮，在绘图区中拾取填充区域，完成门槛石的填充，结果如图 15-91 所示。

Step 16 调用 MLD（多重引线）标注命令，在填充图案上单击，指定引线标注对象，然后水平移动光标，绘制指示线，系统弹出【文字格式】对话框，在其中输入地面铺装材料名称。单击【确定】按钮关闭对话框，标注结果如图 15-92 所示。

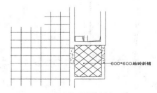

图 15-91 填充门槛　　　　图 15-92 标注地面材料

Step 17 重复 MLD（多重引线）标注命令，标注其他地面铺装材料名称，结果如图 15-93 所示。小户型地面布置图绘制完成。

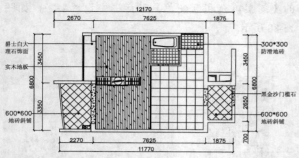

图 15-93　地面布置图

实例461　绘制顶棚图

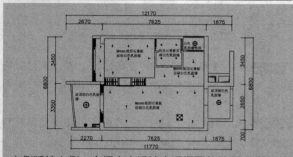

本例延续上例，介绍室内设计中顶棚图的绘制方法，主要内容包括灯具图形的插入及布置尺寸。

难度 ★★★★

- 素材文件路径：素材/第15章/实例460 地面布置图-OK.dwg
- 效果文件路径：素材/第15章/实例461 绘制顶棚图-OK.dwg
- 视频文件路径：视频/第15章/实例461 绘制顶棚图.MP4
- 播放时长：9分10秒

Step 01 延续【实例 460】进行操作，也可以打开"第15 章 / 实例 460 地面布置图 -OK.dwg"素材文件。

Step 02 调用 CO（复制）命令，移动复制一份平面布置图到一旁；调用 E（删除）命令，删除不必要的图形；调用 L（直线）命令，在门口处绘制直线，整理结果如图 15-94 所示。

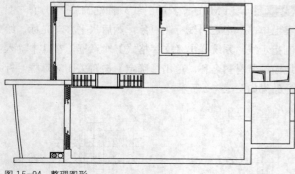

图 15-94　整理图形

Step 03 按 Ctrl+O 组合键，打开"第15 章 / 家具图例 .dwg"文件，将其中的"角度射灯"图形粘贴到客餐厅图形中，结果如图 15-95 所示。

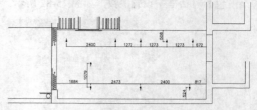

图 15-95　布置客餐厅灯具

Step 04 按 Ctrl+O 组合键，打开"第15 章 / 家具图例 .dwg"文件，将其中的"角度射灯"图形粘贴到厨房图形中，结果如图 15-96 所示。

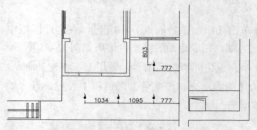

图 15-96　布置厨房灯具

Step 05 按 Ctrl+O 组合键，打开"第15 章 / 家具图例 .dwg"文件，将其中的"暗藏灯"图形粘贴到卫生间图形中，结果如图 15-97 所示。

Step 06 使用同样的方法，将其中的"角度射灯"图形粘贴到卧室图形中，结果如图 15-98 所示。

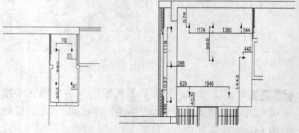

图 15-97　布置卫生间灯具　　　　图 15-98　布置卧室灯具

Step 07 调用 MT（多行文字）命令，弹出【文字格式】对话框，在其中输入顶面铺装材料的名称。单击【确定】按钮关闭对话框，标注结果如图 15-99 所示。

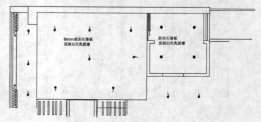

图 15-99　标注顶面材料

Step 08 重复调用 MT（多行文字）命令，标注其他顶面铺装材料名称，结果如图 15-100 所示。小户型顶面布置图绘制完成。

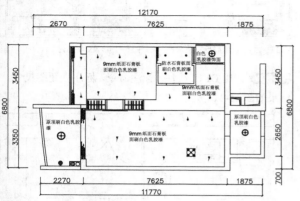

图 15-100 顶面布置图

实例462 绘制立面图

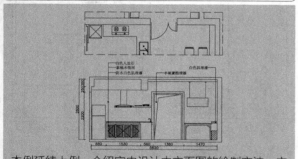

本例延续上例，介绍室内设计中立面图的绘制方法，主要内容包括复制、矩形、删除等命令的操作。

难度 ★★★★

- 素材文件路径：素材/第15章/实例461 绘制顶棚图-OK.dwg
- 效果文件路径：素材/第15章/实例462 绘制立面图-OK.dwg
- 视频文件路径：视频/第15章/实例462 绘制立面图.MP4
- 播放时长：14分42秒

Step 01 延续【实例461】进行操作，也可以打开"第15章 / 实例461 绘制顶棚图 -OK.dwg"素材文件。

Step 02 调用 CO（复制）命令，移动复制厨房餐厅立面图的平面部分到一旁；调用 RO（旋转）命令，翻转图形的角度，整理结果如图 15-101 所示。

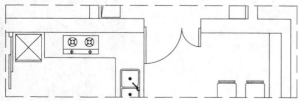

图 15-101 整理平面图形

Step 03 调用 REC（矩形）命令，绘制尺寸为 5900×3000 的矩形；调用 X（分解）命令，分解所绘制的矩形。

Step 04 调用 O（偏移）命令，偏移矩形边；调用 TR（修剪）命令，修剪多余线段，如图 15-102 所示。

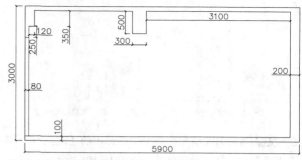

图 15-102 偏移并修剪

Step 05 调用 REC（矩形）命令，绘制一个尺寸大小为 1460×2230 的矩形表示门套外形，并结合使用 M（移动）命令；X（分解）命令分解矩形；O（偏移）命令，偏移矩形边；调用 TR（修剪）命令，修剪多余线段，得到门套图形，结果如图 15-103 所示。

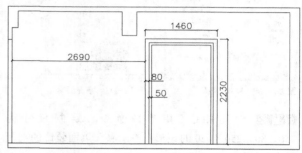

图 15-103 绘制门套

Step 06 调用 L（直线）命令，绘制直线；调用 O（偏移）命令，偏移线段；调用 TR（修剪）命令，修剪多余线段，得到橱柜立面，如图 15-104 所示。

Step 07 调用 REC（矩形）命令，绘制尺寸为 818×63 的矩形，表示墙面搁板，用于放置厨房用具，以有效利用空间；调用 PL（多段线）命令，在门套内绘制折断线，表示镂空，结果如图 15-105 所示。

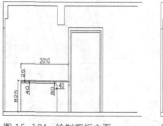

图 15-104 绘制橱柜立面

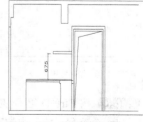

图 15-105 绘制搁板

Step 08 调用 REC（矩形）命令，绘制尺寸为 620×353 的矩形，并结合使用 CO（复制）命令移动复制矩形，结果如图 15-106 所示。

Step 09 调用 O（偏移）命令、TR（修剪）命令，绘制出如图 15-107 所示的橱柜面板。

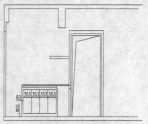

图 15-106　绘制橱柜分隔

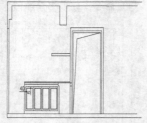

图 15-107　绘制橱柜面板

Step 10 调用 H（填充）命令，在弹出的【图案填充和渐变色】对话框中设置参数，如图 15-108 所示。

Step 11 单击【添加：拾取点】按钮，在橱柜面板内拾取填充区域，填充结果如图 15-109 所示。

图 15-108　设置参数

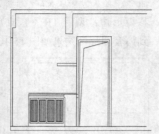

图 19-109　填充图案

Step 12 调用 REC（矩形）命令，绘制尺寸为 250×80、250×420 的矩形，表示餐厅墙面装饰的剖面轮廓，如图 15-110 所示。

Step 13 调用 H（填充）命令，在弹出的【图案填充和渐变色】对话框中选择 ANSI31 图案，设置填充比例为 20，填充结果如图 15-111 所示，表示该处为剖面结构。

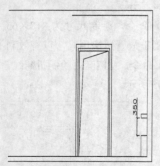

图 15-110　绘制矩形

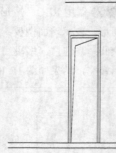

图 15-111　填充剖面

Step 14 按 Ctrl+O 组合键，打开"第 15 章 / 家具图例 .dwg"文件，将其中的家具图形粘贴到立图中，结果如图 15-112 所示。

Step 15 调用 MLD（多重引线）标注命令，弹出【文字格式】对话框，输入立面材料的名称，单击【确定】按钮关闭对话框，标注结果如图 15-113 所示。

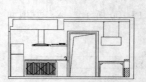

图 15-112　布置餐厅立面家具

图 15-113　文字标注

Step 16 调用 DLI（线性）标注命令，标注立面图尺寸，结果如图 15-114 所示。

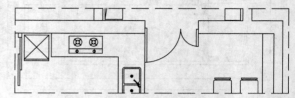

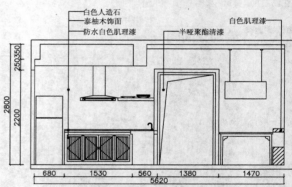

图 15-114　尺寸标注

设计技巧

立面图是一种与垂直界面平行的正投影图，它能够反映垂直界面的形状、装修做法和其上的陈设。

第 16 章 电气设计工程实例

电气工程图是一类示意性图纸，它主要用来表示电气系统、装置和设备各组成部分的相互关系和连接关系，用以表达其功能、用途、原理、装接和使用信息的电气图。

电气图是电气工程中各部门进行沟通、交流信息的载体，由于电气图所表达的对象不同，提供信息的类型及表达方式也不同，这样就使电气图具有多样性。

实例463 电气设计制图的内容

电气工程图是沟通电气设计人员、安装人员和操作人员的工程语言。了解和掌握电气制图的基本知识，有助于快速、准确地识图。

难度 ★★

一套完整的电气设计图纸包括以下内容。

1 电气工程的分类

电气工程应用十分广泛，分类方法有很多种。电气工程图主要用来表现电气工程的构成和功能，描述各种电气设备的工作原理，提供安装接线和维护的依据。从这个角度来说，电气工程主要可以分为以下几类。

◆ 电力工程

电力工程又分为发电工程、变电工程和输电工程3类，分别介绍如下。

（1）发电工程。根据不同电源性质，发电工程主要可分为火电、水电和核电3类。发电工程中的电气工程指的是发电厂电气设备的布置、接线、控制及其他附属项目。

（2）变电工程。升压变电站将发电站发出的电能进行升压，以减少远距离输电的电能损失；降压变电站将电网中的高电压降为各级用户能使用的低电压。

（3）线路工程。用于连接发电厂、变电站和各级电力用户的输电线路，包括内线工程和外线工程。内线工程指室内动力、照明电气线路及其他线路。外线工程指室外电源供电线路，包括架空电力线路、电缆电力线路等。

◆ 电子工程

电子工程主要是指应用于家用电器、广播通信、计算机等众多领域的弱电信号设备和线路。

◆ 工业电气

工业电气主要是指应用于机械、工业生产及其他控制领域的电气设备，包括机床电气、工厂电气、汽车电气和其他控制电气。

◆ 建筑电气

建筑电气工程主要是应用于工业和民用建筑领域的动力照明、电气设备和防雷接地等，包括各种动力设备、照明灯具、电器以及各种电气装置的保护接地、工作接地、防静电接地等。

2 电气工程图的组成

一张完整的电气工程图通常由以下几部分组成，但根据复杂程度的不同图纸的类型可以增加或减少。

◆ 目录和前言

目录是对某个电气工程的所有图纸编出目录，以便检索、查阅图纸，内容包括序号，图名、图纸编号、张数和备注等；前言包括设计说明、图例、设备材料明细表、工程经费概算等。

◆ 系统图

系统图就是用符号或带注释的框来表示系统或分系统的基本组成、相互关系及其主要特征的一种简图。它通常是电气设计图系统、电气设计装置图或成套电气设计图纸中的第一张图样。

例如，在工业电气图中用一般符号表示的电机控制系统图，如图 16-1 所示，在建筑电气图中用一般符号表示的车间配电系统图，如图 16-2 所示。

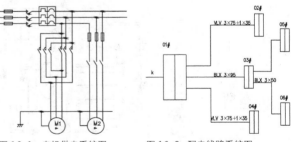

图 16-1 电机供电系统图　　图 16-2 配电线路系统图

设计技巧

由图16-1可以看出，三相交流电由自动释放负荷开关引入，自动释放负荷开关同时为主电动机提供过载、短路、欠电压保护。图16-2是工业中常用的车间配电系统图，配电箱配电通常不超过三级，这样可以提高用电的可靠性，同时也方便技术维修人员进行日常的检查、维修。

◆ 电路原理图和电路图

电气原理图是指用图形符号详细表示系统、分系统、成套设备、装置和部件等各组成元件连接关系的实际电路简图。

电路图是表示电流从电源到负载的传送情况和电气元件的工作原理，而不考虑其实际位置的一种简图。电路原理图和电路图在绘制时应注意设备和元件的表示方法。

（1）设备和元件采用符号表示；应以适当形式标注其代号、名称、型号、规格和数量等。

（2）设备和元件的工作状态表示、设备和元件的可动部分通常应表示在非激励或不工作的状态或位置符号的布置。

◆ 接线图

接线图表示成套装置、设备、电气元件的连接关系，用以进行安装接线、检查、试验与维修的一种简图或表格，称为接线图或接线表。接线图主要用于表示电气装置内部元件之间及其外部其他装置之间的连接关系，接线图是便于制作、安装及维修人员接线和检查的一种简图或表格。

例如，图 16-3 是电动机控制线路的主电路接线图，它清晰地表示了各元件之间的实际位置和连接关系：电源(L1、L2、L3)由BLX-3×6的导线接至端子排X的 1、2、3 号，然后通过熔断器 FU1 ～ FU3 接至交流接触器 KM 的主触点，再经过继电器的发热元件接到端子排的 4、5、6 号，最后用导线接入电动机的 U、V、W 端子。

◆ 平面图

平面图是表示电气工程项目的电气设备、装置和线路的平面布置图，例如，建筑电气平面设备布置图，如图 16-4 所示。

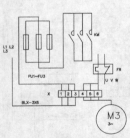

图16-3 电机控制线路接线图

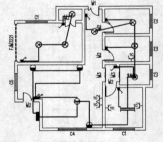

图 16-4 平面设备连线图

设计技巧

为了表示电源、控制设备的安装尺寸、安装方法、控制设备箱的加工尺寸等，还必须有其他一些图，这些图与一般按正投影法绘制的机械图没有多大区别，通常可不列入电气图。

◆ 逻辑图

逻辑图是用二进制逻辑单元图形符号绘制的，以实现一定逻辑功能的一种简图，可分为理论逻辑图（纯逻辑图）和工程逻辑图（详细逻辑图）两类。理论逻辑图只表示功能而不涉及实现方法，因此是一种功能图；工程逻辑图不仅表示功能，而且有具体的实现方法，因此是一种电路图。图 16-5 所示为逻辑电路图。

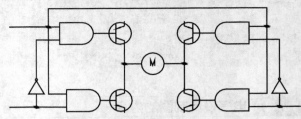

图 16-5 逻辑电路图

◆ 产品电气说明图和其他电气图

生产厂家往往随产品使用说明书附上电气图，供用户了解该产品的组成和工作过程及注意事项，以及一些电源极性端选择，以达到正确使用、维护和检修的目的。

上述电气图是常用的主要电气图，但对于较为复杂的成套装置或设备，为了便于制造，有局部的大样图、印刷电路板图等；为了装置的技术保密，往往只给出装置或系统的功能图、流程图和逻辑图等。所以，电气图种类很多，但这并不意味着所有的电气设备或装置都应具备这些图纸。根据表达的对象、目的和用途不同，所需图的种类和数量也不一样。对于简单的装置，可把电路图和接线图二合一，对于复杂装置或设备应分解为几个系统，每个系统也有以上各种类型图。总之，电气图作为一种工程语言，在表达清楚的前提下，越简单越好。

实例464 绘制热敏开关

热敏开关就是利用双金属片各组元层的热膨胀系数不同，当温度变化时，主动层的形变要大于被动层的形变，从而双金属片的整体就会向被动层一侧弯曲，通过这种复合材料的曲率发生变化使其产生形变来实现电流通断的装置。

难度 ★★

● 素材文件路径：无
● 效果文件路径：素材/第16章/实例464 绘制热敏开关-OK.dwg
● 视频文件路径：视频/第16章/实例464 绘制热敏开关.MP4
● 播放时长：2分40秒

Step 01 调用 L（直线）命令，绘制一条长度为50的直线，如图 16-6 所示。

Step 02 重复【直线】命令操作，捕捉直线右边端点，绘制长度为 40 的直线，接着再绘制长度为 50 的直线，如图 16-7 所示。

图 16-6　绘制直线

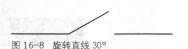

图 16-7　捕捉绘制直线端点绘制直线

Step 03 调用 RO（旋转）命令，选择中间长度为 40 的直线，以直线左边端点为旋转基点，旋转 30°，如图 16-8 所示。

Step 04 调用【绘图】|【椭圆】命令，绘制一个长轴为 20，短轴为 10 的椭圆，如图 16-9 所示。

Step 05 调用 L（直线）命令，捕捉椭圆两个轴的端点绘制一条连接直线，如图 16-10 所示。

图 16-8　旋转直线 30°

图 16-9　绘制椭圆　　图 16-10　绘制连接直线

Step 06 调用 M（移动）命令，选中图 16-10 中的图形，移动到旋转直线上方，如图 16-11 所示。

Step 07 调用 RO（旋转）命令，选择中间长度为 40 的直线，以直线左边端点为旋转基点，旋转 180°，如图 16-12 所示。

Step 08 调用 B（创建块）命令，选择绘制好的电气符号，制作成块，将其命名为"热敏开关"。

图 16-11　移动椭圆　　　　图 16-12　旋转图形

实例465　绘制发光二极管

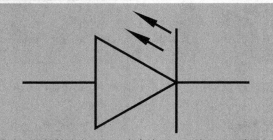

发光二极管简称为 LED。由含镓（Ga）、砷（As）、磷（P）、氮（N）等的化合物制成。

难度 ★★

- 素材文件路径：无
- 效果文件路径：素材/第16章/实例465 绘制发光二极管-OK.dwg
- 视频文件路径：视频/第16章/实例465 绘制发光二极管.MP4
- 播放时长：1分41秒

Step 01 新建空白文档。

Step 02 调用 PL（多段线）命令，设置起点宽度为 2，端点宽度为 0，绘制箭头线，如图 16-13 所示。

Step 03 调用 RO（旋转）命令，将多段线旋转 150°，如图 16-14 所示。

Step 04 调用 CO（复制）命令，复制前面章节中绘制好的二极管，如图 16-15 所示。

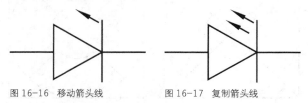

图 16-13　绘制箭头线　　图 16-14　旋转箭头线　　图 16-15　复制二极管

Step 05 调用 M（移动）命令，将箭头线移动到合适的位置，如图 16-16 所示。

Step 06 调用 CO（复制）命令，向下复制箭头多段线，如图 16-17 所示。

Step 07 调用 B（创建块）命令，选择绘制好的电气符号，制作成块，将其命名为"发光二极管"。

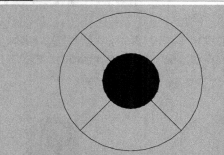

图 16-16　移动箭头线　　　　图 16-17　复制箭头线

实例466　绘制防水防尘灯

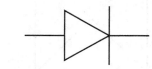

防水防尘方灯又叫作防爆油站灯，主要用在油站，油库等场所，是一种较为常用的电器图例。

难度 ★★

- 素材文件路径：无
- 效果文件路径：素材/第16章/实例466 绘制防水防尘灯-OK.dwg
- 视频文件路径：视频/第16章/实例466 绘制防水防尘灯.MP4
- 播放时长：1分32秒

Step 01 启动 AutoCAD 2016，新建空白文档。

Step 02 调用 REC（矩形）命令，绘制一个 500×500 的矩形，如图 16-18 所示。

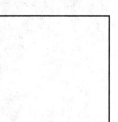

图 16-18　绘制矩形

Step 03 调用 L（直线）命令，绘制矩形对角线，结果如图 16-19 所示。

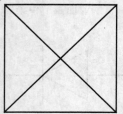

图 16-19　绘制矩形对角线

Step 04 调用 C（圆）命令，捕捉对角线交点，绘制两个半径分别为 250 和 100 的同心圆，如图 16-20 所示。

Step 05 调用 TR（修剪）命令，修剪多余的线段，结果如图 16-21 所示。

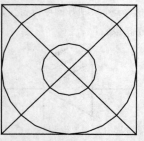

图 16-20　绘制同心圆

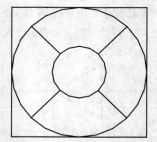

图 16-21　删除多余的线段

Step 06 调用 E（删除）命令，删除矩形，结果如图 16-22 所示。

Step 07 调用 H（填充）命令，将绘制好的半径为 100 的圆，填充图案为 SOLID，结果如图 16-23 所示。

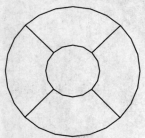

图 16-22　删除矩形

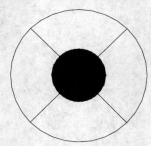

图 16-23　填充圆

实例467 绘制天棚灯

天棚灯，光伞系列大功率节能灯，集多项专利于一身，伞形光源比 U 型光源照度提高 30% 左右，量身研发的灯具效率可达 95% 以上，用于各种工厂厂房车间、车站、码头、仓库、展览馆和大型商场，以及超市或其他高大厅房照明场所。

难度 ★★

素材文件路径：无
效果文件路径：素材/第16章/实例467 天棚灯-OK.dwg
视频文件路径：视频/第16章/实例467 绘制天棚灯.MP4
播放时长：55秒

Step 01 调用 L（直线）命令，绘制长度为 500 的水平直线，如图 16-24 所示。

Step 02 调用 A（圆弧）命令，绘制以刚绘制好的直线中点为圆心的圆弧，如图 16-25 所示。

Step 03 调用 H（填充）命令，填充半圆图形，结果如图 16-26 所示。

图 16-24　绘制直线　　图 16-25　绘制圆弧　　图 16-26　填充图形

实例468 绘制熔断器箱

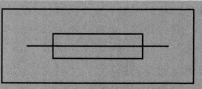

熔断器是根据电流超过规定值一定时间后，以其自身产生的热量使熔体熔化从而使电路断开的原理制成的一种电流保护器。熔断器广泛应用于低压配电系统和控制系统及用电设备中，作为短路和过电流保护，是应用最为普遍的保护器件之一。

难度 ★★

素材文件路径：无
效果文件路径：素材/第16章/实例468 绘制熔断器箱-OK.dwg
视频文件路径：视频/第16章/实例468 绘制熔断器箱.MP4
播放时长：1分50秒

Step 01 调用 REC（矩形）命令，捕捉任意点为起点，绘制 750×300 的矩形，如图 16-27 所示。

Step 02 调用 L（直线）命令，绘制矩形两边中点连接线，如图 16-28 所示。

 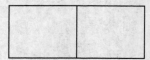

图 16-27　绘制矩形　　图 16-28　绘制连接线

Step 03 调用 REC（矩形）命令，绘制 350×100 的矩形，如图 16-29 所示。

Step 04 调用 L（直线）命令，绘制两条长度为 100 的直线以及小矩形的连接线，如图 16-30 所示。

 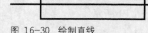

图 16-29　绘制矩形　　图 16-30　绘制直线

Step 05 调用 M（移动）命令，将绘制好的小矩形内部直线中点移动到大矩形连接线中点上，如图 16-31 所示。

Step 06 调用 E（删除）命令，删除大矩形内部辅助线，如图 16-32 所示。

Step 07 调用 B（创建块）命令，选择绘制好的电气符号创建块，将其命名为"熔断器箱"。

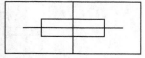

图 16-31　移动图形

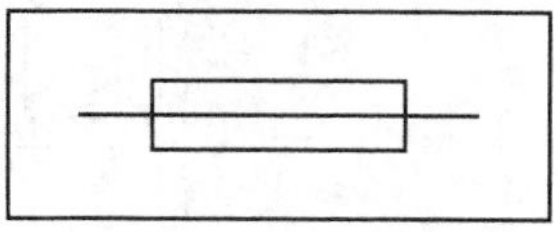

图 16-32　删除直线

实例469　绘制单相插座

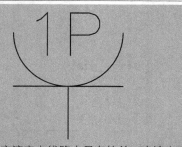

单相插座是在交流电力线路中具有的单一交流电动势，对外供电时一般有两个接头的插座。单相插座的电压是 220 伏。一般家庭用插座均为单相插座。分单相二孔插座、单相三孔插座和单相二三孔插座。单相三孔插座比单相二孔插座多一个地线接口，即平时家用的三孔插座。单相二三孔插座即使二孔插座和三孔插座结合在一起的插座。住宅中常用的单相插座分为普通型、安全型、防水型和安全防水型等类型。

难度 ★★

- 素材文件路径：无
- 效果文件路径：素材/第16章/实例469 绘制单相插座-OK.dwg
- 视频文件路径：视频/第16章/实例469 绘制单相插座.MP4
- 播放时长：1分56秒

Step 01 调用 L（直线）命令，绘制一条长度为 500 的水平直线。

Step 02 继续执行直线命令，捕捉水平直线的中点绘制一条长度为 250 的垂直直线，如图 16-33 所示。

Step 03 调用 A（圆弧）命令，绘制一段圆弧，如图 16-34 所示。

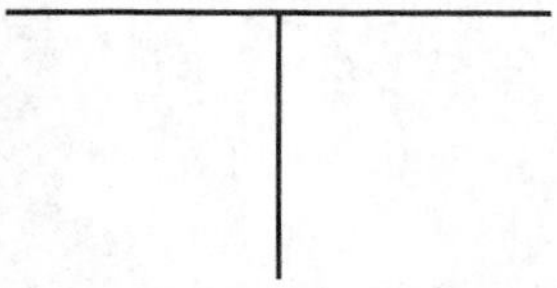

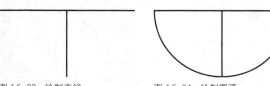

图 16-33　绘制直线

图 16-34　绘制圆弧

Step 04 调用 M（移动）命令，将绘制好的圆弧移动到两直线的交点处，如图 16-35 所示。

Step 05 调用 DT（单行文字）命令，选择文字字体为 Simplex.shx，文字高度为 200，在圆弧上方输入文字 1P，如图 16-36 所示。

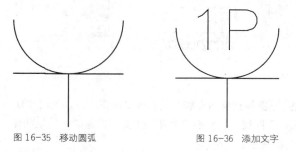

图 16-35　移动圆弧

图 16-36　添加文字

实例470　绘制插座平面图

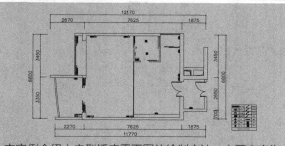

本实例介绍小户型插座平面图的绘制方法，主要内容为调用复制命令布置各个房间的插座。

难度 ★★

- 素材文件路径：素材/第15章/实例459 原始平面图.dwg
- 效果文件路径：素材/第16章/实例470 绘制插座平面图-OK.dwg
- 视频文件路径：视频/第16章/实例470 绘制插座平面图.MP4
- 播放时长：1分56秒

Step 01 启动 AutoCAD 2016，打开素材文件"第15章/实例 459 原始平面图.dwg"，如图 16-37 所示。

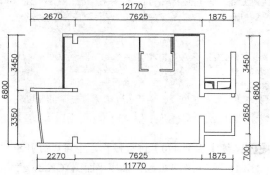

图 16-37　原始平面图

Step 02 调用 CO（复制）命令，移动复制一份小户型平面布置图到一旁。

Step 03 调用 CO（复制）命令，从电气图例表中移动复制插座图形到平面布置图中，结果如图 16-38 所示。

Step 04 重复操作，将镜前灯图形、浴霸及排气扇图形移动到平面图中，结果如图 16-39 所示。

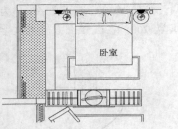

图 16-38　复制结果

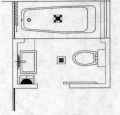

图 16-39　插入图形

Step 05 将插座图形移动复制到平面图中后，关闭"JJ_家具"图层，完成小户型插座平面图的绘制，结果如图16-40 所示。

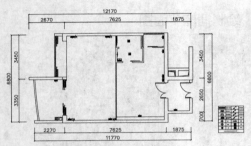

图 16-40　绘制结果

实例471　绘制开关布置平面图

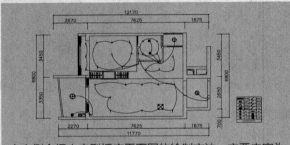

本实例介绍小户型插座平面图的绘制方法，主要内容为调用复制和圆弧命令创建连接各个房间的开关连线。

难度 ★★

- 素材文件路径：素材/第16章/实例470 绘制插座平面图-OK.dwg
- 效果文件路径：素材/第16章/实例471 绘制开关布置平面图-OK.dwg
- 视频文件路径：视频第16章/实例471 绘制开关布置平面图.MP4
- 播放时长：3分7秒

Step 01 延续【实例470】进行操作，也可以打开素材文件"第16章/实例470 绘制插座平面图-OK.dwg"。

Step 02 调用CO（复制）命令，移动复制一份小户型顶面布置图到一旁。

Step 03 调用CO（复制）命令，从电气图例表中移动复制开关图形到平面布置图中，结果如图16-41 所示。

Step 04 调用A（圆弧）命令，绘制圆弧，用以表示电线的连接，结果如图16-42 所示。

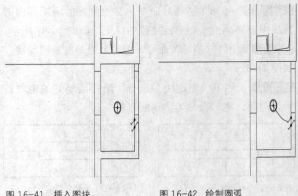

图 16-41　插入图块　　　　　图 16-42　绘制圆弧

Step 05 调用A（圆弧）命令，在灯具图形之间绘制圆弧，结果如图16-43 所示。

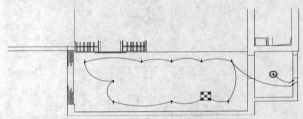

图 16-43　绘制连接圆弧

Step 06 使用同样的方法，完成小户型开关布置图的绘制，结果如图16-44 所示。

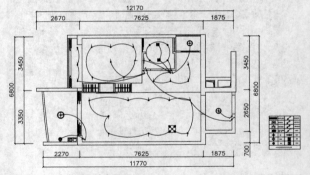

图 16-44　小户型开关布置图

附录1——AutoCAD常见问题索引

文件管理类

1 样板文件要怎样建立并应用？

见第 13 章【实例 436】、第 14 章【实例 445】、第 15 章【实例 453】等。

2 如何减小文件大小？

将图形转换为图块，并清除多余的样式（如图层、标注、文字的样式）可以有效减小文件大小。见第 7 章【实例 263】、【实例 264】与【实例 278】。

3 DXF 是什么文件格式？

见第 1 章的【实例 017】。

4 DWL 是什么文件格式？

见第 1 章的【实例 017】。

5 图形如何局部打开或局部加载？

见第 1 章的【实例 020】。

6 如何使图形只能看而不能修改？

可将图形输出为 DWF 或者 PDF，见第 12 章的【实例 432】。也可以通过常规文件设置为"只读"的方式来完成。

7 怎样直接保存为低版本图形格式？

见第 1 章的【实例 022】。

8 误保存覆盖了原图时如何恢复数据？

开使用【撤销】工具或 .bak 文件来恢复。

9 打开 dwg 文件时，系统弹出对话框提示【图形文件无效】？

图形可能被损坏，也可能是由更高版本的 AutoCAD 创建。可参考本书第 1 章的【实例 022】处理。

10 如何恢复 AutoCAD 2005 及 2008 版本的经典工作空间？

见第 1 章的【实例 015】与【实例 016】。

绘图编辑类

11 什么是对象捕捉？

见本书第 2 章的 2.6 节。

12 对象捕捉有什么方法与技巧？

见本书第 2 章的【实例 073】、【实例 074】与【实例 078】、【实例 079】。

13 加选无效时怎么办？

可尝试其余的选择方法，详见第 2 章的【实例 048】与【实例 049】。

14 怎样按指定条件选择对象？

可通过快速选择来完成，详见第 2 章的【实例 055】。

15 在 AutoCAD 中 Shift 键有什么使用技巧？

可以用来辅助对象捕捉，详见【实例 075】与【实例 076】。

16 AutoCAD 中的夹点要如何编辑与使用？

见第 4 章的 4.1 节。

17 多段线有什么操作技巧？

见第 3 章的【实例 093】至【实例 098】，对多段线的各种操作均有详细介绍。

18 复制图形粘贴后总是离很远怎么办？

可重新指定复制基点，见第 7 章的【实例 263】。或使用带基点复制（Ctrl+Shift+C）命令。

19 如何测量带弧线的多线段长度？

可以使用 LIST 或其他测量命令，见第 9 章的【实例 331】。

20 如何用 Break 命令在一点处打断对象？

见第 4 章的【实例 138】与其中的操作技巧。

21 直线（Line）命令有哪些操作技巧？

见第 3 章的【实例 088】与其中的操作技巧。

22 如何快速绘制直线？

可以通过重复命令来完成，详见本书第 2 章的【实例 042】。

23 偏移（Offset）命令有哪些操作技巧？

见第 4 章的【实例 157】。

24 镜像（Mirror）命令有哪些操作技巧？

见第 4 章的【实例 160】。

25 修剪（Trim）命令有哪些操作技巧？

见第 4 章的【实例 136】。

26 设计中心（Design Center）有哪些操作技巧？

见第 7 章的【实例 275】。

27 OOPS 命令与 UNDO 命令有什么区别？

见第 2 章的【实例 045】与【实例 046】。

28 AutoCAD 中外部参照有什么用？

见第 7 章的【实例 280】。

29 为什么有些图形无法分解？

在 AutoCAD 中，有 3 类图形是无法被使用【分解】

命令分解的，即 MINSERT【阵列插入图块】、外部参照、外部参照的依赖块等 3 类图块。而分解一个包含属性的块将删除属性值并重新显示属性定义。

30 在 AutoCAD 中如何统计图块数量？

见第 7 章的【实例 276 】。

31 内部图块与外部图块的区别？

见第 7 章的【实例 263 】、【实例 264 】。

32 图案填充（HATCH）时找不到范围怎么解决？

见第 4 章的【实例 163 】。

33 填充时未提示错误且填充不了？

见第 4 章的【实例 161 】。

34 怎样使用 MTP 修饰符？

见第 2 章的【实例 079 】。

35 怎样使用 FROM 修饰符？

见本书第 2 章的【实例 078 】。

36 在 AutoCAD 中如何创建三维文字实体？

可将文字用 txtexp 命令分解，然后生成面域来创建三维实体。

37 如何测量某个图元的长度？

使用查询命令来完成，见第 9 章的【实例 326 】。

38 如何查询二维图形的面积？

使用查询命令来完成，见第 9 章的【实例 329 】。

39 如何查询三维模型的质量？

使用查询命令来完成，见第 9 章的【实例 330 】。

图形标注类

40 字体无法正确显示？

文字样式问题，见第 6 章的【实例 244 】。

41 为什么修改了文字样式，但文字没发生改变？

见第 6 章的【实例 229 】。

42 在 AutoCAD 中怎么创建弧形文字？

见第 6 章的【实例 243 】。

43 怎样查找和替换文字？

见第 6 章的【实例 242 】。

44 如何快速调出特殊符号？

见第 6 章的【实例 238 】。

45 如何快速标注零件序号？

可先创建一个多重引线，然后使用【阵列】、【复制】等命令创建大量副本。

46 如何快速对齐多重引线？

见第 5 章的【实例 226 】。

47 如何将图形单位从英寸转换为毫米？

见第 5 章的【实例 195 】。

48 如何编辑标注？

双击标注文字即可进行编辑，也可查阅第 5 章的【实例 219 】。

系统设置类

49 如何检查系统变量？

见第 9 章的【实例 334 】。

50 为什么鼠标中键不能用作平移了？

将系统变量 MBUTTONPAN 的值重新指定为 1 即可。

51 如何往功能区中添加命令按钮？

见第 1 章的【实例 012 】。

52 如何灵活使用动态输入功能？

见第 2 章的【实例 062 】与【实例 063 】。

53 选择的对象不显示夹点？

可能是限制了夹点的显示数量，可在【选项】|【选择集】|【选择对象时显示的夹点数】文本框中设置。

54 如何设置经典工作空间？

见第 1 章的【实例 016 】。

55 如何设置自定义的个性工作空间？

见第 1 章的【实例 015 】。

56 怎样在标题栏中显示出文件的完整保存路径？

见第 1 章的【实例 007 】。

57 模型和布局选项卡不见了怎么办？

在【选项】|【显示】选项卡中勾选【显示布局和模型选项卡】复选框进行调出。

58 如何将图形全部显示在绘图区窗口？

单击状态栏中的【全屏显示】按钮即可。

视图与打印类

59 为什么找不到视口边界？

视口边界与矩形、直线一样，都是图形对象，如果没有显示的话可以考虑是对应图层被关闭或冻结，开启方式见第 8 章的【实例 299 】。

60 如何删除顽固图层？

图层可在【图层特性管理器】选项板中删除，如果有顽固图层无法删除的话，可按删除【块】的方式进行清理。

61 AutoCAD 的图层到底有什么用处？

图层可以用来更好的控制图形，见第 8 章【实例 290 】的引言部分。

62 设置图层时有哪些注意事项？

设置图层时要理解它的分类原则，见第 8 章的【实例 290 】的正文部分。

63 如何快速控制图层状态？

可在【图层特性管理器】中进行统一控制，见第 8 章的【实例 292 】、【实例 293 】与【实例 294 】。

64 如何使用向导创建布局？

见第 12 章的【实例 420 】。

65 如何输出高清的 JPG 图片？

可以通过打印方式进行输出，见第 12 章的【实例 433】。

66 如何将 AutoCAD 文件导入至 Photoshop？

可以将图纸先输出为 eps 格式然后导入 PS，见第 12 章的【实例 434】。

67 如何批处理打印图纸？

批处理打印图纸的方法与 DWF 文件的发布方法一致，只需更换打印设备即可输出其他格式的文件。可以参考第 12 章的【实例 430】。

68 文本打印时显示为空心？

将 TEXTFILL 变量设置为 1。

69 有些图形能显示却打印不出来？

图层作为图形有效管理的工具，对每个图层有是否打印的设置。而且系统自行创建的图层，如 Defpoints 图层就不能被打印，也无法更改。

程序与应用类

70 如何处理复杂表格？

可通过 Excel 导入 AutoCAD 的方法来处理复杂的表格，详见第 6 章的【实例 261】。

71 外部参照在图形设计中有什么用？

外部参照可作为能实时更新的参考图形。见第 7 章的【实例 280】。

重新加载外部参照后图层特性改变

将 VISRETAIN 的值重置为 1。

72 图纸导入显示不正常？

可能是参照图形的保存路径发生了变更，详见第 7 章的【实例 281】。

73 怎样让图像边框不打印？

可将边框对象移动至 Defpoints 层，或设置所属图层为不打印样式。

74 附加工具 Express Tools 和 AutoLISP 实例安装。

在安装 AutoCAD 2016 软件时勾选即可。

75 AutoCAD 图形导入 Word 的方法。

直接粘贴、复制即可，但要注意将 AutoCAD 中的背景设置为白色。也可以使用 BetterWMF 小软件来处理。

76 AutoCAD 图形导入 CorelDRAW 的方法。

可以将图纸先输出为 eps 格式然后导入入 CorelDRAW，见第 12 章的【实例 434】。

77 AutoCAD 与 UG、SolidWorks 的数据转换

见第 12 章的【实例 430】与【实例 431】。

附录2——AutoCAD行业知识索引

机械设计类

1 两个圆的公切线要怎么画？比如同步带？

通过【临时捕捉】进行绘制，见第2章的【实例075】。

2 怎样获得非常规曲线的数控加工坐标点？

可以通过【定数等分】与测量命令来获得，详见第9章的【实例332】。

3 怎样绘制数学曲线的轮廓？

可先用【多点】命令确定几个特征点，然后使用【样条曲线】进行连接，详见第3章的【实例084】。

4 绘制齿轮零件的方法与主要特点。

详见第13章的【实例437】。

5 绘制轴类零件的方法与主要特点。

详见第13章的【实例438】。

6 绘制箱体类零件的方法与主要特点。

详见第13章的【实例439】。

7 绘制叉架类零件的方法与主要特点。

详见第13章的【实例440】。

8 机械装配图在AutoCAD中的"装配"方法。

详见第13章的【实例441】、【实例442】和【实例443】。

9 机械零件图中的基准尺寸与标注。

基准的选取与零件种类与使用要求有关，请参见【实例437】、【实例438】、【实例439】和【实例440】等例子。

10 机械装配图的引线标注技巧。

装配图的引线需要按顺序依次对齐，可参见【实例443】。

11 机械装配图中如何创建成组的引线？

可以通过【合并引线】命令来完成，见第5章的【实例227】。

12 怎样计算零件的质量？

先按1:1创建零件的三维模型，然后通过测量得到该模型的体积，再乘以密度即可得到质量。详见第9章的【实例330】。

13 什么情况下绘制移出断面图可以省略标注？

详见第13章的【实例438】。

14 零件图的标注方法与原则。

零件图的标注主要需体现出"定型尺寸"与"定位尺寸"，具体请参见【实例437】、【实例438】、【实例439】和【实例440】等例子。

15 键槽与轮毂尺寸公差取值的经验。

详见第13章的【实例437】和【实例438】，其中关于键槽、轮毂公差取值的步骤。

16 怎样快速地为装配图添加零部件序列号？

可以先创建一个序列号引线，然后复制获得多个，再依次移动至要添加到的零部件上，接着使用【对齐引线】命令对齐。

建筑设计类

17 怎样用AutoCAD创建真实的建筑模型？

由于建筑图纸是用AutoCAD绘制的，因此再使用AutoCAD创建三维模型就较其他软件要占得先机。创建好三维模型后可以通过第12章【实例431】所介绍的方法，将其输出为STL文件，然后进行3D打印即可得到真实的建筑模型。

18 怎样快速绘制楼梯和踏板？

这类重复图形可以先绘制一个单独的对象，然后通过【阵列】或【复制】命令来进行绘制。

19 怎样快速绘制墙体？

可以使用【多线】命令进行绘制，见第3章的【实例099】与【实例100】。

20 建筑总平面图中图形过多，如何在其中显示出被遮挡的文字？

可以通过调整图形的叠放次来改善，见第4章的【实例144】。

21 在总平面图或规划图中，如何显示出被遮挡的图形？

可以通过放大观察来显示，详见第2章的【实例028】。

22 建筑平面图中轴线尺寸的标注方法。

可以通过【连续标注】来进行标注，详见第5章的【实例206】。

23 建筑立面图中标高的标注方法。

可结合【块】与【多重引线】命令来进行标注，详见第5章的【实例215】。

24 如何创建可编辑文字的标高图块？

详见第 5 章的【实例 215】。

25 大样图的多比例打印方法。

见第 12 章的【实例 429】。

26 建施图中门的绘制方法与作用。

见第 14 章中的【实例 447】。

27 建施图中窗的绘制方法与作用。

见第 14 章中的【实例 446】。

28 建筑平面图的标注方法（同室内平面图）。

建筑平面图的标注需要注意标注间距与原点距离，详见第 5 章的【实例 221】。

29 建筑平面图标注的方法与原则。

见第 14 章的【实例 449】。

30 定位轴线要如何确定？

一般来说定位轴线可选墙体轮廓线的对中线。

室内设计类

31 怎样让图纸仅显示墙体或仅显示轴线、标注等？

可通过局部打开的方式来完成，见第 1 章的【实例 020】；当然也可以通过关闭其他的图层来进行控制。

32 如果下载的图纸尺寸都不准确，那要怎样快速、精准地调整门、窗等图元的位置？

可以通过【拉伸】操作配合【自】功能来完成，操作方法详见第 4 章的【实例 134】。

33 如何快速地围绕非圆形餐桌布置座椅？

可以通过【路径阵列】来进行布置。

34 室内设计的填充技巧。

见第 4 章的【实例 171】。

35 室内平面图中，如果各墙体标注过于紧密，要如何调整？

可在【修改标注样式】对话框的【调整】选项卡中将标注设置改为【尺寸线上方，带引线】，详见第 5 章的【实例 191】。

36 室内立面图中，如何对齐参差交错的引线标注？

可按第 5 章【实例 226】的方法进行调整。

37 怎样通过图层工具来控制室内设计图？

关闭或打开图层将得到所需的简略图形，见第 8 章的【实例 298】与【实例 299】。

38 如何统计室内平面图中某一类家具或电器的数量？

这类图形基本都是以"块"的形式存在于设计图中的，因此可以使用【快速选择】来进行统计。详见第 7 章的【实例 276】。如果没有转换为块，请先将图形转为块后再进行统计。

39 怎样查询室内的面积大小？

见第 9 章的【实例 329】。

40 彩平图的创建方法。

可先用【打印】的方法输出 EPS 文件，然后导入 Photoshop 中进行加工，从而得到彩平图。

41 室内家具图例的布置原则。

见第 15 章【实例 459】。

电气设计类

42 怎样快速地为电路图添加节点？

电路图中的节点是一个实心的圆，因此可以使用【圆环】命令来进行绘制。

43 怎样快速地在电路图中添加元器件？

可以使用【打断】与【复制】命令来完成。

44 怎样快速地在电路图中删去元器件？

可以使用【打断】与【合并】命令来完成。

45 热敏开关的绘制方法。

见第 16 章的【实例 464】。

46 发光二极管的作用与绘制方法。

见第 16 章的【实例 465】。

47 防水防尘灯的作用与绘制方法。

见第 16 章的【实例 466】。

48 天棚灯的作用与绘制方法。

见第 16 章的【实例 467】。

49 熔断器的作用与绘制方法。

见第 16 章的【实例 468】。

50 单相插座的作用与绘制方法。

见第 16 章的【实例 469】。

51 室内各房间插座及布线的要点。

见第 16 章的【实例 470】与【实例 471】。

其他类

52 发给客户图纸，对方却打不开？

可能是对方所使用的 AutoCAD 版本过低，可使用第 1 章【实例 022】的方法转存为低版本，然后再发送一次；

也可能是本公司设定了保密程序，图纸仅限于内部浏览，这样的话即便通过转存客户也无法打开。这时可将图纸输出为 DWF 或 PDF 文件，然后再发送。方法请见第 12 章的【实例 432】、【实例 433】。

53 非设计专业的人员，怎样便捷地查看 AutoCAD 图纸？

可使用【CAD 迷你看图】、DXG Viewer 等小软件来打开 AutoCAD 图纸。也可让设计人员将图纸转换为 PDF 文件。

54 怎样加速 AutoCAD 设计图的评审过程？

可将 DWG 图纸转换为 DXF 文件来进行评审，详见第 12 章实例 430。

55 所有类型的设计图中，如何快速地让中心线从轮廓图形中伸出来一点？

可用【拉长】命令进行操作，见第 4 章的【实例 135】。

56 英制尺寸图纸怎么转化为公制的？

见第 5 章的【实例 195】。

附录3——AutoCAD命令索引

CAD常用快捷键命令

L	直线	A	圆弧
C	圆	T	多行文字
XL	射线	B	块定义
E	删除	I	块插入
H	填充	W	定义块文件
TR	修剪	CO	复制
EX	延伸	MI	镜像
PO	点	O	偏移
S	拉伸	F	倒圆角
U	返回	D	标注样式
DDI	直径标注	DLI	线性标注
DAN	角度标注	DRA	半径标注
OP	系统选项设置	OS	对像捕捉设置
M	MOVE（移动）	SC	比例缩放
P	PAN（平移）	Z	局部放大
Z + E	显示全图	Z + A	显示全屏
MA	属性匹配	AL	对齐
Ctrl + 1	修改特性	Ctrl + S	保存文件
Ctrl + Z	放弃	Ctrl + C Ctrl + V	复制 粘贴
F3	对象捕捉开关	F8	正交开关

▮ 绘图命令

PO, *POINT（点）

L, *LINE（直线）

XL, *XLINE（射线）

PL, *PLINE（多段线）

ML, *MLINE（多线）

SPL, *SPLINE（样条曲线）

POL, *POLYGON（正多边形）

REC, *RECTANGLE（矩形）

C, *CIRCLE(圆)

A, *ARC(圆弧)

DO, *DONUT（圆环）

EL, *ELLIPSE（椭圆）

REG, *REGION（面域）

MT, *MTEXT（多行文本）

T, *MTEXT（多行文本）

B, *BLOCK（块定义）

I, *INSERT（插入块）

W, *WBLOCK（定义块文件）

DIV, *DIVIDE（等分）

ME,*MEASURE(定距等分）

H, *BHATCH（填充）

2 修改命令

CO, *COPY（复制）

MI, *MIRROR（镜像）

AR, *ARRAY（阵列）

O, *OFFSET（偏移）

RO, *ROTATE（旋转）

M, *MOVE（移动）

E, DEL 键 *ERASE（删除）

X, *EXPLODE（分解）

TR, *TRIM（修剪）

EX, *EXTEND（延伸）

S, *STRETCH（拉伸）

LEN, *LENGTHEN（直线拉长）

SC, *SCALE（比例缩放）

BR, *BREAK（打断）

CHA, *CHAMFER(倒角）

F, *FILLET（倒圆角）

PE, *PEDIT（多段线编辑）

ED, *DDEDIT（修改文本）

3 视窗缩放

P, *PAN（平移）

Z + 空格 + 空格 , * 实时缩放

Z, * 局部放大

Z+P, * 返回上一视图

Z + E, 显示全图

Z+W, 显示窗选部分

4 尺寸标注

DLI, *DIMLINEAR（直线标注）

DAL, *DIMALIGNED（对齐标注）

DRA, *DIMRADIUS（半径标注）

DDI, *DIMDIAMETER（直径标注）

DAN, *DIMANGULAR（角度标注）

DCE, *DIMCENTER（中心标注）

DOR, *DIMORDINATE（点标注）

LE, *QLEADER（快速引出标注）

DBA, *DIMBASELINE（基线标注）

DCO, *DIMCONTINUE（连续标注）

D, *DIMSTYLE（标注样式）

DED, *DIMEDIT（编辑标注）

DOV, *DIMOVERRIDE(替换标注系统变量）

DAR,(弧度标注，CAD2006)

DJO, （折弯标注，CAD2006）

5 对象特性

ADC, *ADCENTER（设计中心"Ctrl + 2"）

CH, MO *PROPERTIES(修改特性"Ctrl + 1"）

MA, *MATCHPROP（属性匹配）

ST, *STYLE（文字样式）

COL, *COLOR（设置颜色）

LA, *LAYER（图层操作）

LT, *LINETYPE（线形）

LTS, *LTSCALE（线形比例）

LW, *LWEIGHT （线宽）

UN, *UNITS（图形单位）

ATT, *ATTDEF（属性定义）

ATE, *ATTEDIT（编辑属性）

BO, *BOUNDARY（边界创建，包括创建闭合多段线和面域）

AL, *ALIGN（对齐）

EXIT, *QUIT（退出）

EXP, *EXPORT（输出其他格式文件）

IMP, *IMPORT（输入文件）

OP,PR *OPTIONS（自定义 CAD 设置）

PRINT, *PLOT（打印）

PU, *PURGE（清除垃圾）

RE, *REDRAW（重新生成）

REN, *RENAME（重命名）

SN, *SNAP（捕捉栅格）

DS, *DSETTINGS（设置极轴追踪）

OS, *OSNAP（设置捕捉模式）

PRE, *PREVIEW（打印预览）

TO, *TOOLBAR（工具栏）

V, *VIEW（命名视图）

AA, *AREA（面积）

DI, *DIST（距离）

LI, *LIST（显示图形数据信息）

6 常用 Ctrl 快捷键

【Ctrl + 1】*PROPERTIES(修改特性)

【Ctrl + 2】*ADCENTER(设计中心)

【Ctrl + O】*OPEN(打开文件)

【Ctrl + N】*NEW(新建文件)

【Ctrl + P】*PRINT(打印文件)

【Ctrl + S】*SAVE(保存文件)

【Ctrl + Z】*UNDO(放弃)

【Ctrl + X】*CUTCLIP(剪切)

【Ctrl + C】*COPYCLIP(复制)

【Ctrl + V】*PASTECLIP(粘贴)

【Ctrl + B】*SNAP(栅格捕捉)

【Ctrl + F】*OSNAP(对象捕捉)

【Ctrl + G】*GRID(栅格)

【Ctrl + L】*ORTHO(正交)

【Ctrl + W】*(对象追踪)

【Ctrl + U】*(极轴)

7 常用功能键

【F1】*HELP(帮助)

【F2】*(文本窗口)

【F3】*OSNAP(对象捕捉)

【F7】*GRIP(栅格)

【F8】正交